“十二五”普通高等教育本科国家级规划教材
国家精品课程教材

计算机游戏程序设计

（提高篇）（第3版）

耿卫东　陈　为　梁秀波　王　锐　主　编
张　帆　郑文庭　李启雷　张　顺　副主编

電子工業出版社
Publishing House of Electronics Industry
北京·BEIJING

内 容 简 介

本书为“十二五”普通高等教育本科国家级规划教材。

本书着重介绍计算机游戏程序设计所需的专业领域知识，包括三维图形学基础、高级图形学编程、计算机动画技术、人工智能技术、音频处理技术和网络技术、VR/AR 游戏开发等，基本涵盖了计算机游戏编程的各个主要方面。全书共 12 章，取材于国内外的最新资料，强调理论与实践相结合，通过游戏实例来启发性地说明游戏编程的各种原理和方法。

本书教学资源包括三部分内容：示例代码、集成示例和绘制引擎（读者可以通过扫描二维码进行下载）。

本书面向的读者对象是那些已掌握基本的程序设计技能，但立志于从事计算机游戏软件开发的程序员和游戏开发爱好者。本书既可作为计算机、数字媒体技术和游戏专业的本科生（研究生）的教材，也可用于游戏学院和各类游戏编程人员培训班的参考资料，对正在从事游戏开发和制作的相关人员也具有重要参考价值。

图书在版编目(CIP)数据

计算机游戏程序设计．提高篇 / 耿卫东等主编. —3 版. —北京：电子工业出版社，2018.8
ISBN 978-7-121-31938-9
Ⅰ. ① 计… Ⅱ. ① 耿… Ⅲ. ① 游戏程序－程序设计－高等学校－教材 Ⅳ. ① TP317.61
中国版本图书馆 CIP 数据核字（2017）第 139476 号

策划编辑：章海涛
责任编辑：章海涛　　特约编辑：何　雄
印　　刷：北京七彩京通数码快印有限公司
装　　订：北京七彩京通数码快印有限公司
出版发行：电子工业出版社
北京市海淀区万寿路 173 信箱　邮编　100036
开　　本：787×1092　1/16　　印张：22.5　　字数：570 千字
版　　次：2005 年 1 月第 1 版
2018 年 8 月第 3 版
印　　次：2019 年 7 月第 2 次印刷
定　　价：56.00 元

凡所购买电子工业出版社图书有缺损问题，请向购买书店调换。若书店售缺，请与本社发行部联系，联系及邮购电话：（010）88254888，88258888。

质量投诉请发邮件至 zlts@phei.com.cn，盗版侵权举报请发邮件至 dbqq@phei.com.cn。

本书咨询联系方式：192910558（QQ 群）。

前　言

在电子工业出版社的大力支持下，本书分别于2005年和2009年推出第1版和第2版。其中，第2版成功入选**普通高等教育“十一五”国家级规划教材**。近年来，随着游戏开发技术的不断演进，特别是VR/AR游戏的迅猛发展，应广大读者的要求，对原书稿中的内容做了大幅更新和补充，形成了第3版书稿，并入选**“十二五”普通高等教育本科国家级规划教材**。

在修订本书时，原本希望增加“游戏中的软件工程”“游戏策划”“游戏脚本编程”“游戏开发综合实例”等内容，使得本书变成一本能够覆盖不同层次、不同领域人员的“大而全”的游戏开发专业教材。但在编写过程中，我们发现涉及的内容实在太多，后来听取了采用该教材的大多数任课老师和同学的反馈意见，考虑到学时等限制因素，最终决定面向不同层次和水准的开发人员将书稿分为基础篇、提高篇两册。**“基础篇”**面向入门级的游戏开发人员，以介绍二维游戏开发的专业知识为主，通过丰富的实例使得读者可快速上手。**“提高篇”**面向有一定经验的游戏开发人员，以介绍三维游戏开发的专业知识为主，深入探究游戏开发的基本原理和技术，并针对当前游戏产业热点，补充了虚拟现实与增强实现游戏的开发流程和技术介绍，让读者的游戏开发能力更上一层楼。

在本书修订过程中，我们把本书编写的指导原则定位为以下几方面：

（1）把游戏开发涉及的多领域共性知识点的讲授和实践技能培训相融合，强调知识学习和动手实践的有机结合。

（2）在内容组织上，系统介绍游戏开发的知识点，并提供完整的示例代码和实验手册。

（3）采用“目标学习、案例导航”的组织方式，让读者能够快速掌握知识和技能要点。

（4）整合和吸收多教材的框架结构，结合作者的最新研究和开发工作进展，使得修订内容在技术和知识方面与时俱进。

本书提供的游戏场景融合了本书涵盖的游戏开发过程中涉及的主要技术和流程，目的是希望通过对这一场景的实现和学习，读者可以更直观、更深刻地感受和掌握游戏开发的主要技术和过程。本书从内容到文字反复修订、修改数次，力求达到减少错误。其中，王锐等重新修订编写了第1～5章的内容。第6章由丁治宇修订撰写，内容涉及力学和物理，他参考、翻阅了大量的物理教材，设计和制作了所有的插图和游戏场景。朱标修订了第7章，梅鸿辉修订了第8章，新增了习题实例并给出了代码。第9～11章由梁秀波等修订。第12章及附录A中的虚拟现实游戏开发等内容，由郑文庭、张帆等参与修订。此外，丁治宇还负责书稿的通稿和校对，设计了全部的游戏场景；黄家东参与了全书的最后校对，在此一并致谢。

再次感谢浙江大学计算机科学与技术学院、软件学院、CAD&CG 国家重点实验室为作者提供的优良科研条件和各种便利，使得本书的撰写得以顺利完成。感谢为本书提供图片和示例代码的众多相关公司和人员，限于篇幅，不一一列出。

感谢所有使用本书的任课老师和同学的反馈建议。感谢电子工业出版社的各位编辑，谢谢他们的鼓励与协作。最后，感谢家人对本书的撰写和再次出版的无私支持和付出。

由于作者知识和水平有限，即使本书是再版，其中也肯定会存在一些问题，恳请读者提出宝贵建议。

本书为任课教师提供配套的教学资源（包含电子教案和示例代码），需要者可**登录华信教育资源网**（http://www.hxedu.com.cn），注册之后进行免费**下载**，或者**扫描下面的二维码进行下载**。

作　者

目 录

第 1 章　三维游戏引擎技术简介

在游戏开发界有这样一种说法，如果把游戏比作一个人，那么游戏技术是核心的支撑骨架，游戏策划是决定游戏逻辑的内在血肉，美术则是包裹游戏内容的外表皮肤。一款游戏好玩与否，是技术、策划、美术等因素共同作用的结果。本书讲述的是这三者中支撑起整个游戏的骨架——技术。而本章要讨论的三维游戏引擎则是驱动游戏运行的技术核心。总之，游戏引擎把游戏中的所有程序与资源元素捆绑在一起，通过指挥它们同时、有序地工作，让玩家感受到游戏希望传达的剧情、关卡、美术、音乐等外在形式，体验到操作游戏内容带来的可玩性。因此，从某种意义上来说，三维游戏引擎的开发是整个游戏开发的技术核心和开发基础，它为开发者提供的是一系列可视化开发工具和可重用组件。

游戏引擎是随着游戏开发技术的进步而发展起来的。早在电子游戏行业诞生初期，并没有游戏引擎这个概念，所有图形操作以及游戏本身都是由开发者独立从头开始完成游戏开发的。但是随着游戏开发规模的扩大以及开发者人数的增加，如果每次开发一款游戏，都要重新单独编写游戏的不同模块，并完成与硬件相关底层代码的相关接口程序，这将十分地耗时耗力。那么，有没有办法能够将这个独立出来，缩短游戏开发周期，降低对游戏开发者的要求，减少成本呢？答案是肯定的。一些有经验的开发者逐渐摸索出了一条偷懒的方法，他们借用上一款类似题材的游戏中的部分代码作为新游戏的基本框架，以节省开发时间和开发费用。根据生产力学说，单位产品的成本因生产力水平的提高而降低，自动化程度较高的手工业者最终将把那些生产力低下的手工业者淘汰出局。引擎的概念就是在这种机器化作业的背景下诞生的。世界上第一个具有通用性的游戏引擎是由 id Software 工作室基于游戏 DOOM 的开发而提出的，它在架构上非常合理地定义并区分了底层软件组件系统、游戏世界构造、游戏规则制定等。这样做的好处在于，游戏开发者开发新产品的时候，不需要从零开始，可以充分利用现有的软件模块实现内容不同的游戏，因此大大降低了游戏开发的门槛，让玩家 DIY（Do it by yourself）游戏成为一种可能。正是由于 DOOM 引擎的高度可定制，MOD（Modifying existing games, using free toolkits provided by the original developers）一词也随之诞生，并出现了大量优秀的由玩家 DIY 或其他工作室开发的第三方游戏内容（MOD 作品），大大丰富了 DOOM 框架下游戏的可玩性，并为 DOOM 赢得了极佳的口碑。之后随着技术的进步，游戏引擎及其相关技术已经发展成为一个庞大的产业。

无论是 2D 游戏还是 3D 游戏，无论是角色扮演游戏、即时策略游戏、冒险解谜游戏还是动作射击游戏，都有一段内核功能代码。游戏引擎只是将这些内核功能代码抽象化、模块化，并不断进化，发展为一套由多个子系统共同构成的复杂系统，从建模、动画到光照、粒子特效，从物理系统、碰撞检测到文件管理、网络特性，还有专业的编辑工具和插件，几乎涵盖了开发过程中的所有重要环节，以下对三维游戏以及三维游戏引擎的一些关键部件进行简单介绍。

1.1　三维游戏的基础架构

三维游戏的基础架构可以分为 4 层，底层是硬件层，往上依次是操作系统、硬件驱动、一系列高级图形 API 等，如 Direct3D 或 OpenGL，这些 API 封装了 GPU 以及一些硬件的部分功能，顶层是游戏开发者或是艺术家，游戏引擎的位置就是次顶层，不但要对游戏画面进行绘制，还需要对事件、I/O、AI、音效等进行处理，并为开发者提供可视化和舒适的开发编辑环境。图 1-1 给出了三维游戏一个典型基础架构。

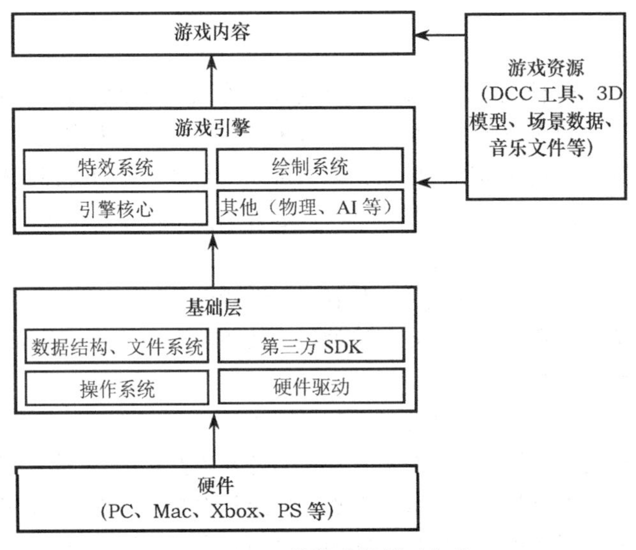

图 1-1　三维游戏的基础架构

1.1.1　硬件层

硬件层与其他诸多计算机软件架构类似，是整个游戏引擎体系架构的底层，决定着游戏引擎能够运行的游戏硬件组成。目前，由于游戏硬件架构的不统一，不同平台开发游戏的难度和质量以及目标游戏类型也会有较大区别，以下列举部分目前较为主流的游戏硬件平台并作简单介绍。

1. 个人计算机游戏平台

从第一款电子游戏诞生到现在，利用计算机来进行游戏一直是电子游戏发展的重要推动力量。个人计算机（PC）是目前数量上最大的游戏硬件载体，也是当前最大的游戏平台。同时，个人计算机平台也是民用领域硬件更新最快的平台，提供的游戏硬件性能往往要高出家用游戏主机不少。但是由于 PC 硬件本身的体系架构问题以及基于 PC 平台的游戏优化问题，虽然 PC 的单一硬件性能往往远超游戏主机，但是实际游戏性能的提升并不明显。

2. 家用主机游戏平台

家用游戏机又称为游戏主机，主要针对一部分在家里客厅使用电视进行游戏的人群。早期，由于 PC 硬件体系架构差异巨大以及普及程度的差异，家用主机平台采用了定制的硬件架构、CPU 芯片与 GPU 显卡。随着硬件技术的不断发展，无论主机硬件生产厂商还是游戏厂商都被不断整合。从 Xbox 面世以后，游戏主机硬件体系架构开始越来越接近于 PC 的体系架构。后续的 Xbox360、PS3 均采用了 PC 平台标准的图形处理芯片，Xbox360 的 GPU 是基于 ATI R500 架构的显卡，PS3 则采用了基于 NVIDIA G73 架构的 GPU。近年来，家用主机平台的最新代表 Xbox One、PS4 均采用了与 PC 平台几乎完全一样的体系结构，无论 CPU、GPU 还是内存，均采用了 PC 的标准。因此，在游戏开发成本大幅提升以及硬件架构越来越趋同的大背景下，主机平台和 PC 平台的游戏开始渐渐渗透，跨平台游戏越来越多，很多原先只有主机独占的游戏开始登陆 PC，同时很多经典计算机游戏也相应地推出了运行在游戏主机上的版本。

3. 移动游戏平台

早期移动游戏平台是任天堂的天下，任天堂 1989 年推出的 GameBoy 游戏机一度成为掌上游戏机的代名词。后来，从 SONY 在 2004 年推出 PSP 开始，移动游戏机市场开始出现竞争。最近随着智能手机性能的不断强化，俨然形成了由任天堂、SONY、智能手机多种平台相互角逐的局面。不同于主机和 PC，智能手机不单单在硬件架构上和传统掌上游戏机有较大区别，操作方式上也有显著不同。但是随着智能手机游戏处理性能的迅速增长，掌上游戏机和智能手机在性能、架构及指令集上的差异也开始变得更小，越来越多的厂商开始发布跨掌上游戏机和智能手机平台的游戏。

需要指出的是，除了上面介绍的几种游戏硬件平台外，还有一大类定制的游戏硬件，如在专业游戏厅中的各种游戏机。由于这些游戏硬件具有独特的硬件组成，游戏开发缺乏通用性，往往需要针对定制的硬件规格进行开发，因此本书对这些游戏硬件平台不再赘述。

1.1.2 基础层（驱动、操作系统及 API）

基础层可以说是连接软件和硬件的桥梁，驱动程序则是电脑体系架构中直接与硬件接口的代码。通过驱动程序，计算机的其他应用程序（包括游戏程序）就可以与设备进行通信，操控硬件提供的各种功能和特性。操作系统作为计算机软、硬件管理者，需要均衡的分配各种资源（比如处理器时间片）给各个应用程序，其中包括游戏程序。目前，随着游戏产业的发展，一个成熟的游戏引擎需要支持的硬件平台与操作系统平台越来越多样化，从 PC 平台到家用主机平台再到移动计算平台，从 Windows 操作系统到 Linux、Mac OS 操作系统再到 IOS 或 Android 操作系统，甚至到完全运行于浏览器之上的网页平台。为了降低在这些多种多样硬件平台上应用开发的难度，人们开发出了一系列通用的软、硬件接口库，如针对音效开发的 OpenAL、DirectSound，针对图形绘制开发的 OpenGL、DirectX 等。

1.1.3 游戏引擎

游戏引擎并不是一个模块或两个模块那么简单，完整的游戏引擎包含各种模块，涉及绘制、物理、模型，特效、资源等，以及游戏内容创建器（Digital Content Creator），为游戏开发人员提供多种游戏资源和逻辑的编辑工具和环境，并将各类场景模型以及资源导入到游戏引擎在线运行内核中（Runtime Engine）。游戏引擎在线运行内核是整个游戏程序架构中最重要的部件所在，涉及绘制、物理、人工智能、音乐等一系列的组件，以及为游戏提供具体的管理服务等。

1. 游戏内容创建器

游戏在本质上是一个多媒体应用，不仅仅是算法程序，因此除了游戏引擎外，与游戏相关的各种数据资源也非常重要。对一个游戏来说，数据资源可以是 3D 模型，也可以是贴图纹理，甚至是音乐文件等游戏内容。随着游戏产业与技术的发展，游戏所需的数据资源往往变得极为庞大，远远超过了控制游戏运行的逻辑代码本身，因此游戏引擎通常将这部分负责创建并管理这些数据资源的任务作为一个工具独立出来，这就是游戏内容创建器。

游戏内容创建器工具可以分为两类。一类是已经非常成熟的第三方数据内容创建器工具，目前使用较为广泛的第三方数据内容创建器工具有：① Autodesk 的 Maya 和 3ds MAX，是目前十分流行的创建 3D 网格模型和动画数据的游戏内容创建器工具；② Adobe 的 Photoshop，主要用来生成和编辑图像、纹理数据；③ SoundForge 是一个流行的用来创建声音片段的工具。另一类是游戏引擎自己开发数据内容创建器来供使用该游戏引擎的开发人员使用。当前的商用游戏引擎 Unreal、CryEngine、Unity3D 都有自己的数据内容创建器。

2. 游戏引擎基础库

游戏引擎基础库一般包括如下内容。

① 容错管理：常常用来在游戏引擎建立阶段进行错误检测，帮助开发者找到错误并完善产品，但是在最终推出的产品中往往不会包含。

② 内存管理：一般来说，每个游戏引擎都需要建立自己独立的内存分配系统，来保证高效的内存调用和管理。

③ 数学库：必不可少，游戏往往高度依赖于数学计算，因此每个游戏引擎都包含一个甚至更多的数学库，这类数学库提供向量、矩阵等线性代数的运算以及计算交点、距离等几何运算。

④ 传统数据管理与算法：在设计一款游戏引擎的时候，除非开发者打算完全依赖于一些第三方的包（如 STL），否则需要自行开发一个合适的用来管理数据和算法的工具。这类算法和数据结构往往采用最优的性能、最小的内存占用，以满足游戏对性能和存储空间的苛刻要求。

3. 在线运行内核

三维游戏通常是一个非常庞大的系统，通常包含了若干子系统，如时间与消息处理、输入/输出子系统、三维场景管理、游戏状态维护与更新、人工智能、音效系统、绘制系统等。这些子系统基于三维数据，对数据进行调度与管理，进行逻辑计算，实现游戏内容的优美呈现。这些内容将在本书的后面章节中逐一介绍。

1.2 三维游戏引擎发展简史

经过多年发展，游戏技术涌现了很多游戏引擎，但真正能获得他人认可并成为标准的游戏引擎并不多。纵观几十年的发展历程，游戏引擎最大的驱动力来自于 3D 游戏，尤其是 3D 射击游戏。因此，下面对三维游戏引擎的历史回顾将主要围绕动作射击游戏的变迁展开。动作射击游戏同 3D 引擎之间的关系相当于孪生兄弟，一同诞生，一同成长，互相为对方提供着发展的动力。

在游戏引擎出现之前，开发游戏就像在开发单一的软件，针对特定游戏平台从下到上设计，以充分利用硬件性能。即使在类似的平台上，代码也很少能在游戏之间重复使用。虽然在 20 世纪 80 年代出现了几种用于独立视频游戏开发的 2D 游戏创建系统，但是这些系统仅仅具有了当前游戏引擎的部分要素。

这种情况直到 1993 年，id Software 的游戏公司发布了一款新游戏——DOOM《毁灭战士》。这款游戏在游戏历史上非常重要，首先它定义了现代第一人称视角射击游戏的游戏类型；其次，这款游戏第一次定义并实现了一个游戏引擎 DOOM Engine（后来被称为 id Tech 1），并将游戏引擎引入到了游戏开发中，开启了游戏开发的一个新时代。

id Software 游戏公司的首席程序员 • 卡马克（John Carmack）在开发《毁灭战士》时就不仅仅

创造一个新游戏，而是构思并执行了一种组织计算机游戏各种组件的新方法——将游戏引擎执行核心功能与游戏内容的资源分开。在游戏发布的前一年（1992 年），id Software 专门召开了一个新闻发布会，介绍即将到来的《毁灭战士》包含的创新游戏技术和设计：一个卓越的图形引擎，使用当时最先进的 256 色 VGA 图形，支持多人游戏的点对点网络，以及 P2P 的游戏模式等。这些技术为当时以及未来的游戏引擎给出了示范性的架构设计与接口规范，也给出了在 PC 平台上或者以后跨平台上进行游戏开发的新范例。

用革命来描述这样的开发改变丝毫不为过。Lev Manovich [15]将《毁灭战士》的影响描述为，为游戏开发创造了“新文化经济”。他把游戏分解为引擎和资源的软件模型用经济学的挂点来描述：“生产者定义了一个对象的基本结构并发布了一些例子，同事允许消费者建立自己版本的工具，与其他消费者共享。”卡马克以放弃对创造性进行控制的方式，解放了游戏美术、设计对游戏的想象力。id Software 鼓励玩家社区并与第三方开发人员合作，允许他们修改游戏，或者在 id Software 的引擎上创建新的游戏。通过游戏引擎创建强大的内容创建模型，允许游戏开发者或者玩家做他想做的事情：改变游戏并与其他玩家分享变化。这使得程序开发人员可以将注意力更多地放到改进技术上，而不是游戏设计。

这一共享的思想无疑取得了很大成功。《毁灭战士》系列本身相当成功，大约卖了 350 万套，而授权费又为 id Software 公司带来了一笔可观的收入。有趣的是，这种共享的思想或许与卡马克青少年时黑客的背景有关。在此之前，引擎只是作为一种自产自销的开发工具，从来没有哪家游戏商考虑过依靠引擎赚钱，《毁灭战士》引擎的成功无疑为人们打开了一片新的市场。

1994 年，id Software 发布了 Quake《雷神之锤》，同时将《毁灭战士》使用的 Doom Engine 引擎升级为 Quake Engine（id Tech 2）。这是当时第一款完全支持多边形模型、动画和粒子特效的真正意义上的 3D 引擎，而不是 2.5D 引擎。此外，id Tech 1 引擎支持的网络功在 id Tech 2 上得到进一步发扬，这使得在《雷神之锤》上进行多人对战成为一种风潮，也直接促进了电子竞技产业的发展。

一年后，id Software 公司进一步推出 Quake II《雷神之锤 2》，在 Quake 引擎基础上改进，升级为 Quake II 引擎。Quake II 引擎能够支持 OpenGL 实现更好、更快的 3D 渲染，加上 Lightmap 技术，使得 Quake II 引擎在图形效果上实现了质的飞越。后期有大量游戏使用 Quake II 的引擎，如 Raven Software 公司的 Heretic II（1998 年）和 Soldier of Fortune（2000 年）、Ritual Entertainment 公司的 SiN（1998 年）、Ion Storm 公司的 Daikatana（2000 年）和 Anachronox（2001 年）等。2001 年，id Software 公开了 Quake II 的源码，所以一直有利用 Quake II 引擎基于 GPL 授权开发的游戏，如 Thirty Flights of Loving（2012 年）和 Alien Arena: Warriors of Mars（2017 年）。

1999 年，id Software 发布了 Quake 系列的第三款游戏 Quake III Arena《雷神之锤 III 竞技场》。这款游戏使用的引擎是在 Quake II 引擎基础上进行大量改进的 Quake III Arena 引擎，后又被称为 id Tech 3 引擎。id Tech 3 引擎舍弃了使用 CPU 渲染的方法，而强制使用 OpenGL 支持的 GPU 来进行渲染。此外，id Tech 3 引入了样条曲面和体素来表示物体，改进了阴影算法，使用了新的骨骼系统，并且能够支持大范围的室外场景等。id Tech 3 引擎获得了广泛的使用，除 id Software 自己开发 Quake III 的资料篇外，还被 Raven 软件公司用来开发《星际迷航》《星球大战》系列的后续作品。在 id Tech 3 引擎之上演化出来的 IW 引擎（IW engine）则成为 Infinity Ward 工作室《使命召唤》系列的支持引擎，而 IW engine 已经发展到了第 7 代。

除 IW 引擎，另一款改进 Quake 引擎来开发游戏的是 Valve 公司。Valve 公司广受好评的游戏 Half Life《半条命》采用的游戏引擎由授权的 Quake 引擎大量修改而来，以致 Valve 公司创始人

Gabe Newell 表示，引擎中使用的大部分代码都是由 Valve 本身创建的，而不是来自 Quake。基于对 Quake 引擎的大量改进，Valve 公司在 Half Life 使用的引擎后，进一步开发了 Source 引擎，并在其之上开发了拥有大量玩家的 Counter-Strike《反恐精英》和 Half Life 2。Value 引擎同样包含了渲染、材质系统、AI、物理引擎、游戏界面、游戏声效、编辑器等组件，而且合理使用了模块化的设计，使得 Source 引擎的修改和升级相对简单。这些特点让 Source 引擎一直获得 Valve 公司的支持。当前，成为电子竞技奖金之最的 Dota 2 游戏最初是基于 Source 开发的。然而，引擎开发者 Newell 也认为，一直使用老的架构和工具来进行游戏开发是"非常痛苦"的。于是，Valve 在 2015 年 3 月的游戏开发者大会上正式宣布了 Source 2 引擎，并表示可以供开发人员免费使用。Source 2 引擎支持当前最新的 Vulkan 图形 API，并使用名为 Rubikon 的新内部物理引擎。随后，Dota 2 在 Reborn 的更新中移植到 Source 2 引擎上。

让再次我们回到 20 世纪 90 年代。正当 id Sofware 在 1999 年发布的 Quake III Arena 引擎如日中天的时候，有一家游戏公司的创始人蒂姆·斯威尼（Tim Sweeney）将自己公司的名字由 Epic MegaGames 改为了 Epic Games。这个公司在改名前的一年即 1998 年刚刚推出了一款游戏 Unreal《虚幻》。这款游戏使用了的游戏引擎被称为虚幻引擎（Unreal Engine，UE），包含了一个可以用于场景编辑的编辑器（Unreal World Editor），这成为了未来 UE 引擎的标准配置。Tim Sweeney 在这款游戏引擎上倾注了大量的心血，在第一个版本的 UE 引擎上实现了对碰撞检测、彩色照明和纹理过滤等技术；在 2000 年，Epic 通过新的改进更新了引擎，包括更高的多边形模型和架构、骨架动画系统和大规模地形支持等。Unreal 游戏提供了引人入胜的故事、令人难以置信的图形、丰富的环境——包括当时一些在游戏中见过的最好的 3D 室外景观。更为重要的是，Unreal 引擎创建了一套模块化的程序和工具，用于构建和定制其他游戏。与其他引擎类似，Unreal 引擎给予其他公司许可用于开发游戏。为了开发引擎，Epic 公司投入了 300 万美元，通过许可证，虽然只收入了 35 万美元，但是正像斯威尼所说的，"虚幻技术的最大目标是建立一个代码库，可以通过多代游戏进行扩展和改进。实现这一目标需要保持技术的通用性，编写干净的代码，并将引擎设计为非常可扩展的。"他达到了这一目标，有多款游戏使用了 Unreal 引擎，如 Epic 自己开发的 Unreal Tournament、Unreal Championship，以及第三方开发的游戏 Deus Ex、Nerf Arena Blast and Duke Nukem Forever。

2003 年 2 月，Epic 公司推出了 Unreal II，震撼了 PC 游戏界。Unreal II 回到了第一个虚幻游戏的故事情节，让个体玩家对抗 Skaarj 的无情力量，还包括与计算机控制的非玩家角色（NPC）的广泛互动，Unreal 2.0 引擎的丰富功能将底层引擎推向了新的高度。基于 Unreall 2.0 引擎，Epic 开发了多个后续的游戏，如 Unreal Tournament 2004、Unreal Championship 2: The Liandri Conflict 等，其中使用的 Unreal Engine 2.5 更是首次实现了对 Xbox 的支持。

随着市场上这些版本的 Unreal 引擎得到广泛应用，2006 年，Epic Games 开发一个全新的游戏系列 Gear of War《战争机器》和全新版本的虚幻引擎 Unreal 3 来驱动它们。《战争机器》拥有独特的第三人称相机风格、丰富而极其细腻的环境、令人恐惧逼真的敌人，以及一些有史以来最强烈的多人对战。《战争机器》成为了历史上最畅销的游戏之一。2 年后发布的《战争机器 2》则获得了更大的成功。

Unreal 3 在图形支持上的一个重大改进是使用了完全可编程着色器硬件，这之前支持固定管线的虚幻引擎不同；利用可编程着色器硬件的灵活功能，所有着色计算均按像素进行，而不是按顶点进行；提供了对伽马校正高动态范围渲染器的支持。

当 Unreal 引擎风光无限的时候，传统引擎开发商 id Software 也于 2004 年发布了万众期待的 Doom 3，使用了 Doom 3 Engine（即 id Tech 4 引擎），作为 id Tech 3 的增强版，实现了对引擎渲染器的完全重写，仍然保留其他子系统，如文件访问和内存管理。使用这种引擎的其他游戏有 Raven Software 的 Quake 4（2005）和 Wolfenstein（2009）、Human Head Studios'Prey（2006）、Splash Damage 的 Enemy Territory：Quake Wars（2007）和 Brink（2011）等。然而在 Doom 3 后，id Software 陷入了困境。2009 年，ZeniMax Media 公司收购了 id Software，公司创始人卡马克也离开了公司。虽然后续 id Tech 引擎依然在持续推出。但是，这也不再是原来引领游戏界发展的游戏引擎了。

2004 年，也有另一款重要的游戏 Crysis《孤岛危机》上线，使用的是第二代的 CryEngine，这是由德国 Crytek 工作室的 Yerli 兄弟主导开发的一款高质量游戏引擎。CryEngine 的第一代开始是作为 Nvidia 的技术 demo，当看到它的潜力时，Crytek 将其变成了一个游戏引擎。Ubisoft 开发的初始几代 Far Cry 游戏使用的就是 CryEngine。CryEngine 3 于 2009 年 10 月发布。Crytek 还发布了一款免费使用的 CryEngine 版本，用于非商业游戏开发。除 Crytek 自身的《孤岛危机 3》，CryEngine 3 还被用于澳大利亚海军的人员训练。

2004 年左右，还有一款游戏引擎暂露头角，Unity Technologies 在苹果公司 2005 年的全球开发者大会上首次宣布并发布了 Unity3D 引擎的第一个版本。一开始，Unity3D 只支持 Mac，后期才加入了对 Windows PC 和 Web 浏览器的支持。Unity 获得广泛关注始于 2008 年。那年中期苹果推出了 iPhone App Store，这是 Unity 引擎一个转折点。“我们马上支持 iPhone，这是 2008 年底第一个这样做的游戏引擎，”Unity Technologies 公司创始人 Helgason 说。“它发生得非常快。突然间，很多人都想要使用 Unity。”Unity 引擎使用户能够以 2D 和 3D 方式创建游戏，并且引擎提供 C#的脚本 API，支持插件形式的 Unity 编辑器以及各种功能的拖放。

与传统引擎提供商高高在上的形象不同，Unity 引擎并不是以专业的游戏开发公司为服务对象的，而是针对广大普通游戏开发者。Unity 引擎采用免费开发、发布收费的模式，大大降低了使用引擎的门槛。这带来了更多的使用者，而更多的使用者支撑的论坛和教程，进一步降低了引擎的使用难度。这使得推出较晚的 Unity 引擎在使用的广泛性上快速超过了传统引擎服务商。

这一商业模式的改变直接改变了整个引擎竞争的局面。2014 年，当时的 Epic 公司发布 Unreal 引擎的第四代，也是当前最好的游戏引擎的同时，戏剧性地改变了虚幻引擎许可证制度，提出了每月 19 美元的订阅费（随后在 2015 年取消了这个订阅费）+5%的总收入特许权使用费的收费方法。Crytek 并不落后，在同年宣布了自己的订阅模式。后来 Unreal 4 引擎的源代码公开计划和 Unity 的源代码免费访问计划让普通开发者可以快速而近乎免费地得到最新的游戏技术。

不过，不是所有引擎开发商都喜欢免费的计划。开发星球大战系列的 Terminal Reality 公司使用的游戏引擎 Infernal，因为 2013 年底其工作室关闭后而不再被可用。2016 年，Corona Labs 被出售给了自己的首席执行官。同年，Marmalade 表示将关闭其游戏开发平台、Havok 关闭了其免费的移动游戏引擎 Project Anarchy。Gamebase 公司使用 Gamebryo 引擎，即使拥有如 El Shaddai、Epic Mickey 和 LEGO Universe 等热门的游戏，其引擎开发也已经安静下来了。曾经著名的游戏引擎 CryEngine 所属的 Crytek 公司在 2010 以后也屡次陷入经济危机和破产的传言中。

“这是最好的时代，也是最坏的时代。”在经过飞速发展的数十年后，现在普通消费者与最好的游戏技术、最新的游戏引擎的距离无比接近，与此同时，他们与开发他们自己的游戏引擎的距离缺变得越来越远。

1.3 常用三维游戏引擎

随着游戏产业的不断发展，游戏引擎开始渐渐壮大成一个成熟的产业，目前有非常多的公司在构建自己公司内部使用的自用游戏引擎（in-house game engine），如 EA（Electronic Arts）用来构建了很多 RTS 游戏的 SAGE 引擎，顽皮狗（Naughty Dog）的神海系列也是由 in-house 游戏引擎开发。除了 in-house 游戏引擎外，也有许多对外进行商业授权的游戏引擎，如 Quake 引擎、Source 引擎、虚幻引擎等。除了自用和商用的游戏引擎外，还有一类为开源游戏引擎，它往往是由业余爱好者或者一部分专业游戏开发者开构建的。

1.3.1 虚幻引擎 UNREAL

虚幻引擎 UNREAL 是由 Epic Games 开发的。第一代虚幻引擎在 1998 年的 Unreal 游戏中首次亮相并应用，同时支持 OpenGL 和 Direct3D 两种图形 API。第二代引擎诞生于 2002 年，基于该引擎的游戏有虚幻竞技场 2003 等。同时，虚幻引擎 2 是一款非常成功的跨平台游戏引擎，能够很好地运行在各大主机甚至掌机平台。虽然虚幻引擎 1 和 2 都获得了不小的成功，但是虚幻引擎的真正爆发是由 Unreal Engine3（虚幻引擎 3）带来的，虚幻引擎 3 的设计目的较为明确，每方面都具有比较高的易用性，尤其侧重数据生成和程序编写的方面。美工只需程序员的很少量协助，就能够开发游戏的数据资源。为了实现这个目标，虚幻引擎提供了完全可视化环境来协助美工开发人员完成，操作非常便利。与此同时，虚幻引擎 3 为程序员提供一个具有先进功能的，并且具有可扩展性的应用程序框架（Framework），这个框架可以用于建立、测试和发布各种类型的游戏。2006 年面世的战争机器是第一款采用虚幻引擎 3 的游戏。之后，游戏界可以说是进入了“虚幻王朝”，从 2006 年到 2013 年，诞生了不下百款基于虚幻引擎 3 的游戏，还在继续增加。

基于虚幻引擎开发的大规模游戏有很多，除《战争机器》外，还包括《虚幻竞技场 3》、《彩虹六号：维加斯》、《镜之边缘》、《质量效应》、《生化奇兵》系列等。Epic 于 2009 年发布了免费版本的虚幻 3 引擎，这就是 UDK 虚幻开发工具。除基本的关卡编辑工具外，UDK 组件还包括：素材浏览器，面向对象编程语言，可视化脚本系统，电影化场景控制系统，粒子物理效果和环境效果编辑器，支持 NVIDIA PhysX 物理引擎的 Unreal PhAT 建模工具，Unreal Lightmass 光照编辑器，AnimSet Viewer 和 AnimTree Editor 骨骼、肌肉动作模拟等。除了在 PC 端不断更新虚幻引擎外，Epic 还将虚幻 3 引擎带到了移动平台。2010 年的 GDC 大会上，Epic 正式展示了用 iPhone 3G 运行的一段虚幻 3 演示程序——Epic Citadel。据 Epic 描述，移动平台的虚幻 3 引擎使用 OpenGL ES 2.0，并保留了完整版虚幻 3 引擎 90%以上的功能和代码，并将在以后的更新中加入更多特性。随后，该演示程序登录苹果 App Store 并提供免费下载，并在 2010 年底推出了基于虚幻 3 引擎的第一款真正意义上的手机游戏：Infinity Blade《无尽之剑》，该系列分别在 2011 年、2012 年推出第二代和第三代，画面效果提升显著。另外，虚幻 3 引擎在经历了如此长的生命周期后，2013 年推出了虚幻 4 引擎，重点加强了粒子以及环境光照效果。首个基于虚幻 4 引擎的演示程序一同发布，展现了一位全副武装的恶灵骑士在一座山峦的王座傲视群雄的场景，尤其是火山爆发的场景，浓浓烟尘，还夹杂着些许雪片，有丰富的场景细节，如图 1-2 所示。

虚幻引擎 UNREAL 代表作：

① Unreal Engine 1，包括：Unreal（1998）—Epic Mega Games，Unreal Tournament（1999）—Epic Games，Deus Ex（2000）—Ion Storm。

图 1-2 虚幻引擎的演示

② Unreal Engine 2，包括：Unreal Tournament 2003（2002）—Digital Extremes，Tom Clancy's Splinter Cell（2003）—Ubisoft Montreal，Star Wars: Republic Commando（2005）—LucasArts，BioShock（2007）—2K Boston/2K Australia。

③ Unreal Engine 3，包括：Gears of War（2006）—Epic Games，Mass Effect（2007）—BioWare，Medal of Hono（2010）—EA Los Angeles, Danger Close Games，Infinity Blade（2010）—Chair Entertainment。

1.3.2 CryEngine 引擎

CryEngine 是由德国 Crytek 工作室的 Yerli 兄弟主导开发的一款高质量游戏引擎，自面世以来已经经历了 3 个大版本以及无数个小版本，并且产生了非常多高质量的游戏大作。CryEngine 第一代的代表作是 FarCry《孤岛惊魂》，是第一款面世的支持 DirectX 9.0c 的游戏，在 2004 年上市以后获得了业界的好评。玩家第一次认识到，游戏也是可以渲染出如此真实的水面和光影效果。同时，CryEngine 是最先支持 64 位游戏运行模式的引擎之一，2005 年更新版 FarCry 中加入了对 64 位的支持，在画质上更上一层。在获得 FarCry 的成功后，2005 年 9 月举行的微软 PDC 大会上，Crytek 展示了一段基于 CryEngine2 引擎的 Demo 视频，使用了微软发布不久的 DirectX 10 API，展示了动态的日夜循环、阳光透射、实时软阴影、软粒子以及完全互交可毁坏的环境、容积云和高级着色器技术等新的特性。

首款采用 CryEngine2 的游戏 Crysis（孤岛危机）在 2007 年底面世，也是首款支持基于屏幕的环境光遮蔽（SSAO）计算的游戏，被定义在一个方圆 12 平方英里（约 31 km^2）阳光灿烂的小岛上。游戏引擎通过“实时间接照明”“地面散射”等效果来表现惊人的光影效果。同时，游戏的物理效果非常棒，除了不是采用三维模型的物质及非物理物质，游戏中的大多数东西均可以被破坏。玩家可以破坏树木、车辆、建筑物等，甚至可以看到建筑物坍塌的过程。在大多数情况下，这些均是真实世界的模拟。Crysis 的适应性非常好，在当时的 8600GT 等中低端显卡上也能提供不错的画质并运行流畅。在很长时间内，Crysis 都是衡量显卡游戏性能的一个重要工具。

Crysis 面世以后，Crytek 把目光转向了可扩展性，他们认识到游戏引擎不单单要效率高，技术好，跨平台也是一个优秀的游戏引擎所必备的。于是，之后面世的 CryEngine3 引擎就是 Crytek 跨平台之路的开始。2011 年以及 2013 年面世的 Crysis2、Crysis3 都是基于 CryEngine3（引擎版本号有所不同）制作，并且在 PS3、Xbox360 平台上进行了发售。2012 年，Crytek 还将 CryEngine3 移植到了移动平台，其首款游戏 Fibble 在 iOS 上也获得了好评。

CryEngine 引擎代表作。

① CryEngine：包括 Far Cry（2004）—Crytek，Aion: The Tower of Eternity（2008）—Ncsoft。

② CryEngine2：包括 Crysis（2007）—Crytek Frankfurt，Crysis Warhead（2008）—Crytek Budapest。

③ CryEngine3：包括 Crysis 2（2011）—Crytek GmbH，Crysis 3（2013）—Crytek GmbH，Sniper: Ghost Warrior 2（2013）—City Interactive，Ryse（2013）—Crytek GmbH，Homefront 2（2014）—Crytek UK。

1.3.3 Unity3D 引擎

Unity 是由 Unity Technologies 开发的一个游戏引擎。该公司 2004 年诞生于丹麦哥本哈根，随后在 05 年将总部建立于美国旧金山，并同时发布了 Unity 1.0 版本。初期，Unity 引擎只能应用于 Mac 平台，主要用于网页游戏的开发。诞生 4 年后，Unity 真正让世人开始关注它是在 2008 年，Unity 引擎开始走向跨平台之路，先支持了 windows，随后支持了 iOS 和 Wii 平台，从此 Unity 引擎开始变得炙手可热。在取得成功后，Unity 公司继续开发引擎，并使其在 2010 年支持了 Android、2011 年支持了 PS3 和 Xbox360 平台，可以说，Unity 引擎完成了全平台支持的构建。正是如此优秀的跨平台能力及其简单易用的使用能力，Unity 引擎逐步成为开发者使用最广泛的游戏引擎。同时，Unity 提供了免费版本的 Unity 引擎，仅简化了一小部分功能。

综合来说，Unity 引擎最大的特色可就是简易性和跨平台能力，可轻松发布游戏至 Windows、Mac、iOS、Android、Windows Phone、Xbox、PS 等主流平台，也可以利用 Unity Web Player 插件发布网页游戏手机游戏（如图 1-4 所示）。由于该引擎便于学习和使用，大大降低了开发者门槛，因此目前非常移动游戏、网页游戏甚至 PC 游戏都使用该引擎开发，并获得了非常好的效果，如《神庙逃亡 2》(Temple Run2)、GLU 的《永恒战士》系列和暴雪的《炉石传说》等。

图 1-4 游戏《暗影之枪》画面

Unity 引擎代表作：Temple Run（2011）—Imangi Studios，Shadowgun（2011）—Madfinger Games，Triple Town（2011）—SpryFox, LLC，Cities in Motion 2（2013）—Colossal Order，Temple Run 2（2013）—Imangi Studios。

1.3.4 Ogre3D 引擎

Ogre 游戏引擎是一个开源免费的游戏引擎，同时因为其强大的图形绘制功能而大受欢迎。虽然这款引擎是免费授权的，但是几乎拥有了商业 3D 渲染引擎的很多特性。因为 Ogre 的英语含义为怪物、食人兽，因此其 Logo 是一个怪物的头像。Ogre 引擎是一个由 C++语言编写的、灵活的三维引擎，主要用于那些利用硬件加速的 3D 图形应用程序。它的类库提取了所有基础系统库的细节，如 Direct3D 和 OpenGL，并提供了一个基于世界对象和其他直观类的界面。对开发者而言，Ogre 最吸引人的地方莫过于 Ogre 是完全面向对象设计的，绝大部分细节都被隐藏在成熟的层次结构中，只需简单地调用，就能实现很绚丽的功能。3D API 或者其他一些引擎的使用者很少能有这种经历，甚至不会去这么想：在 Ogre 中可以用很少的代码来完成一个完整而漂亮的 3D 应用程序。如果曾经使用传统而基本的方法进行过 3D 应用程序开发，如 OpenGL 或者 Direct3D 这种底层 API，你会了解到它们有一些相似而且烦琐的过程：通过调用 API 设置渲染状态，通过调用 API 传送几何体信息，通过调用 API 通知 GPU 渲染，清理，返回到第一步……直到渲染完一帧进入下一帧。这个过程会让你陷入纷杂的 API 操作中，相对于真正的应用，可能会把时间被浪费在基本的几何体操作中去。如果使用面向对象的方法来渲染几何体，就可以从几何体级别的处理工作中抽离出来，转而处理具体的场景和在场景中的物体。其中的物体包括：可活动的物体、静态物体组成的场景本身、灯光、摄像机以及其他。只需简单地把物体放到场景之中，Ogre 会帮助你完成杂乱的几何渲染处理，从而脱离对调用 API 的依赖。完全面向对象的特性使得 Ogre 非常受开发者欢迎。

Ogre 引擎在跨平台支持能力上也做得很好，除了支持传统的 windows 和 Mac 平台，也支持 Linux、WinRT、Windows Phone 8、iOS 和 Android 平台。非常受欢迎的游戏《火炬之光》系列就是基于 Ogre 游戏引擎开发（如图 1-5 所示）。

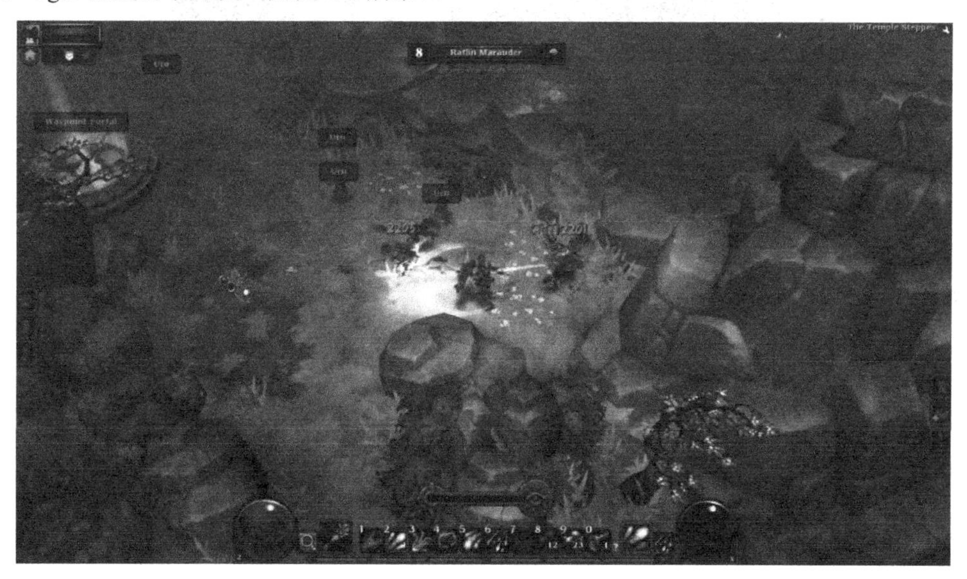

图 1-5 《火炬之光 2》游戏画面

Ogre 引擎代表作：Torchlight（2009）—Runic Games，Torchlight II（2012）—Runic Games。

1.3.5 寒霜引擎 Frostbite Engine

寒霜引擎 Frostbite Engine 是由瑞典著名游戏工作室 DICE 开发设计一套三维游戏引擎。寒霜引擎的特色是可以运作庞大而又有着丰富细节的游戏地图，同时可以利用较低的系统资源渲染地面、建筑、杂物的全破坏效果，可以轻松地运行大规模的、所有物体都可被破坏的游戏。从 2006 年公布到 2008 年第一款使用寒霜引擎的游戏《战地：叛逆连队》（Battlefield: Bad Company）面世，寒霜引擎在游戏引擎界可以说是后起之秀，虽然来得晚，但是发力非常迅速。

在第一款采用寒霜引擎的游戏面世后，短短几年内就有数款基于该引擎的游戏面世。在 SIGGRAPH 2010 会议中，DICE 正式介绍了寒霜 2 引擎并在次年随 Battlefield 3《战地 3》（如图 1-6 所示）发布，寒霜 2 引擎是完全基于 DirectX 11 和 SM 5.0 的游戏引擎，没有提供对 DirectX 9 的支持。2011 年和 2012 年先后有数款采用寒霜 2 引擎的游戏上市，比较有代表性的有 Medal of Honor: Warfighter《荣誉勋章：战士》。随着寒霜 2 引擎的成功，寒霜系列引擎开始在游戏引擎界站稳脚跟，同时 DICE 没有停下前进的脚步。在 GDC2013 上，DICE 介绍了寒霜 3 引擎，它将随着《战地 4》在 2013 年底面世。在跨平台开发上，寒霜引擎也做得非常出色，Frostbite、Frostbite 2 引擎支持多种平台的后端。在 Xbox 360、Windows XP 上支持 DirectX 9.0c（不包括 Frostbite 2），支持在 Windows Vista/7 上应用 DirectX 10/11，支持 PlayStation 3 的 libGCM。寒霜引擎在各平台上都保持较高的独立性，各种渲染工作由引擎内部完成，可保持跨平台渲染出的画面效果一致性。在执行效率上，寒霜引擎也是目前民用游戏引擎中对多核处理器优化的最好引擎之一。

图 1-6 《战地 3》游戏画面

寒霜引擎代表作。

① Frostbite：包括 Battlefield: Bad Company（2008）—EA Digital Illusions CE，Battlefield: Bad Company 2（2010）—EA Digital Illusions CE。

② Frostbite2：包括 Battlefield 3（2011）—EA Digital Illusions CE，Need for Speed: The Run（2011）—EA Black Box，Medal of Honor: Warfighter（2012）—Danger Close Games，Command & Conquer（2013）—Victory Games。

③ Frostbite3：包括 Battlefield 4（2013）—EA Digital Illusions CE，Need for Speed: Rivals（2013）—EA Digital Illusions CE，Dragon Age: Inquisition（2014）—BioWare。

1.3.6 id Tech 引擎

id Tech 引擎，也称为毁灭战士引擎，是由 id Software 开发的游戏引擎，由卡马克领导设计。初代 id Tech 引擎随着游戏《毁灭战士》（DOOM）诞生于 1993 年，在那个几乎没有三维世界的游戏时代，DOOM 可以说是为人们开启了一个新的时代。在 id Tech 引擎成功后，id Software 在 1997 年发布了该系列引擎的第二代 id Tech2 引擎，因为随着游戏《雷神之锤 2》（Quake II）上市，因此该游戏引擎又被称为 Quake II Engine。同年，id Software 公开了 id Tech 引擎的源代码供开发者学习以及用于非商业用途。

1998 年，虚幻引擎 Unreal Engine 发布，给 id Tech 引擎造成了很大的压力，于是 id Software 加快了引擎研发的步伐，在 1999 年发布了该系列引擎的第三代 id Tech3。其实从严格意义上来说，id Tech3 是基于 id Tech2 的，是从 id Tech2 的基础上通过一部分代码重写与改进而产生的。随着 id Tech3 一同面世的游戏便是大名鼎鼎的《雷神之锤 3》（Quake III），该游戏恰如 Doom 一样，为世人开启了一个新的时代。在 id Tech3 发布的两年后，John Carmack 将 id Tech2 的代码开源。在随后的几年中，游戏行业的格局发生了巨大的变化，OpenGL 的统治地位受到了来自微软 DirectX 的强大挑战，特别是在 DirectX 9 以及后期经典的 DirectX 9.0b、DirectX 9.0c 发布后，越来越多的游戏开发商开始基于 DirectX 编写游戏。随着这一变化，基于 OpenGL 的 id Tech 系列引擎也面临史无前例的危机。2004 年，id Tech4 引擎随着 DOOM3 的发售而面世，同样基于 OpenGL 编写。在 id Tech4 开发初期，John Carmack 本来希望这是一个加强版的 id Tech3，但是在开发过程中决定把语言从 C 转变为 C++语言，导致了几乎大部分的代码需要重写。可以说，2004 年 id Tech4 的面世是被 OpenGL 阵营给予厚望的。事实证明，John Carmack 没有让他们失望，id Tech4 引擎将当年最强画质最强技术的称号重新带回到了 OpenGL 阵营中。一直到现在，DOOM3 也还是一款经典的游戏。在 id Tech4 发布后，id Software 似乎销声匿迹了一段时间，2007 年，公布了新游戏《狂怒》（Rage）的一段影像（如图 1-7 所示），这段影像在当年很多人认为是伪造的，因为连当年最强画质的 Crysis 都要甘拜下风。可是事实却是：id 认为目前的硬件水平不足以运行这个游戏，因此决定推迟。一直推到了 2011 年，世界上首款搭载 id Tech5 引擎的游戏《狂怒》（Rage）终于面世。id Tech5 在某些方面技术确实非常先进，引入了 MegaTexturing 技术，可以让小容量的物理显存也能使用高清材质，这对提升游戏画质大有裨益，开发者的限制也会更少。

图 1-7 《狂怒》（Rage）游戏画面

id Tech 系列引擎还与其他厂商合作，推出过不少基于自家引擎的游戏引擎，其中最著名的当属 IW engine，虽然这个引擎很多人并不知道，但是使用这个引擎开发的游戏大家都会熟悉，那就是 Call of Duty《使命召唤》系列游戏。之后无论是 Infinity Ward 主持开发还是 Treyarch 主持开发，一直到目前，所有的《使命召唤》系列游戏都采用 IW Engine 及其改进版开发而来。

id Tech 引擎代表作。

① id Tech(DOOM engine)：包括 DOOM（1993）—id Software，Doom II: Hell on Earth（1994）—id Software。

② id Tech2（Quake II engine)：包括 Quake II（1997）—id Software，Heretic II（1998）—Raven Software。

③ id Tech3：包括 Quake III Arena（1999）—id Software，Quake III: Team Arena（2000）—id Software，Star Wars Jedi Knight: Jedi Academy（2003）—Raven Software，Call of Duty (2003）—Infinity Ward。

④ id Tech4（DOOM3 engine)：包括 DOOM 3（2004）—id Software，DOOM 3: Resurrection of Evil（2005）—Nerve Software，Quake 4（2005）—Raven Software，Prey（2006）—Human Head Studios。

⑤ id Tech5：包括 Rage（2011）—id Software，Wolfenstein: The New Order（2013）—MachineGames。

小 结

本章主要为初学者梳理了一下游戏引擎的概念，简单回顾了游戏引擎的发展历史，并着重介绍了目前世界上几款最知名的游戏引擎与相关游戏作品。

游戏引擎在经历了二十余年的发展后正步入百家争鸣的格局。游戏引擎有走大而全发展线路的，也有走向小而精线路的。虽然几个大公司的游戏引擎还是占据着大部分的市场，但不断有好的游戏引擎在市场上出现。在这个格局中，作为拥有全球最大游戏市场的中国，游戏引擎才刚刚起步，我们面临许多挑战，同时拥有许多机遇。也许我们现在的技术积累不够，但要看到我们的后发优势；也许因为人力财力很难走“大而全”的线路，但可以尝试“小而精”的发展模式。

最后需要指出的是，尽管引擎的不断进化使游戏的技术含量越来越高，但最终决定一款游戏是否优秀的因素在于使用技术的人而不是技术本身。我们一直强调的是引擎提供游戏运行所需的各种功能和组件、管理游戏的各种资源，技术只是撑起游戏的骨架，而游戏的精彩与否最终还是取决于游戏的内容和可玩性。

习 题 1

1. 请列举游戏架构的不同组成部分。
2. 当前常用的游戏硬件平台有哪些？
3. 游戏引擎主要包含哪些模块，每个模块的内容组成是什么？
4. 请列举当前常用的三维游戏引擎。

参考文献

[1] Jason Gregory, Jeff Lander, Matt Whiting. Game Engine Architecture. A K Peters/CRC Press, 2009.

[2] David H. Eberly. 3D Game Engine Architecture: Engineering Real-Time Applications with Wild Magic. CRC Press, 2004.

[3] Ian Millington. Game Physics Engine Development: How to Build a Robust Commercial-Grade Physics Engine for your Game. CRC Press; 2 edition, 2010.

[4] Ian Millington. John Funge:Artificial Intelligence for Games. CRC Press; 2 edition, 2009.

[5] http://en.wikipedia.org/wiki/wiki.

[6] http://www.nvidia.com.

[7] http://www.ogre3d.org.

[8] http://www.crytek.com.

[9] http://dice.se/.

[10] https://www.unrealengine.com.

[11] https://www.crytek.com.

[12] https://www.ogre3d.org.

[13] https://unity3d.com.

[14] http://www.frostbite.com.

[15] Manovich, Lev. The Language of New Media. Cambridge: MIT Press, 2001.

第 2 章　三维数学基础

早期的计算机游戏以字符为主，缺乏视觉美感。随着 Windows 平台的推出和计算机图形硬件的发展，出现了二维游戏、二维半游戏、三维游戏甚至虚拟沉浸式游戏，并逐渐演化成为当今游戏的主流形式。三维游戏的开发与三维计算机图形学密切相关，了解和掌握这些基本理论知识是三维游戏编程的基础。本章将针对三维计算机游戏编程，简要介绍涉及的三维数学的一些基本概念和原理性知识。

2.1　坐标系

坐标系是所有游戏中场景描述的基础。坐标系包括一维坐标系、二维坐标系、三维坐标系，甚至更高维的坐标系。一维坐标系是通常数学概念中的数轴，表示一维中变化的数量关系，如游戏中的时间是一维的。二维坐标系是表示二维空间中的数量关系，平面就是二维空间，如 2D 游戏发生的场景是建立在二维的坐标系上的。三维坐标系通常表示三维空间中的空间关系，当前流行的 3D 游戏都是以三维空间坐标系作为场景表示的基础。更高维度的坐标系在游戏设计中通常不具有直观的意义，但是在一些特别的场合有重要的辅助作用，如后面讲到的四维齐次坐标系。下面讲述的很多游戏中的数学知识都建立在坐标系之上。

三维空间中最常用的是笛卡儿坐标系，空间中任意一点由三个实数 x、y、z 指定，它们表示该点到 yz、xz 和 xy 平面的垂直距离。笛卡儿坐标系可分为左手坐标系和右手坐标系两大类。判断坐标系“手性”的方法是：伸出右手，大拇指竖立，另外四指紧握，四指的绕向与从坐标系的 $+x$ 轴到 $+y$ 轴的走向相同。若大拇指方向与坐标系的 $+z$ 轴重合，为右手坐标系，否则为左手坐标系。若考虑到坐标轴的旋转，笛卡儿坐标系可分为 48 种，左、右手坐标系各占一半。

大部分游戏（特别是第一人称视角游戏）采用左手坐标系，其中 $+x$、$+y$ 和 $+z$ 相对相机位置分别指向右方、上方和前方，如图 2-1（左）所示。游戏场景物体的建模（使用 3ds MAX 和 Maya 等造型软件）和绘制（调用底层图形 API，如 OpenGL、Direct3D）通常是两个独立的过程，各种造型软件、底层图形 API 等采用的坐标系没有统一的标准。例如，OpenGL 通常采用右手坐标系，Direct3D 默认采用左手坐标系（Direct3D 9.0 提供了建立左手和右手坐标系的 API 函数）。因此，在编写三维游戏引擎或转换三维模型的时候必须考虑坐标系的定义，并在左手和右手坐标系之间进行转换。将左手坐标系的点转换为右手坐标系中的点，可通过旋转变换使得两者的 x、y 轴重合，将旋转变换应用到该点后，再将它的 z 值符号取反。

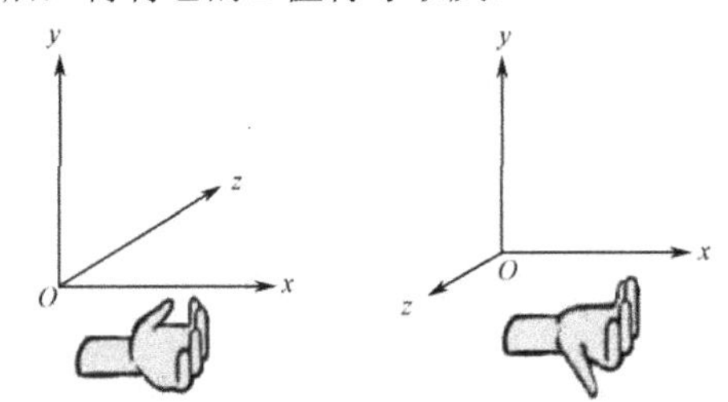

图 2-1　游戏中常用的左手（左）和右手坐标系（右）

2.2 向量及其运算

游戏中涉及的向量的维数一般不超过四维。一维空间的向量本质上是一个数值。二维向量是一个序对，可以写成(x, y)，三维空间中的向量则可写成(x, y, z)或者$[x, y, z]$。在运算公式中，写成水平排列形式的向量称为行向量，写成垂直排列形式的向量则称为列向量。如果将向量看成矩阵形式，同一个向量的行向量和列向量形式的矩阵的维数正好相反。尽管空间中的向量与点（位置）都表现为一系列数值，但两者的意义并不一样。向量拥有大小和方向，表达的是一个相对的位移关系，没有确定的位置关系，因此一个向量可以处在空间的任意位置。而空间中的点则表示一个绝对的位置，没有方向和大小。两个不同的点决定一个向量，一个点和一个向量则可以决定另外一个点。通常我们用小写的斜体罗马或希腊文字表示，如 a、b、c、x、y、z 表示数值。点或向量用小写的粗体罗马或希腊文字表示，如 **u**、**v**、**w**。

令三维向量 $\mathbf{v}=(x,y,z)$，则与三维空间向量有关的定义和操作如下。

① 零向量 —零向量的含义是各分量为零：$\mathbf{v}=(0,0,0)$。

② 向量取反 —对向量的各个分量乘以“–1”，这在几何上的解释是把向量旋转 180°：

$$-\boldsymbol{v}=(-x,-y,-z)$$

③ 向量的范数 —n 维向量的大小称为范数，也称为向量的模，一般采用欧氏距离计算：

$$\|\mathbf{v}\|=\sqrt{\mathbf{v}_1^{\ 2}+\mathbf{v}_2^{\ 2}+\cdots+\mathbf{v}_{n-1}^{\ 2}+\mathbf{v}_n^{\ 2}}$$

④ 单位向量 —其含义是它的范数或者说大小是 1 个单位，即$\|\boldsymbol{v}\|=1$。

⑤ 向量与数值的乘法：

$$k\begin{bmatrix}x\\y\\z\end{bmatrix}=\begin{bmatrix}x\\y\\z\end{bmatrix}k=\begin{bmatrix}kx\\ky\\kz\end{bmatrix}$$

⑥ 向量的归一化—将一个非零向量变成一个单位向量的过程叫做向量的归一化，零向量不能进行向量归一化：$\mathbf{v}_{\text{norm}}=\dfrac{\mathbf{v}}{\|\mathbf{v}\|}$，$\mathbf{v}\neq 0$。单位向量可以表示几何物体表面的朝向，又称为法向。

⑦ 两个 n 维向量的加法：

$$\begin{bmatrix}a_1\\a_2\\\vdots\\a_{n-1}\\a_n\end{bmatrix}+\begin{bmatrix}b_1\\b_2\\\vdots\\b_{n-1}\\b_n\end{bmatrix}=\begin{bmatrix}a_1+b_1\\a_2+b_2\\\vdots\\a_{n-1}+b_{n-1}\\a_n+b_n\end{bmatrix}$$

⑧ 向量的点积 —又称为内积（dot），等于一个向量在另一个向量上的投影的大小，是数值。

$$\begin{bmatrix}a_1\\a_2\\\vdots\\a_{n-1}\\a_n\end{bmatrix}\cdot\begin{bmatrix}b_1\\b_2\\\vdots\\b_{n-1}\\b_n\end{bmatrix}=\mathbf{a}_1\mathbf{b}_1+\mathbf{a}_2\mathbf{b}_2+\cdots+\mathbf{a}_{n-1}\mathbf{b}_{n-1}+\mathbf{a}_n\mathbf{b}_n$$

点积等价于两个向量的范数与两者夹角的余弦的积，因此可以通过向量的点积来计算它们的夹角：$\mathbf{a}\cdot\mathbf{b}=\|\mathbf{a}\|\|\mathbf{b}\|\cos\theta$。点积满足交换率与分配率，即：$\mathbf{u}\cdot\mathbf{v}=\mathbf{v}\cdot\mathbf{u}$，$(\mathbf{u}+\mathbf{v})\,\mathbf{w}=\mathbf{u}\cdot\mathbf{w}+\mathbf{v}\cdot\mathbf{w}$。

⑨ 向量的投影 —给定两个向量 **v** 和 **n**，可以将 **v** 分成两部分，$\mathbf{v}_{\parallel}$ 和 $\mathbf{v}_{\perp}$，它们分别平行和垂直于 **n**，且 $\mathbf{v}=\mathbf{v}_{\parallel}+\mathbf{v}_{\perp}$。$\boldsymbol{v}_{\parallel}$称为 **v** 在 **n** 上的投影：

$$\mathbf{v}_{\parallel} = \mathbf{n}\frac{\|\mathbf{v}\|\cos\theta}{\|\mathbf{n}\|} = \mathbf{n}\frac{\|\mathbf{v}\|\|\mathbf{n}\|\cos\theta}{\|\mathbf{n}\|^2} = \mathbf{n}\frac{\mathbf{v}\cdot\mathbf{n}}{\|\mathbf{n}\|^2}$$

⑩ 向量的叉积 —又叫外积（cross），两个三维向量的叉积是一个三维向量：

$$\begin{bmatrix} x_1 \\ y_1 \\ z_1 \end{bmatrix} \times \begin{bmatrix} x_2 \\ y_2 \\ z_2 \end{bmatrix} = \begin{bmatrix} y_1 z_2 - z_1 y_2 \\ z_1 x_2 - x_1 z_2 \\ x_1 y_2 - y_1 x_2 \end{bmatrix}$$

向量叉积的范数等于两个向量的范数与两者夹角的正弦的积。因此可以从向量的叉积计算它们的夹角：$\|\mathbf{a}\times\mathbf{b}\|=\|\mathbf{a}\|\cdot\|\mathbf{b}\|\sin\theta$。两个向量的叉积满足表达式：$\mathbf{a}\times\mathbf{b}=-\mathbf{b}\times\mathbf{a}$，$(\mathbf{a}+\mathbf{b})\times\mathbf{c}=\mathbf{a}\times\mathbf{c}+\mathbf{b}\times\mathbf{c}$，$(\mathbf{a}\times\mathbf{b})\times\mathbf{c}=\mathbf{a}\times(\mathbf{b}\times\mathbf{c})$。叉积与点积的混合计算满足交换率：$(\mathbf{a}\cdot\mathbf{b})\times\mathbf{c}=\mathbf{a}\cdot(\mathbf{b}\times\mathbf{c})$。

2.3 矩阵、变换及其运算

矩阵是一个按行列排列的四边形网格，每个格子记录一个数值，因此被看做二维数组。二维并不是指空间维数，而是指矩阵的排列方式。数组的维数可以是任意值，包括 1。广义地说，一个向量是一个数值数组，一个矩阵是一个向量数组。n 维的向量可以看成 $1\times n$（行向量）或 $n\times 1$（列向量）的矩阵。对于 $n\times n$ 的矩阵，若它的非对角线元素（即坐标为(i,j)，且 $i\neq j$，$i=0, 1, \cdots, n-1$，$j=0, 1, \cdots, n-1$ 的元素）为 0，则称为对角矩阵。若对角矩阵的对角线上的值都是 1，称为单位矩阵。三维空间中的几何变换与矩阵关系非常密切，通常可以用矩阵来表示。下面列出矩阵的一些运算规则。

① 矩阵的转置—若矩阵 $\mathbf{M}$ 的维数是 $m\times n$，那么它的转置 $\mathbf{M}^{\mathrm{T}}$ 是 $n\times m$ 矩阵，其中 $\mathbf{M}^{\mathrm{T}}$ 的列由 $\mathbf{M}$ 的行变换而来，也就是说，$\mathbf{M}_{ij}^{\mathrm{T}}=\mathbf{M}_n$（$i=0, 1, \cdots, n-1$，$j=0, 1, \cdots, m-1$）。3×3 矩阵的转置为：

$$\begin{bmatrix} a & b & c \\ d & e & f \\ g & h & i \end{bmatrix}^{\mathrm{T}} = \begin{bmatrix} a & d & g \\ b & e & h \\ c & f & i \end{bmatrix}$$

② 矩阵与数值的乘法：

$$k\mathbf{M} = k\begin{bmatrix} m_{11} & m_{12} & m_{13} \\ m_{21} & m_{22} & m_{23} \\ m_{31} & m_{32} & m_{33} \\ m_{41} & m_{42} & m_{43} \end{bmatrix} = \begin{bmatrix} km_{11} & km_{12} & km_{13} \\ km_{21} & km_{22} & km_{23} \\ km_{31} & km_{32} & km_{33} \\ km_{41} & km_{42} & km_{43} \end{bmatrix}$$

③ 矩阵乘法—矩阵 **A**、**B** 相乘，**A** 的行数必须等于 **B** 的列数，若 $\mathbf{A}_{\mathrm{m\times n}}$，$\mathbf{B}_{\mathrm{m\times p}}$，则 $\mathbf{C}=\mathbf{AB}$ 的结果 **C** 是 $m\times p$ 矩阵。矩阵乘法的公式是：

$$c_{ij}=\sum_{k=1}^{n} a_{ik}b_{kj}\text{（}i=0, \cdots, m-1\text{，}j=0, \cdots, p-1\text{）}$$

④ 向量与矩阵的乘法—向量可被看成只有一行或者一列的矩阵。只要满足矩阵乘法规则，向量与矩阵之间也可以进行乘法操作。下面是一个三维向量与 3×3 矩阵的乘法公式：

$$[x, y, z]\begin{bmatrix} m_{11} & m_{12} & m_{13} \\ m_{21} & m_{22} & m_{23} \\ m_{31} & m_{32} & m_{33} \end{bmatrix} = [xm_{11} + ym_{21} + zm_{31}, xm_{12} + ym_{22} + zm_{32}, xm_{13} + ym_{23} + zm_{33}]$$

如果矩阵的行数与列数相同，且各行代表的向量满足下列条件：不为零向量；互相垂直（即相互点积为 0），范数为 1，则该矩阵为正交矩阵。若 **p**、**q** 和 **r** 为三维空间中互相正交的单位向量，则它们构成了三维空间的一组基，任意三维向量 **v** 可表示为 **p**、**q**、**r** 的线性组合。**p**、**q** 和 **r** 组成的变换矩阵 **M** 为：

$$\mathbf{M}=\begin{bmatrix}\mathbf{p}\\\mathbf{q}\\\mathbf{r}\end{bmatrix}=\begin{bmatrix}p_x & p_y & p_z\\q_x & q_y & q_z\\r_x & r_y & r_z\end{bmatrix}$$

将矩阵 **M** 乘以某个向量可表示为：

$$(x,y,z)\mathbf{M}=(x,y,z)\begin{bmatrix}p_x & p_y & p_z\\q_x & q_y & q_z\\r_x & r_y & r_z\end{bmatrix}=x\mathbf{p}+y\mathbf{q}+z\mathbf{r}$$

因此，3×3 正交矩阵的解释为：矩阵的行是坐标空间的基向量，向量乘以该矩阵相当于将向量旋转变换到另一个向量，即线性变换。线性变换不包含平移变换，若包含线性变换和平移变换，则称为仿射变换，它不能用 3×3 矩阵表示，但可以表示为 4×4 齐次坐标矩阵。

⑤ 绕坐标轴的旋转矩阵—如图 2-2 所示，将某点绕 x、y、z 轴分别旋转角度 θ 的公式如下：

$$\mathbf{R}_x(\theta)=\begin{bmatrix}\mathbf{p}'\\\mathbf{q}'\\\mathbf{r}'\end{bmatrix}=\begin{bmatrix}1 & 0 & 0\\0 & \cos\theta & \sin\theta\\0 & -\sin\theta & \cos\theta\end{bmatrix}$$

$$\mathbf{R}_y(\theta)=\begin{bmatrix}\mathbf{p}'\\\mathbf{q}'\\\mathbf{r}'\end{bmatrix}=\begin{bmatrix}\cos\theta & 0 & -\sin\theta\\0 & 1 & 0\\\sin\theta & 0 & \cos\theta\end{bmatrix}$$

$$\mathbf{R}_z(\theta)=\begin{bmatrix}\mathbf{p}'\\\mathbf{q}'\\\mathbf{r}'\end{bmatrix}=\begin{bmatrix}\cos\theta & \sin\theta & 0\\-\sin\theta & \cos\theta & 0\\0 & 0 & 1\end{bmatrix}$$

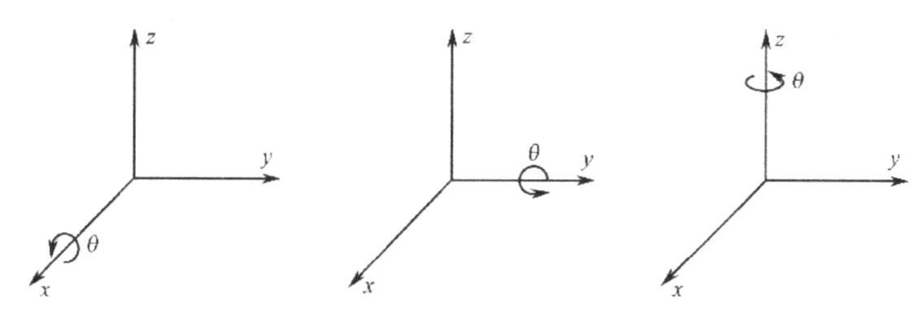

图 2-2　沿三个坐标轴的旋转示意

矩阵的乘法不满足交换率，因此其计算次序非常重要。假设旋转矩阵是 $\mathbf{R}_x(\theta_x)$, $\mathbf{R}_y(\theta_y)$ 和 $\mathbf{R}_z(\theta_z)$，应用旋转矩阵 $\mathbf{R}_z(\theta_z)\mathbf{R}_y(\theta_y)\mathbf{R}_x(\theta_x)$ 与应用 $\boldsymbol{R}_x(\theta_x)\boldsymbol{R}_y(\theta_y)\boldsymbol{R}_z(\theta_z)$ 的结果不同。在游戏编程中用得最多的次序是首先绕 Y 轴（roll），再绕 X 轴（pitch），最后绕 Z 轴（pan）旋转：

$$\begin{bmatrix}x'\\y'\\z'\end{bmatrix}=\mathbf{R}_z(\theta_z)\ \mathbf{R}_x(\theta_x)\ \mathbf{R}_y(\theta_y)\begin{bmatrix}x\\y\\z\end{bmatrix}$$

展开后得：

$$\begin{bmatrix}\cos\theta_z\cos\theta_y+\sin\theta_z\sin\theta_x\sin\theta_y & \sin\theta_z\cos\theta_x & -\cos\theta_z\sin\theta_y+\sin\theta_z\sin\theta_x\cos\theta_y\\-\sin\theta_z\cos\theta_y+\cos\theta_z\sin\theta_x\sin\theta_y & \cos\theta_z\cos\theta_x & \sin\theta_z\ \sin\theta_y+\cos\theta_z\sin\theta_x\cos\theta_y\\\cos\theta_x\sin\theta_y & -\sin\theta_x & \cos\theta_x\cos\theta_y\end{bmatrix}$$

⑥ 由局部坐标系统确定旋转轴角度—若局部坐标系统的 3 个正交向量分别是 **x**、**y**、**z**，

则从向量(1, 0, 0)、(0, 1, 0)、(0, 0, 1)到它的变换矩阵如下：

$$\begin{bmatrix} x_x & y_x & z_x \\ x_y & y_y & z_y \\ x_z & y_z & z_z \end{bmatrix}$$

对照上面两个公式得 y_z=-sint_x，因此 t_x=$a$sin(–y_z)。由(cost_x(–sint_y), cost_y)=(x_z, z_z)，得 t_y=$a$tan^2(x_z, z_z)。又因为(cos t_x sin(t_z,cos t_z)=(y_x, y_y)，得 t_z=$a$tan^2(y_x, y_y)。由于角度的混合有多种可能性，因此(t_x, t_y, t_z)的解并不唯一。

⑦ 绕任意单位向量的旋转矩阵— 绕单位向量 **n** 旋转 θ 角的矩阵可表示为：

$$\mathbf{R}(\mathbf{n},\theta)=\begin{bmatrix}\mathbf{p}'\\ \mathbf{q}'\\ \mathbf{r}'\end{bmatrix}=\begin{bmatrix} n_x{}^2(1-\cos\theta)+\cos\theta & n_xn_y(1-\cos\theta)+n_z\sin\theta & n_xn_z(1-\cos\theta)-n_y\sin\theta \\ n_xn_y(1-\cos\theta)-n_z\sin\theta & n_y{}^2(1-\cos\theta)+\cos\theta & n_yn_z(1-\cos\theta)+n_x\sin\theta \\ n_xn_z(1-\cos\theta)+n_y\sin\theta & n_yn_z(1-\cos\theta)-n_x\sin\theta & n_z{}^2(1-\cos\theta)+\cos\theta \end{bmatrix}$$

⑧ 沿坐标轴的缩放矩阵— 在 x、y、z 方向缩放 s_x 、 s_y 、 s_z 的矩阵为

$$\mathbf{S}(s_x,s_y,s_z)=\begin{bmatrix} s_x & 0 & 0 \\ 0 & s_y & 0 \\ 0 & 0 & s_z \end{bmatrix}$$

⑨ 沿任意方向的缩放矩阵— 沿单位向量 **n** 缩放 k 的矩阵为：

$$\mathbf{S}(\mathbf{n},k)=\begin{bmatrix}\mathbf{p}'\\ \mathbf{q}'\\ \mathbf{r}'\end{bmatrix}\begin{bmatrix} 1+(k-1)n_x^2 & (k-1)n_xn_y & (k-1)n_xn_z \\ (k-1)n_xn_y & 1+(k-1)n_y^2 & (k-1)n_yn_z \\ (k-1)n_xn_z & (k-1)n_yn_z & 1+(k-1)n_z^2 \end{bmatrix}$$

⑩ 平行投影到任意平面的变换矩阵— 投影本质上是一种减低空间维数的操作。最简单的投影是沿某个轴（如 z 轴）乘以缩放因子 0，所有空间点被压平到与这个轴垂直的平面上。其投影线都是平行的，因此称为平行投影（正交投影）。平行投影到与向量 **n** 垂直的平面的变换矩阵是：

$$\mathbf{P}(\mathbf{n})=\begin{bmatrix} 1-n_x^2 & -n_xn_y & -n_xn_z \\ -n_xn_y & 1-n_y^2 & -n_yn_z \\ -n_xn_z & -n_yn_z & 1-n_z^2 \end{bmatrix}$$

⑪ 镜面变换——又称为反射变换。绕一个过原点、与向量 **n** 垂直的平面的镜面变换的公式是：

$$\boldsymbol{P}(\boldsymbol{n})=\begin{bmatrix} 1-2n_x{}^2 & -2n_xn_y & -2n_xn_z \\ -2n_xn_y & 1-2n_y{}^2 & -2n_yn_z \\ -2n_xn_z & -2n_yn_z & 1-2n_z{}^2 \end{bmatrix}$$

⑫ 剪切变换— 一类非均匀地将空间扭曲变形的变换，改变两个向量之间的夹角，但保持其变换前后的面积和体积不变。最常用的剪切变换是将某个坐标轴的值乘以一个比例后加到另两个坐标轴上，其中 s 和 t 是缩放因子：

$$\mathbf{M}_{xy}=\begin{bmatrix} 1 & 0 & 0 \\ 0 & 1 & 0 \\ s & t & 1 \end{bmatrix} \quad \mathbf{M}_{xz}=\begin{bmatrix} 1 & 0 & 0 \\ s & 1 & t \\ 0 & 0 & 1 \end{bmatrix} \quad \mathbf{M}_{yz}=\begin{bmatrix} 1 & s & t \\ 0 & 1 & 0 \\ 0 & 0 & 1 \end{bmatrix}$$

⑬ 几何变换的矩阵嵌套表示— 多重几何变换可以用矩阵嵌套表示。从造型软件中生成的三维模型被保存在局部坐标系中，为了将不同的模型变换到同一个世界坐标系下，首先需要一个从局部坐标到世界坐标系的变换。当相机位置和相机参数确定后，再将模型从世界坐标系变换到相机空间，最后从三维的相机空间变换到屏幕空间。这个过程涉及的变换可总结为：

$$\mathbf{P}_{\text{world}} = \mathbf{P}_{\text{object}}\mathbf{M}_{\text{object}\to\text{world}}$$

$$\mathbf{P}_{\text{camera}} = \mathbf{P}_{\text{world}}\mathbf{M}_{\text{world}\to\text{camera}} = (\mathbf{P}_{\text{object}}\mathbf{M}_{\text{object}\to\text{world}})\mathbf{M}_{\text{world}\to\text{camera}} = \mathbf{P}_{\text{object}}(\mathbf{M}_{\text{object}\to\text{world}}\mathbf{M}_{\text{world}\to\text{camera}})$$

⑭ 可逆矩阵— 一个矩阵是可逆的，当且仅当存在一个逆矩阵，使得这两个矩阵的乘积是单位矩阵。并不是所有的矩阵都可逆的，判断矩阵是否可逆的依据是它的行列式值是否为零。

⑮ 保角变换— 其特征是两个向量的夹角在应用变换后不改变。旋转、平移和均匀缩放是保角变换。所有的保角变换对应的矩阵是可逆矩阵。

⑯ 正交变换— 其充要条件是行列式为 1。正交变换保持长度、角度、面积和体积不变。平移、旋转和反射变换是正交变换。

⑰ 刚体变换（Rigid Transformation）— 即改变物体的位置、朝向，但不改变物体的形状。因此，刚体变换保持角度、长度、面积和体积不变。刚体变换由平移和旋转变换组成，也是正交、保角、可逆和反射变换。

⑱ 矩阵的行列式— 矩阵行列式有着很多有用的性质和几何解释。4×4 矩阵的行列式值的计算方法如下：

$$\begin{bmatrix} m_{11} & m_{12} & m_{13} & m_{14} \\ m_{21} & m_{22} & m_{23} & m_{24} \\ m_{31} & m_{32} & m_{33} & m_{34} \\ m_{41} & m_{42} & m_{43} & m_{44} \end{bmatrix} = m_{11}\begin{bmatrix} m_{22} & m_{23} & m_{24} \\ m_{32} & m_{33} & m_{34} \\ m_{42} & m_{43} & m_{44} \end{bmatrix} - m_{12}\begin{bmatrix} m_{21} & m_{23} & m_{24} \\ m_{31} & m_{33} & m_{34} \\ m_{41} & m_{43} & m_{44} \end{bmatrix} + m_{13}\begin{bmatrix} m_{21} & m_{22} & m_{24} \\ m_{31} & m_{32} & m_{34} \\ m_{41} & m_{42} & m_{44} \end{bmatrix} - m_{14}\begin{bmatrix} m_{21} & m_{22} & m_{23} \\ m_{31} & m_{32} & m_{33} \\ m_{41} & m_{42} & m_{43} \end{bmatrix}$$

$$\begin{aligned} &= m_{11}(m_{22}(m_{33}m_{44} - m_{34}m_{43}) - m_{32}(m_{23}m_{44} + m_{24}m_{43}) + m_{42}(m_{23}m_{34} - m_{24}m_{33})) \\ &\quad - m_{21}(m_{12}(m_{33}m_{44} - m_{34}m_{43}) - m_{32}(m_{13}m_{44} + m_{14}m_{43}) + m_{42}(m_{13}m_{34} - m_{14}m_{33})) \\ &\quad + m_{31}(m_{12}(m_{23}m_{44} - m_{24}m_{43}) - m_{22}(m_{13}m_{44} + m_{14}m_{43}) + m_{42}(m_{13}m_{24} - m_{14}m_{23})) \\ &\quad - m_{41}(+m_{12}(m_{23}m_{34} - m_{24}m_{33}) - m_{22}(m_{13}m_{34} + m_{14}m_{33}) + m_{32}(m_{13}m_{24} - m_{14}m_{23})) \end{aligned}$$

⑲ 矩阵的逆— 矩阵的逆可以通过它的伴随矩阵 $\mathbf{M}^*$除以矩阵的行列式求得

$$\mathbf{M}^{-1} = \frac{\mathbf{M}^*}{|\mathbf{M}|}$$

⑳ 齐次坐标和齐次矩阵— 前面用到的都是二维和三维向量，齐次矩阵和齐次坐标则在原有维数的基础上增加了一维，是人们为了简化坐标变换的操作而引入的。设三维空间坐标(x, y, z)，引入第 4 个分量 w，构成齐次坐标(x, y, z, w)。若 w 任意变化，则 x/w、y/w、z/w 形成了一个过原点且与(x, y, z)连线射向无穷远处的直线。因此，三维空间中任意一点都有齐次坐标空间中的无限个点与之对应。3×3 线性变换矩阵并不能表示平移变换，而 4×4 矩阵恰恰统一了线性变换与平移变换。设旋转变换为 $\mathbf{R}$，平移变换为 $\mathbf{T}$，则两者的结合是：

$$\mathbf{M} = \mathbf{RT} = \begin{bmatrix} r_{11} & r_{12} & r_{13} & 0 \\ r_{21} & r_{22} & r_{23} & 0 \\ r_{31} & r_{32} & r_{33} & 0 \\ 0 & 0 & 0 & 1 \end{bmatrix}\begin{bmatrix} 1 & 0 & 0 & 0 \\ 0 & 1 & 0 & 0 \\ 0 & 0 & 1 & 0 \\ \Delta x & \Delta y & \Delta z & 1 \end{bmatrix} = \begin{bmatrix} r_{11} & r_{12} & r_{13} & 0 \\ r_{21} & r_{22} & r_{23} & 0 \\ r_{31} & r_{32} & r_{33} & 0 \\ \Delta x & \Delta y & \Delta z & 1 \end{bmatrix}$$

㉑ 绕任意一点旋转的矩阵— 即两个平移矩阵和一个旋转矩阵的复合 $\mathbf{TRT}^{-1}$ 。以二维为例（如图 2-3 所示），令三角形绕它的中心旋转 90°可分为三步。首先，平移坐标系使得中心与原点重

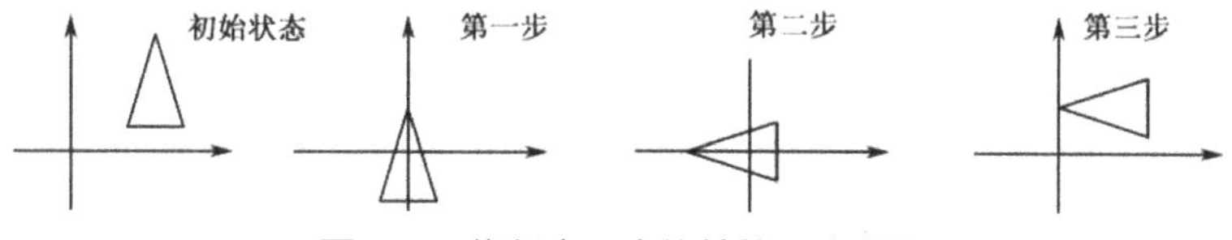

图 2-3　绕任意一点旋转的三个步骤

合。然后，绕原点旋转 90°。最后，将三角形中心点平移回中心处。这三步的矩阵分别是：$\mathbf{T}^{-1}$、$\mathbf{R}$ 和 $\mathbf{T}$。整个过程可以用矩阵表示为

$$\begin{bmatrix}1 & 0 & 75\\0 & 1 & 93\\0 & 0 & 1\end{bmatrix}\begin{bmatrix}\cos 90^\circ & -\sin 90^\circ & 0\\\sin 90^\circ & \cos 90^\circ & 0\\0 & 0 & 1\end{bmatrix}\begin{bmatrix}1 & 0 & -75\\0 & 1 & -93\\0 & 0 & 1\end{bmatrix}\begin{bmatrix}x\\y\\1\end{bmatrix}$$

2.4 旋转

本节将旋转变换作为单独的一节来讲。前面已经讲述了利用矩阵来表示各种旋转，包括绕坐标轴的旋转、绕任意轴的旋转以及绕任意一点的旋转等。本节来讲述另两种表示旋转的方法。

2.4.1 四元数

四元数将三维空间的旋转拓展到四维空间，在旋转和方向的变化方面，优于欧拉角和变换矩阵。特别地，比欧拉角的直接插值能产生更为平滑和连续的旋转运动效果，因此被广泛用于游戏世界中的旋转运动。

一个四元数 q 由 4 个浮点数定义：q_x，q_y，q_z 和 q_w。在数学形式上，它表示为

$$q=\mathrm{i}q_x+\mathrm{j}q_y+\mathrm{k}q_z+q_w=q_v+q_w \qquad \mathrm{i}^2=\mathrm{j}^2=\mathrm{k}^2=-1$$

式中，$q_v=(q_x, q_y, q_z)$称为四元数的虚部，q_w 称为四元数的实部。

对于两个四元数 q 和 r，其加法定义为

$$q+r=(q_v, q_w)+(r_v+r_w)=(q_v+r_v, q_w+r_w)$$

实现四元数加法运算的代码示例如下：

```
// 四元数表达为 (x, y, z, w)
Quaternion QuaternionAddition( Quaternion &q1, Quaternion &q2) {
    Quaternion res;
    res.x=q1.x+q2.x;        res.y=q1.y+q2.y;        res.z=q1.z+q1z;        res.w=q1.w+q2.w;
    return res;
}
```

四元数的共轭定义为 $q^*=(q_v, q_w)^*=(-q_v, q_w)$。

四元数的模定义为 $n(q)=q_x^2+q_y^2+q_z^2+q_w^2$。

单位化的四元数长度为 $q_x^2+q_y^2+q_z^2+q_w^2=1.0$。

四元数乘法定义为 $q\times r=(q_v\times r_v+r_w\times q_v+q_w\times r_v, q_w\times r_w-q_v\times r_v)$。

实现四元数乘法运算的代码示例如下：

```
// 四元数表达为 (x, y, z, w)
Quaternion QuaternionMultiplication(Quaternion &q1, Quaternion &q2) {
    Quaternion res;
    Float A, B, C, D, E, F, G, H;

    A=(q1.w+q1.x)*(q2.w+q2.x);          B=(q1.z-q1.y)*(q2.y-q2.z);
    C=(q1.w-q1.x)*(q2.y+q2.z);          D=(q1.y + q1.z) * (q2.w-q2.x);
    E=(q1.x+q1.z)*(q2.x+q2.y);          F=(q1.x-q1.z)*(q1.x-q2.y);
    G=(q1.w+q1.y)*(q2.w-q2.z);          H=(q1.w-q1.y) * (q2.w + q2.z);

    res.w=B+(-E-F+G+H)/2.0f;            res.x=A-(E+F+G+H)/2.0f;
    res.y=C+(E-F+G-H)/2.0f;             res.z=D+(E-F-G+H)/2.0f;
```

```
    return res;
}
```

四元数的逆定义为

$$q^{-1} = \frac{1}{n(q)} q^*$$

由上述定义，可推导出如下性质：

① 共轭运算规则　　$(q^*)^*=q$，$(q+r)^*=q^*$，$(q\times r)^*=r^*\times q^*$

② 模的运算规则　　$n(q^*)=n(q)$，$n(q\times r)=n(q)\times n(r)$

③ 乘法分配律　　$p\times(s+t)=p\times s+p\times r$，$(p+q)\times r=p\times r+q\times r$

④ 乘法结合律　　$p\times(q\times r)=(p\times q)\times r$

在计算机图形学的旋转变换中，一般使用单位化的四元数，q_x、q_y 和 q_z 定义一个旋转轴向量 q_v，而 q_w 描述了扭曲或者旋转的角度 θ，即：

$$q=(q_x, q_y, q_z, q_w)=(\sin(\theta/2)x, \sin(\theta/2)y, \sin(\theta/2)z, \cos(\theta/2))$$

$$q_x=\mathrm{Axis}.x\times\sin(\theta/2),\ q_y=\mathrm{Axis}.y\times\sin(\theta/2),\ q_z=\mathrm{Axis}.z\times\sin(\theta/2),\ q_w=\cos(\theta/2)$$

式中，Axis 是一个单位长度的向量，即 $\mathrm{Axis}.x^2+\mathrm{Axis}.y^2+\mathrm{Axis}.z^2=1.0$。

旋转角度的计算公式为 $\theta=\arccos q_w\times2.0$。

四元数的轴向 Axis 与旋转角度 θ 的关系如图 2-4 所示。可以看出，对于一个四元数 q，$-q$ 是将它的轴向和旋转角度改变为负方向，实际上表达了同一个旋转。因此，在表达旋转时，q 与 $-q$ 等价。四元数的最大特点是能表达任意的三维旋转变换，而且这种表达方式十分简洁。

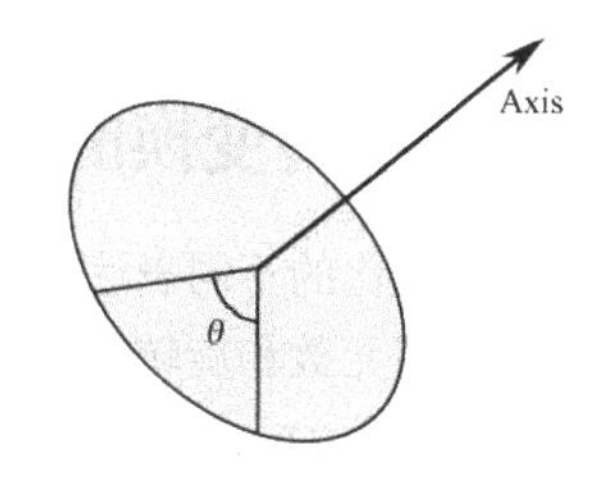

图 2-4　四元数的轴向量 Axis 与旋转角度 θ 的关系

仿照复数的对数和指数幂的定义：$\cos\varphi+\mathrm{i}\sin\varphi=\mathrm{e}^{\mathrm{i}\varphi}$，单位化四元数的对数可定义为 $\log q=\log \mathrm{e}^{\theta/2\,\mathrm{Axis}}=\theta/2\,\mathrm{Axis}$，而单位化四元数的指数幂可定义为

$$q^t=(\sin(\theta/2)\,\mathrm{Axis}+\cos(\theta/2))^t=\mathrm{e}^{(\theta/2)t\,\mathrm{Axis}}=\sin(t\theta/2)\,\mathrm{Axis}+\cos(t\theta/2)$$

2.4.2　欧拉角

通常，将三维空间的旋转分解成 3 个独立的旋转角来表示旋转的一类方法被称为欧拉角旋转表示法。这些方法的不同之处在于如何选取这 3 个旋转角，如何选取这 3 个旋转角并没有统一的标准。通常，用欧拉角表示旋转要考虑如下因素。

（1）组合三个旋转角的顺序

假设 x、y、z 分别表示绕三个轴的旋转，那么这 3 种旋转角的组合方式有 6 种：xyz、yzx、zxy、zyx、xzy、yxz。这 3 种旋转之间并不是独立的，如绕 X 轴旋转 90°，再绕 Y 轴旋转 90°，接着绕 X 轴旋转–90°，等价于绕 Z 轴旋转 90°。所以，三维空间中的旋转只需通过组合两个平面内的旋转就可以表示，只不过需要在其中的一个平面上独立地旋转 2 次。这样，一个旋转就可以表示成 xyx、xzx、yzy 等 12 种表示方式。

（2）旋转角相对于被旋转的物体还是绝对坐标系

直观上，旋转角的选取相对于绝对坐标系可能能够带来很多好处，特别是对于游戏场景中各种场景元素都是相对于世界坐标系的情况。但是，在一些特殊的情况下，旋转角的选取相对于被旋转物体自身会带了一些优势。因而，在旋转角的选取时选择相对于绝对坐标系还是物体坐标系需要考虑特定的情况。

（3）旋转角的正方向

通常，按照数学中的惯例，绕某一个轴逆时针方向旋转的方向规定为正方向。

（4）旋转角的表示

通常在使用欧拉角时会为每个方向的旋转给定一个名称，以方便使用。常用的命名如下：

转转角顺序	飞行器	望远镜	字母表示	角速度
1	heading	azimuth	θ	yaw
2	attitude	elevation	ψ	pitch
3	bank	tilt	ϕ	roll

欧拉角表示旋转变换只需要 3 个旋转角作为参数，在计算机应用中能够大大降低对存储空间的占用量，但是对于两个连续旋转的叠加欧拉角的处理非常困难。比如，现在有两个用欧拉角表示的旋转(a_1, a_2, a_3)和旋转(b_1, b_2, b_3)，如果要用一个旋转来表示这二者的叠加，显然直接将这两个旋转的对应旋转角相加是不对的。要解决这个问题非常困难，通常的做法是将欧拉角转换为旋转矩阵或者四元数之后进行叠加处理，然后次转换为欧拉角。但是，频繁的转换会增加浮点数计算的误差。

2.4.3 旋转变换的不同表达形式之间的转换

旋转变化的不同表达形式之间可以互相转换。

（1）四元数和旋转矩阵之间的相互转换

将四元数 $Q=(q_x, q_y, q_z, q_w)$转化为一个对应的旋转矩阵

$$\mathbf{M}^q=\begin{bmatrix} 1-s(q_y^2+q_z^2) & s(q_xq_y-q_wq_z) & s(q_xq_z+q_wq_y) & 0 \\ s(q_xq_y+q_wq_z) & 1-s(q_x^2+q_z^2) & s(q_yq_z-q_wq_x) & 0 \\ s(q_xq_z-q_wq_y) & s(q_xq_y+q_wq_z) & 1-s(q_y^2+q_x^2) & 0 \\ 0 & 0 & 0 & 1 \end{bmatrix}$$

式中，$s=2/\|Q\|$。如果 Q 是单位化的四元数，那么转换公式为

$$\mathbf{M}^q=\begin{bmatrix} 1-2(q_y^2+q_z^2) & 2(q_xq_y-q_wq_z) & 2(q_xq_z+q_wq_y) & 0 \\ 2(q_xq_y+q_wq_z) & 1-2(q_x^2+q_z^2) & 2(q_yq_z-q_wq_x) & 0 \\ 2(q_xq_z-q_wq_y) & 2(q_xq_y+q_wq_z) & 1-2(q_y^2+q_x^2) & 0 \\ 0 & 0 & 0 & 1 \end{bmatrix}$$

假设一个旋转矩阵为

$$\mathbf{M}=\begin{bmatrix} M_{00} & M_{01} & M_{02} & 0 \\ M_{10} & M_{11} & M_{12} & 0 \\ M_{20} & M_{21} & M_{22} & 0 \\ 0 & 0 & 0 & 1 \end{bmatrix}$$

将它转换为四元数 $Q(q_x, q_y, q_z, q_w)$的公式为

$$q_w=\pm\frac{1}{2}\sqrt{M_{00}+M_{11}+M_{22}+1}，\quad q_x=\frac{M_{21}-M_{12}}{4q_w}，\quad q_y=\frac{M_{02}-M_{20}}{4q_w}，\quad q_z=\frac{M_{10}-M_{01}}{4q_w}$$

（2）欧拉角和旋转矩阵间的相互转换

欧拉角的表示多种多样，所以这里选择一种比较流行的表示方法来阐述。假设坐标轴 xyz 是

绝对坐标系，而坐标轴 *XYZ* 是旋转物的坐标系，如图 2-5 所示。

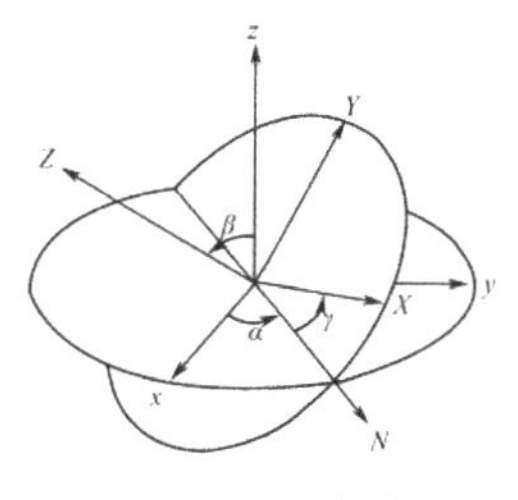

图 2-5　欧拉角

zxz 规则的欧拉角可以静态地定义如下：

- ❖ α 是 x 轴与交线的夹角，$\alpha\in[0, 2\pi]$。
- ❖ β 是 z 轴与 Z 轴的夹角，$\beta\in[0, \pi]$。
- ❖ γ 是交线与 X 轴的夹角，$\gamma\in[0, 2\pi]$。

则这 3 个旋转角表示成矩阵形式为

$$R_\alpha=\begin{bmatrix}\cos\alpha & \sin\alpha & 0\\ -\sin\alpha & \cos\alpha & 0\\ 0 & 0 & 1\end{bmatrix}$$

$$R_\beta=\begin{bmatrix}1 & 0 & 0\\ 0 & \cos\beta & \sin\beta\\ 0 & -\sin\beta & \cos\beta\end{bmatrix}\quad R_\gamma=\begin{bmatrix}\cos\gamma & \sin\gamma & 0\\ -\sin\gamma & \cos\gamma & 0\\ 0 & 0 & 1\end{bmatrix}$$

所以，欧拉角转换为旋转矩阵 $R=R_\gamma R_\beta R_\alpha$。

（4）欧拉角和四元数之间的相互转换

对于四元数 $q=(w, x, y, z)$，并且有 $\|q\|=w^2+x^2+y^2+z^2=1$，对于旋转运动，假设旋转轴为单位向量 $\mathbf{a}$，旋转角度 θ，四元数各分量为

$$w=\cos\frac{\theta}{2},\quad x=\sin\frac{\theta}{2}\cos\mathbf{a}_x,\quad y=\sin\frac{\theta}{2}\cos\mathbf{a}_y,\quad z=\sin\frac{\theta}{2}\cos\mathbf{a}_z$$

同样，假设欧拉角绕 X、Y、Z 轴旋转的角度分别为 α、β、γ，则欧拉角转换为四元数的转换公式为

$$q=\begin{bmatrix}w\\ x\\ y\\ z\end{bmatrix}=\begin{bmatrix}\cos\frac{\alpha}{2}\cos\frac{\beta}{2}\cos\frac{\gamma}{2}+\sin\frac{\alpha}{2}\sin\frac{\beta}{2}\sin\frac{\gamma}{2}\\ \sin\frac{\alpha}{2}\cos\frac{\beta}{2}\cos\frac{\gamma}{2}-\cos\frac{\alpha}{2}\sin\frac{\beta}{2}\sin\frac{\gamma}{2}\\ \cos\frac{\alpha}{2}\sin\frac{\beta}{2}\cos\frac{\gamma}{2}+\sin\frac{\alpha}{2}\cos\frac{\beta}{2}\sin\frac{\gamma}{2}\\ \cos\frac{\alpha}{2}\cos\frac{\beta}{2}\sin\frac{\gamma}{2}-\sin\frac{\alpha}{2}\sin\frac{\beta}{2}\cos\frac{\gamma}{2}\end{bmatrix}$$

简单的推导可以得到四元数转换为欧拉角的公式为

$$\begin{bmatrix}\alpha\\ \beta\\ \gamma\end{bmatrix}=\begin{bmatrix}a\tan2(2(wx+yz),1-2(x^2+y^2))\\ \arcsin 2(wy-zx)\\ a\tan2(2(wz+xy),1-2(y^2+z^2))\end{bmatrix}$$

2.5　常用的立体几何算法

在三维游戏场景中，通常需要知道物体之间的相对位置、方向和距离等，而且在复杂场景的漫游过程中必须处理可见性、碰撞检测和光线求交操作。这些操作最终可以分解到点、线、面之间的几何关系计算，它们构成了三维游戏编程中必不可少的部分。

2.5.1 常用几何体的表达与生成

（1）平面方程

设平面方程是 $Ax+By+Cz+D=0$，其法向量为 $\frac{(A,B,C)}{\|(A,B,C)\|}$。若给定平面上任意不共线的 3 个点 (x_1, y_1, z_1)，(x_2, y_2, z_2)和(x_3, y_3, z_3)，平面方程的参数为

$$A=\begin{bmatrix}1 & y_1 & z_1\\1 & y_2 & z_2\\1 & y_3 & z_3\end{bmatrix},\ B=\begin{bmatrix}x_1 & 1 & z_1\\x_2 & 1 & z_2\\x_3 & 1 & z_3\end{bmatrix},\ C=\begin{bmatrix}x_1 & y_1 & 1\\x_2 & y_2 & 1\\x_3 & y_3 & 1\end{bmatrix},\ D=-\begin{bmatrix}x_1 & y_1 & z_1\\x_2 & y_2 & z_2\\x_3 & y_3 & z_3\end{bmatrix}$$

展开得

$$A=y_1(z_2-z_3)+y_2(z_3-z_1)+y_3(z_1-z_2) \qquad B=z_1(x_2-x_3)+z_2(x_3-x_1)+z_3(x_1-x_2)$$

$$C=x_1(y_2-y_3)+x_2(y_3-y_1)+x_3(y_1-y_2) \qquad D=-(x_1(y_2z_3-y_3z_2)+x_2(y_3z_1-y_1z_3)+x_3(y_1z_2-y_2z_1))$$

（2）球面和椭球方程

中心点为 (x_0, y_0, z_0)，半径为 r 的球面方程是$(x-x_0)^2+(y-y_0)^2+(z-z_0)^2=r^2$，它的参数化形式是：$x=x_0+r\cos\theta\cos\theta$，$y=y_0+r\cos\theta\sin\theta$，$z=z_0+r\sin\theta$，其中 $0\leqslant\theta<2\pi$，$-\frac{\pi}{2}\leqslant\varphi\leqslant\frac{\pi}{2}$。通过不共面的 4 个点$(x_1, y_1, z_1)$、$(x_2, y_2, z_2)$、$(x_3, y_3, z_3)$和$(x_4, y_4, z_4)$的球面方程为

$$\begin{bmatrix}x^2+y^2+z^2 & x & y & z & 1\\{x_1}^2+{y_1}^2+{z_1}^2 & x_1 & y_1 & z_1 & 1\\{x_2}^2+{y_2}^2+{z_2}^2 & x_2 & y_2 & z_2 & 1\\{x_3}^2+{y_3}^2+{z_3}^2 & x_3 & y_3 & z_3 & 1\\{x_4}^2+{y_4}^2+{z_4}^2 & x_4 & y_4 & z_4 & 1\end{bmatrix}=0$$

其中心为(x_0, y_0, z_0)，轴半径为 a、b、c 的椭球方程为：

$$\left[\frac{(x-x_0)}{a}\right]^2+\left[\frac{(y-y_0)}{b}\right]^2+\left[\frac{(z-z_0)}{c}\right]^2=r^2$$

其参数形式为

$$x=x_0+a\cdot r\cdot\cos(\theta)\cdot\cos(\varphi), y=y_0+b\cdot r\cdot\cos(\theta)\cdot\sin(\varphi), z=z_0+c\cdot r\cdot\sin(\theta)$$

（3）均匀球面网格生成

一种简单的生成近似均匀的球面的三角形表示的方法是从简单的几何形体（如正四面体）出发，通过细分方式，迭代生成新的顶点并投影到球面。例如，从立方体出发可以生成一系列逼近球面的四边形，如图 2-6(a)所示，如果使用八面体作为初始迭代的几何体，生成的三角形将会更加均匀地分布在球面上，如图 2-6(b)所示。

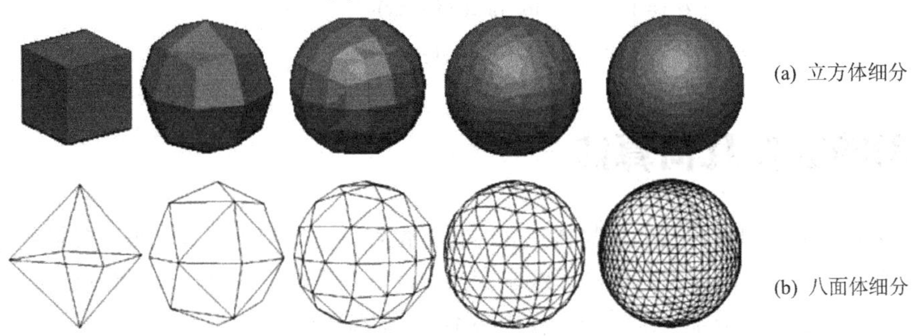

图 2-6 从初始网格出发迭代生成均匀球面网格

另一种随机分布的方法叫“超立方体测试法”。算法随机选择位于区间[–1, 1]的坐标(x, y, z)，如果该向量的长度大于1，则拒绝它，否则将它归一化，生成球面上的一个采样点。

2.5.2 常用几何体之间的距离与求交

（1）两条直线的交点

设两条直线（非平行）的方程为$p_a = p_1 + u_a(p_2 - p_1)$，$p_b = p_3 + u_b(p_4 - p_3)$，它们的交点由下面的参数决定：

$$u_a = \frac{(x_4 - x_3)(y_1 - y_3) - (y_4 - y_3)(x_1 - x_3)}{(y_4 - y_3)(x_2 - x_1) - (x_4 - x_3)(y_2 - y_1)}$$

$$u_b = \frac{(x_2 - x_1)(y_1 - y_3) - (y_2 - y_1)(x_1 - x_3)}{(y_4 - y_3)(x_2 - x_1) - (x_4 - x_3)(y_2 - y_1)}$$

对于两条线段或者一条线段与一条直线的交点，还需要测试u_a和u_b是否在0到1之间。

（2）直线与平面的交点

平面由点p_3和法向$\mathbf{n}$定义：$\mathbf{n}\cdot(p-p_3)=0$，直线的参数方程是$\mathbf{p}=\mathbf{p}_1+u(\mathbf{p}_2-\mathbf{p}_1)$。因此，交点的参数值是

$$u = \frac{n\cdot(p_3 - p_1)}{n\cdot(p_2 - p_1)}$$

（3）两个平面的交线

两个平面的定义是$\mathbf{n}_1\cdot\mathbf{p}=d_1$，$\mathbf{n}_2\cdot\mathbf{p}=d_2$，其交线方程为$\mathbf{p}=c_1\mathbf{n}_1+c_2\mathbf{n}_2+u\mathbf{n}_1\times\mathbf{n}_2$，其中

$$c_1 = \frac{(d_1\mathbf{n}_2\cdot\mathbf{n}_2 - d_2\mathbf{n}_1\cdot\mathbf{n}_2)}{(\mathbf{n}_1\cdot\mathbf{n}_1)(\mathbf{n}_2\cdot\mathbf{n}_2) - (\mathbf{n}_1\cdot\mathbf{n}_2)^2}，\quad c_2 = \frac{(d_2\mathbf{n}_1\cdot\mathbf{n}_1 - d_1\mathbf{n}_1\cdot\mathbf{n}_2)}{(\mathbf{n}_1\cdot\mathbf{n}_1)(\mathbf{n}_2\cdot\mathbf{n}_2) - (\mathbf{n}_1\cdot\mathbf{n}_2)^2}$$

（4）三个平面的交点

三个平面的方程分别为$\mathbf{n}_1\cdot p=d_1$，$\mathbf{n}_2\cdot p=d_2$，$\mathbf{n}_3\cdot p=d_3$，它们的交点计算公式为

$$\mathbf{p} = \frac{d_1(\mathbf{n}_2\times\mathbf{n}_3) + d_2(\mathbf{n}_3\times\boldsymbol{n}_1) + d_3(\mathbf{n}_1\times\mathbf{n}_2)}{\mathbf{n}_1\cdot(\mathbf{n}_2\times\mathbf{n}_3)}$$

（5）点到线段的最短距离

二维平面上任意一点$p(x_3, y_3)$到直线$\mathbf{p}=\mathbf{p}_1+u(\mathbf{p}_2-\mathbf{p}_1)$的最短距离是直线上某点$p(x, y)$到$p_3(x_3, y_3)$的距离，且$\mathbf{p}_3\mathbf{p}$垂直于线段$\mathbf{p}_1\mathbf{p}_2$。因此，$\mathbf{p}(x, y)$的直线参数$u$为

$$u = \frac{(x_3 - x_1)(x_2 - x_1) + (y_3 - y_1)(y_2 - y_1)}{\|\mathbf{p}_2 - \mathbf{p}_1\|^2}$$

从而$x=x_1+u(x_2-x_1)$，$y=y_1+u(y_2+y_1)$。三维情形可以同样进行计算。如果要求一个点到一个线段的最短距离，还需判断u是否在[0, 1]之间。如果不是，则计算p_3到p_1和p_2的距离，其中的较小者即为最短距离。

（6）点到平面的最短距离

令$p_a=(x_a, y_a, z_a)$为空间中一点，平面方程是$Ax+By+Cz+D=0$，则p_a与平面之间的最短距离为

$$\frac{(Ax_a + By_a + Cz_a + D)}{\sqrt{(A^2 + B^2 + C^2)}}$$

2.5.3 常用几何体的属性计算

（1）多边形面积与中心

若多边形由 n 个顶点(x_i, y_i)组成（i=0, …, n−1），最后一个顶点(x_n, y_n)与第一个顶点(x_0, y_0)重合。它的面积 A 的计算公式是 $B=\frac{1}{2}\sum_{i=0}^{n-1}\left(x_i y_{i+1}-x_{i+1}y_i\right)$，$A=\|B\|$。此外，如果 $B>0$，多边形顶点是逆时针排列，反之为顺时针排列。多边形中心的计算公式是：

$$c_x=\frac{1}{6A}\sum_{i=0}^{n-1}\left(x_i+x_{i+1}\right)\left(x_i y_{i+1}-x_{i+1}y_i\right)$$

$$c_y=\frac{1}{6A}\sum_{i=0}^{n-1}\left(y_i+y_{i+1}\right)\left(x_i y_{i+1}-x_{i+1}y_i\right)$$

（2）封闭的三角形网格的重心

若三角形网格有 n 个顶点(a_i, b_i, c_i)。R_i 是第 i 个面的中心点，A_i 是第 i 个面的面积的 2 倍，它的中心 C 是

$$C=\frac{\sum_{i=0}^{n-1}A_i R_i}{\sum_{i=0}^{n-1}A_i}$$

其中，$R_i=(a_i+b_i+c_i)/3$，$A_i=\|(b_i-a_i)\times(c_i-a_i)\|$。

（3）测试多边形的凸性

判断多边形的凸性要用到多边形的属性：凸多边形的两两相邻边的叉积符号相同，而非凸多边形的两两相邻边的叉积的符号有正有负。因此，只需计算多边形两两相邻边的叉积并统计所有结果的符号，就知道多边形的凸性。

（4）判断某点是否位于多边形内部

考察一个由 n 个顶点(x_i, y_i)组成的封闭二维多边形。判断点(x_p, y_p)是否位于多边形内部的第一种方法是从(x_p, y_p)处发出一条平行射线，若射线与多边形的交点个数为偶数（包括 0），则点位于多边形的外部，否则位于多边形内部。当某条边或者某个顶点位于平行射线上时，分三种情况考虑：边位于射线上时，不予计数；边的终点位于射线上时，不予计数；边的起点位于射线上时，计数加 1。这种方法对包含内环的多边形同样适用。

第二种方法是计算测试点和多边形每条边的端点的连线所夹成的角度的和。如果和是 2π，点是内部点；如果是 0，则为外部点。例程 2-1 给出了该算法的伪代码。

例程 2-1　利用夹角和方法判断某点是否位于多边形内部

```
#define PI 3.1415926
typedef struct {
    int   h, v;
} Point;
int InsidePolygon(Point *polygon,int n,Point p) {
    int   i;
    double   angle=0;
    Point   p1, p2;

    for (i=0;i<n;i++) {
        p1.h = polygon[i].h - p.h;                p1.v = polygon[i].v - p.v;
```

```
        p2.h = polygon[(i+1)%n].h - p.h;          p2.v = polygon[(i+1)%n].v - p.v;
        angle += Angle2D(p1.h, p1.v ,p2.h, p2.v);
    }
    if (ABS(angle) < PI)
        return(FALSE);
    else
        return(TRUE);
}

// 返回平面上从向量 1 到向量 2 的逆时针夹角，结果在-π 和 π 之间
double Angle2D(double x1, double y1, double x2, double y2) {
    double   theta1, theta2, dtheta;
    theta1 = atan2(y1,x1);                theta2 = atan2(y2,x2);
    dtheta = theta2 - theta1;
    while (dtheta > PI)
        dtheta -= TWOPI;
    while (dtheta < -PI)
        dtheta += TWOPI;
    return(dtheta);
}
```

第三个方法仅适用于凸多边形，此时多边形可以看做从第一个顶点开始的路径。对于测试点，若它总是位于路径上所有线段的同一侧，则测试点在多边形的内部，否则在多边形的外部。设测试点为 $p(x, y)$，某条测试边的端点是 $p_0(x_0, y_0)$和 $p_1(x_1, y_1)$。如果 $(y-y_0)(x_1-x_0)-(x-x_0)(y_1-y_0)$ <0，**p** 在线段的右边；如果该值大于零，**p** 在线段的左边；如果该值等于 0，则 **p** 位于线段上。

第四种方法由第二种方法演变而来，适用于三维空间中的凸多边形。算法先计算该点位于多边形所在的平面，再决定它是否在多边形内部。这两步测试都可以通过计算测试点和每对边的端点的夹角的和。当且仅当和是 2π 时，点位于多边形所在平面以及多边形的内部。例程 2-2 所示的伪代码返回测试点与多边形对之间的夹角和。

例程 2-2　利用夹角和方法判断某点是否位于凸多边形内部

```
typedef struct {
    double   x, y, z;
} XYZ;
#define     EPSILON             0.0000001
#define     MODULUS(p)          (sqrt(p.x*p.x + p.y*p.y + p.z*p.z))
#define     TWOPI               6.283185307179586476925287
#define     RTOD                57.2957795

double CalcAngleSum(XYZ q,XYZ *p,int n) {
    int   i;
    double   m1, m2;
    double   anglesum=0, costheta;
    XYZ   p1, p2;
    for (i=0;i<n;i++) {
        p1.x = p[i].x - q.x;               p1.y = p[i].y - q.y;
        p1.z = p[i].z - q.z;               p2.x = p[(i+1)%n].x - q.x;
        p2.y = p[(i+1)%n].y - q.y;         p2.z = p[(i+1)%n].z - q.z;
```

```
        m1 = MODULUS(p1);          m2 = MODULUS(p2);
        if (m1*m2 <= EPSILON)
            return(TWOPI);                                    // 在某个顶点上，认为是在多边形内部
        else
            costheta = (p1.x*p2.x + p1.y*p2.y + p1.z*p2.z) / (m1*m2);
        anglesum += acos(costheta);
    }
    return(anglesum);
}
```

如果测试点正好位于某个顶点上，必须单独考虑。

（5）决定某个线段是否与一个三角形求交

若线段由两个端点定义，三角形由3个顶点定义，则算法分为4步：检查线段是否与平面平行；求得线段所在直线与三角形所在平面的交；检查交点是否位于线段内部；检查交点是否位于三角形内部。检查交点是否位于三角形内部的方法是判断测试点与3个顶点夹角的和。令$\mathbf{p}$为测试点，设$\mathbf{p}_{a_1}=\frac{(\mathbf{p}_a-\mathbf{p})}{|(\mathbf{p}_a-\mathbf{p})|}$，$\mathbf{p}_{a_2}=\frac{(\mathbf{p}_b-\mathbf{p})}{|(\mathbf{p}_b-\mathbf{p})|}$，$\mathbf{p}_{a_3}=\frac{(\mathbf{p}_c-\mathbf{p})}{|(\mathbf{p}_c-\mathbf{p})|}$，则3个夹角分别为

$$a_1=a\cdot\cos(\mathbf{p}_{a_1}\cdot\mathbf{p}_{a_2})\text{，}\quad a_2=a\cdot\cos(\mathbf{p}_{a_2}\cdot\mathbf{p}_{a_3})\text{，}\quad a_3=a\cdot\cos(\mathbf{p}_{a_3}\cdot\mathbf{p}_{a_1})$$

（6）三线性插值

考虑一个单位立方体，记每个顶点处的值为v_{000}，v_{100}，v_{010}，…，v_{111}，那么在单位立方体内的(x, y, z)处的值v_{xyz}由下式给出：

$$v_{xyz}=v_{000}(1-x)(1-y)(1-z)+v_{100}x(1-y)(1-z)+v_{010}(1-x)y(1-z)$$
$$+v_{001}(1-x)(1-y)z+v_{101}x(1-y)z+v_{011}(1-x)yz+v_{110}xy(1-z)+v_{111}xyz$$

小　结

本章介绍了三维计算机游戏编程中所涉及三维数学的一些基本概念和原理性知识，包括坐标系、向量及其运算方法、矩阵变换及其运算以及一些常用的几何计算方法。这些知识在后续的章节中会陆陆续续被用到。

习 题 2

1．列举三维向量的操作。

2．将四元数(0, 0, 0, 1)表示为旋转矩阵与欧拉角。

3．自行实现一个三维向量与齐次矩阵类，需支持矩阵的求逆、平移、缩放、绕任意轴旋转等功能。在此基础上，支持旋转矩阵、欧拉角和四元数之间的相互转换。

4．根据点到直线、平面的最短距离公式，实现点到三角面片的最短距离计算。

参考文献

[1] 彭群生，鲍虎军，金小刚．真实感图形学算法基础．科学出版社，1999．

[2] 唐荣锡，汪嘉业，彭群生．计算机图形学算法基础．科学出版社，2000．

[3] 鲍虎军，金小刚，彭群生．计算机动画算法基础．科学出版社，2000.
[4] Tomas Akenine-Möller, Eric Haines. Real-time rendering. A.K. Peters Ltd., 2nd edition, 2003.
[5] Jim Blinn. Jim Blinn's Corner: A Trip Down the Graphics Pipeline. Morgan-Kaufmann, 1996.
[6] Mason Woo, Jackie Neider, Tom Davis, Dave Shreiner, and the OpenGL Architecture Review Board. OpenGL Programming Guide, Third Edition. Addison-Wesley, 1999.
[7] DirectX 9.0c SDK. Microsoft Cooperation, 2006.
[8] http://www.ati.com.
[9] http://www.nvidia.com.
[10] http://www.gameres.com.
[11] http://www.gamedev.net.
[12] http://www.gamasutra.com/.
[13] http://www.flipcode.com.

第 3 章　三维游戏场景的表示和组织

三维游戏场景绘制中，复杂的场景是保证高质量的画面的重要要素，然而对于高度复杂的场景，简单的图形硬件加速并不能满足游戏的实时绘制需求，因而必须设计高效的数据结构和算法来加速复杂场景的漫游。与一般的真实感绘制技术不同，三维游戏中的图形技术在追求速度的同时可以适当损失图形的绘制质量。基于这一原则，三维游戏中的图形技术大致可从三个层面考虑：第一层面考虑场景的几何组织与优化，着重于提高绘制效率，建立优化的场景表达模型，包括场景多边形网格模型的优化、场景几何组织和绘制状态优化技术、层次细节技术，以及在此基础上的快速可见性判断与消隐技术等；第二层面考虑场景的画面真实感，前提是保证绘制速度，可采用一系列特效生成技术，包括高级纹理映射、混合式几何和图像建模与绘制技术、粒子系统、过程式建模等；第三层面考虑基于真实物理定律的游戏效果模拟，主要包括阴影模拟和碰撞检测处理。本章将以三维游戏场景的实时渲染为目标，着重介绍第一层面的相关技术——三维游戏场景的表达模型、几何组织和优化管理等。后面的章节中分别介绍后两层面的技术。

3.1　三维场景的表示

三维场景的几何表示分为 3 类：多边形网格模型、曲面模型和离散模型。多边形网格模型直接使用点、线段和多边形来逼近真实的物体，结合光照明计算模型、表面材质和纹理映射，多边形网格模型是游戏场景几何建模中最直接、应用最广的几何表示方法。由于底层图形 API（如 OpenGL、Direct3D）的基本绘制元素是三角形，因此三角形网格又是多边形网格模型中最常用的表示方法。

场景物体的另一类表示方法是曲面。使用曲面有以下优点：比多边形更简洁的描述，可交互调整，比多边形物体更光滑、更连续，动画和碰撞检测更简单和快速。游戏的建模中越来越多地使用曲面作为基本的场景描述手段，这体现在三方面：首先，存储曲面模型耗费的内存相对较低，对表示游戏中的复杂模型特别有用；其次，整体曲面变换比逐个多边形变换的计算量更小；第三，如果图形硬件支持曲面，从 CPU 传输到图形硬件的数据将大大低于多边形的传输量。当前的主流显卡提供了多边形网格模型与曲面模型之间互换的功能。例如，游戏 SOF2 使用自由曲面建立了它的地形系统，ATI 公司的 Radeon 系列显卡自带 TRUFORM 功能，能将一个网格模型转换为光滑的曲面模型，再离散为网格模型（tessellation）。当然，并不是所有的自由曲线曲面都适合在游戏引擎中使用，只有简洁高效的曲面表示才在实时绘制方面占有优势。

除了连续的表示模型外，还有两类离散几何表示。其中，体表示模型可以看成三维图像，它用规则的三维格点（即体素）描述物体的结构，物体的属性记录在每个体素上。目前已经有一些游戏引擎专门使用体素。体模型布尔运算非常简便，但存储量大，冗余性高。CSG（Constructive Solid Geometry）表示模型用一些基本体素如长方体、球、柱体、锥体和圆环等，通过集合运算如并、交、差等操作来组合形成物体。CSG 表示的优点之一是它使得物体形状的建构更直观，即可通过对简单形状物体进行交、差和并等操作，就可形成复杂的物体。CSG 模型本质上是一种搭积木的建模思想，因此在游戏场景建模中大都隐含使用了 CSG 模型的表示方法。

表 3-1 是常用的物体几何表示方法的特点比较。图 3-1 是它们的实例。

表 3-1　几类常用几何表示方法的特性比较

	网格模型	隐函数曲面	参数曲面	细分曲面	体模型	CSG 模型
连续性	零阶连续	连续	连续	连续	离散	离散
拓扑表示性	任意	有限	有限	有限	任意	任意
图形硬件支持	直接支持	可编程	部分支持	不支持	不支持	不支持
参数化难易度	难	难	直接支持	难	容易	难
游戏实用性	最实用	一般	实用	一般	一般	差

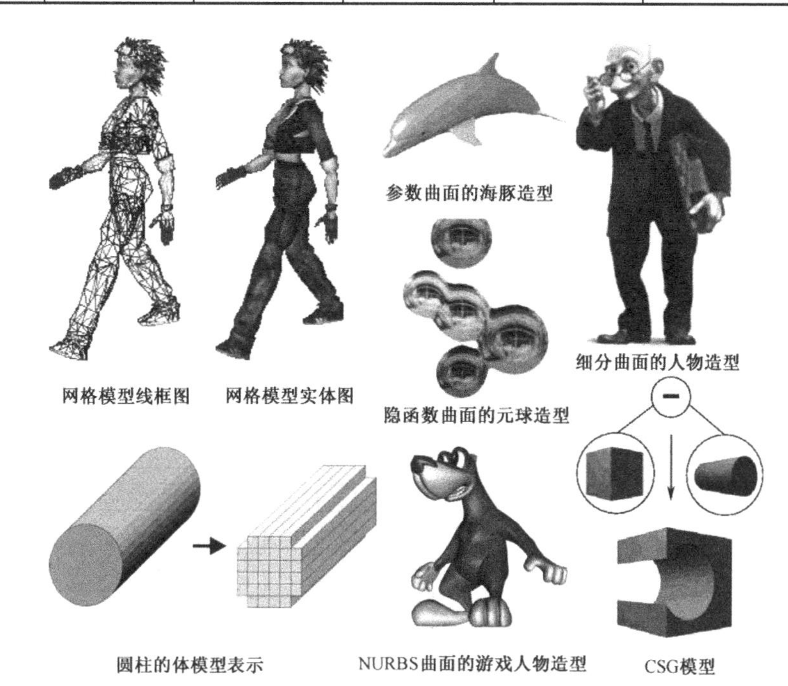

图 3-1　三维场景的几何表示法实例（图片来源：Direct3D 9.0 SDK，动画片 Geri's Game）

3.1.1　三角网格模型

多边形网格模型是一系列多边形的集合。如果网格的所有多边形都是三角形，则称为三角网格模型，图 3-1 中的网格模型就是一个游戏人物的三角网格模型。尽管在计算机图形学领域内已经提出了很多成熟的曲面表示方法，包括样条曲面、隐函数曲面、CSG 模型、体模型、点模型和各种各样的混合表示方法，游戏编程中实用的还是三角网格的表示方法。而其他曲面表示，诸如隐式曲面、NURBS、细分曲面等，都可以被离散为三角形表示，以便利用常规的图形绘制硬件进行绘制。随着图形硬件的高速发展以及对几何表面三角化算法的深入研究，三角网格在图形绘制以及造型中越来越常见。

在底层图形 API（OpenGL、Direct3D）中，场景物体的三角网格模型引申出几类基本绘制元素，包括顶点列表（Point List）、线段列表（Line List）、线段条带（Line Strip）、三角形列表（Triangle List）、三角形索引列表（Indexed Triangle List）、三角形条带（Triangle Strip）和三角形扇（Triangle

Fans）。

（1）顶点列表

顶点列表是一系列孤立的顶点的集合。

（2）线段列表

线段列表是一系列孤立的线段的集合。线段之间彼此没有联结关系。线段列表的数据结构由顶点的数目、顶点列表组成，其中顶点的数目是线段数目的 2 倍。

（3）三角形列表

三角形列表是一系列孤立的三角形的集合，其数据结构由顶点的数目、顶点列表组成，顶点的数目是三角形数目的 3 倍。三角形列表是效率最低的一类三角网格模型的存储格式。

（4）三角形索引列表

三角形索引列表是三角形列表的优化表示，由顶点列表、边索引列表（可选）和三角形的面索引列表组成。顶点列表保存顶点的信息，如位置、法向、纹理坐标等。边索引列表和三角形的面索引列表则记录了组成边和面的顶点索引号。这种存储方式使得被多条边和多个三角形共享的顶点的信息只被存储一次，因此既节省了内存，也优化了绘制流程（对共享顶点的变换和光照处理只需要一次）。三角形索引列表是最普遍的三角网格模型格式，如图 3-3 所示。

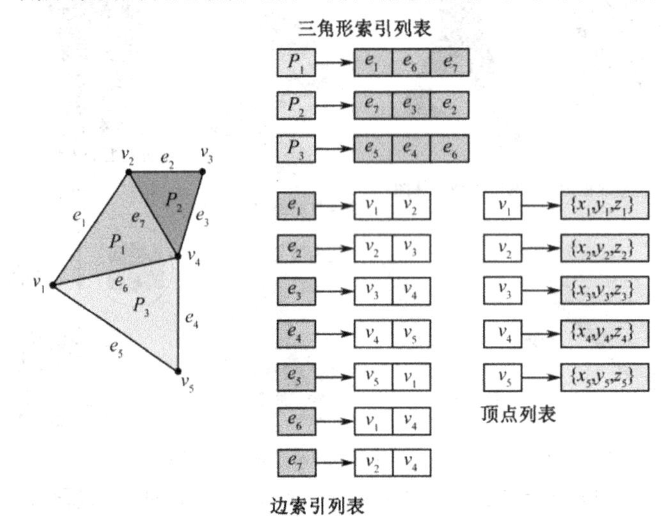

图 3-3　三角形索引列表示意

（5）三角形条带

三角形条带是一系列首尾相连的三角形的集合，是三角形索引列表的一种特殊连接形式。三角形条带的隐含规则是，任意一个顶点同时被 3 个三角形共享（起始和结束三角形除外），且只被存储一次。因此，三角形条带的存储量是三角形列表的三分之一左右，而且绘制时可以利用顶点的连贯性进行特殊优化，获得了极大的效率提高和内存使用优化。为了充分利用三角形条带的优点，Nvidia 公司特别设计了将任意的三角形列表转化为若干个三角形条带的开发包。在游戏编程中，应该尽可能使用三角形条带。图 3-4（左）展示了一个包含 5 个三角形的三角形条带。其中，顶点 v_1、v_2、v_3 构成了第 1 个三角形，顶点 v_2、v_4、v_3 构成了第 2 个三角形；v_3、v_4、v_5 构成了第 3 个三角形；v_4、v_6、v_5 构成了第 4 个三角形；v_5、v_6、v_7 构成了第 5 个三角形。

（6）三角形扇

三角形扇是三角形条带的一种特殊形式，它的所有三角形都共享某个顶点，形成了扇状的三角形条带。图 3-4（右）展示了一个包含 4 个三角形的三角形扇。由于三角形扇的规则性太强，在实际应用中使用甚少。曲面模型并不被底层图形 API 直接支持，因此需将它们转换为多边形后才能送入图形流水线处理。从各种曲面转化为三角形网格的过程称为多边形化，底层图形 API 支持部分曲面形式的多边形化。

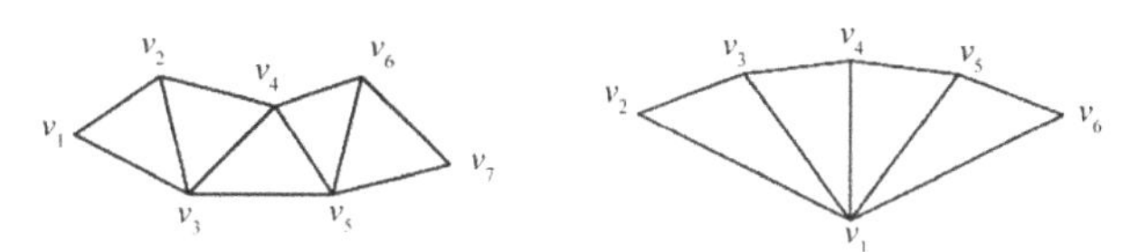

图 3-4　由 7 个顶点组成的三角形条带（左）、由 6 个顶点组成的三角形扇（右）

3.1.2　三维对象参数表示

游戏中物体的一种表示方式是利用参数来表示。参数建模是指利用参数来定义一个模型，这些参数可以是模型的大小尺寸，以及可以用来描述物体形状的曲面（通常用控制点进行描述）。相比三角网格模型，参数建模的参数表示的方式更精确，更易于修改，更节省内存，如图 3-2 所示。例如，对于同样一个圆球，参数表示只需记录其位置、半径即可，三角网格则需要使用大量的面片表示球面在空间中的位置。另外，使用参数表示的球形比之面片拟合得来的形状要光滑的多。

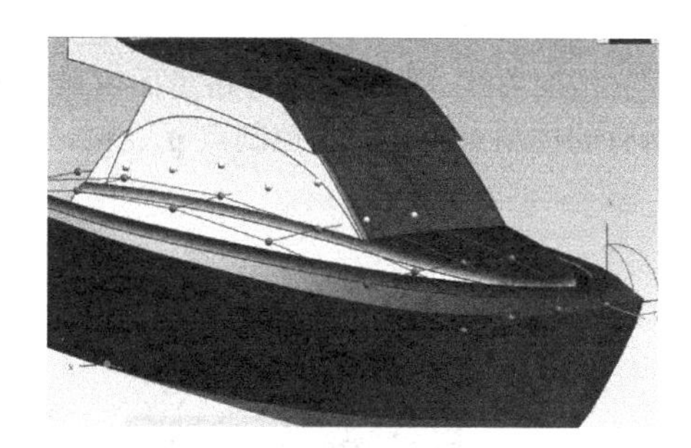

图 3-2　参数曲面表示的模型
（图片来源：Wikipedia）

常见的使用参数表示的三维模型除了球、平面、圆柱外，还包括使用参数曲面来对物体进行建模表示。曲线和曲面有 3 种表示方式：显示曲面、隐函数曲面和参数曲面。

显示曲面定义曲线的表示形式为 $y=f(x)$，这种形式无法用来表示一些多值曲线。

隐函数曲面是指由隐函数定义的曲面模型。隐函数把三维空间映射到实数域 $f: \boldsymbol{R}^3 \rightarrow \boldsymbol{R}$，隐函数曲面是由所有满足 $f(x,y,z)=0$ 的点组成的曲面。物体内部是满足 $f(x,y,z)<0$ 的区域，物体外部则满足 $f(x,y,z)>0$。函数 f 是多项式时，隐函数又称为代数曲面。二次代数曲面（即在 x、y、z 上最高幂次为 2 的多项式曲面）是最早实用化的隐函数曲面模型之一，可以方便地表示球面、圆锥面、抛物面和双曲面。其他实用的隐函数模型有 Blobby 和 Metaball（元球）造型等。

参数曲面造型的基本思想是以一组基函数为权因子，利用一组初始控制向量的线性（或有理线性）组合来得到物体的连续表示。一个参数表示的例子为 $x=x(t)$，$y=y(t)$，对于空间的某点则使用 $P(t)=\{x(t), y(t)\}$ 表示，曲线上每一点都要表示成某个参数 t 的一个函数式。显式函数或隐式函数都存在以下几个问题：与坐标轴相关，不利于坐标变换；对于复杂的曲线曲面很难表示；不利于计算和编程。使用参数方程则具有更大的自由度来控制曲线、曲面的形状，且参数 t 的范围[0, 1]直接定义了边界，易于曲线、曲面的分段分片描述。参数曲面易于离散为多边形网格模型，也易于实现纹理映射。在参数曲面中重要的一类非均匀有理 B 样条曲线（NURBS），特别是 Bézier 曲面具有端点插值等多种良好交互性，广泛应用于游戏的路径插值和人物建模中。

基于参数化的表面表示，人们提出了细分曲面表示方法，起源于 20 世纪 70 年代，利用一系列递归剖分规则，从粗糙的模型生成多尺度的精细光滑模型。这些递归剖分规则往往是由参数曲面的参数定义的。随着计算机硬件能力的提高和应用的深入，特别是底层图形 API 纷纷支持细分曲面的实时绘制，细分曲面在游戏中已经获得了广泛使用。

3.1.3 三类常用参数曲面

常用的参数曲线有 Bézier 曲线（如图 3-5 所示）、B 样条、NURBS 等。在介绍这些曲线曲面的正式构成之前，先解释构造曲线中使用的两个概念——差值和逼近。

❖ 插值：要求构造一条曲线顺序通过型值点，称为对这些型值点进行插值（interpolation）。

❖ 逼近：构造一条曲线，使它在某种意义上最佳逼近这些型值点，称为对这些型值点进行逼近（approximation）。

参数曲线和曲面的作用不仅使模型看起来更为光滑连续，在游戏中也可以用来对关键帧进行差值或者设计道路或者运动轨迹等。下面介绍几种常见的曲线曲面的构成方式：Catmull-Rom 样条、Hermite 样条、Bézier 三角曲面和 N-Patches。

1. Catmull-Rom 样条

样条的基本原理是沿着曲线指定一系列的间隔点，并假定这些控制点之间的函数关系确定一根光滑的曲线。游戏中进行路径插值最常用的样条是 Catmull-Rom 三次样条，精确地插值（通过）所有的控制点，由四个控制点 $\mathbf{p}_0$、$\mathbf{p}_1$、$\mathbf{p}_2$ 和 $\mathbf{p}_3$ 定义，如图 3-6 所示。

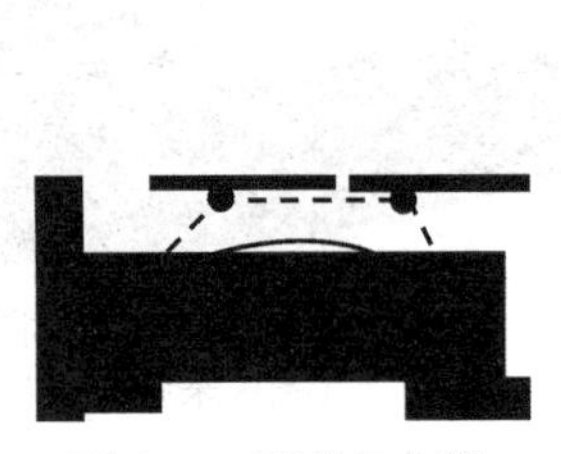

图 3-5 贝塞尔曲线

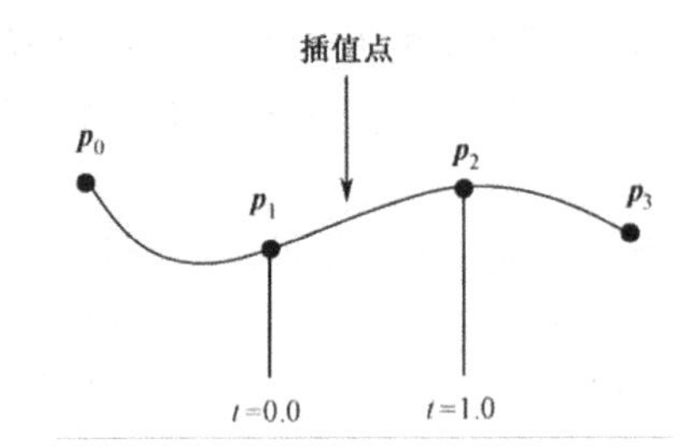

图 3-6 Catmull-Rom 样条求值方式

为了求得曲线上任意一点 $\mathbf{q}$，必须找出这个点在哪两个控制点之间，并对这两个控制点组成的曲线段进行参数化。设 $\mathbf{q}$ 的参数为 t，则计算公式为：

$$\mathbf{q}(t) = 0.5 \times (1.0, t, t^2, t^3) \times \begin{bmatrix} 0 & 2 & 0 & 0 \\ -1 & 0 & 1 & 0 \\ 2 & -5 & 4 & -1 \\ -1 & 1 & -3 & 1 \end{bmatrix} \begin{bmatrix} \mathbf{p}_0 \\ \mathbf{p}_1 \\ \mathbf{p}_2 \\ \mathbf{p}_3 \end{bmatrix}$$

Catmull-Rom 样条的性质如下：样条穿过所有的控制点；样条是 C^1 连续的，也就是说，它的切向量是连续的；样条不是 C^2 连续，在每条线段上二阶导数是线性插值的，因此它的曲率随着线段的长度而线性变化。

Catmull-Rom 样条可用 4 个控制点定义，也可以加入任意多个控制点，并形成多段 Catmull-Rom 曲线。每段由线段的两个端点和左右端点相邻的两个控制点决定，如果线段的端点是 $\mathbf{p}_n$ 和 $\mathbf{p}_{n+1}$，那么这段线段的 Catmull-Rom 样条由$[\mathbf{p}_{n-1}, \mathbf{p}_n, \mathbf{p}_{n+1}, \mathbf{p}_{n+2}]$定义。由于整个链条不能计算两端，因此，对于具有 N 个控制点的 Catmull-Rom 样条来说，能生成 Catmull-Rom 曲线的下标最小的线段是 $\mathbf{p}_1$ 和 $\mathbf{p}_2$，下标最大的线段是 $\mathbf{p}_{N-3}$ 和 $\mathbf{p}_{N-2}$，因此定义 N 条线段，需要 N+3 个控制点。

2. Hermite 样条

基于 Hermite 基函数的插值样条可用于关键帧插值系统。Hermite 样条插值两个端点及两个端点处的切矢量。若给定 4 个控制矢量 $\mathbf{p}_0$、$\mathbf{p}_1$、$\mathbf{p}_2$、$\mathbf{p}_3$，其中 $\mathbf{p}_2$ 为 $\mathbf{p}_0$ 点的切矢量，$\mathbf{p}_3$ 为 $\mathbf{p}_1$ 点的切矢量，则由这 4 个矢量决定的三次 Hermite 样条曲线段为 $\mathbf{Q}(u)=\sum_{i=0}^{3}\mathbf{p}_i b_i(u)$。其中，$b_0(u)\sim b_3(u)$ 为 Hermite 基函数：$b_0(u)=2u^3-3u^2+1$，$b_1(u)=-2u^3+3u^2$，$b_2(u)=u^3-2u^2+u$，$b_3(u)=u^3-u^2$。

Hermite 样条的一个特殊情况是 Catmull-Rom 样条，其基函数的性质如表 3-2 所示。

表 3-2　Hermite 基函数的性质

	$b_0(u)$	$b_1(u)$	$b_2(u)$	$b_3(u)$
基函数在 u=0 的值	1	0	0	0
基函数在 u=1 的值	0	1	0	0
基函数导数在 u=0 的值	0	0	1	0
基函数导数在 u=1 的值	0	0	0	1

不难验证，$\mathbf{Q}(0)=\mathbf{p}_0, \mathbf{Q}(1)=\mathbf{p}_1, \mathbf{Q}'(0)=\mathbf{p}_2, \mathbf{Q}'(1)=\mathbf{p}_3$。若关键帧系统中需要 n 个关键帧的值 $\mathbf{p}_0$, $\mathbf{p}_1$, …, $\mathbf{p}_{n-1}$，需在插值点处建立其切矢量 $\mathbf{t}_0$, $\mathbf{t}_1$, …, $\mathbf{t}_{n-1}$，再利用控制矢量($\mathbf{p}_0$, $\mathbf{p}_1$, $\mathbf{t}_0$, $\mathbf{t}_1$), …, ($\mathbf{p}_{n-2}$, $\mathbf{p}_{n-1}$, $\mathbf{t}_{n-2}$, $\mathbf{t}_{n-1}$)来生成 $n-1$ 段 Hermite 插值样条曲线，如图 3-7 所示。其中，第 i 段曲线的表达式为 $\mathbf{Q}_i(u)=\mathbf{p}_{i-1}b_0(u)+\mathbf{p}_i b_1(u)+\mathbf{t}_{i-1}b_2(u)+\mathbf{t}_i b_3(u)$，$u\in[0, 1]$，$i$=1, 2, …, $n-1$。

3. Bézier 三角曲面和 N-Patches

游戏和动画中最实用的曲面表达形式是 Bézier 曲面。本节介绍 Bézier 三角曲面的基础理论和它的迭代形式 N-patches。后者的每个三角形可以看做 n 次的 Bézier 三角曲面的控制点，因此可用较少的面片生成光滑的曲面。Bézier 三角曲面由一系列三角形定义，它们的顶点控制了曲面的形状，称为控制点，如图 3-8 所示。若 Bézier 三角曲面的次数是 n，则每条边有 n+1 个控制点，即 $\mathbf{p}_{ijk}$（$i+j+k=n$，$i, j, k\geqslant 0$），则控制点的总数为 $\sum_{x=1}^{n+1}x=\frac{(n+1)(n+2)}{2}$。

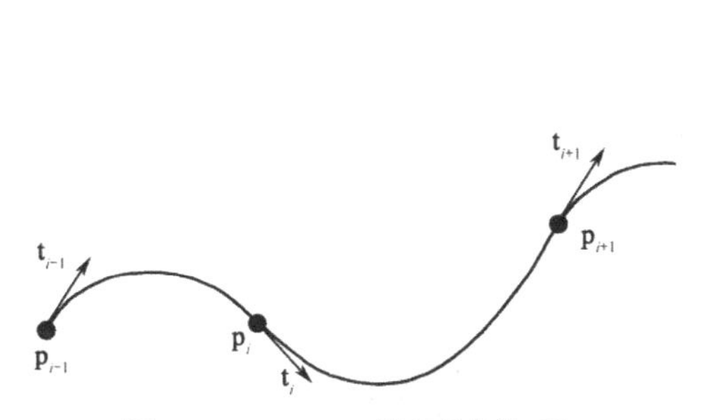

图 3-7　Hermite 样条控制矢量

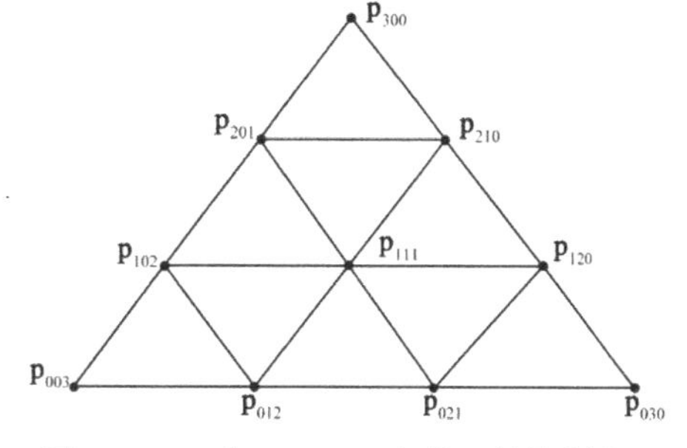

图 3-8　三次 Bézier 三角曲面的控制点

Bézier 三角曲面是通过迭代插值计算得到的。三角形△$\mathbf{p}_0\mathbf{p}_1\mathbf{p}_2$ 的内点插值公式是

$$\mathbf{p}(u,v)=\mathbf{p}_0+u(\mathbf{p}_1-\mathbf{p}_0)+v(\mathbf{p}_2-\mathbf{p}_0)$$

其中，(u,v)是三角坐标。三角形内部的点的三角坐标满足：$u\geqslant 0$，$v\geqslant 0$，$u+v\leqslant 1$。生成 Bézier 三角形新顶点的 de Casteljau 算法为

$$\mathbf{p}_{i,j,k}^{l}(u,v)=u\mathbf{p}_{i+1,j,k}^{l-1}+v\mathbf{p}_{i,j+1,k}^{l-1}+(1-u-v)\mathbf{p}_{i,j,k+1}^{l-1}\qquad l=1,\cdots,n;\ \ i+j+k=n-l$$

Bézier 三角曲面是顶点的多项式组合，即伯恩斯坦多项式：

$$\mathbf{p}(u,v)=\sum_{i+j+k=0} B_{ijk}^{n}\mathbf{p}_{ijk}$$

其中的基函数称为伯恩斯坦基函数

$$B_{ijk}^{n}(u,v)=\frac{n!}{i!j!k!}u^{i}v^{j}(1-u-v)^{k} \qquad (i+j+k=n)$$

当 $i, j, k<0$ 或 $i, j, k>n$ 时，伯恩斯坦基函数为 0。

Bézier 三角曲面在 u、v 方向的偏导分别是：

$$\frac{\partial\mathbf{p}(u,v)}{\partial u}=\sum_{i+j+k=n-1}\mathbf{p}_{ijk}^{n-1}(u,v)\mathbf{p}_{i+1,j,k}, \quad \frac{\partial\mathbf{p}(u,v)}{\partial v}=\sum_{i+j+k=n-1}\mathbf{p}_{ijk}^{n-1}(u,v)\mathbf{p}_{i,j+1,k}$$

任意一个 Bézier 三角形上定义的 Bézier 曲面都插值三个控制点，且每条边也是一个 Bézier 曲线。整个 Bézier 三角曲面位于控制点张成的凸包中。将控制点做刚体旋转后生成的 Bézier 三角曲面，等于先生成 Bézier 三角曲面再进行旋转所获得的曲面。

N-Patches 是 Normal-Patches 的缩写，也称为 PN 三角形。N-patches 实际上是三角网格的细分曲面。原始的三角网格是第 0 层控制点。第一层在每个三角形的每条边上都插入一个点，将三角形再分为 4 个小三角形；第二层在每条边上插入 2 个点，生成 9 个小三角形；第 n 层生成了 $(n+1)^2$ 个三角形，最后逼近一个光滑曲面。由于网格细分是由初始网格的三角形顶点和法向决定，不需要相邻点之间的信息，因此图形硬件能实时地执行细分操作并绘制。均匀细分对每个三角形都生成相同层数，将导致小三角形和大三角形获得同样的细分层次。尽管自适应细分和局部细分技术可以解决这个问题，但很难在图形硬件中实现。

N-patches 需要 G1 连续的（一阶几何连续，即三角形之间 C^0 连续，法向也连续）原始三角网格。如果两个相邻的三角形在连接处没有相同的法向，将会出现裂缝，解决办法是在裂缝附近额外插入一个三角形。图 3-9 为一个 N-Patches 的实例，原始的三角形数据由 414 个三角形组成（如图 3-9(a)所示）。一次细分后的模型有 3726 个三角形（如图 3-9(b)所示），两次剖分后的模型有 20286 个三角形（如图 3-9(a)所示）。图 3-9(d)～图 3-9(f)分别显示了它们的网格显示。

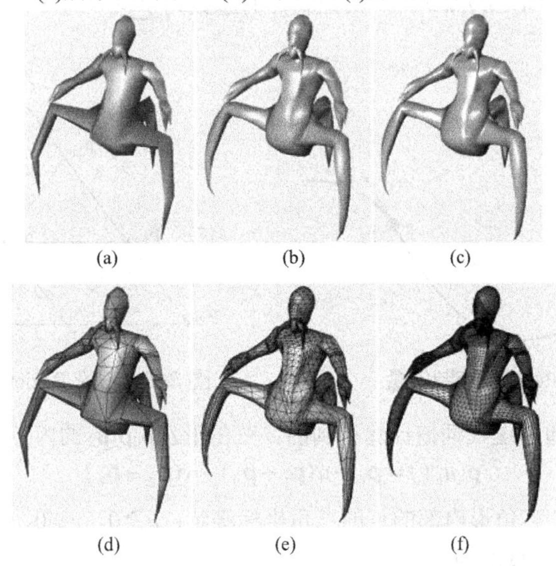

(a) (b) (c)

(d) (e) (f)

图 3-9　N-Patcehs 实例（图片来源：美国 ATI 公司）

N-Patches 上实际上定义了 Bézier 三角曲面。假设三角形的顶点为 $\mathbf{p}_{300}$、$\mathbf{p}_{030}$ 和 $\mathbf{p}_{003}$，法向分别是 $\mathbf{n}_{200}$、$\mathbf{n}_{020}$ 和 $\mathbf{n}_{002}$。N-Patches 生成过程的迭代算法实质上是在每个初始三角形上生成一个三

次 Bézier 三角曲面。令 $w=1-u-v$，则 3 次 Bézier 三角曲面的公式是：

$$\mathbf{p}(u,v)=\sum_{i+j+k=3}\mathbf{p}_{ijk}^{3}(u,v)\mathbf{p}_{ijk}=u^3\mathbf{p}_{300}+v^3\mathbf{p}_{030}+w^3\mathbf{p}_{003}+3u^2v\mathbf{p}_{210}+3u^2w\mathbf{p}_{201}+$$
$$3uv^2\mathbf{p}_{120}+3v^2w\mathbf{p}_{021}+3uw^2\mathbf{p}_{102}+6uvw\mathbf{p}_{111}$$

三次 Bézier 三角曲面需要在每条边上生成两个新的控制点（如图 3-8 所示）。为了确保两个 N-patch 三角形在边界处的 C^0 连续，边线上的控制点由边角上的控制点和其法向计算（假定在两个相邻的三角形的连接处它们有相同的法向）。例如，为了求得新控制点 $\mathbf{p}_{210}$（如图 3-10 所示），可先计算 $\frac{2}{3}\mathbf{p}_{300}+\frac{1}{3}\mathbf{p}_{030}$，然后沿着 $\mathbf{n}_{200}$ 的方向将它投影到由 $\mathbf{p}_{300}$ 和 $\mathbf{n}_{200}$ 决定的平面。

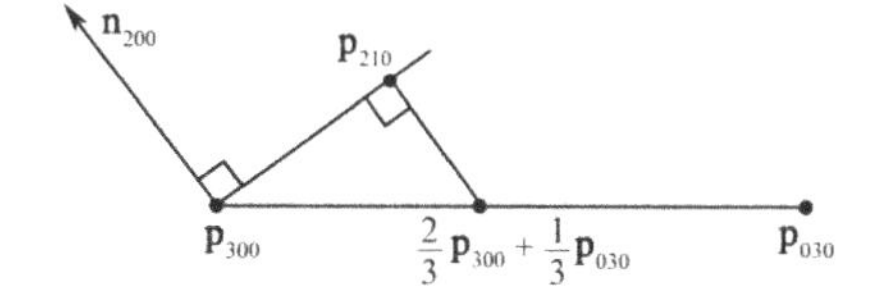

图 3-10　Bézier 控制点 $\mathbf{p}_{210}$ 由控制点 $\mathbf{p}_{300}$、$\mathbf{p}_{030}$ 和 $\mathbf{p}_{300}$ 处的法向 $\mathbf{n}_{200}$ 决定

点 $\mathbf{p}_{210}$ 的实际计算公式是：

$$\mathbf{p}_{210}=\frac{1}{3}(2\mathbf{p}_{300}+\mathbf{p}_{030}-(\mathbf{p}_{200}\cdot(\mathbf{p}_{030}-\mathbf{p}_{300}))\cdot\mathbf{p}_{200})$$

其他边线控制点可类似获得。例如，内部控制点 $\mathbf{p}_{111}$（见图 3-8）的计算公式如下：

$$\mathbf{p}_{111}=\frac{1}{4}(\mathbf{p}_{210}+\mathbf{p}_{120}+\mathbf{p}_{102}+\mathbf{p}_{201}+\mathbf{p}_{021}+\mathbf{p}_{012})-\frac{1}{6}(\mathbf{p}_{300}+\mathbf{p}_{030}+\mathbf{p}_{003})$$

为了计算三次 Bézier 三角曲面的两个切平面及其法向，可选择一个二次型对法向进行插值来代替 Bézier 三角曲面的偏导数方程式：

$$\boldsymbol{n}(u,v)=\sum_{i+j+k=2}B_{ijk}^{2}(u,v)\boldsymbol{n}_{ijk}=u^2\boldsymbol{n}_{200}+v^2\boldsymbol{n}_{020}+w^2\boldsymbol{n}_{002}+uv\boldsymbol{n}_{110}+uw\boldsymbol{n}_{101}+vw\boldsymbol{n}_{011}$$

为了计算控制点的法向 $\mathbf{n}_{110}$、$\mathbf{n}_{101}$ 和 $\mathbf{n}_{011}$，直观的想法是使用 $\mathbf{n}_{200}$ 和 $\mathbf{n}_{020}$（原始三角形的顶点法向）的均值。然而当 $\mathbf{n}_{200}=\mathbf{n}_{020}$ 时，会出现 $\mathbf{n}_{110}$ 平行 $\mathbf{n}_{200}$ 的问题。另一种方法是首先计算 $\mathbf{n}_{200}$ 和 $\mathbf{n}_{020}$ 的平均向量，再构造通过原点、法向平行于 $\mathbf{p}_{300}$ 和 $\mathbf{p}_{030}$ 的连线的平面，将该平均向量沿该平面的法向做反射操作。公式如下：

$$\mathbf{n}_{110}=\mathbf{n}_{200}+\mathbf{n}_{020}-2\frac{(\mathbf{p}_{030}-\mathbf{p}_{300})(\mathbf{n}_{200}+\mathbf{n}_{020})}{(\mathbf{p}_{030}-\mathbf{p}_{300})(\mathbf{p}_{030}-\mathbf{p}_{300})}(\mathbf{p}_{030}-\mathbf{p}_{300})$$

这样可计算 3 次 Bézier 三角曲面的所有控制点和二次插值的法向。它的优点是可以快速生成光滑的表面和形状，且易于图形硬件实现。

3.2　三维场景的组织和管理

在实时绘制的前提下，将三维场景表示与组织起来，并通过控制每帧画面绘制的多边形数目、检查游戏中的物理特性以及管理网络吞吐量等手段来保证游戏的实时性。上述内容就是场景组织和管理的基本功能。在第一人称游戏中，游戏角色的视野包括整个场景，它是一个未知的需要探索的世界，通常包含几百个房间，每个房间内有几十个物体，每个物体由几千个三角形组成，整个场景的三角形数目可达数百万。如果没有场景优化管理，游戏画面的实时性根本无法保证。在多人对战游戏中，同样需要场景的组织和管理，场景中物体的运动状态必须实时地广播给其他客户端，如果运动物体过多，会带来网络阻塞。一个明显的优化措施是，对某个客户端而言，可以忽略不可见的物体。

虽然显卡的计算能力不断的在提高，但是游戏场景也变的越来越复杂，如何实时绘制出高质量的画面永远是开发者需要攻克的难题之一。场景管理不仅需要完成简单的管理，还需要在每个模型对象和整个场景几何分布两个层面上进行优化，以实现游戏实时性和画面效果的要求。下面先介绍最简单的场景图，再介绍包围体以及场景的优化剖分。

3.2.1 基于场景图的表达和管理

场景图是一种将场景中的各种数据以图的形式组织在一起的场景数据管理方式，是一个树状结构，根结点是整个场景，树中的每个结点可以有任意多的子结点，每个结点存储场景集成的数据结构，包括几何物体、光源、相机、声音、物体包围盒、变换和其他属性。场景图也可以被看做一个有向循环图，基于场景图表示的场景绘制分为两步进行。第一步，根据游戏的需要更新场景图必要的部分。这种更新是局部的，不需要从根结点遍历。如果某个结点的几何变换发生了变化，会影响其所有子结点的状态。结点的包围盒的改变则由下向上扩散。第二步，场景图的剔除和绘制过程。对于每个结点，首先剔除不可见的部分，并保存上一结点的绘制状态，待该结点和它的子结点绘制完成后，再恢复上一结点的绘制状态。

现在以太阳系为例来说明场景图的构造和遍历。设太阳系有一个位于中心的太阳以及两颗围绕它旋转的行星，每个行星又分别拥有两颗围绕它们旋转的卫星。如果不使用场景图，场景中的每个模型分别被指定一个变换函数，要修改其中一个行星的位置，不仅要修改这个行星的变换函数，还必须修改围绕它旋转的两个卫星的变换函数。如果围绕该行星旋转的卫星很多，甚至还有围绕卫星旋转的小卫星，修改将更复杂。反之，在场景图中，要修改一个行星的位置，只需修改行星结点的属性，而不更改任何子结点的属性。图 3-11 描述了太阳系的场景图。

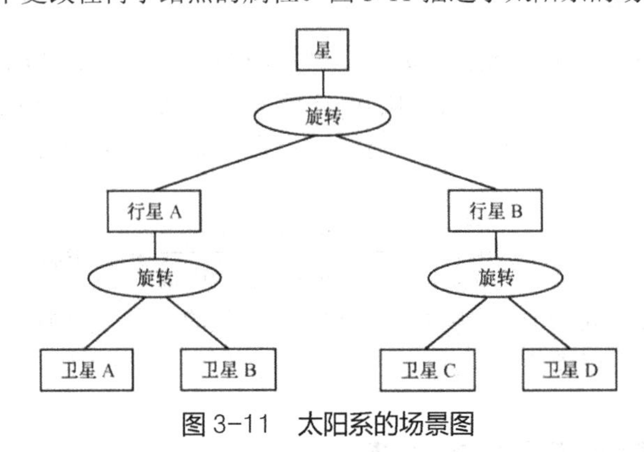

图 3-11 太阳系的场景图

将场景图转换为相应的代码并不复杂。旋转结点的操作相当于保存当前的世界变换矩阵并乘以一个旋转矩阵，其他几何结点的操作采用简单绘制方式，则场景图的绘制代码如例程 3-1 所示。

例程 3-1 太阳系场景图绘制伪代码

```
绘制太阳
将当前矩阵压入矩阵堆栈
    设置第一个旋转矩阵
    绘制行星 A
    将当前矩阵压入矩阵堆栈
        设置第二个旋转矩阵
```

```
        绘制卫星 A
        绘制卫星 B
    从矩阵堆栈弹出顶部矩阵
    绘制行星 B
    将当前矩阵压入矩阵堆栈
        设置第三个旋转矩阵
        绘制卫星 C
        绘制卫星 D
    从矩阵堆栈弹出顶部矩阵
从矩阵堆栈弹出顶部矩阵
```

利用场景图可以方便地创建更加复杂的场景。假如想旋转行星 A，并使两个小行星以不同的速度公转，只需将上面的场景图稍加修改。修改后的伪代码如例程 3-2 所示。

例程 3-2　改进后的太阳系场景图绘制伪代码

```
绘制太阳
将当前矩阵压入矩阵堆栈
    应用旋转矩阵
    将当前矩阵压入矩阵堆栈
        对行星 A 进行变换
        绘制行星 A
        将当前矩阵压入矩阵堆栈
            应用第二个旋转矩阵
            绘制卫星 A
            绘制卫星 B
        从矩阵堆栈弹出顶部矩阵
    从矩阵堆栈弹出顶部矩阵
    设置第三个旋转矩阵
    绘制行星 B
    将当前矩阵压入矩阵堆栈
        设置第四个旋转矩阵
        绘制卫星 C
        绘制卫星 D
    从矩阵堆栈弹出顶部矩阵
从矩阵堆栈弹出顶部矩阵
```

下面用 C++语言给出场景图的基本实现过程，如例程 3-3 所示。C++语言的面向对象的特性，尤其是继承性和多态性，为实现场景图提供了许多便利。实现场景图的第一步是为所有的结点类别定义一个公共基类。这个基类包含所有结点的公共数据以及通用操作接口，所有的结点类都由这个基类或者它的子孙类继承。

例程 3-3　场景图的基本实现

```
class CSceneNode {
public:
   CSceneNode() { }                                  // 构造函数
   virtual ~CSceneNode() { Destroy(); }              // 析构函数
   void Release() { delete this; }                   // 释放类对象
   virtual void Update() {                           // 更新场景结点
      // 遍历场景结点列表并逐个更新
```

```
        for( std::list<CSceneNode*>::iterator i = m_lstChildren.begin();i != m_lstChildren.end(); i++ ) {
            (*i)->Update();
        }
    }
    void Destroy() {                                        // 删除所有子结点
        for( std::list<CSceneNode*>::iterator i = m_lstChildren.begin(); i !=m_lstChildren.end(); i++ )
            (*i)->Release();
        m_lstChildren.clear();
    }
    void AddChild( CSceneNode* pNode ) {                    // 增加子结点
        m_lstChildren.push_back(pNode);
    }
protected:
    std::list<CSceneNode*> m_lstChildren;                   // 子结点列表
}
```

该基类包含一个子结点列表 std::list<CSceneNode*> m_lstChildren。根据 C++语言的多态性，可以用通用的基类指针记录所有的子结点，而不必关心每个子结点的具体类型。该基类提供了一个虚析构函数，简单地调用 Destroy()函数。Destroy()函数递归地清理该结点所有的子孙结点。每个特定的结点类可以重载析构函数，在重载函数中添加自己的清理代码。由于子类在调用自己的析构函数之后会自动地调用父类的析构函数，因此不需要在重载析构函数中再编写清理子结点的代码。该基类的另一个重点是虚函数 Update()。场景图中的每个结点都代表对场景的某类操作，对于集合结点，可能是对它包含几何的绘制方法；对于光源结点，可能是设置光源属性；对于相机结点，可能是设置和改变相机位置、朝向等。基类中的 Update()函数为各结点的操作提供了一个通用接口。当然，基类并不知道各子类需要进行怎样的操作，只是调用所有子结点的 Update()函数，以实现树的遍历。各子类应该重载虚函数，在重载函数中实现特定的操作。

下面定义各种具体的子结点类型。场景图可以包含各种类型的结点，但是每个场景图通常包括以下结点。

1．几何结点

场景几何是场景的最基本的组成要素。几何结点是各类物体的几何表示，它的成员函数主要完成绘制功能。例程 3-4 是几何结点的类结构。

例程 3-4　场景图的几何结点

```
class CGeometryNode: public CSceneNode {
public:
    CGeometryNode() { }
    ~CGeometryNode() { }
    void Update() {
        ......                                          // 绘制该几何结点的代码
        CSceneNode::Update();
    }
};
```

上述代码并没有包括绘制物体的具体几何的细节，但是有效地说明了几何结点所需的操作：先绘制结点包含的几何物体，再调用所有子结点的 Update()函数绘制子结点的物体。绘制方法随不同的游戏引擎、不同的图形 API 和几何类型而异。为了实现这一点，可以从 CGeometryNode 派生出多个子类别，由它们分别重载 Update()函数，实现不同的绘制算法。

2. 变换结点

变换结点包含了场景中模型的图形变换操作，将模型的平移、旋转、缩放等合成一个变换矩阵，保存在结点中。变换结点的类结构如例程 3-5 所示。

例程 3-5　场景图中的变换结点

```
class CDOFNode: public CSceneNode {
public:
    CDOFNode() { }
    ~CDOFNode() { }
    void Initialize( float m[4][4] ) {
        for(int i = 0; i < 4; i++)
            for(int j = 0; j < 4; j++)
                m_fvMatrix[i][j] = m[i][j];
    }
    void Update() {
        PushMatrix();                              // 将当前矩阵压入堆栈
        LoadMatrix((float*)m_fvMatrix);            // OpenGL 的设置矩阵函数
        CSceneNode::Update();
        PopMatrix();                               // 弹出矩阵堆栈的顶部矩阵
    }
private:
    float m_fvMatrix[4][4];
};
```

变换结点首先保存当前的变换矩阵，再将当前的变换矩阵设为结点中存储的变换矩阵，然后调用所有子结点的 Update()函数，最后恢复原先的变换矩阵。通过这样的操作模式，该结点的所有子结点都受到它的变换矩阵的影响。

3. 开关结点

开关结点是一种通过当前状态对子结点进行选择的结点。如设计一款赛车游戏，要求能够从视觉上反映车门的损坏程度。为了满足这一要求，首先根据车门的损坏程度建立不同的车门绘制模型。假设建立了无损坏、轻微损坏、较大损坏、严重损坏 4 种模型，需要在绘制场景时根据车门的实际情况选择其中一种模型进行绘制，这正是开关结点的作用。开关结点类结构见例程 3-6。

例程 3-6　场景图的开关结点

```
class CSwitchNode: public CSceneNode {
public:
    CSwitchNode() { }
    ~CSwitchNode() { }
    void Update() {
        CSceneNode * child = CHOOSE(CURRENT_STATUS);    // 根据当前状态选择子结点
        child->Update();
    }
};
```

注意：开关结点的 Update()函数没有调用 CSceneNode::Update()，也就是说，它并不调用所有子结点的 Update()，而只是调用恰当的唯一的子结点的 Update()。

3.2.2 基于绘制状态的场景管理

在游戏的场景绘制当中，不同绘制状态（shader、纹理、blend 等）的切换时经常发生。如绘制纹理切换时，需要将储存在内存中的数据转移到显存当中，开启或关闭 blend，这些操作有的涉及数据的传递，有的能改变硬件中流水线的绘制顺序，都会对绘制效率产生影响。因此，如何在绘制过程中减少绘制状态的切换，也属于场景管理要完成的一项任务。基于绘制状态的场景管理的基本思路是将场景物体按照绘制状态分类，对于相同状态的物体只设置一次。

随着游戏场景复杂度和渲染效果的要求越来越高，渲染一个场景所需的绘制状态越来越多，这些绘制状态可以大致分为以下几种状态集合：

- ❖ 多个 shader，使用不同 GPU shader 来完成场景效果的绘制。
- ❖ 多个纹理，纹理的使用类型以及它们的融合方式。
- ❖ 材质参数，包括泛光、漫射光、镜面光、自身发射光和高光系数。
- ❖ 其他渲染模式，如多边形插值模式、融合函数、光照明计算模式等。

为了避免过多的状态改变，将物体按照它们的绘制状态集合进行排序。这些绘制状态集合被插入到一个状态树中，树的顶层表示最耗时的状态改变，叶结点则表示代价最小的状态改变。设有以下几种绘制状态集合,每个状态集合都包括 shader、纹理、材质、，融合模式，如表 3-3 所示。

表 3-3 绘制状态集合

绘制状态集合 A	绘制状态集合 B	绘制状态集合 C	绘制状态集合 D
· shader Phong 着色 · 细节纹理 · 红色材质 · 无融合模式	· shader Phong 着色 · 细节纹理 · 灰色材质 · 无融合模式	· shader Phong 着色 · 凹凸纹理 · 红色材质 · 无融合模式	· shader 环境贴图 · 立方体纹理 · 无材质 · 加法融合模式

建立绘制状态树需要先对绘制状态进行排序，排序的主要依据在于各渲染状态的切换代价，按照代价大小，主要的渲染状态有 shader、纹理、shader 中的常量、API 中定义的绘制状态等。最耗时的操作重要性高，因此被置于树的顶层，使得它们被切换的几率最小。在上面的例子中，shader 的切换耗时最多将其放置在数的顶层，在绘制时仅需切换 1 次。无融合模式的切换代价小，在遍历绘制状态树过程中将被访问 3 次，也就是说切换 3 次。第四个状态集合要实现环境贴图，需要一个立方体纹理，并不需要材质信息，因此可以设置为默认值。

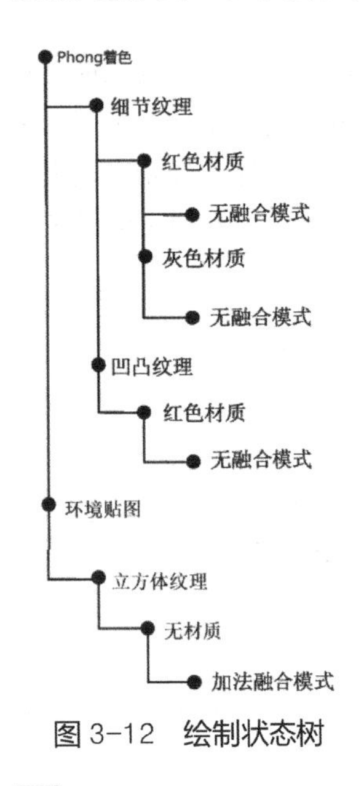

图 3-12 绘制状态树

建好状态树后，需要以最小的状态切换代价绘制场景，场景的绘制顺序由绘制状态树的遍历结果决定。算法从顶层开始以深度优先顺序遍历，每条从根结点到叶结点的路径对应一个状态集合。因此，一旦达到某个叶结点，就可以找到这条路径对应的状态集合，并绘制使用这个状态集合的物体。如果场景中多个物体使用同一个状态集合，那么在预处理阶段建立状态集合和物体之间的对应关系，当遍历状态树找到某个状态集合时，绘制所有使用该状态集合的物体。在图 3-12 中，状态集合 A 的路径是（Phong 着色、细节纹理、红色材质、无融合模式），第二条路径（Phong 着色，细节纹理，灰色材质，无融合模式）则对应状态集合 B。

上面我们介绍的是基于绘制状态的场景树，但是在实际的游戏引擎构建中要复杂的多，要考虑的因素也要多得多。最大的一个问题就在于多重绘制（multi-pass rendering）。在同一个物体的多重绘制过程中，它的几何数据保持不变，每重绘制的绘制状态会有所差异。尽管不同物体的几何数据不同，但可能共享某些状态，如纹理、光照条件等。因此对于多重绘制，以状态切换的代价为次序的状态树算法面临两个选择：要么以物体为单位进行状态管理，即一次性完成物体的绘制，每次重绘制时改变状态；要么以状态为单位进行管理，即先绘制所有物体的第一重状态，再绘制所有物体的第二重状态，依次类推。在第一个方案中，每重绘制的几何数据是共享的，因此不必切换物体的几何数据。缺点是每重绘制的状态都有差异，这使得每重绘制都要切换某些状态。第二种方案的优缺点正好相反，减少了状态之间的切换，但是切换几何数据也需要耗费时间，如果场景物体数目很多，尤为明显。在实际的游戏开发中，使用何种管理方式并无定论，一般的做法是根据真实的效率测试决定。

3.2.3 基于景物包围体的场景组织

相比上文介绍的整个场景的管理技术，景物包围体则着重于对单个模型包围体的构建。三维游戏图形技术中的许多难题，如碰撞检测、可见性判断、光线和物体的求交等，都可以归结为空间关系的计算问题。为了加速判断场景物体之间的空间关系，可从两个技术路线入手。第一，游戏场景中的物体几何表示以三角形为主，复杂物体可能由几十万个三角形组成，如果判断每个三角形与其他物体的关系，效率显然低下。解决的办法是对单个物体建立包围体（Bounding Volume），再在包围体的基础上对场景建立包围盒层次树（Bounding Volume Hierarchy），形成场景的一种优化表示。由于包围体形状简单，多边形数目少，因此利用多边形的相关性即物体的包围体表示能加速判断。第二，物体两两之间关系的判断是最直观的解决办法，但是真正与某个物体发生关系的场景物体有限，因此如果将物体在场景中的分布以一定的结构组织起来，就能消除大量无用的物体之间关系的判断，这就是场景的剖分技术。本节将介绍场景物体的包围体技术，下节介绍场景的剖分技术。

常用的景物包围体技术包括包围球、包围柱、AABB 包围盒、OBB 包围盒、离散定向多面体（*K*-DOP）等，如图 3-13 所示。

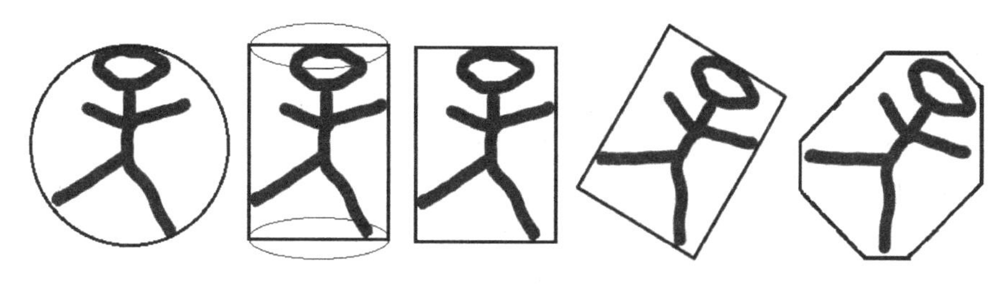

图 3-13　各种包围盒技术示例

包围球作为最简单的包围体，定义是包围物体最小球体。包围球的优势在于其求交和碰撞检测都非常快；同时，由于球的特性，任何旋转都不会改变球的大小。但是包围球对物体的包裹并不紧密，因此求交或者碰撞的结果往往也是不精确的。

包围柱是包围物体的圆柱，其轴向一般是场景的竖直方向，由于圆柱的特性，圆柱只能按照轴向旋转，因此应用有限，经常用来在场景中表示直立的人体。

AABB（Axis Aligned Bounding Box，轴平行包围盒）包围盒结构是包围模型的一个长方体。轴平行的意思是指长方体的每个面都与一个坐标轴垂直。相比于其他包围体，AABB 结构计算包围体非常简单，只需计算一个模型在各轴向的最大点和最小点。存储一个 AABB 只要两个点(xmin, ymin, zmin)、(xmax, ymax, zmax)。因为 AABB 总是与坐标轴平行，当物体移动时，它的 AABB 也要重新计算。平移的计算相对简单，而物体旋转时，包围盒的重计算有两种可选方案：重新计算变换后物体的 AABB，或者对 AABB 做与物体同样的变换。前者精确但是要做的计算多，后者只需做 8 个点的变换，但会带来误差。

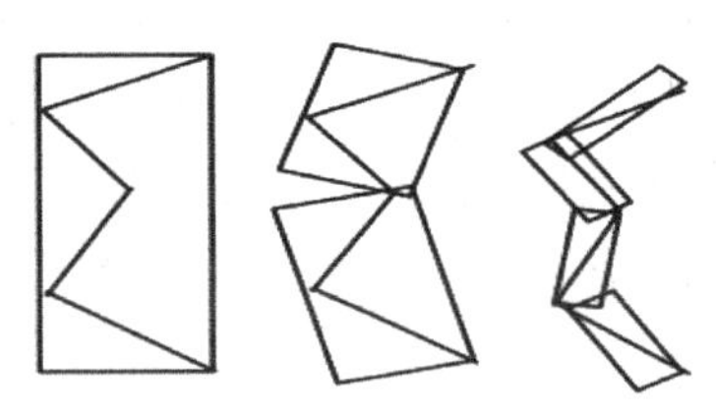

图 3-14　OBB 树的递归分裂过程

OBB（Oriented Bounding Box）包围盒也是一个包围模型的长方体。与 AABB 不同的是，OBB 的每个面并不要求与坐标轴垂直。存储一个 3 维 OBB 最常使用的是：1 个中心点，3 个长方体边长和 3 个旋转轴。OBB 树的递归生成过程如图 3-14 所示。

相对比 AABB，OBB 的好处在于可以选择最紧凑的包围盒，因此可以大大减少参与相交测试的包围盒数量。当物体旋转时，只需对 OBB 做同样的旋转。但是对于使用了 OBB 树的对象来说，还没有一种有效的方式解决对象变形后 OBB 树的更新问题，重新计算每个 OBB 的代价又太大，故不适合用在柔性物体上。

DOP 是用一组无限远处定向平面移动至与物体相交而得到的，其构成形态是一个凸多面体。AABB 是它的一个特例，即平面都与坐标轴垂直。一般，K 个平面组成的包围体被称为 K-DOP。

3.2.4　优化场景绘制的几何剖分技术

场景图是基于一个个模型组织起来的，场景的几何剖分则是按照整个场景中物体的几何分布，使用特定的剖分方式建立起一个树状结构。这种剖分技术本质上是分而治之（divide and conquer）思想。大多数商业建模软件包和三维图形引擎都采用了基于场景几何剖分的层次性机制。在场景几何的树状结构中，整个场景是根结点，根物体包含有子结点，子结点又可以循环剖分下去。常用的技术有 BSP 树、四叉树、八叉树等。

1. BSP 树

BSP（Binary Space Partition，二维空间划分）树第一次在游戏中应用是在卡马克的 DOOM 中。它的基本思想是：递归地使用一个分割平面将所在空间分为前后两个平面，这种递归分割的方式会生成一颗描述空间关系的 BSP 树。我们的生活空间其实是被众多的平面分割的，如天花板、墙壁、地板……BSP 是利用这些平面，将整个场景划分为一个个的小块，利用平面的指向性可以迅速判断场景的遮挡顺序。从根结点开始，对每个非叶结点，计算位置点与当前分割平面平面方程的值 $ax+by+cz+d$ 大于 0，则正子树在视点前；小于 0，则负子树在视点前，访问在前面的子树就可以得到整个空间的遮挡关系了。因此，BSP 场景管理十分有利于室内场景的绘制。

大的游戏场景通常先对物体建立包围体结构，然后以包围体为单位建立场景的 BSP 树，用以加速 BSP 树的构建。根据剖分面的选择差异，BSP 树的类型可分为三种。第一种是均匀剖分，即每个 BSP 树结点的剖分面是场景的 AABB 包围盒的任意一个 X、Y、Z 坐标轴方向的均匀二分面。这种剖分方法实现相对简单，适用于物体分布均匀的场景。第二种是平行坐标轴剖分，它的剖分面平行某个坐标轴，但是剖分面的具体位置由场景物体的分布决定。这类剖分方式简化了 BSP 树的建立和遍历过程，即物体处于剖分平面的哪一侧可以通过比较某个坐标值决定。在室内游戏中，建筑物墙壁通常与某个坐标轴方向平行，是最合适的剖分面，因此广泛采用平行坐标轴的剖分方式。第三种是任意平面剖分，通常选取场景中面积较大或者遮挡物体多的平面。这种方式的好处是可以根据场景几何实际情况选择剖分面，如在场景的中心位置有一个很大斜面，那么以它作为场景的剖分面是必然的选择。其缺点是判断物体与剖分面的关系稍显复杂。在游戏中，大多采用第二种构造方式，下面以它为例子叙述 BSP 树的构造过程。

图 3-15 中的空间由 ABC 组成，以数字表示墙体。分割平面 3 将整个空间分成了正向空间 A 和负向空间 BC，分割面 6 又将空间 BC 分为正向的 B 和负向的 C。假设人处于空间 C 的 *P* 点，可以通过 BSP 树快速确定所有房间的遮挡顺序。从根结点开始，判断 P 与平面 3 的关系，得到 *P* 点在 3 后，故 A 在 *P* 前，继而判断平面 6，得到 B 在 C 前，因此得到了整个空间顺序 A-B-C。

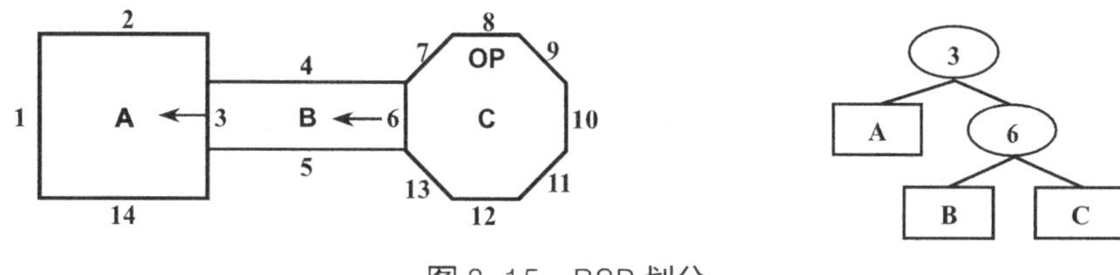

图 3-15　BSP 划分

BSP 分割的重要目标是将空间划分成一个个凸面体，因为只有凸面体的表面才能确定整个凸面体的前后。但是场景可能是任意形状的，那么如何选择分割平面才能获得合适的凸面划分呢？选择分割面有以下标准。

❖ 有效：选择的分割面必须能将凹面体成功剖分。例如，图 3-15 中若选择 2 为分割面，则不是有效剖分。

❖ 平衡：二叉树的效率与其平衡性有很大关系，因此在选取分割面的时候尽量选取能使前后空间均衡的面，即前后空间包含物体数量相近。

❖ 破坏性小：减少被分割的模型数量。选择分割平面后，空间中所有多边形都会根据前后关系送入不同的子结点，但是有的多边形因为刚好横跨而不得不做一个分割。在图 3-15 中，虽然 3 和 5 都能完成有效剖分，但是 5 的剖分明显会将墙体 1 分割成两半，所以 3 更适合做分割面。

有了上面的标准之后，BSP 分割流程如下：

① 在当前结点所有墙体中选择合适分割面。

② 如找不到合适分割面，此结点成为叶子结点，结束。

③ 若找到合适分割面，将此结点中除分割面外的墙体按照分割面前后，分别加入到前后结点墙体集合中。

④ 分别进入前子树结点和后子树结点，重复步骤①。

尽管 BSP 树被广泛使用在三维游戏引擎中，但仍然存在一些问题。首先，它不太适合动态场景。如果动态物体在场景中运动，必须解决动态物体与 BSP 树实时融合的问题。BSP 树的另外一个问题是构造时间长，因此只能以预处理方式进行。此外，BSP 需要剖分多边形，从而增加了场景的多边形数目。在选择分割面时，需要考虑分割引起的新多边形数目并选择新增多边形数目最少的分割面。为了充分利用 BSP 树的效率，通常可以结合 PVS（潜在可见集）或其他类似的可见性预处理技术，减少实时漫游时 BSP 树遍历的复杂度。

2. 四叉树

四叉树（如图 3-16 所示）也是一种常见的空间划分方法，常用于 LOD 中地形的绘制，尽管地形的每个点都具有一定的高度，但是高度远远小于地形的范围，因此从宏观的角度上看，地形可以参数化或者说摊平为一个二维的网格。四叉树指是除叶结点外，每个结点都有四个子结点，且在空间上将父结点分为等大小的四块。四叉树的构建过程如下：

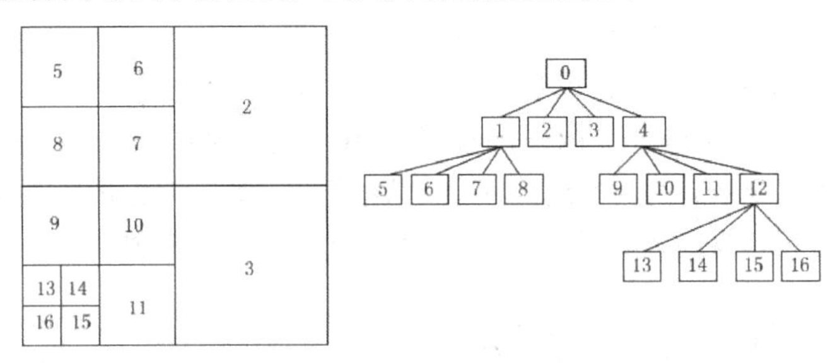

图 3-16　四叉树

① 构建根结点，根结点包括所有地形。

② 对此结点判断是否要继续剖分（标准可以是当前结点的深度，或者当前结点物体个数）。

③ 若不需要剖分，则为叶结点，结束。

④ 若需要继续剖分，则生成一个子四叉树。

⑤ 对每个子结点重复步骤②。

与二维平面上的均匀剖分相比，四叉树的优点是能提供层次剔除。在场景漫游时，考察相机的视角，如果某个子结点不在可见区域内，那么它的所有后继结点都被剔除，游戏引擎仅处理可见的物体。当场景物体移动时，必须实时更新与场景物体相关的四叉树子结点。四叉树除了能快速排除不可见区域外，还能用于加速场景的碰撞检测。其原理与 BSP 树和八叉树相似，即对于某个物体，与它相交的物体只可能位于它所在的四叉树结点中。

3. 八叉树

八叉树是四叉树的自然衍生，将结点的剖分扩展到三个维度上，从而能够完成三维场景的管理。完整的八叉树结点需要存储结点的 8 个子树（叶结点子树都为空），此结点的大小挂靠在此结点上的多边形列表，父结点指针。构建八叉树的流程如图 3-17 所示。

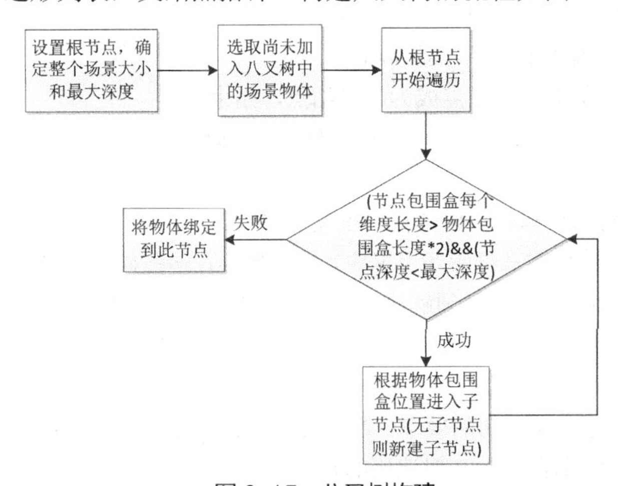

图 3-17　八叉树构建

八叉树的遍历过程与一般的树状结构类似，它的最常见的应用是，当某个八叉树结点位于视域四棱锥外部时，八叉树中包含的所有多边形都被视域裁剪。另一个应用是辅助加速两个物体之间的碰撞检测。与 BSP 树相比，八叉树易于构造和使用，而且在视域裁剪和碰撞检测过程中，八叉树要优于 BSP 树。BSP 树的长处在于能进行深度排序，这是可见性计算的关键。BSP 树允许采用从后往前的次序绘制场景多边形，从而方便处理透明度，八叉树只能提供非常粗略的深度排序。因此，如果游戏中经常用到透明度和可见性计算，八叉树不是很好的选择。此外，对于 Portal（入口）和潜在可见集技术，八叉树也没有优势。

3.2.5 景物包围体与场景剖分技术比较

前面介绍了几种常见的场景剖分技术，不同的游戏引擎有可能依照自身需要使用某种或某几种技术。下面比较这几种技术。

BSP 树、四叉树和八叉树的空间划分比较如表 3-4 所示。

表 3-4 空间划分比较

	优 点	缺 点	适用范围
BSP 树	实现场景的快速排序 场景的可见性判断快 碰撞检测	构建时间慢 无法处理动态场景 需要复杂的场景编辑器支持	多用于对室内场景的渲染管理
四叉树	构建简单迅速 层次剔除不可见物体	主要用于地形空间分割，应用不广	一般用来绘制地形
八叉树	构造迅速 由四叉树发展而来，构建直观 有利于视景裁剪和碰撞检测	一般不用来处理室内复杂场景 不适宜处理透明物体	适用于大的三维场景

对于景物包围体和场景剖分的技术来说，基于景物包围体构建的包围体树是基于模型的管理，它的每个结点都属于物体或物体集合，而场景剖分的着眼点则在于空间，每个结点都是大的或小的空间，如图 3-18 所示。在实现上，包围体技术利用物体的包围盒划分了空间，每一个非叶结点都是由众多物体包围盒合并而成的空间，不同物体的包围盒可能重叠；场景剖分则用空间将一个个物体分割，而且因为物体的大小差异，会造成有的物体横跨多个子空间的现象，如表 3-5 所示。

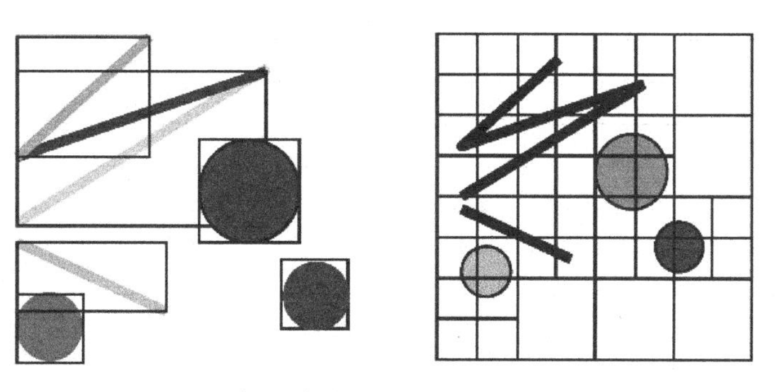

图 3-18 场景包围体技术（左）、场景剖分技术（右）

在具体的游戏实现中，这两种技术一直被采用，通常是利用空间剖分完成对物体的初步选择，利用景物包围体技术再对物体检测，这种结构对于视景裁剪和碰撞检测的效率都有很大提高。

表 3-5　场景包围体与场景剖分技术比较

	场景包围体技术	场景剖分技术
表示方式	层次物体表示	层次空间表示
剖分方式	物体剖分	场景剖分
聚类方式	物体的层次聚类	空间的层次聚类
层次细节	物体层次细节	空间层次细节
主要作用	围绕物体将空间区域区分开来	围绕区域将物体区分开来
代表方法	包围球树、OBB 树、AABB 树、*k*-DOP	二叉树、四叉树、八叉树、均匀三维网格、*k*-DOP

3.3　三维场景的存储

由于模型本身的特性不同，模型本身所需存储的数据也有很大差异。下面分别选取几个代表性的例子来对三维场景的存储做进一步说明。

3.3.1　OBJ 模型

OBJ 模型的创始公司是 Wavefront Technologies，最早的编辑软件是 Advanced Visualizer。

OBJ 文件特性如下：

- ❖ 静态模型存储，不包含动画，存储方式为文本方式，便于阅读。
- ❖ 通用性好，适用于各种三维模型格式之间转换。
- ❖ OBJ 支持直线、任意多边形（使用其他建模软件导入可能会被三角化）和多种自由曲线（如贝塞尔曲线、B 样条曲线等），但是最常用的是直线、多边形；支持法线和纹理坐标。
- ❖ 每个 OBJ 对应的 MTL 文件作为描述材质信息的材质库。OBJ 文件中会引用这个材质库中的材质。

作为文本文件，OBJ 使用关键字来表示这一行数据的属性，如表 3-6 所示。

表 3-6　OBJ 文件的常用属性

类别	关键字	意　义	示　例	注　意
顶点数据	v	顶点位置	v -22 -18.49 0.0000	OBJ 文件中必须有
	vt	贴图坐标	vt 1.0 0.0 0.0	可选属性
	vn	顶点法线	vn 0.00 0.00 1.00	可选属性
元素	p	顶点索引	p 1	1 为顶点索引
	l	线段索引	l 1 2	
	f	多边形索引	f 3/3/1 4/4/1 1/1/1	分别表示“顶点索引/纹理索引/法线索
对象	g	组名称	g pCuebe_Face1	都是为了在 OBJ 模型中区分不同的部分以方便在建模软件中进行编辑用的
	o	对象名称	o eye	
材质	mtlib	表示使用的材质库文件名称	mtllib 2.mtl	使用的材质库文件为 2.mtl
	usemtl	表示接下来的面片要使用的是哪一个	usemtl ground	使用材质库文件当中的 ground 材质
#	#	表示此行为注释	# this is create by xx	

3.3.2　FBX

FBX 最初是用来替代 Kaydara 的软件 Filmbox 中使用的文件格式而诞生的一种格式。Filmbox

是一个动作捕捉设备用来记录数据的软件。1996 年，随着 Filmbox 1.5，Kaydara 一起发布了该软件的原生文件格式 FBX。这种文件格式使用的是基于对象的模型，允许在存储动作数据的同时存储 2D、3D、音频、视频等数据，同时对其他 3D 软件包也有广泛的支持，如 Cinema 4D、SoftImage 3D、LightWave 3D、3ds MAX 等。2006 年，Kaydara 经过多次收购最终被 Autodesk 拥有。因此，FBX 文件格式目前是 Autodesk 拥有的一种动画文件格式。

FBX 支持在磁盘上以二进制或者 ASCII 数据存储。FBX SDK 也支持对这两种形式的读取操作。FBX 文件格式本身是不公开的，而是通过 FBX SDK 实现对 FBX 文件的读取和写入。FBX 的数据组织方式是 scene tree，即场景树，可以认为是一个多叉树。整个场景从一个空属性的根结点开始，其中每个结点均是一个 KFbxNode 的对象，所有对象之间的关联均是双向的，如从子结点可以索引到父结点，从父结点也可以索引到子结点，从单个结点可以索引到整个场景，从场景也可以索引到该结点。每个结点都有一个标记属性的 Enum 值，如 eMesh、eLight、eCamera 或 eSkeleton 等，分别用来标记当前结点是 Mesh、Light、Camera 或 Skeleton。在整个结构的遍历过程中，可以通过判断不同的结点属性而进行不同的处理操作。典型的 FBX 模型的组织结构示例如下：

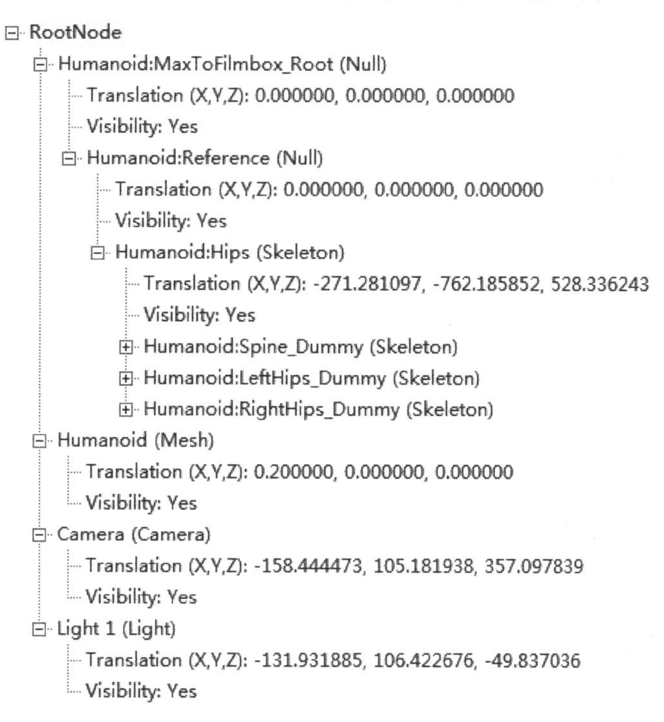

3.3.3 COLLADA

与 FBX 相对的是格式开源的 COLLADA，它的应用也很广泛。COLLADA 是一个开放的标准，最初用于 3D 软件数据交换，由 SCEA 为 PS3/PSP 设计，现在则被许多著名厂家支持，如 Autodesk、XSI 等。COLLADA 不仅可以用于建模工具之间交换数据，也可以作为场景描述语言用于小规模的实时渲染。该类文件的后缀是.dae，COLLADA 主要定义一个开放式的 XML 标准，也就是说，许多三维建模软件，只要通过编写符合 COLLADA 标准的外挂插件，就可以输出成通用的 DAE 文档，这个文档包含的内容是以 XML 文字资料形式来描述的。典型的 COLLADA 文件组织形式如下：

```
<?xml version="1.0" encoding="utf-8"?>
<COLLADA xmlns="http://www.collada.org/2005/11/COLLADASchema" version="1.4.1">
  <asset>
  <library_physics_scenes>
  <library_lights>
  <library_materials>
  <library_effects>
  <library_geometries>
  <library_visual_scenes>
  <scene>
</COLLADA>
```

COLLADA 文件以 XML 的形式存储。在 DAE 文件或 XML 文件的根结点<COLLADA>下，可以看到有很多 library 开头的行，用来存储模型中各种类型的信息，如<library_geometries>用来存储几何数据的，<library_lights>用来存储光照和场景数据。例如，对于一个简单的 CUBE 来说，它的表示可能是这样的：

```
<polylist material="initialShadingGroup" count="6">
   <input semantic="VERTEX" source="#pCubeShape1-vertices" offset="0"/>
   <input semantic="NORMAL" source="#pCubeShape1-normals" offset="1"/>
   <vcount>4 4 4 4 4 4</vcount>
   <p>0 0 1 1 3 2 2 3 2 4 3 5 5 6 4 7 4 8 5 9 7 10 6 11 6 12 7 13 1 14 0 15 1 16 7 17 5 18 3 19 6 20 0 21 2 22 4 23</p>
</polylist>
```

这里，vcount 的意思是每个 POLYGON 由多少个顶点向量对组成。例如：

Polygon	Vertex Index	Normal Index
0	0 1 3 2	0 1 2 3
1	2 3 5 4	4 5 6 7

也就是说，索引数值遵照“顶点 向量 顶点 向量”的顺序排列。

3.4 游戏场景的几何优化

前面介绍的方法都是试图用不同模型组织方式来减少 CPU 的计算量，以让游戏获得更高的流畅度，下面介绍的则是另一方面的优化：对模型本身的优化，以提高效率。这项技术的名字叫层次细节（Level Of Detail，LOD）。

3.4.1 层次细节技术

当一个含有上千个三角面片的模型处在你的摄相机前方不远处时，它的每个细节都将呈现在绘制屏幕中。然而，当这个模型离摄像机非常远时，它在屏幕上的位置不过只是一个粗略的形状，这时再将这几千个面片一一绘制一遍无疑是浪费资源。层次细节（LOD）技术正是用于解决这一问题的：用不同精度的模型满足不同精度的绘制需求。除了在绘制当中应用外，LOD 在碰撞检测中也有用物之地。譬如，一个运动的物体要与场景做碰撞检测，使用包围体太不精确，对每个面片做计算又太耗时间，那么此时用一个低精度的模型便能较好地平衡精确和效率之间的关系。

常见的 LOD 技术分为离散 LOD（DLOD）和连续 LOD（CLOD），它们的具体原理如下。

1. DLOD（Discrete Level Of Detail）

最基本的 DLOD 的算法就是对每个模型构建一个面片数递减的序列。这些不同精度的模型一般都需要利用别的技术提前生成。在构成场景的时候，将所有模型全部加载入内存。根据摄像机与当前模型之间的位置关系，选择哪个层次的模型，远的显示较为粗糙的，近的则显示为精细的。但是这样的显示会造成一个问题，由于每个模型的模型序列都是有限个的，不同精度的模型有时会差别很大。相机移动时，程序会在不同精度模型之间切换，造成视觉突变。缓解这种问题的方法有两种：融合（Blend）和几何变形（Morph）。

- ❖ 融合：将两个连续的 LOD 层次做融合，融合的参数由摄像机距离决定。离相机近的 LOD 层设为 LOD0，不透明度的初值是 1，紧接其后的 LOD1 的初值则是 0。随着相机越来越远，LOD0 不透明度减小，LOD1 不透明度增加。
- ❖ 几何变形：在 LOD*n* 和 LOD*n*+1 之间创建近似的模型来完成模型切换的顺畅。

DLOD 算法的优点在于在选择 LOD 时候，不需要做太多的计算就能得到想要的 LOD 层次模型。但是其缺点是需要大量存储不同精度的模型，耗费内存。

2. CLOD（Continuous Level Of Detail）

与 DLOD 不同的地方在于，CLOD 没有存储各种层次的模型，而是创建了一个可以从中提取各种精度模型的数据结构来存储模型。非常有名的渐进网格就属于 CLOD 的一种。CLOD 的显著的优点是，相比于 DLOD 中有限的层次，CLOD 可以从数据结构获取任何特定的层次模型。这就使得模型的切换更顺畅，更真实，如图 3-19 所示。而且，由于不需要存储那么多层次模型，更多的内存被释放出来存储其他模型。

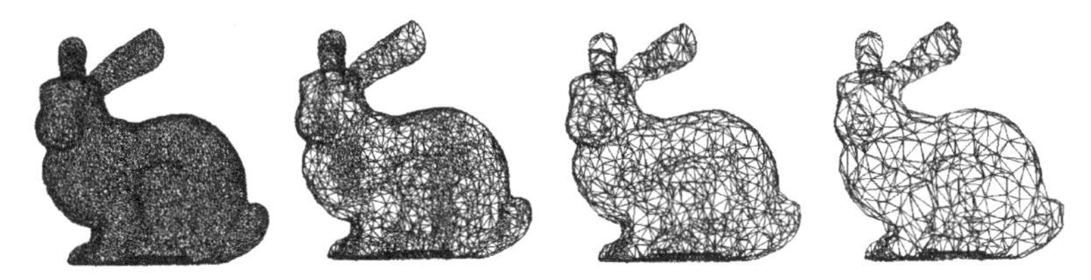

图 3-19　不同层次细节的兔子模型

3.4.2　渐进网格和连续多分辨率绘制技术

渐进网格是由 Hoppe 在 1996 年提出的一种算法，作为 CLOD 技术的一种实现，比较好地满足了对于三维模型的实时简化。它创建了一种新的模型表达方式来完成模型的存储，那就是对任意三维网格 M，渐进网格存储了最基本的粗糙网格 M^0 和 n 个能增加网格细节的操作，最终这 n 个操作后，$M^n=M$。这些操作指的是顶点分割（Vertex Split），就是将一个额外的顶点加入到原有的网格中，从而增加网格细节，这样 M^0，M^1，…，M^n 就组成了一个不同精度的模型。顶点分割 VS(s, l, r, t, A)表示在顶点 v_s 附近增加了了一个顶点 v_t，由此生成了两个新的面片$\{v_s, v_t, v_l\}$和$\{v_t, v_s, v_r\}$，A 是用来传递属性的。在程序运行时，根据不同的需要，可以从 M^0 遍历被记录的所有顶点分割操作，来完成对不同精度模型的获取。典型的渐进网格存储如图 3-20 所示。

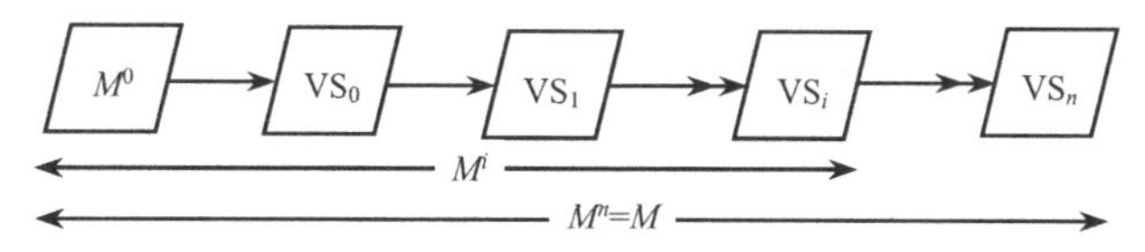

图 3-20　渐进网格存储模型

从一个普通的三维模型中构建渐进网格数据使用的方法则是边塌陷（Edge Collapse）。边塌陷的操作 ecol(v_s, v_t)表示将原有的边$\{v_s, v_t\}$塌陷为一个点 v_s。边塌陷完成了从模型 M 到 M^0

的简化，而在渐进网格中存储顶点分割的正是边塌陷的逆操作，如图 3-21 所示。

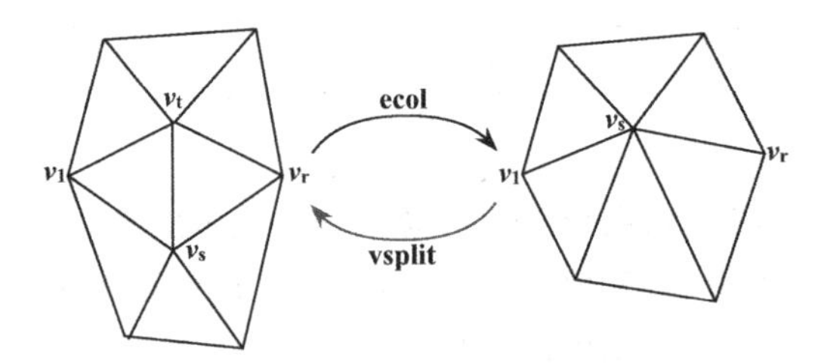

图 3-21　顶点分割和边塌陷

因为渐进网格技术的优良性能，它已经被引入到新的 DirectX 中，并可以通过 GPU 进行加速。这也使得此项技术愈发成为游戏绘制的重要部分。

渐进网格技术在很多情况下都为程序带来效率上的提升，但是在实现同一模型、不同区域的不同分辨率的绘制上仍然存在问题，特别是在绘制大范围模型如地形时。具体问题如下：① 对于观察者来说，他看到的地形只不过是整个网格的一部分，那么看不见的部分必须在绘制中被剔除，这个剔除的过程本身也是十分耗费时间的；② 对于那些背向观察者的面片，它的剔除过程也是耗费时间的；③ 对于地形网格来说，它既有利观察者近的部分，也有离观察者远的部分，那么普通的渐进网格就无法实现对同一个网格做多种层次细节的设置。为了解决这些问题，Hoppe 提出了一种基于视点的新型渐进网格，与原来的算法不同的是：将顶点分割的操作以一种树的方式重新组织起来，如图 3-22 所示。其中，M^0 是最粗糙的模型，v_1、v_2、v_3 分别代表顶点，它们的每对子结点都表示做了一次顶点分割。最开始，它的所有顶点结点都是叶子结点。新算法当中的顶点分割和边塌陷的效果和原来是一样的，不一样的是参数表示方式，如图 3-23 所示。

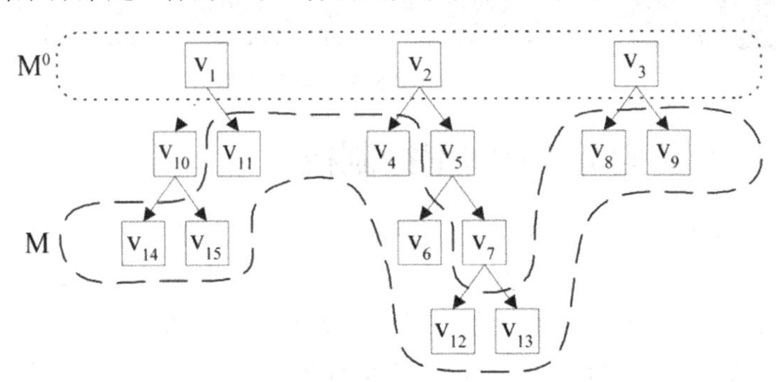

图 3-22　树结构的顶点分割模型

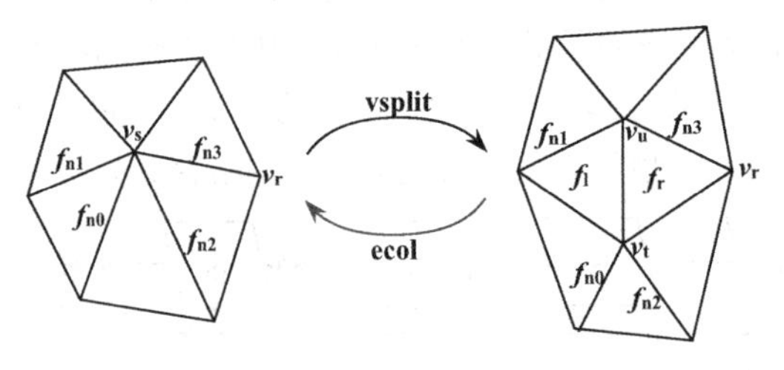

图 3-23　新的顶点分割和边塌陷

顶点分割操作变成了 vsplit($v_s, v_t, v_u, f_l, f_r, f_{n0}, f_{n1}, f_{n2}, f_{n3}$)，表示将原来的顶点 v_s 分割为 v_t 和 v_u。增加了两个新的面片 f_l 和 f_r。边塌陷的操作参数和顶点分割一样，只不过执行相反的操作。新的算法支持选择性细化网格，并且在判断一个结点是否继续剖分的标准中，引入了视景体，面片朝向和平面空间几何误差。判断标准如下。

- ❖ 视景体：先对每个叶结点，计算它与所有邻接点的包围球；然后，以后序遍历整棵树得到所有结点包围球。在判断是否需要对点是否做分割时，查看其包围球是否在视景体中。
- ❖ 面片朝向：使用法线锥技术，依照计算上一步包围球的方式计算每个点的法线锥，并计算法线朝向。
- ❖ 平面空间集合差：指构成的所有面片在屏幕上投影与其剖分所得的最终结点构成的所有面片在屏幕上投影的误差，可以设置一个容差来判断是否通过。

经过上述就可以判断在当前视角下所有顶点的剖分与否，这样就实现了同一个模型的连续分辨率绘制。

小　结

本章介绍了从三维对象表示到整个游戏场景的组织和优化的常用技术和策略。一款优秀的游戏引擎需要根据自己的需求采取一种或多种组织和优化方法。随着游戏引擎要处理的场景越来越复杂，游戏渲染平台不断更新，一些新的并行处理、曲面细分等技术也在不断引入，读者还需在本章基础上不断学习，了解和掌握最新的场景组织和优化技术动态。

习 题 3

1．熟悉 OGRE 中的 4 种场景组织方式，体会各种方式的异同点。

2．在 OGRE 基础上实现一个简单的状态管理树，要求能处理至少 20 个物体和 20 种状态组合的状态切换。

3．手工创造单个几何物体的三个细节层次模型，以 OGRE 为基础实现平滑过渡型 LOD。

4．在 OGRE 基础上实现一个包含三个房间的室内场景的 Portal 技术。

5．熟悉 OGRE 中的地形绘制程序，编程实现地形四叉树，并比较采用四叉树带来的效率优化。

6．编程实现模型的 AABB 树结构，并以插件方式集成到 OGRE。

7．试玩市面上流行的多个第一人称视角游戏和三维即时战略游戏，探寻并比较它们所采用的各种场景组织优化技术。

参考文献

[1] Daniel Sánchez-Crespo Dalmau．Core Techniques and Algorithms in Game Programming．New Riders Publishing, Sep.2003．

[2] Peter Walsh．Advanced 3D Game Programming with DirectX 9.0．Wordware Publishing, 2003．

[3] Tomas Akenine-Möller, Eric Haines．Real-time rendering．A.K. Peters Ltd., 2nd edition, 2003．

[4] DirectX 9.0 SDK．Microsoft Cooperation, 2003．

[5] http://www.ati.com.

[6] http://www.nvidia.com.

[7] http://www.gameres.com.

[8] http://www.gamedev.net.

[9] http://www.gamasutra.com.
[10] http://www.flipcode.com.
[11] McReynolds Tom, David Blythe, Brad Grantham, and Scott Nelson. ACM SIGGRAPH 1999 Advanced Graphics. Programming Techniques Using OpenGL course notes, 1999.
[12] Peter Lindstrom, David Koller, William Ribarsky, Larry F. Hodges, Nick Faust. Real-Time, Continuous Level of Detail Rendering of Height Fields. Proceedings of ACM SIGGRAPH 96, Aug.1996: 109-118.
[13] Mark Duchaineau, LLNL, Murray Wolinsky, LANL, David E. Sigeti, LANL, Mark C. Miller, LLNL, Charles Aldrich, LANL, Mark B. Mineev-Weinstein, LANL. ROAMing Terrain: Real-time Optimally Adapting Meshes. Proceedings of IEEE Visualization, 1997.
[14] Jacco Bikker. Building a 3D Portal Engine, tutorial series. http://www.flipcode.com/portal/.
[15] H. Fuchs. On visible surface generation by a priori tree structures. 1980.
[16] S.J. Teller, C.H. Séquin. Visibility Preprocessing For Interactive Walkthroughs. Proceedings of ACM SIGGRAPH 1991. ACM Press, Aug.1991: 61-69.
[17] P. Lindstrom et al.. Real-Time Continuous Level of Detail Rendering of Height Fields. Proceedings of ACM SIGGRAPH 1996. ACM Press, Aug.1996: 109-118.
[18] 刘学慧．虚拟现实中三维复杂几何形体的层次细节模型的研究．中国科学院软件所博士论文，2000.
[19] 华炜．大规模场景实时绘制技术．浙江大学博士论文，2002.
[20] 范昭炜．实时碰撞检测技术研究．浙江大学博士论文，2003.

第 4 章　高级图形绘制技术

游戏场景中的实时画面生成取决于两方面：算法本身的效率和图形硬件的处理能力。随着图形硬件和 CPU 的快速发展，渲染速度越来越快，随之而来的是游戏场景的复杂度急剧增长。本章和第 5 章将从实用性和效率出发，介绍三维游戏编程中几类高级图形编程技术与特效绘制技术。本章主要介绍多项高级图形绘制技术：高级纹理映射、Billboard、Impostor、复杂表面材质绘制技术、图形反走样技术等。高级纹理映射包含凹凸映射、位移映射、光照图、环境映射、多重纹理等，通常用于模拟单个物体的微结构、表面细节，主要影响场景重要物体的逼真度。Billboard、Impostor 等技术都可以归结为基于图像的绘制技术，在游戏中往往用于模拟多个不规则动态物体的外观，简化复杂场景几何形态，如精灵动画、植被、云层等。复杂表面材质绘制技术用于模拟真实世界不同材质复杂的光反射效果，由于真实世界材质的复杂性，人们提出了多种材质模型，如 Oren-Nayar、Cook-Torranc、Ward 等，本章将介绍这些模型的具体表示及如何使用这些模型来进行快速的光照明计算。反走样技术用于解决由于图形光栅化带来的不连续性走样，如直线的锯齿状外观、纹理图像的 Morie 现象、动态画面的像素闪烁等。

4.1　高级纹理映射技术

4.1.1　凹凸纹理映射

凹凸纹理映射（bump mapping）技术可以用来模拟粗糙物体表面凹凸不平的细节，如桔子、草莓、树皮等。Matrox 公司首次在流行的三维游戏中使用各种不同的凹凸纹理映射。凹凸纹理并没有涉及太多的几何特性改变，而是通过扰动表面的法向量来实现。

以参数曲面的凸凹纹理映射为例，设 $P(u,v)$ 为参数曲面上的一点，它的单位法向量是

$$n=\frac{P_u\times P_v}{|P_u\times P_v|}\qquad P_u=\left(\frac{\partial x}{\partial u}\quad\frac{\partial y}{\partial u}\quad\frac{\partial z}{\partial u}\right)^{\mathrm{T}}\qquad P_v=\left(\frac{\partial x}{\partial v}\quad\frac{\partial y}{\partial v}\quad\frac{\partial z}{\partial v}\right)^{\mathrm{T}}$$

对点 $P(u,v)$ 沿法向方向应用细微的扰动 $P'=P+\mathrm{d}(u,v)n$，其中 $\mathrm{d}(u,v)$ 称为凹凸函数（Bump Function）。注意，顶点的位置并没有改变，真正改变的是法向量。点 P' 处的法向量计算公式是

$$\mathbf{n}'=\mathbf{P}_u'\times\mathbf{P}_v'$$

由于

$$\mathbf{P}_u'=\mathbf{P}_u+\frac{\partial\mathbf{d}(u,v)}{\partial u}\mathbf{n}+\mathbf{d}(u,v)\mathbf{n}_u$$

$$\mathbf{P}_v'=\mathbf{P}_v+\frac{\partial\mathbf{d}(u,v)}{\partial v}\mathbf{n}+\mathbf{d}(u,v)\mathbf{n}_v$$

如果 $\mathbf{d}(u,v)$ 足够小，则上面两式的第 3 项可以忽略不计。因此

$$\mathbf{n}'=\mathbf{n}+\frac{\partial\mathbf{d}(u,v)}{\partial u}\mathbf{n}\times\mathbf{P}_v+\frac{\partial\mathbf{d}(u,v)}{\partial v}\mathbf{n}\times\mathbf{P}_u$$

具体实现时，$\frac{\partial \mathbf{d}(u,v)}{\partial u}$ 和 $\frac{\partial \mathbf{d}(u,v)}{\partial v}$ 可预先计算并作为查找表保存在纹理中，有利于减少绘制计算量。

凹凸纹理记录了物体表面小尺度的高度场变化，即物体表面相邻点的高度的差分。每个点的差分在绘制时改变了曲面的法向，采用多步纹理映射模式进行光照明计算。

下面介绍计算相邻点坐标的方法。设光源为 **L**，物体表面某点处的局部坐标系为(**T**, **B**, **N**)。其中，**N** 为曲面法向，**T** 和 **B** 分别为切向向量和副法线，这个局部空间又称为切平面空间。

将光源变换到切平面空间的齐次坐标矩阵为

$$\begin{bmatrix} \mathbf{T}_x & \mathbf{T}_y & \mathbf{T}_z & 0 \\ \mathbf{B}_x & \mathbf{B}_y & \mathbf{B}_z & 0 \\ \mathbf{N}_x & \mathbf{N}_y & \mathbf{N}_z & 0 \\ 0 & 0 & 0 & 1 \end{bmatrix}$$

如果 **T**、**B**、**N** 本身定义在相机空间，那么这个矩阵实际上对应的是从相机空间到切向空间的变换。对于所有非平面的曲面，各个多边形顶点处的切平面空间都是不同的。在切平面空间中，顶点的坐标为(0, 0, 0)，而光源向量 **L** 变换到切平面空间后的 x、y 向量即用于差分计算的相邻点坐标。凹凸纹理映射的步骤如下：

① 计算每个顶点处的 **T**、**B**、**N**，并计算切平面坐标矩阵。

② 根据该矩阵将光源变换到切平面空间，变换后光源的 x、y 即顶点的相邻点。

③ 从凹凸纹理中取出顶点和相邻点处的高度，根据两者的法向计算出顶点的新法向，再根据新法向进行光照明计算。

上述过程仅适用于郎伯漫反射模型。如果要模拟高光效果，可以用半角 **H=(L+V)**/2 代替光源方向计算，其中 **V** 是相机与顶点的连线向量，并在最后的光照明计算时采用 Blinn-Phong 模型。

凹凸映射通常在每个像素层面上扰动法向向量，并用纹理作为输入，记录扰动值。在图形引擎中，出于对效率的考虑，也可以在顶点基础上扰动法向量。图 4-1 是一个简单的凹凸映射例子。

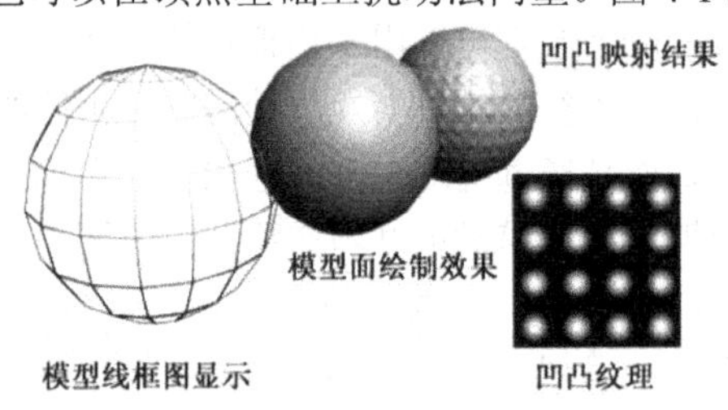

图 4-1　凹凸纹理映射示意

凹凸纹理映射最早只能用于离线绘制系统，随着图形硬件的发展，它已经成为游戏引擎中不可缺少的部分。最早的凹凸纹理映射使用一个高度图和曲面参数（通常是纹理坐标）的偏导数计算扰动后的法向。这个偏导数表明了物体表面改变的尺度。因此，如果高度的导数比较大，那么该点处的形状会比较尖锐。理论上，凹凸映射中涉及的法向操作是在像素层面上的。这是从两方面的考虑所导致的。一方面，如果用在顶点层次上做凹凸映射，势必要求足够多的顶点才能获得逼真的效果。反过来，如果顶点过多，相当于增加了绘制元素，这与凹凸映射试图使用最少的几何元素模拟复杂的表面的初衷相违背。

1．浮雕型凹凸映射

与最早的凹凸映射类似，不同的在于，浮雕型凹凸映射直接计算光亮度，而不是得到用于像素级光照计算中的扰动过的法向向量，因此浮雕型凹凸映射不允许运用任何光照明模型。进行浮雕型凹凸映射的第一步是预处理高度图，生成两个辅助图像。第一个图像的光亮度是高度图的一半，第二个图像的光亮度是高度图的反色图的一半。绘制时综合三个图像，利用多步纹理技术完成。第一步绘制半亮度图，第二步绘制反色半亮度图，但是纹理坐标朝光源方向稍微扰动，第一步和第二步的融合操作是加法。第三步将结果和顶点光照明计算结果与纹理映射做乘积型融合操作。图 4-2 显示了前两步的绘制过程。

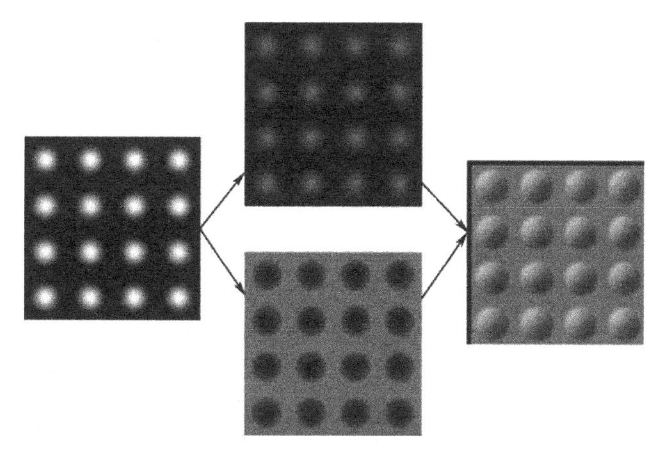

图 4-2　浮雕型凹凸纹理映射示意

由于没有使用扰动的法向量，因此浮雕型凹凸映射只能模拟漫射光效果。它的好处在于不需要任何特殊的硬件支持，在标准的 OpenGL 1.1 中使用多步纹理映射功能就可以完成。

2. 环境凹凸纹理映射

环境凹凸纹理映射（Environment Map Bump Mapping，EMBM）涉及两个纹理。一个称为环境映射，负责物体表面的颜色；一个称为凹凸映射，负责产生物体表面凹凸不平的效果。它的基本原理是利用凹凸纹理扰动环境映射的纹理坐标。凹凸纹理的每个纹素有两个分量(du, dv)，分别记录了纹理坐标(u, v)的位移。在应用凹凸纹理后，像素级的环境映射的纹理坐标从(u, v)变为(u+du, v+dv)。环境映射既可以是视点相关的，也可以是视点无关的，还可以用来模拟漫射和镜面光效果。从视觉上看，应用环境凹凸纹理映射与扰动法向没有大的效果差别。如图 4-3（左）的上图是凹凸纹理，下图是环境纹理，右图为环境凹凸纹理映射结果。

同传统的凹凸纹理映射一样，此处的凹凸纹理也是从灰度级的高度图计算而得。总体而言，高度值越大，记录在凹凸纹理中的纹理坐标位移越大。注意到位移的符号为正、负皆可，因此在图形硬件中实现时必须先将位移的范围从[-1, 1]变到[0, 255]。

图 4-3　环境凹凸纹理映射

环境凹凸纹理映射也适用于环境映射最常见的功能，即环境反射。从这个意义上说，将不同的信息编码在环境纹理中，可以用来模拟不同的效果。

3．法向映射

法向映射（Normal Mapping）是凹凸映射系列中最常用的技术。它的输入是一个法向图，记录了扰动后的曲面法向。本质上法向图的数据来源也是高度图。法向的 x、y、z 三个分量分别被保存在 RGB 三个颜色通道中。

图 4-4 的左图是一帧高度图，右图是计算出来的法向图。法向的 x、y、z 三个分量从[−1, 1]空间变到[0, 255]。法向由从高度图获得，因此定义在高度图所处的空间。为了在光照明计算时正确使用法向量，必须将法向变换到着色点处的局部空间，即切平面空间。与前面介绍的在每个像素层面上计算局部坐标系不同，一种更有效的方式是在顶点上预先计算切向和副法向的方向，然后在顶点上将光源方向变换到顶点处的切向空间，光栅化过程将产生每个像素上的光源方向。对这个方向进行规一化后，它实际上位于切向空间，结合扰动后的法向量，就可以在切向空间中进行正确的光照明计算。图 4-5 是一个基于像素级的法向映射技术的游戏场景。

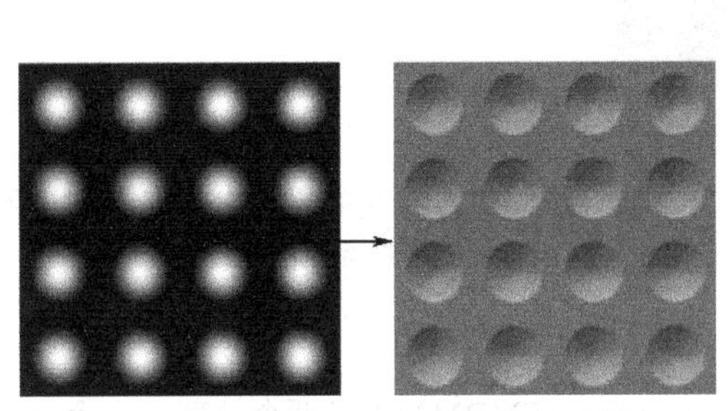

图 4−4　将高度图转换为法向图

图 4−5　基于像素级法向映射技术的游戏场景

最新的图形硬件支持在像素着色器中计算图像的偏导数，这样可以实时地将高度纹理转换为法向纹理。

4．细节映射

法向纹理的来源除高度图外，也可以是物体表面的属性，如法向、颜色、材质等。这类纹理称为细节纹理（Detail Texture）。利用细节纹理的好处是，可以用低分辨率的网格模拟高度细节的视觉效果，加速绘制过程。细节纹理技术首先将高分辨率网格简化为低分辨率网格，然后参数化低分辨率网格，建立网格和细节纹理的一一对应关系，并根据高分辨率网格的表面细节填充细节纹理。具体过程是，对细节纹理的每个纹素，计算在低分辨率网格上对应点的法向，并沿法向投影到高分辨率网格，取出高分辨率网格的细节，保存在该纹素中，如图 4-6 所示。

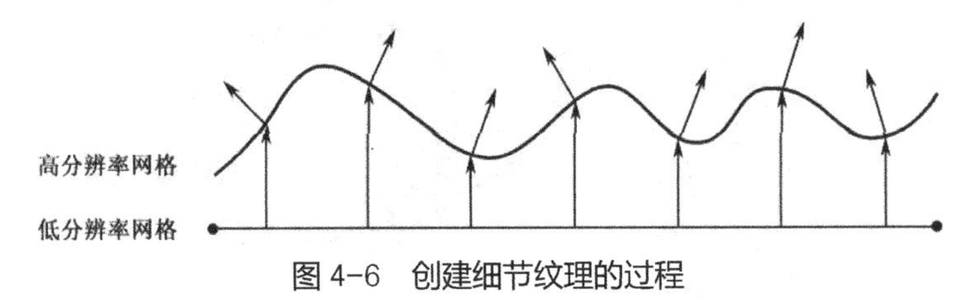

图 4−6　创建细节纹理的过程

由于不确定高分辨率网格是否位于低分辨率网格的外侧或内侧，因此要沿法向的反方向做额外的测试。在著名的游戏引擎 DOOM3 中，细节纹理被称为绘制凹凸纹理映射（Renderbump）。细节纹理映射的另一个名称是几何凹凸纹理映射（Polybump）。

4.1.2 位移映射

位移映射（displacement mapping）也使用高度图来模拟曲面的扰动。它与凹凸映射的最大区别在于，真正改变了物体表面的几何属性，而凹凸映射仅修正曲面的法向量。凹凸映射可以方便地在图形硬件中实现，真正意义上的位移映射（即在像素上修改曲面的位置）至今仍然无法在图形硬件中实现，原因在于图形流水线的设计模式特性。在图形引擎中，几何元素的变换只能在顶点处理器和几何处理器中完成，像素处理器只能改变颜色，而像素的当前位置无法被改变。虽然可以在顶点上模拟位移映射或者用几何处理器（细分处理器）来挪动顶点位置，但其效果取决于用于位移映射的多边形数目。数目过少，位移映射将完全失败；数目越多，位移映射效果越好，代价是效率的减低。然而，位移映射和凹凸纹理映射的出发点是用尽量少的几何元素来模拟逼真的物体外观，采用太多的多边形完全抵消了位移映射的优点。换句话说，位移映射之所以能产生逼真的效果，是因为它是逐个像素地改变物体表面的几何属性，从而模拟出细微的表面几何结构。有人提出采用自适应的三角形剖分策略来减少多边形的数目，也有人提出使用视点依赖的位移映射技术获得像素级的位移映射效果，都或多或少地存在局限性。在游戏引擎中，高效、高质量地利用位移映射仍然是一个热门话题。下面介绍几种简化的改进算法，它们能在一定程度上达到位移映射的效果，且完全可以在图形硬件中实现。

1. 视差映射

无论如何改进，凹凸纹理映射都无法改变多边形的平坦外观。尽管位移映射可以局部改变物体几何，却无法在图形硬件中实现。图 4-7 是一个用低分辨率的几何模型模拟凹凸的复杂表面细节的场景。在凹凸纹理映射技术中，沿点 C 的法向进行偏移后到达点 A，因此点 C 绘制的是点 A 的细节。实际上对于高分辨率几何模型，C 与相机的连线上看到的点是 B。

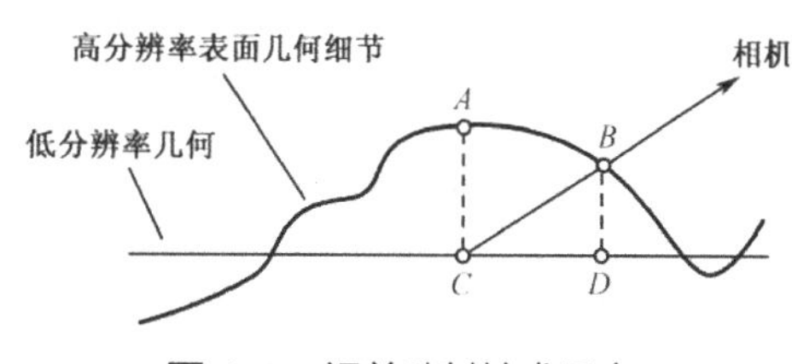

图 4-7 视差映射技术示意

为了正确地描述这种细微的视差，视差纹理映射（Parallax Mapping）在预处理过程中将 A 和 B 两点之间的纹理坐标的位移记录到一个视差纹理中，绘制点 C 时，取出对应的视差偏移，将纹理坐标从 A 平移到 B。注意，视差纹理映射并没有改变物体几何，其优点在于模拟相机靠近物体表面时的视差效果，因此也被称为偏移映射（Offset Mapping）或虚拟位移映射（Virtual Displacement Mapping）。尽管它也是像素层面的操作，但比位移映射易于实现，而且效果不错，如图 4-8 所示（Terry Welsh，美国 Infiscape 公司，2004 年）。

2. 深度校正位移映射

另一种模拟位移映射的技术称为深度校正位移映射技术（Z-correct Displacement Mapping），输入也是高度图，在像素处理时，将像素的 Z 值沿相机方向位移。深度校正位移映射技术并不实际改变物体表面几何，其效果体现在两个物体比较靠近或相交时，两者的交线从一根直线变成表面的凹凸形状，如图 4-9 所示，两者的差别在于平面交线的形状。这种方法的致命缺点是，在像素层面上修改深度值会关闭图形硬件普遍采用的早期深度测试优化功能，将极大影响绘制效率。

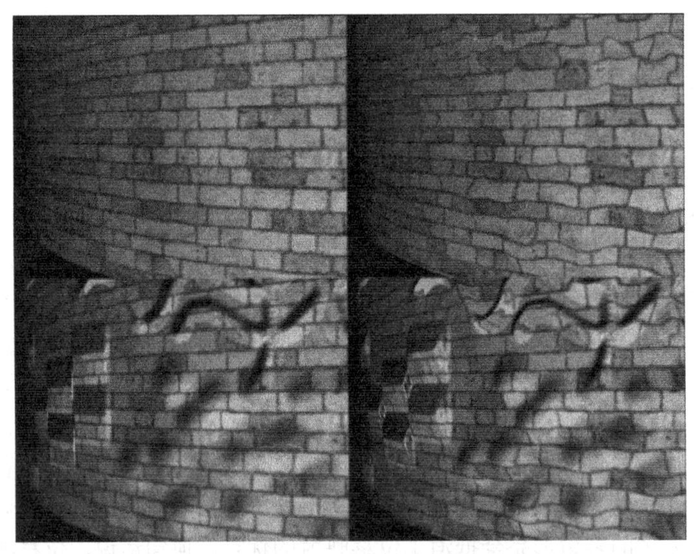

图 4-8　简单纹理映射（左）、视差映射（右）

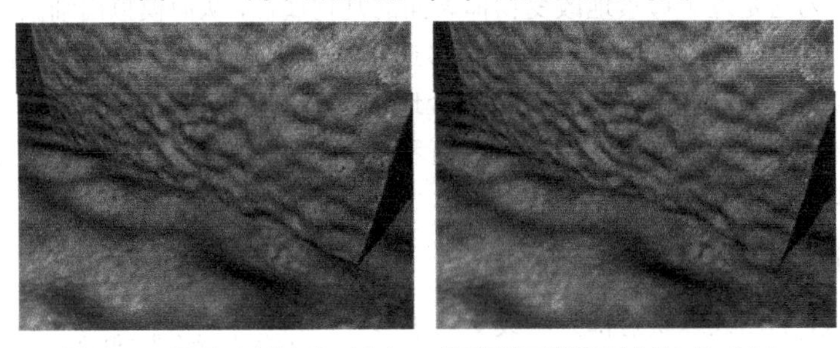

图 4-9　凹凸映射技术（左）、深度校正位移映射技术（右）

4.1.3　环境映射

反射效果能提高游戏场景的真实感，但是在图形硬件中不能直接支持精确的反射计算，而且比较耗时。环境映射是一个有效地模拟场景的反射现象的加速技术。取景物的中心作为固定视点来观察整个场景，并将周围场景的二维图像记录在以该点为中心的某种简单的并可以参数化的几何物体（如球面、立方体和柱面）上，以全景图像的方式提供了其中心视点处的场景描述。在绘制时，环境纹理映射不需要发出二级反射光线，而是直接从环境纹理中计算，即物体表面各点处的光亮度取决于入射方向对应的环境纹理。

环境纹理映射可以用来表示任意与相机方向和物体表面法向有关的效果，包括镜面和漫反射、折射和 Phong 光照明计算。对于理想的镜面反射物体上，环境纹理的一个像素对应一个入射光线。但是，使用单根光线计算反射光亮度会带来严重的走样，解决办法是同时发射多根光线，并把它们的结果滤波。如果场景包含两个全反射物体，可以利用多重纹理映射技术模拟它们之间的多重反射效果。首先，对于每个物体创建一个不考虑多重反射的环境纹理，再考虑相互之间的影响。对于第一个物体，将第二个物体的环境纹理投影在它的环境纹理上，再将更新后的第一个物体的环境纹理投影到第二个物体的环境纹理上。依次反复迭代，生成多个纹理。最后，利用多重纹理融合技术进行绘制。

尽管使用单个环境纹理来模拟整个物体的环境效应是一种粗略的逼近方式，但它的效果和效率足以满足游戏的要求。早期的环境映射只是一个背景，如超级玛丽游戏中背景的天空就可以看做环境映射，飘荡的白云则是前景。后来，环境纹理映射可用来模拟景物表面的镜面反射和规则透射与折射效果，并在飞行模拟器的设计中得到了非常成功的应用。随着图形硬件技术的发展，环境纹理映射已被广泛应用于三维游戏中。依据环境纹理保留的载体不同，环境纹理映射可分为球面、立方体和柱面三类。下面着重介绍球面和立方体纹理映射，柱面纹理映射的技术实现与它们类似。

1. 球面环境映射

球面环境映射是环境映射的一种，所展示的图像等价于以平行投影方式观察一个全反射球面的效果。由于它将场景图像映射到球面，被映射的物体的每个顶点必须投影到球面参数化的(u, v)坐标上，进而采样球面环境纹理。球面环境纹理的例子如图 4-10（左下）所示。反射光线向场景发射后所交的第一个点的光亮度记录在球面环境纹理上。

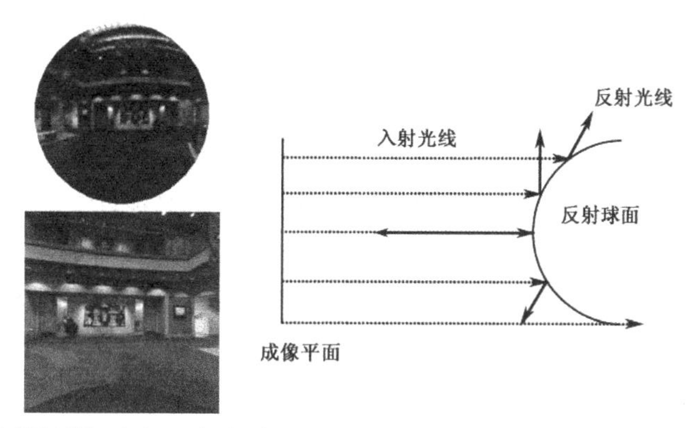

球面环境映射效果图（左上）、球面环境纹理（左下）、球面环境映射的反射光线计算示意（右）

图 4-10　球面环境映射的反射

生成镜面球面环境映射的方法主要有三种。

第一种方法是实拍图像，其缺点是相机本身也出现在反射纹理中。

第二种方法是使用一个鱼眼镜头直接生成 360°或 180°全角图像。

第三种方法是编程实现。假设球面是单位球面，对于球面环境纹理上的每个纹理坐标(s, t)，它在球面上的对应点p的坐标是：$p_x = s, p_y = t, p_z = \sqrt{1.0 - p_x^2 - p_y^2}$。当光线从视平面以平行投影方式射向球面时，产生的反射光线与球面各点的法向有关，如图 4-10（右）所示（球面环境纹理图片来源：Direct3D 9.0 SDK）。由于这个球面是单位球，因此p的坐标就是它的法向。记p到相机的向量是$\mathbf{e}$，那么反射向量为$\mathbf{r}=2\mathbf{n}\cdot(\mathbf{n}\cdot\mathbf{e})-\mathbf{e}$。假设相机方向是负$z$轴方向，则$\mathbf{e}=(0, 1, 1)$，因此$r_x=2n_xn_y$，$r_y=2n_zn_y$，$r_z=2n_zn_z-1$，。注意：这种对$\mathbf{e}$的假设意味着球面环境映射是视点依赖的。计算出来的反射光线与场景求交，交点处的光亮度记在纹理的(s, t)上。根据这种计算方式，在获得球面环境纹理的同时，也获得了每个顶点的纹理坐标，从而建立了物体表面顶点与球面环境纹理的对应关系（即表面参数化）。在绘制时，根据顶点的纹理坐标，底层图形 API（OpenGL、Direct3D）会自动插值生成物体表面每个点的纹理坐标。需要注意的是，由于这种参数化不是保面积变换，球面环境映射将产生某些变形的走样。

底层图形 API 提供了生成和绘制球面环境映射的函数。具体使用步骤如下：设置球面环境纹理 → 设置球面环境纹理坐标的生成方式 → 打开球面环境纹理坐标的生成方式 → 正确设置物体表面的法向，绘制物体。

除了镜面反射外，球面环境映射还可以模拟与物体表面有关的其他效果，如 Phong 模型和折射。球面环境映射的理想状况是相机和环境物体位于无穷远处。如果物体具有自身反射性质（它不是凸物体），或者相机与其他物体不在无穷远处时，球面映射理论上是不正确的，这是因为球面环境纹理在物体中心点上建立却试图模拟物体的整个表面的反射效果。球面环境映射的另一个严重缺陷是视点依赖性，即只适用于一个方向和一个相机。纹理映射到球面后会产生伸缩或变形走样，当视点移动较大距离时，必须重新计算球面环境纹理，而底层图形 API 逐帧计算球面环境纹理的效率不高。此外，生成球面纹理坐标采用的球面参数化不是保面积变换，因此在多边形平面上对球面纹理坐标进行线性插值并不符合球面的特性。由于球面环境映射的这些缺陷，尽管绝大多数显卡支持球面环境映射，它的实用性仍然大打折扣。

2. 立方体环境映射

立方体环境映射使用立方体的 6 个面作为保存环境纹理的几何体，一个立方体纹理由 6 张不同纹理组成，每张纹理对应立方体的一个面，这 6 个面分别是：$+X$ 方向$(+Y, -Z)$，$-X$ 方向$(+Y, +Z)$，$+Y$ 方向$(-Z, -X)$，$-Y$ 方向$(+Z, -X)$，$+Z$ 方向$(+Y, +X)$，$-Z$ 方向$(+Y, +X)$。立方体纹理的生成远比球面环境映射简单，只需要在立方体的中心设置一个视野为 90° 的相机，分别朝 6 个方向绘制场景。这些图像能在底层图形 API 中实时生成，而且不会导致变形，当视点绕着物体移动时，它能始终正确地反射出场景的正确位置。此外，立方体纹理允许在各平面上进行线性插值，因此既没有图像变形，也不会导致奇异点。图 4-11（左）是立方体纹理，而右图是它的 6 个面的展开。

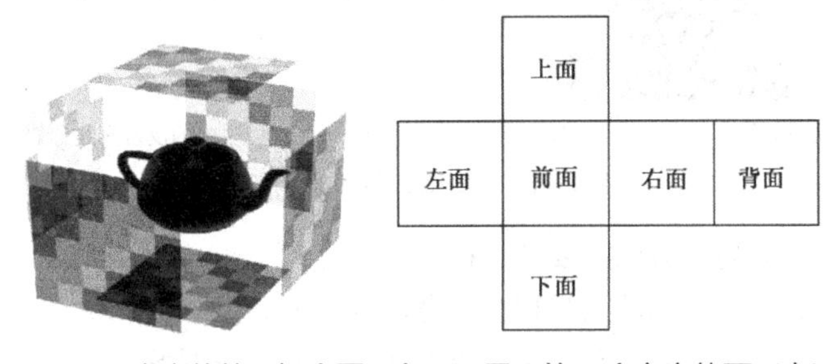

图 4-11　立方体纹理概念图（左）及展开的 6 个立方体面（右）

立方体环境映射并不限于模拟精确的反射，也可以模拟镜面高光、漫反射和 Phong 光照明模型。如果使用低分辨率的纹理，可以模拟粗糙的物体表面。它的局限性来源于它的预处理方式，当光源或场景物体的遮挡关系改变后必须重新生成。

立方体环境映射能解决球面映射的问题，可完全在 Direct3D 和 OpenGL 中实现，已经成为业界标准。游戏编程人员们利用立方体环境映射方便地创造反射和镜面光照效果，生成活泼、有趣的沉浸感强的三维游戏场景，例如赛车游戏的车身上闪亮的环境光效果。

4.1.4　基于光照映射的快速绘制

光照映射是一种很经典的光照纹理生成技术，主要用于光照信息的合成，使用了一种预计算的包含光照信息的纹理，称为光照图（Lightmap），并在场景表面上映射出光照图中的光照变化。实际上，光照图只是调节了基纹理图的亮度，而不是精细的表面细节，其光强和色彩的调整计算为：假设原来的图像颜色为(R_s, G_s, B_s)，光照映射中的光强变化信息为(R_L, G_L, B_L)，那么经过光照映射调整后的纹理色彩(R_f, G_f, B_f)的一种简单计算方法为 $R_f=R_s*R_L$，$G_f=G_s*G_L$，$B_f=B_s*B_L$。

在基于光照映射的快速绘制技术中，可利用多重纹理技术，对光照图和基纹理图直接进行乘积计算。首先创建模拟光照效果的纹理和相应的纹理坐标，然后根据光源位置计算纹理变换并投影到物体，与物体本身的纹理和光亮度利用多重纹理映射技术进行融合。如果场景中有多个光源，可分别计算它们各自的效果并融合输出最后的绘制效果。光照映射允许场景中物体的漫射颜色呈非线性变换，展现彩色光源和阴影等效果。图 4-12 是漫射纹理与光照纹理相乘后的结果图像。

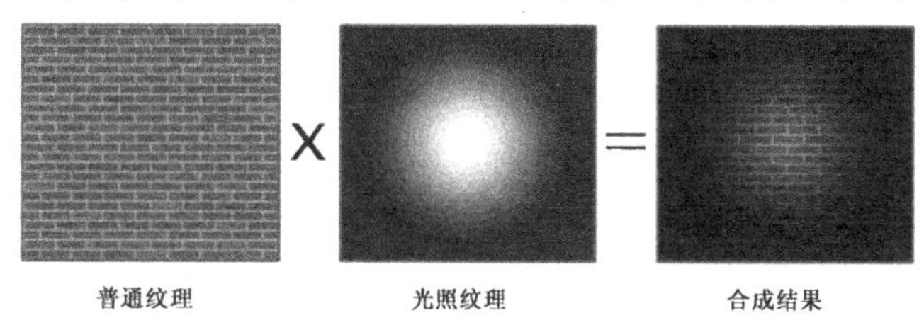

图 4-12　普通纹理映射与光照映射结合产生逼真的效果

从绘制的角度看，光照映射与普通意义上的纹理映射的主要区别在于，普通纹理保存了物体表面的漫射颜色，而光照映射则记录光源的光照效果。因此，同一个普通纹理可以在场景中对同一材质的不同物体使用多次，而光照纹理只能用于特定的多边形，这主要是因为光照纹理的每个纹素与空间某点的位置一一对应，它只记录了特定的光照条件下该点的颜色。

之所以在游戏开发中引入光照映射来实现快速绘制，主要是因为在真实感图形绘制中，如果使用复杂的光照模型，虽然图像的质量有很大的提高，但绘制时间很长，无法满足游戏的实时或者准实时绘制的要求。基于光照映射的绘制方法，一方面可使用预先计算好的光照分布信息，不需要进行实时在线的光照计算，极大地节省绘制时间；另一方面，纹理映射已经成为图形硬件的标准功能，这样以很少的计算代价快速生成精彩的画面。在第一人称视角游戏中，基于光照映射的快速绘制方法已成为行之有效的标准绘制方法之一。

光照映射的优点之一是可模拟任意与视点无关的光照模型，也可进行多种特殊光照效果的合成，甚至模拟一个艺术化的光照绘制。但其缺点是在使用光照纹理时需要较强的经验性，适合静态场景，在动态性的场景中应用有一定难度。在实际的游戏开发中，可以有针对性地、扬长避短地使用基于光照映射的快速绘制技术。例如，Quake 和半条命游戏中大量使用了光照映射模拟光源在静态物体上的绘制效果，动态的物体则使用基于顶点的光照明计算，取得了很好的实时绘制效果。

在基于光照映射的快速绘制技术中，关键之一是光照图的生成。光照图的生成方法有两种：一种方法是艺术家或者美工人员手工简单地绘制出光照分布，主要用于模拟艺术手法的绘制效果；另一种方法是根据复杂的光照模型进行预计算，生成全局的光照信息、高光和阴影等，此时通常需要对场景光场分别进行预计算（如光能辐射度算法），然后将场景中物体每个面上计算的光亮度作为纹理保存为光照图。由于光照图本质上保留的是场景中光照的低频分量，因此不需逐个像素保存光亮度，光照图的分辨率可以相对较低。例如，Quake 风格的游戏使用 16^2 分辨率的光照图获得了理想的效果。注意，光照图保存的是光亮度（灰度值），而物体本身上呈现的纹理模式保存为基纹理图（类似于墙纸）。

光照映射通常能用比正常的纹理映射小的分辨率产生满意的图像。二维光照纹理可以在预处理阶段根据光源属性生成，结果一般是亮度或颜色图，在高光区域会生成明亮的光斑。为了正确应用光照映射，必须通过平移光照纹理的纹理坐标，将光照纹理的中心位置（即光源光斑的中心）映射到物体表面的正确位置。而缩放纹理坐标则可以调节光源的光照范围。典型的二维光照映射步骤如下：

① 在预处理阶段创建二维光照数据，并保存为纹理。光照纹理中心区域最亮，从中心向外逐渐变暗。

② 绘制整个场景，此时仅进行普通的纹理映射。

③ 对于场景中的每个光源。

④ 对于场景中相对当前光源可见的多边形。

⑤ 计算该多边形所在的平面。

⑥ 根据光源的位置，平移与缩放纹理坐标，计算出多边形在光照纹理中的纹理坐标。

⑦ 实行光照映射，将光照纹理与第②步计算的物体颜色融合。

注意：第⑦步是通过多重纹理映射技术实现的，如果在预处理阶段将光照纹理与物体表面的预先纹理融合，可以省略第②步的纹理映射。

面向锥光源的光照纹理可以使用图形引擎的投影纹理功能进行加速。实现方法为：以光源为视点，将光照纹理直接投影到物体表面。如果场景存在多个光源，为它们逐个生成光照映射将耗费大量显存资源，因此可以预先生成一系列不同参数的光照纹理，作为所有光亮度分布的基，绘制时通过变换纹理坐标，合成出多个光源的光照效果。

如果预先计算光照在三维空间中每点的分布并保存为三维纹理，则形成了三维光照纹理。这种方法的好处在于，纹理坐标可以直接通过世界坐标系统变换而得。此外，对于亮度和范围都随光源距离改变的复杂光源，使用三维光照纹理可以获得更好的效果。三维纹理光照映射的缺点体现在两方面：并不是所有的显卡都支持三维纹理映射，三维纹理比二维纹理消耗更多的显存资源。

光照映射除了模拟光源的漫射颜色外，也可以结合多重纹理技术处理镜面高光。在正常的图形绘制流程中，光照明计算一般在顶点上进行，因此在多边形中心处的高光值是从顶点插值而得。使用镜面映射则可以在预处理阶段逐个像素计算出场景物体每个位置的高光信息。光照镜面映射的原理与环境映射类似，记录了当前视点处某个物体上的反射光效果，因此在绘制时，镜面映射与正常的球面（立方体）映射相同。与正常的图形绘制流程相比，光照镜面映射的另一个好处是可以对镜面纹理进行特殊处理，如在高光处做模糊滤波，模拟出不光滑的曲面效果。

表 4-1 给出了游戏引擎中 3 种光照明模式的比较。尽管随着可编程图形硬件的发展，在游戏图形引擎中使用像素层次的光照明计算已经成为可能，由于光照映射具有无可比拟的速度和质量优势，游戏引擎中还是大量使用光照映射节省在线的光照明计算，并模拟动态的光源效果。

表 4-1　基于顶点的光照计算、基于像素的光照计算和光照映射优缺点比较

	基于顶点的光照计算	基于像素的光照计算	光照映射
计算层次	顶点层	像素层	纹理映射（像素层）
插值模式	颜色在多边形内插值	法向在多边形内插值	法向在多边形内插值
速　　度	实时	较慢	实时
阴影模拟	可以	不可以	可以
视觉效果	中等质量	高质量	取决于光照纹理尺寸
实 用 性	适中	弱	强

4.1.5　高级纹理映射技术总结

凹凸纹理映射的主要思想是扰动用于光照明计算的物体表面法向。Blinn 提出的早期凹凸纹理映射使用高度图在线计算法向，对图形硬件的处理能力提出了很高的要求。两个改进的算法浮雕型凹凸纹理映射和环境凹凸纹理映射并没有真正扰动法向，因此适用范围不广。法向映射技术真正给出了扰动的法向计算方式，可通过预计算的方式模拟出任意光照明模型，是游戏引擎中实现凹凸映射的标准算法之一。细节纹理技术用较少的几何数据替代高度复杂的物体表面细节，大幅提高了绘制效率。水平线凹凸纹理映射则进一步增加了物体表面的深度信息。

与凹凸纹理映射不同的是，位移纹理映射既能模拟凹凸的表面细节，还能模拟微观的几何扰动，缺点是图形硬件不支持逐个像素的位移映射，因而只能采用自适应网格剖分的折中方案。

与凹凸纹理映射和位移纹理映射不同，环境纹理映射的目标是模拟某个物体的周围环境。球面环境映射是一个非均匀映射，因而会导致图像扭曲变形的走样现象，这在两极尤为严重。此外，球面投影缺乏一种适合于计算机存储的表示方法。尽管立方体环境映射克服了球面环境映射的一些缺陷，但对非计算机生成的图像，实拍获得立方体环境映射是非常困难的。这是因为立方体环境映射是由 6 幅广角为 90°的画面构成，它们之间的拼接要求精确的摄像机定位技术。由于平面投影也是非均匀的，在立方体的边界和角点处仍存在采样过多的问题。

光照映射则模拟光源对物体表面光亮度的影响，极大地节省了在线的光照明计算，是三维游戏图形引擎中不可或缺的技术。表 4-2 比较了上述几类高级纹理映射技术的特点。

表 4-2 纹理映射技术的特点比较

	阴 影	遮 挡	改变几何	反 射	图形硬件实现	实 用 性
常规纹理映射	无	无	无	无	直接支持	强
凹凸纹理映射	可以	无	无	无	方便	强
位移映射	无	可以	可以	无	困难	弱
球面环境映射	无	无	无	可以	可以	中等
立方体环境映射	无	无	无	可以	直接支持	强
光照映射	可以	可以	无	可以	方便	强

图 4-13 比较了常规纹理映射、凹凸纹理映射和位移映射的绘制效果。其中，凹凸纹理是一幅灰度图，灰度值低对应地球的低海拔地区。应用凹凸纹理映射产生了凹凸不平的表面外观，但是轮廓仍然是光滑的球面。位移映射则产生了真正的物体表面几何细节和轮廓。

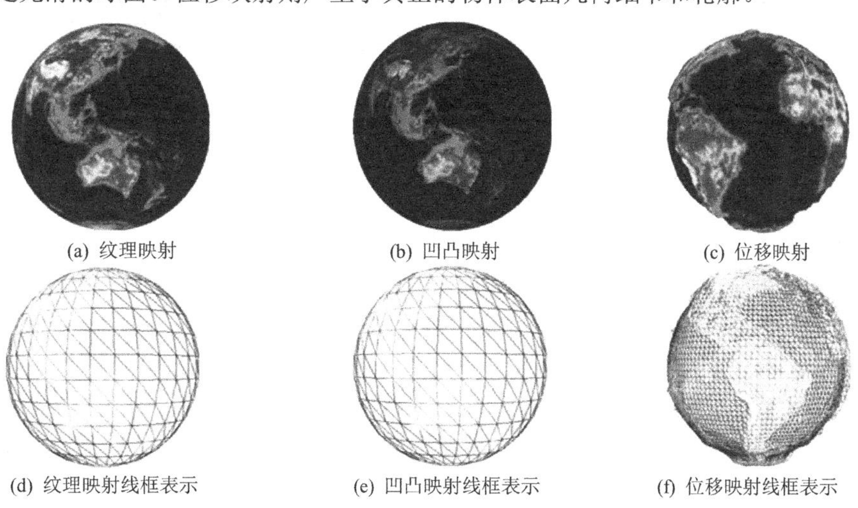

(a) 纹理映射 (b) 凹凸映射 (c) 位移映射

(d) 纹理映射线框表示 (e) 凹凸映射线框表示 (f) 位移映射线框表示

图 4-13 常规纹理映射、凹凸映射、位移映射比较（图片来源：Direct3D 9.0 SDK）

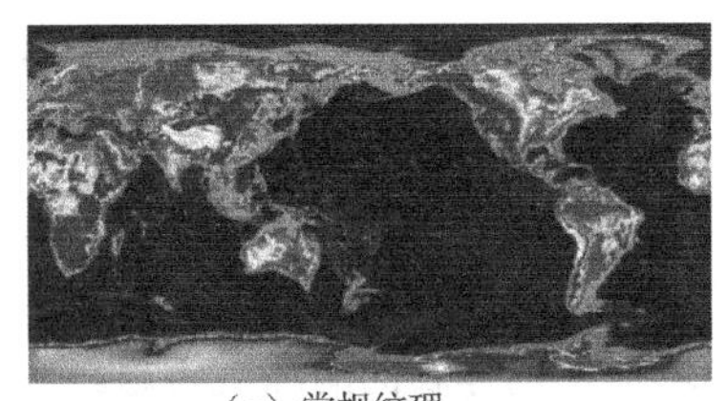
（g）常规纹理

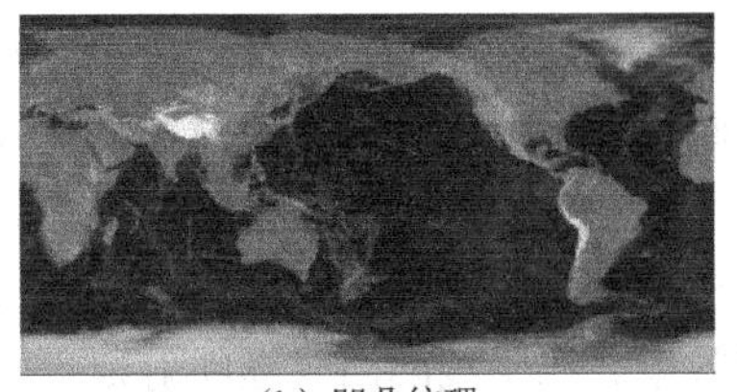
（h）凹凸纹理

图 4-13　常规纹理映射、凹凸映射、位移映射比较（图片来源：Direct3D 9.0 SDK）（续）

4.2　基于图像的绘制

4.2.1　Billboard 技术

利用简单的纹理映射几何绘制手段替代复杂的几何绘制能增加场景真实感和效率。Billboard 技术采用一个带有纹理的四边形，其纹理图像为其代表的物体的图像，即用带有该物体图像的长方形，代替该物体生成该物体的图形画面。Billboard 放置于所代表物体的位置中心，并随相机的运动而变化，始终面对用户。将 Billboard 技术与 alpha 纹理和动画技术结合，可以模拟很多自然界现象，如树、烟、火、爆炸、云等。图 4-14 显示了一个用 Billboard 技术表示的森林场景。

图 4-14　用 Billboard 技术表示的森林场景（图片来源：Direct3D 9.0 SDK）

早期的 Billboard 的图像是预先得到的，且只针对具有一定对称性的物体。最常用的 Billboard 几何表示方法如图 4-15 所示。第 1～3 种方法允许视点在与物体高度相同的区域内变化。当视点改变时，Billboard 四边形绕对称轴旋转，如果存在多个四边形（第 2、3 种方法），需要融合它们的绘制结果。第 4 种方法额外生成了顶部和底部的四边形，允许视点位于物体上方或下方，这在飞行器模拟类游戏中广泛使用。除这 4 种表示方法外，对于对称性不强的物体，可以使用视点依赖的 Billboard 技术，分两步进行：第一步是预处理阶段，对于每个可能的视线方向计算一个物体的图像；第二步是绘制阶段，当视线方向给定时，选择最近的两个视点，取出它们对应的纹理并对其进行插值和纹理融合。

在视点依赖的 Billboard 方法中，也可以对不同的视线方向生成不同的 Billboard 几何模型，提高视觉逼真度，但增加了计算量。

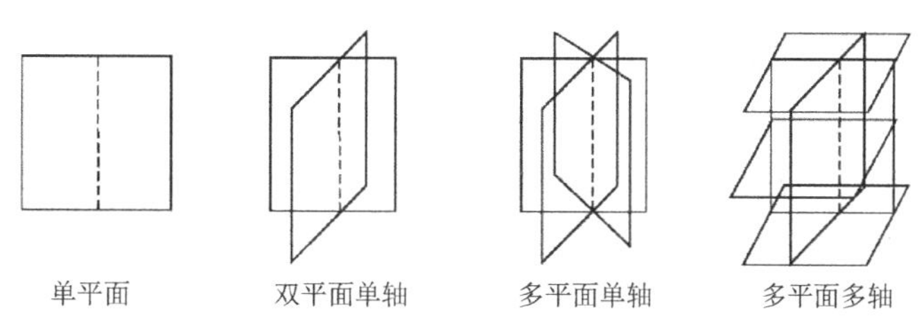

图 4-15　常用的 Billboard 几何表示（虚线代表对称轴）

现在考虑单平面的情形。对于任意一个四边形，它的法向和一个向上的方向定义了一个局部正交基，两者共同决定四边形的朝向，即四边形的旋转矩阵。Billboard 技术的关键步骤是将四边形绕对称轴旋转，变换到朝向视点的方向。如果视线方向是$-z$ 轴，向上方向是$+y$ 轴，那么将 Billboard 变到朝向相机的方向的计算方式分为两步。

第一步，根据建模和相机变换 **M** 计算 Billboard 在世界坐标中的朝向 **V**

$$\mathbf{V}=\mathbf{M}^{-1}\begin{bmatrix}0\\0\\1\\0\end{bmatrix}$$

绕 Y 轴的旋转角 θ 满足：$\cos\theta=V(0, 1, 1)$，$\sin\theta=V(1, 0, 0)$。

第二步，根据绕 Y 轴 θ 角的计算公式构造旋转矩阵 **R**，进而使用矩阵 **MR** 计算出 Billboard 的当前位置，如图 4-16 所示。

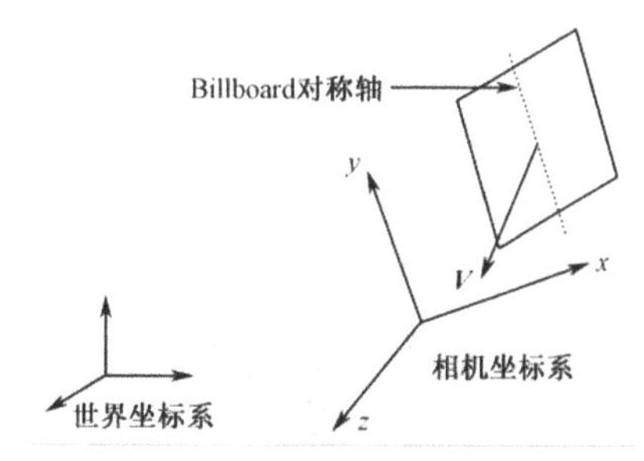

图 4-16　计算单平面 Billboard 几何

对于更一般的情形，即相机的向上向量 $\mathbf{V}_{up}$ 与 Y 轴不重合时，需要计算一个中间矩阵 **A**，将旋转轴从 Y 轴变换到 $\mathbf{V}_{up}$。**A** 是绕 Y 轴旋转角 θ 的旋转矩阵，θ 满足：$\cos\theta=\mathbf{V}_{up}\cdot\mathbf{V}$，$\sin\theta=\|\mathbf{V}_{up}\times\mathbf{V}\|$。变换 Billboard 几何的矩阵是 **MAR**。

Billboard 四边形法向和向上（up）向量的不同设置方式对应着不同的 Billboard 技术。

1．平行屏幕的 Billboard 技术

平行屏幕的 Billboard 技术是最常用也是最经典的 Billboard 方法，也就是说，Billboard 四边形的法向始终重合于视线方向。向上的方向就是相机的向上（up）向量。平行屏幕的 Billboard 技术可以用来显示注释文字，这也正是 Billboard（公告牌）技术名称的由来。平行屏幕的 Billboard 技术经常用于显示圆形物体和粒子。

2．平行物体的 Billboard 技术

由于圆形物体的对称性，当相机绕视线方向旋转时，Billboard 的外观始终保持一致。对于其他形状的物体，采用平行屏幕的方式并不是很合适。此时可定义物体的向上方向为相机的向上（up）向量，而法向仍平行于视线方向。

3. 视点朝向的 Billboard 技术

在前面两种 Billboard 方法中，法向始终平行视线方向，即场景所有的 Billboard 使用同一个旋转矩阵，这样无法模拟透视投影的变形效果。当相机的视角和真实人眼的视角相一致时，或视角和 Billboard 都较小的时候，变形的效果可以忽略不计，此时 Billboard 的法向可以取为平行视线方向。反之，Billboard 的法向应该取为从视点到 Billboard 中心的连线，这就是视点朝向的 Billboard 技术，如图 4-17 所示。

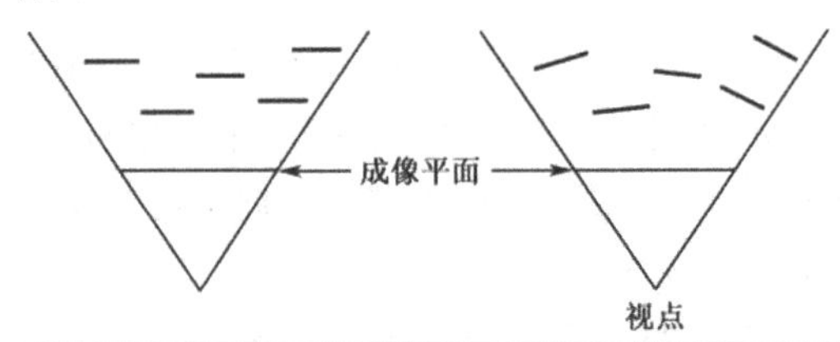

图 4-17 平行屏幕的 Billboard 技术和视点朝向的 Billboard 技术

平行屏幕的 Billboard 技术对物体形状并没有产生变形的效果，视点朝向的方法则形成了符合人眼视觉效果的变形图像。对透视效果更为逼真的模拟是 Impostor（替身图）技术，它在场景中仿真出当前相机参数下真实几何的透视变换效果。对替身图技术的描述见 4.2.2 节。

4. 轴向 Billboard 技术

在游戏编程中，Billboard 技术通常指轴向 Billboard 方法，此时 Billboard 并不总是直接面向相机，可以绕着世界空间的某个或多个对称轴旋转。正如平行屏幕的 Billboard 有利于表示球形对称物体一样，轴向 Billboard 技术可用于表示圆柱型对称的物体，如图 4-18(a)所示，其中树干的方向就是 Billboard 的向上方向，也是 Billboard 四边形的旋转轴。当相机绕树干旋转时，相应旋转 Billboard 四边形，使之始终面向视点。

(a) 树的真实图像

(b) 剔除背景的树图像

(c) 用于 Billboard 技术的透明图

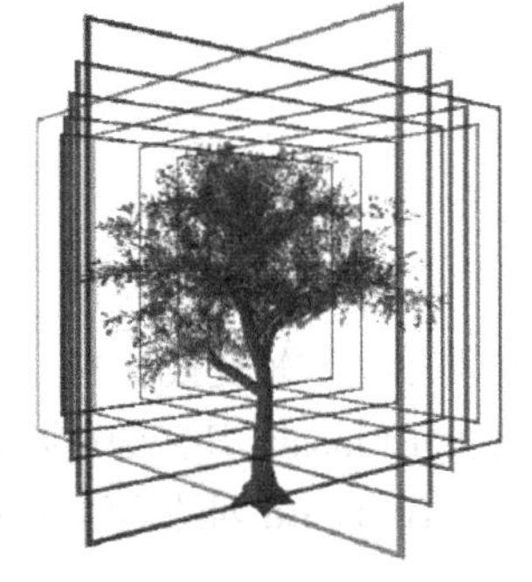
(d) 树木绘制

图 4-18 轴向 Billboard 方法

轴向 Billboard 技术中物体的向上（up）向量是固定的，而视点的朝向则随时调整并决定了 Billboard 四边形的朝向。如果仅采用图 4-18 中前 3 种方式，当视点位于树的上方并垂直向下看时，看到的只是一个十字型的切片。补救的方案是在平行于 *xz* 平面上增加多个截面纹理（第 4 种方式）。另一个办法是使用层次细节技术，根据视点的远近，令树木的表示方法从 Billboard 过渡到 Impostor（替身图），最后过渡到真实的三维模型。

在 Billboard 技术中，一个重要的步骤是创建对应图像的透明度图。在透明度图中，前景部分的不透明度为 1，背景部分的不透明度为 0，如图 4-18(c)所示。但是，在前景与背景之间的软边界处，如果两者的亮度相差很大，会出现模糊的效应，这时需要实施反走样技术。

图 4-18(d)是一种结合面绘制和轴向 Billboard 技术的树木绘制算法，用多边形绘制树的枝干，而树叶等难以用几何模拟的细节用一系列 Billboards 描述。具体的做法是：绕树干在不同的视点生成一系列树的采样，每个视点处的采样由 5 个 Billboard 组成。绘制时，根据视点选择相邻的两个采样共 10 个 Billboard 进行透明度融合操作，获得比纯粹的轴向 Billboard 技术更逼真的结果。

4.2.2 Impostor 技术

Billboard 和 Sprite 技术（Sprite 技术会在稍后展开）都采用简单的几何加纹理映射来完成场景的模拟。它们的缺陷在于过于简单的几何和一成不变的纹理，使得相机靠近物体时出现明显的失真。为了弥补这些缺憾，Impostor（替身图）技术巧妙利用游戏每帧间的连续性，采用二维图像和真实的三维模型的投影替代真正的物体几何特征。现在仍以树的替身图为例子，在某个视点处，三维引擎首先将树的三维模型绘制到一个纹理中，然后利用该纹理作为 Billboard 的纹理绘制，如图 4-19 所示。只要相机的移动距离不大，这个实时生成的替身图可以一直发挥作用。当相机移动的距离超过给定的范围时，图形硬件必须重新绘制物体的替身图，然后在误差范围内继续使用。

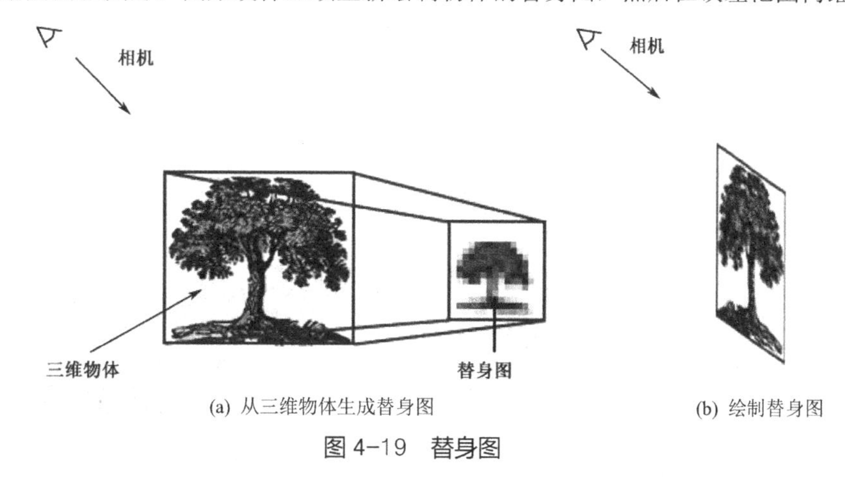

(a) 从三维物体生成替身图　　(b) 绘制替身图

图 4-19　替身图

替身图与 Billboard 的差别不在于绘制过程，而是在于纹理的来源方式。在替身图技术中，物体首先在给定的光照条件和相机位置下进行绘制，然后在后继帧中运用多次。这样既避免了逐帧绘制复杂的物体几何属性，其效果又远优于 Billboard 和 Sprite 技术。下面简单描述替身图技术创建和绘制过程。

1. 创建替身图

在应用程序启动时，需要对每个可能采用替身图技术的物体预先创建一个替身图对象，如图 4-19(a)所示。在生成替身图时，首先将物体的包围六面体投影到二维平面，计算出它在屏幕上的长方形包围盒。一种更快捷的方法是使用包围球。第二步是根据当前的相机位置和光照条件绘制三维物体，包括它本身的纹理。然后将位于二维包围盒的内容复制到对应的替身图中。注意，替身图纹理的分辨率取决于三维物体在屏幕的投影尺寸。由于相机位置的不确定性，替身图的分辨率必须随时调整。

2. 绘制替身图

替身图的绘制等价于绘制一个平行屏幕的 Sprite，因此避免了 Billboard 技术中更新 Billboard

四边形朝向的过程，如图 4-19(b)所示。当下面两种情形发生时，替身图需要重新设置。一方面，相机变焦或与物体的距离变化时，物体的二维投影尺寸随之改变，此时需重新设置替身图的分辨率。另一方面，当物体与视线方向的夹角变化大于某个给定的阈值时，必须重新绘制替身图。注意，当相机非常靠近物体时，即替身图的尺寸大于某个阈值时，必须抛弃替身图，使用真实的物体几何绘制。从这个意义上看，替身图的纹理尺寸有一个上限。与 Billboard 技术类似，替身图技术也需要 alpha 通道来精确勾勒物体的外观。对于模糊边界的物体，需要采用一些简单的二维图像处理技术，避免出现走样现象。

由于替身图技术采用二维 Sprite 在帧缓冲器中直接绘制图像，而场景中其他物体的绘制需要深度缓冲功能，因此无法正确进行深度比较，从而出现错误的遮挡关系。当场景中的替身图互不遮挡时，可以根据场景的物体可见性顺序（结合场景的二叉树剖分）设置恰当的 Sprite 深度，并按序绘制。如果场景中的两个替身图在屏幕上有重合区域，可以为每个替身图设置一个简单的几何物体（如包围盒），然后将替身图映射到几何物体上。

为了最大程度地提高效率，可以进一步将以上思想推广到整个游戏场景的子区域，即认为在一段时间内子区域相对视点在其分辨范围内图像是不变的。为此，以 BSP 树建立整个场景的层次结构。在实时绘制时首先遍历 BSP 树，根据当前视点位置决定该结点存储的图像是否有效，如无效，则继续遍历该结点的前后子树，并以当前视点的运动参数及误差精度决定是否生成此结点当前的图像以作为后继帧的影像，否则以该结点所存储的图像生成当前的结果。利用替身图生成的云层实例如图 4-20 所示。

图 4-20　替身图技术生成的云层（来源：Mark Harris，美国北卡州立教堂山分校）

4.2.3　精灵图元绘制

基于图像绘制的最简单图元是 Sprite。Sprite 的名称来源是早期的二维游戏，当时这种动画技术经常用来模拟神话世界的精灵（Sprite），其后就用 Sprite（精灵动画技术）来命名。在二维游戏中，Sprite 是指一幅能在屏幕上移动的图像。简单的 Sprite 图像和屏幕上的像素一一对应。Sprite 的显示有许多加速算法，如将它们预编译成一张像素表，可以避免测试每个像素的透明度。稍微复杂的 Sprite 技术能缩放图像，如 10×10 像素的 Sprite 通过简单的复制可以转换成 20×20 或 30×30 的 Sprite。通过添加不同分辨率的 Sprites，可以使不同焦距之间的转换更自然。显示连续运动状态的 Sprite 可以生成物体动画效果，即精灵动画。不同的观察角度可以使用不同的 Sprite。

利用模板缓冲器可以完成精灵动画的溶解和清除。它的功能是锁定图像的某块区域，获得幻灯片之间过渡的效果，如从左到右清除老的源图像，显示新的目标图像。首先构建一系列形状逐渐过渡的辅助多边形（从空区域到覆盖整个窗口）。辅助多边形并不产生任何绘制结果（设置 alpha 为 0，alpha 测试结果大于 0 时则通过），只是将它覆盖像素的模板值变为 1。绘制时，初始化模板缓冲器为 0。在模板值为 0 的区域绘制源图像（即没被辅助多边形覆盖的区域），在模板值为 1 的地方绘制目标图像。随着辅助多边形的变化，即可完成源图像到目标图像的溶解效果。

4.3 表面材质绘制

在介绍表面材质的绘制首先需要介绍一些基本的光学概念，主要有：光通量，光辐射度，光亮度，BRDF 函数等。

光通量 Φ 是指单位时间通过一个面的光能量，单位是瓦特（W）。

光辐射度 E 是指单位时间内通过单位面积的光通量，单位是瓦特/平方米（W/m²），$E=\dfrac{\mathrm{d}\phi}{\mathrm{d}A}$。

光亮度 L 是指单位时间内通过单位面积单位立体角的光通量，单位是瓦特/平方米立体角（W/srm²），$L=\dfrac{\mathrm{d}\phi}{\mathrm{d}w\mathrm{d}A\cos\theta}$。

光辉度和光亮度之间的关系如下：

$$E(x)=\int_{\Omega}L_{\mathrm{i}}(x,\omega_{\mathrm{i}})\cos\theta_{\mathrm{i}}\mathrm{d}\omega_{\mathrm{i}}$$

$$\mathrm{d}E(x,\omega_{\mathrm{i}})=L_{\mathrm{i}}(x,\omega_{\mathrm{i}})\cos\theta_{\mathrm{i}}\mathrm{d}\omega_{\mathrm{i}}$$

双向反射分布函数描述的是反射光亮度和入射光辉度的比值，定义如下：

$$f_{\mathrm{r}}(x,\omega_{\mathrm{o}},\omega_{\mathrm{i}})=\frac{\mathrm{d}L_{\mathrm{o}}(x,\omega_{\mathrm{o}})}{\mathrm{d}E(x,\omega_{\mathrm{i}})}=\frac{\mathrm{d}L_{\mathrm{o}}(x,\omega_{\mathrm{o}})}{L_{\mathrm{i}}(x,\omega_{\mathrm{i}})\cos\theta_{\mathrm{i}}\mathrm{d}\omega_{\mathrm{i}}}$$

双向反射分布函数可以有入射的光幅度计算出初设的光反射亮度，是一种合理的计算光照的方法，可以有以下公式来计算光亮度

$$L_{\mathrm{o}}(x,\omega_{\mathrm{o}})=\int_{\Omega}f_{\mathrm{r}}(x,\omega_{\mathrm{o}},\omega_{\mathrm{i}})L_{\mathrm{i}}(x,\omega_{\mathrm{i}})\cos\theta_{\mathrm{i}}\mathrm{d}\omega_{\mathrm{i}}$$

该公式称为局部光反射公式。

BRDF 函数满足以下性质。

- ❖ 基于波长的：不同的波长反射不同。
- ❖ 可逆性：

$$\forall\omega_{\mathrm{i}},\omega_{\mathrm{o}}\in\Omega:f_{\mathrm{r}}(x,\omega_{\mathrm{o}},\omega_{\mathrm{i}})$$

- ❖ 能量守恒：

$$\forall\omega_{\mathrm{i}}\in\Omega:\int_{\Omega}f_{\mathrm{r}}(x,\omega_{\mathrm{o}},\omega_{\mathrm{i}})\cos\theta_{o}\mathrm{d}\omega_{\mathrm{o}}\le 1$$

- ❖ 各项异性。如果 BRDF 是旋转形成的，即当模型绕着法向旋转的时候，BRDF 的计算并不改变，只依赖 BRDF 的参数值，那么这个 BRDF 被称为各项同性的。相反，如果 BRDF 的计算改变，那么这个 BRDF 被称为各项异性的。
- ❖ 实际的参数量。使用的 BRDF 模型应该具有较少的参数量。较少是因为参数量是依据物理特性而改变的，并且要方便使用。
- ❖ 更高的计算效率。计算效率是 BRDF 模型设计中要考虑的点，复杂的 BRDF 模型通常需要大量的计算，导致效率低下。这也是 Phong 模型能够流行的原因。

4.3.1 基于物理的表面材质模型

表面材质的绘制使用了大量的模型，包括经验模型（参见附录）和物理模型。基于物理的模型是指这个模型的构造基础是基于物体的物理表面属性，本节主要介绍基于微型槽假设的 BRDF

模型。由于微型槽假设非常接近于实际的物体表面对光的反射，因此使用微型槽假设的 BRDF 模型往往可以获得非常逼真的表面反射效果，而基于微型槽假设的 BRDF 模型需要的参数又相对较少，因此近年来，基于微型槽假设的 BRDF 模型获得了广泛的关注和应用。

1. Oren-Nayar 模型

Oren-Nayar 模型是一种基于微型槽假设的表面材质模型，注重微型槽。这个模型的建立基于以下假设：物体的表面由很多对称的 V 型槽构成，这些 V 型槽有两个面，V 型槽的每个面比它的长度小很多，V 型槽的面积比入射光线的波长大很多，单个 V 型槽的面积比一个像素的面积小很多，每个 V 型槽都是完美的朗博反射面。根据 BRDF 的基本定义：

$$f_{\mathrm{r}}(x,\omega_{\mathrm{o}},\omega_{\mathrm{i}})=\frac{\mathrm{d}L_{\mathrm{o}}(x,\omega_{\mathrm{o}})}{\mathrm{d}E(x,\omega_{\mathrm{i}})}=\frac{\mathrm{d}L_{\mathrm{o}}(x,\omega_{\mathrm{o}})}{L_{\mathrm{i}}(x,\omega_{\mathrm{i}})\cos\theta_{\mathrm{i}}\mathrm{d}\omega_{\mathrm{i}}}$$

$L_0(x,\omega_{\mathrm{o}})$ 由两部分组成：$L_{\mathrm{r}}^{(1)}$ 表示直接光照，$L_{\mathrm{r}}^{(2)}$ 表示 V 型槽之间的相互光学效应产生的光照效果。$L_0(x,\omega_{\mathrm{o}})=L_{\mathrm{r}}^{(1)}+L_{\mathrm{r}}^{(2)}$。这两个构成部分由一个坡面分布函数 P 和投射亮度 L_{rp} 计算。其中 P 表示法向量为 ω 的 V 型槽占表面的比率，而 L_{rp} 表示这些 V 型槽的反射系数，显然用一个积分可以计算出 $L_{\mathrm{r}}^{(1)}$ 和 $L_{\mathrm{r}}^{(2)}$。

$$L_{\mathrm{r}}^{(1)}=\int_{\Omega}P(\omega)L_{\mathrm{rp}}^{(i)}(\omega)\mathrm{d}\omega \qquad (i=1,2)$$

理论上，P 可以是任何的概率分布函数，通常用高斯分布函数来表达。关于 L_{rp} 的计算则显得更重要。Oren-Nayar 给出的公式如下：

$$L_{\mathrm{rp}}^{(1)}(A)=\frac{P_d}{\pi}E_0\frac{<L,A><V,A>}{<A,N><V,N>}G(L,V,A)$$

$$G(L,V,A)=\min(l,\max(0,2\frac{<L,N><A,N>}{<L,A>},2\frac{<V,N><A,N>}{<V,A>}))$$

明显，这个模型的计算代价比较大，因此通常使用它的近似模型：

$$f_{\mathrm{r}}(x,\omega_{\mathrm{o}},\omega_{\mathrm{i}})=\frac{P_d}{\pi}(A+B\times\max(0,\cos(\theta_{\mathrm{i}}-\theta_{\mathrm{o}})\times\sin\alpha\tan\beta))$$

$$A=1-\frac{1}{2}\frac{\sigma^2}{\sigma^2+0.33}, \qquad B=0.45\frac{\sigma^2}{\sigma^2+0.09}$$

$$\alpha=\max(\theta_{\mathrm{i}},\theta_{\mathrm{o}}), \qquad \beta=\min(\theta_{\mathrm{i}},\theta_{\mathrm{o}})$$

2. Cook-Torrance 模型

Cook-Torrance 模型也是一种基于微型槽假设的模型。与 Oren-Nayar 模型不同，Cook-Torrance 微型槽进一步考虑了有镜面反射，并引入了菲涅尔函数。同样的 D 在 Cook-Torrance 模型中的含义和在 Oren-Naryar 中的 P 含义相比，都表示了法向为 ω 的微型槽，但这里的含义完全不同。$D(\omega)$ 表示总量，P 表示的是比例。比 Oren-Nayar 模型更先进的是 Cook-Torrance 引入了 $G()$，来表示光线在微型平面之间传播所引起的折损。Cook-Torrance 的 BRDF 表达式为：

$$f_{\mathrm{r}}(x,\omega_{\mathrm{o}},\omega_{\mathrm{i}})=K_{\mathrm{s}}\times\frac{1}{4}\times\frac{F(\cos\theta_{\mathrm{h}})D(\omega_{\mathrm{h}})G(\omega_{\mathrm{o}},\omega_{\mathrm{i}},\omega_{\mathrm{h}})}{<N,\omega_{\mathrm{i}}><N,\omega_{\mathrm{o}}>}+k_dJ_d$$

公式中的 $F()$ 函数为菲涅尔公式，描述了光在两种不同介质见反射和吸收的比例。菲涅尔公式主要计算两个量，分别是反射系数 F_{r} 和透射系数 F_{t}。F_{r} 描述了反射光的比例，F_{t} 描述了折射光的比例，满足 $F_{\mathrm{r}}+F_{\mathrm{t}}=1$。计算这两个系数需要用到两个中间量，分别代表着平行光和垂直光：

$$r_{\parallel}=\frac{n_t\cos\theta_i-n_t\cos\theta_t}{n_t\cos\theta_i+n_t\cos\theta_t} \qquad r_{\perp}=\frac{n_i\cos\theta_i-n_t\cos\theta_t}{n_i\cos\theta_i+n_t\cos\theta_t}$$

反射系数的计算公式为

$$F_r=\frac{|r_{\parallel}|^2+|r_{\perp}|^2}{2}$$

在实际应用中，这种公式的计算太复杂，通常使用的是另一种公式：

$$F_r(u)=\frac{(n-1)^2+4n(1-u)^5}{(n+1)^2+k^2}$$

然而这样的计算对于那些对性能要求很高的游戏来说还是太高了，因此 Schlick 进一步简化了表示，常用的快速计算公式为：

$$F_r(u,\rho_s)=\rho_s+(1-\rho_s)(1-u)^5$$

$D(\omega)$ 是微型槽分布函数，有很多微型槽分布函数可供选择。其中，计算最简单的是高斯分布：

$$D(\omega)=c\times\exp(-\frac{\alpha^2}{m^2})$$

另一个建立在 Blinn-Phong 模型基础上的分布函数是：

$$D(H)=\frac{\mathrm{e}+2}{2\pi}<N,H>^{\mathrm{e}}$$

还有一个常使用的函数是 Becakmann 分布函数：

$$D(\omega)=\frac{1}{m^2\cos^4\alpha}\exp(-\frac{\tan^2\alpha}{m^2})$$

在游戏中，人们经过比较发现，用于表示毛玻璃投射分布的 GGX 模型具有很好的效果，其具体形式为：

$$D(m)=\frac{\mathrm{e}^2\max(0,<N,H>)}{\pi m^2\cos^4\theta_m(\mathrm{e}^2+\tan^2\theta_m)^2}$$

另外，$G(\omega_o,\omega_i,\omega_h)$ 为阴影项，用于描述由微型槽造成的自阴影效果，计算也较为复杂，有多种形式。这里可以采用参考文献[23]提出的阴影项计算方法：

$$G(\omega_o,\omega_i,\omega_h)=G_1(\omega_o,\omega_i)G_2(\omega_o,\omega_h)$$

其中

$$G_1(\omega_o,\omega_i)=\max(0,\frac{<\omega_o,\omega_i>}{<\omega_o,\omega_n>})S(\mu)$$

其中，$\mu=|<\omega_o,\omega_i>|$；$S(\mu)$ 是一个与微型槽的高度与斜率假设有关的函数，一般预先建立 $S(\mu)$ 的查找表，供实时计算时使用。

最后，由于该模型认为环境光是不均匀入射的，并且会在半球不闭合的地方汇聚，因而使用 J_d 来表示这种不均匀性。

$$J_d=C_\alpha\int_\Omega v(\omega)\frac{\cos\theta_i}{\pi}\mathrm{d}\omega$$

3．Ashikhmin-Shirley

Ashikhmin Shirley 基于 Cook-Torrance 模型提出了一种各向异性的模型。该模型的 BRDF 同样分为两个部分，其中 f_s 的构成和 Cook-Torrance 模型很相似，但是用 2 个参数 θ_h 和 θ_k 来表示沿着视线反射方向与垂直于视线反射方向上不同的反射属性：

$$\begin{cases} f_{\mathrm{r}}(x,\omega_{\mathrm{o}},\omega_{\mathrm{i}}) = f_{\mathrm{s}} + f_{\mathrm{d}} \\ f_{\mathrm{s}} = \dfrac{\sqrt{(\mathrm{e_r}+1)(\mathrm{e_B}+1)}}{8\pi} \times \dfrac{<N,H>^{\mathrm{e_T}\cos^2\theta_{\mathrm{h}} + \mathrm{e_B}\sin^2\theta_{\mathrm{h}}}}{<V,H>\max(<N,L>,<N,V>)} \times F(<V,H>,\rho) \\ f_{\mathrm{d}} = \dfrac{28\rho_{\mathrm{d}}}{23\pi} \times (1-\rho_{\mathrm{s}}) \times (1-(1-\dfrac{<N,V>}{2})^5)(1-(1-\dfrac{<N,L>}{2})^5 \end{cases}$$

4．Ward 模型

Ward 模型也是基于微型槽理论的模型，简化了微型槽假设，删除了一些分量，如菲涅尔系数项。各向同性的 Ward 模型公式为：

$$F_{\mathrm{r}}(x,\omega_{\mathrm{o}},\omega_{\mathrm{i}}) = \frac{\rho_{\mathrm{d}}}{\pi} + \rho_{\mathrm{s}} \frac{1}{\sqrt{\cos\theta_{\mathrm{i}}\cos\theta_{\mathrm{o}}\,2}} \times \frac{\exp(-\dfrac{\tan^2\theta_{\mathrm{h}}}{\sigma^2})}{4\pi\sigma^2}$$

在 Ward 模型中，ρ_{d} 和 ρ_{s} 分别控制漫反射和镜面反射，σ 作为微型槽的偏差控制了物体表面的粗糙程度。Ward 模型用高斯函数来代表坡面分布函数。

4.3.2　基于测量的表面材质模型

与上述解析的表面材质模型相对应的是基于测量的表面材质模型。基于测量的表面材质模型的做法为，通过实验设备真实取得表面材质模型的值，并以某种组织方式存储起来，然后在绘制过程中直接应用。基于测量的表面材质模型将解析数据拟合步骤中丢失的细节保留，相比于解析的表面材质模型，能准确描述更多类型的材质，因此具有更真实的数据表现和更广阔的应用空间。图 4-21 示意了一组基于采集的表面材质模型用于场景绘制的结果。

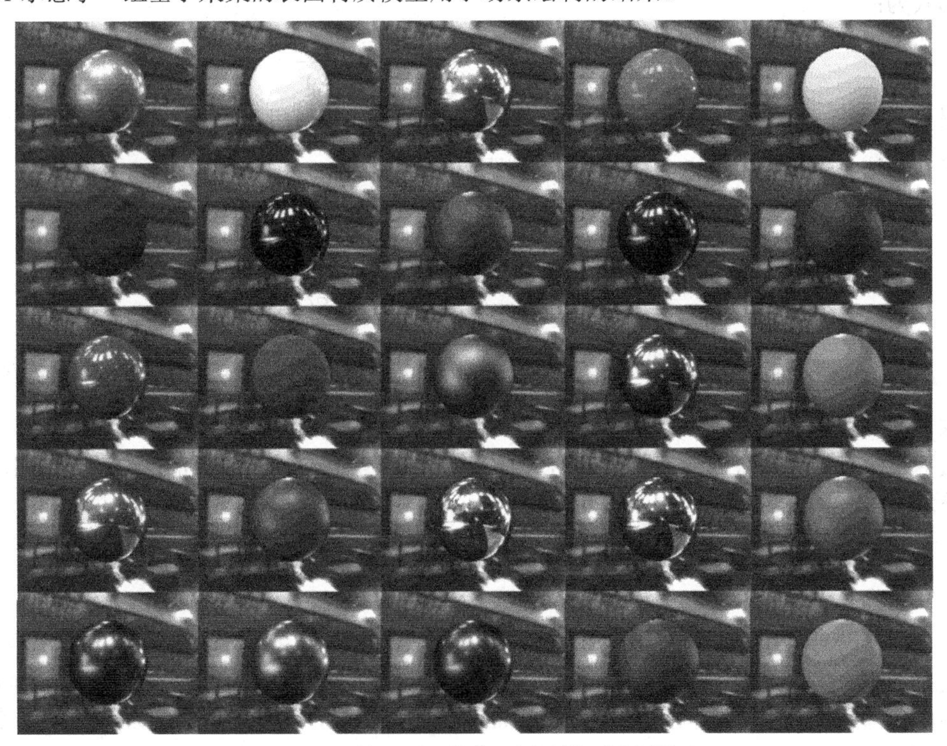

图 4-21　基于测量的表面材质模型绘制结果

4.3.3 表面材质模型的真实感绘制

通过对 BRDF 进行采样，可以实现表面材质模型的绘制，其中重要度采样是真实感绘制表面材质模型的有效方法。

重要度采样（Importance Sampling）就是取重要的部分做采样。在实际的绘制中，入射光线的亮度通常被存储在环境贴图（environment map）中，那么一个像素的颜色计算需要很多方向的入射光线乘以 BRDF 的值再进行累计，选取一些具有代表性的入射方向进行计算，这个就是蒙特卡洛的基本思想。理论上，如果选取无数个采样，那么这些采样的平均值就是这个点的反射亮度，实际应用中采样有限的、科学的采样方法。

1. 蒙特卡洛（Monte Carlo）离散采样

蒙特卡洛（Monte Carlo）离散采样方法是应用于使用有限个采样点对函数进行采样并计算积分的方法。当有限个采样点进行采样时，如何选择采样点是影响采样效率和绘制效果的关键。均匀采样是一个基本方法。但是，将采样点均匀地分布到各方向上，采样效率不高。理想中采样效率高的方法应该是，在采样函数值大的地方分布更多的光线，在采样函数值小的地方分布更少的光线。那么，在采样时，决定采样光线疏密的函数就是概率密度函数（Probability Density Function）。在使用概率密度函数来生成采样光线的情况下，需要通过以下公式来计算反射光：

$$L_0 \approx \frac{1}{N}\sum_{k=1}^{N}\frac{L_i(u_k)f(u_k,v)\cos\theta_{u_k}}{p(u_k,v)}$$

也就是说，每个采样方向获得的采样值需要除以生成这根光线的概率密度函数（PDF）的值。如果是均匀采样的情况，那么可以看成上述方程的一个特例，因为均匀采样的概率密度函数为 1。对于上述公式，可以这样理解：PDF 值大的时候，说明这个采样只代表了小部分入射方向的值（因为 PDF 值大说明采样光线密集，那么每根光线代表的方向角就小）；当 PDF 的值小的时候，入射方向则可能代表了很大的入射方向的值（因为 PDF 值小说明采样光线稀疏，那么每根光线代表的方向角就大）。这就是为什么它是在分式的分母部分的原因。

2. 生成采样点

知道了如何利用蒙特卡洛（Monte Carlo）离散采样方法计算光照的积分，下一步就是如何根据 PDF 函数生成采样点，进行离散采样计算，方法有很多，如拒绝法、逆函数法等等。这里介绍逆函数法，直观上就是计算一个 PDF 函数的累积分布函数（Cumulative Distribution Function），从而将其映射到一个均匀分布的函数上，公式如下：

$$P(s)=\int_0^s p(\theta)\mathrm{d}\theta$$

那么生成一个随机点时，首先在[0, 1]之间均匀采样生成 a，将其带入累积分布函数的逆函数 $P^{-1}(a)$，将 $P^{-1}(a)$ 作为新生成的采样点。

下面以 Phong 模型的光照函数作为 PDF 在半球空间生成采样方向为例，Phong 模型的光照函数为：

$$p(\theta_s,\phi_s)=\frac{\cos^n\theta_s\sin\theta_s}{\int_0^{2\pi}\int_0^{\frac{\pi}{2}}\cos^n\theta_s\sin\theta_s}=\frac{n+1}{2\pi}\cos^n\theta_s\sin\theta_s$$

那么 PDF 函数为

$$p(\theta_s) = (n+1)\cos^n \theta_s \sin\theta_s$$

对该 PDF 函数计算累积分布函数，并且计算边界概率，$p(\theta_s, \phi_s) = \dfrac{1}{2\pi}$，那么生成采样方向的计算函数为

$$\theta_s = \cos^{-1} e^{\frac{1}{n+1}} \qquad \phi_s = 2\pi e$$

使用重要度采样是真实感绘制表面材质模型的主要策略之一。由于需要采样较多的光线，绘制速度较慢。但是随着硬件技术的进步，这种基于物理的真实感绘制方法，已经获得了快速的发展，出现了基于 GPU 的重要度采样方法，在小场景上已经获得了实时的绘制速度，并在一些游戏中获得了应用。

4.3.4 表面材质模型的快速绘制

针对不同的光源，快速绘制表面材质模型的方法通常有两种，即使用离散点光源绘制和使用环境贴图绘制。离散点光源发出的光是沿着某一特定入射方向射入到物体表面的，环境贴图发出的光是从不同的方向入射到物体表面的。因此，在这两种光源照射下的表面材质模型的快速绘制方法是不同的。不失一般性，表面材质模型 BRDF 可表示为：

$$f_r(\omega_i \to \omega_r) = \rho_d + \rho_s s(\omega_i, \omega_r)$$

其中，ρ_d 表示表面的漫反射率，第二项和式表示的是镜面光反射率。和式中的每一项都包含了一个表示反射率的放缩因子 ρ_s，并且包含了函数 $s(\omega_i, \omega_r)$，表示一个高光反射的基本形状。为方便说明，不妨假设其为 Phong 模型，即：

$$s(\omega_i, \omega_r) = \frac{n+1}{2\pi}\cos^n(\omega_i, \omega_r)$$

更进一步，为了让该表面材质模型更具有普遍意义，假设表面上每个点的 ρ_d 和 ρ_s 系数都不一样。因此，需要两张纹理，分别存储表面上不同点的 ρ_d 和 ρ_s 系数。下面具体介绍两种绘制方法。

1. 使用离散点光源绘制

对于离散点光源的绘制，可以在着色器程序中根据光源的位置实时计算像素的光亮度。首先，BRDF 的参数是作为纹理传入着色器的。使用一个纹理贴图存放公式中的 ρ_d 项，表示散射时的反射率。对于镜面反射率部分的各项都使用两纹理分别存储缩放因子 ρ_s，以及 $s(\omega_i, \omega_r)$的系数。下面提供了参考的代码：

例程 4-1 点光源 BRDF 渲染程序

```
#define NUM_LIGHTS 4
struct vsout
{
    float3 Pos : POSITION                               // 像素位置
    float3 normal : TEXCOORD0;                          // 像素法向
    float2 TexUV : TEXCOORD1;                           // 表面纹理坐标
    float3 EyeVec : TEXCOORD2;                          // 局部空间中指向视点的向量
    float3 LightVec[NUM_LIGHTS] : TEXCOORD3;            // 局部空间的光源参数
};
float4 main(vsout in,
    uniform sampler2D tex_dif,                          // 散射光纹理采样器
```

```
    uniform sampler2D tex_sparm,                          // 镜面反射参数
    uniform sampler2D tex_srho,                           // 镜面反射反射率
    uniform float3 Lights[NUM_LIGHTS]
) : COLOR
{
    // 从纹理中加载 BRDF 参数
    float4 brdf_parm;
    float4 brdf_diffuse;
    brdf_parm = f4tex2D(tex_sparm, in.TexUV.xy);
    brdf_diffuse = f4tex2D(tex_srho, in.TexUV.xy);
    float4 diffuse = f4tex2D(tex_dif, in.TexUV.xy);
    // 局部空间中指向视点的向量
    float3 toeye = normalize(in.EyeVec.xyz);
    float3 norm = normalize(in.normal);
    // 视线方向的反射方向
    float3 refeye = 2*dot(n,toeye)*n-toeye;
    // 累加从光源照射到表面并反射的辐射光亮度
    float3 color = float3(0, 0, 0);
    for(int i = 0; i < NUM_LIGHTS; i++)
    {
        // 局部空间中光源与视线方向的半角向量
        float3 tolight = normalize(in.LightVec[i].xyz);
        // 计算点和向量对的 SBRDF
        float3 specular = diffuse.xyz;
        float thedot = clamp(dot(refeye, tolight),0,1);
        specular = specular + pow(thedot, brdf_parm.w)*brdf_parm.xyz;

        //光源的入射辐射照度
        float NdotL = max(0, tolight.z);
        float3 irrad = Lights[i] * NdotL;
        // 计算出射辐射光亮度
        color += specular * color;
    }
    float4 final_col = color.xyzz;
    return final_col;
}
```

2．使用环境贴图绘制

如果严格按照绘制方程来计算环境贴图对表面材质的光照影响，需要计算所有方向射过来的光线，并考虑场景造成的遮挡，这需要耗费大量的时间，并不适用于游戏这种需要实时响应速度的场合。因此，在游戏中常用的使用环境贴图进行表面材质光照绘制的方法基于这样的假设，即由环境贴图采样产生的光照都是没有遮挡的全部直接照射到物体表面，需要计算如下绘制方程：

$$L(\omega_r) = \rho_d \int_\Omega L_i(\omega_i)(N \cdot \omega_i) d\omega_i + \rho_s \int_\Omega L_i(\omega_i) s(\omega_i, \omega_r)(N \cdot \omega_i) d\omega_i$$

其中，积分域 Ω 表示入射光半球面，入射光的光亮度 $L_i(\omega_i)$存储在环境纹理贴图中，依然假设 BRDF 函数为 Phong 光照模型。

首先处理漫反射项，可以看到，公式中漫反射的 Cosine 项可以很容易的放入环境纹理中，并

通过对法向方向 N 来索引：

$$D(N) = \int_{\Omega} L_{\mathrm{i}}(\omega_{\mathrm{i}})(N \cdot \omega_{\mathrm{i}})\mathrm{d}\omega_{\mathrm{i}}$$

$D(N)$只与法向有关，因此，可以通过一个预处理过程，在绘制之前以不同的法向方向为索引预先计算 $D(N)$的值，并建立查找表。

对于高光反射项，从绘制方程可以看出，不考虑遮挡时，表面材质在环境贴图光源的光照下，出射颜色等于环境贴图与 BRDF 函数 $s(\omega_i, \omega_r)$进行卷积计算。因此，可以将卷积的结果预先存储起来，在实时绘制时调用。

$$S(\omega_{\mathrm{r}}, n) = \int_{\Omega} (\omega_{\mathrm{i}} \cdot \omega_{\mathrm{r}})^n L_{\mathrm{i}}(\omega_{\mathrm{i}})(N \cdot \omega_{\mathrm{i}})\mathrm{d}\omega_{\mathrm{i}}$$

面向高光函数建立的查找表有两项索引，一项为视线的反射方向 ω_r，另一项为高光系数的参数 n。要枚举所有高光系数 n 是不太可能的。因此，可以枚举一系列的高光参数，其他高光参数则通过这些枚举的高光参数插值得到。

通过构建两张查找表 $D(N)$和 $S(\omega_r, n)$就完成了预处理纹理的创建，下面给出的参考代码描述了建立高光函数查找表的过程，建立漫反射函数查找表的过程类似：

例程 4-2　高光函数查找表的建立过程

```
float3 S(float3 Wr, float n)
{
    //计算 Phong 模型与环境贴图的卷积
    float3 Sum = 0.xyz;
    for(int yi = 0; yi < YMAX; yi++) {
        for(int xi = 0; xi < XMAX; xi++) {
            float theta = yi*PI/YMAX;
            float phi = xi*2*PI/XMAX;
            float3 Wi = VecFromThetaPhi(theta, phi);
            float dp = dot(Wr, Wi);
            float brdf_parm = pow(clamp(dp,0,1), n);
            float4 Li = EnvMap(Wi);
             Sum += Li * sin(theta);
        }
    }
    return Sum;
}
EnvMap PrecomputeEnvMap(float n)
{
    EnvMap Smap;
    // 迭代计算高光查找表纹理的每一个像素的颜色
    for(int yi = 0; yi < YMAX; yi++) {
        for(int xi = 0; xi < XMAX; xi++) {
            float theta = yi*PI/YMAX;
            float phi = xi*2*PI/XMAX;
            float3 Wr = VecFromThetaPhi(theta, phi);
             Smap(xi, yi, s) = S(Wr, n);
        }
    }
```

```
    return Smap;
}
```

下面的代码描述了使用创建的高光函数查找表和漫反射函数插值表，进行表面材质绘制的绘制的过程。

例程 4-3　环境贴图下表面材质绘制过程

```
struct vsout
{
    float3 Pos : POSITION                              // 像素位置
    float3 normal : TEXCOORD0;                         // 像素法向
    float2 TexUV : TEXCOORD1;                          // 表面纹理坐标
    float3 EyeVec : TEXCOORD2;                         // 局部空间中指向视点的向量
    float3 LightVec[NUM_LIGHTS] : TEXCOORD3;           // 局部空间的光源参数
};
float4 main(vsout in,
        uniform sampler2D tex_dif,                     // 散射强度
        uniform sampler2D tex_sparm,                   // Phong 模型的高光系数 n
        uniform sampler2D tex_srho,                    // 高光反射系数
        uniform sampler2D tex_envd,                    // 环境散射强度（立方体纹理）
        uniform sampler2D tex_envs,                    // 环境镜面光强度（立方体纹理）
) : COLOR
{
    // 预先加载所有 BRDF 函数的参数
    float4 brdf_parm;
    float4 brdf_diffuse;
    brdf_parm = f4tex2D(tex_sparm, in.TexUV.xy);
    brdf_diffuse = f4tex2D(tex_srho, in.TexUV.xy);
    float4 diffuse = f4tex2D(tex_dif, in.TexUV.xy);
    // 指向视点的向量（局部空间）
    float3 toeye = normalize(in.EyeVec.xyz);
    // 表面所在局部坐标系中反射向量
    float3 refeye = 2*dot(n,toeye)*n-toeye;

    //沿着视线反射方向对高光查找表纹理进行查表.
    float sharpness = brdf_parm.w; // This is n.
    float3 specular = f3tex2D (tex_s, VecToThetaPhi(refeye), sharpness);
    // 计算高光项最终的颜色
    float3 color = specular * brdf_parm.xyz;

    // 加入漫反射光分量，对法向量为 normal 的表面通过漫反射表查表计算颜色
    float3 diffuse = f3tex2D(tex_envd, VecToThetaPhi(normal));

    // 把漫反射颜色加入到已经计算好的高光分量后，输出颜色
    color = color + brdf_diffuse.xyz * diffuse;
    return color;
}
```

4.4 图像反走样

由于光栅图形的离散特效，游戏画面常常与真实世界存在差异，如直线的锯齿状外观、纹理图像的 Morie 现象、动态画面的像素闪烁等，这些在图形学中统称为走样（Aliasing）。在游戏图形引擎中，避免走样现象的处理就被称为反走样（Anti-aliasing）算法，本质上对应信号处理中去掉高频信号的过程。游戏业界特别是显卡厂商最关心的、最容易用硬件解决的是锯齿状走样现象，如图 4-22 所示，因此很多文献中称为抗锯齿。

图 4-22　圆面绘制边缘出现的锯齿现象（左）、反走样后的效果（右）

1. 超采样和多重采样反走样算法

比较传统的反走样算法有超采样反走样和多重采样反走样算法，这两种算法在十几年的时间里一直是反走样算法的标准。超采样是指将分辨率生成为最终屏幕图像分辨率（如图 4-23(a)所示）的数倍（如 4 倍、16 倍）的画面（如图 4-23(b)所示），然后将多个相邻像素进行均匀融合（如图 4-23(c)所示），获得柔和的视觉效果（如图 4-23(d)所示）。

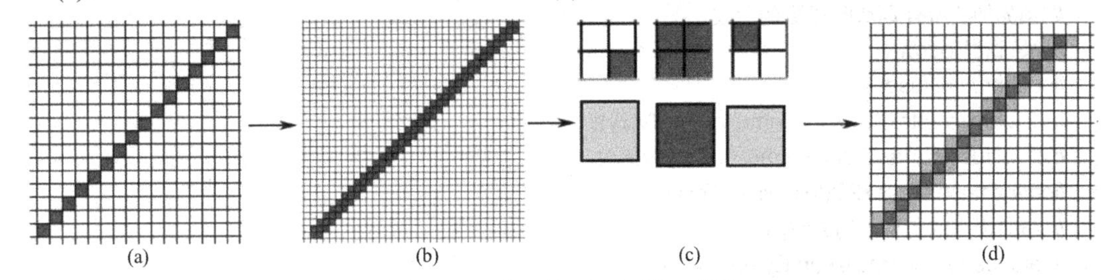

图 4-23　超采样反走样算法示意

多重采样反走样算法的思想和超采样较为相似，区别在于每个采样点都实际进行一次实际着色计算。通过只计算边缘上前景的采样点数目与总采样点数目的比值，来对像素的前后景颜色做适当的混合也能提供很好的反走样效果。这就是多重采样反走样算法的主要思想。

目前的主流显卡的控制面板都提供了抗锯齿的选择项，允许玩家直接选择超采样的采样点数目（也就是超采样分辨率）。

2. 过滤器反走样算法

过滤器反走样算法是基于图像过滤器的。这个算法的提出是反走样领域上的很重要的进展。过滤器反走样算法通过基于 GPU 的有向可调整边反走样过滤器，达到了超采样反走样的灰度变化水平。基本的做法是：用等值线穿过一个像素的长度作为亚像素的权重。这可以达到采样数是其 2～3 倍的传统做法才能达到的效果。这种算法认为，对图像中每个像素都进行多重采样反走样是没有必要的，反走样最严重的地方一般只出现在几何边界附近，因此只需在这些边界处进行反走样处理。在每个需要反走样的区域，该算法依旧沿用了传统的多重采样反走样算法。虽然其最终的渲染效果并没有优越于原始的反走样算法，但是其过滤器的思想为反走样算法指明了另一个值得改进的方向。

3. 形态学反走样算法

形态学反走样是一种后处理反走样算法，需要重建因为采样不足而在渲染过程中丢失的信息。简单来说，该算法将图像的局部边界分为 U 型、L 型和 Z 型，然后根据不同的线型推测边界的原始形态。形态学其名也由此而来。形态学反走样大体上分为三步：① 边界检测；② 计算像素混合权重；③ 与邻近像素混合。形态学反走样算法基本遵循这样的模式。

最初的形态学反走样算法是基于 CPU 的，缺乏实用性，后来人们又相继提出了基于 GPU 的形态学反走样算法。比较典型的形态学反走样算法有亚像素还原反走样算法（SRAA），在一般的形态学反走样算法基础上增加了可以保存亚像素特征的缓存区，用来在渲染中记录一些必要的信息。边界反走样算法（DEAA）则在渲染的过程中，计算像素中心到三角形边界的距离，并把这些信息存储在缓存中，最后根据这些距离得到混合权重。类似的算法还有几何后处理反走样算法（GPAA）。这些算法的共性都是通过在渲染过程中记录额外的信息，从而增加反走样的准确性。

下面介绍一种具体的形态学反走样算法的实现。

假设某个像素的上边界或下边界存在一条边（这里提到的边是像素层面上的边，而不是真实的物体的边界），首先需要沿着这条边找到其到左端点和右端点的距离，假设分别为 D_{left} 和 D_{right}（如图 4-24 所示）。同样，如果这个像素的左边界或者右边界存在一条边，也需要沿着这条边找到其到上端点和下端点的距离，假设分别为 D_{up} 和 D_{down}。

图 4-24 中白点是当前像素所在位置；沿水平方向查找到左端和右端的距离 D_{left} 和 D_{right}，这个阶梯的阶跃宽度为 $L=D_{left}+D_{right}+1$；预测下一个阶跃宽度为 L、$L-1$ 或者 $L+1$；比较新的可能的端点位置处的线型（蓝色框）和原端点处的线型（红色框）

接下来先比较 $D_{up}+D_{down}$ 和 $D_{left}+D_{right}$ 的大小，如果 $D_{up}+D_{down}$ 较大，可以判断这个像素周围的边界的分布是趋于竖直的（如图 4-25 中的 1 位置）；如果 $D_{left}+D_{right}$ 较大，则可以认为这个像素周围的边界是趋于水平的（如图 4-25 中的 2 位置）。

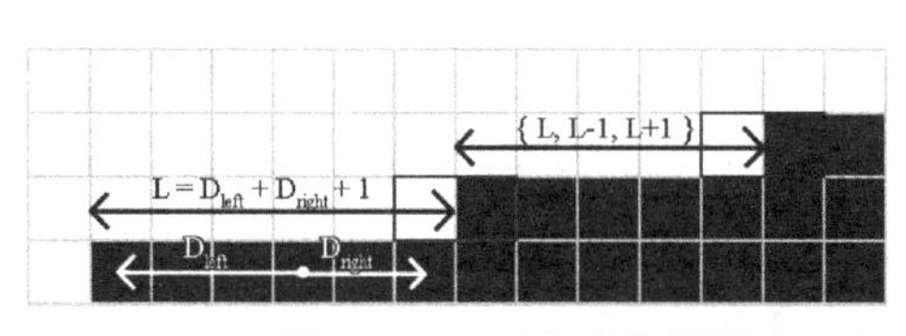

图 4-24　形态反走样算法示意

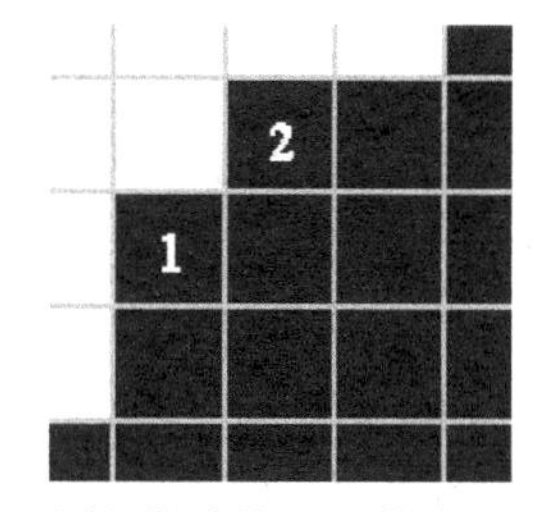

图 4-25　判断像素边界是趋向于垂直的还是水平的

假设线型以水平方向为主，需要先计算其宽度 $L=D_{left}+D_{right}+1$，然后向左向右分别对直线进行延伸，试图找到更准确的端点。以向右查找为例，基于前面的理论可知，下一个阶跃宽度可能是 L、$L-1$ 或者 $L+1$。检验这三个位置的边界信息是否和之前的一个右端点处的线型一样（见图 4-24 中加框部分）。当然，受到计算能力的局限，需要预先设定一个循环次数上限 N。如果 L、$L-1$、$L+1$ 三个位置都没有与原端点位置的边界线性一致，那么认为该阶梯不是长直线的一部分，结束查找。如果检测到新的阶跃宽度为 L'（$L-1$ 或 $L+1$），可知下一个阶跃宽度只可能是或 L'。

代码第一步将当前像素位置 x 初始化为需计算反走样的像素 p。在第一个循环里由依次检测 L、$L-1$、$L+1$ 三个阶跃宽度的像素是否为边界端点，当发现端点位置宽度为 L 时，继续循环；当发现端点位置宽度为 $L-1$ 时，那么该直线阶跃宽度确定为 L 或 $L-1$，因此我们将 $L-1$ 赋值给 L'，跳出循环；当发现端点位置宽度为 L+1 时，那么该直线阶跃宽度确定为 L 或 L+1，因此将 L+1 赋值给 L'，跳出循环；发现三个相邻像素都不是边界端点时，结束端点检测，返回当前端点位置 x。

确定直线阶跃为 L 与 L'两种宽度后，进入第二个循环，分别检测在 L 或者 L'两个阶跃宽度的像素是否为线段端点。如果是端点，那么继续循环，否则结束端点检测，返回当前端点位置 x。

程序伪代码如下：

```
x = p
for i = 0 to 循环次数上限 N
      if 像素位置 x+L 处为线段端点
            x = x+L，继续循环
      else if  像素位置 x+L-1 处为线段端点
            x = x+L- 1，L' = L-1，跳出循环
      else if 像素位置 x+L+1 处为线段端点
                  x = x+1，L' = L+1，跳出循环
      else
            return x
   end for
      for j=0 to N-i
            if 像素位置 x+L 处为线段端点
                  x = x+ L，继续循环
            else if  像素位置 x+L'处为线段端点
                  x = x+ L'，继续循环
            else
                  return x
      end for
```

线型趋于竖直方向和水平方向计算类似，在此不赘述。

小　结

本章主要介绍三维游戏的高级图形技术，主要包括高级纹理映射技术、基于图像的绘制技术技术、表面材质绘制技术、图像反走样等技术。游戏编程者可以结合基本的三维游戏引擎实现这些效果。最佳的学习方法是打开 Crysis 2、Battlefield 4、Modern War 等游戏，实景体会游戏场景中所使用的各种技术。对于每个小的片断，还可以尝试使用 OpenGL Shading Language 或 Direct3D HLSL 等高级图形渲染语言给予实现。未来的游戏引擎设计将会引入可编程图形加速技术。

习 题 4

1. 编程实现环境凹凸纹理映射、法向映射和光照映射技术，比较三者效果的异同。
2. 学习 OGRE 中可编程图形硬件中的用法，实现可编程的多重纹理映射算法。
3. 试玩 *Half Life* 和 *CS* 游戏，总结它们所使用的高级纹理映射技术。
4. 利用球面映射实现 OGRE 中的天空盒特效，并添加动态的云层生成特效。
5. 实现几种表面材质模型的绘制。
6. 利用 Shader 实现边缘检测，并实现对沿着水平方向有一定倾斜角度直线的形态学反走样效果。

参考文献

[1] Wolfgang F. Engel. Amir Geva and Andre LaMothe. Beginning Direct3D Game Programming. Prima Publishing, 2001.

[2] Daniel Sánchez-Crespo Dalmau. Core Techniques and Algorithms in Game Programming. New Riders Publishing, 2003.

[3] Peter Walsh. Advanced 3D Game Programming with DirectX 9.0. Wordware Publishing, 2003.

[4] Tomas Akenine-Möller and Eric Haines. Real-time rendering(2nd edition). A.K. Peters Ltd., 2003.

[5] DirectX 9.0 SDK. Microsoft Coperation, 2003.

[6] http://www.ati.com.

[7] http://www.nvidia.com.

[8] http://www.gameres.com.

[9] http://www.gamedev.net.

[10] http://www.gamasutra.com.

[11] http://www.flipcode.com.

[12] McReynolds, Tom, David Blythe, Brad Grantham, and Scott Nelson. SIGGRAPH 99 Advanced Graphics Programming Techniques Using OpenGL course notes, 1999.

[13] Harris, Mark J. and Anselmo Lastra. Real-Time Cloud Rendering. Proceedings of Eurographics, 2001(Vol. 20, No. 3): 76-84.

[14] Meyer, Alexandre, Fabrice Neyret, and Pierre Poulin. Interactive Rendering of Trees with Shading and Shadows. 12th Eurographics Workshop on Rendering, June 2001:182-195.

[15] Reeves, William T. Particle Systems A Technique for Modeling a Class of Fuzzy Objects. Computer Graphics, Vol. 17, No. 3 (1983): 359-376.

[16] Reeves, William T. Approximate and Probabilistic Algorithms for Shading and Rendering Structured Particles Systems. Computer Graphics, Vol. 19, No. 3 (1985): 313-322.

[17] Oliveira M., Bishop G., and McAllister D. Relief Texture Mapping. ACM Transactions on Graphics, Volume 19, Issue3, July 2000.

[18] Lifeng Wang, Xi Wang, Xin Tong, Stephen Lin, Shimin Hu, Baining Guo, Heung-Yeung Shum. View Dependent Displacement Mapping. ACM Transactions on Graphics, Volume 22, Issue 3, July 2003.

[19] Peter-Pike J. Sloan Michael F. Cohen. Interactive Horizon Mapping. Eurographics Rendering Workshop, June, 2000

[20] Terry Welsh. Parallax Mapping with Offset Limiting : A Per-Pixel Approximation of Uneven Surfaces. Infiscape Corporation, January 18, 2004.

[21] Cass Everitt and Mark Kilgard. http://developer.nvidia.com/docs/IO/2585/ATT/RobustShadow Volumes.pdf

[22] David McAllister, Spatial BRDFs, GPU Gems.

[23] Bruce Walter, Stephen R. Marschner, Hongsong Li, Kenneth E. Torrance. Microfacet Models for Refraction through Rough Surfaces.

第 5 章　三维特效图形绘制

三维游戏为用户提供了逼真的视觉体验，需要实现多种视觉特效。本章从实用性和效率出发，介绍三维游戏编程中几类特效的实现方法，包括粒子系统、阴影计算、镜头特效、全局光照明等。采用本章描绘的方法，可以生成三维游戏中常见的自然场景特效，如云、烟、爆炸等，也可以实现阴影、镜头光晕、运动模糊与景深、Tone Mapping、相互辉映等光照和视觉效果。

5.1　过程式建模和绘制技术

三维游戏中对复杂自然场景的模拟有两个终极目标。其一是物体空间上的高度真实感，即以假乱真地绘制蓝天白云、山川河流、花草树木等，使得玩家“身临其境”，在欣赏游戏画面时如同置身于真正的大自然；其二是游戏画面更新的实时性，这是保证游戏流畅的必要条件。为了获得游戏运行时的时空一致性，三维游戏引擎中的复杂自然场景特效的生成必须采用许多精致的技巧。本节按照景物的分类，着重介绍下面 3 类技术：植被的构造和绘制，雾、火焰的构造和绘制，以及水波的模拟和绘制。

5.1.1　粒子系统

粒子系统（Particle System）是一系列独立个体的集合，这些独立个体被称为粒子，它们以一定的物理规律和生命周期在场景中运动。从微观上看，粒子可以抽象为空间中的一个点，这个点拥有某些属性，并随时间运动。通常，粒子的属性包括位置、速度、加速度、能量、方向等。粒子的运动具有随机性，在粒子运动过程中，粒子属性被显示、修改和更新。基于粒子系统的建模方法的基本思想是采用许多形状简单的微小粒子（如点、小立方体、小球等）作为基本元素，来表示自然界中不规则的景物。粒子的创建、消失和运动轨迹受不同的因素影响，如粒子自身的冲力、重力、粒子与其他物体的碰撞等。粒子与其他物体的碰撞检测需要耗费大量的时间，一般不予考虑。由粒子系统表示的物体，要么是给定时刻粒子的位置，如火、雪、烟，要么是粒子的一部分运动轨迹，如草和树。粒子系统的典型运行流程见例程 5-1。

例程 5-1　通用的粒子系统模拟

```
初始化粒子
当程序在执行时
 如果粒子没有消亡
     根据粒子的速度更新粒子的位置
     根据粒子的加速度更新粒子的速度
     修改粒子的能量
 如果粒子的能量小于某个阈值
     设置粒子状态为消亡
 如果粒子击中场景物体或其他粒子
```

修改粒子的位置、方向、速度和能量
显示粒子
程序结束

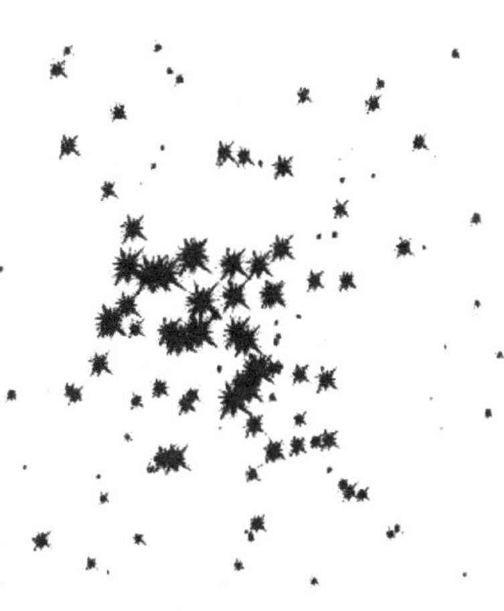
图 5-1　简单的粒子系统效果图

游戏场景中的很多现象和物体都可以用粒子系统来模拟，包括烟、火焰、爆炸、血溅等。游戏引擎中通常会设计一个专门的模块，即粒子系统，以完成对它们的模拟。著名的星际迷航游戏中就设计了将近 400 个粒子系统，总计 75 万个景物。由于粒子系统包含大量的运动的小粒子，出于对效率的考虑，必须综合平衡粒子系统的计算效率、速度和可扩充性。在设计粒子系统时，必须避免粒子系统生成大量的多边形。图 5-1 为一个简单的粒子系统效果。

在绘制时，粒子的表示方式有二维屏幕长方形、Pointsprite 和三维几何模型。出于对效率的考虑，前两种方式应用最广，通常由 4 个顶点和 2 个三角形表示。随着时间的推移，粒子系统瞬息万变地发生变化，包括粒子的生成、移动、消亡等，因此无法预先计算粒子的位置，从而无法使用 Direct3D 所采用的保留绘制模式。在大部分游戏引擎中，粒子始终朝向相机方向，这样做的目的是简化计算，提高绘制效率。利用可编程图形硬件的顶点着色器中创建一个始终朝向相机的粒子的方法很简单。首先计算粒子中心点在屏幕上的二维投影位置，再根据粒子与相机的距离计算出粒子的尺寸，并由粒子更新的尺寸直接改变粒子的 4 个顶点在屏幕上的位置。Direct3D 中提供的 Pointsprite 功能使得计算更简单，用 Pointsprite 表示粒子，应用程序仅需计算出粒子的二维尺寸，即可自动绘制出粒子的形状和纹理。

下面以一个包含 3 个粒子系统和 1 个粒子系统管理器的场景为例，介绍三维游戏引擎中粒子系统使用的基本方法。首先，需要对每个粒子系统定义粒子的属性，如表 5-1 所示。其中，粒子的能量是最重要的一项，等同于粒子的生命，被用来决定粒子的前一帧位置是否可以用于在当前帧和前一帧之间的连线、模拟水流、烟火等效果。由于粒子的颜色或亮度通常随着生命周期变弱，因此粒子能量也可以被视为不透明度。在不同的粒子系统中，每个粒子都有自身独特的行为，这些行为由不同的参数控制。这些属性与粒子系统本身模拟的属性有关，如果在烟雾系统中存在风的影响，那么粒子的运动速度将有别于无风的烟雾场景。而当一个无风的烟雾场景旁边驶过一辆汽车，也将在烟雾场景中生成风向。这些因素在设计粒子系统时必须预先考虑。

表 5-1　描述粒子的典型参数

数据类型	名　称	含　义	数据类型	名　称	含　义
Vector3	position	粒子的当前位置	DWORD	color	粒子的颜色
Vector3	oldpoisition	粒子的前一帧位置	int	energy	粒子的能量
Vector3	velocity	粒子运动的速度向量	float	size	粒子的尺寸

其次，需要定义粒子系统类，它是整个粒子系统的核心，负责更新粒子属性和设置粒子的形状。通常，所包括的类的属性如表 5-2 所示。

上面定义的是粒子系统的基类。粒子系统对粒子的操作主要使用粒子的初始化函数和更新函数。更新函数执行的操作包括：更新所有粒子的位置和其他属性，更新粒子系统的包围盒，计算当前活化的粒子数目。通常，如果活化粒子数目为 0，则返回空的标志位，便于主系统决定是否删除这个粒子系统。粒子系统的构造函数一般需要完成下列功能：初始化粒子数目、粒子系统的

表 5-2　粒子系统基类的属性

数据类型	名　称	含　义
Texture	*texture	粒子的纹理，出于对效率的考虑，所有粒子均采用同一纹理
BlendMode	blendMode	粒子之间的融合方式，不同类型粒子的融合方式不一样
Int	systemType	表示粒子系统类型的标识符
Array Particle	particles	所有粒子数组，可以用数组，也可以用链表表示
Array PShape	shapes	粒子的形状，一般由 4 个顶点组成。顶点位置通常根据粒子中心位置和粒子尺寸而定
Int	nrAlive	当前系统中活化的粒子
BoundingBox	boundingBox	用于可见性判断的整个粒子系统的包围盒

位置、粒子系统的融合模式、粒子的纹理、粒子系统的类型等。为了避免规则的粒子运动，粒子系统的粒子数目、粒子属性是随机分布的。

表 5-3　粒子系统管理器的基本功能

函数名	功　能
Init	初始化粒子系统管理器
AddSystem	在粒子系统管理器中添加一个粒子系统
RemoveSystem	删除一个粒子系统
Update	更新活化的粒子系统，删除消亡的粒子系统
Render	绘制所有活化和可见的粒子系统
Shutdown	删除粒子系统管理器
DoesExist	检查某个粒子系统是否存在

粒子系统管理器包含一系列指向粒子系统的指针，其主要功能如表 5-3 所示。

粒子系统的绘制有不同的方式。例如，在游戏场景中存在多个血迹系统，因此需要绘制的粒子状态有血喷射、血溅射、血流和血喷溅到镜头等 4 种，每种都需要不同的粒子绘制方式。血喷射模拟的是血在空气中飞散的过程，当血碰到墙壁和地板时，粒子变成血的溅射效果。当游戏的角色躺在地板上气绝时，地板上的血的粒子系统就采用血流的模式。

减少粒子系统中内存操作（分配和释放）的一个技巧是，当一个粒子消亡后，并不从内存中释放它，而是设置一个可重新初始化的标记。当所有的粒子被设置为消亡后，再一次性释放整个粒子系统的内存。当一个新的粒子进入后，必须自动完成该粒子的初始化过程，还将考虑当粒子系统的行为超过了预先设定的模式时，可能采取的方法和措施。为了支持粒子系统的可配置性，需要生成一个手工的粒子系统，允许应用程序在每帧更新粒子的属性。最后必须考虑的是如何将粒子系统和游戏引擎无缝地连接起来。例如，首先需要将烟雾系统和场景中的雪茄关联，雪茄又将与抽烟的人物关联。如果游戏人物移动他的头部或者在场景中移动，粒子系统的位置也要随着雪茄的移动而改变。

5.1.2　爆炸与火焰

爆炸是最容易制作且最有震撼性的特效之一。用粒子系统模拟爆炸有两种方式。第一种称为空中爆炸，它以爆炸点为中心在空中生成一系列分布在球面上的粒子，这些粒子从球心以高速和巨大的能量向外发射。另一种方式是有遮挡的爆炸，只在半球面上分布粒子，这个半球面的形成与爆炸发生的地点有关，如地面、墙壁或桌面上的爆炸会受到一些面的遮挡，因此爆炸的方向只在半球面方向上发生。

火焰模拟的第一种方法是采用二维随机函数实时在屏幕上生成二维火焰纹理。算法分为设置火源、火焰生成和逐步衰减三步。第一步是在预期的位置生成火焰的中心点。第二步选择随机函数生成火焰的形状和颜色。最后选择正确的图像模糊算法，模拟火焰的热源从内向外扩散的效果。

第二种方法利用 Billboard 结合精灵动画生成二维半的火焰效果。构成精灵动画的静态图像本质上是一个 Perlin 噪声函数，噪声函数的选取必须反映正确的火焰光谱。用几个 Billboard 构造火焰并在每个 Billboard 上循环映射动态纹理，可模拟出多层火苗的运动效果。火苗的窜升和风吹效果可通过扰动纹理坐标实现。动态纹理的播放和纹理坐标的扰动则由湍流噪声函数控制。事实上，模拟火焰的动态纹理可以采用实拍的视频，视频纹理的循环播放必须保持时空连续性和一定的随机性，否则会产生视觉错误。有兴趣的读者可以参考有关视频纹理的文献。

5.1.3 L-系统与植被的模拟

游戏场景中植被的模拟需要考虑两方面，一是植被的形态，二是植被的外观。多边形表示是游戏场景中最常用的方法，对于可以由几何曲面定义的物体，尤其是它在屏幕上的投影面积比较大（如近距离阔叶树）时，通常可用多边形进行描述。然而，复杂的自然场景通常包含成千上万株植物，一棵树不同形态、不同方向的枝条上有数以万计的树叶。尽管基于多边形表示的植被绘制可以采用各种成熟的真实感图形技术，如 Z-buffer 深度消隐、光线跟踪方法、光能辐射度方法等，但很难达到游戏的实时性要求，因此，多边形表示的方法适用于中、低等复杂度的场景。对于复杂的游戏场景，必须根据植物形态学做适当的简化和仿真，从而获得利于绘制的植被模型。在游戏引擎中，常用的植被模拟技术有 Billboard、粒子系统和分形系统三类。三者的特点各异，用法不同。基于 Billboard 技术的植被模型最简单、有效，因此被广泛采用。基于粒子系统的方法能模拟自然界植被动态的效果。分形系统主要关注的是植被的形态，由分形系统生成的植被模型最终需要采用多边形绘制、粒子系统或者 Billboard 方法进行绘制法。

粒子系统所绘制的森林是早期计算机绘制自然景物的代表，用圆台状粒子组成植物的枝条，用小球状或小立方体粒子组成树叶，只要建立了这些粒子组合或排列的模型，就可以实现对植物形态结构的模拟，粒子在生命周期中的变化就会反映出植物生长、发育到最终消亡的过程。同时，在粒子系统中引入随机变量，以产生必要的变化，并选取一些决定性的参数来表达植物的大致形态。为了模拟一棵树，通常需要数十个参数控制分枝的角度和枝干的长度。粒子系统的一个主要优点是其基本组成元素是点、线等易于变换和绘制的图元。但是，粒子系统的设计是一个反复试验和修改的过程，而且粒子系统的树木造型有比较明显的人工痕迹，呈现的真实感有限。

利用分形植物形态结构的分形性质（结构自相似性）产生植物图形或图像的方法有 IFS（迭代函数系统）法、DLA（受限扩散凝聚）模型法和 L 系统等。由于 L 系统最实用，所以下面重点介绍 L 系统。

（1）迭代函数系统

IFS（Iterated Function System，迭代函数系统）由一组能满足一定条件的映射函数 W_i（如收缩的仿射变换）及一组变换发生的概率 P_i 定义：$\mathrm{IFS}_i=\{(w_i, p_i), i=1, 2, \cdots, n\}$。利用 IFS 生成植物图像的过程是对初始植物图像按照已知概率选择函数而实施的一种迭代变换。

（2）受限扩散凝聚模型

DLA（Diffusion-Limited Aggregation，受限扩散凝聚）模型的基本思路是：在平面网格上选定一个静止的微粒作为种子，然后在距种子较远的格点上产生一个微粒，令微粒沿网格上下左右诸方向随机行走。如果该微粒在行走过程中与种子相碰，就凝聚到种子上；如果微粒走到边界上，就被边界吸收而消失。如此重复上述步骤，就会以种子为中心形成一个不断增长的凝聚集团。利用 DLA 和其修改的模型，可以对部分植物的形态结构进行计算机模拟，如植物根系的生长过程模拟和海藻类植物的形态结构模拟等。

（3）L 系统

植被一般以树枝为基本元素，植被模型的空间结构分为拓扑结构和几何描述两部分，拓扑结构表示树枝之间的层次关系。通过层次关系把树枝组织在一起形成一棵完整的植物，其中每个树枝都可以有多个子树枝，也可以没有子树枝。除根树枝外，每个树枝都有唯一的母树枝。植物的几何结构则定义树枝的空间形状。从宏观上看，植物在其形态结构的组成上有一个共同点，即植物都是由主干、分枝、树叶等基元组成的。每个基元的形成又遵守着一个同样的方式，即由主干上分出第一层分枝，再由第一层分枝上生出第二层分枝，这样一层层地分下去，直至树叶。对植被的生长模拟可提供母树枝生长子树枝的方法，由参数控制植物子树枝的生长，这些参数包括子树枝与母树枝的夹角、子树枝长度收缩比例、子树枝半径收缩比例、子树枝相对母树枝的空间旋转角以及子树枝的生长模式。对子树枝的生长还需要引入随机控制变量，使子树枝不显得呆板。

L 系统以形式化的语言描述植物的结构和生长，由文法生成的句子代表植物，而句子生成的中间过程是植物的生长发育过程。L 系统能简洁地描述植物地拓扑结构，如枝条和花序结构，而且生成速度很快。L 系统的核心概念是规则重写，是指使用一系列重写规则或生成式，通过连续地替代简单原始物体的部分来定义复杂物体。下面以最简单的 DOL 系统为例来说明其主要思想。

令 V 表示字符集，V^*表示 V 上所有单词的集合，V^+是 V 上所有非空单词的集合。字符串 OL 系统是一个有序的三元集 $G=(V, w, P)$，$w\in V^+$是一个非空单词，称为公理。$P\subset V\times V^+$ 是产生式的有限集合，产生式 $(a,x)\in P$ 写作 $a\to x$，字母 a 和单词 x 分别称为产生式的前驱和后继。规定对任何字母 $a\in V$，至少存在一个单词 $x\in V^*$，使得 $a\to x$。若对给定的前驱 $a\in V$ 无明确解释的产生式，则规定 $a\to a$ 个特殊的产生式属于 P。对每个 $a\in V$，当且仅当有一个 $x\in V^*$，使得 $a\to x$，那么就说 OL 系统是确定的，记为 DOL 系统。依据 DOL 系统的原理，按照一定的重写规则，并加以参数控制，即可模拟植物的各种形态及其生长过程。其结构模型可通过随机过程来产生。

由 L 系统产生的字符串有许多不同的几何解释方法。下面介绍参数化 L 系统的“龟解释”。对于 L 系统产生的字符串，从左到右顺序扫描。每个字符可映射为龟在空间地爬行状态，状态由“龟笛卡儿坐标系”中的位置和朝向组成，同时包括当前颜色和线的宽度。龟几何的主要概念是表示空间中龟爬行的方向，用 3 个矢量 **H**、**L** 和 **U** 表示龟的朝向。其中，**H** 表示向前，**L** 表示向左，**U** 表示向上，它们形成了空间中的正交基。龟的旋转用方程「**H**　**L**　**U**」=「**H**　**L**　**U**」**R** 表示。其中，**R** 是 3×3 的矩阵，绕向量 **H**、**L** 和 **U** 旋转的矩阵表示见第 2 章的旋转公式。龟在空间改变方向采用下列符号表示：

❖ + 一向左转 δ 角，用矩阵 $\mathbf{R}_{\mathrm{U}}(\delta)$表示。

❖ - 一向右转 δ 角，用矩阵 $\mathbf{R}_{\mathrm{U}}(-\delta)$表示。

❖ & 一绕 **L** 向下转 δ 角，用矩阵 $\mathbf{R}_{\mathrm{L}}(\delta)$表示。

❖ ^ 一绕 **L** 向上转 δ 角，用矩阵 $\mathbf{R}_{\mathrm{L}}(-\delta)$表示。

❖ \ 一绕 **H** 向左横滚 δ 角，用矩阵 $\mathbf{R}_{\mathrm{H}}(\delta)$表示。

❖ / 一绕 **H** 向又横滚 δ 角，用矩阵 $\mathbf{R}_{\mathrm{H}}(-\delta)$表示。

❖ | 一绕 **U** 向后翻转 180° 角，用矩阵 $\mathbf{R}_{\mathrm{U}}(180°)$表示。

假设龟的一个状态被定义为一个四元组$(x, y, z, \boldsymbol{\alpha})$，其中$(x, y, z)$表示龟的位置坐标，$\boldsymbol{\alpha}=(\boldsymbol{\alpha}_x, \boldsymbol{\alpha}_y, \boldsymbol{\alpha}_z)$表示龟的空间朝向的单位方向矢量，则下列符号的含义可描述为：

❖ $F(d)$ 一向前移动一步，步长为 d，龟的状态变为$(x_1, y_1, z_1, \alpha_1)$，其中 $x_1=x+\mathrm{d}\alpha_x$，$y_1=x+\mathrm{d}\alpha_y$，

$z_1=x+d\alpha_z$，且从(x, y, z)向(x_1, y_1, z_1)画一直线段。

- ❖ $f(d)$ 一向前移动一步，步长为 d，但不画线。
- ❖ [一表示将当前龟态压入堆栈，信息包括龟所在的位置和方向等。
- ❖] 一表示从栈中弹出一个状态作为龟的当前状态。

在采用“龟解释”文法串时，可根据不同植物的特点构造其枝与叶的基本几何造型。对于枝的具体构造可按照两条准则进行：分枝的粗细随分枝节点到主枝节点的距离的增加而减少，分枝的长度相对主枝的长度按一定的比例关系缩放。叶的构造可根据植物特点用少量多边形来模拟。

5.1.4 云的过程式纹理生成

云和烟雾一样，也是一种没有具体几何形状和边界的大气现象。除了采用 Billboard 和替身图技术外，另一种生成云的方法是基于分形函数生成一个真实感的二维或三维纹理函数，如 Gardner 提出的傅里叶函数：

$$t(x,y)=k\sum_{i=1}^{n}(c_i\sin(f_{x_i}x+px_i)+t_0)\sum_{i=1}^{n}(c_i\sin(f_{y_i}y+py_i)+t_0)$$

其中，$f_{x_{i+1}}=2f_{x_i}, f_{y_{i+1}}=2f_{y_i}, c_{i+1}=0.707c_i$，$p_{x_i}=\frac{\pi}{2}\sin\left(f_{y_{i-1}}y\right), i>1, p_{y_i}=\frac{\pi}{2}\sin\left(f_{x_{i-1}}x\right), i>1$。

用这种方法模拟云的关键是避免生成规则的二维纹理。生成的云层纹理可以用立方体纹理映射方法映射在场景的天空中，并与蓝色的天空背景进行融合操作，改变融合因子就可以模拟云的淡入淡出效果。云的动态性可以通过随时间改变函数的参数来模拟。改变云层纹理的坐标就可以获得云在天空漂移的效果。除了二维纹理外，也可以用三维椭球模拟云的结构，椭球的纹理由三维傅里叶函数生成，在椭球的边界处增加透明度，从而获得云的缥缈效果。

5.2 阴影计算

阴影是增加场景真实感的一种重要手段，能暗示用户场景中物体的遮挡关系、深度提示和光源的数目及位置，如图 5-2 所示。产生阴影的物体叫遮挡体，表面不被光源照射的物体叫被遮挡体。阴影可分为全阴影区域和软影（伪影）区域两部分。全阴影区域是不能被任何光源照见的区域，伪影是被部分光源照射的区域。伪影形成了全阴影区域和全光照区域的光滑过渡，实际上反应了光源几何和被光照物体的函数关系。不难知道，场景中如果只有一个点光源，就不会产生伪影。由于阴影区域通常有着对比度高的边界，如果阴影绘制时产生走样现象，会极大地影响场景的逼真程度。注意，图形绘制流程并不直接支持阴影，但是可以采用一些技巧实现不同质量的阴影。阴影的质量由两个因素控制，其一是阴影物体的复杂性，其二是被遮挡物体的复杂性。由于软件实现阴影无法达到游戏的实时性要求，因此本节只考虑结合图形硬件加速的阴影生成方法。

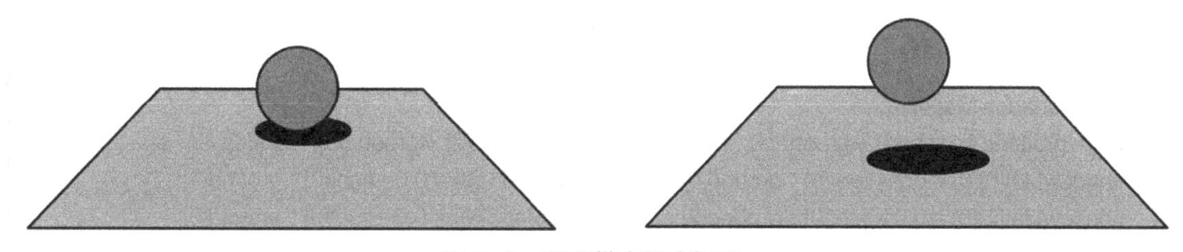

图 5-2 阴影带来深度提示

5.2.1 平面投影法

平面投影法是最简单的阴影生成算法，其主要思想是将遮挡物体沿光源方向投影变形到被遮挡的平面上，在平面上作为二维物体绘制，绘制结果直接产生了遮挡物体的阴影。图 5-3 是算法示意图（图片来源：NVIDIA 公司）。

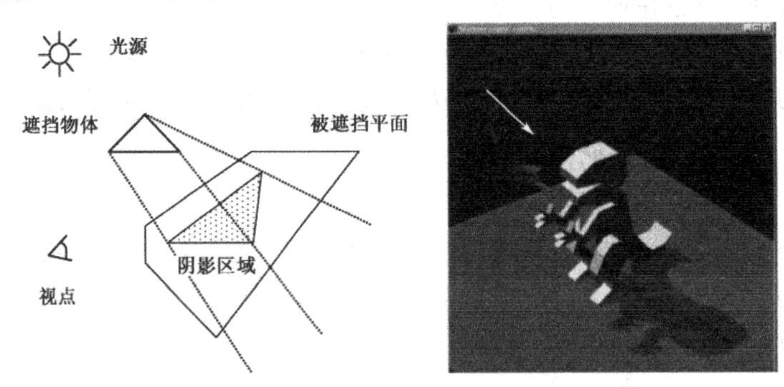

图 5-3 平面投影法示意（左）、平面投影法效果（右）

在图形绘制引擎如 OpenGL 中，实现阴影的方式是将平行或透视投影矩阵设置到建模和相机矩阵，然后使用需要的阴影颜色绘制这个物体。下面给出从一个方向光源沿 Z 轴将一个物体的阴影投影到 xy 平面的过程。

① 正常绘制场景，包括产生阴影的物体。

② 将建模和相机矩阵设置为单位矩阵后，再乘以一个缩放矩阵，该矩阵在 X、Y、Z 轴的缩放因子分别是(1.0, 0.0, 1.0)。

③ 设置产生阴影物体的其他位置信息。

④ 设置阴影颜色。

⑤ 绘制产生阴影的物体。

在第⑤步，产生阴影的物体被重复绘制了一次，而第②步设置的矩阵将物体压平成一个平面阴影。这个方法可以扩充到在平坦的物体上投影阴影，只需在第②步的矩阵中再添加额外的变换。本质上，这种基于投影的方法在被投影面上融合了一个共面的阴影多边形。共面多边形的绘制由于精度的原因，会产生走样。解决办法是将阴影多边形稍微沿被投影面的法向方向平移。光源的方向可以在第②步之后调用一个剪切变换进行改变。如果在变换中再加一个透视变换，方向光源就可以变成点光源。

例程 5-2 的伪代码展示了在任意平面（由平面方程 $Ax+By+Cz+D=0$ 定义，4 个系数分别构成代码中的 ground 数组）上生成阴影矩阵的过程，其中光源位置 light 采用齐次坐标表示。如果是方向光源，它的 w 分量为 0。

例程 5-2 平面投影法中阴影矩阵的生成

```
float** ComputeShadowMatrix(float ground[4], float light[4]) {
    float  dot;
    float  shadowMat[4][4];
    dot = ground[0] * light[0] + ground[1] * light[1] +ground[2] * light[2] + ground[3] * light[3];
    shadowMat[0][0] = dot - light[0] * ground[0];        shadowMat[1][0] = 0.0 - light[0] * ground[1];
    shadowMat[2][0] = 0.0 - light[0] * ground[2];        shadowMat[3][0] = 0.0 - light[0] * ground[3];
    shadowMat[0][1] = 0.0 - light[1] * ground[0];        shadowMat[1][1] = dot - light[1] * ground[1];
    shadowMat[2][1] = 0.0 - light[1] * ground[2];        shadowMat[3][1] = 0.0 - light[1] * ground[3];
```

```
    shadowMat[0][2] = 0.0 - light[2] * ground[0];      shadowMat[1][2] = 0.0 - light[2] * ground[1];
    shadowMat[2][2] = dot - light[2] * ground[2];      shadowMat[3][2] = 0.0 - light[2] * ground[3];
    shadowMat[0][3] = 0.0 - light[3] * ground[0];      shadowMat[1][3] = 0.0 - light[3] * ground[1];
    shadowMat[2][3] = 0.0 - light[3] * ground[2];      shadowMat[3][3] = dot - light[3] * ground[3];
    return shadowMat;
}
```

平面投影法存在两个严重的局限性。首先，它无法在非平坦曲面上生成阴影，也不能在凹平面上生成阴影。对于由多边形组成的物体，尽管可以对每个多边形分别进行阴影计算，但是需要对结果进行多边形裁剪操作。部分情况下可以采用模板缓冲技术辅助完成裁剪操作，因此可以在比较简单的场景，如房间的一角上利用这个方法计算阴影。其次是如何控制阴影的颜色。由于阴影是产生阴影的物体的投影，而这些物体的法向已经被投影操作扭曲，因此无法正确地计算阴影的颜色。

由于阴影的生成十分耗费计算资源，因此很多游戏引擎中使用简化的阴影生成。为达到快速的阴影绘制，在计算阴影区域时，根据物体的包围盒来计算。最简单的阴影生成可使用固定大小的阴影区域来模拟，然后根据物体的三维位置直接进行垂直投影，从而在二维水平面上快速地生成阴影，如图 5-4 所示。

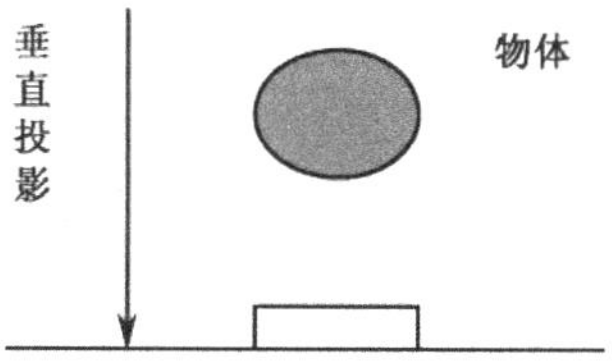

图 5-4　快速平面投影法示意

快速阴影生成法虽然速度快，实现简单，但效果比较呆板。为了更真实地模拟阴影视觉效果，在阴影生成中还要考虑：一，阴影随光源的高度变化，产生缩放；二，阴影的位置随光源的照射角度产生变化。

在游戏中，为模拟阴影的大小随光源的高度变化，一般采用如下比例缩放阴影区域的方法。设物体的包围球的半径为 R_0，球心距离平面的距离为 h_0，阴影的缩放公式为 $\frac{R_0}{R}=\frac{h_i-h_0}{h}$，如图 5-5（左）所示。为模拟出阴影的位置随光照角度的变化，可利用简化射线法来模拟，其中光源的位置在 P_L，物体所在的包围盒的中心位置为 P_0，如图 5-5（右）所示。

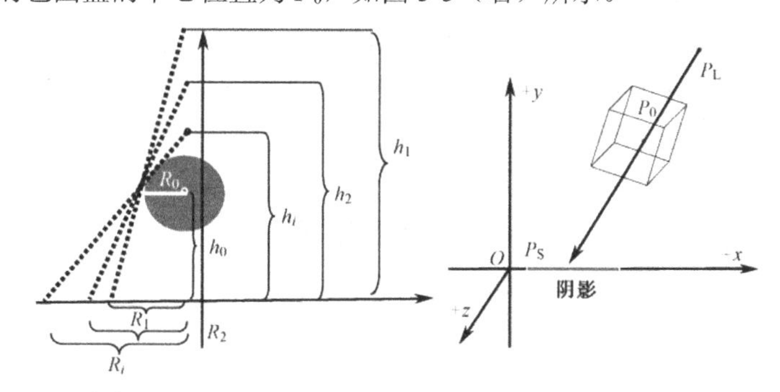

图 5-5　快速平面投影法中阴影区域的缩放（左）、简化射线法模拟光照角度变化的阴影生成（右）

5.2.2　阴影体

阴影体方法的核心思想是将阴影看成阴影体与场景中被遮挡物体的交集。阴影体是一个虚拟的物体，即连接光源与遮挡物体的顶点向场景延伸所生成的有限或半无穷锥体，如图 5-6 所示。不同类型的光源生成的阴影体是不同的。对于点光源，边的延伸是点对点的。对于无限远处的方向光源，所有的轮廓边延伸为无穷远处的一个点。最常用的阴影体算法是基于模板缓冲功能的阴影体技术，下面描述其思想和实现细节。

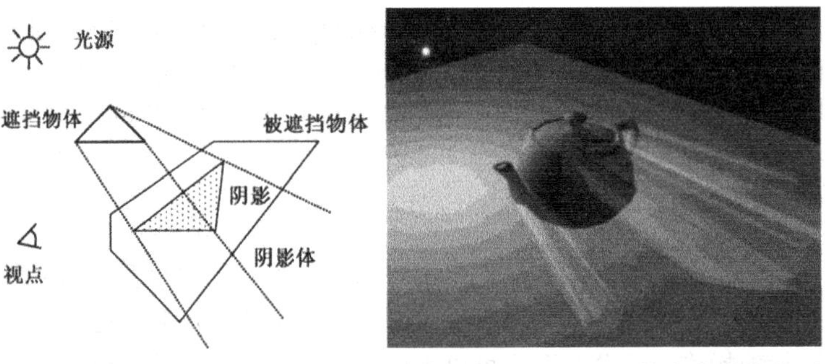

图 5-6　阴影体算法示意图（虚线部分为阴影体表面）（左）、茶壶生成的阴影体（右）

（1）深度测试通过的模板阴影体算法

阴影体的表面是一系列多边形，其内部包含部分或全部被遮挡的物体。游戏引擎中，阴影体与场景物体的求交都是利用图形绘制流程的模板缓冲功能实现的，即模板缓冲器辅助判断屏幕可见像素对应的空间位置与阴影体的关系。算法首先记录当前相机参数下的场景中所有可见部分的深度，然后与阴影体的表面几何深度进行比较。对于阴影体的朝向视点表面上的每个采样点，如果它遮挡了场景可见点，模板缓冲器的值加 1。反之，对于后者的背向视点的每个采样点，如果它被前者对应位置的可见点遮挡，模板缓冲器的值减 1。场景处理完毕后，模板缓冲器的值为非零的像素位于阴影内部。具体编程实现时，对两个模板操作的前提都是通过深度测试，因此这种算法也被称为深度测试通过的模板阴影体算法。

当视点位于阴影体内部的情况（如第一人称视角游戏中，人物位于怪物伸出的长长触角的阴影中），这种方法的判断结论与真实情况刚好相反。因此 DOOM 的作者 Carmack 等人修改了算法流程，提出了深度测试失败的模板阴影体算法（Depth-Fail Stencil Shadow Volume）。它同样使用模板缓冲器进行判断，不同的是深度测试失败后才实施模板操作，并且在比较场景可见部分与阴影体的深度时，对于后者的背向视点的每个采样点，如果它被前者对应位置的可见点遮挡，模板缓冲器的值加 1。反之，对于后者的朝向视点的每个采样点，如果它遮挡前者对应位置的可见点，模板缓冲器的值减 1。深度测试失败的模板阴影体算法允许视点处在任意位置，却要求阴影体几何是严格封闭的，而基于深度测试通过的模板阴影体算法没有这个条件。实际上，对深度测试通过的模板阴影体算法进行适当修改就可以解决视点位于阴影体内部的问题。例程 5-3 就是修正过的基于深度测试通过的模板阴影体的算法流程。

例程 5-3　模板阴影体算法流程

1. 允许写颜色缓冲器和深度缓冲器，打开深度测试并关闭光源；
2. 利用泛光和其他物体表面属性绘制全部场景；
3. 计算构成阴影体表面的多边形；
4. 禁止写颜色缓冲器和深度缓冲器；
5. 如果视点位于阴影体内部，将模板缓冲器初始化为 0，否则初始化为 1；
6. 设置模板函数为总是通过，模板值操作为：当通过深度测试时，递增 1；
7. 打开背向表面剔除功能，绘制阴影体多边形；
8. 设置模板值操作为：当通过深度测试时，递减 1；
9. 打开前向表面剔除功能，绘制阴影体多边形；
10. 设置模板函数为判断是否等于 0，模板值操作为空；
11. 打开光源，绘制全部场景。

算法对场景和阴影体分别绘制了两次。在第一次绘制场景后，获得当前视点的场景可见部分的泛光颜色和深度，后面的操作都是为了计算可见部分的阴影。在两次绘制阴影体时打开深度测试的目的是仅计算位于当前视点可见部分的阴影，第一次绘制阴影体时剔除背向视点的阴影体表面，目的是统计每个可见点从阴影体外部跨入内部的次数；第二次绘制阴影体则计算每个可见点从阴影体内部跨出阴影体的数目与第一次绘制阴影体获得的模板值的差。最终得到结果中所有模板值为偶数的可见点（即像素）都位于阴影体外。算法的二维示意如图 5-7 所示，其中带箭头的线段表示视线方向，朝向视点的阴影体边界用实线表示，背向视点的阴影体边界用虚线表示。可见，点 A、C、F 位于阴影体外部，B、D、E 位于阴影体内部，每个点的下标 0 表示第一次绘制阴影体后的模板值，下标 1 表示第二次绘制阴影体后的模板值。第二次绘制场景时当且仅当模板值为 0 的像素才被更新，也就是对位于阴影区域之外的可见点结合光照条件进行光照明计算，模板值非零的像素则处于阴影区域，不进行光照明计算。

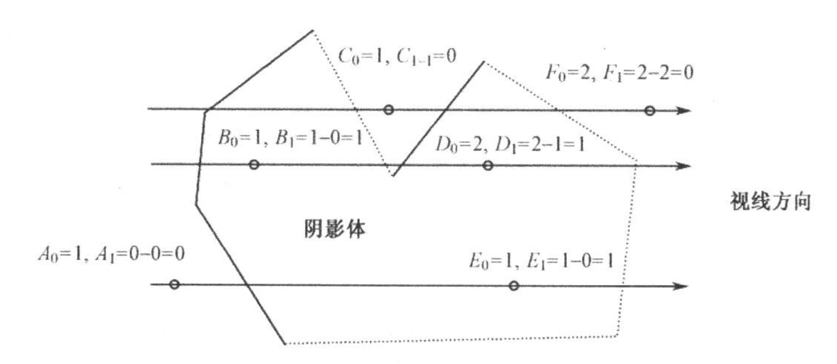

图 5-7　深度测试通过的模板阴影体法判断可见点阴影从属关系的二维示意

由此可见，阴影体算法与判断平面某点是否在多边形内（外）的方法的原理一致，而后者当多边形是全封闭时才有效，因此严格地说，阴影体的几何表示必须是全封闭的。

阴影体的形状完全由遮挡体的顶点决定。当遮挡体形状复杂时，可见点跨越阴影体边界的次数将比较多，意味着一个像素在计算过程中模板值可能会小于零，这就是先绘制朝向视点的表面再绘制背向表面的原因。注意，当视点位于阴影体内部时，在阴影体外部的物体的模板参考值是 −1 而非 0。解决办法是将模板缓冲器初始化为 1。

（2）多光源软影生成方法

设想游戏角色站在一个大型运动场的中央，有四组强光照射着运动场的地板。由于光朝四个方向照射，在地板上应该至少有 4 个游戏角色的阴影，形成一个十字形。如果只选择一个光源生成阴影，会使场景显得脱离实际。阴影体算法可以扩充到多个光源。对于每个新增的光源，将模板缓冲器清零，重复例程 5-3 的第 3～11 步。在第 11 步绘制场景时，需要选择合适的融合函数将新光源的贡献累加到最终的结果中。此外，使用累积缓冲器功能可以模拟出软影效果，方法是抖动光源的位置，按照多光源阴影体算法绘制场景。但是，多光源的阴影体算法将极大地降低绘制效率，而游戏中通常采用其他方法来获得逼真的软影。在游戏中选择生成阴影的光源的根本性准则是：总是选择场景中起主导作用的光源，重要的光源参数有光强、距离视点的位置、游戏场景的可玩性以及视觉上的重要性。选择的光源数越少，就可以为其他更重要的视觉效果节省更多的绘制资源。在 DOOM3 游戏引擎中，就将任何场景中生成阴影的光源数量限制为 4 个。

（3）遮挡体的轮廓边生成

对于复杂的遮挡物体，仅利用它的轮廓边构造阴影体能减少计算量。这些边要么是一个多边形组成的遮挡体边，要么是两个多边形的共边，其中一个多边形背向光源，另一个多边形朝向光源。创建阴影体的第一步是确定遮挡体的轮廓边。为了生成完全封闭的阴影体，对遮挡体的几何表示的要求是：它的任意一条边至少被两个三角形共享。在根据光源位置和轮廓边扫掠生成阴影体时，必须把初始模型的非轮廓边去除。

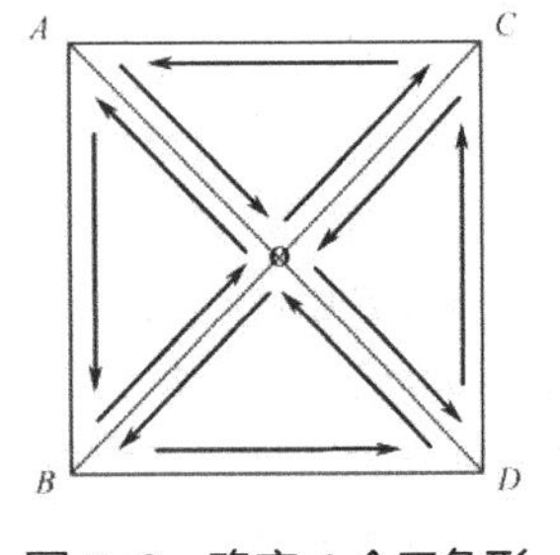

图 5-8　确定 4 个三角形的轮廓边

下面以最简单的 4 个三角形的例子描述确定轮廓边的算法。图 5-8 是由 4 个三角形组成的正方形，它们的顶点以逆时针顺序排列。虚线表示位于内部的非轮廓边，目标是求出实线表示的轮廓边，即 *AB*、*BD*、*DC*、*CA*。

注意到非轮廓边分别被 4 个三角形索引了两次，可以导出下面简单的测试方法：首先初始化一个保存边的堆栈，然后对所有的三角形，依次实施下面的操作。

① 如果三角形朝向光源，分别将它的三条边加入到堆栈中。

② 对每条边，在堆栈中检查是否存在它的对偶边。

③ 如果已经存在，则将这两条边都删除。

确定遮挡体的轮廓是实现模板阴影体算法中代价最高的两项操作之一。另一项操作是打开模板缓冲功能的两步阴影体绘制。因此它们是游戏编程中最需要优化的部分。

（4）有限和无限阴影体

边可以延伸至有限距离，也可以具有无限长度。将轮廓边延伸到无限远得到的阴影体通常称为无限阴影体。当光源非常接近某个遮挡体时，如果采用有限阴影体，可能出现阴影体与被遮挡物体不相交的情况，从而使算法失效。无限阴影体将阴影体几何延伸到无穷远，解决了有限阴影体的覆盖问题，但是也产生了新的问题。设想在一款第一人称射击游戏中，两个玩家在一间地牢的两个相临的房间中漫游，房间由一道实心砖墙相隔。其中一个房间有一盏桌灯，它在砖墙上形成了一个玩家的阴影。如果使用无限阴影体，另一个房间中的玩家将看到这个阴影，因而实心的砖墙变得像是带有“鬼影”的薄纸。这种情况下可以使用墙壁作为遮挡体，利用遮挡剔除算法来剔除玩家的身影。另一种更糟糕的情况是，相机同时看到遮挡体与遮挡体在地表的另一侧产生的阴影，这种情况在飞行模拟器或空战游戏中经常出现，如图 5-9 所示。为了同时避免有限阴影体的覆盖问题与无限阴影体的鬼影问题，通常的解决办法是在场景中对光源及遮挡体的位置添加约束。如果能保证场景中的遮挡体永远不会太接近光源，就可以正确地估计阴影体需要延伸的最大距离，即有限阴影体的适当长度。

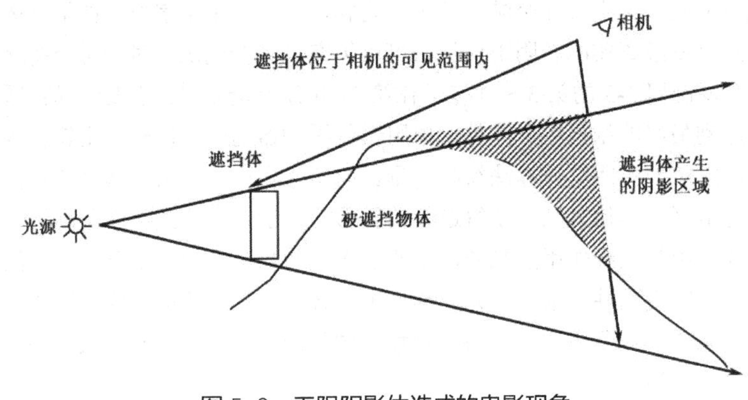

图 5-9　无限阴影体造成的鬼影现象

（5）视域裁剪

视域四棱锥通过定义近裁剪与远裁剪距离来创建近裁剪平面和远裁剪平面。当阴影体与近裁剪平面相交的时候，部分阴影体将被裁剪掉，如图 5-10 所示的点状填充区域。其后果是，由于模板测试失效，斜线状填充区域的阴影判断将出现错误。通过调整近裁剪平面距离可以避免阴影体被裁剪，但将严重影响深度缓冲的精度，从而对其他任何使用深度缓存的操作造成负面影响。

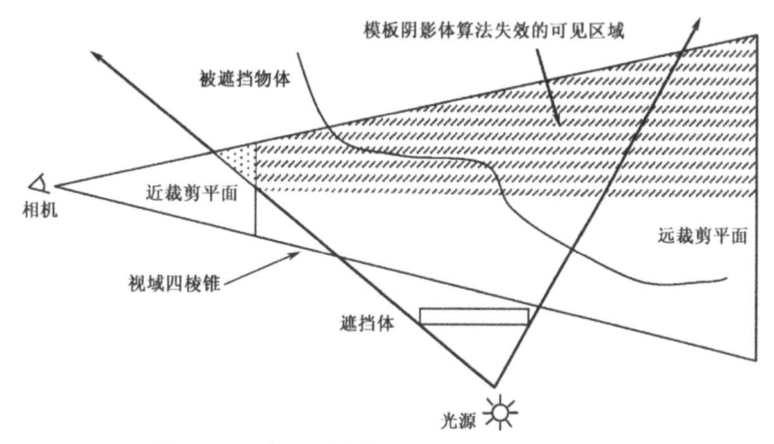

图 5-10　由于视域裁剪带来阴影体算法的失效

问题的实质是近平面裁剪造成了阴影体不封闭，一种实用的解决办法是将阴影体中被裁剪掉的朝向视点的面投影，在近裁剪平面中形成替代的封闭阴影体。下面分两种情况进行分析。第一种情况是遮挡体轮廓的所有顶点都位于视域四棱锥内部，此时对遮挡体轮廓的所有朝向视点的面生成一个四边形包围盒，然后将该四边形作为阴影体的前向面投影到近裁剪平面。第二种情况是阴影体的部分顶点位于视域四棱锥内部，这时需要计算视域四棱锥与阴影体的交点，获得封闭的阴影体的朝向视点的顶点。这个方法的缺点仍然是深度值的精度问题，也就是说，由于深度缓冲的精度误差，近裁剪平面仍然有可能裁剪掉那些用来形成封闭阴影体的新顶点。为了解决这一问题，人们又提出了一种方法，即在视点和近裁剪平面上建立一个深度差。通常，场景的远、近裁剪距离设置为 1.0、0.1，如果在绘制阴影体时设置深度范围为[0.0, 1.0]，并将新形成的阴影体顶点投影在深度值为 0.05 的平面上，这样就减少了深度判断误差。然而，这种方法经常会出现裂缝或“洞”的错误。到目前为止，近裁剪平面的问题还没有完美的解决方案。

（6）模板阴影体算法总结

图 5-11　基于模板阴影体算法的简单场景

当遮挡物体相对简单时，阴影体算法非常有效，如图 5-11 所示。对于复杂的遮挡物体，由于多边形过多，使得阴影体的计算格外耗时。由于模板缓冲器的计数与视点是否位于阴影体内外有关，需要耗费一定的时间判断视点与阴影体的位置关系。阴影体算法的另一个问题是模板缓冲器的精度问题。如果阴影体足够复杂，即前向面的个数小于背向面的个数时，模板值可能变负。克服这个问题的办法是人为修改零值点。例如，对于 8 位的模板缓冲器，可以选择 128 为零值，从而例程 5-3 的第 5 步和第 10 步的参考值变为 128。当然，当视点位于阴影体时，第 5 步的初始值应该设为 129。阴影体算法成败与否，还与所采用的阴影体的几何表示精确性和图形引擎绘制相邻多边形的精度有关。如果几何模型上存在“洞”或者双重绘制相邻的两条边界，模板值会出现错误，从而生成不正确的阴影。

将其他阴影技术与阴影体相结合有助于获得更高质量的阴影效果。例如，可以首先使用阴影体来生成阴影，然后用平面投影法根据遮挡体与阴影的距离使阴影逐渐变淡。

5.2.3 阴影图

阴影图是一个预计算的纹理，保留了光源的各发射方向上与场景物体的最近距离。在绘制时，计算当前视点下的可见部分与光源的距离，并与相应方向上阴影图保留的距离进行比较，如果前者大于后者，则说明可见点与光源之间存在一个遮挡点，因而位于阴影中。

阴影图技术分为两个步骤：

① 建立光源局部坐标系，并以光源为中心生成立方体，然后以光源为视点，分别以立方体的6个面为成像平面绘制场景。每次绘制时打开深度缓冲功能，以计算各方向上最近点的距离。距离越小，说明场景与光源越近。深度缓冲器中记录的值可以保留在立方体纹理中，从而完成阴影图的构造。

② 以视点为中心绘制场景。对于成像屏幕的每个可见点，将它投影到立方体表面上，并将阴影图的对应位置保留的值与它到光源的距离（称为光源深度）进行比较，判断它与光源之间的可见性。图5-12显示了阴影图算法的大致思想，其中遮挡物体A比被遮挡物体B更靠近光源，因此在阴影图上保留的是A到光源的距离。在场景绘制时，比较B到光源的距离与阴影图保留的值，从而判断出B位于A的阴影区域。在OpenGL中，可以利用投影纹理和OpenGL扩展函数SGIX_shadow()实现阴影图与场景物体的深度比较。Direct3D也提供了类似的函数。

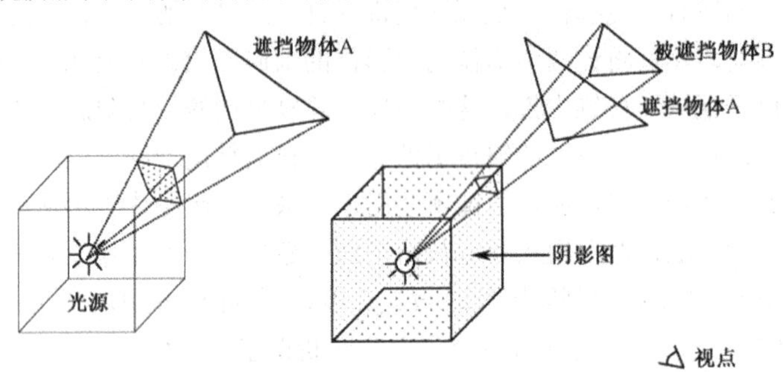

图5-12 阴影图算法示意（点画部分表示阴影图）

阴影图算法本质上是一个图像空间的算法，将场景物体的三维遮挡关系转化为二维离散的深度比较。阴影图算法的效率由阴影图的分辨率决定，与遮挡物体的场景复杂度无关。静态光源和静态场景的阴影图可以预先计算，并在视点改变时反复使用。同样，阴影图的分辨率决定了算法的精度，由于图像的离散实质，不可避免地带来走样现象。解决办法有如下4种。

① 模糊阴影结果：在第二步的比较之后对阴影结果进行低通滤波，即加权平均相邻的4个像素的阴影值，这样可以避免尖锐的阴影边界。

② 增加阴影图的分辨率：图形引擎提供的render-to-texture（绘制到纹理，也称为P-缓冲器）功能可以生成高于成像屏幕分辨率的纹理。这样可以保留高分辨率的阴影图。

③ 根据场景到视点的距离，将场景划分为几个区域，不同区域采用不同分辨率的阴影图，从而保证离视点近的地方使用的是高分辨率的阴影图，从而减小走样。

④ 抖动阴影图纹理：对光源位置进行抖动，生成多帧阴影图纹理。场景可见点的光源深度与各帧阴影图进行比较，其结果再进行平均，导致相对光滑的阴影边界。

⑤ 改变可见点的光源深度：将可见点的光源深度稍微改小，等价于靠近光源。这将避免由于采样

精度受限所带来的弯曲物体的自身阴影。

阴影图具有计算简单、快速的特点，因此在游戏中获得了广泛应用，也衍生出一系列阴影计算的方法。

5.2.4 软影生成

阴影图计算考虑的是点光源，因此产生了尖锐和明显的阴影边界。现实生活中不存在完全意义上的点光源，更多时候人们看到的是软阴影。发生日食的时候，地球上会有三片区域：无影区、半影区、本影区。身处无影区中的人们能很好地看到完整的太阳，处于本影区中的人们完全看不到太阳，处于半影区中的人们能看到一部分太阳。而在上面的阴影算法介绍中，光源都是以一个点表示，这个点是无穷小的，我们要么能看到那个点发出的光线，要么就是完全看不到，因此没办法模拟日食中的半影区的光照情况。为了实现这个效果，Soft Shadow（软影）技术应运而生。

早期的软影生成是直接将面光源用很多个点光源来近似。例如，通过对发光物体（比如透过窗口入射的大片光源）进行二维分割，每个分割所得小区块分配一个点光源，再进行阴影计算来达到软影的效果。但是这样做的缺陷显而易见：如果采样数不足，半影区的区块现象就会很明显。此外，为了模拟软阴影边界，可以采用抖动光源位置并加权平均每次抖动的结果，可以获得真正的阴影和伪影效果。光源的抖动模式应当是不规则的，这样使得阴影更自然。对多个独立的光源也可以采用累积缓冲技术，获得逼真的光影效果。基于这样的观察，软影绘制最重要的是模拟半影区域，半影区域呈现的又是无影区到本影区的阴影颜色过渡。因此，可以通过对有阴影图进行滤波，从而获得具有模糊效果的半影区域。下面就介绍一种利用阴影图对半影区域进行滤波计算的软影绘制方法：基于遮挡比例的软影算法（Percentage-Closer Soft Shadows）。

基于遮挡比例的软影算法基于 5.2.3 节介绍的阴影图方法，并进一步在上面叠加，根据遮挡体位置，在阴影图上做自适应滤波计算，从而生成具有模糊边界的软影效果。该算法与阴影图算法一样，主要有两个步骤：第一步选择面光源的中心点作为点光源点，生成一张阴影图；第二个步骤则是以视点为中心绘制场景，对于成像屏幕的每个可见点，利用生成的阴影图计算其阴影颜色，又包含 3 步。

（1）搜索遮挡体

首先，计算潜在遮挡这个可见点的遮挡体范围，这可以通过以成像屏幕的可见点为中心，阴影图为投影面，将面光源投影到阴影图上得到。其次，得到潜在遮挡体范围后，搜索阴影图上这个范围内存储的深度值并与可见点的深度相比较，只有深度比可见点深度小的才被认为是遮挡体（与点光源阴影图的计算是类似的）。最后，将所有遮挡可视点的深度值取平均，从而构建一个假设的遮挡面，这个遮挡面平行于光源，且位于平均深度位置。

（2）根据假设的平均深度遮挡面，计算半影影响范围

$$w_{\text{penumbra}} = \frac{p_z^s - z_{\text{avg}}}{z_{\text{avg}}} w_{\text{light}}$$

其中，w_{penumbra} 是半影影响范围，p_z^s 为可见点到光源的距离，z_{avg} 为由第一步计算得到的平均深度值，w_{light} 为光源的大小。

（3）计算可见点被遮挡的比例

得到半影影响范围后，以可见点在阴影图上的投影点为原点，以 w_{penumbra} 为搜索范围，计算可

见点被遮挡的比例，则根据被遮挡的比例计算阴影的颜色。本步可采用遮挡比例滤波（Percentage-Closer Filtering）来实现。PCF 滤波现已被显示硬件所支持，因此可以直接调用硬件实现。

图 5-13 示意了基于遮挡比例的软影算法的步骤和绘制结果。可以看到，半影区是随着遮挡体深度变化的，这使得基于遮挡比例的软影算法比单纯地采用对阴影边界进行滤波的算法更接近真实的软影。

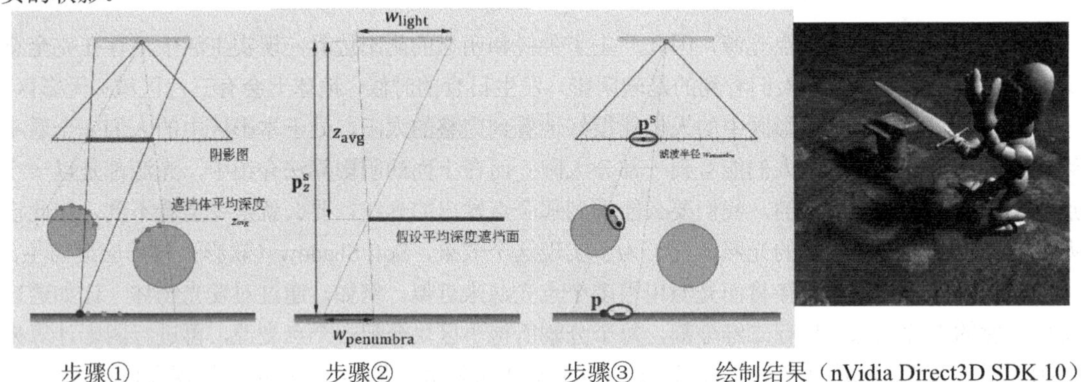

步骤①　　步骤②　　步骤③　　绘制结果（nVidia Direct3D SDK 10）

图 5-13　基于遮挡比例的软影算法

5.2.5　Ambient Occlusion

Ambient Occlusion（环境光遮蔽）是一种较新的阴影绘图技术，主要用来描绘物体之间相交或靠近的时候遮挡周围漫反射光线的效果。近年随着电影工业和游戏产业的发展，该技术得到了越来越广泛的应用。Ambient Occlusion 最早是在 2002 年由 ILM（Industrial Light & Magic，光魔电影特效公司）的工程师 Hayden Landis 发明，初衷是为了让电影《珍珠港》里面的光影效果更有质感和层次感。随着电影的上映，Landis 在 2002 年的 SIGGRAPH 了发表相关技术的论文。Ambient Occlusion（AO）可以改善画面细节尤其是阴影暗部，增加空间的层次感，加强画面的明暗对比。

前面介绍的对于阴影的计算处理的往往是点光源或方向光源，也就是说，整个计算光线的流程是从点光源或方向光源沿着某个方向发出光线，该光线通过物体反射到摄像机，从而完成光照计算。在这种光源假设下，只需考虑点光源或方向光源造成的阴影。然而在真实环境中，存在面光源、环境光，照亮场景的光可能来自各方向。要模拟这些光源产生的阴影，阴影体和阴影图算法就无法适用了，如果真实地模拟这些光源带来的阴影，如光线跟踪方法，往往需要花费大量的时间，无法应用到当前的游戏实时绘制中。Ambient Occlusion 技术就是在这个背景下诞生的，是模拟来自四面八方的环境光照下的阴影效果，其实现方式则并不完全遵循物理定律，但是执行效率较高，因此目前被越来越广泛地应用。

Ambient Occlusion 的原理其实并不复杂，假设我们知道场景中所有物体模型的信息，包括顶点位置、法向量等，最简单的计算步骤如下：

① 对可见的顶点计算法向量。

② 以计算得到的法向量为中心轴，射出数条追踪线，计算追踪线是否碰到其他三角形并计数。

③ 假设共有 N 条追踪线，其中有 M 条碰到了其他三角形，则未遮蔽率 $A=(N-M)/N$。

④ 将未遮蔽率乘上颜色就能实现环境遮蔽的效果了。

从上述步骤可以看出，Ambient Occlusion 方法并不考虑入射光的方向（这也是该方法 Ambient 一词的来历），而是假设入射光是照亮到可见顶点的整个上半球的，通过计算可见顶点的上半球被遮挡比例来对入射光强度做相应衰减。

上述方法进行计算场景中的 AO 值能够取得不错的效果，但也有缺点，比如，虽然上述方法相对于逐方向地计算遮挡节省了很多资源，但计算代价仍然很大，同时对场景依赖性较大，且需要较多的预处理操作。为了进一步提高 AO 效能，很多游戏公司研发了不少技术。Crytek 在开发《孤岛危机》的时候为其应用了一项新技术 Real-Time Ambient Map（实时环境光照贴图），基于屏幕空间，主要用着色器来进行实现，因此很好地利用了显卡的特性，计算 AO 的复杂度和原始场景无关，只与渲染需求的图形分辨率有关。该算法主要进行以下几点操作：

① 在每个渲染流程中首先得到当前视点下的深度图与法向图，并作为可以访问的纹理进行存储。

② 像素着色器中：在当前的像素周围进行采样得到采样点，并还原这些采样点在 3D 空间中的坐标位置。

③ 读取采样点映射到 2D 光栅投影空间中的纹理坐标，并访问相应位置上的深度值和法向值。

④ 比较各采样点所对应的深度值与场景投影的深度图相应点上的深度值间的关系，以便确定当前采样点所对应的可见函数。

⑤ 对所有采样点对应的可见函数进行累计，即可得到当前像素点所对应的 AO 值。

AO 技术通过较合理的硬件资源消耗取得了惊人的图形效果，最后在 CryEngine2 引擎技术白皮书中将这项技术命名为 SSAO（Screen Space Ambient Occlusion，基于屏幕空间的 AO 方法）。自此，SSAO 作为一种 AO 的简化算法开始在游戏引擎中渐渐普及了。图 5-14 左图为标准 shading 结果，没有 AO 效果，中图为添加 AO 后的效果图，右图为只计算 AO 的结果

图 5-14　AO 绘制效果

5.3　镜头特效模拟

5.3.1　透镜光晕

透镜光晕（Lens Flare），是一种非人为的效果，主要是由于光线穿过照相机中的透镜时，在一组透镜中经过内部一系列的反射和折射而形成的。在日常生活中，由于照相机透镜的固有属性，透镜光晕的效果时常出现在拍摄的照片中。透镜光晕是一种很有趣的效果，有时人们会有意识地在拍摄照片时通过调整角度和镜头来制造这种效果。比如，在拍摄照片和电影时为了增加戏剧性和真实性，通常故意为之。由于镜头光晕这种表现力，在游戏设计中也时常会实现这种效果，从而使得游戏场景更真实、有趣。

光晕的产生有两个原因：① 光晕由镜头可见范围内的光源产生，如图 5-15（左）所示；② 光晕由镜头可见范围外的光源产生，生成的光晕往往是朦胧的阴霾，如 5-15（右）所示。

图 5-15 镜头光晕

实现镜头光晕效果的方法通常有 3 种。

① 光线跟踪。光线跟踪的方法很直接，利用物理学上的折射定律和反射定律，从视点出发跟踪光线在透镜中的折射、反射路径，从而计算视点所见到的光强度。这种方法产生的光晕效果比其他方法产生的更真实，但是计算量很大，通常无法实时地生成，因而在进行游戏设计的时候通常不采用这种方式。但是随着硬件性能的不断提升，以及对高品质效果的不断追求，这种方法则是未来的趋势之一。

② 光子映射（Photon Mapping）。光子映射的方法需要进行大量的采样，但是最终取得的效果不如光线跟踪。

③ 纹理映射模拟。采用纹理映射模拟是游戏里常用的一种快速绘制方法。不同的游戏有不同的实现方法，下面介绍一种基本的实现方法。基本思路是把光晕分解为两类组成元素，其一是光晕的主要部分，它控制光晕的形状，可大致分为 4 类，如图 5-16 所示。

(a) 放射型

(b) 环型
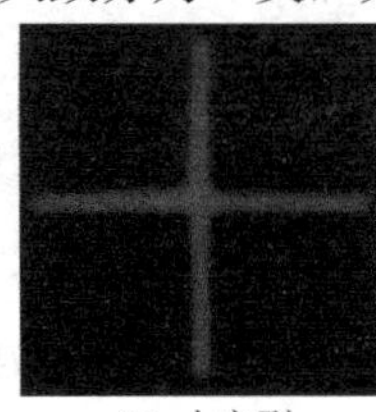
(c) 十字型

(d) 光束型

(e) 四者的合成

图 5-16 光晕形状的构成

其二是光晕的细节部分，它们通常表现为各种小尺寸透明的圆圈或者圆盘。圆盘的颜色可以逐渐变化。为了生成这类圆圈，通常可以定义具有不同颜色的外环和内环，然后在两者之间进行光滑过渡，如图 5-17(a)所示。

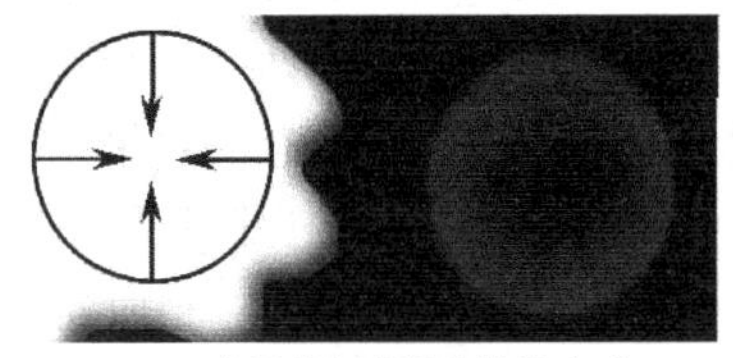
(a) 光晕的细节部分构造方式
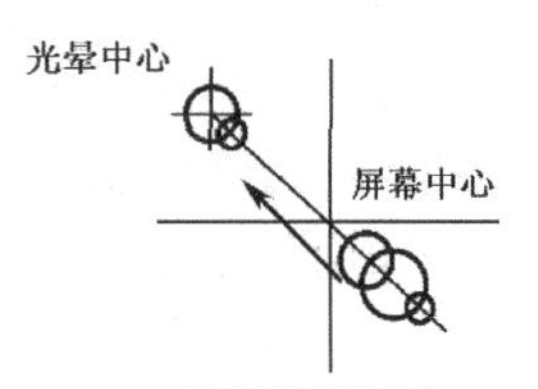

(b) 光晕的生产方法

图 5-17 光晕的细节

生成光晕的方法是沿光源中心到屏幕中心的连线排列光晕的素材（包括主要部分和细节部分），如图 5-17(b)所示。这些图像的中心位于连线上，尺寸可以根据需要变化，它们在屏幕上进行透明度融合操作，生成最终的光晕效果。图 5-18 是典型的光晕例子。

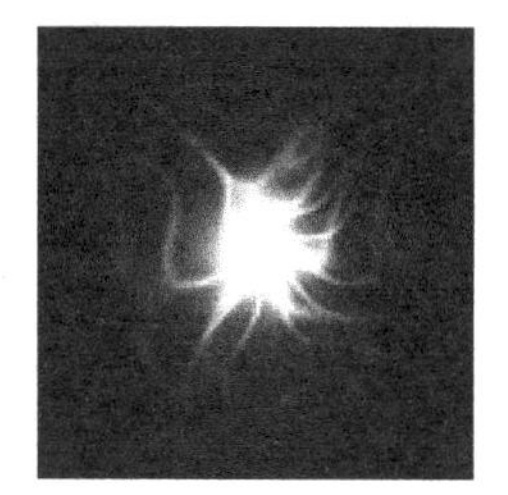

图 5-18　光晕实例

5.3.2　运动模糊和域深

运动模糊模拟了相机在场景中快速运动时的朦胧效果，如图 5-19（左）所示，可以在一个高速的动画序列中极大地提高真实感。运动模糊的模拟非常简单，采用的方法是多次绘制拟产生运动模糊效果的物体，每次绘制时递增改变它的位置或旋转角度，并在累积缓冲器中加权平均每次的绘制结果。朦胧的程度与绘制的次数和累积方式有关。

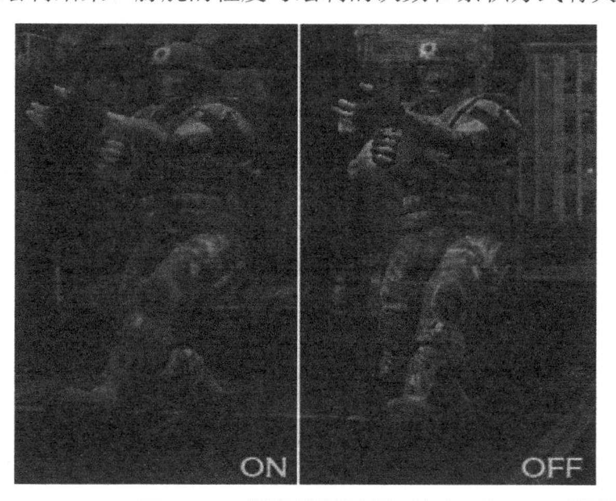

图 5-19　运动模糊效果（左）（Unreal 引擎绘制结果）及域深效果（右）

游戏引擎中采用的相机模型是针孔模型，即透视投影模型。由于真实世界的透镜的成像面积有限，因此只能聚焦场景中有限深度范围的物体。这个范围之外的物体会逐渐变得模糊，即域深效果，如图 5-19（右）所示。域深能用来提示玩家与物体的远近关系，因此在第一人称视角游戏中经常会用到。为了模拟域深效果，可以将相机的位置和视角方向进行多次微小的抖动，每次绘制的结果在累积缓冲器中加权平均。两者的抖动保持步调一致，使得相机的聚焦点保持不变。

5.3.3　色调映射

色调映射（Tone Mapping）就是将自然状态下场景中的光强分布，通过某种衰减的方法，映射到显示设备能够表达的范围内进行显示的一种技术，如保存自然状态下场景中的光强分布的数据格式——高动态范围图像（HDR）。高动态范围图像有着比传统图像更广的亮度范围和更大的亮度数据存储。因而所谓的色调映射实质上是将高动态范围图像通过合理的动态域压缩，从而能够在显示设备上获得更好的图像显示质量的技术。所谓高动态范围，是指环境中光照亮度级的最大值和最小值之比。色调映射的提出主要有以下原因：第一，现实场景中的光照能量范围和显示设备的范围不同；第二，现实场景和显示设备的视觉状态完全不同；第三，为了重现现实场景的景象，必须要模拟复杂的人类视觉行为。

色调映射最初应用在摄影领域。由于人类视觉系统和显示设备可以接受的亮度动态范围相差很大，并且观察现实场景和观察显示设备的视觉感受不同，因此需要一种技术实现将现实世界的信息转换为显示设备的信息。而在游戏中，随着高动态范围光照的引入，人们也需要一种将绘制计算得到的高动态范围图像转化为显示器上低动态范围图像的方法。

色调映射要解决的问题是进行大幅度的对比度衰减将场景亮度变换到可以显示的范围，并保持图像细节与颜色等对于表现原始场景非常重要的信息。判断色调映射是否可靠的标准有两个：

① 重现现实世界观察者的可见性。当看到与现实世界一样的细节时，现实世界的可见性就能被重现。换句话说，不能够出现因为曝光不足或者过度曝光而导致无法看清的对象，同时正常曝光对象的特征不能丢失。

② 重现现实世界观察者的主观感受。能够重现观察者的主观感受，就需要在重现图像的时候能够完美地重现它的亮度、对比度和颜色。

色调映射方法根据处理方式的不同，可分为 3 类。

1. 全局算子

全局算子又称为空域不变算子或者色调重构曲线（TRC）。对图像的所有像素应用同一个映射曲线，如最简单的映射就是讲图像的最高和最低亮度值同现实设备的最高和最低值分别对应起来，中间部分用线性插值的方法来获取。对于全局算子的精确定义为：待处理图像的每个点的强度值 Val 都需要被量化，为了将这些强度值映射到一个普通显示设备可以接受的范围。下面是色调重构曲线 TRC 的数学表达：

$$Q(\text{Val}) = [N \times F(\text{Val})]$$

其中，F 是一个函数：

$$F : [\text{Lo}_{\text{Val}}, \text{Hi}_{\text{Val}}] \rightarrow [0,1]$$

其中，Lo_{Val} 和 Hi_{Val} 是场景中像素的低值和高值。简单的 TRC 函数已经很普遍地运用在了计算机图形学领域。这些函数考虑色彩重构，但是往往忽视亮度重构。使用较为广泛的一种 TRC 被称为伽马校正映射：

$$F_{\gamma}(\text{Val}) = \left(\frac{\text{Val}}{\text{Hi}_{\text{Val}}}\right)^{\frac{1}{\gamma}}$$

其中，γ 是[1, 3]内的伽马值。函数中的两个算子被使用：通过 Hi_{Val} 决定将像素点强度线性缩放至[0, 1]之间，之后通过伽马校正，让它们能够得到正确的可视化响应。

下面介绍几种使用非常广泛并且非常优秀的全局算子。

（1）Schlick

可以将任何高动态范围图像的范围压缩到[0, 1]之间，其使用的量化方程为：

$$F_p(\text{Val}) = \frac{p \times \text{Val}}{p \times \text{Val} - \text{Val} + \text{Hi}_{\text{Val}}}$$

其中，p 为[0, +∞]内的任意数字，这种量化过程要将图像中非零的最小亮度点映射到显示设备的最暗的非纯黑灰度值 $Q(\mathrm{Lo}_{\mathrm{Val}})=M$ ，由此可以得到上面公式中的 $p \approx \frac{M}{N} \times \frac{\mathrm{Hi}_{\mathrm{Val}}}{\mathrm{Lo}_{\mathrm{Val}}}$ 。其中，M 值是由人为确定的。

（2）Reinhard

这种算子需要先获取图片整体的平均亮度之后借此对图片的亮度进行修正。计算平均亮度的公式如下：

$$\bar{L}_w = \frac{1}{N}\exp\left(\sum_{x,y}\log(\delta + L_w(x,y))\right)$$

进行亮度修正的公式如下：

$$L(x,y) = \frac{a}{\bar{L}_w} L_w(x,y)$$

在上述操作完毕，只需要通过简单的色调映射方程映射后，再对图像的高亮部分进行一个压缩处理：

$$L_d(x,y) = \frac{L(x,y)}{1+L(x,y)}$$

$$L_d(x,y) = \frac{L(x,y)\left(1+\frac{L(x,y)}{1+L_{\mathrm{white}}^2}\right)}{1+L(x,y)}$$

2. 局部算子

局部算子又称为空域变化算子或者色调重构算子（TRO），其每个像素的映射曲线都是同邻域像素信息相关的，从而使得同一幅图像映射到不同设备上可能得到不同的结果。由于全局算子的所有像素点都被同一个量化公式所量化，这种方式存在很多缺点，因而人们又提出了局部算子的概念。因为人的主观感受并不是同一的，事实上，观察者并不是将一个场景当成一个整体来看待，人的实现会从场景的一个位置转移到另一个位置，对此，针对每个像素点，都需要考虑周围的像素。这些周围的像素会影响眼睛的视觉适应，从而影响眼睛对亮度的感知。因此，针对每个目标像素点，需要计算它的周围的像素点的平均强度。

Schlick 提出的一种局部算子，其中心思想还是基于如下公式：

$$F_p(\mathrm{Val}) = \frac{p \times \mathrm{Val}}{p \times \mathrm{Val} - \mathrm{Val} + \mathrm{Hi}_{\mathrm{Val}}}$$

在此基础上，对每个点的 p 值进行不同的修正。首先，需要获得场景中最亮的点和最暗的非纯黑的点，从而计算这两个值的几何平均数 $\mathrm{Mi}_{\mathrm{Val}} = \sqrt{\mathrm{Lo}_{\mathrm{Val}} \times \mathrm{Hi}_{\mathrm{Val}}}$ 。针对每个点，都需要获取它周边的一些点的平均亮度用于计算亮度的平均值 $\mathrm{Zo}_{\mathrm{Val}}$，这样可以对上面公式中的 p 值做如下调整：

$$p = p\left(1-k+k\frac{\mathrm{Zo}_{\mathrm{Val}}}{\mathrm{Mi}_{\mathrm{Val}}}\right)$$

其中，k 的值通常是人为设定的，一般可以取 0.5。这种局部算子的特点是考虑了每个点的周边像素，因此在处理的结果上可以使得原本暗的地方的 p 值变得更小，亮度则更暗，原本亮的地方也会变得更亮。因此，这种处理方式会使得图片的对比度有明显提升，但是也会丢失一些细节。

另一种比较常见的局部算子是 Ashikhmin 提出的结合了人类视觉阈函数的局部算子，其表达如下：

$$C(L)=\begin{cases}L/0.0014 & L<0.0034\\ 2.4483+\log(L/0.0034)/0.4027 & 0.0034<L<1\\ 16.5630+(L-1)/0.4027 & 1<L<7.2444\\ 32.0693+\log(L/7.2444)/0.0556 & \text{其他}\end{cases}$$

并且通过函数 $C(L)$得出色调映射函数：

$$\mathrm{TM}(L)=L_{\mathrm{d}_{\max}}\frac{C(L_{\mathrm{rw}})-C(L_{\mathrm{rw}_{\min}})}{C(L_{\mathrm{rw}_{\max}})-C(L_{\mathrm{rw}_{\min}})}$$

最终对每个像素点，结合它的周边的像素点的平均亮度 $L_{\mathrm{rwa}}(x,y)$，就可以对其进行压缩：

$$L_{\mathrm{d}}(x,y)=\mathrm{TM}(L_{\mathrm{rwa}}(x,y))+\frac{\mathrm{TVI}(\mathrm{TM}(L_{\mathrm{rwa}}(x,y)))}{\mathrm{TVI}(L_{\mathrm{rwa}}(x,y))}(L_{\mathrm{rw}}(x,y)-L_{\mathrm{rwa}}(x,y))$$

这种局部算子的优点在于，它能够对明亮和黑暗非常明显的图片进行完美的处理，将场景的明亮部分变暗，同时将场景的黑暗部分变得明亮，虽然会使得整张图片的明暗变得不明显，却可以体现本来无法体现的细节。由于大量的对数计算以及局部算子本身的局限性，其运行速度也非常低下。它的缺点在于，处理整张图片的亮度都会非常亮，并且在处理不太存在暗点的图像时，其结果会非常糟糕。

（3）混合全局与局部算子框架

这种方法能结合全局算子和局部算子各自的优势，从而获得较好的图像映射效果，但增加了实现难度。

图 5-20 的左图为未使用 Tone Mapping，中图为使用 Tone Mapping 的效果，右图为使用 Tone Mapping 和 Gamma 的效果。

图 5-20　使用 Tone Mapping 的效果比较（由 Unreal Engine 绘制）

5.4　相互辉映计算与全局光照明

在常规的三维游戏中，屏幕（或者称为摄像机）的位置接收的光照基本是按如下顺序获得的：光源→物体反射→摄像机，极少考虑多次反射或者折射的情况以及其他光线定律，这也造成了就算模型、贴图精度非常高但是虚拟世界给人的感觉总是不那么真实的重要原因。例如，游戏世界中白天的天花板如果不进行特殊加工就会是一块黑板，因为在直接光照世界中几乎不可能有太阳光能够到达天花板。而在现实世界中，一个物体表面收到的绝大多数入射光都是来自其他物体的反射，因此我们才能清楚地看到室内的屋顶等一系列阳光没有直射的地方。在这个背景下，为了进一步增强游戏中的光影效果，相互辉映的效果被引入到三维游戏引擎中。在图形学中，计算如相互辉映、多次折射反射等具有全局光照效果的方法被称为全局光照（Global illumination）算法。

全局光照算法的目的是模拟现实中的光能传输及其相应的视觉效果，即正确地计算虚拟场景中物体间的辐射传输并得到每个像素上的颜色值。回顾一下前面提到的绘制方程：

$$L(\mathbf{x},\omega_o)=L_e(\mathbf{x},\omega_o)+\int L_i(x,\omega)f(\mathbf{x},\omega,\omega_o)(n\times\omega)\mathrm{d}\omega$$

其中，$L(\mathbf{x},\omega_o)$是物体表面的一点 $\boldsymbol{x}$ 处在 ω_o 方向上的出射光，$L_e(\mathbf{x},\omega_o)$为 $\mathbf{x}$ 在 ω_o 方向的自发光，Ω 代表了整个球面的立体角，$L_i(\mathbf{x},\omega_o)$为沿着 ω 方向进入 $\mathbf{x}$ 入射光。$f(\mathbf{x}, \omega, \omega_o)$是 $\mathbf{x}$ 处的 BRDF 函数，n 为表面法向，$n\omega$ 由朗伯余弦定律所得，反映了入射光在 $\mathbf{x}$ 切平面上的投影面积随入射角的变化。

当光线在场景中多次反射、折射传递时，计算该绘制方程的一种常用方法是将其做 Neumann 展开：

$$L(\mathbf{x},\omega_o)=L_0(\mathbf{x},\omega_o)+L_1(\mathbf{x},\omega_o)+L_2(\mathbf{x},\omega_o)+\cdots$$

其中，$L_i(\boldsymbol{x}, \omega_0)$可以由 $L_{i-1}(\boldsymbol{x}, \omega_0)$递推得到：

$$L_i(\mathbf{x},\omega_o)=\int_{\Omega_{4\pi}}L_{i-1}(x,\omega)f(\mathrm{x},\omega,\omega_o)(n\times\omega)\mathrm{d}\omega$$

$$L_0(\mathbf{x},\omega_o)=\int_{\Omega_{4\pi}}L_e(x,\omega)f(\mathrm{x},\omega,\omega_o)(n\times\omega)\mathrm{d}\omega$$

从物理上讲，$L_0(\mathbf{x}, \omega_0)$为直接光照所对应的出射光，$L_i(\mathbf{x}, \omega_0)$为光线反射 i 次后进入 $\mathbf{x}$ 所对应的出射光。从上式可以看出，对于一个确定的场景，固定表面材质函数，那么所有 $L_i(\mathbf{x}, \omega_0)$ 都可以直接或间接地从 $L_0(\mathbf{x}, \omega_0)$计算得到。如果将场景分为很多小面元，再利用光是线性可加的，那么绘制方程可以用矩阵乘法表示为：

$$L=\sum_{i=0}^{\infty}L_i=\sum_{i=0}^{\infty}\mathbf{T}^iL_0=(1-\mathbf{T})^{-1}L_0=\mathbf{M}L_0$$

其中，L 和 L_0 分别为所有小面元上所有方向（即所有的 $\mathbf{x}$ 和 ω）出射光和入射光排列到一起组成的向量，$\mathbf{T}$ 则记录了各小面元间的光传输关系。

计算绘制方程有很多种方法，如辐射度方法、光线跟踪方法等。但是这些方法的计算代价很高，暂时无法应用到游戏中。下面介绍两种在游戏中已经得到应用的实时全局光照绘制方法，分别针对静态场景与动态场景：预计算辐射传输方法、基于屏幕空间的相互辉映计算方法。

5.4.1 预计算辐射传输方法

为了加速绘制方程的计算，人们提出了基于预计算辐射传输的方法。预计算辐射传输方法的基本思想是，将一些需要重复使用的中间结果存储下来，如果这些数据在计算过程中总是不变的，甚至可以将它们预先计算好，可把计算复杂度分摊到预处理过程中。对于计算全局光照来说，这一方法同样适用。自从 Sloan 等人在 2002 年首次提出这一概念后，之后的几年内先后有数十篇论文不断地完善这一工作，成为绘制领域的一个热点，并被大量应用于游戏中。

所有预计算辐射传输算法都要回答三个问题。首先，要预计算什么，因为预计算的性质决定了其结果必须是绘制时保持不变的数据，所以这一点往往取决于算法设计时的目标，同时决定了算法的性能。其次，如何进行高效预计算，因为过长的预计算时间会影响算法的实用性。最后，预计算的数据以什么形式表达和压缩，这不仅会影响到数据的存储空间，还会影响到绘制时的时间性能。下面将针对这三个问题详细介绍各种预计算辐射传递算法。

根据绘制方程的矩阵形式，一个场景中的出射光是传输矩阵和入射光的函数 $\mathbf{L}=\mathbf{M}L_0$。如果假设场景是静态的，那么就可以预计算 $\mathbf{M}$ 从而在绘制时针对不同的 L_0，只需计算一个矩阵和向量的乘法就可以得到出射光。Sloan 等人在最开始提出预计算辐射传输时，便是基于这一观察。但是即便如此，因为 L_0 需要包含物体表面所有点在所有方向上的入射光，不仅需要大量的空间来存储

矩阵 **M**，同时计算矩阵向量乘法的开销也非常大。针对这一问题，Sloan 等人提出了两个假设：一是假设场景中仅包含一个无穷远处的环境光源，这样就把入射光和物体表面的位置分离开，这一假设也被很多后续的预计算辐射传输算法所继承；二是假设环境光是低频的，可以用一组低频球面谐波（Spherical Harmonics）函数（数个至数十个）来表达。这两个假设大幅度减少了 L_0 和 **M** 的维度，从而降低了矩阵向量乘法的复杂度，因而使绘制过程可以达到实时。因为 L_0 的每个元素是当前环境光投影到某个球面谐波基函数后得到的系数，所以矩阵 **M** 的每列记录的是物体表面对于该基函数的响应。为了得到 **M**，只需将球面谐波基函数依次作为光源，用传统的全局光照明算法绘制场景并计算物体表面的出射光，就可以得到对应的列向量。基本的预计算辐射传输方法分为两个阶段：预计算、实时计算，而在每个阶段又可以分解为如下步骤。

预计算步骤 1：计算光传输矩阵。

① 以某个的球面谐波基函数作为环境光源。

② 对于每个环境光源，遍历场景的每个顶点。

③ 在每个顶点处，采用光线跟踪算法，计算在以当前球面谐波基函数为环境光源下的出射光。该出射光即该点对于该球面谐波基函数的光传输系数。

④ 返回②，利用刚计算得到的物体表面对当前球面谐波基函数的系数，迭代计算多次光线反射带来的物体表面对当前球面谐波基函数的响应。这个步骤可以看成利用 Neumann 展开，计算多次光线反射下的物体表面对当前球面谐波基函数的响应。

⑤ 迭代确定步长后，将每个顶点得到的出射光输出。返回①，计算场景对下一个球面谐波基函数的响应。

⑥ （可选）所有迭代结束后，对每个顶点上存储的球面谐波基函数系数做后处理，如压缩。

预计算步骤 2：计算环境光源的球面谐波基函数逼近。

① 将环境光贴图与每个球面谐波基函数做卷积，得到针对每个球面谐波基函数的系数。

② 将系数输出。

实时计算：

① 计算环境光贴图到场景全局坐标系的旋转角度，计算坐标系转化的旋转矩阵。

② 将预计算的环境光球面谐波系数进行旋转，将其转到场景的全局坐标系中。

③ 遍历每个顶点，在每个顶点上将环境光球面谐波系数与该顶点存储的光传输系数相乘，得到最终的出射颜色。这一步可在顶点着色器（vertex shader）中实现。

在基本的预计算辐射传输方法基础上，人们又提出了很多改进方法。Sloan 提出的低频光源假设虽然能有效地减低数据维度，但是舍弃了很多高频光照效果。因为渲染方程是入射光、BRDF 和可见性函数三项乘积的积分，所以当入射光被限制在低频时，BRDF 和可见性函数的高频分量也被截断，从而无法体现如镜面反射、硬阴影边界等高频效果。为解决这一问题，Ng 等人在 2003 年提出了基于 Haar 小波函数的方法。与球面谐波基函数不同，高频的 Haar 小波函数具有局部的支撑域，因而在光源的低频部分其投影系数的绝对值接近于 0。在抛弃这些分量后，绘制时只需要计算一个稀疏向量与稀疏矩阵的乘积，达到交互级的帧率。该方法的缺陷是，为了利用 Haar 小波函数的正交性，必须将入射光、BRDF 和可见性函数三项乘积简化为两项的乘积。Ng 在文中给出了两个方案，一是只支持漫反射材质，二是固定视点。两者都是为了将 BRDF 从出射角度分离出来，从而可以与可见性函数相乘后进行预计算。

图 5-21 是基于球面谐波函数（左，引自 Sloan 2002 年论文）和 Haar 小波函数的 PRT 绘制结果（右，引自 Ng 的 2003 年论文）。

图 5-21　基于球面谐波的 PRT 结果（左）、基于 Haar 小波的 PRT 结果（右）

除了球面谐波函数和 Haar 小波函数，人们也提出了其他多种球面基函数应用于预计算辐射传输方法中，如球面径向基函数，分片线性函数等等。在实际游戏中，则根据具体的需要与场景的特性，选择不同的基函数加以应用。

5.4.2　基于屏幕空间的相互辉映计算方法

5.4.1 节对传输矩阵进行预计算的最大限制在于其值依赖于物体间的相对关系，一旦这个关系动态改变了，那么整个矩阵就需要重新计算。但是对于完全动态的场景，每帧的内容都可以是全新的，无法找出其中的不变量来预计算，虽然目前预计算辐射传输方法可以应用到一些动态场景中，但是或多或少都会对场景自由度作出一些限制。其中最常见的假设是刚体运动，即物体无法进行自由形变，只能进行平移和旋转等刚体变换。

为了实现全动态场景，不依赖任何预计算过程的相互辉映计算，人们开展了一系列研究，取得了一系列成果。基于屏幕空间的相互辉映计算方法就是一个不依赖于预计算的实时方法（如图 5-22 所示）。该方法采用了与之前介绍的基于屏幕空间的 AO 方法类似的假设和计算过程，即只考虑屏幕可视空间范围内场景之间的相互辉映，从而使得相互辉映计算的复杂度和原始场景无关，只与渲染需求的图形分辨率有关。该算法主要的流程与基于屏幕空间的 AO 方法类似，具体步骤如下：

图 5-22　基于屏幕空间的相互辉映计算方法结果（引自 Ritschel 2009 年论文）

① 用完整的渲染流程计算当前视点下场景在光源下的直接光照效果，并将获得颜色与当前视点下的深度图和法向图，作为可以访问的纹理进行存储。

② 在像素着色器中进行计算：在当前的像素周围进行采样得到采样点，并还原这些采样点在三维空间中的坐标位置。

③ 读取采样点映射到二维光栅投影空间中的纹理坐标，并访问相应位置上的直接光照颜色值、深度值与法向值。

④ 比较各采样点对应的深度值与场景投影的深度图相应点上的深度值间的关系，以便确定当前采样点所对应的可见函数，如果可见，则将得到采样点上的直接光照颜色累加到像素的出射颜色上。

⑤ 将所有采样点的直接光照颜色累加后输出。

小　结

本章主要介绍三维游戏的特效绘制技术，主要包括基于过程式的绘制与建模技术、阴影计算、镜头特效、全局光照等技术。这些效果在当前新一代的游戏引擎中都被广泛采用。需要注意的是，随着技术的进步，很多传统上生成特效的方法，逐步被新的方法替代，原来是通过简化逼近等手段实现的特效，也随着硬件计算速度的提高而被可生成更为真实的效果的特效方法所取代。

习 题 5

1．利用球面映射实现 OGRE 中的天空盒特效，并添加动态的云层生成特效。

2．利用粒子系统实现简单的喷泉特效。

3．基于 OGRE 生成运动模糊和域深特效。

4．利用 OGRE 实现多个光源下的 Shadow Map 技术，描述 Shadow Map 技术的优缺点。采用图像滤波技术实现伪软影效果。

5．利用 DirectX 提供的预计算辐射传输的 API，实现一个简单场景在环境贴图下的光照效果。

参考文献

[1] Wolfgang F. Engel. Amir Geva and Andre LaMothe, Beginning Direct3D Game Programming. Prima Publishing, 2001.

[2] Daniel Sánchez-Crespo Dalmau. Core Techniques and Algorithms in Game Programming. New Riders Publishing, 2003.

[3] Peter Walsh. Advanced 3D Game Programming with DirectX 9.0. Wordware Publishing, 2003.

[4] Tomas Akenine-Möller, Eric Haines. Real-time rendering(2nd edition) . A.K. Peters Ltd., 2003.

[5] DirectX 9.0 SDK. Microsoft Coperation, 2003.

[6] http://www.ati.com.

[7] http://www.nvidia.com

[8] http://www.gameres.com

[9] http://www.gamedev.net

[10] http://www.gamasutra.com/

[11] http://www.flipcode.com

[12] McReynolds, Tom, David Blythe, Brad Grantham, and Scott Nelson. SIGGRAPH 99 Advanced Graphics Programming Techniques Using OpenGL course notes, 1999

[13] Harris, Mark J. and Anselmo Lastra. Real-Time Cloud Rendering. Proceedings of Eurographics, 2001(Vol.

20, No.3): 76-84.

[14] Meyer, Alexandre, Fabrice Neyret, and Pierre Poulin. Interactive Rendering of Trees with Shading and Shadows. 12th Eurographics Workshop on Rendering, June 2001:182-195.

[15] Reeves, William T. Particle Systems A Technique for Modeling a Class of Fuzzy Objects. Computer Graphics, Vol. 17, No. 3 (1983): 359-376.

[16] Reeves, William T. Approximate and Probabilistic Algorithms for Shading and Rendering Structured Particles Systems. Computer Graphics, Vol. 19, No. 3 (1985): 313-322.

[17] Oliveira M., Bishop G., and McAllister D. Relief Texture Mapping. ACM Transactions on Graphics, Volume 19, Issue3, July 2000.

[18] Lifeng Wang, Xi Wang, Xin Tong, Stephen Lin, Shimin Hu, Baining Guo, Heung-Yeung Shum. View Dependent Displacement Mapping. ACM Transactions on Graphics, Volume 22, Issue 3, July 2003.

[19] Peter-Pike J. Sloan Michael F. Cohen. Interactive Horizon Mapping. Eurographics Rendering Workshop, June, 2000

[20] Terry Welsh. Parallax Mapping with Offset Limiting: A Per-Pixel Approximation of Uneven Surfaces. Infiscape Corporation, January 18, 2004

[21] Cass Everitt and Mark Kilgard. http://developer.nvidia.com/docs/IO/2585/ATT/RobustShadow Volumes.pdf.

[22] Peter-Pike Sloan, Jan Kautz, and John Snyder. 2002 Precomputed radiance transfer for real-time rendering in dynamic, low-frequency lighting environments. ACM Trans. Graph. 21, 3 (July 2002), 527-536.

[23] Ren Ng, Ravi Ramamoorthi, and Pat Hanrahan. 2003 All-frequency shadows using non-linear wavelet lighting approximation. In ACM SIGGRAPH 2003 Papers (SIGGRAPH '03) .

[24] Tobias Ritschel, Thorsten Grosch, and Hans-Peter Seidel. 2009 Approximating dynamic global illumination in image space. In Proceedings of the 2009 symposium on Interactive 3D graphics and games (I3D '09). ACM, New York, NY, USA, 75-82.

[25] REEVES, W.T., SALESIN, D. H., AND COOK, R. I. Rendering Antialiased Shadows with Depth Maps. In Computer Graphics (SIGGRAPH 1987 Proceedings), pp 283-291, July 1987.

[26] Randima Fernando. 2005 Percentage-closer soft shadows. In ACM SIGGRAPH 2005 Sketches (SIGGRAPH '05), Juan Buhler (Ed.). ACM, New York, NY, USA, , Article 35.

第6章　三维碰撞检测与动力学计算

目前，市场上大多数有口皆碑的游戏，在其整个游戏场景和过程中大量运用数学和物理知识使得游戏更加真实，有着良好的用户体验，掌握最基本的物理学知识尤其是动力学知识，是一个优秀的游戏开发者必备的技能。本章介绍的三维碰撞检测与动力学计算的作用主要有两方面：一是负责计算游戏中的物体之间、物体和场景之间的碰撞检测和力学模拟，二是实现物体的运动模拟以及提供粒子系统在自然或人为力场下的运动模拟等。

动力学是理论力学的一个分支，主要研究物体的机械运动与施加其上的作用力之间的关系。在游戏开发中，如物体的运动、碰撞反应等效果必须在一定程度上符合真实的物理规律和模型。例如，近几年大众耳熟能详的游戏《愤怒的小鸟》中，小鸟的运动、角色之间的碰撞反应等大量采用了动力学方法；又如，《极品飞车》游戏，行车过程中，车身随着不同的路况会出现不同的动力学反应，同时伴有大量的碰撞、爆炸等内容，这些无一例外地需要正确而熟练地运用动力学相关知识。除此之外，游戏场景中经常需要进行碰撞检测，以确定游戏角色之间是否发生碰撞，子弹是否击中角色，角色是否遇见墙体等障碍物或者场景边界等。不难想象，Dota 游戏地图中没有加碰撞检测，所有的地形、边界都将不复存在，玩家控制的英雄可以穿越箭塔，穿越所有地形，甚至直接穿越其他英雄角色以及地图边界，这个备受推崇的游戏必将被玩家所抛弃。同样，若是在任意一款射击游戏中，玩家控制的角色能被偏离很远的子弹击中，其可玩性将很差。因为动力学计算对游戏品质有重要影响，而研发该系统需要非常严格专业知识和经验积累，现代游戏引擎中一般会集成专业的物理引擎。目前，市场上主流的三维物理引擎为 Intel 公司的 Havok 引擎、NVIDIA 公司的 PhysX 引擎和 AMD 公司的 Bullet 引擎（开源引擎）。随着近年移动设备游戏的兴起，大量的 2D 物理引擎也流行起来，如 Box2D 等。

本章首先介绍动力学的基本概念，再阐述其分支质点动力学和刚体动力学的基本内容，最后介绍基于真实数学物理定律的求交算法和碰撞检测。通过本章的学习，读者可掌握动力学的基本概念和定律，以及基本的三维几何体求交方法与碰撞检测算法；同时，要求读者运用所学动力学知识分析物体动力学规律，在游戏场景中实现求交与碰撞检测算法，并进一步实现以动力学为基础的包含碰撞反应等效果的物理模拟系统。

6.1　动力学基础

动力学是经典力学的分支，主要研究运动的变化与造成该变化的力学因素之间的关系。动力学可以分为质点动力学和质点系动力学两大类，前者是后者的基础。

质点和质点系是动力学中最重要的两个基本抽象模型。质点是指具有一定质量而不考虑其几何形状和尺寸大小的物体，质点系则表征着一个由有限或无限个相互关联的质点组成的系统。质点系的概念内含十分广泛，包括刚体、变形体以及由多个质点或物体组成的系统。刚体是一个特殊的质点系，由无数个相互间保持距离不变的质点组成，又称为不变质点系。

在开发游戏过程中，如果需要对场景中的受力物体和对象进行受力分析，则需要先确定这些对象属于质点还是质点系，然后应用对应的动力学模型进行受力分析和求解。例如，射击游戏中的子弹往往被当成质点考虑，一些游戏场景中，如台球游戏中的台球，儿童益智游戏中的跷跷板等更偏向于被认为是质点系或者刚体来进行分析。这与具体的游戏场景以及游戏把玩的自身需求息息相关。

动力学的基础定律是牛顿提出的牛顿运动定律。对于任意物理系统，只要知道其作用力的性质，引用牛顿运动定律，即可探究作用力对于这物理系统的影响。游戏场景中，角色受到某些力的作用非常明显。例如，游戏《超级玛丽》中的角色踩住弹簧向上弹时受到的弹力，有些力则常被忽略，如空气的摩擦力等，除一些特定的游戏或者场景，在开发中一般不会考虑。质点系动力学的基本定理包括动量定理、动量矩定理、动能定理以及其他衍生定理。其中，动量、动量矩和动能是描述质点、质点系和刚体运动的基本物理量。在游戏场景中，角色和对象的碰撞后反应以及某些触发反应（如《弹力球》游戏中两个钢球碰撞后的运动情况），都需要运用动量定理或者动能定理来分析和计算其运动情况。下面分别介绍质点动力学和刚体动力学的基本内容。

6.2 质点动力学

质点动力学是动力学最基本的理论基础，以动力学三个基本定律——牛顿三定律为基础。

牛顿第一定律：如果质点不受力或所受合力为零，则质点对惯性参考系保持静止或作匀速直线运动。惯性是指物体保持其原有运动状态不变的特性。因此，这个定律又称为惯性定律。自然界中的物体都受力的作用，当物体受平衡力系的作用，即合外力为零时，若物体原来是静止的，将继续保持静止；若原来是运动的，则保持它原来的速度大小和方向不变，作匀速直线运动。物体的静止或匀速直线运动是相对于惯性坐标系而言的。一般，可取地球为惯性参考系。例如，在一个击球游戏中，不计地面对球的摩擦力，小球保持静止状态。一个运动员对小球进行击打，小球的初速度为 10 米每秒，被击打后，由于合外力为 0，小球将维持 10 米每秒的速度运动。

牛顿第二定律：指明物体运动的加速度与所受外力的关系，即质点由于外力作用而获得的加速度的大小与所受外力的大小成正比，与质点的质量成反比，加速度的方向与合外力的方向相同。

$$F = ma$$

上式是解决动力学问题的基本依据，称为质点动力学基本方程。所以，质量是质点惯性的度量。

牛顿第三定律：描述了两个存在相互作用的物体之间的相互作用力的关系，即两个物体间的作用力和反作用力，总是大小相等，方向相反，并沿同一作用线分别作用在这两个物体上。该定律又称为作用与反作用定律。牛顿第一和第二定律只在惯性坐标系下适用，而第三定律与坐标系的选取无关，适用于一切坐标系，但在实际的游戏开发中应用的并不多。

质点动力学有两类基本问题：一是已知质点的运动情况，求作用于质点上的力；二是已知质点的受力情况，求质点的运动状况。求解第一类问题时只要对质点的运动方程取二阶导数，得到质点的加速度，代入牛顿第二定律，即可求得。求解第二类问题时需要求解质点运动微分方程或求积分。对于游戏开发来讲，第二类问题更重要，应用更多。在游戏开发过程中，需要在知道作用力的情况下求物体的运动情况，如物体受力后会以多大的加速度加速、会以多大的速度运动、运动轨迹，以及会不会与其他物体发生碰撞等。

动力学基本方程有其适用的范围，在以基本定律为基础的古典力学或牛顿力学范围内，质量被认为是不变量，与物体的运动无关。宏观世界中，物体的运动速度远小于光速，其运动不会影响质量、时间和空间。在游戏开发中，一般可认为所有对象皆为宏观低速运动的物体，动力学基本方程都适用。

6.2.1 力方程

本节阐述不同应用环境下的动力学基本方程的表达形式以及求解质点动力学两类基本问题的方法和步骤。这部分内容也是在游戏中实现动力学模拟和计算的基础内容。

当质点在空间中作任意的曲线运动时，其位置由从任意空间固定点 O 引出的向量 $\boldsymbol{r}$ 来表示，如图 6-2 所示。其向量形式如下：

$$m\frac{\mathrm{d}^2 r}{\mathrm{d}t^2}=\sum_{i=1}^{n}F_i$$

上式称为质点运动微分方程的向量形式（下文简称向量式）。

由于大多数用户对于直角坐标系的熟悉和计算习惯，质点的运动微分方程在具体计算应用时，常采用笛卡尔坐标系。以向量的起点 O 为原点建立直角坐标系 $OXYZ$（如图 6-2 所示），在任意时刻 t，将向量式分解为直角坐标系三个坐标轴方向上的投影：

$$m\frac{\mathrm{d}^2 x}{\mathrm{d}t^2}=\sum_{i=1}^{n}F_{ix}=ma_x$$

$$m\frac{\mathrm{d}^2 y}{\mathrm{d}t^2}=\sum_{i=1}^{n}F_{iy}=ma_x$$

$$m\frac{\mathrm{d}^2 z}{\mathrm{d}t^2}=\sum_{i=1}^{n}F_{iz}=ma_z$$

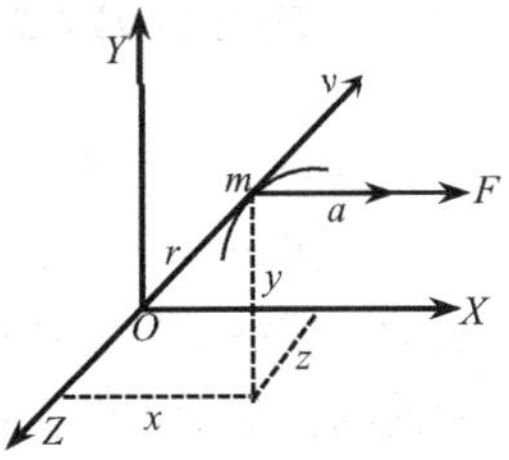

图 6-2　质点的运动

这三式称为质点运动微分方程的直角坐标形式，包含的物理意义非常直观，即任一方向上质点所受的合外力等于质点的质量与其加速度在坐标轴上的投影的乘积。

利用质点运动轨道本身的几何特性（如切线、法线方向等）来描述质点的运动，这种方法称为自然坐标法。质点作任意空间曲线运动时，其加速度恒在轨迹的密切平面内，即：

$$a=a_\tau\tau+a_\gamma\gamma=\frac{dv}{dt}\tau+\frac{v^2}{\rho}\gamma$$

加速度没有副法线方向的分量。将向量式向空间曲线上任一点的自然坐标系 3 个轴, τ、γ、b 投影得

$$m\frac{\mathrm{d}v}{\mathrm{d}t}=\sum_{i=1}^{n}F_i^{\tau}=ma_\tau$$

$$m\frac{v^2}{\rho}=\sum_{i=1}^{n}F_i^{\gamma}=ma_\gamma$$

$$\sum_{i=1}^{n}F_i^{b}=0$$

即质点运动微分方程的自然坐标形式。

质点运动微分方程除以上 3 种基本形式，还有极坐标形式和柱坐标形式等。若已知质点的运动，求作用在质点上的力的步骤和要点如下：

① 正确选择研究对象。

② 正确进行受力分析，画出受力图。

③ 正确进行运动分析，分析质点运动的特征量。

④ 建立坐标系，选择并列出适当形式的质点运动微分方程。

⑤ 求解未知量。

若已知作用在质点上的力，求质点的运动，步骤如下：

① 正确选择研究对象。

② 正确进行受力分析，画出受力图。判断力的性质，建立力的表达式。

③ 正确进行运动分析，应分析质点的运动特征，确定其运动初始条件。

④ 选择并列出适当的质点运动微分方程。

⑤ 求解未知量。根据力的函数形式决定积分形式，并利用初始条件求质点运动。

上述两类解题步骤都可归结为隔离物体法，其核心思想是：当问题涉及不止一个物体时，根据具体情况，将涉及的物体分离为若干部分，而分别加以研究。各部分可以是一个或几个物体，分离的各部分被称为隔离体。分别对隔离体应用牛顿第二定律，进行受力分析，建立动力学方程求解。有兴趣的读者可以参考本章最后所列的理论力学方面的参考文献。

6.2.2 动量与速度

碰撞和碰撞反应是很多类型的游戏（如赛车类游戏、球类游戏以及所有游戏都会涉及的静态游戏边界等）在开发设计中的一个常见内容。由于用户在日常生活和学习中对这部分的感知与认识非常直观深刻，游戏场景中出现不正确或不逼真的碰撞反应，将严重影响用户对游戏的认可度和游戏本身的质量。

在碰撞模拟和碰撞检测中，涉及游戏开发的主要为动量，冲量等概念。动量 K 是反映物体运动状态的物理量，是质点的质量 m 与速度 v 的乘积，即 $K=mv$，其方向与质点速度方向相同。本质上，动量表达机械运动传递的本领，是描述物体机械运动状态的矢量，其方向与瞬时速度的方向一致。通常所说的动量总是指某一时刻或某一位置时物体的动量。在古典力学的适用范围内，质点的质量 m 是常数，因而牛顿第二定律可表为：

$$F=ma=\frac{\mathrm{d}K}{\mathrm{d}t}=\dot{K}$$

为了研究力的时间累积效果，即力施加于质点而经历一段时间所产生的效果，将上述动量定理对时间积分一次，得到冲量 I：

$$I=\int_{t_1}^{t_2}F\mathrm{d}t=K_2-K_1=mv_2-mv_1$$

如果质点不受其他物体作用，则动量不随时间而变，即动量守恒原理。在一个封闭系统中，即使发生物体碰撞，动量保持恒定，因此可利用动量守恒定律计算碰撞后的速度。由于动量保持恒定，碰撞前动量的总和一定与碰撞后动量的总和相等：

$$mv_2+mv_1=mv_1^{'}+mv_2^{'}$$

因此，只需知道碰撞前物体的速度，如 v_1 和 v_2，便可计算出碰撞后物体的速度 $v_1^{'}$ 和 $v_2^{'}$，反之亦然。碰撞有两种：弹性碰撞和非弹性碰撞，动量都保持恒定。

上述动量、动量守恒定理、冲量等概念在游戏开发中主要应用于碰撞反应的计算，包括一个物体运动、一个物体静止的碰撞情况以及两个运动物体的碰撞情况。与静止物体的碰撞相对简单，只需考虑速度变化，如一个运动的弹球撞向一面静止的墙，只要考虑球在碰撞前后的运动情况。

【例 6-1】 假设需要开发一个二维平板游戏，一个球随着用户的手势导引运动，在场景中有各种角度放置的静止的木板，当小球击中木板后，将按物理规律改变运动状态，场景中还有炸弹和奖励道具，当小球击中炸弹之后游戏便结束，击中奖励道具会有额外奖励。小球运动速度有手势力道相关，假设碰撞前速度为 v_x、v_y，求小球和各种木板碰撞的运动变化情况。

解析：本例是典型的一个运动物体和静止物体碰撞，改变运动状态的游戏实例，可以抽象为轴平行反射运动和非轴平行反射运动，静止木板的方向与空间中的 X 或 Y 的坐标轴方向一致。若球碰到竖直方向的木板，则其速度 **x** 分量 v_x 反向变为 $-v_x$，y 分量保持不变；若是碰到水平放置的木板，则 y 分量反向，x 分量保持不变，上述两种情况分别如图 6-3 中所示。可见，轴平行反射运动的处理比较简单直观。

当碰撞为非轴平行反射运动时，如图 6-4 所示。N 为木板的垂线，**N'**为单位化后的垂线向量。将小球初始速度 $\mathbf{v}_i$ 反向，变为 $-\mathbf{v}_i=(-\mathbf{v}_x,-\mathbf{v}_y)$，则 $-\mathbf{v}_i$ 在 **N'**上的投影 **P** 为 $-\mathbf{v}_i$ 与 **N'** 的点乘，再将 **P** 的模与 **N'**相乘，使得其方向与 **N'**一致。由向量加减法可得，碰撞后的反射速度 $\mathbf{v}_r=2\mathbf{P}+\mathbf{v}_i$。三维的情况可同样推广得到。上述实例的结果还可用于物体与游戏场景边界发生碰撞等同类型问题。

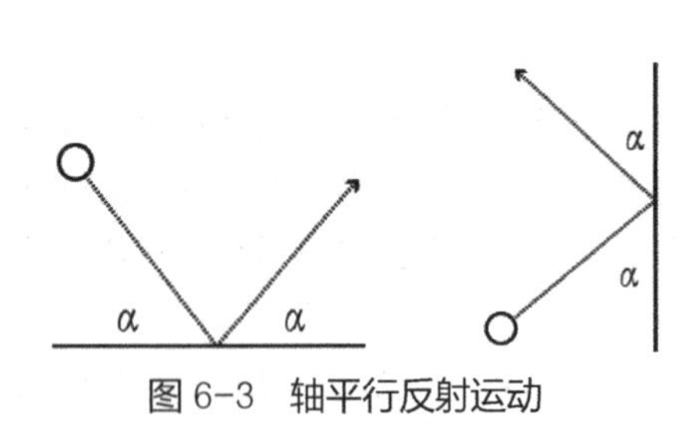

图 6-3 轴平行反射运动

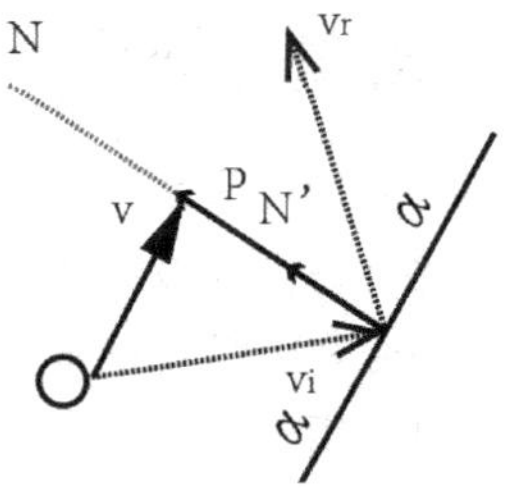

图 6-4 非轴平行反射运动

对于两个运动物体的碰撞后的运动状况分析，直接套用动量守恒定理公式即可，更多资料可参考相关力学和物理学书籍。

下面通过一个游戏设计实例来看上述质点动力学的相关知识在实际游戏设计中的应用。

【例 6-2】 图 6-5 是一个简单的三维射击类游戏，海上驶来一群海盗战舰，玩家通过操纵岸上的炮台向该战舰群发起射击，以防止海盗登陆。随着海盗船的不断靠近，玩家需要通过调节大炮的发射角度、发射速度等参数来击毁海盗船。图 6-5 右图是本游戏的示意，左图放大部分是大炮发射的参数示意图。其中，L 是大炮炮身的长度，b 为炮身在 xz 平面的投影长度，α 是大炮的垂直发射角，β 是大炮的水平发射角，$\mathbf{v_0}$ 是炮弹离开炮口时的速度，炮弹是一个圆球状物体。假设空气阻力 F_d 的大小与炮弹速度成正比，方向与炮弹运行方向相反，阻力系数为 C_d，炮弹的质量为 m，需确定炮弹的运行轨迹。

解析：对于炮弹，其所受空气阻力为

$$F_{\mathrm{d}}=C_{\mathrm{d}}V=C_{\mathrm{d}}V_x i+C_{\mathrm{d}}V_y j+C_{\mathrm{d}}V_z k$$

$$F_{\mathrm{dx}}=C_{\mathrm{d}}V_x,\quad F_{\mathrm{dy}}=C_{\mathrm{d}}V_y,\quad F_{\mathrm{dz}}=C_{\mathrm{d}}V_z$$

F_{dx}、F_{dy} 和 F_{dz} 分别是 x、y、z 方向上的阻力分量，v_x、v_y 和 v_z 则是对应的速度分量。除了空气阻力外，炮弹还受重力作用，当炮弹在空中飞行时，以炮弹为研究对象，对其进行受力分析可知，炮弹只受空气阻力和重力作用，可得三个方向上炮弹的受力情况：

$$\sum F_x=-F_{\mathrm{dx}}=m\frac{\mathrm{d}v_x}{\mathrm{d}t},\ \sum F_y=-mg-F_{\mathrm{dy}}=m\frac{\mathrm{d}v_y}{\mathrm{d}t},\ \sum F_z=-F_{\mathrm{dz}}=m\frac{\mathrm{d}v_z}{\mathrm{d}t}$$

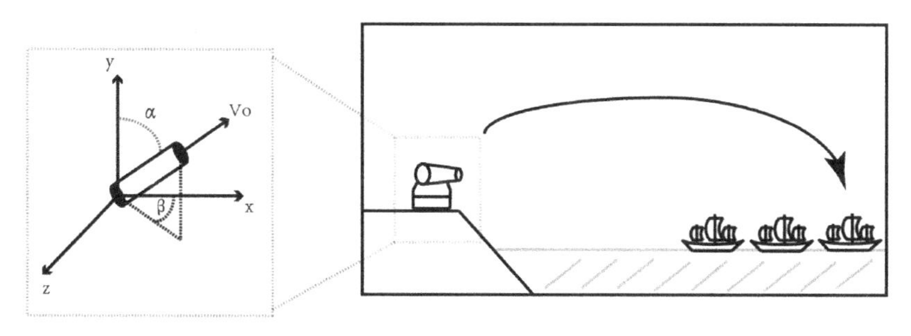

图 6-5　三维射击游戏实例

为了获得炮弹的运行轨迹，需要对上述微分方程进行两次积分，第一次得到速度为时间函数的表达式，第二次得到以位移为时间函数的方程。

沿 x 方向做第一次积分，过程如下

$$-F_{dx}=m\frac{dv_x}{dt}\Rightarrow -C_d v_x=m\frac{dv_x}{dt}\Rightarrow dt=m\,dv_x/(-C_d v_x)$$

$$\int_0^t dt=\int_{v_{x1}}^{v_{x2}}-m/(C_d v_x)dv_x\Rightarrow t=\frac{m}{C_d}\ln\frac{C_d v_{x_1}}{C_d v_{x_2}}\Rightarrow t\frac{C_d}{m}=\ln\frac{v_{x_1}}{v_{x_2}}\Rightarrow v_{x_2}=v_{x_1}e^{-\frac{C_d}{m}t}$$

做第二次积分，将 $ds=vdt$ 代入第一次积分的结果，如下

$$v_{x_2}dt=ds_x\Rightarrow v_{x_1}e^{-\frac{C_d}{m}t}dt=ds_x\Rightarrow\int_0^t v_{x_1}e^{-\frac{C_d}{m}t}dt=\int_{s_{x1}}^{s_{x2}}ds_x$$

$$\Rightarrow s_{x_2}=s_{x_1}+v_{x_1}\frac{m}{C_d}(1-e^{-\frac{C_d}{m}t})$$

这样就求得了炮弹在 x 方向的运动方程，由初始条件可知炮弹的初始速度为 v_0，因此对其进行分解可得 $v_{x_1}=v_0\sin\alpha\cos\beta$，$x$ 方向的初始位移为 0，将之分别代入上述两个积分结果即可。

同理可得 y 方向和 z 方向的速度方程和位移方程。

通过上述动力学分析，即可确定在游戏开发中控制炮弹运行的函数模块，该函数的输入为用户操作大炮射击过程中的角度 α 和 β 以及炮弹的初始速度。通常，该初始速度设为一固定值，也可设为某些可控的游戏参数，如按键的时间长短等。空气阻力系数和炮弹质量亦是该函数的输入。通过函数模块的计算，即可获得炮弹的运行轨迹和任意时刻的运行状态，再将之绘制出来，即完成炮弹部分的游戏设计和实现。当然，为了增加可玩性，开发者可考虑增加不同的天气现象，如风、雨、雪等不同的天气现象将改变炮弹运行时的受力，从而得到更丰富的游戏效果。

6.2.3　弹簧质点运动

弹簧或者类似的道具也是游戏设计开发中经常用到。游戏开发中此类物件的动力学计算一般将其理想化为弹簧质点运动模型或者弹簧振子：固定弹簧的一端，将一个小球装在弹簧的另一端，小球穿在光滑的水平杆上，可自由滑动。这个理想化的物理模型称为弹簧振子。由弹簧振子的定义可以看出，振子在运动的过程中，由于合外力时刻在改变，导致振子加速度、速度等发生变化。假定小球的质量为 m，弹簧的劲度系数为 K 以及振子的振幅为 A。弹簧振子的周期 T 与振幅无关，其周期与振子的质量的算术根成正比，与弹性系数的算术根成反比。

弹簧振子的位移 - 时间图像是一条余弦曲线，实际上由 x 方向上的匀速直线运动和 y 方向的振动的合成，y 方向上弹簧振子的振动图像也为余弦曲线。假设位移 k、周期 ω、速度 v_t、加速度

a_t以经平衡位置向右运动开始计时，则其初相为$\frac{\pi}{2}$，可得

$$\omega = \sqrt{\frac{k}{m}}$$

$$x_t = A\cos(\sqrt{\frac{k}{m}}t + \frac{\pi}{2})$$

$$v_t = -A\sin(\sqrt{\frac{k}{m}}t + \frac{\pi}{2})$$

$$a_t = -A\frac{k}{m}\cos(\sqrt{\frac{k}{m}}t + \frac{\pi}{2})$$

常见的与弹簧有关的游戏场景是：玩家控制的角色遇到一悬崖，若不慎掉入，将使得游戏终结，借助弹簧道具，可以靠它的弹力作用跃过这一障碍，从而获取某些特殊道具或者继续下面的游戏场景。此时，在游戏开发的内部代码中，需要利用本节讲述的弹簧力学模型计算弹簧与角色的弹力。获得弹力后，角色本身可使用前文所述的动力学方程继续进行动力学计算，以便实现角色的运动效果，弹簧本身则由于反作用力，自身发生振动，这部分运动可以使用本节的内容计算实现。

6.3 刚体动力学

刚体指由许多质点组成的质点组。刚体的大小与形状始终不变，即刚体内任意两质点之间的距离保持不变。刚体各部分的相对位置在运动中（无论有无外力作用）均保持不变。游戏开发中的物体一般认为满足刚体的定义。刚体有 6 个自由度：3 个移动自由度、3 个转动自由度。因此，刚体的一般运动可以用 6 个运动方程描述。

刚体的运动一般很复杂，本节只讨论最基本的两种刚体运动：平行移动和绕固定轴转动。更复杂的刚体运动可以由这两种运动合成。当物体被当成质点时，外力会改变其运动状态。例如，在一个三维台球击打游戏中，若只将台球当质点进行分析，则每次击打都认为作用于质心。实际上，击打的作用往往不会正好作用于质心上，从而造成球的整体运动外还使球自身产生旋转。因此，应将台球作为刚体考虑，开发的游戏才符合实际认知和规律。《暗黑破坏神 3》较多地使用了刚体动力学的模拟，其物理引擎强化了刚体运动和刚体碰撞、破碎等效果的实现。在游戏中，当玩家控制的角色使用物理攻击或者魔法攻击击碎巨石、木箱、栏杆等刚体时，可以获得不同的缸体碎片飞溅效果以及刚体的旋转效果。

在运动过程中，物体上任意两点的连线方位始终保持不变，即物体内所作的任一条直线都始终保持和自身平行。具有这种特征的刚体运动称为刚体的平行移动，简称平移。平移时，各点的轨迹和位移都相同，且任一时刻各点具有相同的速度和相同的加速度。因此，刚体的平移可以归结为点的运动，即刚体的质心的运动。计算质心位置的积分式为

$$x_0 = \frac{\int x\mathrm{d}m}{\int \mathrm{d}m}, \quad y_0 = \frac{\int y\mathrm{d}m}{\int \mathrm{d}m}, \quad z_0 = \frac{\int z\mathrm{d}m}{\int \mathrm{d}m}$$

若刚体有对称中心，则质心就在刚体的对称中心。刚体的质心遵守质心运动定理，归结为 3 个分量方程：

$$\sum F_x = ma_{ox} \qquad \sum F_y = ma_{oy} \qquad \sum F_z = ma_{oz}$$

式中，$\sum F_x$ 是刚体受到的 x 方向的合外力，m 是整个刚体的质量，a_{ox} 是刚体的质心在 x 方向的加速度。

除质心的运动以外，刚体还可以绕质心转动，包括转轴通过质心而平行于 X 轴、Y 轴、Z 轴三个自由度。刚体的任意运动可看成整个刚体随质心平动和绕质心转动的合成。

刚体的转动遵守绕 X、Y、Z 轴的动量矩定理：

$$\sum M_x = \dot{L}_x \qquad \sum M_y = \dot{L}_y \qquad \sum M_z = \dot{L}_z$$

其中，力矩 $M = \sum r_i F_i$，动量矩 $L = \sum r_i m_i v_i$。公式的解释详见 6.3.2 节。

6.3.1 刚体旋转

刚体的转动是指刚体上所有的质点都绕同一直线作圆周运动，这条直线称为转轴。若转轴固定，则称为定轴转动。在刚体作定轴转动时，其上各点的位移、速度和加速度并不相同，但各点转过的角度相同。因此，在定轴转动中用角度来描述刚体的运动。转动也是经常出现的一种运动状态，对于刚体的运动规律的分析和掌握同样有助于开发富有真实感的游戏。

线速度 v、角速度 ω 和矢径 r 等三个物理量是矢量。线速度 v 的方向是在圆周各点的切线方向上。矢径 r 的大小等于半径，方向垂直于转动轴，由转动轴（圆周运动中的圆心）沿半径向外。角速度 ω 的方向由右手螺旋定则决定，将右手四指沿着转动物体的转动方向自然弯曲，则角速度 ω 的方向是与四指垂直的大拇指所指方向。当物体做逆时针转动时，角速度的方向为正；当物体做顺时针转动时，角速度方向为负。

在图 6-6 中，位于水平面内的圆盘以转轴 O 做逆时针转动时，角速度垂直于盘面沿着转轴方向向上。如圆盘上有一点 P 随着圆盘转动做匀速圆周运动，P 点的矢径为 r，则 P 点的线速度 v 的大小为 ω 与 r 的乘积。线速度的方向可由右手螺旋定则表示：伸开右手，使平行的四指沿着角速度的方向（向上），然后自然弯曲到沿着矢径的方向，则与四指垂直的大拇指所指的方向就是 P 点的线速度的方向。当圆盘做顺时针转动，同样可用右手螺旋定则确定圆盘上任意质点的线速度的方向。因此，线速度与角速度、矢径的关系式反映了线速度等于角速度和矢径的矢量积的关系。在《实况足球》游戏中，不同球员踢出的足球会带有不同的运动轨迹和旋转，这是通过事先设定好的球员的能力和特点等参数控制的，玩家可以控制踢球的力量等。当然，在《实况足球》中，足球的运动并不一定严格遵守刚体旋转的动力学定律。

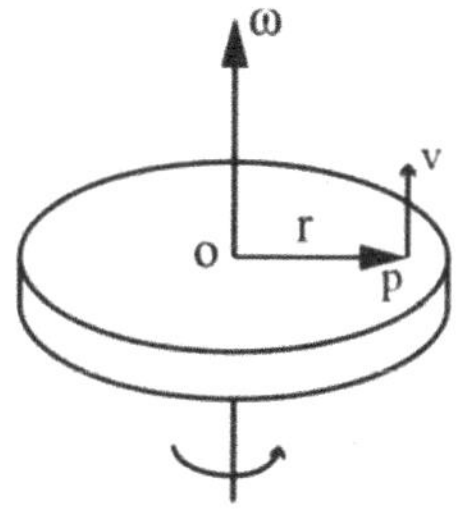

图 6-6　刚体旋转示意

刚体的旋转在真正的游戏编程过程中，一般会使用两种方法，其一是旋转矩阵表示，其二是四元数表示。前者考虑实际的刚体转动，相当于对表示该刚体的所有点实施旋转矩阵变换。四元数表示是一种非常适用于解决“以齐次坐标表达的三维空间点绕任意轴旋转”的方法，被广泛用于三维动画和动力学模拟。关于旋转矩阵和四元数的基础知识，读者可以参考第 2 章中的相关知识或《游戏开发物理学》等参考文献。

6.3.2 角速度、角动量、扭矩和旋转惯量

设刚体的角位移（即转过的角度）为 θ，角速度 ω 的计算公式是 $\omega=\dfrac{\mathrm{d}\theta}{\mathrm{d}t}$，其方向沿转轴，与

转向成右手定则关系，其角加速度 $a=\frac{d\omega}{dt}$。由此可见，刚体作定轴转动时，用微分法可从各时刻的角坐标求得角速度，进一步从角速度求出角加速度。反之，运用积分方法即可从角加速度求得角速度，再从角速度求出角坐标，即 $\omega=\omega_0+\int_{t_1}^{t_2} a\mathrm{d}t$，$\theta=\theta_0+\int_{t_1}^{t_2} a\mathrm{d}t$。若角加速度不随时间而变，是一个常数，则是匀变速转动。

作用力使物体绕着转动轴或支点转动的能力称为力矩，使刚体转动的力矩称为转动力矩，简称转矩。在转矩作用下，刚体会产生一定程度的扭转变形，故转矩又称为扭矩，用 $\boldsymbol{M}$ 表示。若力是改变质点的运动状态，使得质点获得加速度的原因，那么扭矩是改变刚体的运动状态，使其获得角加速度的原因。角动量在物理学中是与物体到原点的位移和动量相关的物理量，在经典力学中表示为到原点的位移和动量的叉积，又称为动量矩，通常记做 $\boldsymbol{L}$，是矢量。如图 6-6 所示，刚体定轴转动时，其上的任意一个质点 p 的角动量为：

$$L_i = r_i m_i v_i = r_i^2 m_i \omega$$

刚体总的角动量为：

$$L = \sum L_i = (\sum r_i m_i v_i)\omega = I\omega$$

刚体对固定转动轴的角动量 **L** 等于它对该轴的转动惯量 **I**（转动惯量详见下文）和角速度 ω 的乘积。在定轴转动中，扭矩可表示为：

$$M = \frac{\mathrm{d}}{\mathrm{d}t}L = \frac{\mathrm{d}}{\mathrm{d}t}(I\omega) = I\frac{\mathrm{d}\omega}{\mathrm{d}t} = Ia$$

其积分形式是

$$\int_0^t M\mathrm{d}t = \int_{L_1}^{L_2} \mathrm{d}L = L_2 - L_1 = \Delta L$$

可见，角动量的变化可认为是对某个固定轴的外力矩的作用，在某段时间内的积累效果。如果对某一固定转轴，刚体所受的合外力矩为 0，则此刚体对该固定轴的角动量分量保持不变。这就是刚体角动量守恒定律。

转动惯量在旋转动力学中的角色相当于线性动力学中的质量，可以串联起角动量、角速度、扭矩和角加速度等物理量之间的关系。转动惯量只决定于刚体的形状、质量分布和转轴的位置，而与刚体绕轴的转动状态（如角速度的大小）无关。形状规则的匀质刚体，其转动惯量可直接计算得到。对于不规则刚体或非均质刚体的转动惯量，一般使用实验方法进行测定。转动惯量对应于质点的质量，应用于刚体各种运动的动力学计算中。质量是衡量质点惯性的量，质量越大，运动状态就越不易改变。同样，刚体的转动惯量越大，其转动状态就越难改变。因此，刚体的转动惯量 $\boldsymbol{I}$ 是刚体转动惯性的量度，对于质点组 $I=\sum m_i r_i^2$，m_i 是质点质量，r_i 是质点和转轴的垂直距离，对于质量连续分布的刚体，其等价积分式为

$$I = \int r^2 \mathrm{d}m$$

刚体的转动惯量有个重要定理称为平行轴定理：质量为 m 的刚体，如果对其质心轴的转动惯量为 I_0，则对任一与该轴平行，相距为 d 的转轴的转动惯量为：$I = I_0 + md^2$。

实际上，即使目标物体质量均匀分布且形状简单，计算转动惯量也是复杂的工作，因此在计算通过物体质心轴的转动惯量时，可使用有现成计算公式的几何形状去逼近原始对象，使用它们的转动惯量计算公式来替代真实目标物体的转动惯量。如果物体比较复杂，则一般将原始目标分解为多个较简单的形状，由转动惯量的平行轴定理可知，其中某些部分的 I_0 将变得很小，主要考

虑 md^2 即可。一些基本的形状简单且质量均匀分布的几何体的转动惯量计算公式可参考相关的力学和动力学教材。

6.3.3 力方程与积分

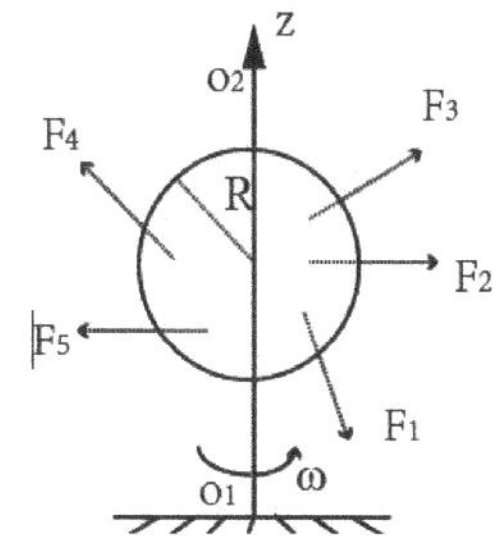

图 6-7　任意力系作用下的刚体绕固定轴转动

设一刚体绕固定轴 z 转动，转角方程 $\theta=\theta(t)$，在 o_1、o_2 处有约束力作用，转动角速度为 $\omega=\omega(t)=\dot{\theta}(t)$，转动角加速度为 $a=\dot{\omega}(t)=\ddot{\theta}(t)$，如图 6-7 所示。

刚体对 Z 轴的转动惯量为 I_z，刚体受空间任意力系 $F_1,F_2,\cdots F_n$ 的作用。由前面知识可知绕定轴转动刚体对转轴的角动量为 $L_z=I_z\omega$，代入角动量定理得：

$$\frac{\mathrm{d}L_z}{\mathrm{d}t}=\frac{\mathrm{d}(I_z\omega)}{\mathrm{d}t}=M_z=r_zF$$

I_z 是不随时间变化的常量，且 $\dfrac{\mathrm{d}\omega}{\mathrm{d}t}=a=\ddot{\theta}$，所以 $I_z\ddot{\theta}=M_z=r_zF$。此即刚体绕固定轴转动的微分方程，亦即刚体的转动定律。上式中的 M_z 是作用在刚体上的所有外力对转轴的矩的代数和。外力矩 M_z、转角 ϕ、角速度 ω、角加速度 a 的正负号的规定必须一致。当扭矩为常量时，角加速度也是常量，则刚体作匀角加速度的定轴转动；当力矩恒等于零时，角加速度等于 0，角速度为一常量，刚体作匀角速度的定轴转动。

在飞行模拟游戏《卡曼奇直升机》中，飞行平衡和动力学被非常慎重而科学地进行了应用，玩家可以感受到近乎真实的飞行感受和体验，航行器和直升机将根据运动和惯性法则来移动且会影响他们配对物的生命，对于在不同地形场景，如沙漠、草地、海洋上空进行悬停、飞行或者降落时的动力学影响也极具真实感。游戏中直升机的旋翼和尾桨，如图 6-8 中的 1 和 2 所标示处，其转动力学的分析和计算就是利用图 6-7 刚体绕固定轴的例子所示的原理。

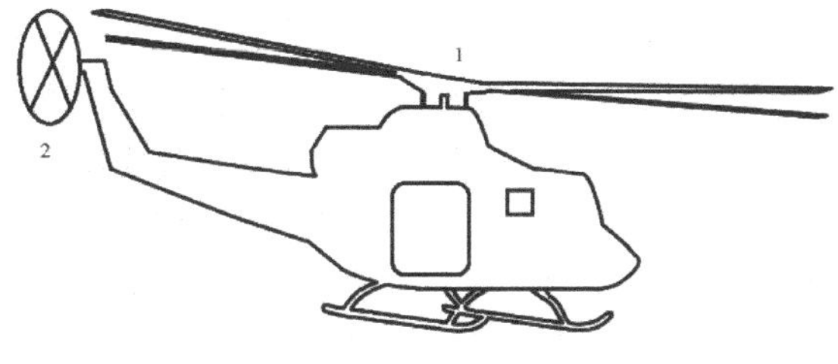

图 6-8　游戏中的直升机

此外，iPhone 上的超真实飞行模拟游戏《模拟直升机 C.H.A.O.S》同样应用了大量的刚体转动力学知识。

6.4 碰撞检测

三维游戏已经发展成为一套由多个子系统共同构成的复杂系统。物理模拟是其中的重要方面，主要负责控制使得游戏场景里的所有物体运动按照设定的游戏要求，在一定程度上遵循包括前文所述内容在内的物理规律。例如，当角色扮演类游戏中的角色跳起的时候，系统内定的重力规律将决定该角色跳的高度、下落的快慢；射击游戏中玩家射出的炮弹和子弹的飞行轨迹、飞行距离等都是由物理模拟系统控制。其中，碰撞检测和干预是核心的环节，确保游戏场景中的角色和物体以符合真实世界认知的经验和规律进行运动。

早期三维游戏的碰撞检测多数基于格子或者 BSP 树。基于格子的系统实现简单但精度不够，不属于严格意义的三维碰撞检测。基于 BSP 树的碰撞检测一度十分流行，算法基本已经成熟定型。然而，BSP 树需要很长的预处理时间，不适合加载时计算，管理大型的室外场景很费力。目前，对于任意复杂的三角形网格的碰撞检测多数基于包围体树结构，如 AABB 树、OBB 树、*k*-DOP 树（详见第 3 章）。这些方法被广泛应用于当今各种物理引擎和碰撞检测引擎。

包围体是一个简单的体空间，包围了一个或者多个具有复杂形状的对象。利用包围盒可以快速地执行剔除测试，只有当包围盒碰撞时，才需要做进一步的复杂几何体相交测试。按空间包围结构的不同，碰撞检测可以采用下列 3 类空间数据结构。

❖ AABB：轴对齐包围盒也被称为矩形盒。

❖ OBB：有向包围盒，是一个可以任意旋转的 AABB。

❖ *k*-DOP：离散的有向多面体，由 *k*/2 个归一化法线定义。

按检测方式，碰撞检测方法可分为离散点的碰撞检测和连续碰撞检测。离散点的碰撞检测检查某一时刻 t 的两个静态碰撞体之间是否叠加。如果没有叠加，则返回它们最近点的距离，否则返回交迭深度和叠加方向等。连续碰撞检测则分别指定在 t_1、t_2 两个时刻两个碰撞体的位置，判断它们在由 t_1 运动 t_2 时刻的过程中是否发生碰撞。如果碰撞发生，则返回第一碰撞点的位置和方向。显然，连续碰撞检测是最自然的碰撞检测，可以大大方便碰撞响应逻辑的编写，避免物体发生叠加或者穿越。反之，离散点的碰撞检测则存在问题：当检测到碰撞时两个物体已经发生了叠加，如何将两个叠加的对象分开，并按合理的方式运动是一个挑战。尽管连续碰撞检测是最自然的方式，但实现复杂，运算开销也很大，目前大部分成熟的物理引擎和碰撞检测引擎还是采用了基于离散点的碰撞检测。为了避免物体叠加过深或者彼此穿越，都要采用比较小的模拟步长。

从碰撞检测的步骤上看，物理模拟分为两部分：碰撞检测和模拟计算。交互是游戏可玩性的核心，碰撞检测是良好交互体验的必不可少部分。实际上，就代码量而言，一个物理引擎包含的碰撞检测的代码一般会多于模拟计算的代码。这是因为后者面对的问题要简单。

从另一个角度来说，物理模拟还是分成两部分：数学建模和数学求解。其实这也是用数学处理实际问题的一般做法。建立好空间、位置、速度的数学表示是建模的过程；在每个时间步中，对速度和位置的改变（包括碰撞时的改变），则是求解的过程。比如，为什么碰撞的时候把 Y 向速度反向呢？因为这就是求解的结果。当然，这个结果是非常粗糙甚至是在某些情况下有问题的。

游戏的效果必须在一定程度上符合客观世界的物理规模，如地心引力、加速度、摩擦力、惯性、碰撞检测等。当然，基于物理的游戏效果不需要完全遵循真实的物理规律，如在 QuakeⅡ中可以忽略摩擦力，将速度从 0 立刻加到 100，这样能获得夸张的艺术效果。

碰撞检测是游戏引擎中不可回避的问题之一，只要场景中的物体在移动，就必须判断是否与其他物体相接触。碰撞检测的基本任务是确定两个或多个物体彼此之间是否有接触或穿透，并给出相交部分的信息（如相交部分的面片号、物体穿刺的深度等）。

碰撞检测之所以重要，是因为在现实世界中，两个或多个物体不可能同时占有同一空间区域。如果物体之间发生了穿刺，用户会感觉到不真实，从而影响游戏的沉浸感。例如，在二维半角色扮演类游戏中，人物角色在房间中不能像崂山道士一样穿墙而过，而只能从预设的门出入。对于这类碰撞检测问题，二维游戏中的解决办法是在遮挡物体（如墙壁）对应的图像区域设置掩码，处理人物活动时，判断当前所在区域的掩码。

由于碰撞检测的基本问题是物体的求交，直观的算法是两两检测场景物体之间的位置关系。

对于复杂的三维游戏场景，显然复杂度为$O(n^2)$的检测算法无法满足游戏实时性的要求。如果运动的物体位于一个房间中，那么只需检查房间中的物体是否与它相交。设计鲁棒高效的碰撞检测算法是游戏编程中的难点之一，目前多数基于物体空间的碰撞检测算法的效率与场景中物体的复杂度成反比关系。尽管有关碰撞检测的方法已经比较丰富，但游戏场景中常常有成百上千万的面片，甚至包含数据量大到内存都无法容纳的物体，在这种场景中进行碰撞检测，对碰撞检测算法提出了更高的要求。针对游戏的大规模三维场景的碰撞检测是游戏编程中极富挑战性的课题之一。

常用的碰撞检测方法大体可分为两类：基于物体空间的碰撞检测算法，基于图像空间的碰撞检测算法。它们的主要区别在于：是利用场景物体的三维几何进行求交计算，还是利用场景物体在屏幕上的二维投影和深度信息来进行相交分析。在游戏引擎中，通常是这两类方法相结合，以获得较高的效率。

本节首先介绍碰撞检测算法的通用思路，再阐述常用的立体几何求交算法，然后重点介绍三类有代表性的碰撞检测算法。

6.4.1 碰撞检测的基本原理

碰撞检测的最直观想法是对所有物体做两两求交判断，假设场景中有 n 个物体，则算法复杂度是$O(n^2)$。在处理复杂的游戏场景时，基本的策略是快速排除明显不发生碰撞的物体，确定潜在的相交区域或相交物体对，尽可能减少进行精确求交的物体对或基本几何元素的个数。从这个策略出发，通常有两个思路。一是着眼于场景中物体之间的位置关系，快速排除明显不相交的物体对。在获得潜在可能相交的物体后，可层次遍历物体对，获得预先构建的层次包围体树，递归检测各层结点包围体之间的相交情况，直到各层次树的叶子结点，最终得到物体对的相交检测结果。二是以场景所在的空间为载体，通过对场景的规则剖分，加速确定可能存在物体相交的区域。随后把潜在相交区域的子空间继续剖分下去，直到找到最精细的空间层次，并取出相应的相交物体的多边形面片。在此基础上，进行精确的相交测试，获得碰撞区域的详细信息。

对空间进行剖分的优点和方法在前面已经做了详细描述。物体的层次包围体树本质上是一种层次细节的表示方法，但不等同于在快速绘制复杂物体或地形场景时采用的多边形层次细节。后者使用层次细节技术的目的是为了在满足实时性的前提下，尽可能保证绘制结果与初始模型的结果近似。而在碰撞检测中，构建层次包围体树的原则是尽量保守地逼近原物体模型，且保证包围体之间的相交检测速度。由于选择的包围体类型较物体本身远远简单和规则，彼此之间的相交测试极为简单，因而层次包围体树能作为预处理手段，快速递归地排除不相交情况。

在碰撞检测算法中，最终精确的求交计算与物体的具体几何表示方法有关，包括多边形模型表示、CSG树表示、参数曲面表示和体素模型表示。游戏场景中最常用的是多边形面片表示，且基于多边形表示的碰撞检测算法大多转化为三角形之间的相交检测。下文会详细介绍基于多边形表示的碰撞检测算法。

6.4.2 求交算法

在三维游戏场景中，通常需要知道物体之间的相对位置、方位和距离等，而且在复杂场景的漫游过程中必须处理可见性、碰撞检测和光线求交操作。这些操作最终可以分解到点、线、面之间的几何关系计算，它们构成了三维游戏编程中必不可少的基础部分。

首先来看一些常用几何体的表达和生成。

设平面方程是 $Ax+By+Cz+D=0$，其法向量为 $\frac{(A,B,C)}{\|(A,B,C)\|}$。若给定平面上任意不共线的 3 点 (x_1, y_1,z_1)、(x_2, y_2, z_2)和(x_3, y_3, z_3)，平面方程的参数为

$$A=\begin{bmatrix}1 & y_1 & z_1\\1 & y_2 & z_2\\1 & y_3 & z_3\end{bmatrix},\quad B=\begin{bmatrix}x_1 & 1 & z_1\\x_2 & 1 & z_2\\x_3 & 1 & z_3\end{bmatrix},\quad C=\begin{bmatrix}x_1 & y_1 & 1\\x_2 & y_2 & 1\\x_3 & y_3 & 1\end{bmatrix},\quad D=\begin{bmatrix}x_1 & y_1 & z_1\\x_2 & y_2 & z_2\\x_3 & y_3 & z_3\end{bmatrix}$$

展开得

$$\begin{aligned}A&=y_1(z_2-z_3)+y_2(z_3-z_1)+y_3(z_1-z_2)\\B&=z_1(x_2-x_3)+z_2(x_3-x_1)+z_3(x_1-x_2)\\C&=x_1(y_2-y_3)+x_2(y_3-y_1)+x_3(y_1-y_2)\\D&=-(x_1(y_2z_3-y_3z_2)+x_2(y_3z_1-y_1z_3)+x_3(y_1z_2-y_2z_1))\end{aligned}$$

球面和椭球也是三维游戏中经常用到的几何体表达。假设中心点为 $O(x_0, y_0, z_0)$，半径为 r 的球面方程是

$$(x-x_0)^2+(y-y_0)^2+(z-z_0)^2=r^2$$

它的参数化形式是：

$$\begin{cases}x=x_0+r\sin\theta\cos\varphi\\y=y_0+r\sin\theta\sin\varphi\\z=z_0+r\cos\theta\end{cases}\qquad(0\le\theta\le\pi, 0\le\varphi\le2\pi)$$

θ 为球上任一点与球中心点的连线与 Z 轴正向的夹角；φ 为从正 Z 轴来看自 X 轴按逆时针方向转到 OM 所转过的角，M 为上述球上任一点在 XOY 面上的投影；通过不共面的 4 个点(x_1,y_1,z_1)、(x_2, y_2, z_2)、(x_3, y_3, z_3)和(x_4, y_4, z_4)的球面方程为

$$\begin{bmatrix}x^2+y^2+z^2 & x & y & z & 1\\x_1^2+y_1^2+z_1^2 & x_1 & y_1 & z_1 & 1\\x_1^2+y_1^2+z_1^2 & x_2 & y_2 & z_2 & 1\\x_1^2+y_1^2+z_1^2 & x_3 & y_3 & z_3 & 1\\x_1^2+y_1^2+z_1^2 & x_4 & y_4 & z_4 & 1\end{bmatrix}=0$$

对于椭球，设中心为(x_0, y_0, z_0)，轴半径为 a、b、c 的椭球方程如下：

$$\left[\frac{(x-x_0)}{a}\right]^2+\left[\frac{(y-y_0)}{b}\right]^2+\left[\frac{(z-z_0)}{c}\right]^2=r^2$$

其参数形式为

$$\begin{cases}x=x_0+ar\sin\theta\cos\varphi\\y=y_0+br\sin\theta\sin\varphi\\z=z_0+cr\cos\theta\end{cases}\qquad(0\le\theta\le\pi, 0\le\varphi\le2\pi)$$

有了基本几何体的表达后，就可以依据几何体之间的距离以及求交算法进行物体间相对位置的判断，计算物体包围盒间的求交。下面介绍几种常用几何体之间的距离定义以及求交算法。

（1）两条直线的交点

设两条直线（非平行）的方程为 $p_a=p_1+u_a(p_2-p_1)$，$p_b=p_3+u_b(p_4-p_3)$，它们的交点由

下面的参数决定：

$$u_a=\frac{(x_4-x_3)(y_1-y_3)-(y_4-y_3)(x_1-x_3)}{(y_4-y_3)(x_2-x_1)-(x_4-x_3)(y_2-y_1)}$$

$$u_b=\frac{(x_2-x_1)(y_1-y_3)-(y_2-y_1)(x_1-x_3)}{(y_4-y_3)(x_2-x_1)-(x_4-x_3)(y_2-y_1)}$$

对于两条线段或者一条线段与一条直线的交点，还需要测试 u_a 和 u_b 是否在 0 到 1 之间。

（2）直线与平面的交点

平面由点 p_3 和法向 $\mathbf{n}$ 定义：$\mathbf{n}\cdot(p-p_3)=0$，直线的参数方程是 $\mathbf{p}=\mathbf{p}_1+u(\mathbf{p}_2-\mathbf{p}_1)$。因此，交点的参数值是

$$u=\frac{n\cdot(p_3-p_1)}{n\cdot(p_2-p_1)}$$

（3）两个平面的交线

两个平面的定义是 $\mathbf{n}_1\cdot\mathbf{p}=d_1$，$\mathbf{n}_2\cdot\mathbf{p}=d_2$，其交线方程为 $\mathbf{p}=c_1\mathbf{n}_1+c_2\mathbf{n}_2+u\mathbf{n}_1\times\mathbf{n}_2$，其中

$$c_1=\frac{(d_1\mathbf{n}_2\cdot\mathbf{n}_2-d_2\mathbf{n}_1\cdot\mathbf{n}_2)}{(\mathbf{n}_1\cdot\mathbf{n}_1)(\mathbf{n}_2\cdot\mathbf{n}_2)-(\mathbf{n}_1\cdot\mathbf{n}_2)^2}\qquad c_2=\frac{(d_2\mathbf{n}_1\cdot\mathbf{n}_1-d_1\mathbf{n}_1\cdot\mathbf{n}_2)}{(\mathbf{n}_1\cdot\mathbf{n}_1)(\mathbf{n}_2\cdot\mathbf{n}_2)-(\mathbf{n}_1\cdot\mathbf{n}_2)^2}$$

（4）三个平面的交点

三个平面的方程分别为 $\mathbf{n}_1\cdot p=d_1$，$\mathbf{n}_2\cdot p=d_2$，$\mathbf{n}_3\cdot p=d_3$，它们的交点计算公式为

$$\mathbf{p}=\frac{d_1(\mathbf{n}_2\times\mathbf{n}_3)+d_2(\mathbf{n}_3\times\boldsymbol{n}_1)+d_3(\mathbf{n}_1\times\mathbf{n}_2)}{\mathbf{n}_1\cdot(\mathbf{n}_2\times\mathbf{n}_3)}$$

（5）点到线段的最短距离

二维平面上任意一点 $p(x_3,y_3)$ 到直线 $\mathbf{p}=\mathbf{p}_1+u(\mathbf{p}_2-\mathbf{p}_1)$ 的最短距离是直线上某点 $p(x,y)$ 到 $p_3(x_3,y_3)$ 的距离，且 $\mathbf{p}_3\mathbf{p}$ 垂直于线段 $\mathbf{p}_1\mathbf{p}_2$。因此，$\mathbf{p}(x,y)$ 的直线参数 u 为

$$u=\frac{(x_3-x_1)(x_2-x_1)+(y_3-y_1)(y_2-y_1)}{\|\mathbf{p}_2-\mathbf{p}_1\|^2}$$

从而 $x=x_1+u(x_2-x_1)$，$y=y_1+u(y_2+y_1)$。三维情形可以同样进行计算。如果要求一个点到一个线段的最短距离，还需判断 u 是否在[0, 1]之间。如果不是，则计算 p_3 到 p_1 和 p_2 的距离，其中的较小者即为最短距离。

（6）点到平面的最短距离

令 $p_a=(x_a,y_a,z_a)$ 为空间中一点，平面方程是 $Ax+By+Cz+D=0$，则 p_a 与平面之间的最短距离为

$$\frac{(Ax_a+By_a+Cz_a+D)}{\sqrt{(A^2+B^2+C^2)}}$$

6.4.3 基于空间剖分结构的碰撞检测算法

基于空间剖分的方法是一种基于物体空间的碰撞检测方法，将整个虚拟空间分成等体积的规则单元格，以达到对空间中物体的分割，再对占据同一单元格或相邻单元格的几何对象进行检测。该方法在每次碰撞检测时都要确定每个模型占有的空间单元，通常适合场景中有很多静止不动对象的应用，如模拟驾驶、模拟飞行器游戏等，只需重新计算运动对象所占空间单元即可。

场景的层次剖分方法主要有均匀剖分、BSP 树、k-DOP 树和八叉树（Octree）等，而 BSP 树

是众多空间剖分方法中最为通用的一种。基于空间剖分技术的碰撞检测难点在于处理不同的场景和具有不同形状及复杂度的物体时如何保持一致的检测效率。关于 BSP 树的解释和构建过程，在第 3 章中已经给出了说明。该二叉树的每个非叶子结点表示一个子空间及空间内所包含的多边形。在每个结点空间中，选取其中一平面作为剖分平面，将该空间继续剖分成正负（前后）两子空间，分别作为该结点的两个子结点，其中与剖分平面有交的多边形被分割成两个多边形，分别归入相应的子空间中。上述过程是一个递归过程，直至每个子空间仅包含一个多边形为止。BSP 树的遍历是使用 BSP 的基本技术。碰撞检测本质上减少了树的遍历或搜索。

不少读者都玩过《三角洲部队》或者类似的射击、战争游戏，地雷在脚下爆炸的场景一定不会陌生，下面通过对类似游戏场景的核心算法进行分析，使读者对基于 BSP 树方法的碰撞检测以及应用有进一步的理解。图 6-9 是一个简单的三维战争游戏局部场景示意图。

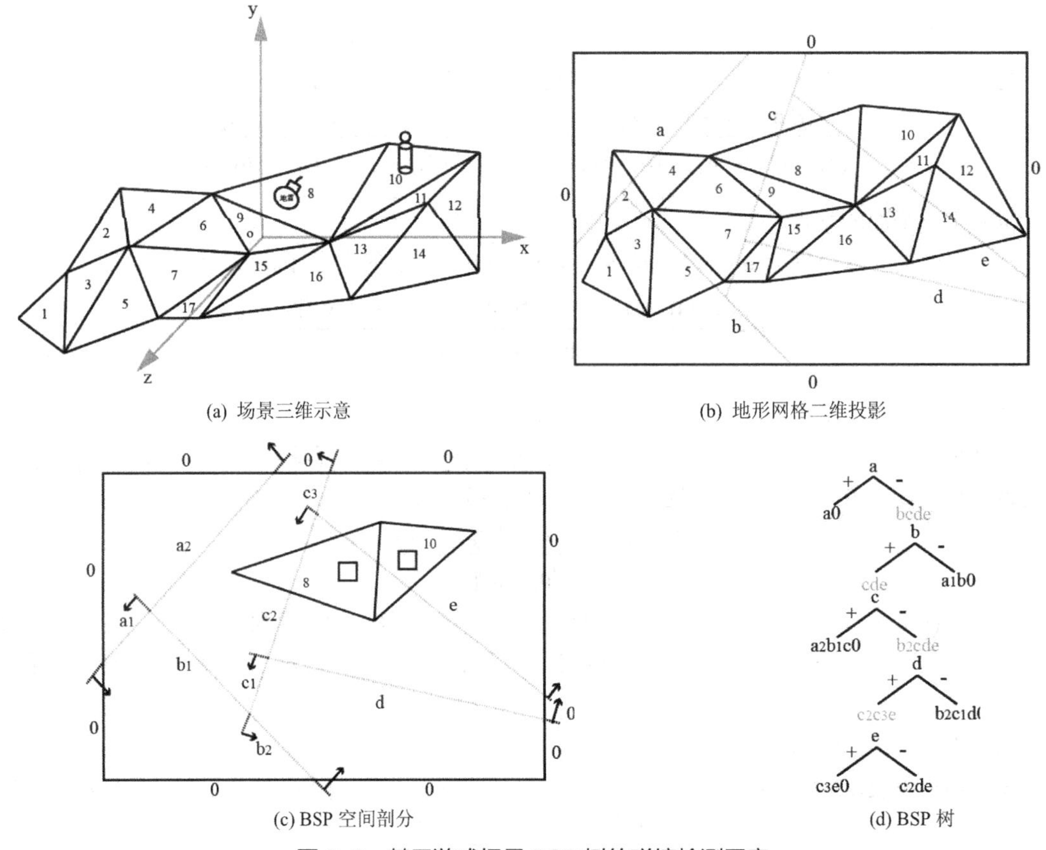

(a) 场景三维示意　(b) 地形网格二维投影

(c) BSP 空间剖分　(d) BSP 树

图 6-9　基于游戏场景 BSP 树的碰撞检测示意

图 6-9(a)是场景的三维示意图，地形网格由编号为 1～17 的三角形构成。假设当前角色及其包围盒处于 10 号三角形内，地雷及其包围盒在 8 号三角形内，当角色的包围盒与地雷包围盒发生碰撞，地雷即被触发爆炸。为方便说明，以此情境的二维投影为例，图 6-9(b)是该地形网格在 *XOZ* 平面上的二维投影，其中的灰色线为空间分割线，共 5 条，从 a～e 编号，对其进行空间剖分，如图 6-9(c)所示，灰色线为空间分割线，分割线彼此相割的则以下标进行分段，如“a1, a2”，数值 0 表示场景区域边界，以逆时针方向为正方向（图中箭头所指方向），三角形网格中的正方形分别表示地雷和角色的包围盒。构建完后的 BSP 树如图 6-9(d)所示，“+”和“－”分别表示沿着正方向和负方向进行遍历，“0”表示场景边界区域。由图可见，当前角色的包围盒属于空间“c3e0”，

而地雷的包围盒属于空间“c2de”，两个包围盒没有发生碰撞，地雷不会爆炸。倘若两个包围盒属于同一个空间，则再对两个包围盒使用多边形求交算法进行进一步检测。由于场景采用 BSP 进行空间剖分，上述搜索过程可以将碰撞检测范围缩小到很小的范围，再对该范围内的几何对象进行检测，从而提高碰撞检测效率，避免无谓计算。实际的三维游戏开发中，直接将上述思想推广到三维空间即可。

图 6-10 是基于 BSP 树碰撞检测的一个简单的三维游戏场景，类似第一视角的射击游戏，如《CS》，不过这里主要用于演示碰撞检测的实现，仅仅实现简单的对象与场景的碰撞检测。

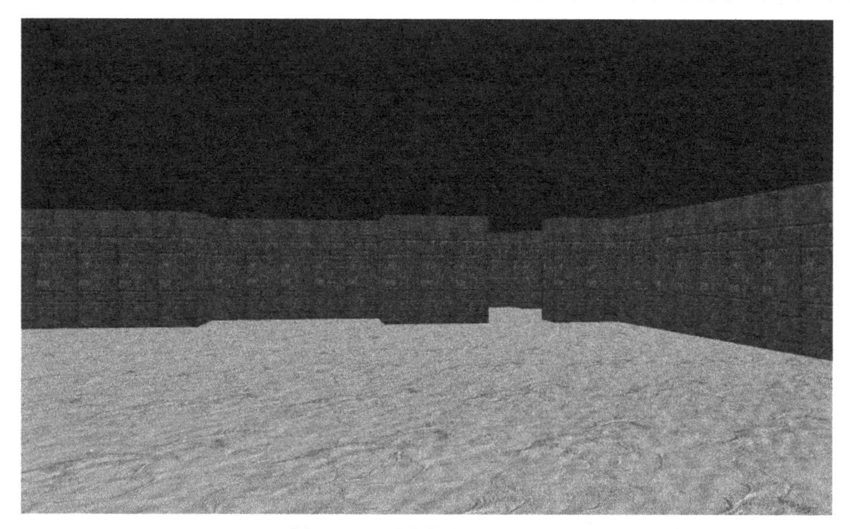

图 6-10 基于 BSP 树碰撞检测的三维游戏场景

与之对应，例程 6-1 是 BSP 碰撞检测在该游戏开发实例应用中的核心步骤和过程。

例程 6-1 基于场景 BSP 树的碰撞检测实例应用伪代码

```
VERTEX {                                        // 顶点结构
    float  x, y, z;                             // 位置
    float  r, g, b, a;                          // 颜色
    float  tu, tv;                              // 纹理坐标
};
POLYGON {                                       // 多边形结构
    VERTEX  VertexList[10];                     // 构成多边形的顶点
    int  Indices[30];                           // 索引值
    int  nNumOfVertices;                        // 构成多边形的顶点个数
    int  nNumOfIndices;                         // 构成多边形的顶点的索引个数
    vector3  Normal;                            // 多边形法向
    POLYGON  *Next;                             // 指向下一多边形的指针
};
NODE {                                          // BSP 树结点结构
    POLYGON  *Splitter;                         // 当前结点的分割平面
    NODE  *Front;                               // 前向面结点指针
    NODE  *Back;                                // 后向面结点指针
    bool  bIsLeaf;                              // 叶子结点标志位，没有多边形
    // 实心标志位；叶子结点；若指向父结点的前向面，值为 false；若指向父结点的背面，值为 true
    bool  bIsSolid;
```

```
};
POLYGON   *g_polyList;                                    // 场景多边形链表
NODE   *g_RootBSPTree;                                    // BSP 树
vector3   g_CameraPos;                                    // 移动以后新的相机位置
vector3   g_PreCameraPos;                                 // 移动之前的相机位置
Init(){                                                   // 初始化阶段
   LoadTextures();                                        // 载入纹理
   // 构造场景多边形；载入场景模型，以三角形面片为单位加入到 g_polyList 中，构建场景多边形链表
   InitScenePolys();
   // 以场景多边形链表构建 BSP 树；以 g_RootBSPTree 为根结点，选取 g_polyList 中的一个平面为分
   // 割面，递归构建 BSP 树
   ConstructBspTree(g_RootBSPTree, g_polyList );
}
Render(){                                                 // 绘制阶段
   // 判断新旧相机位置与 BSP 树中分割面的位置关系，确保相机位置不发生穿越，保持正确的碰撞检测效果
   CollisionDetection( g_CameraPos, g_PreCameraPos, g_RootBSPTree );
   WalkBspTree( g_RootBSPTree, &g_CameraPos );  // 遍历、渲染 BSP 树中所有的多边形，绘制场景
}
bool CollisionDetection ( vector3*Start, vector3*End, NODE *Node ){
   int PointA = JudgeByDotProduct(Start, Node->Splitter);
   int PointB = JudgeByDotProduct (End, Node->Splitter);
   if(PointA 与 PointB 都在分割面上) {
      return CollisionDetection (Start,End,Node->Front);}
      if(PointA 与 PointB 在分割面的两侧) {
         // 计算新旧相机位置连线与分割面的交点，交点位置保存在 intersection 里
         GetIntersect( Start, End, Node->Splitter->Normal, intersection);
         return CollisionDetection ( Start, intersection, Node->Front) && CollisionDetection ( End, intersection,
Node->Back);
      }
      if( PointA 或者 PointB 在分割面前向面) {
         return CollisionDetection(Start, End, Node->Front);
      }
      else
         return CollisionDetection(Start, End, Node->Back);
   }
   return true;
}
void WalkBspTree( NODE *Node, vector3 *pos ){
   if(pos 在当前分割面前) {
      if(当前结点 Node 的后向子结点不为空)
         WalkBspTree( Node->Back, pos );
      绘制当前结点的分割面三角形;
      if(当前结点 Node 的前向子结点不为空)
         WalkBspTree(Node->Front, pos);
   }
   if(当前结点 Node 的前向子结点不为空)
      WalkBspTree(Node->Front, pos);
```

```
    if(当前结点 Node 的后向子结点不为空)
        WalkBspTree(Node->Back, pos);
}
```

为便于读者理解 CollisionDetection 的主要过程，给出如图 6-11 所示 CollisionDetection()函数的主要过程图解。假设当前游戏场景由四面墙构成，箭头所指为外向面，四个面围成的内区域为墙体。四面墙的标号 A、B、C、D 分别按其在 BSP 树中出现的顺序先后给定。A 是根结点。S 和 E 分别代表相机或者待检测物体的移动后位置和移动前位置，对应伪代码函数 CollisionDetection()中的 Start 和 End。

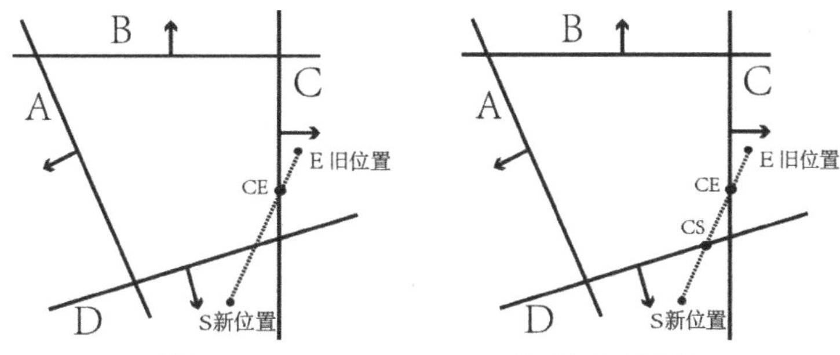

图 6-11　CollisionDetection()函数过程图解

首先，以根结点和新旧位置为参数调用 CollisionDetection 函数进行检测。如果两个点都在当前结点的前面或者后面，则分别递归地以新旧位置及当前结点的前子结点和后子结点为参数调用 CollisionDetection()函数。若两个点都在当前结点所在面上，则同两个点都在当前结点前面的情况。

若两个点分别在当前结点所在面的两侧，如图 6-11 所示，则进行如下处理。首先，由第一步调用可知，S 和 E 都在 A 的背面，以两点和 A 的后向面子结点指针（即 B）为参数调用 CollisionDetection()函数，同样可知两点都在 B 的背面，再以两点和 B 的后向面子结点指针（即 C）为参数调用 CollisionDetection()函数。此时 S 和 E 分别在 C 的两侧，于是计算 SE 与 C 的交点 CE，然后以 S、CE、C 的后向面子结点指针（即 D）以及 CE、E、C 的前向面子结点指针（即空指针 NULL）分别递归调用 CollisionDetection()函数。CE-E-NULL 的碰撞检测调用中可知此段路径中不存在碰撞。S-CE-D 的碰撞检测则更复杂，因为在 S-CE 与 D 有交点。因此，再次计算该交点 CS。接着，以 S、CS、D 的前向面子结点指针（即空指针 NULL）以及 CS、CE、D 的后向面子结点指针（即空指针 NULL），分别递归调用 CollisionDetection()函数。可知 S-CS 路径不存在碰撞，而 CS-CE 路径都在墙体内，发生碰撞。于是最后的结果是 SE 之间发生碰撞，亦即相机或者待检测物体无法由当前路径在下一帧移动到预定位置。

6.4.4　层次包围体树法

层次包围体树的主要思想是使用体积稍大而几何特性简单的包围盒来近似地描述复杂的几何对象，从而只需对包围盒重叠的对象进行进一步的相交测试，而且树状的层次包围盒可以基本逼近原始对象的几何模型，获得与几何对象相近的几何特性。场景物体的层次包围体树可以根据其采用的包围体类型的不同来加以区分，主要包括层次包围球树、AABB 层次树、OBB 层次树、*k*-DOP 层次树、QuOSPO（Quantized Orientation Slabs with Primary Orientations）层次树、凸块层次树及混合层次包围体树等。第 3 章中已经简单介绍过层次包围体树的相关概念，下面展开比较每类包围体的一个代表性碰撞检测算法，并比较彼此的优缺点。

包围球的定义是包围物体的最小球体。最简单的基于包围球的碰撞检测算法可分为三个阶段：先通过全局包围球快速确定处于同一局部区域中的物体；再依据一个基于八叉树的层次包围球结构来进一步判断可能的相交区域；最后检测层次包围球树叶子结点中不同物体面片的相交情况。包围球结构是最简单的包围体类型，尽管基于层次包围球的碰撞检测算法简单，但包围物体不够紧密，建构物体层次树时会产生较多的结点，导致大量冗余的包围体之间的求交计算，处理大规模场景较为困难，但是对于频繁旋转的刚体，采用包围球可以获得较好的结果，因为不需更新包围盒。

AABB 结构是平行于坐标轴的包围物体的最小长方体。AABB 树是基于 AABB 结构构建的层次结构二叉树。与其他包围体相比，AABB 结构比较简单，内存消耗少，更新快，相互之间的求交也很快捷，但由于在包围物体时空间上不够紧凑，会产生较多的结点，导致层次二叉树的结点存在冗余，有时会增加许多不必要的检测，反而影响算法效率。

OBB 本质上还是一个最贴近物体的长方体，被定义为包围该对象且相对于坐标轴方向任意的最小的长方体。基于 OBB 层次包围盒树的碰撞检测算法又称为 RAPID 算法，采用 OBB 层次树来快速剔除明显不交的物体。很明显，OBB 比包围球和 AABB 更加逼近物体，能显著减少包围体的个数，从而避免了大量包围体之间的相交检测。但 OBB 之间的相交检测比 AABB 或包围球之间的相交检测更费时，且构造相对困难，解决办法是：利用分离轴定理判断 OBB 之间的相交情况，提高 OBB 之间的相交检测速度。算法先确定两个 OBB 包围盒的 15 个分离轴（包括 2 个 OBB 包围盒的 6 个坐标轴向以及 3 个轴向与另 3 个轴向相互叉乘得到的 9 个向量），再将这 2 个 OBB 分别向这些分离轴上投影，依次检查它们在各轴上的投影区间是否重叠，以此判断两者是否相交。

不同 OBB 树的叶子结点内包围的三角形之间的相交检测也可以利用分离轴定理来实现：首先确定 2 个三角形的 17 个分离轴（包括 2 个三角形的两个法向量、每个三角形的三条边与另一三角形的三条边两两叉乘所得到的 9 个向量，以及每个三角形各条边与另一个三角形的法向量叉乘得到的 6 个向量），然后依次检查这两个三角形在这 17 个分离轴上的投影区间是否有重叠，以此来获取它们的相交检测结果。RAPID 算法的缺陷在于无法用来判断两三角面片之间的距离，只能得到二者的相交结果。此外，RAPID,没有利用物体运动的连贯性，其算法需要有预处理时间，一般只适合处理两个物体之间的碰撞检测。

k-DOP 指一个包含当前对象的凸包，该凸包的所有面的法向量均来自一个固定的方向集合，或者定义为 $k/2$ 对平行平面包围而成的凸多面体，其中 k 为法向量的个数。*k*-DOP 包围体比其他包围体更紧密地包围原物体，创建的层次树结点越少，求交检测时就会减少越多的冗余计算。同时，*k*-DOP 包围体之间的相交检测比 AABB 稍复杂，但比 OBB 简单很多。当 k 值变大时，一方面减少了求交检测的数目，另一方面增加了相交检测的计算量。因此，选择合适的 k 值可保证最佳的碰撞检测速度。

物体的凸包围体是最广泛的一种包围体类型。凸体之间的碰撞检测可以通过计算两者之间的距离或刺穿深度来实现。经典的方法有 Lin-Canny 的基于特征的碰撞检测方法，通过找出最邻近特征的距离来判断两物体是否精确相交。Gilbert 的基于单纯形的碰撞检测算法也是通过计算物体之间的距离来判断物体是否相交。对于非凸的多面体，它们可以被分解为由凸子块组成的层次结构，先对凸子块的包围体进行相交检测，如果发现相交，再进一步检测包围体内的凸子块是否相交，因此称为“开包裹法”。这些算法虽然对凸体特别有效，但当物体的非凸层次增加时，检测速度会迅速下降，因此适用于对包含少量凸体的场景进行实时碰撞检测。所有基于层次包围体树的碰撞检测算法都通过递归遍历层次树来检测物体之间的碰撞。算法性能受两方面影响：一是包围体包围物体的紧密程度，二是包围体之间的相交检测速度。包围体包围物体的紧密度影响层次树的结点个数，结点个数越少，在遍历检测中包围体检测次数也就越少。OBB 和 *k*-DOP 能相对更紧密地包围物体，但建构它们的代价太大，对有变形物体的场景往往无法实时更新层次树。AABB 和包围球包围物体不够紧密，但层次树更新快，可用于进行变形物体的碰撞检测。在包围体相交检测的速度方面 AABB 和包围球具有明显优势，OBB 和 *k*-DOP 则需要更多的时间。对于刚体而言，基于 OBB 的碰撞检测算法总体上最优。图 6-12 是基于 OBB 树碰撞检测算法的基本流程图。

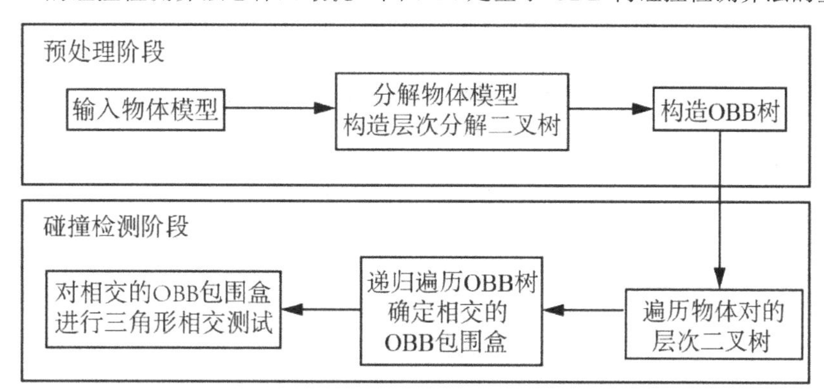

图 6-12　基于 OBB 树碰撞检测算法的基本流程

传统的基于 OBB 树的碰撞检测算法一般可分为两个阶段：预处理阶段、碰撞检测阶段。预处理阶段就是把物体进行分解，为分解得到的每个层次的物体块构造相应的 OBB 包围盒。碰撞检测运行阶段，遍历物体对的层次二叉树，层次树中的每个结点与 OBB 包围的分解块相对应。遍历层次树时，先检测分解块的结点所对应的 OBB 包围盒是否相交；当两 OBB 包围盒相交时，对两 OBB 包围盒进行三角形的相交测试，得出碰撞检测结果。进行 OBB 碰撞检测时又分为两步：OBB 间的重叠测试和基本几何元素之间的相交测试。使用 OBB 树进行碰撞检测，其目的是通过两个对象的包围盒树中各结点所对应的 OBB 包围盒之间的重叠测试，尽可能早地排除不可能相交的基本几何元素对，仅对有可能相交的基本几何元素对进行精确的相交检测。OBB 包围盒间的重叠测试即可通过分离轴定理计算，而基本几何元素的相交测试则可通过 6.4.2 中介绍的求交算法计算。例程 6-2 给出了一个在游戏开发实例中使用 OBB 树进行碰撞检测的伪代码，它本质上是对图 6-12 流程图的展开和实现。

例程 6-2　基于场景 OBB 树的碰撞检测实例应用伪代码

```
InitRenderer(){                                          // 初始化阶段
    LoadTextures();                                      // 载入纹理
    LoadScene(Filename);                                 // 载入游戏场景和对象
    CreateVBOIBO();                                      // 创建顶点缓冲区对象和索引缓冲区对象
    InitOBBTree(numFaces, numVerticies, Filename);       // 使用模型网格和参数，初始化各自的 OBB 树
    BuildOBBTree();                                      // 为场景中所有对象构建各自 OBB 树和 AABB 包围盒
    CoarseCollisionDetection();              // 使用 AABB 包围盒进行初步的碰撞检测，找到有可能发生碰撞的对象
}
// 使用分离轴算法，测试两个待检测对象的 OBBTree 是否发生碰撞
OBBTreeCollision(g_object1, g_object2){
    以 g_object1 和 g_object2 的 OBBTree 根结点构造第一对待检测包围盒对，压入栈 obbox_pairs;
    while(obbox_pairs 不为空){
        curNodeA 和 curNodeB 是待检测的包围盒;
```

```
    // 若当前 OBB 包围盒发生碰撞，则继续进入下一层进行检测
    if(OBBBoxPairsCollision(curNodeA, curNodeB)){
      if(curNodeA 和 curNodeB 是叶子结点){
        设置 curNodeA 和 curNodeB 为最终发生碰撞的包围盒;
      }
      else if (只有 curNodeA 是叶子结点){
        分别以 curNodeA 和 curNodeB 的两个子结点作为碰撞对，入栈 obbox_pairs;
      }
      else if (只有 curNodeB 是叶子结点){
        分别以 curNodeB 和 curNodeA 的两个子结点作为碰撞对，入栈 obbox_pairs;
      }
      else{                                         // curNodeA 和 curNodeB 都不是叶子结点
        if(curNodeA 的包围盒面积大于 curNodeB 的包围盒面积){
          分别以 curNodeB 和 curNodeA 的两个子结点作为碰撞对，入栈 obbox_pairs;
        }
        else{
          分别以 curNodeA 和 curNodeB 的两个子结点作为碰撞对，入栈 obbox_pairs;
        }
      }
    }
  }
}
OBBBoxPairsCollision ( obbox * a, obbox * b ){
  if(a 和 b 都是叶子结点)
    return TestTriCollision(a, b);                   // 三角形求交
  MatrixTransform();        // 进行坐标变换，使得 b 以 a 的坐标系进行表达，减少分离轴计算的复杂度
  GetSeperateAxes();        // 抽取 15 条分离轴, a0,a1,a2,b0,b1,b2,分别是包围盒方向的轴 a0,a1,a2,b0,
                            // b1,b2,a0*b0,a0*b1,a0*b2,a1*b0,a1*b1,a1*b2,a2*b0,a2*b1,a2*b2
  for(15 条分离轴){          // 用分离轴算法按上述抽取顺序进行计算
    if(a 和 b 在其上的投影半径之和小于中心点之间的投影距离){
      return 0;
    }
  }
  return 1;                                         // 若没有找到分离轴，则必定相交
}
Draw(){                                             // 绘制阶段
  for(场景里所有对象){
    g_objects->Render();                            // 绘制对象
    if(g_objects 的 OBB 树不为空&&用户要求绘制 OBB 包围盒){
      g_objects->DrawOBBTree();                     // 绘制 OBB 树
    }
  }
}
```

图 6-13 是例程 6-11 所对应的实例三维游戏场景，场景中的没一个物体都有自己的 OBB 树，基于 OBB 树的碰撞检测，用户可控制绿色条纹小球在场景中漫游，确保其与场景中的迷宫以及木箱等障碍物有着正确的碰撞结果。

图 6-13　基于 OBB 树碰撞检测的三维游戏场景

最后给出一个简单的三维格斗游戏模型，以二维的情形剖析 OBB 树碰撞检测的应用。两个角色互相搏斗出拳，对于拳的碰撞检测可用 OBB 树的方法实现。如图 6-14 所示，假设两个角色对抗的手臂部分已经分别构造好了 OBB 树结构，第一角色的手臂模型 OBB 树如 ABCDEFG 结构所示，第二角色的对应 OBB 树如 HIJ 所示，假设游戏中主要检测对应于拳头部分的 G 和 J 所包围的对象的碰撞情况。

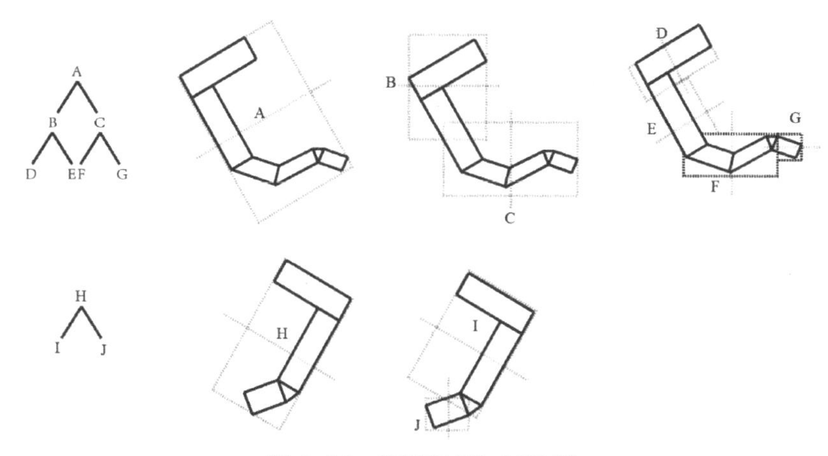

图 6-14　构建完成的 OBB 树

首先，检测最大的包围盒 A 和 H 是否相交，若不相交，则对象没有发生碰撞，直接停止检测；若相交，则认为需检测的对象存在发生碰撞的可能，再进一步递归地对子包围盒进行相交判断。若需检测对象所在的子包围盒不相交，即可认为两个对象没有碰撞并停止检测。反之，则进一步处理直到到达叶子结点，再对叶子结点包围盒进行相交测试并得出最终结论。一般，凸多边形可使用分离坐标轴法进行快速相交测试，非常简单且易于实现，计算结果快速可靠，因为计算中没有使用除法操作。算法主要包含三步：先生成需要测试的分离轴，再计算每个多边形在该分离轴法线上的投影，最后检测这些投影是否相交即可。本书不对分离轴算法进行详细讨论，有兴趣的读者可参考相关文献。在本例中，把包围盒投影到分离轴上并检查它们是否线性相交，如图

6-15 所示。首先计算得到两个待检测包围盒 OBB1 和 OBB2 中心之间的距离（图中箭头），然后分别求出两个包围盒投影在在分离轴方向上的最大长度 IA 和 IB，IA 和 IB 没有相交，判定两个包围盒不相交，于是其所包含的物体亦没有发生碰撞。

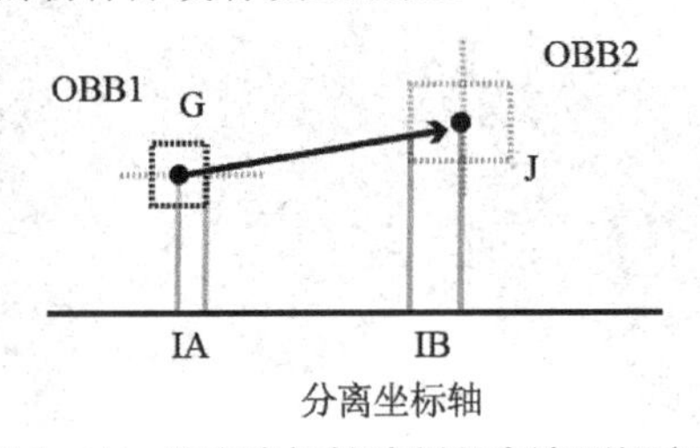

图 6-15　分离坐标轴法判断多边形相交性

6.4.5　基于图像空间的碰撞检测算法

基于图像空间的碰撞检测算法采用物体的二维屏幕投影和相应的深度信息来判别两物体之间的相交情况，并利用图形硬件进行加速。经典的算法是将深度缓存和模板缓存结合在一起进行相交检测，采用模板缓存值来保存视窗口中每个像素代表的视线或光线在进入一物体前进入和离开其他物体的次数，并读取模板缓存中的值来判断两物体是否相交。该算法仅能处理两个凸体之间的碰撞检测问题。其基本思想如图 6-16 所示，A 和 B 表示两个物体，f 表示视线入点，b 表示视线出点，min 表示 z 值最小点，max 表示 z 值最大点。图 6-16(a)展示了两物体之间的碰撞关系（没有给出等价情形，只给出基本情形）。图 6-16(b)是该方法可能出现的所有的物体相互关系和各缓存取值情形示意，假设游戏场景中的物体关系有 8 种（0～7）情形。依据两物体 A 和 B 的不同位置关系（由各自的深度值区间 Zmin～Zmax 决定），在对应像素的模板缓存中存入表征不同意义的值（0～3），最后由模板缓存的值判定两物体是否发生碰撞。

下面通过一个具体实例展示该方法的应用。假设待检测的三维场景如图 6-17(a)所示，每个方格代表一个像素，A 和 B 是待检测物体。整个检测过程如图 6-17(b)所示，由结果可知，两个物体发生碰撞。该方法包含两次渲染，具体步骤如下。

首先，进行第一次渲染，清空深度缓存和模板缓存，设置深度缓存可读写。开启正面剔除，渲染物体 A 的背面，利用图形硬件光栅化获得视线出点信息，若没有得到几何信息，说明当前视线属于图 6-16(a)的情形 0，则将对应模板缓存值置为 0，否则置为 1。深度缓存中保存的是物体 A 的背面几何的深度信息，亦即 A 物体每条视线上的深度最大值，如图 6-17(b)中物体 A 上的视线出点（A 上白色圆球处），再设置深度缓存为只读状态。渲染物体 B，如果当前模板缓存值为 1，则判断 B 物体的前向面是否遮挡 A，即物体 B 在对应视线上的视线入点（B 上黑色圆球处）的深度值是否小于之前保存的深度缓存中的值（A 的视线出点的深度值），若小于，则遮挡，对应的模板缓存值加 1，保持深度缓存值不变。此时，模板缓存中的值减去 1 即是物体 B 遮挡 A 的面的个数。模板缓存中的值如图 6-17(b)所示，值为 0 和 1 的视线说明没有发生碰撞，没有任何几何信息或者 B 没有遮挡 A 的后向面，而出现值为 2 的情形，则说明 B 只有前向面已经遮挡了 A 的后向面，发生碰撞。此例中没有出现模板缓冲值为 3 的情形，所以不必进行第二次渲染，已经可以得出结论，A 和 B 发生碰撞。若在初始模板缓冲值为 1 处，只出现最终模板缓冲值为 3 的情形，则说明 B 的前向面和后向面都遮挡了 A，则说明当前该视线处无法判定是否发生碰撞，需要进行第二次渲染，以确定物体 B 的后向面和 A 的相对深度关系。

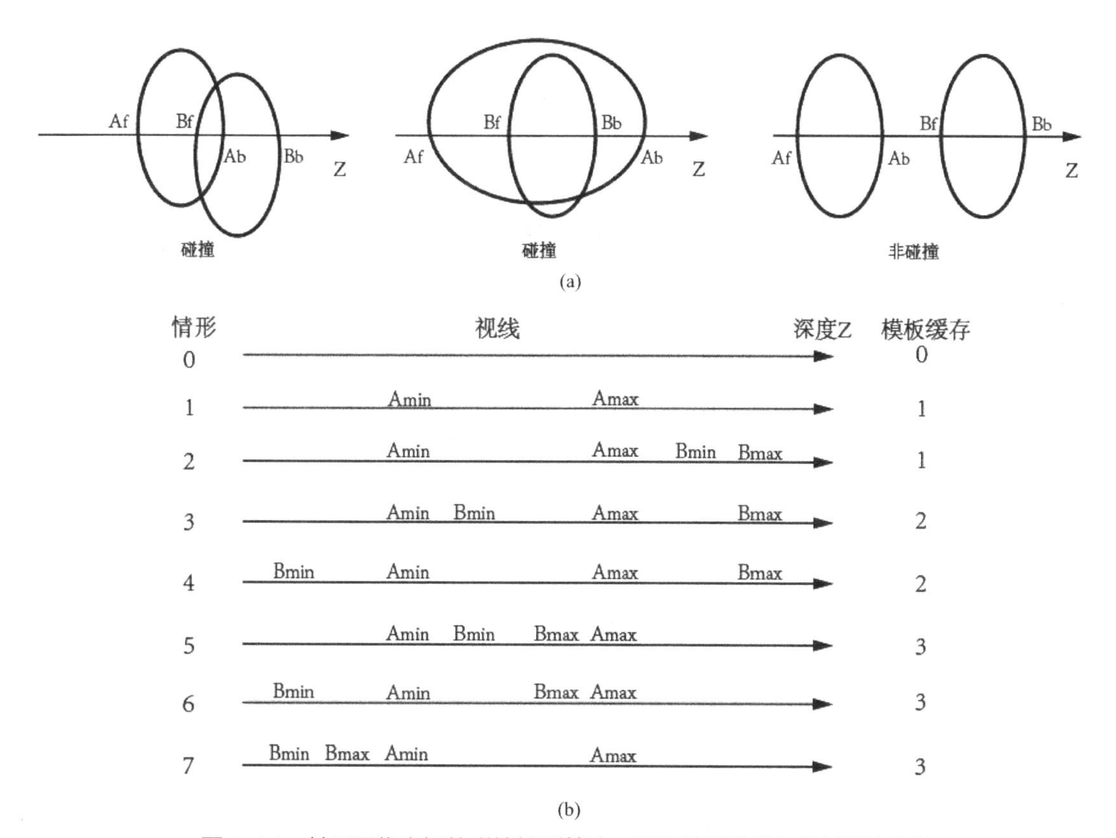

图 6-16　基于图像空间的碰撞检测算法 Z 区间情形分类和模板缓存取值

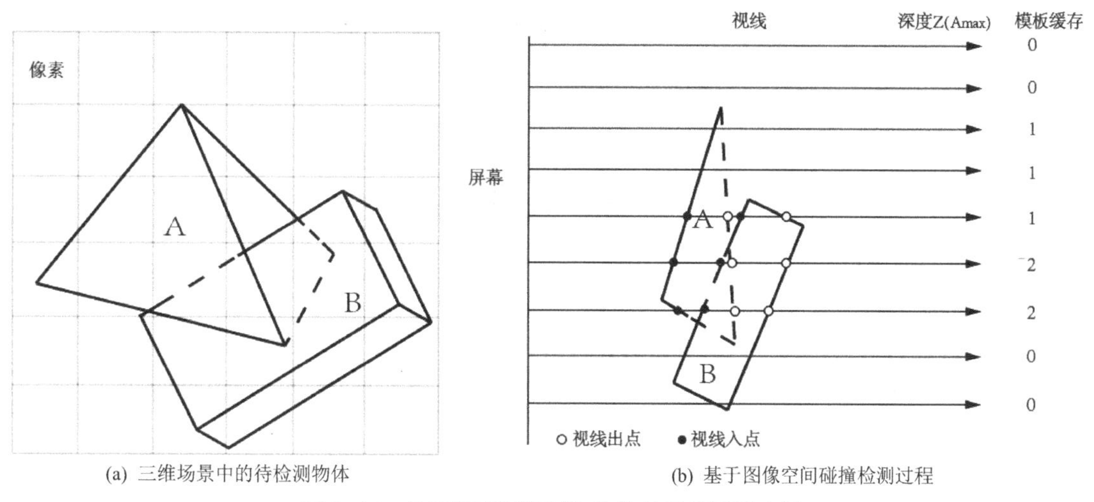

(a) 三维场景中的待检测物体　　(b) 基于图像空间碰撞检测过程

图 6-17　使用深度缓存辅助物体的碰撞检测实例

第二次渲染的步骤和方法与第一次基本一致，唯一不同是仅渲染 B 的后向面。

基于图像的碰撞检测算法的实现比较简单，而且由于其本质上是图像空间的算法，因此其算法本身对于场景复杂度并不敏感，只与游戏的分辨率有关，适合场景复杂的游戏应用，同时可以有效利用图形硬件的高性能计算能力，缓解 CPU 的计算负荷，在整体上提高碰撞检测算法效率。随着图形硬件的发展，基于图像空间的碰撞检测算法受到越来越多的关注，但是由于图形硬件绘制图像时本身固有的离散性以及有限的精度和显存资源，不可避免地会存在数值误差，从而无法保证检测结果的准确性，而且目前多数基于图像的碰撞检测算法仍然只能处理凸体之间的碰撞检测。由于使用图形硬件辅助计算，基于图像的碰撞检测还需考虑如何合理地平衡 CPU 和图形硬件之间的计算负荷。

小 结

本章主要介绍了复杂三维游戏场景中的碰撞检测和动力学计算。对于追求真实感和沉浸感的三维游戏，具备与真实物理定律基本吻合的动力学场景非常有必要。本章首先对动力学的基本概念进行介绍，并分质点动力学和刚体动力学两块对基本的物体运动规律进行了阐述和分析，然后引入了一些常见几何体的数学表达和求交算法，最后描述了三维游戏场景中的碰撞检测，介绍了当前最主流的碰撞检测方法并进行了对比。感兴趣的读者可以尝试构造简单的三维游戏场景，运用本章所学知识在其中实现一些基本的三维几何体的碰撞检测方法，加深对上述内容的理解。

习 题 6

1．掌握动力学的基本定律。

2．掌握质点的运动微分方程并运用该方程求解解质点动力学的两类基本问题。

3．假设例 2 中海盗船的运动速度固定，试编程实现所描述的游戏场景。

4．分别使用旋转矩阵变换和四元数两种方法编程实现刚体的旋转，其旋转需满足刚体旋转的运动定律并将运动参数设为用户输入变量，观察不同参数情况下的刚体运动情况。

5．阅读一个简单的开源物理引擎源代码，如 2D 的物理引擎 box2D，了解其构造框架和设计实现方法。

6．编程实现模型的 AABB 树结构，并以插件方式集成到 OGRE 引擎。

7．构建一个简单游戏场景，运用动力学知识、求交算法以及碰撞检测算法实现基本几何体的碰撞检测以及碰撞反应。

参考文献

[1] Daniel Sánchez-Crespo Dalmau．Core Techniques and Algorithms in Game Programming．New Riders Publishing, Sep.2003．

[2] Peter Walsh．Advanced 3D Game Programming with DirectX 9.0．Wordware Publishing, 2003．

[3] Tomas Akenine-Möller and Eric Haines．Real-time rendering．A.K. Peters Ltd., 2nd edition, 2003．

[4] DirectX 9.0 SDK．Microsoft Cooperation, 2003．

[5] http://www.ati.com．

[6] http://www.nvidia.com．

[7] http://www.gameres.com．

[8] http://www.gamedev.net．

[9] http://www.gamasutra.com．

[10] http://www.flipcode.com．

[11] 谢传锋，王琪．理论力学．高等教育出版社，2009．

[12] 唐荣锡，汪嘉业，彭群生．计算机图形学算法基础. 科学出版社，2000．

[13] 鲍虎军，金小刚，彭群生．计算机动画算法基础. 科学出版社，2000．

[14] 范昭炜. 实时碰撞检测技术研究．浙江大学博士论文，2003．

[15] David.M.Bourg．游戏开发物理学．O'Reilly Taiwan 译．霍炬审校．电子工业出版社，2004.
[16] Wendy Stahler．游戏编程数学和物理基础．徐明亮，郭红，王婉，胡婷婷等译．机械工业出版社，2008.
[17] Scott Jacobs．Game Programming Gems 7．Charles River Media, 2008.
[18] André LaMothe．3D 游戏编程大师技巧．李祥瑞，陈武译．人民邮电出版社, 2012.
[19] 宣雨松．Unity 3D 游戏开发．人民邮电出版社, 2012.
[20] Christer Ericson．实时碰撞检测算法技术．刘天慧译．清华大学出版社, 2010.

第 7 章　角色动画基本编程技术

计算机游戏是一种互动式的娱乐形式，它通过和玩家进行交互，并以丰富多彩的静态或动态画面进行展现，给人以愉悦的视听感受，同时也满足了人们对竞技和胜利的渴望。随着三维计算机动画的兴起，三维动画逐渐成为了表现计算机游戏内容和过程的主流表现形式之一。三维动画与传统二维动画的区别是，三维动画中的图像是基于三维模型进行绘制而成的。三维角色动画是三维动画中最具挑战性的课题之一，本章将围绕三维角色动画的运动控制部分，对关键帧动画、动作捕捉、压缩等关键技术进行详细的介绍。

7.1　三维角色动画概述

动画在本质上是一系列离散的图像，为了从这些离散的图像中生成平滑的、连续的运动效果，需要把它们进行有机结合和无缝集成。

在传统的动画制作中，动画师需要根据故事情节和欲表达的含义手工绘出每一帧的图像。为提高制作效率，其背景图像一般是静止不变的，前景人物主要通过关键帧方法绘制。传统动画的制作流程一般为：① 高级的动画师根据故事的情节，描绘出情感、动作和颜色等发生急剧变化或者不连续的极端帧（Extreme Frame）；② 中级的动画师根据背景知识和个人的理解在极端帧的基础上进一步画出一系列关键帧（Key Frame），一般要求关键帧中的元素是连续变化的；③ 初级的绘画人员参考关键帧中的绘制信息，详细地画出所有处于相邻关键帧之间的帧（in-betweens），以保证所有帧在视觉上的连续性。这样的动画制作过程不仅相当烦琐和费时，还要求动画师具有丰富的实际生活体验和高超的绘画技巧。计算机动画技术的发展使得这一过程变得相对简单、便捷，大大减轻了动画师的工作量。

在使用计算机技术帮助提高动画制作效率的初期，很多计算机辅助动画制作工具的主要功能是让计算机自动产生动画序列中的一些中间帧。这些动画工具既包括模仿手工动画中的多个分层绘画的场景的计算机辅助合成，也包括使用计算机绘制一些几何表达的物体，自动产生图像序列。这些技术改变了动作制作的流程和动画师的角色，使得动画师的任务从逐帧绘制动画序列，变为高效地利用计算机工具指定这些画面图像如何随时间变化。

根据维度的不同，计算机动画技术可分为以下两类。

① 二维动画：主要以二维的图像处理和操纵为核心，如精灵动画、图像的变形等（见第 3 章）。

② 三维动画：直接操纵三维物体，主要包括三维虚拟场景、物体和动画人物的建模、相互之间的运动关系的指定以及绘制等。建模的任务是描述场景中的每个元素，包括它们的形状、相对位置。运动关系的指定负责描述三维人物或者物体如何在三维场景中进行运动。绘制则是把三维场景和运动关系的描述转化为一个连续的图像画面序列。

这里主要讨论三维动画。三维计算机动画技术根据建模方式的不同，可分为以下两类。

① 基于关节链接的人物动画（Articulated Model）。其模型表达为一组通过树状的、层次式关

结点结构进行连接的物体的集合。每个物体的位置一般由其在层次式关结点结构树的父结点的位置来确定。这种动画类型最常见，一般的人物动画和四足动物的动画均属于该类型。

② 基于物体变形的动画（Morphing Animation），也称为基于形状变化的动画，主要处理那些在形状上没有明确定义的关结点结构，但其自身结构有一定的复杂度、不能简化为粒子系统来处理的物体。这类动画的适用范围比较广，其变形物体的表达方式包括弹性质点网格、体素模型和表面模型等，适用的动画对象包括水、头发、衣服和人物表情等。

在一些复杂的动画环境中，如视频游戏和交互式娱乐的应用，这几类动画技术都有所涉及，但以人物动画为主，也就是本章将介绍的三维角色动画。

由骨架（Skeleton）驱动的角色动画能够快速生成高质量的运动效果，因而是程序设计人员的首选。由骨架驱动的动画可形象地表达为：动画人物的身体是一个网格模型，网格的内部是一个骨架结构，当人物的骨架运动的时候，身体（网格模型）将随着一起运动。从建模的角度看，骨架是由一定数量骨骼组成的层次结构，骨骼的排列和连接关系对整个骨架的运动有重要的影响。图 7-1 给出了一个典型的三维人物的骨架模型，包括三维人物的头、颈、肩、肘、手腕、手掌、脊柱、腰部、臀部、膝盖、踝部和脚等主要的人体关结点。

在人物动画中，骨架模型的表达形式一般采用层次结构，其中，根结点是层次结构的最上层，主导整个骨架的运动，其余结点的运动则遵循从上向下传递的形式，上层的结点的运动将传递给所有的下层结点。对应图 7-1 的层次式骨架结构如图 7-2 所示。

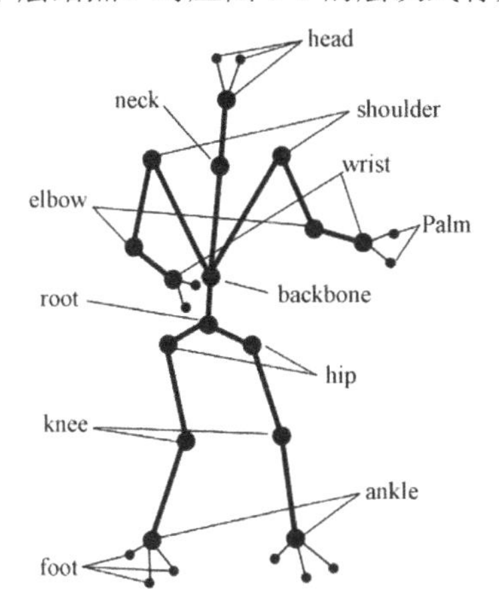

图 7-1　人体的骨架模型示例

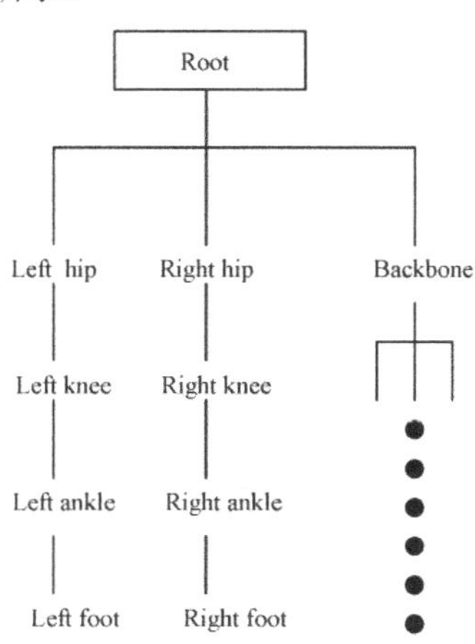

图 7-2　层次式骨架结构示例

7.2　关键帧动画技术

三维人物动画可以看成三维人物模型随着时间变化而不断改变位置和身体姿态的过程，本质上是一个帧序列，每帧表示三维人物模型在特定时刻的位置和姿态，出现在动画中的连续的动作都是通过帧序列的连续播放来实现的。如果帧序列里面的每帧都需要动画师去手工制作，会耗费大量的时间。使用关键帧技术，动画师只需为一段连续的动画指定少数几帧画面作为关键帧（这几帧画面由动画师确定，一般是对动作变化影响较大的动作转折点处，它们对这段连续运动起着关键的控制作用），然后在这些关键帧的基础上，通过插值的方法自动生成期望的全部帧序列，可大大加快动画制作的过程。

在技术实现上，关键帧动画技术的核心是关键帧的选取和中间帧的插补算法，即如何有效指定关键帧中的人物姿势，如何通过插值生成中间帧。在指定关键帧中人物的姿势时，需要让动画师方便地指定所有物体的运动要点，并通过这些运动要点高效地形成一系列的关键帧；在中间帧的生成中，主要通过插值方法来连续、平滑地生成运动要点在其他帧中的位置，并最终形成所期望的动画序列。

7.2.1 关键帧的指定

骨架驱动的关键帧动画一般通过骨架的状态来描述关键帧，即每个关键帧对应着骨骼在不同时刻的位置和姿态。

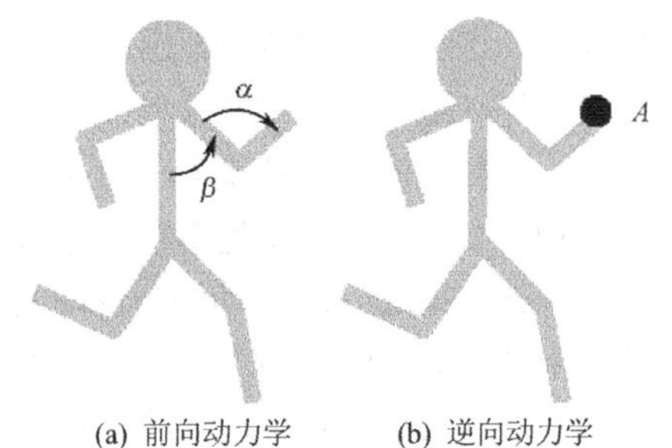

图 7-3 关键帧指定的两种基本方法

骨架驱动的关键帧的指定有两种基本方法，即前向动力学（Forward Kinematics）方法和逆向动力学（Inverse Kinematics）方法，如图 7-3 所示。前向动力学方法比较简单，用户指定骨架的每个骨骼和关节的旋转角度、位置等，系统可以计算出动画人物在这一关键帧的姿势。例如，在图 7-3(a)中，用户指定关节的夹角 α、β，容易通过旋转变换计算出相关的每个关结点的位置，这就是前向动力学。

关键帧指定的另一个重要方法是逆向动力学，可以让用户指定一些子关结点的位置、角度，然后系统自动计算出骨架的形态。在逆向动力学中，系统需要考虑运动平衡的维持、关结点的角度限制、身体和四肢之间的碰撞等。图 7-3(b)是一个逆向动力学的例子，用户指定位置 A，关节的夹角 α、β 由系统自动计算。逆向动力学只有在一个骨骼（如图 7-4 所示）或两个相连骨骼（如图 7-5 所示）情况下才可能存在“解”。

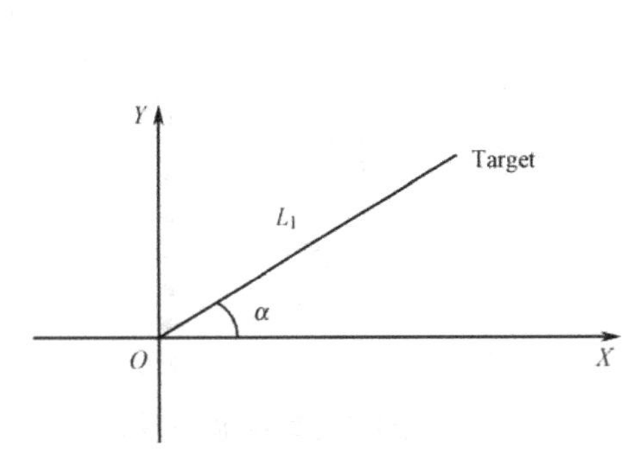

图 7-4 只有一个骨骼的逆向动力学示例

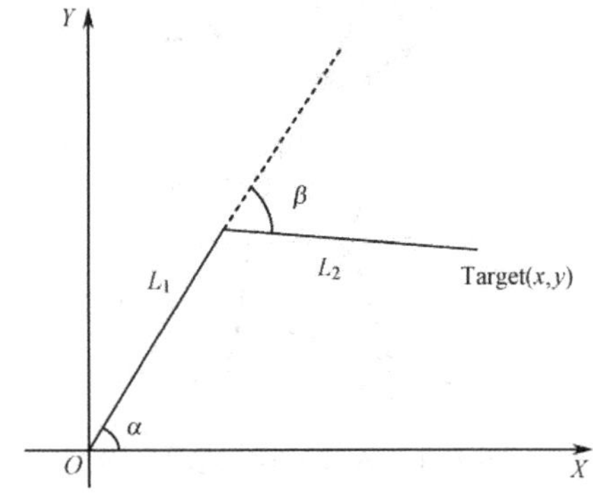

图 7-5 两个骨骼相连的逆向动力学示例

可以通过了解“机械臂的运动控制”来直观地理解这两种动力学模型。如图 7-6(a)所示的拥有 3 个自由度的机械臂进行控制，可以直接对每个自由度进行控制，通过控制相应关节的转动来改变钳子的位置，即前向动力学。在图 7-6(b)所示的焊接场景中，需要精准的控制焊接头移动到指定的位置进行焊接，这就需要根据焊接头的目标位置来计算机械臂每个关结点需要旋转的角度，即逆向动力学。

对于二维空间中只有一个骨骼的情况（见图 7-4），其前向动力学方程为

$$\text{target}.x = L_1 \cos\alpha \qquad \text{target}.y = L_1 \sin\alpha$$

其逆向动力学方程为

$$\alpha = \arcsin\frac{\text{target}.x}{L_1} = \arcsin\frac{\text{target}.y}{L_1}$$

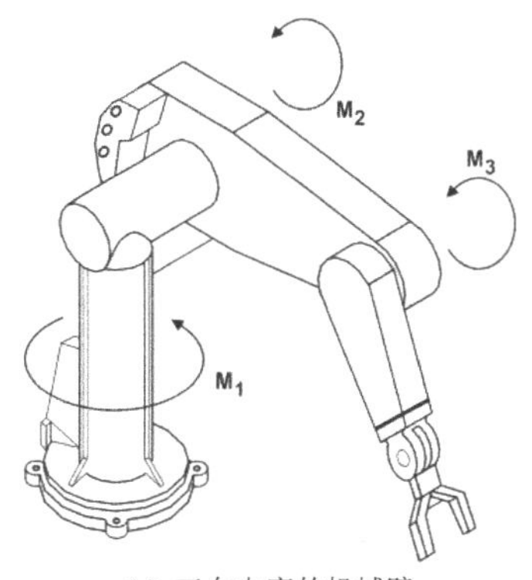

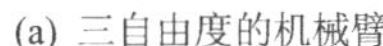

(a) 三自由度的机械臂

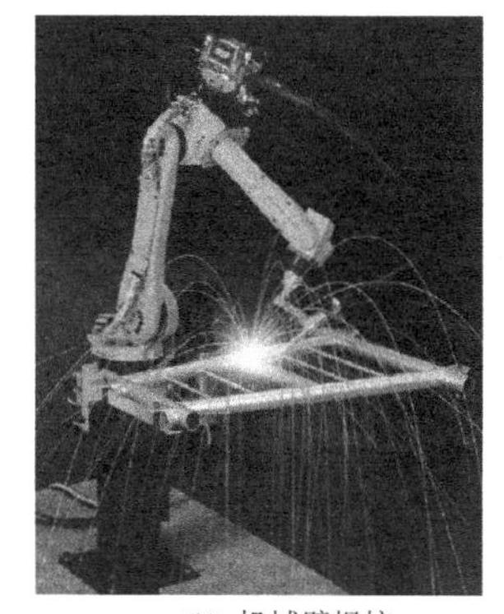

(b) 机械臂焊接

图 7-6　两种动力学方法应用于机械臂的控制

对于在两维空间中两个骨架相连接的情况（见图 7-5），其前向动力学方程为

$$\text{target}.x = L_1\cos\alpha + L_2\cos(\alpha-\beta) \qquad \text{target}.y = L_1\sin\alpha + L_2\sin(\alpha-\beta)$$

其逆向动力学方程为

$$\alpha = \arctan^{-1}\frac{L_2\sin\beta\times\text{target}.x + (L_1 + L_2\cos\beta)\times\text{target}.y}{L_2\sin\beta\times\text{target}.y + (L_1 + L_2\cos\beta)\times\text{target}.x}$$

$$\beta = \arccos^{-1}\frac{\text{target}.x^2 + \text{target}.y^2 - L_1^2 - L_2^2}{2L_1L_2}$$

逆向动力学方程和前向动力学方程本质上是一样的，只是在前向动力学方程中，需要求解的是 target.x 和 target.y，而在逆向动力学方程中，需要求解的是 α、β。

对于三维空间中的两个或者多个骨架连接的情况，则需要采用约束优化的方法来求取关键帧中骨架的姿态。例如，在图 7-1 的骨架结构图中所给出的上半身姿态的描述中，其每个运动姿态参数描述如图 7-7 所示。其中，φ是肩部关结点的旋转角度，其三个分量φ_x、φ_y、φ_z分别定义了肩肘骨骼相对于肩部关结点绕 X、Y、Z 轴的旋转，可类似地定义绕腰部和肘部的关结点的旋转量为τ和μ。P^B、P^S、P^E 和 P^W 分别是腰部、肩部、肘部和手腕的关结点的位置。γ和ϕ是肩关节和肘关节的夹角。

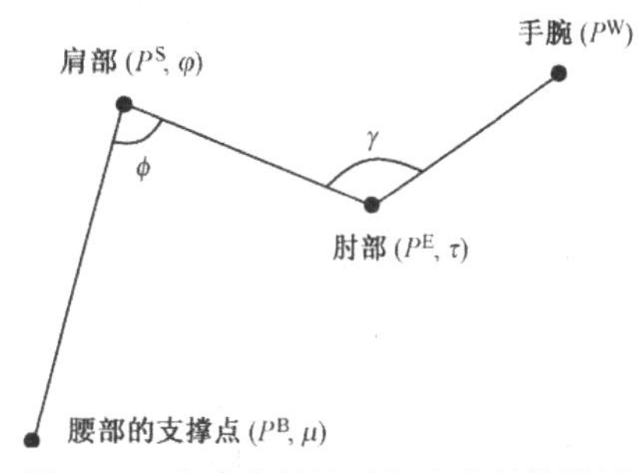

图 7-7　上半身的运动姿态参数的描述

对于特定的动画人物，其每个骨骼的长度一般是固定的。因此，在支撑点位置 P^B 给定的情况下，上半身姿势描述$(\mu, \varphi, \tau, P^E, P^W, P^S, P^B, \gamma, \phi)$中的骨架实际自由度只有 9 个（$P^E$、$P^W$、$P^S$、$\gamma$、$\phi$可直接通过$\mu$、$\varphi$、$\tau$的 9 个旋转分量获得）。因此，可建立如下目标方程：

$$E_{\text{optimal}}(\mu,\varphi,\tau) = \|P^{E'} - P^E\|^2 + \|P^{W'} - P^W\|^2 + \|P^{S'} - P^S\|^2 + \|\gamma' - \gamma\|^2 + \|\phi' - \phi\|^2$$

其中，$P^{S'}$、$P^{E'}$和 $P^{W'}$是肩部、肘部和手腕关结点的当前求解得到的位置，ϕ'和γ'是当前求解得到的关节夹角。P^S、P^E、和 P^W 是肩部、肘部和手腕关结点的目标位置，ϕ和γ是目标的关节夹角。我们的求解目标是使得 $E_{\text{optimal}}(\mu,\varphi,\tau)$ 的值小于阈值，根据逆向动力学原理，动画师只要指定肩部、肘部和手腕关结点一个新的位置，或者新的关节夹角，系统能自动计算出相应的μ、φ和τ，这样动画师就可以通过逆向动力学方法指定关键帧中人物的运动姿态。

有很多方法和算法来优化求解该目标方程，最常见的是牛顿迭代法求解。其求解μ、φ、τ的具体方法如下。假设ξ表示 9 元组$(\varphi_x, \varphi_y, \varphi_z, \tau_x, \tau_y, \tau_z, \mu_x, \mu_y, \mu_z)$，$\xi_{\text{now}}$和$\xi_{\text{next}}$分别代表其当前值和下

一个迭代循环的值，**J** 是 $E_{\text{arm-optimal}}$ 的雅克比矩阵（Jacobian matrix），g 是它的梯度值，g_h=0.5g，那么相应的步骤如下：

① 用户指定 d=0.01 和 factor=10.0；将初始估计值μ_e、φ_e 和τ_e 赋给 ξ_{now} ，计算 $E_{\text{optimal}}(\xi_{\text{now}})$ 的值。如果 $E_{\text{optimal}}(\xi_{\text{now}})$ 小于阈值，则算法成功结束，并返回 ξ_{now} 。

② 根据 ξ_{now} 的值计算雅克比矩阵 **J** 的当前值，令 $h_{\max}=\max\{\text{diag}(\boldsymbol{J}^{\mathrm{T}}\boldsymbol{J}_{kk})\}$ ，k=1, …, 9。

③ 令λ=d×$h_{\max}$。

④ 求解方程 $(\mathbf{J}^{\mathrm{T}}\mathbf{J}+\lambda I)\delta=-g_h$，计算$\delta$的值，并更新下一轮的迭代值为 $\xi_{\text{next}}=\xi_{\text{now}}+\delta$；再次计算 $E_{\text{optimal}}(\xi_{\text{next}})$ 的值；如果 $E_{\text{optimal}}(\xi_{\text{next}})$ 小于阈值，则算法成功结束，并返回 ξ_{next} 。

⑤ 如果 $E_{\text{optimal}}(\xi_{\text{next}})<E_{\text{optimal}}(\xi_{\text{now}})$ ，则计算 d=d/factor，$\xi_{\text{now}}=\xi_{\text{next}}$ ，$E_{\text{optimal}}(\xi_{\text{next}})=E_{\text{optimal}}(\xi_{\text{now}})$ ，并跳转到步骤②；否则，计算 d=d×factor，跳转到步骤③。

可以看出，前向动力学制作关键帧的优点是计算简单和运算速度快，缺点是动画师需要指定每个关节的角度和位置，制作效率低下，而且由于骨架的每个关结点之间有内在的关联性，直接指定每个关结点的值很容易产生不一致和不自然的动作。逆向动力学的主要不足是计算量大，但优点是用户的负担比较轻，只需要指定主要关结点的位置即可。

7.2.2 “蒙皮”模型的变形

动画人物的“蒙皮”模型一般由一定数量的多边形或者三角形网格组成。要想绘制出动画序列，必须根据骨架的运动姿势，对附着在骨架上的皮肤（“蒙皮”模型）进行变形，得到每帧的动画人物的几何模型后，才能进行相应的绘制。因此，在获得中间帧的骨架姿态后，还需要计算骨架姿态变化对蒙皮模型的影响。

在每帧中，一般通过对多边形顶点进行插值和变形，来控制相应的动画人物的几何形状。每个顶点至少附着在一个骨骼上，与每个骨骼的关联用权重值（0～1）和偏移向量表示。网格模型中的每个顶点都被赋予了顶点权值，顶点权值定义了顶点随骨骼运动的变化程度。如果对某个顶点只加了一个骨骼的权值，意味着这个顶点的运动完全由该骨骼支配。当然，顶点的权重也可以分散在多个骨骼上，这些权重的值一般由该顶点相对骨骼的距离来确定。

根据骨架的运动姿态，进行“蒙皮”模型变形的基本步骤如下：

① 对动画人物的“蒙皮”模型中的当前顶点，初始化其权值和变换矩阵。

② 对与该顶点关联的每个骨骼，获得其当前的变换矩阵。

③ 对关联的每个骨骼，将其变换矩阵乘上该骨骼对于当前顶点的权值，得到一个当前顶点变换的复合矩阵并将其作用于该顶点。

④ 对每个顶点，重复步骤②～④。

对于某个特定骨骼，计算“蒙皮”模型的顶点变换矩阵的方法为

$$\mathbf{M}_{\text{transition}}=\mathbf{M}_{\text{original}}^{-1}\times\mathbf{M}_{\text{interpolated}}$$

其中，$\mathbf{M}_{\text{original}}$ 是初始姿势的变换矩阵，$\mathbf{M}_{\text{interpolated}}$ 是姿势变换的变换矩阵。

考虑到顶点可能受多个骨骼运动的影响，可将每个骨骼对该顶点的影响效果进行叠加以计算该顶点的新位置 $\sum_{i=0}^{n}\mathbf{M}_i d_i w_i$ 。其中，$\mathbf{M}_i$ 是骨骼 i 的运动姿势变换矩阵，d_i 是该顶点相对于骨骼 i 的偏移向量，w_i 定义了骨骼 i 对当前顶点的影响因子，n 是所有相关联骨骼的数目。

在编程实现上，“蒙皮”模型变形的总体算法流程如例程 7-4 所示。

例程 7-4 “蒙皮”模型变形算法流程

```
SkinDeform(bone root, mesh originaldata, mesh processeddata) {
  对 root 结点的每个子结点骨骼 {
    对原来的网格 originaldata 中的每个顶点 {
      计算该骨骼的运动对各顶点权重的影响;
      如果权重大于指定的一个阈值 {
          则计算该顶点的平移、旋转和缩放等值;
          在 processeddata 中记录相应的修改;
      }
    }
  如果当前骨骼有子结点
    则递归调用变形算法 deform(当前骨骼的子结点, originaldata, processdata);
  }
}
```

7.2.3 中间帧的插值技术

关键帧中记录了当前骨架的姿态，包括骨骼的位置和朝向的情况，同时包含形成该姿态的时间标记，每个关键帧有一个时间戳来表明它的发生时刻。关键帧的插值指从两个相邻的关键帧中平滑地产生一些中间帧序列的过程，插值的比例取决于两个关键帧之间的时间间隔的大小。

关键帧动画是基于时间序列的插值。每个关键帧都有一个时间戳表明，它在动画开始后，何时变化到当前的运动姿态。当绘制中间的动画帧时，计算机根据当前的时间找出与其相邻的两个关键帧作为插值的源。插值技术的好坏直接决定了关键帧动画的质量，最简单的插值方法是基于三维位置的线性插值，但经常导致运动的骤然变化，这主要由运动速度的不连续引起。因此，在关键帧动画中，一般针对不同的键值类型（旋转、平移、缩放等）的动力学特性，使用一些改进的线性插值算法来快速地生成中间帧。

骨架驱动的三维动画生成可分成两个主要步骤：首先，基于当前的时间，通过插值计算出每个骨骼的旋转、平移等键值，形成中间帧的骨架；其次，根据骨架的变化情况，插值计算出骨架的“蒙皮”模型的各顶点的位置变化。下面首先介绍中间骨架的插值方法。

1. 中间骨架的插值生成

中间骨架由两个相邻关键帧插值而来，令前一关键帧的时间戳为 T_{key1}，后一关键帧的时间戳为 T_{key2}（$T_{\mathrm{key1}} < T_{\mathrm{key2}}$）。先需要根据当前插值帧的时间戳 T_{cur}，计算出插值的比例参数。插值的比例参数 t 一般从 0 变化到 1，可以通过式 $t=(T_{\mathrm{cur}}-T_{\mathrm{key1}})/(T_{\mathrm{key2}}-T_{\mathrm{key1}})$进行计算。可以看到，当 $T_{\mathrm{cur}}=T_{\mathrm{key1}}$ 时，$t=0$；$T_{\mathrm{cur}}=T_{\mathrm{key2}}$ 时，$t=1$。

在确定插值的比例参数后，接下来是对关键帧骨架的键值进行插值。在关键帧的骨架中，一般有 4 种类型的键值：

- ❖ 旋转类型——一般采用绕 X、Y、Z 轴旋转的欧拉角或四元数来表达。
- ❖ 缩放类型——一般用三个标量值来定义相对于 X、Y、Z 轴的缩放系数。
- ❖ 平移类型——一般采用一个三维向量来表示在 X、Y、Z 三个方向上的偏移量。
- ❖ 变换矩阵类型——这一类型的键值可用来表示任意的变形类型。一般采用 16 个浮点数来表示 4×4 的变换矩阵。

在生成中间骨架时，插值的对象主要就是这几类键值。由于骨架的特殊性，每个骨骼的长度一般是固定不变的。因此，在进行骨架的插值时，一般不直接对关结点的位置进行插值，而是对每个骨骼的旋转量进行插值，这主要是因为对关结点位置的线性插值会导致骨骼的长度发生变化，如图 7-8 所示。

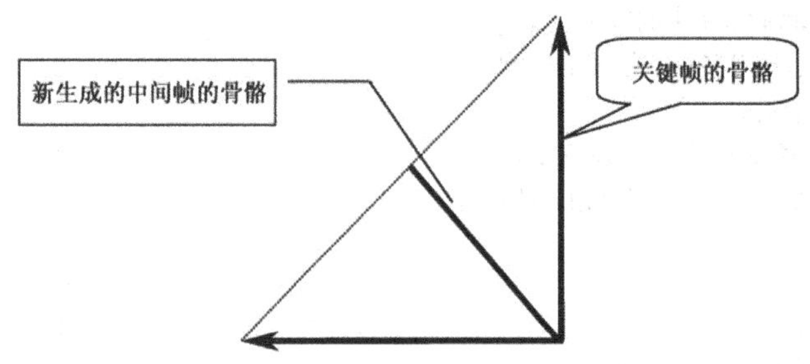

图 7-8　对关结点位置的直接插值所产生的骨骼长度变化

对旋转量的插值，一般首先想到的是基于绕 *X*、*Y*、*Z* 轴旋转的欧拉角。但实践证明，基于欧拉角的直接插值很容易导致骨架运动的不连续，而且相对于 *X*、*Y*、*Z* 轴旋转次序不一样，得到的旋转结果也不同。因此，Shoemake 在 1985 年引入四元数来表示骨骼的旋转，将三维空间的旋转拓展到四维空间，在表达上更为简洁。其最大的优点之一是：四元数把三维空间中的绕三个轴向的旋转变换为四维空间中的绕一个轴向的旋转，从而使得基于四元数的旋转插值，能比基于欧拉角的直接插值产生更为平滑和连续的旋转。有关四元数的基本性质、四元数与旋转矩阵的转换，以及四元数的插值等计算公式等，请参见第 2 章。

四元数的球面线性插值（spherical linear interpolation，简写为 slerp）。其几何含义的解释为：对于两个四元数 $q(q_x,q_y,q_z,q_w)$ 、$r(r_x,r_y,r_z,r_w)$ ，插值路径为单位四维超球面上这两点间较短的圆弧路径，这个圆弧路径处在由 q、r 和原点组成的平面和单位球的相交的圆周上。给定两个四元数 q、r，以及一个插值的比例参数 t，其插值公式为

$$\text{slerp}=\frac{\sin(\phi(1-t))}{\sin\phi}q+\frac{\sin\phi t}{\sin\phi}r$$

式中，ϕ 是 q、r 之间的夹角，计算公式如下

$$\cos\phi=q_x r_x+q_y r_y+q_z r_z+q_w r_w$$

从系统实现的角度来看，骨架运动的核心是旋转矩阵。一旦得到旋转矩阵，就可以通过图形变换得到关结点的相应运动姿态。假设骨架中每个骨骼的运动表示为一个旋转矩阵，那么基于四元数的骨架运动插值计算的算法步骤如下：

① 将每个关键帧中骨架的旋转矩阵分别转换为四元数的表达形式。

② 计算当前的插值比例参数，对四元数进行 slerp 插值生成当前旋转的四元数表达。

③ 将当前的四元数转化为旋转变换矩阵，应用到骨架上，生成新的姿态。

根据上述算法步骤，可采用如下的代码段来实现基于四元数的旋转插值：

```
MatrixToQuaternion (pPrevKeyFrame->pRelativeMatrix A);
MatrixToQuaternion (pNextKeyFrame->pRelativeMatrix , B);
float t1=(float) (time-pPrevKeyFrame->time);
float t2=(float) (time-pNextKeyFrame0>time);
float t=(currentTime - t1)/(t2-t1);

QuaterionSlerp(C, A, B, t);
QuaternionToMatrix (C, pBone->pCurrentPose->pRelativeMatrix);
```

下面分别介绍每个子程序的实现过程，例程 7-1 实现了旋转矩阵到四元数的转换，例程 7-2 实现了四元数到旋转矩阵的转换，例程 7-3 实现了四元数的球面线性插值。

例程 7-1 旋转矩阵到四元数的转换

```
// 输入的旋转矩阵为 mat，输出的四元数为 q=(x,y,z,w)
void  MatrixToQuaternion(Matrix &mat, Quaternion &q) {
    float  trace, s, temp_q[4];
    int  i, j, k;
    int  nxt[3] = {1, 2, 0}

    trace = mat.m[0][0] + mat.m[1][1] + mat.m[2][2];
    // check the diagonal
    if (trace >0.0) {                                        // 对角线的值为负
        s=(float) sqrt(trace + 1.0 f);
        q.w=s/2.0f;
        q.x=(mat.m[1][2] – mat.m[2][1]) *s;
        q.y=(mat.m[2][0] – mat.m[0] [2]) *s;
        q.z=(mat.m[0][1] – mat.m[1][0]) *s;
    }
    else {                                                   // 对角线的值为负
        i=0;
        if (mat.m[1][1] > mat.m[0][0])
            i=1;
        if (mat.m[2][2] > mat.m[i][i])
            i=2;
        j = nxt[i];
        k = nxt[j];

        s = (float) sqrt ((mat.m[i][i] – (mat.m[j][j] + mat.m[k][k])) + 1.0);
        temp_q[i]=s * 0.5f;
        if (s != 0.0f)
            s =0.5f/s;

        temp_q[3] = (mat.m[j][k] – mat.m[k][j]) *s;
        temp_q[j] = (mat.m[i][j] + mat.m[j][i]) * s;
        temp_q[k] = (mat.m[i][k] + mat.m[k][i]) *s;

        q.x = temp_q[0];
        q.y = temp_q[1];
        q.z = temp_q[2];
        q.w = temp_q[3];
    }
}
```

例程 7-2 四元数到旋转矩阵的转换

```
void QuaternionToMatrix (Quaternion &q, Matrix &mat) {
    float  wx, wy, wz, xx, yy, yz, xy, xz, zz, x2, y2, z2;

    float  x=q.x;
    float  y=q.y;
```

```
    float   z=q.z;
    float   w=q.w;
    // 计算各系数
    x2=x+x;
    y2=y+y;
    z2=z+z;

    xx=x*x2;
    xy=x*y2;
    xz=x*z2;

    yy=y*y2;
    yz=y*z2;
    zz=z*z2;

    wx=w*x2;
    wy=w*y2;
    wz=w*z2

    mat.m[0][0]=1.0f-(yy+zz);
    mat.m[1][0]=xy-wz;
    mat.m[2][0]=xz+wy;
    mat.m[3][0]=0.0;
    mat.m[0][1]=xy+wz;
    mat.m[1][1]=1.0f-(xx+zz);
    mat.m[2][1]=yz-wx;
    mat.m[3][1]=0.0;

    mat.m[0][2]=xz-wy;
    mat.m[1][2]=yz+wx;
    mat.m[2][2]=1.0f-(xx+yy);
    mat.m[3][2]=0.0;

    mat.m[0][3]=0.0;
    mat.m[1][3]=0.0;
    mat.m[2][3]=0.0;
    mat.m[3][3]=1.0;
}
```

例程 7-3　四元数的球面插值的实现

```
void QuaternionSlerp(Quaternion &res , Quaternion q1, Quaternion q2, float t) {
    Quaternion res;
    float   oo;
    float   vv;
    float   theta;                              // q1 与 q2 之间的角度
    float   sin_t;                              // sin(theta)
    float   cos_t;                              // cos(theta)
    int   flip;                                 // 标记 q2 是否取反，flip=1 则取反

    cos_t= q1.x*q2.x+q1.y*q2.y+q1.z*q2.z+q1.w*q2.w;
    if (cos_t <0.0) {
```

```
        cos_t=-cos_t;
        flip=1;
    }
    else {
        flip=0;
    }
    if (1.0-cos_t <1e-6) {
        vv=1.0f-t;
        oo=t;
    }
    else {
        theta=(float) acos(cos_t);
        sin_t=(float) sin (theta);
        vv=(float) sin((1-t)*theta) / sin_t;
        oo = (float) sin(t*theta)/ sin_t;
    }

    if (flip)
        oo=-oo;
    res.x=vv*q1.x + oo*q2.x;
    res.y=vv*q1.y + oo*q2.y;
    res.z=vv*q1.z + oo*q2.z;
    res.w=vv*q1.w+oo*q2.w;
}
```

slerp 插值方法非常适合 2 个四元数之间的插值，如果有一系列的四元数 q_0，q_1，q_2，…，q_{n-1}，使用 slerp 对四元数进行两两之间的插值，会导致插值端点处的值产生突然的、急剧的变化，如图 7-9 所示。因此，对四元数序列的较好的插值方法是借用样条曲线的方法，采用高次多项式的拟合方法，通过重结点使得新生成的四元数在经过端点时平滑地变化。重结点的计算方法为

$$a_i = q_i \exp[-\frac{\log(q_i^{-1}q_{i-1}) + \log(q_i^{-1}q_{i+1})}{4}]$$

这些新生成的辅助端点实际上是原来的四元数的切向方向，可作为三次样条插值的控制点，其插值的计算公式为

$$\text{squad}(q_i, q_{i+1}, a_i, a_{i+1}, t) = \text{slerp}(\text{slerp}(q_i, q_{i+1}, t), \text{slerp}(a_i, a_{i+1}, t), 2t(1-t))$$

squad()函数插值的结果会经过初始四元数 q_i（i=0, 1, 2, …, n−1）定义的方向，但不经过 a_i（i=0, 1, 2, …, n−1）这些辅助控制点。使用 squad()函数插值的结果如图 7-10 所示，显然比直接的 slerp 插值更平滑。

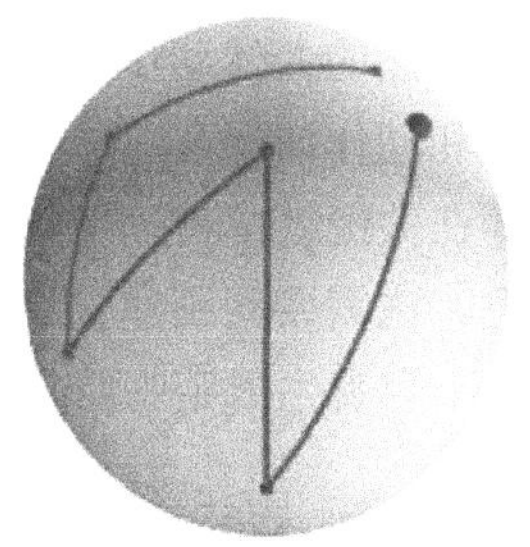

图 7-9　直接使用 slerp 插值的结果

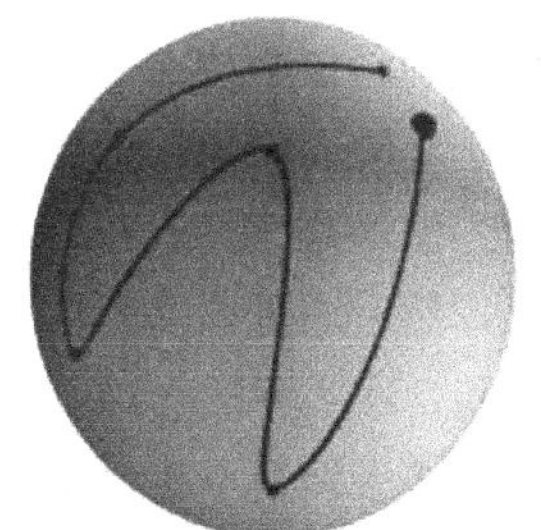

图 7-10　使用 squad 插值的结果

3. 在游戏中的应用

关键帧技术在游戏动画中的应用非常广泛，这可以大大节省开发人员的工作量，加快游戏的开发速度。在游戏《刺客信条》中，50名动画师一共制作了330个跳跃动画、220个基础运动动画、280个攀爬动画、210个暗杀动画、3200个打斗动画、3400个人群动画、3000个动物动画。可以看到，要开发一款精致的三维动作游戏，需要制作的动画的数量是非常惊人的，动画师们一般会借助关键帧技术等来提高制作的效率。

假设某款游戏需要一个向前翻滚的动作，整个动作需要持续1秒钟的时间，以每秒钟30帧的帧率进行计算，这1秒钟的翻滚动画需要绘制30帧。借助关键帧技术，动画师并不需要逐帧地去制作这30帧，而只需要指定其中几帧（如5帧），如图7-11所示。

图7-11 动画师为向前翻滚动作手工指定的5个关键帧

以前面两个关键帧为例，它们可以插值出如图7-12所示的中间帧。

图7-12 根据2个关键帧插值生成4个中间帧

本节的数据及配图均引自http://blog.wolfire.com/。

7.3 基于动作捕捉的动画技术

三维计算机动画核心技术之一是为动画人物创建真实的、自然的人体动作（运动）数据。目前，有三大类基本的动作数据构建方法：手工指定、运动模拟和动作捕捉。

手工指定方法就是7.2节介绍的关键帧动画技术，动画师在关键帧中精确地指定每个物体的瞬间空间位置，然后通过插值来推导出其他中间帧的运动信息。这需要动画师必须有丰富的生活体验和绘制经验，在实际的动画制作中十分费事、费时，而且不容易生成某些特定人体运动的细微特征，制作的结果往往不够真实、自然。

运动模拟技术一般基于物理模型，通过算法或者过程模型来产生所期望的运动数据。其优点是非专业的动画师也能用它来产生优美的动作，但不足之处是：需要很大的计算量，且难以模拟复杂的、有丰富细节的运动模式。

动作捕捉技术的直观理解是将演员的现场表演数字化，并记录下来，转化为计算机能处理的表达形式。在技术原理上，动作捕捉技术是通过对表演者的一些关键点的跟踪，将它们在不同时间的空间位置记录下来，并表演者的骨架信息相结合，以数学量或者符号（如空间位置、平移量、旋转量等）将现场表演的运动形式记录下来，并在计算机内重现。这些关键点应该是最能代表表演者的核心运动特征并能有效表现不同运动区域或者部件的变化，如人的关节点、腰部运动支撑点等。动作捕捉的对象可以是人，也可以是动物，只要能表现出可以观察到的运动形式即可。动作捕捉能够真实、自然地获取现实世界中的人体运动特征，并能有效表达演员的个性化表演特征，因而被动画和游戏业界认为是获取高质量动作数据的标准方法之一。

从动画制作的角度来看，运动捕捉技术有很多优点，包括：

- ❖ 可以产生特定人物的特定运动数据，这是手工指定方法所无法比拟的。而且，很多细微的运动特征和元素已经自然地体现在捕捉下来的数据中，不需要通过领域知识来添加。
- ❖ 运动数据在获取时就可以直观地看到，这使得演员、导演和动画师相互之间的交流变得很方便，他们可以一起在现场工作，共同确定所期望的动作。

因此，动作捕捉方法目前在三维动画制作和游戏开发中十分流行。本质上，基于动作捕捉技术的动画借助前向动力学原理来驱动动画人物。典型的基于动作捕捉技术的动画的制作流程如下：

① 根据动画情节的需要，准备好每个分镜头以及所需要的动作的描述，然后根据动画角色的需要，寻找合适的、与动画角色的骨架相类似的演员。

② 动作捕捉系统的操作员，与导演、演员和动画师等一起合作，将所需要的动作数据捕捉下来，并进行一些必要的去噪声等处理，以文件形式保存动作捕捉数据。

③ 将动画人物和动作捕捉数据进行骨架的绑定，使得捕捉下来的动作数据能直接驱动动画人物的骨架，并通过前向动力学原理，形成动画序列中的每一帧的骨架运动姿态。

④ 根据每帧骨架运动姿态，直接映射和驱动计算机动画中人物角色的表演，即通过变形等方法，生成每帧的三维人物模型，然后进行渲染和绘制，就可以得到整个动画序列。

下面分别对动作捕捉系统的基本原理、动作捕捉数据的文件格式以及动作捕捉数据的编辑和重用等分别介绍。

7.3.1 动作捕捉系统简介

近年来兴起的运动捕捉技术是人体动画中最有前途的技术之一，实时地检测、记录表演者的肢体在空间的运动轨迹，捕捉表演者的动作，并将其转化为数字化的“抽象运动”。典型的运动捕捉设备一般由以下几部分组成：

- ❖ 传感器—被固定在运动物体特定的部位，向系统提供运动的位置信息。
- ❖ 信号捕捉器—负责捕捉、识别传感器的信号。
- ❖ 数据传输设备—负责将运动数据从信号捕捉设备快速准确地传送到计算机系统。
- ❖ 数据处理设备—负责处理系统捕捉到的原始信号，计算传感器的运动轨迹，对数据进行修正、处理，并与三维角色模型相结合。

目前，常用的运动捕捉技术主要有光学式、电磁式、机械式和惯性式，其中以光学式和电磁式最常见。光学式运动捕捉系统利用多个摄像机采集图像信息，如图 7-13(a)所示，通过摄像机定标、特征跟踪、特征对应等，对采集的图像信息采用基于色块的特征点跟踪方法来跟踪二维特征点，然后利用计算机视觉技术重构二维特征点的三维运动信息。在实际捕捉时，在表演者的关键点的位置附近附上一组反光标记，如图 7-13(b)所示，然后通过多个光学传感镜头（一般 6 个以上），跟踪这些反光标记，并用计算机分析和提取相应的标记点。

(a) 光学式运动捕捉系统的摄像机

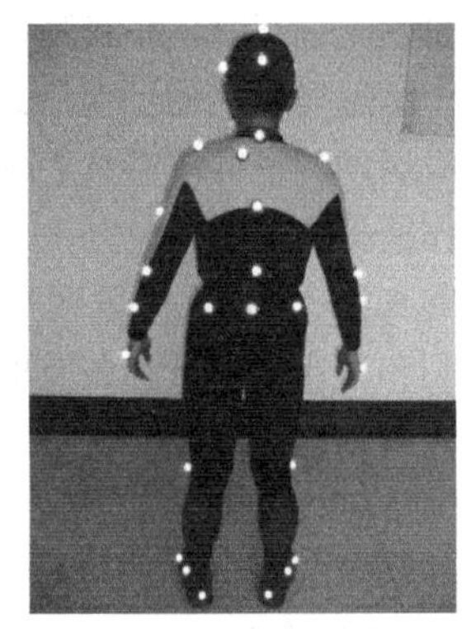

(b) 带有反光标记的演员

图 7-13 光学式运动捕捉系统示例

电磁式运动捕捉系统的组成如图 7-14 所示（图片取自相关公司的产品介绍），由一组电磁传感器（信号接收器）和一组电磁信号的发射器阵列组成。电磁场的发射源固定在场景中，电磁传感器附着在表演者的运动特征位置上，并通过有线或无线的形式将电磁感应的空间数据传输到计算机系统中进行分析和处理，记录表演者的每个主要肢体的位置和旋转变化。

机械式运动捕捉系统实际上是一个机电传感系统，将传感器和数据源（发射器）均附着在表演者身上，如图 7-15 所示（图片取自相关公司的产品介绍），将机械连杆系统与表演者的关节运动系统相匹配，通过人的运动驱动相对应得机械运动，并将这些机械运动产生的电位的变化记录下来，从而分析和提取出相应的人体运动。

图 7-14 电磁式运动捕捉系统示例

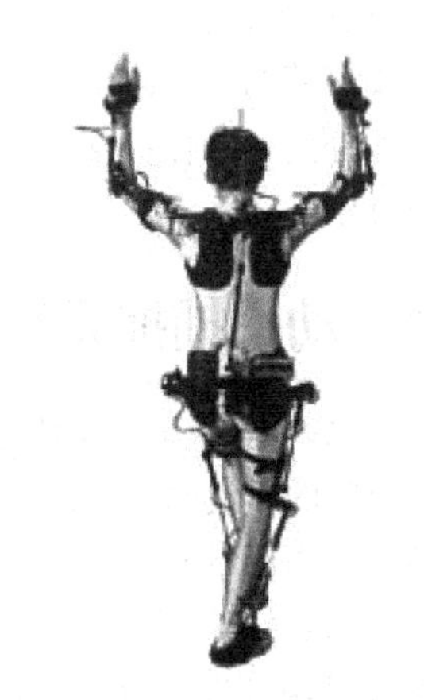

图 7-15 机械式运动捕捉系统示例

惯性式运动捕捉系统的主要工作原理是，先在人的身上主要的关键点绑定惯性陀螺仪，如图 7-16 所示（图片取自 http://www.xsens.com/），然后利用陀螺仪的定轴性，通过分析陀螺仪的位移变差来判定人的动作幅度和距离。这种技术已经在很多好莱坞电影中得到广泛应用，包括《泰迪熊》、《X 战警》等。

这 4 类典型系统各有优缺点，表 7-1 给出了对比分析，供选购运动捕捉系统时参考。

图 7-16　惯性式运动捕捉系统示例

表 7-1　4 类主要动作捕捉系统的优缺点对比分析

系统类型	主要优点	主要缺点
光电式	在大多数情况下，光学传感数据的精度极高 可以使用数量较多的标记来记录表演者的运动 比较容易改变标记的配置，从而适应不同类型的表演者 表演比较自由，不受制于电源、数据线等外在因素的影响，使得表演的结果更加真实和自然 允许在较大的区域范围内捕捉运动，从而给表演者更多的表演空间 通常具有较高的数据采样率，可以捕捉高速运动	光学传感数据通常有较大的噪声，处理工作量比较大 硬件系统比较昂贵 在标记长时间被遮挡时，动作捕捉系统将不能正常工作 动作捕捉通常在受限的环境中完成，一般要求远离黄色的光源，并且不能有反光噪声
电磁式	实时的数据输入能够提供及时的视觉反馈 位置和方向数据能够直接获得，不需要后处理 比光学系统便宜 传感器不会发生遮挡 可同时捕捉多个表演者的运动，并且在系统配置上比较容易	运动跟踪对金属比较敏感，容易导致不正常的输入 表演者的运动通常受数据传输速度的影响 电磁传感数据的采样率通常比光学系统低 能够捕捉的区域范围通常比光学系统小 更改标记的配置通常比较困难
机械式	动作捕捉的范围通常比较大 硬件系统相对比较便宜 用于捕捉的盔甲是可携带的 实时数据采集也是可以的 数据的采集费用不高 传感器不会被遮挡 可同时捕捉多个表演者的运动，不需要复杂的配置	动作数据的采样率比较低 机械结构对表演者的动作限制很大，可能对表演者的表演质量产生影响 系统对表演者的关结点有约束 传感器的配置是固定的
惯性式	不存在发射源，不怕遮挡 没有外界干扰 不需要依靠捕捉工作室，没有工作空间的限制 传感器价格便宜，容易获取	会产生累积误差 动作识别依赖于动作样本数据库

7.3.2　动作捕捉数据的文件格式及其解析

动作捕捉数据的文件格式有很多，并没有形成统一的标准。游戏编程人员的任务是解析出其中的骨架运动数据，对其进行解释后作用在动画人物上。大多数动作捕捉数据文件格式采用 ASCII

数据编码，其文件的解读一般按行进行，并根据一些分隔标志对每个数据项进行读取。一般情况下，动作捕捉数据文件中包含有骨架的定义、采样的频率（每个数据帧之间的时间间隔）、各个基本数据元素、数据的单位（厘米、英寸等），以及随时间变化的各运动参数的数据信道。常见的动作捕捉数据格式有：BVA、BVH、HTR、ASF/AMC 等格式，下面分别加以介绍。

BVA 文件格式首先由 Biovision 公司提出，没有对骨架的各个关结点的连接关系进行定义，只记录了每个关节的平移、旋转和缩放等信息。典型的 BVA 文件的片断如下：

```
Segment:   Root
Frames:    2
Frame Time: 0.033333
XTRAN   YTRAN   ZTRAN   XROT     YROT     ZROT     XSCALE  YSCALE  ZSCALE
INCHES  INCHES  INCHES  DEGREES  DEGREES  DEGREES  INCHES  INCHES  INCHES
 8.03   35.01   88.36   14.78    -164.35  -3.41    5.21    5.21    5.21
 7.81   35.10   86.47   12.94    -166.97  -3.78    5.21    5.21    5.21

Segment:   Backbone
Frames:    2
Frame Time: 0.033333
XTRAN   YTRAN   ZTRAN   XROT     YROT     ZROT     XSCALE  YSCALE  ZSCALE
INCHES  INCHES  INCHES  DEGREES  DEGREES  DEGREES  INCHES  INCHES  INCHES
 8.33   40.04   89.69   -27.24   175.94   -2.88    18.65   18.65   18.65
 8.15   40.16   87.63   -31.12   175.58   -4.08    18.65   18.65   18.65

Segment:   Neck
Frames:    2
Frame Time: 0.033333
XTRAN   YTRAN   ZTRAN   XROT     YROT     ZROT     XSCALE  YSCALE  ZSCALE
INCHES  INCHES  INCHES  DEGREES  DEGREES  DEGREES  INCHES  INCHES  INCHES
 9.16   56.60   81.15   -69.21   159.37   -27.46   5.45    5.45    5.45
 9.28   56.09   78.00   -72.40   153.61   -33.72   5.45    5.45    5.45
```

BVA 文件的解析从每个数据段的第一行关键字“Segment:”开始，它定义了这个骨架单元的名字。第二行的关键字是“Frames:”，定义该动作数据文件中所包含的帧的数目。“Frame Time:”定义数据的采样速率。接下来两行是平移、旋转和缩放等每个信道分量的参数类型，以及数据单位（英寸、旋转度数等），它们的旋转变换的次序是 X、Y、Z。最后是数据块，其中每行表示运动序列中的每帧，每行中的每个数据项对应于前面定义的每个信道分量。

BVH（Biovision hierarchical data）文件在 BVA 的基础上增加了骨架的层次关系和连接关系的定义。在 BVH 文件中，只有 Root 结点额外包含有平移位置信息，其他子结点都只包含旋转分量信息，从而确保了骨架的长度在运动过程中是保持不变的。基于前面给出的骨架定义，一个典型的 BVH 文件如下所示：

```
HIERARCHY
ROOT root {
   OFFSET   0.00   0.00   0.00
   CHANNELS 6 Xposition Yposition Zposition Zrotation Xrotation Yrotation
   JOINT backbone {
      OFFSET   15.23   0.00   0.00
      CHANNELS 3 Zrotation Xrotation Yrotation
```

```
JOINT neck {
    OFFSET   42.07   0.00   0.00
    CHANNELS 3 Zrotation Xrotation Yrotation
    JOINT head {
        OFFSET   17.05   0.00   0.00
        CHANNELS 3 Zrotation Xrotation Yrotation
        End Site {
            OFFSET   4.54   0.00   -11.44
        }
        End Site {
            OFFSET   -2.46   -3.82   -11.44
        }
    }
}
JOINT left_collar {
    OFFSET   40.47   -8.01   0.00
    CHANNELS 3 Zrotation Xrotation Yrotation
    JOINT left_shoulder {
        OFFSET   12.80   0.85   2.21
        CHANNELS 3 Zrotation Xrotation Yrotation
        JOINT left_elbow {
            OFFSET   24.09   -0.09   -2.06
            CHANNELS 3 Zrotation Xrotation Yrotation
            JOINT left_hand {
                OFFSET   28.65   -0.03   2.06
                CHANNELS 3 Zrotation Xrotation Yrotation
                End Site {
                    OFFSET   13.37   1.10   2.30
                }
                End Site {
                    OFFSET   10.89   -7.28   1.82
                }
            }
        }
    }
}
JOINT right_collar {
    OFFSET   40.47   8.01   0.00
    CHANNELS 3 Zrotation Xrotation Yrotation
    JOINT right_shoulder {
        OFFSET   -12.80   -0.85   -2.21
        CHANNELS 3 Zrotation Xrotation Yrotation
        JOINT right_elbow {
            OFFSET   -24.09   0.09   2.06
            CHANNELS 3 Zrotation Xrotation Yrotation
            JOINT right_hand {
                OFFSET   -28.65   0.03   -2.06
```

```
            CHANNELS 3 Zrotation Xrotation Yrotation
            End Site {
               OFFSET   -13.37   -1.10   -2.30
            }
            End Site {
               OFFSET   -10.89   7.28   -1.82
            }
         }
      }
   }
}
JOINT left_leg {
   OFFSET   0.04   -9.52   0.00
   CHANNELS 3 Zrotation Xrotation Yrotation
   JOINT left_knee {
      OFFSET   43.91   0.00   -5.49
      CHANNELS 3 Zrotation Xrotation Yrotation
      JOINT left_ankle {
         OFFSET   47.07   0.00   -3.99
         CHANNELS 3 Zrotation Xrotation Yrotation
         End Site {
            OFFSET   19.75   0.00   0.00
         }
         End Site {
            OFFSET   12.70   -2.54   -5.30
         }
         End Site {
            OFFSET   -0.40   -7.25   0.47
         }
      }
   }
}
JOINT right_leg {
   OFFSET   0.04   9.52   0.00
   CHANNELS 3 Zrotation Xrotation Yrotation
   JOINT right_knee {
      OFFSET   -43.91   0.00   5.49
      CHANNELS 3 Zrotation Xrotation Yrotation
      JOINT right_ankle {
         OFFSET   -47.07   0.00   3.99
         CHANNELS 3 Zrotation Xrotation Yrotation
         End Site {
            OFFSET   -19.75   0.00   0.00
         }
         End Site {
            OFFSET   -12.70   2.54   5.30
         }
```

```
                End Site {
                    OFFSET   0.40   7.25   -0.47
                }
            }
        }
    }
}
}

MOTION
Frames:         2
Frame Time:     0.033333
-12.81   95.67   -29.34   88.65    -18.67   -2.97    5.82     -11.99   -3.29
0.00     0.00    0.00     113.76   14.84    165.40   50.59    -5.54    187.66
219.94   11.25   184.74   -18.91   -39.93   -31.05   161.14   62.53    -171.84
-57.24   5.84    10.02    222.60   17.24    187.54   4.22     3.91     -15.98
109.15   38.40   -122.66  4.74     -4.70    -168.13  -176.84  -9.07    -159.66
91.78    14.17   -96.51   4.19     -15.43   4.82     -180.08  -4.55    -176.38
91.62    19.60   -97.17
-12.78   95.68   -29.31   88.65    -18.69   -2.99    5.82     -12.00   -3.27
0.00     0.00    0.00     113.74   14.87    165.35   50.59    -5.54    187.66
219.88   11.27   184.78   -19.12   -40.15   -31.20   161.48   62.53    -172.08
-57.24   5.84    10.01    222.55   17.19    187.64   4.14     3.61     -16.15
109.10   38.45   -122.69  4.73     -4.68    -168.19  -176.87  -9.06    -159.77
91.78    14.17   -96.51   4.18     -15.42   4.84     -180.08  -4.57    -176.37
91.65    19.58   -97.17
```

从文件解析的角度看，BVH 文件包含两部分：文件头部和运动数据块。BVH 的文件头部从关键字“HIERARCHY”开始，下一行是骨架的定义和描述，从关键字“Root”开始。

BVH 文件可以定义多个骨架，但每个骨架的描述必须从关键字“Root”开始。其骨架的定义采用了递归方式，每个关结点的信息及子关结点都定义在紧随其后的“{”和“}”中，在格式上使用制表符 Tab 进行缩紧。“Offset”定义了每个关结点相对于其父结点的偏移量，“Root”是整个层次结构的根结点，故其偏移量为(0, 0, 0)。同时，“Offset”也隐含定义了连接两个关结点的骨骼的长度和方向。“CHANNELS”后面紧跟的数据项是数据信道的个数，以及每个数据信道（主要是旋转量）的名称和次序，根关结点有 6 个通道，而子关结点有 3 个通道，较根关结点少了 position 的信息，这是由于子关结点的 position 信息可以通过根关结点的 position 信息和偏移量进行求解。BVH 文件中采用的旋转变换的一般次序为 ZXY。关键字“JOINT”指明了递归定义子关结点的开始，与“Root”关键字的功效基本相同，但数据信道的个数不一样。关键字“End Site”表示递归定义的结束，说明当前的关结点在该骨架中是叶结点，它没有 CHANNELS 属性，这是由于没有后续的骨骼需要去定义旋转量了。

关键字“MOTION”表明了运动数据块的开始，“Frames:”指明了运动序列中的帧的个数，“Frame Time:”指明了每帧的时间间隔，一般为 0.033333，表示帧率为 30 帧/秒。BVH 文件的最后是实际的运动数据，每行的数据对应一帧的运动姿势，每个数据项的次序和骨架层次中定义的每个关结点的次序相同，每个数据项对应了骨架定义中的一个 CHANNEL。在进行运动数据的解释时，先从“Root”根结点开始，找到当前关结点的路径上的所有相对于父结点的变换矩阵，然后通过矩阵乘法进行合成，才能得到当前关结点的变换矩阵。

HTR（Hierarchical Translation-Rotation）文件格式来自于 Motion Analysis 公司，是为了弥补 BVH 文件中缺少全局变换参数的不足而提出的，在数据类型和灵活性方面比 BVH 文件有较大的改进，并包含了一个较为完整的基本姿势，作为平移和旋转的基准点。HTR 示例文件如下：

```
# 文件头
[Header]                        # Header keywords are followed by a single value
FileType            htr         # single word string
DataType            HTRS        # Hierarchical translations followed by rotations and Scale
FileVersion         1           # integer
NumSegments         18          # integer
NumFrames           2           # integer
DataFrameRate       30          # integer
EulerRotationOrder  ZYX         # one word string
CalibrationUnits    mm          # one word string
RotationUnits       Degrees     # one word string
GlobalAxisofGravity Y           # character, X or Y or Z
BoneLengthAxis      Y

# 骨骼和骨架层次结构的定义
[SegmentNames&Hierarchy]
#CHILD       PARENT
LOWERTORSO   GLOBAL
UPPERTORSO   LOWERTORSO
NECK         UPPERTORSO
HEAD         NECK
RSHOULDER    UPPERTORSO
RUPPERARM    RSHOULDER
RLOWARM      RUPPERARM
RHAND        RLOWARM
LSHOULDER    UPPERTORSO
LUPPERARM    LSHOULDER
LLOWARM      LUPPERARM
LHAND        LLOWARM
RTHIGH       LOWERTORSO
RLOWLEG      RTHIGH
RFOOT        RLOWLEG
LTHIGH       LOWERTORSO
LLOWLEG      LTHIGH
LFOOT        LLOWLEG

    # 骨架的基本参考姿势
    [BasePosition]
    #SegmentName   Tx, Ty, Tz, Rx, Ry, Rz, BoneLength
    LOWERTORSO     0.00     0.00     0.00     0.00     0.00     0.00     200.00
    UPPERTORSO     0.00     200.00   0.00     -1.38    0.00     0.35     286.95
    NECK           0.00     286.95   0.00     2.90     -0.08    3.20     101.66
    HEAD           0.00     101.66   0.00     -1.53    -0.09    -3.55    174.00
    RSHOULDER      -10.21   252.02   -0.84    1.85     -1.36    98.76    137.50
    RUPPERARM      0.00     137.50   0.00     3.22     0.48     13.42    279.07
    RLOWARM        0.00     279.07   0.00     -2.42    -1.40    -15.48   222.64
```

```
RHAND        0.00    222.64  0.00   -2.59   -0.32  -6.98    90.00
LSHOULDER    9.79    251.90  -0.84  -5.30   1.36   -98.63   132.79
LUPPERARM    0.00    132.79  0.00   13.46   1.21   -13.67   295.17
LLOWARM      0.00    295.17  0.00   -6.60   2.65   18.04    222.81
LHAND        0.00    222.81  0.00   -1.49   0.10   3.78     90.00
RTHIGH       -96.49  -31.41  26.89  -6.15   0.00   176.17   379.17
RLOWLEG      0.00    379.17  0.00   4.86    -0.14  1.34     394.60
RFOOT        0.00    394.60  0.00   71.40   -0.06  2.48     160.00
LTHIGH       107.90  -45.36  2.84   -4.81   0.00   -178.69  362.85
LLOWLEG      0.00    362.85  0.00   5.06    -0.03  0.30     398.36
LFOOT        0.00    398.36  0.00   69.87   -0.01  -1.61    160.00

# 运动数据块
[LOWERTORSO]
1   263.72  816.20  -2874.77  18.03  -7.70   -10.34  1.00
2   264.42  812.41  -2740.34  19.81  -13.46  -11.93  1.00
[UPPERTORSO]
1   0.00    0.00    0.00      8.33   -17.38  8.59    1.00
2   0.00    0.00    0.00      8.71   -6.14   8.64    1.00
```

HTR 文件中包含 4 部分：文件头，骨骼和骨架层次结构的定义，基准姿势，运动数据块。文件头由关键字“[HEADER]”开始，每个关键字的含义及域值解释如下：

- ❖ FileType —文件的类型，其值可以是“htr”或者“gtr”，默认为 htr 文件。
- ❖ DataType —指明每个骨骼的几何变换合成的次序，一般为平移、旋转和缩放，即 HTRS。
- ❖ FileVersion —表明文件的版本类型。
- ❖ NumSegments —定义文件中的骨骼的个数。
- ❖ NumFrames —文件中的帧的数目。
- ❖ DataFrameRate —文件中的运动数据的采样速率（每秒）。
- ❖ EulerRotationOrder —指明旋转变换时，绕 *X*、*Y* 和 *Z* 轴的次序。
- ❖ CalibrationUnits —度量单位，主要指平移，单位一般为毫米（mm）。
- ❖ RotationUnits —旋转角度的度量单位（度数或者弧度）。
- ❖ GlobalAxisofGravity —指明世界坐标系的向上的坐标轴，一般为 *Y* 轴或者 *Z* 轴。
- ❖ BoneLengthAxis —指明每个骨骼的长度的定义参考轴，默认为 *Y* 轴。
- ❖ ScaleFactor —定义作用运动数据中的全局缩放系数。

文件的第二部分是骨架的结构和各个骨骼的名称，由“SegmentNames&Hierarchy”作为引导关键字。“CHILD PARENT”指明了每两个相连骨骼在整个骨架结构中的父子关系。如果一个骨骼没有父结点，那么它的父结点就用“GLOBAL”标识。文件的第三部分是骨架的基本参考姿势的定义，用关键字标识“BasePosition”，包含有每个骨骼的平移位置、旋转方向和长度。文件的最后部分是具体的运动数据块，没有用具体的关键字标识，按照每个骨骼来组织运动数据，第一行是骨骼的名字，使用“[”和“]”进行标示。接下来的每一行代表每一帧的变换参数，并以帧号（1, 2, 3, …）打头，每行的平移、旋转和缩放定义了该骨骼相对于骨架的基本参考姿势在当前编号的帧中的几何变换，平移和旋转的各值域按照绕 *X*、*Y*、*Z* 轴的次序进行存储。在进行动作数据的解析时，需要将当前帧的变换矩阵和对应的骨架基本参考姿势的变换矩阵相乘，然后与 BVH 的动作数据解析类似，递归地与当前骨架的父结点通过矩阵乘法进行复合，直到根结点为止，以生成全局的变换矩阵。但该变换矩阵只涉及平移和旋转变换，骨骼长度的缩放在对附着在骨架上的三维人物模型进行几何变形时，直接作用在三维人物模型中。

ASF/AMC 文件格式是 Acclaim 公司的格式，主要面向游戏的开发，与前面的格式最大的不同是：骨架的定义和动作数据的描述分在两个文件中。由于在游戏开发中，动画人物的骨架往往是固定不变的，变化的只是动作内容数据，因此在骨架不变的情况下，这种把骨架和动作数据分开存储的方式可大大节约存储空间。

ASF（Acclaim Skeleton File）主要描述了骨架的定义，完整的 ASF 文件如下：

```
#
# Comment line
##
#
:version 1.10
:name BioSkeleton
:units
   mass   1.0
   length   1.0
   angle   deg
:documentation
   Example of an Acclaim skeleton
   To be used with "Walk.amc"
:root
   axis   XYZ
   order   TX TY TZ RZ RY RX
   position   0.0   0.0   0.0
   orientation   0.0   0.0   0.0
:bonedata
begin
   id   1
   name hips
   direction   0.000000   1.000000   0.000000
   length   0.000000
   axis   0.00000   0.00000   0.00000   XYZ
   dof   rx ry rz
   limits (-180.0 180.0)
         (-180.0 180.0)
         (-180.0 180.0)
end
begin
   id   2
   name hips1
   direction   0.000000   1.000000   0.000000
   length   4.310000
   axis   0.000   0.000   0.000   XYZ
end
begin
   id   3
   name chest
   direction   0.000000   1.000000   0.000000
   length   0.000000
   axis   0.00000   0.00000   0.00000   XYZ
   dof   rx ry rz
```

```
    limits (-180.0 180.0)
           (-180.0 180.0)
           (-180.0 180.0)
end
begin
    id  4
    name chest1
    direction   0.000000   1.000000   0.000000
    length   16.870001
    axis   0.000   0.000   0.000   XYZ
end
begin
    id  5
    name neck
    direction   0.000000   1.000000   0.000000
    length   4.020000
    axis   0.00000   0.00000   0.00000   XYZ
    dof   rx ry rz
    limits (-180.0 180.0)
           (-180.0 180.0)
           (-180.0 180.0)
end
begin
    id  6
    name head
    direction   1.000000   0.000000   0.000000
    length   0.000000
    axis   0.00000   0.00000   0.00000   XYZ
    dof   rx ry rz
    limits (-180.0 180.0)
           (-180.0 180.0)
           (-180.0 180.0)
end
begin
    id  7
    name   chest2
    direction   0.068191   0.991126   0.114101
    length   14.811435
    axis   0.000   0.000   0.000   XYZ
end
begin
    id  8
    name   leftcollar
    direction   1.000000   0.000000   0.000000
    length   4.830000
    axis   0.00000   0.00000   0.00000   XYZ
    dof   rx ry rz
    limits (-180.0 180.0)
           (-180.0 180.0)
           (-180.0 180.0)
end
```

```
begin
   id  9
   name  leftuparm
   direction  0.000000  -1.000000  0.000000
   length  12.160000
   axis  0.00000  0.00000  0.00000  XYZ
   dof  rx ry rz
   limits (-180.0 180.0)
          (-180.0 180.0)
          (-180.0 180.0)
end
begin
   id  10
   name  leftlowarm
   direction  0.000000  -1.000000  0.000000
   length  9.700000
   axis  0.00000  0.00000  0.00000  XYZ
   dof  rx ry rz
   limits (-180.0 180.0)
          (-180.0 180.0)
          (-180.0 180.0)
end
begin
   id  11
   name  lefthand
   direction  1.000000  0.000000  0.000000
   length  0.000000
   axis  0.00000  0.00000  0.00000  XYZ
   dof  rx ry rz
   limits (-180.0 180.0)
          (-180.0 180.0)
          (-180.0 180.0)
end
begin
   id  12
   name  chest3
   direction  -0.068191  0.991126  0.114101
   length  14.811435
   axis  0.000  0.000  0.000  XYZ
end
begin
   id  13
   name  rightcollar
   direction  -1.000000  0.000000  0.000000
   length  5.390000
   axis  0.00000  0.00000  0.00000  XYZ
   dof  rx ry rz
   limits (-180.0 180.0)
          (-180.0 180.0)
          (-180.0 180.0)
end
```

```
begin
   id  14
   name  rightuparm
   direction  0.000000  -1.000000  0.000000
   length  12.480000
   axis  0.00000  0.00000  0.00000  XYZ
   dof  rx ry rz
   limits (-180.0 180.0)
          (-180.0 180.0)
          (-180.0 180.0)
end
begin
   id  15
   name  rightlowarm
   direction 0.000000  -1.000000  0.000000
   length  10.060000
   axis  0.00000  0.00000  0.00000  XYZ
   dof  rx ry rz
   limits (-180.0 180.0)
          (-180.0 180.0)
          (-180.0 180.0)
end
begin
   id  16
   name  righthand
   direction  1.000000  0.000000  0.000000
   length  0.000000
   axis  0.00000  0.00000  0.00000  XYZ
   dof  rx ry rz
   limits (-180.0 180.0)
          (-180.0 180.0)
          (-180.0 180.0)
end
begin
   id  17
   name  hips2
   direction  1.000000  0.000000  0.000000
   length  3.240000
   axis  0.000  0.000  0.000  XYZ
end
begin
   id  18
   name  leftupleg
   direction  0.000000  -1.000000  0.000000
   length  17.290001
   axis  0.00000  0.00000  0.00000  XYZ
   dof  rx ry rz
   limits (-180.0 180.0)
          (-180.0 180.0)
          (-180.0 180.0)
end
```

```
begin
   id  19
   name  leftlowleg
   direction  0.000000  -1.000000  0.000000
   length  16.400000
   axis  0.00000  0.00000  0.00000  XYZ
   dof  rx ry rz
   limits (-180.0 180.0)
          (-180.0 180.0)
          (-180.0 180.0)
end
begin
   id  20
   name  leftfoot
   direction  1.000000  0.000000  0.000000
   length  0.000000
   axis  0.00000  0.00000  0.00000  XYZ
   dof  rx ry rz
   limits (-180.0 180.0)
          (-180.0 180.0)
          (-180.0 180.0)
end
begin
   id  21
   name  hips3
   direction  -1.000000  0.000000  0.000000
   length  3.240000
   axis  0.000  0.000  0.000  XYZ
end
begin
   id 22
   name  rightupleg
   direction  0.000000  -1.000000  0.000000
   length  17.680000
   axis  0.00000  0.00000  0.00000  XYZ
   dof  rx ry rz
   limits (-180.0 180.0)
          (-180.0 180.0)
          (-180.0 180.0)
end
begin
   id  23
   name  rightlowleg
   direction  0.000000  -1.000000  0.000000
   length  15.510000
   axis  0.00000  0.00000  0.00000  XYZ
   dof  rx ry rz
   limits (-180.0 180.0)
          (-180.0 180.0)
          (-180.0 180.0)
end
```

```
begin
    id  24
    name  rightfoot
    direction  1.000000  0.000000  0.000000
    length  0.000000
    axis  0.00000  0.00000  0.00000  XYZ
    dof  rx ry rz
    limits (-180.0 180.0)
           (-180.0 180.0)
           (-180.0 180.0)
end
:hierarchy
begin
    root  hips
    hips  hips1 hips2 hips3
    hips1  chest
    chest  chest1 chest2 chest3
    chest1  neck
    neck head
    chest2  leftcollar
    leftcollar  leftuparm
    leftuparm  leftlowarm
    leftlowarm  lefthand
    chest3  rightcollar
    rightcollar  rightuparm
    rightuparm  rightlowarm
    rightlowarm  righthand
    hips2  leftupleg
    leftupleg  leftlowleg
    leftlowleg  leftfoot
    hips3  rightupleg
    rightupleg  rightlowleg
    rightlowleg  rightfoot
end
```

在 ASF 文件中，所有的关键字都以“:”开头，每个关键字的解释如下：

① 关键字“:version”表示该文件的版本，当前版本是 1.10。

② 关键字“:name”允许文件中的骨架可被命名为不同于文件名的名字。

③ 关键字“:units”描述了一个字段，定义了动作数据中各种数据项的计量单位，如角度采用“度”来表示等。

④ 关键字“:documentation”描述了有关该文件的各种注释性信息，这只是为了提高可读性，在实际的文件解读时可忽略。

⑤ 关键字“:root”定义了一个特殊字段，给出了骨架结构的根结点的描述，不包含方向、长度等信息，其中的关键字“axis”定义了根结点的绕 *X*、*Y*、*Z* 轴的旋转次序；关键字“order”定义了 AMC 文件中的每个动作数据信道的存储次序；“position”和“orientation”分别定义根结点的三维位置和朝向，一般为 0。

⑥ 关键字“:bonedata”描述了每个骨骼的定义性信息，并且每个骨骼的特性描述由关键字“begin”和“end”进行封装，其中的各值域的解释如下：

❖ id 一唯一表示当前骨骼的标识符。

❖ name 一唯一表示该骨骼的名字。

❖ direction 一表示该骨骼的方向，定义了当前骨骼相对于其父结点的朝向。

❖ length 一定义了当前骨骼的长度。

❖ axis 一定义了当前关结点绕绕 *X*、*Y*、*Z* 轴的旋转次序。

❖ dof 一定义当前骨骼的自由度，指定了动作数据信道的数目和它在 AMC 文件中的存储次序。

❖ limits 一定义了“dof”中定义的每个数据信道的取值范围，这个信息对动作编辑很有用，但 AMC 文件中数据并不受到这一限制。

❖ :hierarchy 一定义了骨架结构中的每个骨骼的连接关系，也由“begin”和“end”封装。

AMC（Acclaim Motion Capture）存储 ASF 文件中所定义的骨架的动作数据。在动作数据的存储组织上，按照动作数据的采样次序。每帧的数据有一个帧的编号，每个骨骼的动作数据存储为一行，其次序与 ASF 文件中定义的相同。AMC 文件的示例如下：

```
#
# Space for comments
##
#
:FULLY-SPECIFIED
:DEGREES
1
root   -1.244205   36.710186   -1.148101   0.958161   4.190043   -18.282991
hips   0.000000   0.000000   0.000000
chest   15.511776   -2.804996   -0.725314
neck   48.559605   0.000000   0.014236
head   -38.332661   1.462782   -1.753684
leftcollar   0.000000   15.958783   0.921166
leftuparm   -10.319685   -15.040003   63.091194
leftlowarm   -27.769176   -15.856658   8.187016
lefthand   2.601753   -0.217064   -5.543770
rightcollar   0.000000   -8.470076   2.895008
rightuparm   6.496142   9.551583   -57.854118
rightlowarm   -26.983490   11.338276   -5.716377
righthand   -6.387745   -1.258509   5.876069
leftupleg   23.412262   -5.325913   12.099395
leftlowleg   -6.933442   -6.276054   -1.363996
leftfoot   -1.877641   4.455667   -6.275022
rightupleg   20.698696   3.189690   -8.377244
rightlowleg   3.445840   -6.717122   2.046032
rightfoot   -8.162314   0.687809   9.000264
2
root   -0.227361   37.620358   1.672587   0.204373   -4.264866   -12.155879
hips   0.000000   0.000000   0.000000
chest   14.747641   2.858763   -1.345236
neck   44.651531   0.000000   -0.099206
head   -38.546989   0.678145   -4.633668
```

```
leftcollar  0.000000  7.233337  -5.791124
leftuparm  9.928153  -50.015823  25.218475
leftlowarm  -40.443512  -0.566324  0.482702
lefthand  6.011584  -0.216811  4.576208
rightcollar  0.000000  -1.936009  5.471129
rightuparm  3.926107  32.418419  -26.396805
rightlowarm  -43.958717  3.548671  -3.415734
righthand  -4.901258  -0.112565  0.681468
leftupleg  11.932759  0.406248  -1.921313
leftlowleg  13.698170  5.503362  2.643481
leftfoot  -16.237123  2.755839  -7.182952
rightupleg  13.767217  0.331739  -1.353482
rightlowleg  22.576195  -7.388037  -3.537788
rightfoot  -19.946142  2.525145  8.668705
```

在解读 Acclaim 的 ASF/AMC 文件格式时，先从 ASF 中解读出骨架信息，再根据这个骨架的定义，解析 MAC 中的动作数据。具体的动作数据解析方法与 BVH 的动作数据解析方法类似。

7.3.3 动作捕捉数据的编辑和重用

在动画制作中，常常需要对动作捕捉数据进行修改，一方面是由于所捕捉下来的动作数据常常与所要制作的场景的时间或空间要求不相符合；另一方面，即使捕捉下来的数据已经是期望的动作，但在实际动画制作中，由于设计意图、故事情节以及处理脚本等处在不断的变化之中，需要对动作捕捉数据进行修改。另外，随着捕捉下来的数据越来越多，也有必要将这些数据进行修改和重用。

但动作捕捉数据很难被修改和重用，这是因为其底层的关结点细节描述缺乏足够的结构性信息，而真实（realism）和自然（naturalness）也没有量化的标准，导致了对它的直接编辑和修改都容易引起运动要素的变形，进而使得改动后的运动数据在质量上急剧退化。如何有效地编辑和改变运动数据，使得在用户修改后，能保持动作数据中的其余运动特性基本不变，是目前计算机动画界的研究热点之一，同时成为了一个公认的具有挑战性的研究课题之一。因为人类的视觉感知能力十分强大，能敏锐地觉察到人体运动的细微变化和差别，模型动作的细微不自然或不真实都会被察觉到。

在技术路线上，动作捕捉数据的编辑方法可分为 4 大类。

（1）信号处理方法

运动特性参数被作为采样下来的信号处理，借用图像处理和信号处理领域的相关技术来编辑和修改有关联的动作参数，从而产生新的动作序列。由于用户的处理要求大多基于高层的语义和运动特征描述，而信号处理方法不能显性地描述动作特征，难以对其编辑要求进行直接的支持。

（2）约束优化方法

该方法将用户要保留或改变动作特征的需求显式地描述为约束条件，然后基于约束条件进行优化求解，以产生符合要求的动作序列。这些约束条件主要包括空间（几何）约束，如时空约束、物理学定律、动力学定律和逆向求解运动变换等。约束优化方法受限于约束条件的局限和约束问题优化求解的效率等。

（3）基于统计学模型的动作合成方法

动作捕捉数据往往缺少结构化的描述，因而统计学模型，如隐式马尔科夫模型（Hidden Markov

Model，HMM），被用于“学习”和提取动作的统计学特征及有意义的属性，如动作模式等，再对其进行统计学意义上的动作合成。基于统计学模型的动作合成往往建立在对实际运动数据的统计特征学习的基础上，而不是从运动特性本身出发，因此有可能丢失一些重要的运动特性，从而导致合成出来的动作不够真实。

（4）基于插值的动作编辑方法

插值法是基于动作序列的参数化描述，来插值产生新的动作，如线性插值方法被用于编辑不同的行走姿态，也有人曾经使用径向基函数来对不同风格的动作进行插值，产生新的动作序列。

按照这些编辑方法在具体操作上的作用和功能，可分为如下类型。

① 运动修改：指针对源运动数据中非本质的属性进行变换的操作，包括：

❖ 关结点重定位（joint repositioning）—可以改变人体的运动姿势。例如，将动作捕捉数据中的每个自由度映射为运动的初始曲线和偏移曲线，然后通过对偏移曲线进行替换操作，改变每帧中的人体关节的位置。

❖ 运动平滑（motion smoothing）—运动曲线的平滑程度取决于曲线中控制点的密度。通过滤波系统改变控制点的数目，或者加强/减弱高频或低频的信号，可以使运动尽量平滑。

❖ 运动变形（motion warping）—针对原始动画序列中的一些关键帧，定义与这些帧对应的变形效果，以此作为约束去插值得到保持原有运动结构的平滑的变形动画序列。

❖ 改变方向 —改变动画人物骨架上的根结点或者枢纽结点的旋转参数，以达到改变方向的效果，如将一个走直线的运动变化成为走圆形路线的运动。

② 运动的合成：指通过拼接一组已有的捕捉样本数据而生成新的运动序列的方法，合成的结果就是一个新的运动序列。但这个运动在内容或者风格上与原始样本运动数据有着一些相似的地方。已有的运动合成的方法包括：

❖ 基于统计模型的合成— 常用的合成运动的方法，通常是先从捕捉数据中学习统计模型，然后基于这些统计模型，生成新的满足一定合成要求的运动序列。

❖ 基于混合的合成— 将很多的运动片断混合在一起生成新的运动序列。如果将一个运动的参数序列用一条曲线进行表示，该方法就是按照适当的混合函数生成一条介于两个源曲线之间的新曲线。部分运动混合是将运动的一部分进行混合替换后得到新的运动序列。

❖ 基于插值的合成— 使用一组样本运动序列生成中间运动，可使用线性近似和三角函数去进行拟合，这种方法对于保持运动风格是十分有效的。

❖ 基于图检索的合成— 把一组运动序列表示成一幅连接图（motion graph），每个结点表示一个独立的运动序列，而边连接运动的各帧。新的运动序列的生成过程就是找到一条合适的路径，同时满足硬约束和软约束。

③ 运动串接：指无缝、平滑地连接两个运动片断。结果运动序列可以看成源运动在内容上的“叠加”。周期性串接可以看成一种特殊的串接方式，将同一个运动序列进行两次或者多次的串接。运动串接的核心问题就是怎样平滑地进行运动序列的过渡。一些已有的平滑过渡方法如下：

❖ 混合运动重叠的部分— 与图像 morphing 有点相似，混合的权值分配可以是区间[0, 1]上的递减函数。这种方法简单直接，但是可能会造成运动失真，如滑步等。

❖ 时空约束— 平滑操作表示成一组时空约束的优化求解问题，还可以考虑反动力学约束无缝地生成自然运动。

❖ 运动模拟控制法— 使用了一些参数化的基本控制器，如平衡控制器、着地控制器等，然后生成连续平滑的动作。

④ 运动再映射（motion retargeting）：当人物的骨架和周围环境不同时，直接将捕捉运动从真实的物体映射到虚拟的表演者上会造成图像的不自然。运动再映射就是为了解决这一问题的技术。按再映射的目的不同，运动捕捉数据的再映射操作可以分为如下两大类。

❖ 再映射到新的人物— 进行再映射操作时，将源运动从一个人物骨架映射到另一个人物骨架上，能使运动真实、自然。

❖ 再映射到新的环境— 这种情况下的再映射是为了将捕捉到的运动应用于新的环境，如新的路径和新的地形等。

随着动作捕捉技术的普及，动作数据越来越多，如何重用这些捕捉下来的动作数据就变得越来越重要。重用动作捕捉数据的主要方法是将捕捉下来的动作建立数据库，并且通过适当的手段来编辑和改变这些动作数据，从而形成满足要求的新动作片段。这种从已有的动作捕捉数据出发，快速地产生高质量的动作序列的动作数据重用技术，能提供一个相对廉价且省时的动作获取方法。这对于娱乐业和动画制作等有非常大的意义，因为绝大多数的影片和动画制作任务都有很强的时效性，很多系列动画片要求每个星期都要完成一集的制作。

动作捕捉数据的重用实际上是对动作捕捉技术的拓展，提供了一种省时又廉价的方法，以快速获得高质量的“新”的运动数据。运动捕捉数据重用的核心技术在于两方面：动作数据库构建技术，运动编辑与合成技术。动作捕捉数据库的构建是动作捕捉数据重用的基础，包含运动数据的类型、运动数据的内容、进行重用的必要辅助信息（表演者的几何尺寸和骨架结构）等内容。动作的编辑和合成技术是动作数据重用的质量保证，不论对源动作数据进行怎样的变换操作，都需要在最大程度上保持原始运动的真实感、美感和自然性，否则动作捕捉数据的重用就失去了意义。图 7-17 给出了动作捕捉数据重用系统的一个典型框架。

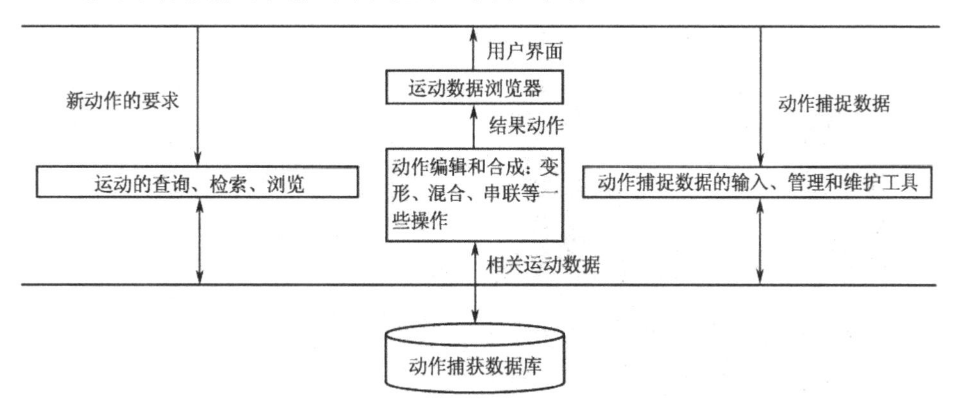

图 7-17 动作数据重用系统的一个典型框架

无论在什么时候，如果需要动作数据，用户通常会先去运动数据库中检索/浏览已经捕捉得到的动作数据，从中选择最适合的相关动作片断，然后通过编辑和合成变换，使其尽量满足用户的要求。新生成的动作序列通过运动数据浏览器反馈给用户，如果用户觉得动作的质量和特性符合要求，也就是说，用户通过对动作捕捉数据的重用已经快速地获得了需要的动作，就可以避免直接去捕捉所需的动作片段。

7.3.4 在游戏中的应用

相比于关键帧技术，动作捕获技术不需要动画师手工地去指定人物的形态、动作，且可以生成更为真实的动画序列，因此在近些年的三维游戏中被越来越多地应用。国外的知名游戏，如《刺客信条》、《英雄无敌》、《细胞分裂》、《波斯王子》、《光晕：致远星》、《神鬼寓言 3》、《全面战争：幕府将军 2》、《狙击精英 V2》等，都大量采用了三维动作捕捉技术，结合面部表情的捕捉，可以做到犹如电影般的游戏体验。国内也有诸如《蜀山剑侠传》、《黎明之光》等三维游戏应用了此技术，使得游戏人物的打斗、走动都十分逼真。当然，在实际应用中，要利用好动作捕捉技术，除了技术本身和捕捉设备外，还要做很多额外的工作：

① 根据不同游戏的需求，挑选不同的动作捕捉演员（以下简称“演员”），如对于一款武侠题材的游戏，一般会找一些有武术基础的演员，《黎明之光》的动作捕捉甚至邀请了韩国女子跆拳道冠军作为捕捉对象。

② 这些演员需要充分理解他需要做的动作。在《狙击精英 V2》中，所有需要捕捉的动作都会首先由动画师预先定义和设计好，以帮助演员及相关工作人员在捕捉拍摄前进行充分的沟通，确保动作捕捉的质量。

③ 为了能让演员的动作更契合实际的游戏场景，制作团队可能需要制作一些实物道具，如枪支、剑棍等，并且这些实物的重量最好与游戏中的设定相匹配。这样，演员做出的动作会更自然，而且不需要进行预先的无实物训练。

④ 捕捉好的动作数据的管理也是十分重要的，因为一个大型的游戏可能涉及成千上万的动作捕捉数据文件，如果管理不当，会给后续的使用造成不必要的麻烦。以最简单的文件命名为例，应尽量使用一些和动作本身有关联的词，如“jump”、“run”，而不是简单的“action_1”、“11”等无实际意义的名字。必要的时候可以加上更多的信息，如动作对应的人物类型、天气等。

图 7-18～图 7-20 是一些游戏的动作捕捉场景。

图 7-18 《黎明之光》的动作捕捉场景，截取自游戏宣传视频

图 7-19 《刺客信条》的动作捕捉场景

图 7-20 育碧公司（Ubisoft）多伦多动作捕捉工作室

7.4 角色动画的压缩

角色动画制作完成后，通常需要导出为游戏引擎所支持的格式以供使用。随着游戏对角色动作在真实感、细腻程度方面的要求越来越高，角色动画的数据量在整个游戏中的比重越来越大。因此，角色动画压缩的重要性就凸显出来，压缩可以有效地减少角色动画数据对磁盘、内存、网络带宽的占用，从而降低游戏对硬件资源的要求，扩大游戏的受众平台。

7.4.1 基于关键帧提取的压缩

关键帧提取技术是一种常见的角色动画压缩技术，通过合理的分析，剔除原始动画数据中冗余的帧，在基本不影响角色动画效果的前提下有效地减小角色动画的数据量。关键帧提取算法一般可分为两类：均匀提取和自适应提取。均匀提取是按固定的时间间隔提取动作数据，优点是实现简单，且计算量小、速度快，缺点是对缓慢的动作会生成冗余的数据，对于激烈、快速变化的动作则会出现采样不足的情况。因此，在实际应用中多采用的是自适应提取的方法。自适应提取关键帧的方法可以通过分析动作的内容去提取能代表动作捕获数据特征的关键帧，可以避免均匀提取方法中出现的采样不足或过采样的情况。

自适应性提取关键帧的方法又可以分为两类。

- ❖ 基于聚类的自适应提取方法：基于人体运动的特征，将相似的帧聚成一类，然后从每个类中取出一个具有代表性的帧作为关键帧。
- ❖ 基于曲线简化的自适应提取方法：将人体动作进行参数化表示，则一系列动作可以看成高维空间中的一条曲线，然后根据该曲线的变化去找出那些区别比较大的点作为关键帧。

显然，关键帧提取技术相当于一种有损的压缩（即丢失了部分原始信息），但实际上，当采用了自适应方法后，可以通过调整相关参数很好地去控制压缩后的数据和原始数据之间的误差，从而使得角色动画数据量在减小的同时仍可以保持原始数据中的重要运动特征。

7.4.2 基于帧内容的压缩

基于关键帧提取的压缩可以减少角色动画的帧数，在此基础上，可以进一步基于帧的具体内容进行压缩。关键帧本质上是对角色骨架的姿态的描述，需要提供足够的信息去确定骨架中每块骨骼在三维空间中的位置和朝向。

假设以一个完整的变换矩阵（大小为 4×4，元素类型为 float）去描述每个骨骼，那么对于每个骨骼，需要 4×4×4=64 字节。但是其实并不需要保存这么多的信息，基于一些先验知识，可以大幅减小数据量。比如，角色动画一般不会涉及类似“切变”的变换，同时骨骼的长度、连接关系一般是不变的，所以实际上只需保存根结点的平移分量（三维向量：12 字节）以及所有结点的旋转分量（四元数：16 字节）即可。

四元数一般是规一化的，就是说对四元数里的每个分量可以用定点数来进一步压缩，如可以用 10 bit 来表示一个分量，这样一个四元数就可以压缩到 4 字节中。使用这种方式进行压缩后，可以理解为每个旋转方向上都有 1024 种可能的角度，可以满足大多数游戏的需求。

此外，可以利用相邻关键帧之间的连贯性来进行压缩。假设在某个角色动画中，动画人物是坐着的，也就是说，它的骨架只有上半身在变化，骨架下半身的信息就出现了冗余。在这种情况下，可以考虑改变关键帧的格式，以每个骨骼为单位，分别存储各自的关键帧，那么原先存储在不同关键帧中某个静止骨骼的数据就可以进行合并，从而减少存储空间。

7.5 脚本驱动的动画技术

现在的三维游戏无论在游戏内容上还是显示效果上，都变得越来越复杂。为了快速地进行游戏的开发，最好的方法是基于游戏引擎（见第 1 章）去进行开发。游戏引擎对内存管理、网络、碰撞检测、图形渲染等游戏开发中最基础的组成部分进行了封装，从而使得游戏开发人员只需要专注于游戏内容本身，而不需要去处理那些繁杂的细节。当前主流的游戏引擎都支持脚本（script）编程，原因是脚本语言在应对当下灵活多变游戏内容的开发上比 C/C++等更高效，也降低了 C/C++的高级特性带来的项目风险及维护成本。下面将详细介绍脚本语言的特点、在游戏开发中的作用及其优势。

从本质上说，脚本语言也是一种程序设计语言，但这里将它与其他一些程序设计语言（如 C/C++/Java）进行区分，原因是一般的程序设计语言一旦进行修改，就需要重新的编译，以对游戏程序进行更新，而脚本语言可以看做独立于游戏程序本身的一个外部的、具有良好可读性的操作指令集，可以被随意修改，而且不需要重新编译，相对一般的程序设计语言来说更灵活。

脚本语言的执行效率不如 C/C++，原因是在脚本语言和操作系统（或应用）之间还有一个虚拟机（Virtual Machine），脚本语言是被这个虚拟机解释执行的。这也是脚本语言之前很长一段时间未被大量应用于游戏领域的原因，因为那时的机器性能非常低下，游戏的开发必须大量依靠具有较高执行效率的可编译型语言。在计算机硬件不断提升的今天，脚本的性能已逐渐被开发人员所接受，并且得益于脚本语言的诸多优势，它正被越来越多地应用于游戏开发。

典型的脚本系统的结构如图 7-21 所示：首先，C/C++代码需要为脚本提供所需的 API；然后，需要实现一个脚本引擎（即上文提到的虚拟机），可以把它看成粘合 C/C++和脚本语言的胶水，脚本语言就是通过它与 C/C++进行“沟通”，以实现所需要的功能。具体的工作流程是：脚本被作为字符串读入到核心程序中，然后到脚本引擎，负责将其转换成字节码并进一步解释运行。

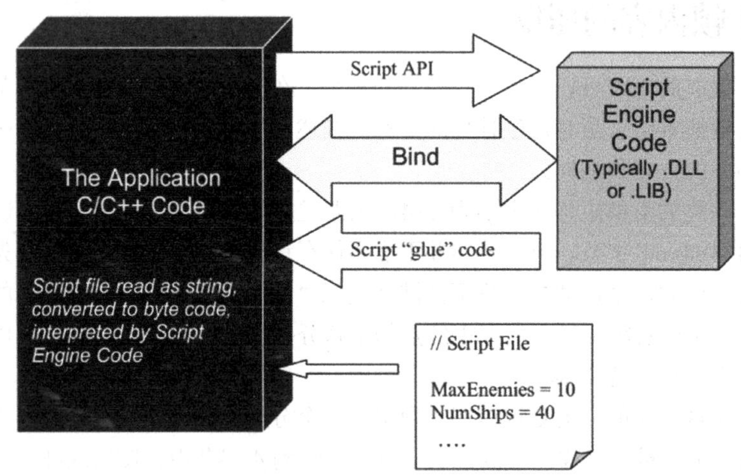

图 7-21　脚本系统和 C/C++协同工作的模式（引自 http://www.gameengineer.net/）

从程序设计的角度来看，使用脚本语言进行游戏开发主要有以下优点：

① 游戏开发过程往往是游戏内容的一个逐步求精的过程，在游戏开发和测试中可能需要对游戏内容进行不断的修改和完善。在游戏开发中，把不断变化的游戏内容采用脚本来描述，实际

上遵循了软件工程中的将程序代码和数据分开的思想，可以非常高效地完成对游戏的改进和完善。程序设计人员可以迅速地为游戏添加新的特性，因为脚本语言是解释执行的，不需要像 C/C++ 那样去重新编译部分（甚至整份）代码（这个步骤一般在开发中会经常进行，十分耗时）。

② 易于学习，代码的可维护性强。相对于 C/C++等语言，脚本语言在易读性、易用性方面有很大的优势，学习门槛和培训成本较低。另外，脚本语言编写的程序一般更简洁、易于理解，与程序员的沟通十分友好，使得它们更易于维护。

在竞争激烈的游戏行业，这些特性可以帮助游戏公司有效地节约成本，提高市场竞争力。因此，在游戏开发中常常采用脚本驱动的动画技术。脚本语言可以对动画序列中的运动描述和运动控制模型进行基本的组织和编排。脚本可以指定动画人物如何和场景以及其他动画人物进行交互等行为，也可以控制具体的运动任务，包括对动画人物的运动路径进行规划、在运动的过程中避开障碍物、与场景的交互动作（开门等）、动画人物之间的运动协调和同步等。

7.5.1 脚本语言的设计及分类

在动画的制作过程中，导演首先从剧本（通常以自然语言描述）开始，构思整个制作过程，包括每个场景、每个场景的分镜头。在分镜头中，每个角色的动作将剧本的故事情节表演出来。在设计用于开发动画的脚本语言时，一般依据以下准则：

- ❖ 脚本语言必须提供通用的动画描述功能，以及灵活的描述能力。
- ❖ 易于开发与这种脚本语言兼容的交互式计算机动画系统。用户界面友好的交互式动画系统有利于不擅长于程序设计的动画师有效地制作动画。
- ❖ 开放的接口和良好的可扩充性，为动画师的创造性活动提供有效的工具。
- ❖ 语法清晰易懂，具有良好的结构，便于阅读和修改。
- ❖ 面向标准化方向发展的脚本语言必须兼顾通用性、可移植性和易学习等特点。

在脚本语言的解释和编译系统的实现上，动画的脚本语言可划分为高层描述语言和低层描述语言。低层描述语言提供了一些简单直观的动画描述原语，对动画中的每个对象在每个场景状态的属性进行显式描述；高层描述语言则用抽象术语描述动画，一般受一种或几种描述模型的影响，更高层的抽象使动画描述更接近人类自然语言。高层描述语言除了具有抽象描述能力外，还具有并发控制能力、角色的自适应能力，或根据环境的决策能力、动画设计逐步求精的能力。

在典型的脚本动画系统中，脚本描述模型的核心组成部分有动画描述模型、运动控制模型和动画的自适应模型。

动画描述模型是用户控制动画生成的方法，不同的模型反映了不同系统的自主能力，以及动画师与系统交互的抽象层次。自主能力一般有 3 级：① 在引导级系统中，需要动画师预先指定运动对象的不同参数值；② 在程序设计级系统中，计算机应存储充分的知识，来解释由动画师约定在脚本中的基本命令；③ 在任务级系统中，动画师仅需给出诸如初始位置和受力情况这样的信息，计算机就能从几何数据库中取得必要的信息，并根据物理和机械定律来生成运动。

运动控制模型主要指动画中人物运动的生成方法，有运动学模型、动力学模型和行为模型等。行为模型不仅考虑了运动的真实性，还考虑了角色的个性，是一种更高级的运动生成模型。动画控制中最大的问题是产生动画序列所需的大量数据的表达，对这些数据的表达是动画系统中各类操作的基础。解决此类问题的主要方法之一是多层次、多粒度的抽象描述技术，不同层次的抽象表示不同粒度的细节，以逐步求精的方式来描述复杂的动画形式。

动画系统中的自适应模型使一个运动对象能使用自身和环境的信息来调整自己的运动。

动画系统的主要目标是尽量使动画行为能够被清晰容易地描述。动画语言可以根据它提供的抽象层次以及是否支持动画自适应模型分为不同的层次，语言的层次越高，对用户来说，制作复杂的动画就越容易。

动画系统中的脚本描述模型指导着脚本语言的设计。在动画系统中，一般将物体建模、运动描述和合成一起考虑。一个运动对象被定义为随时间推移而不断改变自身姿态、位置的物体，一个复杂场景中往往包含多个运动对象。脚本描述语言应支持将物体结构化定义与它们相关的动作联系在一起的工具，提供支持“并行”或者“伪并行”定义的工具，并支持对象之间的通信。典型的脚本描述语言有以下几类。

① 以人物角色为核心的脚本语言。它以 Hewitt 的角色理论为基础，提供了面向应用领域知识的一种自然表示，将角色定义为一个可发送或可接受消息的对象。动画描述系统中的所有元素都是角色，动画系统的主要任务就是在每个角色之间进行消息传递，告诉不同的角色怎样对它们接收到的消息做出响应。每个角色通过定义它们的行为进行定义，行为是一些消息传递事件的集合。角色就像一个人，可以接受询问消息、发送消息给其他角色，并且具有记忆能力。脚本语言可以通过编程快地速改变角色的行为，但游戏程序本身的复杂性并不会随之增加。

② 记号系统（Notation System），一种描述动画过程的有效方法，简单、直观，提供了编码、求精和动画过程。为了便于分析和表示大量复杂的可视信息，往往将记号系统编码成可分析的形式。动画系统应具有高级描述到低级描述的能力，动画师可以运用想象来编码和逐步求精，计算机从运动描述的编码自动生成动画。这与乐谱的创作极其相似。乐谱创作体系可以从三个过程支持音乐家的创作行为：首先，当一个作曲家或演员有了乐曲的灵感后，他就用乐谱记号表达他的乐曲，这个过程称为编码过程；然后，他对乐曲反复修改，直到得到满意的曲谱，这个过程称为求精过程；最后，创作的乐谱由演员和演奏家进行演绎，这个过程称为表演过程。这种系统一般用于描述人手的动作、舞蹈、行走过程等有一定行为规律、易于编码的动画序列。记号系统一般不适合定义人手抓取或推动物体这类动画，对于这类动画，通常需要结合更高级的语言去定义。

③ 基于时间的脚本描述语言。时间描述是一种简单有效的显式描述动画的方法，往往建立在一种场景描述语言的基础上，是场景描述语言加上时间因素的扩充。时间描述方法用场景描述语言本身的术语，详细描述场景中对象随时间变化的情况，这种描述应属于低层次的显式描述方法。

④ 基于时序算子的脚本描述语言。由于动画中的运动物体（角色）的动作按时间顺序进行，所以对动画的描述可通过一些时序算子的运算来表示。这些算子表达场景中的角色为完成导演的指令而必须满足的约束，如运动的顺序、并行执行、运动的重复执行、时间延迟和与运动组合。这种公式化的描述方法简洁易懂，适合面向导演的高层抽象描述，与其他动画描述方法结合使用，可解决动画中的抽象描述、角色同步控制、角色自适应描述等问题。

⑤ 基于知识的动画描述方法。20 世纪 90 年代以来，人们提出了将知识处理技术应用到动画控制的方法，其主要思想是：由动画师编写脚本，给定一些简单的描述和行为规则，动画系统根据自身的知识处理系统（通常为专家系统）对脚本进行解释，生成其中角色的运动。在基于知识的动画系统中，用户能够用更抽象的术语来描述动画，因而是一种高层次的运动描述。

由于通用的脚本语言比较复杂，往往需要很多的人工交互来描述游戏角色的运动，因此在游戏开发中，一般根据特定游戏的需要，设计和实现一个专用的脚本语言，描述特定的游戏场景和特定的游戏人物的运动。游戏中的脚本描述语言一般包含以下内容：

❖ 游戏人物的定义— 角色在游戏中能完成的每件事的能力都用一组规则来定义，包括角色的物理特性、敏捷程度和外表等。

❖ 漫游动作— 角色必须具有在虚拟游戏世界中进行漫游的能力。
❖ 对话方式— 各游戏角色之间能进行沟通和对话。
❖ 资源的管理方式— 定义和管理玩家的各种装备的能力和方式。
❖ 战斗能力和模式— 各玩家之间的运动方式、作战能力等。
❖ 游戏人物的建构和更新——更改游戏人物的各种经验、技巧、能力等。

在游戏开发中所使用的脚本语言一般包含两部分：一部分是各种动作规范，另一部分是一些触发入口或者驱动事件。脚本编辑器将加载包含各种动作的脚本语言文件，用户能对这些动作进行编辑，并修改它们的触发入口。在对这种低级的脚本语言进行解析时，一般是采用基于命令行的解释器来判定下一步发生什么样的动作，然后直接通过程序展现相应的运动形式，最简单的解析器由一组“switch…case”语句来完成。对于一些接近于自然语言的高级脚本进行解析时，一般需要借助一个专门解析脚本语言的游戏开发引擎或者一些专门的工具，来辅助生成脚本语言的编译器。在底层，需要调用关键帧方法，或者动作捕捉数据，来实时驱动各游戏人物的运动。一个典型的使用脚本驱动动画人物的游戏结构如图 7-22 所示。

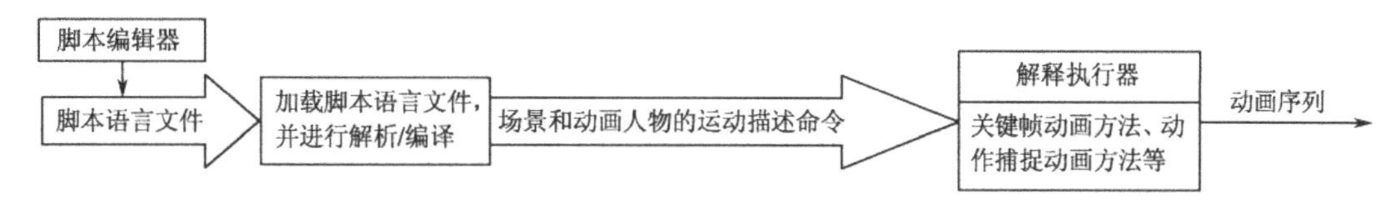

图 7-22 脚本驱动的人物动画流程

因此，在使用脚本语言来驱动动画人物时，程序设计人员的主要任务是实现脚本语言的解释器，并利用关键帧技术、动作捕捉技术去驱动游戏人物的运动，并通过场景、道具和摄影镜头的规划，合成出游戏中的动画序列。如果使用的脚本语言比较复杂，还需要实现一个脚本编辑器，来方便游戏设计人员对脚本语言的编辑和修改。

7.5.2 脚本语言在游戏中的应用

举个最简单的例子。假设需要在游戏场景中放置一棵树，你可以直接用 C++代码完成模型导入、渲染，然后通过制定它的坐标(x, y, z)，将其放置在场景中的某处。这样做看似没什么问题，但是当由于游戏设计的变动，需要改变这棵树位置的时候，你会发现这种方式会带来不便，需要先修改程序，改变树的坐标，然后对程序进行重新编译。当然，也可以把树的坐标当作一个参数，把它写在配置文件中供程序运行时读入。然而这种写配置文件的方式还是不够灵活，假设树的位置在游戏运行的时候需要根据玩家的操作进行移动，就无能为力了。所以一种更好的解决方法是使用脚本，不需要进行编译，同时能保证很好的灵活性。可以方便地通过脚本对树的位置进行控制，也可以通过脚本进行一些更为高级的操作，如把树移除或者复制出更多的树。

前文中提到，脚本语言的执行效率并不如编译型的语言，所以从上面的例子可以看到，脚本语言只是负责一些事物属性上的操作（控制树的位置、数量），对游戏实时性影响比较大的操作（如绘制）还是使用 C/C++代码来执行，以保证游戏的流畅运行。

在实际的游戏开发中，相对于 C/C++，脚本语言的另一个优势是各模块之间更独立。以 UI（User Interface）和 AI（Artificial Intelligence）两部分的开发为例，如果使用脚本语言进行开发，两者的开发人员完全可以在两个独立的游戏引擎复制中开发各自的脚本，而不需要进行同步。C++

的面向对象思想虽然也支持类似的开发模式，但是由于 C++的一些高级特性，经常会给整个项目带来一些不稳定性，不利于整个系统的集成。

小　结

早在 20 世纪 70 年代中期，计算机动画技术就进入了娱乐业，当时有很多电影在不同程度上使用计算机动画技术。进入 80 年代，主要借鉴传统的手工动画片的制作准则，来研究各种加快动画制作过程的方法。这时，动画中的各种插值技术得到了广泛的研究，包括路径的曲线插值、基于四元数的插值、参数化关键帧插值等，并且在自然界场景（植物、云彩等）建模、基于物理过程的动画、基于约束的动画、基于塑形模型的动画（面部表情等）取得了进展，出现了计算机动画公司。进入 90 年代，以游戏为代表的数字娱乐产业的发展，空前推动了计算机动画技术的发展，基于物理模型、认知模型、面部表情和以三维形状变形为核心的动画技术日趋成熟，也开始了对流体动画的研究。同时，动作捕捉技术的广泛应用，极大地推动了人物动画的研究和发展。

在计算机游戏开发中，计算机动画的未来发展方向包括以下几点：

- ❖ 三维人物的精致建模，包括认知模型、解剖模型、个人的性格、群体行为，以及与动作捕捉技术的更好地匹配等。
- ❖ 高层的运动控制，包括外在行为的建模、运动的导演模型、运动表达的层次模型，以及特技动作的模拟等。
- ❖ 自然现象的模拟，包括燃烧的火、随风运动的植物、云彩，以及水滴的下落、飞溅和波浪的一体化模型等。
- ❖ 人物的表情动画，将人物的内部心理和外在表情有机地结合在一起。

本章只介绍了计算机动画的常用方法和运动控制和指定等核心技术。由于人非常善于观察不自然的动作或者不可能动作，并且能很快感觉出来，因此，在游戏中往往要指定人物运动的细微动作，来表达人物的性格类型和心情变化，这依然是一个计算机动画中富有挑战性的问题之一。计算机动画中的运动描述和生成技术都是自动性和可控性之间的一个折中。关键帧动画技术具有很好的可控性，但在支持运动指定的自动化程度方面有很大的不足。动作捕捉技术具有很好的自动性，但它的运动指定过程的可控性比较差。将来的趋势是这几种方法可以进行有机集成，取长补短，最大程度地满足用户的需求。

本章例程将给出一个解析动作捕捉数据 BVH 文件格式的实例，并可以驱动 OGRE 三维人物模型的骨骼动画系统。

习题 7

1．选择三种以上的不同类型的游戏，分析和比较它们所采用的计算机动画技术。

2．模仿光盘中的 BVH 文件解析实例，尝试解析 HTR 文件格式，并以骨架动画形式展示出来。

3．基于光盘中的示例代码和 ORGE 格式的人物模型，尝试实现一种关键帧动画技术。

4．分析 Maya 软件中的动画模块，编写一个简要的说明文档，如何把 Maya 中的动画导出到游戏中。

5．分析 3ds MAX 软件中的动画模块，编写一个简要的说明文档，如何把 3ds MAX 中动画导出到游戏中。

6．从网上收集相关的 Maya 或 3ds MAX 导入/导出插件，尝试把用 Maya 或 3ds MAX 制作的动画导入到你正在开发的游戏中。

7．尝试使用 Maya 中的脚本语言，实现一种关键帧动画技术。

参考文献

[1] Alan Watt, Fabio Policarpo．D Games. Animation and Advanced Realtime Rendering(Volume 2)．Addison-Wesley, 2003.

[2] David B. Paull．Programming Dynamic Character Animation．Charles River Media. Inc, 2002.

[3] 齐东旭，黄心渊，马华东，徐迎庆，李华山．计算机动画原理和应用．北京：科学出版社，1998.

[4] Rick Parent．Computer Animation: Algorithms and Techniques-a historical review(Proceedings of Computer Animation 2000)．IEEE Press.

[5] Jessica K. Hodgins, James F. O'Brien, and Robert E. Bodenheimer, Jr.．Computer Animation. Encyclopedia of Computer Science.

[6] Tomas Akenine-Moeller, Eric Haines. Real-time rendering(second edition)．A K Peters, 2002.

[7] Witkin, Andrew, and Zoran Popovic. Motion warping. Proceedings of the 22nd annual conference on Computer graphics and interactive techniques．ACM, 1995.

[8] Jones, Steve．Game Scripting 101．Game Institute, 2006.

第8章　三维音效编程技术

在游戏中，除了视觉画面外的最重要的内容呈现通道就是声音。声音通常能引导视觉感知，甚至比视觉感知更为集中和有效。游戏中的脚步声、水声、枪声、撞击声等空间的暗示能使得玩家有效地判断自己的方位，包括距离和方向感等，极大地提高游戏的逼真度和沉浸感。声音也能传递不同的心情和意境，给玩家以情景提示，如沉重的、压迫感的和狭窄的声音能造成强热的空间感；回音能造成开阔、冷静的空间感，从而有效增加游戏的可感知度。游戏中的音乐可以在听觉的感官上将玩家带入游戏世界并引导游戏的情境。如果没有音乐，再精彩的画面也会显得单调。回想著名的RPG游戏"仙剑奇侠传"，如果没有美妙的背景音乐，整个游戏将逊色不少。在游戏场景中搭配适当的音乐，更能让玩家融入剧情当中，该哭的时候哭，该笑的时候笑，就能切中游戏的要领，有效形成感染玩家心绪的氛围。本章将从声音原理讲起，介绍声音的基本要素，并详细介绍三维音效的原理，以及常用的音频编程工具OpenAL和DirectX Audio的使用方法。

8.1　声音基础

声音是任何能够被人耳所感知的信号，即50～22000 Hz之间的压力波，具有振幅和频率等属性。声音的低频部分不仅被耳朵，也可被身体所感知。在计算机系统中，声音和音乐可以统称为音频（Audio）信号，一般是采用信号处理的方法对声音进行加工和处理。本节将介绍声音信号处理的基础理论知识，主要包括声音的生成、编码、存储和合成。

8.1.1　声音的表示和存储

声音表现为波形，可以记录、保存和精确播放。为了清晰了解计算机的发声原理，首先需要了解声波转化成为数字信号的原理。一般来说，捕捉声音的过程是通过声卡上的ADC（模拟数字转换器）来完成的。当开始录音时，声音由空气中传递的声波通过转换器（如麦克风）转存成电流信号的电波（模拟信号）。ADC从模拟信号中采集数据并进行转换，转换成二进制的信号（数字信号）。数字信号将通过声卡驱动最终被传递给录音程序并保存在内存或硬盘上。声音采集的流程和波形信号的表达形式如图8-1所示。

在声音采集过程中，每次采集的数据称为采样（sample），每秒钟的采样次数称为采样率（sample frequency）。采样率的单位是赫兹（Hz）。例如，8000 Hz的采样率表示每秒钟采样8000次。采样率在音效设计中的作用可以类比为图像中的分辨率，高分辨率意味着高的图像质量，高的采样率则代表声音会更精细。常用的采样率一般有11025 Hz、22050 Hz、44100 Hz、48000 Hz等。其中，44100 Hz（44.1 kHz）是CD音频的采样率，即录制一盘CD每秒钟需要采样44100次。随着技术的发展以及需求的提升，出现了更多更高采样率的应用，如Blu-ray Disc（蓝光盘）中的音轨、HD-DVD（高清晰度DVD）中的音轨，采样率高达96000 Hz和192000 Hz。

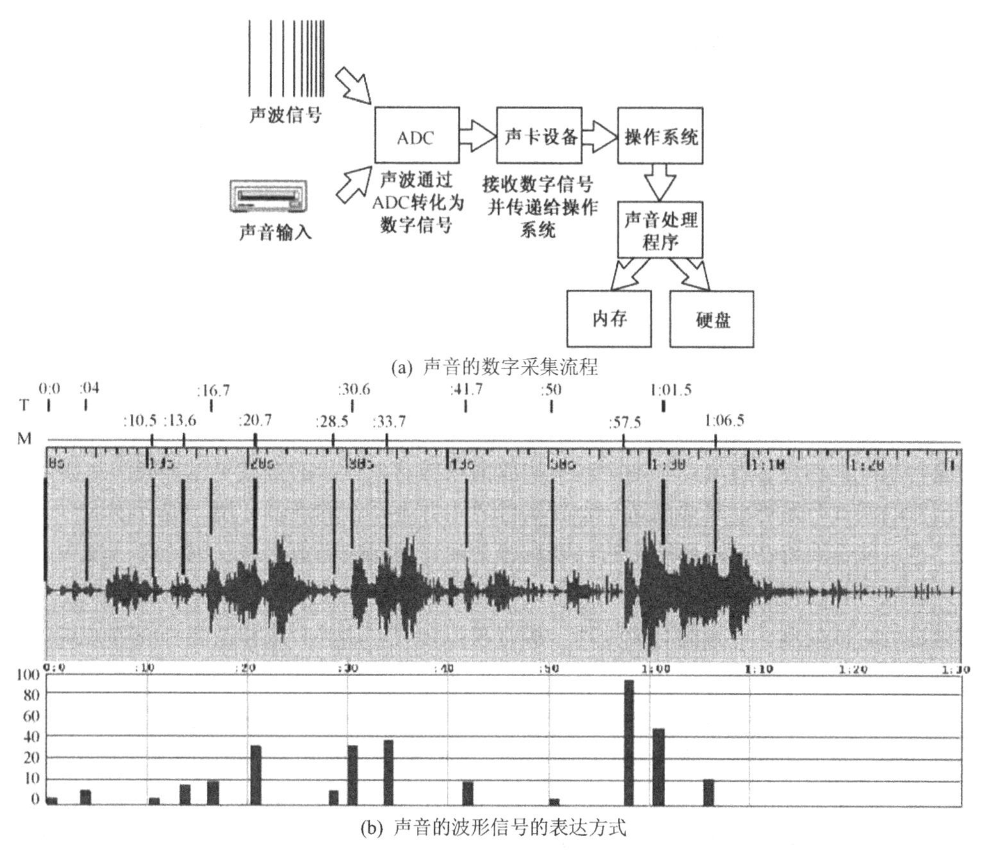

(a) 声音的数字采集流程

(b) 声音的波形信号的表达方式

图 8-1　声音采集流程和声音的表达形式

除采样率外，声音还有另一个重要属性——采样品质（sample quality）。采样品质直接影响了采样的精确性。如果说采样率是音效中的“分辨率”，那么采样品质可以比作“色深（color depth）”。所以，使用的位（bit）越多，描述的精确度越高。采样品质的两个常用值是 8 bit 和 16 bit。8 bit 品质将采样分为 256 个不同的级别，16 bit 品质可以表示 65536 个级别。显然，后者比前者的音质要高。例如，如果使用 1 bit，就只能用“有声”和“无声”来形容采样，这显然是不够的。

计算机的发声过程与存储过程正好相反。计算机先从存储器中读出采样数据，再将这些数据传输给声卡，转换成为模拟信号，最后通过放大器将电子信号转成物理声波，借由扩音器播放。

将声音的数字信号直接存放在存储器上会极大地耗费资源空间。例如，每秒钟 CD 品质（44100 Hz，16 bit，双声道）的声音信号占据的空间是 172 KB，那么 3 分钟长度的歌曲容量就高达 30 MB。解决的办法是对音频压缩和解压缩。每种压缩算法对应一种编码方式，利用时空连贯性、查找表等技术，将一段声音信号用更为简短的数据形式表示。在声音播放时，被编码的信号采用对应的解码算法恢复到原始信号。

压缩算法分为两类：有损压缩、无损压缩。有损压缩的含义是解压缩后的音频信号与初始信号有出入。如果追求高压缩率的音频编码方式，必须牺牲一定的音质。无损压缩的压缩率低于有损压缩，如 RLE（Run-Length Encoding，运长编码）算法，将连续出现的相同的信号压缩为单个信号和信号出现的次数。例如，一个单声道的 WAV 文件中包含 2 分钟的连续无声信号，按照不压缩的 WAV 格式存储，这些信号就是 88200 字节（Byte）的数据。如果使用运长编码算法，可以简单地用“0, 88200”表示。

有损压缩算法的代表是 MPEG Layer 3，也就是俗称的“MP3”。MPEG 本身是用于视频压缩的技术，MP3 是其中用于记录声音的部分。MP3 的编码方式把部分并不需要的信息过滤掉，如一些人耳听不到的高频率信号，或者一些无用的环境噪音，即有损压缩。这种“精度损失”对普通的听众不会有大的影响，但对于那些听觉敏锐的人来说就会彰显。CD 音轨上记录的信号是模拟信号，因而可以被看成无损记录。如果在安静的环境下比较 CD 音乐和 MP3 的歌曲，可以感觉到 MP3 的声音比 CD 稍微柔和。

常见的压缩算法不限于上述这两种，它们的编码和解码原理各不相同。游戏编程中通常不涉及底层的编码、解码，在此不再赘述。

8.1.2　声音的合成

随着游戏产业的迅猛发展，早期游戏中播放简单的背景音乐的方式早已不能满足游戏玩家的需求，当前的游戏开发可能需要创造一个真实世界中并不存在的声音环境，或者创造一个不自然的声音；也可能需要将在不同环境中的声音进行处理，使得它们像出现在同一个环境中；或者对同一个声音处理，使得它听起来像出现在不同的环境中，这些需求决定了在游戏中需要对原始的声音信号进行合成处理。声音的合成处理一般有模拟合成、调频合成和波表合成等方式。模拟合成只是把不同频率的波形简单叠加，并对叠加后的声音信号进行滤波；调频合成是通过改变频率从而改变输出波形；波表合成是把录制下来的每种乐器的声音，以数字化形式存放，再通过选择哪件乐器演奏、音量和音速、混合和平移参数等，来“奏响”记录下来的声波来合成出新的声音。

在游戏中，最常见的声音合成方式是同时播放多个声音（背景音乐、语音、事件反应音等）。将这些声音混合在一起并播放的过程，就是声音合成的一种最常见形式——混音。混音的办法有很多种，其中最简单的方法是将两个声音样本的数值依次相加起来，如图 8-2 所示。尽管这个方法理论上并不准确，但确实有效。当然，要获得更好的混音效果，必须采用复杂的合成方法。比较成熟的算法的基本思路都是通过一系列的数学计算和查表。PC 平台的 Windows 操作系统下已经有很多成熟的音频开发引擎，特别是利用 DirectX Audio 实现多种混音方式，游戏程序员只要知道如何调用相关的 API 接口函数就可以了。跨平台的音频引擎也有不少，如 OpenAL 等。

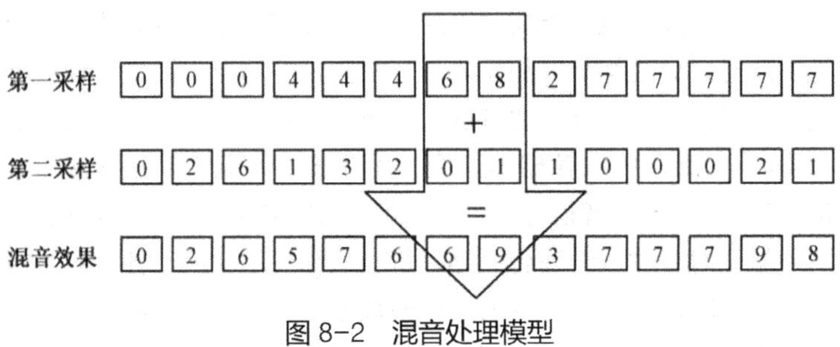

图 8-2　混音处理模型

8.2　三维音效生成

人的视觉是立体的，听觉也是。人类可以通过声音对声源的空间位置进行判断。在游戏编程中，为了营造最真实的环境、增加玩家的沉浸感，需要模拟出三维的听觉环境。例如，在 FPS（第一人称射击）游戏中，玩家有时需要根据脚步声判断出敌人的方位，这就需要游戏声音拥有三维音效才能够实现。本节将介绍三维音效的理论基础及工作方式。

8.2.1 听觉理论

声源振动引起空气产生疏密波（声波），通过外耳和中耳组成的传音系统传递到内耳，经内耳的环能作用，将声波的机械能转变为听觉神经上的神经冲动，后者传送到大脑皮层听觉中枢，从而产生听觉。同时，人类拥有大致分辨出声源所处方位的能力。声音方位的辨别有赖于双耳听觉。由于从声源到两耳的距离不同及在声音传播途中障碍物的不同，从某一方位发出的声音到达两耳时便有时间（或相位）差和强度差，其大小与声源的方位有关。在同一瞬间，双耳接受到声音的时间差是低频声定位的主要依据，强度差是高频声定位的主要依据。

因为可以判别声音方位，所以自然界中的声音是具有空间感的立体声，但如果把这些立体声经记录、处理后重放时，所有声音都从一个扬声器放出来，由于失去了方位的差异，原来的空间感也就消失了。这种重放声称为单声。如果拥有两个声音通道，模拟左右耳听到声音的时间、相位和强度差，则能够在一定程度上恢复原发生的空间感，这样的技术称为双声道。随着技术的发展，又出现了多声道，即用更多声音通道再现全方位的声场。

在 3D 电影大行其道的今天，电影院也开始广泛使用最新的立体声技术。目前，电影院使用的最为先进的立体声技术有杜比全景声和 Barco 的 Auro 11.1 等。但立体声技术也有局限性，目前无法达到与真实环境完全一致的效果。例如，人会通过转动头部的方式来仔细获取声音方位，而这样的效果仅使用音响等普通设备是无法实现的。

8.2.2 三维音效模拟

为了能真实地模拟场景中的声音，把音效完全融合到游戏里面，必须计算环境和音源之间的相互影响。

1. 声波跟踪算法

随着声音的传播，声波与环境具有相互干涉的作用。声源发射出的声波，有以下几种不同的途径被人耳所感知。

- ❖ 直接通道（direct path）：声波直接从声源传入人耳。
- ❖ 一次反射（1st order reflection）：声波经过某个界面的反射后被人耳感知。
- ❖ 二次或多次反射（2nd order or late reflection）：声波在进入人耳之前，经过多次的界面之间的反射。
- ❖ 遮挡（occlusion）：在声源与人耳之间存在隔音设备或遮挡物体，其结果是人耳无法感知声源播放的声音。

与图形绘制的光线跟踪算法类似，声波跟踪算法根据声波在空间中的传输方式，从声源出发，发射声波并依据场景的三维几何属性描述，计算声波在空间中反射、折射等不同的传播途径和衰减程度，最终获得人耳所感知的各方向的声音。因此，三维音效的模拟需要建立一个类似图形绘制的几何引擎，这种独特的机制能模拟出声音的反射和穿越障碍物的效果，并根据场景几何的尺寸、类型和分布来计算它们对声音的影响。这些三维几何数据包括线、三角形和四边形，又称为声频几何。构成声频几何的基本元素是声频多边形，其属性包括位置、大小、形状和材质属性。它的形状、位置与音源紧密相关，听众能够感觉到每个独立的声音是否被反射、穿越或环绕多边形发射，材质属性则决定传输的声音被吸收或反射的比例。在游戏引擎中，声频几何的位置和形状可以在游戏装载时从三维场景的几何表示转换而得。全局反射或者封闭的值可以通过参数进行设置。另外，可以在高级模式处理多边形转换算法，以独立的卡文件形式把声频几何全部存储，并在游戏装载的时候进行文件交换。

经过声学设计的房间和环境，使用声波跟踪算法能够获得逼真的混合三维音效。但是，声波跟踪算法计算量巨大，因此一般只计算声波的一次反射。

2．遮挡、障碍和排斥特效

如图 8-3 所示，声波的遮挡效果的意义是声源和人耳不处在同一区间，因此声音的直接和间接传播都不存在。遮挡效果原理上可以通过调低音量来实现，更实际的方法是采用低通滤波（low-pass filter）算法。在大部分情况下，可以采用将音源定位在不可见的障碍物后面，声波的传播通路被遮挡住，低通滤波的尺度则依据物体几何的参数（厚度）和材质决定。由于音源和和人耳之间没有直接的通道，也不存在音源的回波效果。

图 8-3　声波的遮挡效果

第二种音效是障碍（Obstruction），意味着声源和人耳之间存在遮挡物，但声源和人耳在同一区间中，因此反射将被人耳感知，如图 8-4 所示。

图 8-4　声波的障碍效果

第三种音效是排斥（Exclusion）。声源和听众在不同的房间，但有直接的接触，直接的声音可以传到听众，但反射的声音会发生失真（依据材料的厚度、形状和属性），如图 8-5 所示。

图 8-5　声波的排斥效果

上述音效需要场景几何之间的声波传播计算。由于真正的三维几何声波传播计算耗费资源，因此游戏场景中用于声音计算的几何通常非常简单。在音效重要性高的游戏中（如第一人称射击游戏），三维音效场景几何要复杂一些。可以通过类似于三维场景漫游中的技术来加速三维音效场景的处理。

3. 多普勒效应

当波源（可以是光波、声波等）和观察者有相对运动时，观察者收到波的频率与波源发出的频率不同的现象，称为多普勒效应。远方快速驶来的火车鸣笛声变得尖细（即频率上升，波长变短）（见图 8-6 左侧），而驶离车站的火车鸣笛声变得低沉（即频率下降，波长变长）（见图 8-6 右侧），就是一种常见的多普勒效应。

图 8-6　多普勒效应

这一现象最初是由奥地利物理学家多普勒于 1842 年发现，观察者与发射源的频率关系为

$$f' = \frac{v \pm v_o}{v \mp} f$$

其中，f'为观察到的频率，f 为发射源在介质中的原始发射频率，v 为该波在介质中的传播速度，v_o 和 v_s 分别为发射源与观察者的速度，相互接近取上方的运算符，反之取下方的运算符。

OpenAL、DirectX Audio 等声音编程接口中都有用于实现多普勒效应效果的接口（见 8.3 节）。

4. 头相关传递函数

与三维音效模拟相关的技术还有头相关传递函数（如图 8-7 所示）。头相关传递函数（Head Related Transfer Function，HRTF）描述了头部及耳廓等对声波的散射作用及由此产生的双耳时间差（Interaural Time Difference，ITD）和声级差（Interaural Level Difference，LLD），反映了声波从声源到双耳的传输过程。基于 HRTF 的虚拟声通过信号处理的方法实现了空间信息的模拟和重发，从而给倾听者再现声音的空间主观感觉。

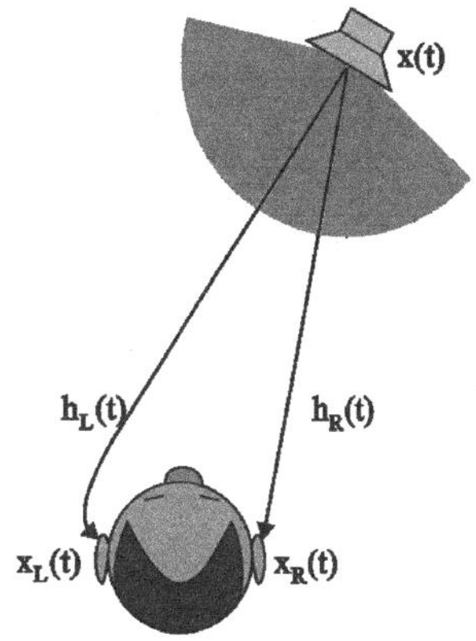

图 8-7　头相关传递函数示意

8.3　基于 OpenAL 的三维音效实现

OpenAL（Open Audio Library）是一个跨平台的音效 API，其风格模仿自 OpenGL。OpenAL 被设计为多声源单收听者的多通道三维音效渲染。其中，声音数据以 8 位或 16 位 PCM（脉冲编码调制）格式存储在缓存中。声源可以指定存储声音的缓存、声音的速度、位置、方向、声音强度。收听者可以指定速度、位置和方向以及对声音共有的调整。这些数据被用于进行声音引擎所需的计算，如距离衰减、多普勒效应等。

8.3.1　OpanAL 编程概述

OpenAL 主要由以下部分组成。

❖ 核心库。

❖ ALU（实用库），对核心库的辅助，类似 OpenGL 中的 GLU。

❖ ALUT（实用工具库），提供跨平台的窗口界面，类似 OpenGL 中的 GLUT。

❖ ALC（Audio Library Context），处理跨平台的声音设备，也处理不同窗口间的共享设备。

使用 OpenAL 播放声音主要包含以下三个步骤：

① 创建窗口、设置音频设备；初始化环境后将其设定为 OpenAL 当前值。

② 初始化 OpenAL，包括创建音频数据缓存、初始化声源与听者等。

③ 播放声音。

下面将详细介绍如何使用 OpenAL 播放声音（完整代码请参见例程 8-1、例程 8-2）。

在进行 OpenAL 的操作前，需要创建程序窗口，并为窗口分配音频设备，然后指定创建的窗口为当前操作对象。

初学者，或者不需要自行设计较复杂的 GUI 界面时，可以使用 ALUT 进行全局的初始化；ALUT 会自行完成窗口的创建，并为其设置 OpenAL 环境。使用 ALUT 初始化环境十分简单方便，只需分别调用 alutinit()（初始化）和 alutexit()（退出）函数，然后使用 while 循环维持程序持续运行，并在循环中处理按键响应的事件，控制声音的播放。例程 8-1、例程 8-2 都是使用 ALUT 的程序。

除了使用 ALUT 自动创建窗口、管理音频环境外，还可以使用 ALC 自行对环境进行管理；ALC 需要与其他图形界面编程工具（如 MFC、Qt 等）同时使用，将已经创建好的窗口的音频交给 ALC 和 OpenAL 控制。使用 ALC 的步骤如下：

（1）定义并打开一个 ALC 设备

```
ALCdevice* pDevice;
ALCubyte DeviceName[] = "DirectSound3D";
pDevice = alcOpenDevice(DeviceName);
```

调用 alcOpenDevice()时，程序从设备中夺取句柄并为程序准备，使用 DirectSound 作为音频设备，如果不知道该用什么设备名，可以考虑传入 NULL 作为 alcOpenDevice()的参数，ALC 将使用默认设备。

（2）初始化 ALC 环境

```
ALCcontext* pContext;
pContext = alcCreateContext(pDevice, NULL);
alcMakeContextCurrent(pContext);
```

与 OpenGL 类似，OpenlAL 在进行操作之前需要确定操作的对象窗口。当有多个窗口同时开启时，需要为每个窗口使用 alcCreateContext()创建 ALC 环境，并通过 alcMakeContextCurrent()切换到某个窗口，进行接下来的操作。这样，理论上能为不同的窗口建立多个环境，并且设置不同的状态。使用 NULL 参数调用 alcMakeContextCurrent()也是合法的，如果这样做，接下来的操作将对任何窗口都不起作用。

当想要获知当前是工作在哪一个环境上时，可以做如下调用：

```
ALcontext* pCurContext;
pCurContext = alcGetCurrentContext();
```

也可以进一步通过环境寻找使用的设备名：

```
ALdevice* pCurDevice;
pCurDevice = alcGetContextsDevice(pCurContext);
```

（3）使用 OpenAL 播放声音

在创建并设定好窗口和环境后，就可以使用 OpenAL 开始播放声音了。具体方法下文会有详细的介绍。

（4）在程序结束前，必须对使用的环境和设备进行清理

调用下列函数可以完成清理。其中，alcDestroyContext()和 alcCloseDevice()分别对应 alcOpenDevice 和 alcCreateContext，用于清理之前产生的内容。

```
alcMakeContextCurrent(NULL);
alcDestroyContext(pContext);
alcCloseDevice(pDevice);
```

8.3.2 OpanAL 的三维音效编程

在使用 OpenAL 播放声音前，需要对音频数据缓存、声源和听者等 OpenAL 播放声音所需的对象进行初始化。

1. 音频数据缓存初始化

（1）生成缓存对象

使用 alGenBuffers()函数分配缓存并把他们的名字（一个整数）存储在变量中。函数的第一个参数表示生成缓存的个数；第二个参数可以是变量或数组的指针，用于存储返回值。

（2）读取音频数据

OpenAL 核心库没有用于读取文件的函数，音频数据的读取需要通过其他库进行。如 ALUT 就提供 alutLoadWAVFile()函数用于读取 WAV 文件。

（3）绑定缓存数据

使用 alBufferData()函数将文件中读出的数据存储在缓存中。调用 alBufferData()时还需要提供音频的格式、大小等参数，这些参数都需要在读取音频数据时获得。

（4）删除缓存

在程序结束前必须使用 alDeleteBuffers()函数删除生成的缓存，其参数应当与生成时传入 alGenBuffers()的参数相同。

2. 声源初始化

（1）生成声源对象

使用 alGenSources()生成声源对象，方法类似 alGenBuffers()。

（2）定义声源的属性

需要定义一些变量用于存储声源的属性值；声源的属性包括位置、速度和使用的缓存等。其中，位置和速度是矢量，需要定义一个长度为 3 的数组来保存。

可以使用的变量数据类型有：① ALUint，整型或布尔型，缓存和其他对象的名字也是这种类型；② ALfloat，浮点型，位置和速度等参数使用的类型。其中，布尔型变量可用的取值为 AL_TRUE 和 AL_FALSE。

OpenAL 中的物理量没有单位（米、千米或秒、分钟等），使用时保持所有同类型参数使用的单位一致即可。

（3）设置声源属性

alSourcei()、alSourcef()、alSourceiv()、alSourcefv()函数用于设置声源属性，分别对应 ALuint、

ALfloat、ALuint、ALfloat 数组的属性。

函数第一个参数为需要绑定的源，第二个参数为需要绑定的属性，第三个参数为绑定的属性值。其中，第二个参数常见的取值及其对应属性的数据类型如表 8-1 所示。

表 8-1 alSource()函数参数

属性名	作　用	数据类型
AL_BUFFER	声源使用的声音数据缓存	i
AL_PITCH	声源的音高	i/f
AL_GAIN	声源的传声增益	i/f
AL_POSITION	声源的位置	iv/fv
AL_VELOCITY	声源的速度	iv/fv
AL_LOOPING	声源是否循环	i（布尔型）

例如，创建声源初始化其位置。

```
ALuint Source;
ALfloat SourcePos[] = { 0.0, 0.0, 0.0 };
alGenSources(1, &Source);
alSourcefv(Source, AL_POSITION, SourcePos);
```

（4）多个声源时的初始化

OpenAL 可以使用多个声源播放声音。当需要使用多个声源时，需要对每个声源分别设置属性。（见例程 8-2）

（5）删除声源对象

在程序结束前必须使用 alDeleteSources()函数删除生成的声源对象，其参数应当与生成时传入 alGenSources()的参数相同。

3．听者初始化

OpenAL 只有一个听者，与声音源类似，听者需要设定属性。使用的函数为 alListeneri()、alListenerf()、alListeneriv()、alListenerfv()，同样以数据类型区分。听者的属性有位置、速度、方向等，其中位置和速度类似声源的位置和速度。方向属性是两个向量，由一个长度为 6 的数组表示，前 3 个数字代表听者的朝向向量，后 3 个数字代表“上”的方向。

alListener()函数有两个参数，分别为属性名和属性值，参数的常见取值见表 8-2 所示。

表 8-2 alListener 函数取值

属性名	作　用	数据类型
AL_POSITION	听者的位置	iv/fv
AL_VELOCITY	听者的速度	iv/fv
AL_ORIENTATION	听者的方向	iv/fv

注意，听者的参数需要与声源使用相同的单位。

4．播放声音

在设置了声音缓存、声源和听者的属性后，OpenAL 便可以播放声音。在 OpenAL 中播放声音的操作非常简单：使用表 8-3 所列的 3 个函数，同时传入声源的名字（ALuint 类型）作为参数，即可进行声音的播放控制。

表 8-3 OpenAL 播放控制函数

属性名	数据类型
alSourcePlay	开始播放声音
alSourceStop	停止播放声音
alSourcePause	暂停播放声音

经过上述三个步骤，OpenAL 便会播放声音。值得注意的是，在每运行一条 OpenAL 函数（以 al 开头的函数）后，需要检测其是否运行成功；用 alGetError()函数可以获得最近运行的一条语句返回的错误信息，如果没有错误发生，则返回 AL_NO_ERROR。

5. 其他设置

在 OpenAL 中，可以实现多普勒效应的效果。其计算公式如下：

shift= DOPPLER_FACTOR×freq×(DOPPLER_VELOCITY-l.velocity)/(DOPPLER_VELOCITY+s.velocity)

其中，l.velocity 和 s.velocity 分别表示听者和声源的速度，通过前面介绍的函数进行设置；freq 为声音原始的频率，shift 为声音改变的频率。OpenAL 会根据 shift 的计算结果改变声音频率以表现出多普勒效应的效果。

公式中用到两个参数可以通过表 8-4 中的函数进行设置。其中，DOPPLER_FACTOR 必须大于等于 0；若 DOPPLER_FACTOR 为 0，将忽略多普勒效应；DOPPLER_FACTOR 越大，多普勒效应越明显；DOPPLER_ VELOCITY 必须大于 0，其代表的意义为声音在介质中的传播速度。

表 8-4　OpenAL 多普勒效应的参数设置

参　数	设置参数的函数
DOPPLER_FACTOR	ALvoid alDopplerFactor(ALfloat factor)
DOPPLER_VELOCITY	ALvoid alDopplerVelocity(ALfloat velocity)

8.4　基于 DirectX Audio 的三维音效实现

DirectX Audio 是微软公司推出的 DirectX 的音频组件，包括 DirectSound 和 DirectMusic 两部分。DirectX Audio 提供音乐的播放、快速混音、硬件加速等功能，并且可以直接访问相关设备，保持与现有的设备驱动程序的兼容性，允许捕获和重放波型声音，也可以通过控制硬件和相应的驱动来获得更多的效果。DirectX Audio 的优势与其他 DirectX 组件一样，是它的开发速度，即开发者可以最大效率地使用硬件，并拥有良好的兼容性。其他优点还有：

- ❖ 方便游戏程序员了解硬件能力，并根据当前计算机硬件配置决定最好的解决方案。
- ❖ 通过属性配置充分发挥硬件的能力，在硬件不支持的情况下用软件模拟。
- ❖ 可以获得时间延迟的混音效果。
- ❖ 播放三维音效。
- ❖ 方便捕获声音。

DirectX Audio 与流行的 Windows 操作系统兼容性好，因而是最佳的音效开发平台。本节将介绍 DirectX Audio 的概念和基础知识，并通过 C++语言编写代码实例讲解 DirectX Audio 的编程格式和技巧。

8.4.1　DirectX Audio 概述

DirectX 早期版本中提供的声音接口是 DirectSound，后增加了 DirectMusic。其实，DirectSound 和 DirectMusic 并不像它们的名字那样分工明确，DirectMusic 可以用来播放简单的声音，而 DirectSound 也可以播放优美的背景音乐。在 DirectX 8.0 的时候，它们被统一命名为 DirectX Audio。表 8-5 是对这三个概念的比较。

表 8-5　DirectX 中三个与音频有关的概念比较

名　称	含　义
DirectSound	底层 API，负责将声音流从操作系统传输到声卡硬件
DirectMusic	高层 API，负责对不同的声音文件自动选择解码器，并转化成为声音流
DirectX Audio	DirectSound 和 DirectMusic 的统称

DirectSound 直接与硬件交换数据，初学者容易掌握，对于资深的开发者也是最直接、最灵活的方式。与 DirectSound 相比，DirectMusic 的使用更简单，功能更强大。DirectSound 的优势在于方便编程人员直接与硬件打交道，因此最新的 DirectX 版本中仍然保留了 DirectSound 接口。当然，除非使用底层接口，DirectMusic 可以满足大部分要求。为了方便读者理解音效开发的过程和技巧，本章的后面以 DirectSound 为主进行介绍。

DirectSound 的工作原理与“辅助声音缓冲器（Secondary Sound Buffer）”对象有关。辅助声音缓冲器对象代表一个声源，这个声源既可以是静态的声音对象（Static Sound），也可以是动态的声音对象（Streaming Sound）。静态的声音对象是指一次性读入内存的声音数据，适用于较短的声音。动态的声音对象是指必须每隔一段时间传送一部分到缓冲器中的声音数据。所有缓冲区都含有脉冲编码调制（PCM）格式的声音样本数据。

播放声音缓冲器对象时，DirectSound 从每个缓冲器中取出数据，然后在主缓冲器（Primary Buffer）中进行混音。混音时执行所有必要的格式转换，如将采样率从 44 kHz 转换到 22 kHz。同时 DirectSound 完成所有特殊效果的处理，如三维空间中的声源定位等。在主缓冲器中混音后，声音即被送往输出设备。

当硬件缓冲器和硬件混音设备空闲时，DirectSound 自动将尽可能多的声音对象送入硬件内存中。留在主机系统内存中的声音对象由 DirectSound 进行软件混音，并以“流”的方式与硬件缓冲区中的声音对象一起送入硬件混音器。

例程 8-6 以五兽齐鸣的程序代码为例，演示利用 DirectSound 进行混音的具体过程。程序将同时播放 5 个不同的 WAV 文件，模拟 5 种不同的动物同时发出声音的效果。程序代码调用了 DirectX SDK 例程 wave.c 中的函数用于处理 WAV 格式。程序的主要步骤（程序框架参见例程 8-6）如下：

① 定义 LPDIRECTSOUNDBUFFER 类型的声音缓存指针。

② 初始化 DirectSound（例程 8-3）。

③ 读取声音文件（例程 8-4）。

④ 播放声音（例程 8-5）。

整个程序最复杂的部分是读取声音文件，可能需要利用其他函数库的帮助（例程 8-4 利用了 wave.c 中的函数读入 WAV 文件）

简单的音效处理方法是将每个 Static Buffer 当成独立的对象看待，包含控制音效的音量、扬声器的左声道和右声道，让音效更具真实感。每个对象相互独立，设定其中一个音效的音量，不会影响到另一个音效的音量。这种音效的简单应用是：如果某个物体的距离越来越远，逐渐减低物体的音量制造出由近到远的感觉。另一个例子是在战斗类游戏中，砍杀敌人的声音可以分成左右声道来表现，如果从左边杀过来，则让右边的音效消音，只让左边的喇叭发声。对于程序而言，只需增加一个标志位，即在 dsbdesc.dwFlags 加上 DSBCAPS_CTRLDEFAULT 属性即可。如果不予设置，则所有对音量、左右声道和音频的操作都会失效。

8.4.2 DirectSound 编程概述

在应用程序中，使用 DirectSound 编程的过程分为 4 个步骤：为声音设备获得一个“全局唯一标志符（GUID）” → 生成 DirectSound 对象 → 设置协作优先级 → 设置主缓冲器对象的格式。其中，第一步和最后一步可选，具体的实现可以对照实例中初始化部分。

1. 枚举声音输出设备

DirectSound 包含一个枚举函数，用于寻找可用的硬件驱动器并返回硬件驱动器的信息。在大多数应用程序中，不需要逐个枚举声音输出设备。DirectSound 对象通常初始化为系统中最好的声音设备，如同玩家从控制面板的多媒体属性选项中进行设置。当然也需要玩家选择设备或检测不同设备的功能的差异，此时可以调用表 8-6 中的 DirectSoundEnumerate()函数。

```
HRESULT WINAPI DirectSoundEnumerate(LPDSENUMCALLBACK lpDSEnumCallback,
                                    LPVOID lpContext );
```

表 8-6　DirectSoundEnumerate 函数

参　数	描　述
LPDSENUMCALLBACK lpDSEnumCallback	指向 Callback 函数的指针
LPVOID lpContext	任意 32 位的值，通常是数据指针，指向传入或从 Callback 函数中返回的数据

调用 DirectSoundEnumerate()函数时，DirectSound 生成一个系统中所有可用的声音设备的列表，并将设备信息依次传递给应用程序的 Callback（回调）函数。

```
BOOL Callback DSEnumCallback(LPGUID lpGuid,
                             LPCSTR lpcstrDescription,
                             LPCSTR lpcstrModule,
                             LPVOID lpContext );
```

回调函数名称可以任意给定，但必须遵守表 8-7 的格式。其中，回调函数必须被定义为“BOOL Callback”，而不是 DirectX SDK 中所描述的“BOOL”。DirectSound 从设备驱动程序中得到前 3 个参数的值，最后一个参数 lpcontext 的值与传递给 DirectSoundEnumerate()函数的参数 lpContext 的值相同。函数通常返回 TRUE，表明枚举过程将继续。

表 8-7　用于 DirectSound 测试设备的回调函数

参　数	描　述
LPGUID lpGuid	指向设备的 GUID 指针
LPVOID lpContext	任意 32 位的值，通常是数据指针，指向传入或从 Callback 函数中返回的数据
LPCSTR lpcstrDescription	设备的描述名称
LPCSTR lpcstrModule	模块名
LPVOID lpContext	可设为任意值

在 Callback()函数中可以为某一设备初始化一个 DirectSound 对象。首先，调用 GetCaps()方法检查硬件支持能力；然后，释放设备、继续枚举过程或者保持设备，通过返回 FALSE 中止后续的枚举过程。第一个枚举的设备总是主声音驱动程序，并不是真正的枚举设备，因此 DirectSound-Enumerate()函数不传递 GUID 指针给回调函数，只是为应用程序提供一个默认字符串“Primary S ound Driver”，将应用程序放入设备列表中。如果从设备列表中选择了这个字符串，应用程序就利用默认设备生成一个 DirectSound 对象。这个默认设备就是在控制面板中的多媒体属性项设置的

回放设备。

在装有单块声卡的系统中，DirectSoundEnumerate()函数至少调用两次回调函数：一次是"Primary Sound Driver"，另一次是设备的真实硬件反馈。在第二种情况下，DirectSound 将提供一个 GUID。例程 8-1 是一段调用 DirectSoundEnumerate()函数的简化代码，即直接传递窗口句柄，而不是用指针传递，这样做的原因是不必从回调函数中返回任何数据。

例程 8-1　DirectSoundEnumerate 的调用函数

```
HRESULT hr=DirectSoundEnumerate((LPDSENUMCALLBACK)EnumCallback,hwnd);
BOOL CALLBACK EnumCallback( LPGUID lpGuid, LPCSTR lpstrDescription,
LPCSTR lpstrModule, LPVOID hwnd ) {                    // 程序中的回调函数
    LPGUID   lpTemp = NULL;
    // 如果 lpGuid=NULL，则表示选中了"Primary Sound Driver"
    if (lpGuid != NULL) {
        if ((lpTemp = (LPGUID)LocalAlloc(LPTR, sizeof(GUID))) == NULL)
            return TRUE;
        memcpy(lpTemp, lpGuid, sizeof(GUID));
    }
}
```

在例程 8-1 中，每枚举一个真实设备，回调函数将参数 lpcstrDescription 送入列表框中，存储设备的 GUID。当用户从列表框中选择一种设备时，程序返回一个 GUID 指针，并在调用 DirectSoundCreate()函数时使用。如果选择了"Primary Sound Driver"，将返回 NULL。

2. 生成 DirectSound 对象

DirectSound 对象可以使用 DirectSoundCreate()函数生成，如表 8-8 所示。

表 8-8　DirectSoundCreate 函数

参　数	描　　述
LPGUID　lpGuid	设备 GUID 实例指针，默认设备为 NULL
LPDIRECTSOUND　* ppDS	地址指针，调用函数后被初始化
LPUNKNOWN　pUnkOuter	NULL

```
HRESULT WINAPI DirectSoundCreate(LPGUID lpcGuid,
                                 LPDIRECTSOUND * ppDS,
                                 LPUNKNOWN pUnkOuter );
```

在 DirectSound 对象生成过程中，可以从枚举过程中得到 lpGuid，更常用的方式是传递 NULL 作为设备标志符，以便将 DirectSound 对象与默认设备联系。通常，pUnkOuter 用于 COM 组件，不需要应用程序处理。

如果为第二个实例对象设置一个不同的协作优先级，它将覆盖前一个实例对对象设置的协作优先级。因此，在实际编程时尽管避免生成多个 DirectSound 对象，而在应用程序开头部分生成唯一的 DirectSound 对象，并将它保持到应用程序退出。

3. 设置协作优先级

生成 DirectSound 对象后，应该立即调用 SetCooperativeLevel()方法，将 DirectSound 对象捆绑到一个窗口，并决定应用程序和其他应用程序间如何分享声音设备，如表 8-9 所示。

表 8-9 DirectSound 协作优先级设置函数

参 数	描 述
HWND hwnd	应用程序窗口向柄
DWORD dwLevel	协作优先级

```
HRESULT SetCooperativeLevel(HWND hwnd, DWORD dwLevel);
```

IDirectSound::SetCooperativeLevel 中的一个参数是窗口句柄（hwnd）。如果同时使用 DirectDraw，必须将同样的窗口句柄传递给 IDirectDraw2::SetCooperative-Level，否则 DirectDraw 的 SetCooperativeLevel 调用方法将失败，返回 DDERR_HWNDALREADYSET 的错误代码。一般情况下，如果应用程序的所有子窗口都派生于同一主窗口，应该将最顶层的窗口句柄传递给 DirectSound 和 DirectDraw 的 SetCooperativeLevel()方法。

表 8-10 按优先级从低到高的顺序列出了 4 种协作优先级取值。优先级高的级别享有优先级低的所有特权。大多数应用程序使用 DSSCL_NORMAL 或 DSSCL_PRIORITY 级别即可满足要求。只有对特殊要求的应用程序才需要 DSSCL_WRITEPRIMARY 级别，用以实现自己的混音操作。

表 8-10 DirectSound 协作优先级取值

级 别	允许操作	注 意
DSSCL_NORMAL	与其他应用程序的最佳协作工作方式	不能改变主缓冲区声音格式，被限制使用 DirectSound 的默认输出格式
DSSCL_PRIORITY	允许改变主缓冲区声音格式	可能改变其他应用程序的输出格式
DSSCL_EXCLUSIVE	允许独占声音设备	由于会对所有后台程序静音，要小心使用
DSSCL_WRITEPRIMARY	允许直接存取	需要 DirectSound 驱动程序，不能播放从缓冲区声音对象，其他应用程序将丢失它们的声音对象

4. 设置主缓冲器格式

默认的主缓冲器格式是采样率为 22050 Hz、双声道，每个采样品质为 8 bit。所有在主缓冲区中混音的声音在播放前均将被转化为这种格式。如果程序并不需要这种格式，特别是应用程序使用更高的采样率或 16 bit 声音来获得更好的效果时，可以改变主缓冲区声音格式。不难发现，如果 DirectSound 不必转换声音格式，数据传输到主缓冲区的速度将更快。因此，可以将主缓冲区声音格式修改为匹配的辅助缓冲区声音对象的格式，提高执行的速度。

如果要改变主缓冲区声音格式，应用程序协作优先级应设置为 DSSCL_PRIORITY。如果 DirectSound 采用 16 bit 采样品质，将主缓冲器声音格式改变为 16 bit 后不会带来大的改进。

5. 扬声器设备配置

如果应用程序使用三维声音，可能需要根据实际的输出设备配置扬声器，并根据扬声器类型优化三维声音效果。在应用程序获得扬声器设备配置后，用 SetSpeakerConfig()函数设置 DirectSound 的扬声器类型，如表 8-11 所示。

表 8-11 DirectSound 的扬声器设备配置

参 数	描 述
DWORD dwSpeakerConfig	扬声器配置（头戴式耳机，单声道，立体声等）若是立体声，则为扬声器的角度

```
HRESULT SetSpeakerConfig(DWORD dwSpeakerConfig);
```

可选标志如下：

描　述	标　志	描　述	标　志
DSSPEAKER_HEADPHONE	头戴式耳机	DSSPEAKER_STEREO	立体声音箱
DSSPEAKER_MONO	单声道音箱	DSSPEAKER_SURROUND	环绕立体声音箱
DSSPEAKER_QUAD	四声道音箱	—	—

参数 DSSPEAKER_STEREO 代表一对非头戴式耳机的扬声器，它们偏离听者的角度可以自由设置，并被存储在 dwSpeakerConfig 的高字节位。扬声器配置和角度设置可以使用 DSSPEAKER_COMBINED 宏压缩为一个 DWORD 变量。下面是调用方法。

```
lpds->SetSpeakerConfig(DSSPEAKER_COMBINED(DSSPEAKER_STEREO,
                                    DSSPEAKER_GEOMETRY_WIDE));
```

6．创建辅助缓冲器

DirectSound 对先创建的缓冲器优先分配硬件资源，因此应该先创建重要的缓冲器。要创建一个硬件缓冲器的方式是，在 DSBUFFERDESC 结构中设置 DSBCAPS_LOCHARDWARE 标志。若得不到足够的硬件资源，将无法创建缓冲器，并返回失败，如表 8-12 所示。

```
HRESULT CreateSoundBuffer(LPCDSBUFFERDESC   pcDSBufferDesc,
                          LPDIRECTSOUNDBUFFER*   ppDSBuffer,
                          LPUNKNOWN   pUnkOuter );
```

缓冲器的状况可以是静态（设置 DSBCAPS_STATIC 标志）或动态，默认值是动态缓冲。此外，缓冲器与 DirectSound 对象相关联，如果释放了 DirectSound 对象，则所有的缓冲也将被释放。附录例程 7 给出了 DSBUFFERDESC 的定义和创建辅助缓冲器的代码。

表 8-12　DirectSound 中创建辅助缓冲器

参　数	描　述
LPCDSBUFFERDESC pcDSBufferDesc	缓冲描述
LPDIRECTSOUNDBUFFER* ppDSBuffer	创建的缓冲地址
LPUNKNOWN pUnkOuter	NULL

7．获取设备支持能力

与 DirectX 的其余组件一样，DirectSound 能提供与硬件无关的操作。当应用程序中多处使用声音，且图形绘制占据了 CPU 的绝大部分处理时间时，根据可用的硬件资源精心设计，管理声音对象将会提高效率。GetCaps()方法可以提供需要的设备信息，如下所示。

```
HRESULT GetCaps(LPDSCAPS lpDSCaps);                    // 信息结构的地址
typedef {
    DWORD dwSize;
    DWORD dwFlags;
    DWORD dwMinSecondarySampleRate;
    DWORD dwMaxSecondarySampleRate;
    DWORD dwPrimaryBuffers;
    DWORD dwMaxHwMixingAllBuffers;
    DWORD dwMaxHwMixingStaticBuffers;
    DWORD dwMaxHwMixingStreamingBuffers;
    DWORD dwFreeHwMixingAllBuffers;
```

```
    DWORD dwFreeHwMixingStaticBuffers;
    DWORD dwFreeHwMixingStreamingBuffers;
    DWORD dwMaxHw3DAllBuffers;
    DWORD dwMaxHw3DStaticBuffers;
    DWORD dwMaxHw3DStreamingBuffers;
    DWORD dwFreeHw3DAllBuffers;
    DWORD dwFreeHw3DStaticBuffers;
    DWORD dwFreeHw3DStreamingBuffers;
    DWORD dwTotalHwMemBytes;
    DWORD dwFreeHwMemBytes;
    DWORD dwMaxContigFreeHwMemBytes;
    DWORD dwUnlockTransferRateHwBuffers;
    DWORD dwPlayCpuOverheadSwBuffers;
    DWORD dwReserved1;
    DWORD dwReserved2;
} DSCAPS, *LPDSCAPS;
```

DSCAPS 结构成员解释如表 8-13 所示。各设备支持能力标志的含义如表 8-14 所示。

表 8-13　DSCAPS 结构成员解释

结构成员	描　述
DWORD dwSize	DSCAPS 结构尺寸，调用 GetCaps()之前初始化为 sizeof(DSCAPS)
DWORD dwFlags	控制标志
DWORD dwMinSecondarySampleRate	硬件从缓冲器支持的最小采样率
DWORD dwMaxSecondarySampleRate	硬件从缓冲器支持的最大采样率
DWORD dwPrimaryBuffers	主缓冲器数目，总是 1
DWORD dwMaxHwMixingAllBuffers	硬件缓冲器的最大数目
DWORD dwMaxHwMixingStaticBuffers	静态声音缓冲器的最大数目
DWORD dwMaxHwMixingStreamingBuffers	硬件动态声音缓冲器最大数目（DirectSound 能生成任意数目的件缓冲器）
DWORD dwFreeHwMixingAllBuffers	缓冲器空闲的总数目
DWORD dwFreeHwMixingStaticBuffers	静态缓冲器空闲的数目
DWORD dwFreeHwMixingStreamingBuffers	动态缓冲器空闲的数目
DWORD dwMaxHw3DAllBuffers	硬件三维缓冲器的最大数目
DWORD dwMaxHw3DStaticBuffers	静态三维缓冲器的最大数目
DWORD dwMaxHw3DStreamingBuffers	动态三维缓冲器的最大数目
DWORD dwFreeHw3DAllBuffers	三维缓冲器空闲的总数目
DWORD dwFreeHw3DStaticBuffers	静态三维缓冲器空闲的数目
DWORD dwFreeHw3DStreamingBuffers	动态三维缓冲器空闲的数目
DWORD dwTotalHwMemBytes	总硬件内存尺寸，单位：字节（Byte）
DWORD dwFreeHwMemBytes	空闲硬件内存尺寸，单位：字节（Byte）
DWORD dwMaxContigFreeHwMemBytes	空闲硬件最大连续内存尺寸，单位：字节（Byte）
DWORD dwUnlockTransferRateHwBuffers	声音数据送入硬件缓冲区的数据传输率，单位：千字节/秒（kB/s）
DWORD dwPlayCpuOverheadSwBuffers	软件声音缓冲器混音需占用的 CPU 处理时间（硬件声音缓冲区占用的 CPU 处理时间为 0，因为是由声音设备硬件完成混音）
DWORD dwReserved1	保留字
DWORD dwReserved2	保留字

表 8-14　各设备支持能力标志的含义

设备支持能力标志	描　述
DSCAPS_CERTIFIED	该驱动程序经过微软公司测试和认证
DSCAPS_CONTINUOUSRATE	设备支持 dwMinSecondarySampleRate 和 DwMaxSecondarySampleRate 间的所有采样率。典型情况是，实际输出频率与要求的输出频率误差在 10Hz 以内
DSCAPS_EMULDRIVER	DirectSound 支持的驱动序未安装
DSCAPS_PRIAMRY16BIT	支持 16 位主缓冲器格式
DSCAPS_PRIAMRY8BIT	支持 8 位主缓冲器格式
DSCAPS_PRIAMRYMONO	支持单声道主缓冲器格式
DSCAPS_PRIAMRYSTEREO	支持立体声主缓冲器格式
DSCAPS_SECONDARY16BIT	支持 16 位，硬件混音的从缓冲器格式
DSCAPS_SECONDARY8BIT	支持 8 位，硬件混音的从缓冲器格式
DSCAPS_SECONDARYMONO	支持硬件混音单声道从缓冲器格式
DSCAPS_SECONDARYSTEREO	支持硬件混音立体声从缓冲器格式

实际编程中，首先需要检查的标志是 DSCAPS_EMULDRIVER，如果已被设置，则放弃使用硬件缓冲器，否则 DirectSound 的时间延迟问题将变得非常显著。当 DirectSound 驱动持续存在时，dwMaxHwMixingAllbuffers、dwMaxHwMixingStaticBuffers 和 dwMaxHwMixing_StreamingBuffers（或与它们等价的三维参数，如 dwMaxHw3DAllBuffers 等）的值具有重要意义。可以利用上述参数，参考 dwTotalHwMemBytes 的大小，来决定在应用程序中把哪些声音放入硬件缓冲区中。函数的返回值可能只是估计值，存在误差。因此每生成一个硬件缓冲器，都应再次调用 GetCaps()，检查实际空闲的硬件资源。

DSCAPS 结构中的 dwUnlockTransferRateHwBuffers 和 dwPlayCpusOverheadSwBuffers 成员变量是运行情况的量度。前者只有在使用动态硬件缓冲器时才有用，后者标记出使用软件声音缓冲器对象，而不降低游戏的整体性能的上限。

8.4.3　DirectMusic 播放 MIDI 背景音乐

WAV、MP3 和 MIDI 是在计算机中保存音乐的常见载体。WAV 格式记录真正的声音，MIDI 则以查找表的方式记录声音，MP3 则是一种压缩格式。其中，MIDI 格式的文件占用空间小，一首 5 分钟的 MIDI 大约占几百 KB，而 WAV 格式一分钟占用量数以 MB 计，因此网站上的音乐、游戏的音乐都采用 MIDI。在这些非专业性的应用中，只要不产生杂音，配合优美的旋律，都可以令人接受。如果需要质量高、占用空间少的音乐，则需要采用 MP3 格式。

与 WAV 文件不同，MIDI 文件记录的只是音乐播放的编码，因此播放过程比 WAV 文件的直接播放复杂。MIDI 文件的编码（也称为“波表”）在每个声卡上都不相同，因此 MIDI 文件在不同的声卡上的播放效果可能不同。为了解决这个问题，DirectMusic 中使用了 DLS（DownLoadable Sounds）技术。DLS 使用乐器的单音采样，DirectMusic 中默认使用 DLS 文件，将 MIDI 音乐转化为数字化音乐。数字化的音乐再通过数字/模拟（D/A）转换，使得播放的声音效果相同。

使用 DirectMusic 播放 MIDI 文件比较容易，与 DirectSound 的使用过程类似。其原理不再赘述，感兴趣的读者可以参考相关文章。例程 8-8 展示了 DirectMusic 播放 MIDI 文件的方法。

8.4.4 DirectSound 的三维音效编程

在 DirectSound 的三维音效编程中涉及两类对象——音源和人耳。前者负责发射声音，后者负责接收声音。一般来说，一个程序中可以拥有多个音源，却只有一个人耳。

1. DirectSound 三维音效属性

DirectAudio 根据音源和人耳之间的几何来距离计算音源对人耳的影响，并由此调节扬声器的音量大小。例如，人耳位于坐标原点(0, 0, 0)处，音源位于坐标(−10, 0, 0)处，则音源发出的声音只需从左声道播放；如果音源缓冲在坐标(−20, 0, 0)处，声音也从左声道发出，但是音量比前者小。

在 DirectX Audio 中对三维音效的模拟需要设置如下参数。

（1）位置（Position）

人耳和每个音源在世界坐标系中的三维空间坐标用(x,y,z)表示，它们是计算各对象之间方位、距离关系的基础。

（2）速度（Velocity）

人耳和各音源都可以按一定的速度运动。

（3）最远、最近距离（Maximum and Minimum Distance）

三维音源包含两个属性，分别决定声音的最远传播距离、听到最大音量的最近距离，简称为最远和最近距离。

（4）朝向（Orientation）

人耳（代表一个听众）的一个重要属性是它的朝向，这样从后方来的声音将显得模糊，而从前方传来的声音更清晰些，在第一人称射击游戏中非常有用。

（5）音锥（Sound Cones）

音源没有朝向，但是有一个类似朝向的属性——音锥。它与最远、最近距离一起决定了声音的发射范围，如图 8-8 所示。内锥角内的听众可以听到最大音量，外锥角外的听众无法听到声音。默认设置下，内锥角和外锥角都为 360°，代表各向同性的声音传播。

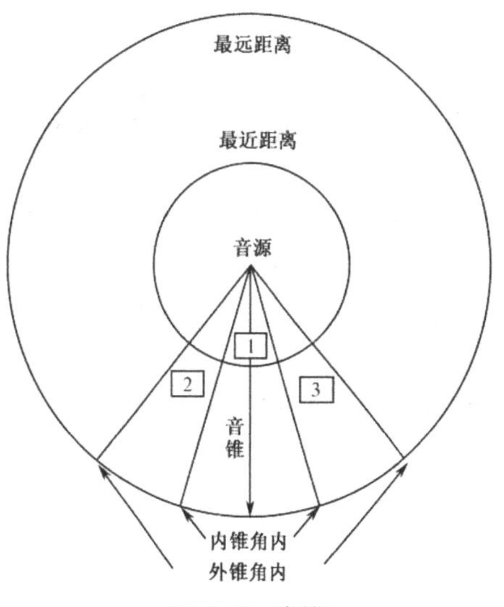

图 8-8 音锥

（6）衰减因子（Rolloff Factor）

衰减因子决定了人耳远离音源时声音的衰减快慢程度。事实上，衰减因子是反映真实环境中的声音传播衰减速度的一个系数。也就是说，如果衰减因子是 1，那么此处衰减因子的效果与真实环境一致。如果因子小于 1，衰减效果将慢于真实环境。例如，如果因子设置为 0.5，可以听到声音的距离就比真实距离远一倍。假设真实环境中 40 米外就无法听到的音源，在本例中要在 80 米处才无法听到。

（7）距离因子（Distance Factor）

距离因子与衰减因子类似，设置了坐标度量的单位。在 DirectSound 中，单位默认为“米”，如果有两个坐标(10, 0, 0)和(40, 0, 0)，那么在 DirectSound 中它们的距离为 30 米，因此在游戏中必须按照 30 米的比例处理。如果场景建模时已经使用了其他单位，就可以修改这个距离因子，以符合场景要求。

（8）多普勒因子（Doppler Factor）

与衰减因子类似，多普勒因子是相对真实世界中多普勒现象的一个系数值。当因子设置为 1 时，程序效果与真实世界相同，这个属性仅影响人耳。

（9）处理模式（Processing Mode）

DirectSound 支持两种不同的坐标定位方法：常规模式（normal mode）和相对模式（head-relative mode）。常规模式按照世界坐标系中的坐标定位音源。在相对模式下，音源的定位相对于人耳位置。例如，人耳的位置是(7, 3, 0)，如果通过 DirectSound 设置一个坐标为(−3, 5, 0)的音源，DirectSound 会将其转换到世界坐标系中，即(4, 8, 0)。大多数的游戏使用相对模式，因为物体大多数情况下都针对角色而给出，相对模式比较容易定位。而在飞行游戏中，一般不使用相对模式。原因是飞机可以自己转动，物体会相对于飞机本身旋转起来，使用相对模式会带来很大难度。处理模式的设置仅适用于音源。

2．环形火车三维音效

例程 8-9 根据简单三维音效知识，展示了简单的环形火车三维音效。具体效果是，一个音源（火车）以人耳为中心，每隔 0.5 秒顺时针移动一步，这样发出的声音应该具备由近到远、由远及近的效果。例程 8-9 调用 DirectX SDK 开发包的 DSUtil.h 中封装的 CSound 和 CSoundManager 类，因此在编译前必须设置相关路径。这两个类封装了 DirectSound 的全部常用功能，具体的类声明请参考 DirectSound 文档。

8.5 XAudio2 编程概述

XAudio2 是一个跨平台的音频引擎，可以工作在 Windows、Xbox 360 和 Windows Phone 8 上。XAudio2 是 Xbox 360 上 XAudio 在 Windows 上的实现，也是 DirectSound 的继任者。在 Windows 平台上，XAudio2 提供一个动态链接库（DLL）。

下面简单介绍如何使用 XAudio2 播放音频。使用 XAudio2 来播放未压缩的 PCM 音频数据的过程并不复杂，主要有以下步骤。

1．建立 XAudio2 引擎

XAudio2Create()函数的功能是创建一个 XAudio2 对象（IXAudio2 接口）。

```
HRESULT XAudio2Create(
    IXAudio2 **ppXAudio2,                          // 这里返回 XAudio2 对象的指针
    UINT32 Flags,                                  // 此处必须为 0

    // 指定所用 CPU，如 XAUDIO2_DEFAULT_PROCESSOR 代表使用默认 CPU
    XAUDIO2_PROCESSOR XAudio2Processor
);
```

2．用新建的引擎建立 MasteringVoice

IXAudio2 成员函数 CreateMasteringVoice()的功能是创建并设置一个 MasteringVoice。

```
HRESULT CreateMasteringVoice(
    IXAudio2MasteringVoice **ppMasteringVoice,        // 这里返回 MasteringVoice 对象指针
    UINT32 InputChannels = XAUDIO2_DEFAULT_CHANNELS,                    // 设置声道数，可选
```

```
    UINT32 InputSampleRate = XAUDIO2_DEFAULT_SAMPLERATE,                    // 设置采样率，可选
    UINT32 Flags = 0,                                    // 必须是 0，可选
    LPCWSTR szDeviceId = NULL,                           // 设备，可选，NULL 代表全局默认输出设备
    const XAUDIO2_EFFECT_CHAIN *pEffectChain = NULL,                        // 音效，可选
    AUDIO_STREAM_CATEGORY StreamCategory = AudioCategory_GameEffects        // 流类型，可选
);
```

3．用新建的引擎建立 SourceVoice（或 SubmixVoice，以下按 SourceVoice 举例）

IXAudio2 成员函数 CreateSourceVoice()的功能是创建并设置一个 SourceVoice。

```
HRESULT CreateSourceVoice(
    IXAudio2SourceVoice **ppSourceVoice,                 // 这里返回 IXAudio2SourceVoice 对象指针
    const WAVEFORMATEX *pSourceFormat,                   // PCM 音频格式（下面讲到）
    UINT32 Flags = 0,                                    // SourceVoide 工作方式，可选

    float MaxFrequencyRatio = XAUDIO2_DEFAULT_FREQ_RATIO,                   // 声调，可选，默认为 1
                        IXAudio2VoiceCallback *pCallback = NULL,            // 回调类指针，可选
    const XAUDIO2_VOICE_SENDS *pSendList = NULL,                            // 目标格式设置，可选
    const XAUDIO2_EFFECT_CHAIN *pEffectChain = NULL                         // 音效设置，可选
);
```

其中，format 这样设置（位数为 bits，声道数为 channels，采样率为 Hz）：

```
  WAVEFORMATEX   format;
  format.wFormatTag = WAVE_FORMAT_PCM;               // PCM 格式
  format.wBitsPerSample = bits;                      // 位数
  format.nChannels = channels;                       // 声道数
  format.nSamplesPerSec = hz;                        // 采样率
  format.nBlockAlign = bits*channels/8;              // 数据块调整
  format.nAvgBytesPerSec = format.nBlockAlign*hz;    // 平均传输速率
  format.cbSize = 0;                                 // 附加信息
```

4．呈交音频数据

IXAudio2SourceVoice 成员函数 SubmitSourceBuffer()的功能是呈交一个 XAUDIO2_BUFFER。

```
HRESULT SubmitSourceBuffer(
    const XAUDIO2_BUFFER *pBuffer,                       // 结构体 XAUDIO2_BUFFER 的指针（下面讲到）
    const XAUDIO2_BUFFER_WMA *pBufferWMA = NULL                // wma 格式 Buffer 的指针，默认 NULL
);
```

其中，XAudio2Buffer 这样设置：

```
  XAUDIO2_BUFFER XAudio2Buffer;
  // 可以设为 0 或 XAUDIO2_END_OF_STREAM，当设为后者时，将使 XAudio2 播放完该数据块后自动停
  // 止，不再播放下一个数据块
  XAudio2Buffer.Flags = 0;
  XAudio2Buffer.AudioBytes = BufferSize;             // 音频数据的长度，按字节算
  XAudio2Buffer.pAudioData = pBuffer;                // 具体音频数据的地址，unsigned char pBuffer[]
```

```
XAudio2Buffer.PlayBegin = 0;                          // 起始播放地址
XAudio2Buffer.PlayLength = 0;                         // 播放长度，0 为整数据块
XAudio2Buffer.LoopBegin = 0;                          // 循环起始位置
XAudio2Buffer.LoopLength = 0;              // 循环长度，按字节算，循环次数，0 为不循环，255 为无限循环
XAudio2Buffer.pContext = NULL;             // 这里的 pContext 用来标识该数据块，供回调用，可以是 NULL
XAudio2Buffer.LoopCount = 0;
```

5．继续呈交数据和播放数据

播放呈交的数据使用 IXAudio2SourceVoice 的成员函数 Start，该函数功能是开始播放。

```
HRESULT Start(
   UINT32 Flags,                                      // 必须是 0

   // 使用 XAUDIO2_COMMIT_NOW 将立即生效，使用 XAUDIO2_COMMIT_ALL 将挂起，等待其他数值
   // 的 OperationSet 的处理完
   UINT32 OperationSet = XAUDIO2_COMMIT_NOW
);
```

第 5 步做完之后，XAudio2 将一块接一块地播放呈交的数据块。只需不断重复第 4 步，就能不断播放音频数据。注意，在 XAudio2 播放完某个 XAudio2Buffer 之前，该 XAudio2Buffer 以及 XAudio2Buffer.pAudioData 指向的内存不能被修改或删除，否则将发生错误。但是某个 XAudio2Buffer 一旦被播放完，就能被修改了。为此，可以创建一个数组 XAUDIO2_BUFFER[]来循环呈交和更新数据。可以使用 IXAudio2SourceVoice 的成员函数获取播放信息。

```
GetState(
   XAUDIO2_VOICE_STATE *pVoiceState,                  // 这里返回结构体指针

   // 获取方式,可选,默认 0.设为 XAUDIO2_VOICE_NOSAMPLESPLAYED 将只获取挂起(包括正在播放)的
   // XAudio2Buffer 数量，速度较快。注：DirectX SDK 版本没有此参数
   UINT32 Flags=0
);
```

XAUDIO2_VOICE_STATE 包含如下 3 个成员：

```
void * pCurrentBufferContext                          // 对应 XAUDIO2_BUFFER 中的 pContext
UINT32 BuffersQueued                                  // 挂起（包括正在播放）的 XAudio2Buffer 数量
UINT64 SamplesPlayed                                  // 已播放的样本数
```

6．暂停和停止播放

暂停播放使用 IXAudio2SourceVoice 的成员函数 Stop()。

```
HRESULT Stop(
   UINT32 Flags,                           // 设为 0 或 XAUDIO2_PLAY_TAILS，后者代表等待音效放完
   UINT32 OperationSet = XAUDIO2_COMMIT_NOW            // XAUDIO2_COMMIT_NOW 立即生效
);
```

如果设定 XAUDIO2_PLAY_TAILS，应在音效输出完成后设定为 0，再 Stop 一次。暂停后再次调用 Start()，将在暂停的位置开始播放。

如果要完全停止，还需要使用 IXAudio2SourceVoice 的成员函数 FlushSourceBuffers()，其功能

是清除挂起的 XAudio2Buffer 队列。

```
HRESULT FlushSourceBuffers();
```

该函数使用后要到 XAudio2 播放完一个 XAudio2Buffer 才生效，建议在回调中使用。使用该函数后，XAudio2Buffer 队列计数将置 0。

7. IXAudio2SourceVoice 的其他功能

设置声调使用 SetFrequencyRatio()函数。

```
HRESULT SetFrequencyRatio(
    float Ratio,                        // 1.0 为正常声调，>1.0 为高声调快放，<1.0 为低声调慢放
    UINT32 OperationSet = XAUDIO2_COMMIT_NOW
);
```

IXAudio2SourceVoice 继承自 IXAudio2Voice，所以还有许多 IXAudio2Voice 的功能，如设置音量用 SetVolume()等。

注意：以上 IXAudio2SourceVoice 的成员函数中，Stop()、GetState()、FlushSourceBuffers()可以在回调中使用，释放相关实例的顺序与创建他们的顺序相反。需要包含头文件 Xaudio2.h 和 Objbase.h 以及链接 ole32.lib（而不是 Microsoft 网站上的 Xaudio2.lib）文件。

小　结

游戏开发中的常用音频编程工具是 Direct Audio，游戏设计人员和程序员在了解了音频原理后，就可以方便地播放 MIDI、WAV 和 MP3 等格式的音频了。MIDI 格式由于尺寸小、保真度符合游戏要求，因此被广泛使用。游戏设计人员可以在 Direct Audio 的基础上封装出一个高层的音频播放类，使得在游戏中实现 MIDI 的播放更容易。本章介绍的另一款音频工具 OpenAL，由于其跨平台的特性，可以用于 Windows 以外平台上游戏开发，也可以作为 Direct Audio 的替代品。另一种方式是购买商业的游戏音频开发工具或引擎，达到令人满意的高效和音频播放效果。

习　题 8

1．假设录制了一段 48000 Hz、8 bit、单声道的音频，时间为 90 秒。计算其声音文件的大小（未进行压缩）。

2．使用 OpenAL 或者 Direct Audio 编写程序完成以下任务

（1）假设玩家正在路过一条铁路。此时有火车经过，护栏放下并伴有指示灯和声响。播放光盘中的“铁道指示灯声音.mp3”。

（2）由于火车经过需要一定的时间，音频文件长度不足，需要重复播放。将（1）中的音频连续重复播放 15 秒。

（3）火车经过时会鸣笛。使用光盘中的“火车汽笛.mp3”模拟火车经过时的声音。需要考虑声源的移动和多普勒效应。

3．调整习题 2 中声源速度、强度、多普勒效应的参数等数值，感受其声音变化，并寻找你认为最适合的参数设置。

参考文献

[1] Mason McCuskey. Beginning Game Audio Programming. Premier Press, 2003.

[2] Todd M.Fay, Scott Selfon and Todor J.Fay. DirectX 9 Audio Exposed: Interactive Audio Development. Wordware Publishing, 2004.

[3] Daniel Sánchez-Crespo Dalmau. Core Techniques and Algorithms in Game Programming. New Riders Publishing, 2003.

[4] Blauert, J. (1997) Spatial hearing: the psychophysics of human sound localization. MIT Press.

[5] http://www.wikipedia.org.

[6] http://www.gameres.com.

[7] http://www.flipcode.com.

第 9 章　三维交互编程技术

9.1　三维交互开发平台

在新技术、新产品层出不穷的今天，使用键盘、鼠标或游戏手柄的传统游戏方式已经不能满足玩家需求，以体感游戏为代表的三维交互游戏逐渐崭露头角，成为游戏消费市场的新宠。在体感游戏出现前，游戏产业持续发展的最大威胁是大众对于游戏的偏见，人们普遍认为游戏机会给健康带来危害，让玩家连续几个小时坐在那里一动不动地玩游戏可能引发身体上的“游戏综合症”，至少传统的游戏方式可能存在这样的问题。体感游戏的出现颠覆了这个观念，它带来了令人耳目一新的游戏操作方式和体验，能让玩家通过各种动作进行游戏，从手势到全身运动都可以作为指令输入，极大地缓解了游戏与身体健康的矛盾。

体感游戏不仅能将游戏与健康生活相结合，还能带给玩家的是一种全新的体验。人们在真实世界中生活积累了大量经验，这些经验大部分时间已经融入到人的直觉之中，在各类的活动中都会体现出来。三维交互能够让人们能够在虚拟空间中应用这些经验，使他们能够凭借自身直觉更为自然地与计算机进行交互，显著缩短了心理模型与现实模型之间的差距。体感游戏就是三维交互方式在游戏中的最成熟的应用之一。

目前，体感游戏普遍基于任天堂 Wii 和微软 Xbox 360 Kinect 两大主流平台，手机、平板电脑也有大量体感类游戏，还涌现了一些通用体感外设，如 Leap Motion 等。它们都是当今最新科技应用的结晶，为游戏三维交互奠定了技术与设备基础，革命性地将游戏和身体运动紧密联系在一起，开创了在游戏中应用三维交互方式的新纪元。图 9-1 展现了一系列基于 Wii 的游戏三维交互场景。

图 9-1　基于 Wii 的三维交互游戏场景（图片来源于相关公司）

Wii 是较早推出的体感游戏机，它的奥秘在于配备了具有运动感知能力的游戏手柄——Wiimote。Wiimote 装备了基于微机电系统（MEMS）技术的运动传感器，从而能够以很小的体积、更高的可靠性和足够的精度感应人体的运动。运动传感器在人机交互方面应用也成为当前的研究的热点之一，目前应用最多的是加速度传感器和陀螺仪，除了能够测量自身瞬间加速度外，还可以测量自身朝向。移动平台上广泛支持的加速度传感器为移动体感类游戏开发创造了良好的条件，在 iOS 平台和 Android 平台上涌现了大量优秀的体感游戏，如《狂野飙车（Asphalt）》（如图 9-2 所示）、《神庙逃亡（Temple Run）》、《重力存亡（Tilt to Live）》等。

图 9-2 《狂野飙车》游戏画面

苹果是较早预见体感交互广阔前景的厂商之一，仅仅在 Wii 推出半年多后就宣布了内置三轴加速度传感器的革命性产品——iPhone。具备重力感应能力的 iPhone 可以根据手机状态自动调整屏幕，让用户轻松切换页面方向，也可以通过晃动手机来更换当前播放的曲目。加速度传感器还可以用于控制第三方应用程序的软件，特别是游戏。手机业界在惊叹 iPhone 的超前设计之余也逐步跟进，在产品创新方面紧紧追随苹果的脚步。如今，基于 iOS 和 Android 系统的智能手机和平板电脑几乎都有加速度传感器，很多内置了陀螺仪，能够实现更复杂的体感互动方式。

游戏交互技术的步伐并没有因运动传感器给人们带来的惊喜而停止前进，正在 Wii 风靡全球、大卖特卖的时候，微软推出了 Kinect，基于 Xbox 360 游戏平台。Kinect 是一个基于光学的传感器，不需要玩家握住任何东西，也不需要按下任何按钮，仅仅通过身体动作就能控制游戏，大大提升了用户体验，这是 Wiimote 望尘莫及的。借助 Kinect 游戏设备，游戏玩家徒手就可以进行操纵。Kinect 中装有三部摄像传感器，可以快速准确地在深度成像上基础上推测出人体关节的三维空间位置，然后在屏幕上再现动作。此外，Kinect 中的麦克风阵列可以拾取语音命令供系统分析识别，帮助玩家在更大的范围内运动。图 9-3 为 Xbox 360 Kinect 体感游戏场景。

Kinect 擅长人体结构的探测和人脸识别，但对更近距离和更高精度的动作识别无能为力，最近的 Leap Motion 填补了这个领域，能够较为精确地识别手势。Leap Motion 外形小巧（如图 9-4 所示），侧面使用铝合金材质，顶部是黑色半透明玻璃，底部是橡胶垫脚，正常工作时能够看到设备顶部透明顶盖下被点亮的红外线 LED。

图 9-3 Xbox 360 Kinect 体感游戏场景

图 9-4 Leap Motion 外观

简单地说，Leap Motion 是通过两个摄像头捕捉经红外线 LED 照亮的手部影像，经三角测量算出在空间中的相对位置。Leap Motion 的识别范围大致为设备顶部以上 25～600 mm 处，识别空间基本上是个倒置的四棱锥体。理论上，在这个空间中能够实现精度为 0.01 mm，目标是手指的动作识别，延迟大概在 5～10 mm 左右。Leap Motion 能实现 0.01 mm 级别的动作捕捉，在你握住笔或者其他细长的物体时可以计算出笔尖的位置，足够用于绘画或者书写应用，更不用说普通游戏了。图 9-5 为 Leap Motion 游戏演示场景。

图 9-5　Leap Motion 游戏演示场景

Leap Motion 已经被厂商嵌入到部分笔记本电脑中，未来应用于游戏机也指日可待。目前，各游戏厂商都在对其进行测试和评估，预计不久的将来会有大量基于 Leap Motion 的游戏产品诞生。

9.2　任天堂 Wiimote 应用开发

Wiimote 是 Wii 配套的游戏手柄，由于外形与遥控器相似而由此得名。Wiimote 内置了二轴运动传感器和 CMOS 红外摄像头，可以感知自身的运动和倾斜度，还可以通过拍摄外部辅助红外 LED 的方式测量出所指屏幕 2D 位置。图 9-6 中圈出的为 Wiimote 中的三轴加速度传感器。

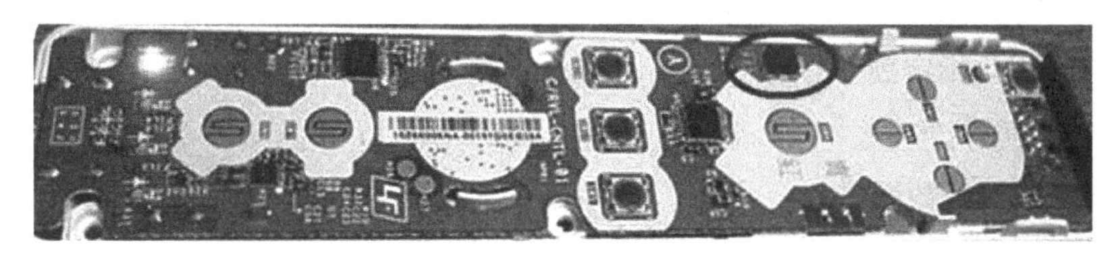

图 9-6　Wiimote 中的三轴加速度传感器

由于 Wiimote 与主机的通信遵循标准的蓝牙协议，因此可以利用蓝牙接收器来实现与计算机的连接，给体感应用开发带来了很大方便。以运行 Windows 操作系统的 PC 为例，只要安装市售的 USB 蓝牙适配器及相应的驱动程序，就可以通过相应的 API 以无线方式发送或接收数据，与其他具备蓝牙功能的设备通信。Wiimote 与 PC 的连接和其他蓝牙设备没有什么不同，连接成功后，Wiimote 在 Windows 的设备管理器中显示为一个标准游戏操纵杆。下一步需要向 Wiimote 发送指令，让它按照要求发送数据。Wii 主机通过一个内部协议与 Wiimote 进行通信，可以控制其工作模式、LED、扬声器、振动马达等，还能读取加速度数据、按钮状态、红外摄像头数据，或对 Wiimote 内部的 EEPROM 进行读写。对于三维交互而言最重要的就是获取三轴加速度数据，从而用于动作识别或得到倾斜状态等。图 9-7 为 Wiimote 三轴方向标示。

在游戏中，当游戏者移动 Wiimote 时，内置的加速度传感器会输出在三维空间中每一个轴向的加速度值，这些值通过处理就可以用于控制游戏。下面分别介绍 Wiimote 编程接口 API 说明以及基于 Wiimote 获取运动传感数据的编程实例。

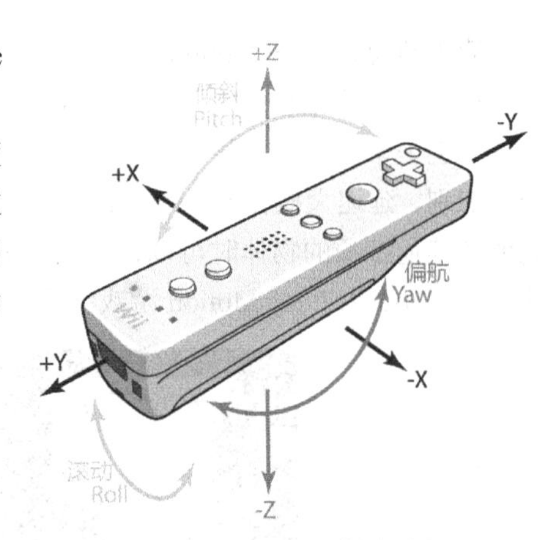

图 9-7 Wiimote 三轴方向标示

9.2.1 Wiimote 编程接口 API 说明

Wiimote 手柄 API 的封装由两个类 wiimoteInput、wiiStick 来完成。

1. wiimoteInput 成员函数说明

（1）int wiimoteInput::getCount(void)

功能：获取当前连接到计算机的 Wiimote 设备数量。

返回：实际连接到当前计算机的 Wiimote 设备个数。

（2）bool wiimoteInput::init(HWND hwnd)

功能：查找 Wiimote 设备，并进行注册和初始化。

参数：hwnd，目标窗口的句柄。

返回：初始化成功，返回 true；初始化失败，返回 false。

（3）wiimoteInput::wiiStick * wiimoteInput::operator[](UINT index)

功能：获取指定的 wiiStick 对象，每个 Wiimote 设备对应一个。

参数：index，wiimote 设备索引号，必须小于 wiimoteInput::getCount 返回的设备个数。

返回：一个 wiiStick 对象的指针。

（4）bool wiimoteInput::processInputMessage(const WPARAM wParam, const LPARAM lParam) [virtual]

功能：处理原始的输入消息，并传递特定事件的消息，一般在一个消息处理循环中被触发。

参数：wParam，指定额外的消息信息；lParam，指定额外的消息信息。

返回：成功，返回 true；失败，返回 false。

2. wiiStick 成员函数说明

（1）void wiiStick::getAcceleration(WIIMOTE_ACCELEROMETER &acc)

功能：获取 Wiimote 规整化的加速度测量值。通常，1.0 F=1g，即自由落体的重力加速度。

参数：acc，即规整化后的加速度在三个轴向上的测量值。

（2）void wiiStick::getAcceleration(WIIMOTE_ACCEL_RAW &acc)

功能：获取 Wiimote 原始采集的加速度值。

参数：acc，即未经处理的加速度在三个轴向上的测量值。

（3）void wiiStick::getButtonState(WIIMOTE_BUTTON_STATE & buttonState)

功能：获取 Wiimote 按钮的状态。

参数：buttonState、wiimote 上每个按钮的实际状态。

（4）void wiiStick::getCalibration(WIIMOTE_ACCEL_RAW &cal, WIIMOTE_ACCEL_RAW &g)
功能：获取 Wiimote 的校准值。
参数：cal，原始数据三个轴向中心点；g，重力加速度在三个轴向上的等值原始数据偏移量。
（5）void wiiStick::getCompatibleMode(bool & mode)
功能：获取兼容模式 Get compatible mode。
参数：mode，兼容模式打开为 true，兼容模式关闭为 false。
（6）void wiiStick::getThreshold(DWORD & value)
功能：获取阈值。
参数：value，阈值的大小。
（7）bool wiiStick::init(PWCHAR deviceName)
功能：wiiStick 对象初始化。
参数：deviceName，指向 Wiimote 设备的路径。
返回：初始化成功返回 true，失败返回 false。
（8）bool wiiStick::receiveReport(PBYTE data, DWORD &size)
功能：接收 Wiimote 传输过来的报告。
参数：data，指向接收缓冲区的指针；size，所接收到的数据的字节数。
返回：接受成功，返回 true，否则返回 false。
（9）bool wiiStick:: sendReport(PBYTE data, const DWORD &size)
功能：发送报告给 Wiimote。
参数：data，指向发送缓冲区的指针；size，拟发送数据的字节数。
返回：发送成功，返回 true，否则返回 false。
（10）void wiiStick::setCalibration(const WIIMOTE_ACCEL_RAW & cal,
const WIIMOTE_ACCEL_RAW & g)
功能：设置 Wiimote 的校准值。
参数：cal，原始数据三个轴向的中心点；g，重力加速度在三个轴向上的等值原始数据偏移量。
（11）void wiiStick::setCompatibleMode(const bool mode)
功能：设置 Wiimote 的兼容模式。
参数：mode, 打开兼容模式为 true，关闭兼容模式为 false。
（12）bool wiiStick::setLED(const DWORD state)
功能：设置 Wiimote 上的 LED 显示。
参数：state，其低 4 位控制 Wiimote 上的 LED。
（13）bool wiiStick::setMode(const WIIMOTE_MODE_VALUES mode)
功能：设置 Wiimote 的数据报告模式参数。
参数：mode，拟设置的 Wiimote 数据报告模式。
返回：设置成功返回 true，否则返回 false。
（14）bool wiiStick::setRumble(const bool state)
功能：设置 Wiimote 的声音。
参数：state，打开发音开关为 true，关闭发音开关为 false。
返回：设置成功返回 true，否则返回 false。

（15）void wiiStick::setThreshold(const DWORD value)

功能：设置加速度的阈值，可以获得更为稳定的加速度数据采集。

参数：value，加速度采集的阈值。阈值越大，加速度数据采集越稳定。

9.2.2 基于 Wiimote 获取运动传感数据的示例代码

基于 Wiimote 获取运动传感数据的总体步骤分为两步：初始化 Wiimote，基于消息处理来获取运动传感数据。

基于 QT 环境，初始化 Wiimote 的代码片段如下：

```
void WiiRecognitionDialog::initWiiinput() {
    if(!wiiInput.init(static_cast<HWND>(winId()))) {
        QMessageBox::warning ( this, tr("wiimote"),tr("No wiimote was found!"),
                                QMessageBox::Ok | QMessageBox::Default );
        return;
    }
    else {
        wiiInput[0]->setThreshold(1);
        wiiInput[0]->setMode(WIIMOTE_MODE_ACC);
    }
}
```

在 Windows 消息处理函数中加入 Wiimote 按键消息、加速度消息等的相应处理，来采集 Wiimote 的运动传感数据的代码片段如下：

```
bool WiiRecognitionDialog::winEvent(MSG *message, long *result) {
    QString   str;
    UINT    index = message->wParam;
    WIIMOTE_ACCELEROMETER    acc;
    WIIMOTE_ACCEL_RAW    acc_raw;
    static bool    recordButtonState = false;
    switch(message->message) {
      case WM_WIIMOTE_BUTTON:
        if(index == currentDevice) {
            WIIMOTE_BUTTON_STATE bt;
            bt.value = message->lParam;
            if (static_cast<bool>(bt.button.b) != recordButtonState) {
                m_bSampling = recordButtonState = bt.button.b;
                ui.label_Result->setText("null");
                if (!recordButtonState) {
                    if (ui.radioButton_Sample->isChecked()) {
                        writeSample();
                    }
                    else {
                        recognize();
                    }
                }
            }
```

```
            if(recordButtonState) {
                ui.lineEdit_state->setText(tr("sampling"));
            }
            else {
                ui.lineEdit_state->setText(tr("idle"));
            }
        }
        break;
    case WM_WIIMOTE_ACCELER:
        if(index == currentDevice) {
            wiiInput[index]->getAcceleration(acc_raw);
            wiiInput[index]->getAcceleration(acc);
        }
        break;
    case WM_INPUT:
        wiiInput.processInputMessage(message->wParam, message->lParam);
        break;
    default:
        return false;
    }
    return false;
}
```

完整的基于 Wii 手柄的交互程序示例代码请扫描书中的二维码进行下载，感兴趣的读者可以进一步分析和阅读。

9.3 移动平台应用开发

移动平台主要包括智能手机和平板电脑，它们的体感交互原理与 Wii 基本一致，都是通过 MEMS 运动传感器获取加速度、朝向等信息，区别主要在于 Wii 将运动传感器内置于手柄中，而移动平台（如手机）中的运动传感器是内嵌在设备本体中的（如图 9-8 所示）。一般智能手机或平板电脑中的运动传感器主要为三轴加速度传感器，高端机型才会加入陀螺仪，近期随着生产成本的下降，很多中低端机型也开始装备陀螺仪。

相对 Wii 体感游戏而言，移动平台的体感游戏交互手段相对单一。Wii 游戏充分利用了加速度传感器获取的重力朝向和加速度数据，能够控制游戏对象的移动速度，如打网球时的挥拍速度等；手机游戏一般只利用重力朝向信息，利用手机的姿态控制游戏对象的移动，如球类的滚动等。

手机游戏常用开发环境对加速度传感器几乎都有支持，包括 iOS 和 Android 的底层支持、Cocos2D、Unity、HTML5 等。下面以 Unity 为例说明手机游戏开发中加速度数据的获取过程。

使用 Unity 进行开发可以通过 Input.acceleration 属性来获取加速度值。当手机移动时，内置加速度传感器输出三个轴向的加速度数据，加速度值以 *g* 为单位，1.0 表示在给定轴向的加速度为 +1g，而−1.0 代表在给定轴向的加速度为−1g。其中，*X* 轴的正方向是手机右方，*Y* 轴的正方向为手机上方，*Z* 轴的正方向则为手机前方（如图 9-9 所示）。此外，Unity 提供了低通滤波器，以平滑通常充满噪音的加速度数据。

图 9-8　手机中的加速度传感器

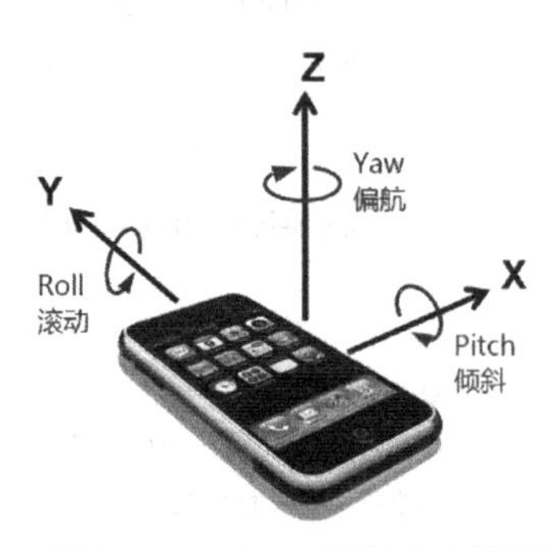

图 9-9　iPhone 三轴方向标示

9.3.1　Unity 编程接口 API 说明

① Input.acceleration 加速度：最近一次测量的设备在三维空间中的线性加速度（只读）。

② Input.accelerationEvents 加速度事件列表：返回上一帧测量的加速值数据列表（只读）（分配临时变量）。

③ Input.GetAccelerationEvent 获取加速度事件：返回上一帧发生的指定的加速度测量（不允许分配临时变量）。

④ AccelerationEvent 加速度事件。成员变量包括：

❖ acceleration，加速度的值。

❖ deltaTime，经过一段时间至最后加速度测量。

⑤ Gyroscope 陀螺。功能：使用这个类访问陀螺仪。成员变量包括：

❖ rotationRate，返回设备陀螺仪测量的旋转速率。

❖ rotationRateUnbiased，返回由设备陀螺仪测量的无偏旋转速率。

❖ gravity，返回在设备参考帧的重力加速度。

❖ userAcceleration，返回用户提供给设备的加速度。

❖ attitude，返回设备的姿态。

❖ enabled，设置或检索该陀螺仪的状态。

❖ updateInterval，设置或检索该陀螺仪的间隔，以秒为单位。

9.3.2　Unity 使用加速度传感器的示例代码

下面的例子将使用加速度传感器移动一个物体：

```
var speed = 10.0;
function Update () {
    var dir : Vector3 = Vector3.zero;
    // 假设该设备与地面平行，Home 按钮在右边
    // 重新映射设备加速度轴到游戏坐标：1) 设备的 XY 平面映射到 XZ 平面；2)沿着 Y 轴旋转 90 度
    dir.x = -Input.acceleration.y;
    dir.z = Input.acceleration.x;
    // 钳制加速度向量到单位球
    if (dir.sqrMagnitude > 1)
        dir.Normalize();
```

```
    // 使它每秒移动 10 米，而不是每帧 10 米
    dir *= Time.deltaTime;

    // 移动物体
    transform.Translate (dir * speed);
}
```

加速度传感器数值可能被颠簸和噪音影响。应用低通过滤器（Low-Pass Filter）在信号上可以使它平滑，并摆脱高频噪音的干扰。下面的例子展示了如何应用低通到加速度传感器数值：

```
var AccelerometerUpdateInterval : float = 1.0 / 60.0;
var LowPassKernelWidthInSeconds : float = 1.0;

private var LowPassFilterFactor : float = AccelerometerUpdateInterval / LowPassKernelWidthInSeconds;
private var lowPassValue : Vector3 = Vector3.zero;
function Start () {
    lowPassValue = Input.acceleration;
}

function LowPassFilterAccelerometer() : Vector3 {
    lowPassValue = Mathf.Lerp(lowPassValue, Input.acceleration, LowPassFilterFactor);
    return lowPassValue;
}
```

9.4 微软 Kinect 应用开发

Kinect 让玩家不需要手持游戏手柄，而是使用语音指令或身体动作进行游戏。其在 2010 年 11 月于美国上市，在销售前 60 天内卖出 800 万部，成为全世界销售最快的消费性电子产品之一。

2012 年 2 月，微软正式发布拥有完整 SDK 的桌面版本——Kinect for Windows，特点包括增加了对“近景模式”的支持、提升了骨骼跟踪等 API 的性能、采用了更先进的声学模型等，向 Windows 桌面平台体感应用的开发者敞开了大门。2013 年 5 月发布的 Xbox One 配备了最新的 Kinect 升级版本，将体感识别精度和速度又提升到了更高的级别。

Kinect（如图 9-10 所示）有三个镜头，中间的镜头是 RGB 彩色摄像头，用来采集彩色图像，左右两边的镜头则分别为红外线发射器与 CMOS 红外线摄像头所构成的 3D 结构光深度传感器，用来采集深度数据。彩色摄像头最大支持 1280×960 分辨率成像，红外摄像头最大支持 640×480 成像。Kinect 还搭配了追焦技术，电动底座会随着对焦物体移动改变仰角。

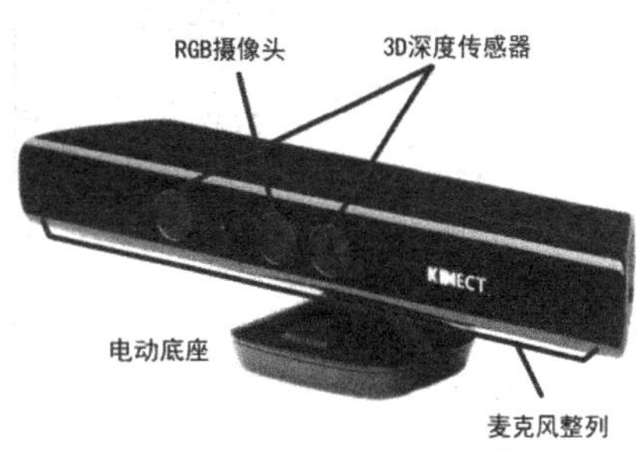

图 9-10　Kinect 构造示意

Kinect 在成像时首先发射红外光斑（如图 9-11 所示），通过红外摄像头拍摄后经过计算获得一个深度图像（如图 9-12 所示），然后计算机对深度图像进行分割识别，判断人体的各个关节位置，最终重建骨骼数据（如图 9-13 所示）。

Kinect 的开发一般有两种方式：基于官方 Kinect SDK 或基于非官方 OpenNI/NITE。两者的主要区别如表 9-1 所示。

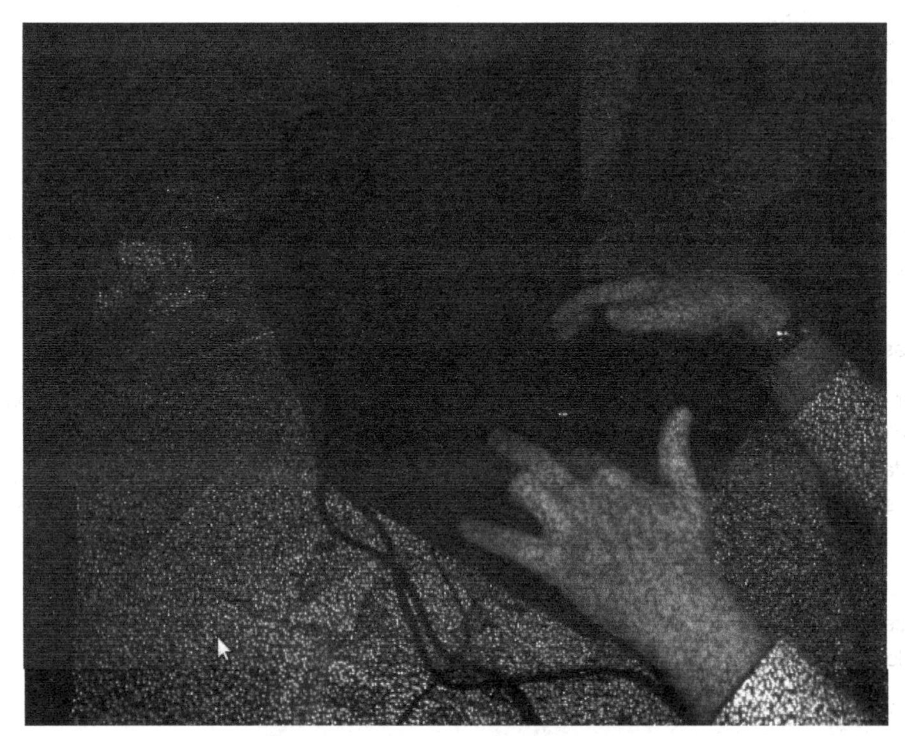

图 9-11　Kinect 发射的红外光斑

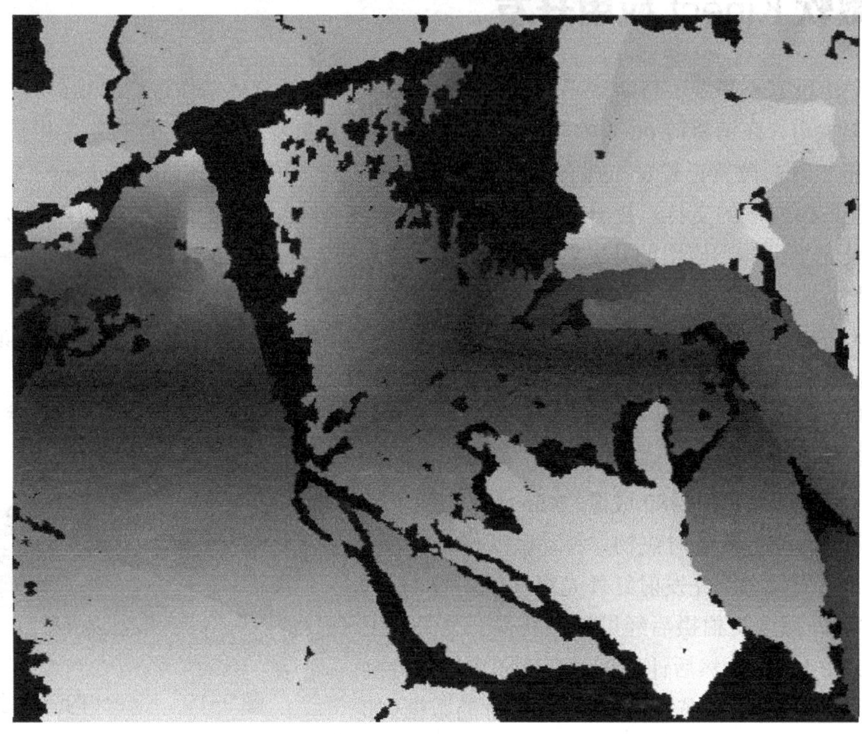

图 9-12　通过 Kinect 获取的深度图和彩色图像

图 9-13　深度图经过处理得到骨骼数据

表 9-1　Kinect SDK 与 OpenNI/NITE 的区别

	优　点	不　足
Kinect SDK	提供了音频支持、调整倾角的转动电机；在全身跟踪骨骼跟踪方面支持非标准姿势检测，头部、手、脚、锁骨检测以及关节遮挡等细节上的处理更为细致；支持同时使用多台 Kinect 等	只限非商业使用；未提供手势识别和跟踪功能，未实现 RGB 图像/深度图像的互对齐，只是提供了对个体坐标系的对齐；在全身骨骼跟踪中，SDK 只计算了关节的位置，并未得出其旋转角度。不支持记录/回放数据写入磁盘，不支持原始红外视频数据流，也不支持角色入场和出场的事件响应机制等
OpenNI/NITE	可用于商业开发，包含手势识别和跟踪功能，可自动对齐深度图像和 RGB 图像，全身跟踪，关节旋转角度计算，看起来性能较好，已有众多游戏产品应用，支持记录/回放数据写入磁盘，支持原始红外视频数据流，支持角色入场和出场的事件响应机制，支持多平台等	未提供音频功能，不支持调整倾角的转动电机，在全身跟踪骨骼跟踪方面无法跟踪头部、手、脚和锁骨的旋转动作，需要标准姿势检测；不能自动安装并识别 Kinect 多机环境；要申请开发证书编码；没有提供可用视频和深度图输入的事件触发机制等

OpenNI 最大的优势就是允许商业应用以及跨平台多设备应用，但 Kinect SDK 的原始数据的采集和预处理技术更可靠，还提供了成熟的骨骼和语音支持。OpenNI/NITE 提供了手势识别和跟踪，而 Kinect SDK 没有提供身体局部的识别和跟踪，需要开发者自己实现。作为 Kinect 的设计开发者，微软始终掌握着核心技术，随着对 Kinect 支持的日益完善，越来越多的开发者终将加入微软，基于 Kinect SDK 进行游戏开发将更具前景。

9.4.1　Kinect SDK 编程接口 API 说明

Kinect 的托管代码版本 API 包含两个命名空间：Microsoft.Kinect 和 Microsoft.Kinect.Toolkit。Microsoft.Kinect 命名空间下包括了用于从 Kinect 设备获取音频、彩色图像、深度图像、骨架数据等数据的类、结构体和枚举类型等。Microsoft.Kinect.Toolkit 命名空间及其子命名空间则包括了一系列工具类和方法，如用于查找 Kinect 设备的 KinectSensorChooser 类、包含控制和交互控件的 Microsoft.Kinect.Toolkit.Controls 命名空间等。由于在这两个命名空间下包含了大量类，方法，枚举类型等，下面只是简要介绍示例程序中使用到的类及其方法，其他未提到的 API，可以参考微软提供的官方文档。

1. KinectSensor 类成员说明

部分属性如下。

- ❖ ColorImageStream ColorStream：彩色图像数据流。
- ❖ DepthImageStream DepthStream：深度图像数据流。
- ❖ SkeletonStream SkeletonStream：骨架数据流。

部分方法如下。

（1）public void Start()

功能：开始输出数据。

参数：无。

返回：无。

（2）public void Stop()

功能：停止输出数据。

参数：无。

返回：无。

部分事件如下。

- ❖ public event EventHandler<ColorImageFrameReadyEventArgs> ColorFrameReady：ColorStream 中有新的数据帧到达时触发的事件。
- ❖ public event EventHandler<DepthImageFrameReadyEventArgs> DepthFrameReady：DepthStream 中有新的数据帧到达时触发的事件。
- ❖ public event EventHandler<SkeletonFrameReadyEventArgs> SkeletonFrameReady：Skeleton-Stream 中有新的数据帧到达时触发的事件。

2. ColorStream 类成员说明

部分方法如下。

（1）public void Enable()

功能：使用默认输出格式 RgbResolution640x480Fps30 启用彩色图像数据流。

参数：无。

返回：无。

（2）public void Enable(ColorImageFormat format)

功能：使用指定输出格式 format 启用彩色图像数据流。

参数：format，指定输出数据的格式。

返回：无。

（3）public ColorImageFrame OpenNextFrame(int millisecondsWait)

功能：从设备中获取下一帧彩色数据。

参数：millisecondsWait，最长等待时间。

返回：下一帧彩色数据。

3. DepthStream 类成员说明

部分方法如下。

public DepthImageFrame OpenNextFrame(int millisecondsWait)
功能：从设备中获取下一帧景深数据。
参数：millisecondsWait，最长等待时间。
返回：下一帧景深数据。

4．SkeletonStream 类成员说明

部分方法如下。
（1）public void ChooseSkeletons()
功能：Kinect 自动选择骨架并追踪
参数：无。
返回：无。
（2）public void ChooseSkeletons(int trackingId1)
功能：选择参数 trackingId1 指定的骨架进行追踪。
参数：trackingId1，骨架 ID。
返回：无。
（3）public void ChooseSkeletons(int trackingId1,int trackingId2)
功能：选择参数 trackingId1，trackingId2 指定的骨架进行追踪。
参数：trackingId1、trackingId2，骨架 ID。
返回：无。
（4）public void Disable()
功能：停用骨架数据流。
参数：无。
返回：无。
（5）public void Enable()
功能：启用骨架数据流。
参数：无。
返回：无。
（6）public void Enable(TransformSmoothParameters smoothParameters)
功能：根据指定的平滑参数启用骨架数据流。
参数：smoothParameters，指定平滑参数。
返回：无。
（7）public SkeletonFrame OpenNextFrame(int millisecondsWait)
功能：从设备中获取下一帧骨架数据。
参数：millisecondsWait，最长等待时间。
返回：下一帧骨架数据。

5．ColorImageFrame 类成员说明

部分属性如下。

- ❖ public ColorImageFormat Format：存放图像格式。
- ❖ public override int PixelDataLength：存放图像像素点的长度。

部分方法如下

（1）public void CopyPixelDataTo(byte[] pixelData)

功能：将数据复制到 pixelData 指定的数组中。

参数：pixelData，接收数据的数组。

返回：无。

（2）public void CopyPixelDataTo(IntPtr pixelData, int pixelDataLength)

功能：将数据复制到 pixelData 指定的数组中。

参数：pixelData，接收数据的数组；pixelDataLength，接收数组的大小。

返回：无。

6. SkeletonFrame 类成员说明

部分属性如下：

❖ （1）public int SkeletonArrayLength：Skeleton 数组的长度。

❖ （2）public long Timestamp：SkeletonFrame 创建的时间。

❖ （3）public int FrameNumber：SkeletonFrame 的 ID。

部分方法如下。

public void CopySkeletonDataTo(Skeleton[] skeletonData)

功能：将骨架数据复制到 skeletonData 指定的数组中。

参数：skeletonData，接收数据的数组。

返回：无。

7. Skeleton 类成员说明

部分属性如下。

❖ public JointCollection Joints：当前骨架的节点集合。

❖ public SkeletonPoint Position：当前骨架的位置。

❖ public int TrackingId：当前骨架的追踪 ID。

❖ public SkeletonTrackingState TrackingState：当前骨架的追踪状态，枚举类型。

8. Joints 类成员说明

部分属性如下。

❖ public JointType JointType：当前骨架节点的类型，是一个枚举类型。

❖ public SkeletonPoint Position：当前骨架节点的位置。

❖ public JointTrackingState TrackingState：当前骨架节点的追踪状态，枚举类型。

9.4.2 Kinect 获取彩色图像和骨架数据的示例代码

下面将简要介绍如何编写程序使用 Kinect SDK。

首先，枚举连接到计算机上的 Kinect 设备，初始化并启动。代码大致如下：

```
private KinectSensor sensor;
private const DepthImageFormat DepthFormat = DepthImageFormat.Resolution320x240Fps30;
private const ColorImageFormat ColorFormat = ColorImageFormat.RgbResolution640x480Fps30;
private void DiscoverSensor() {
```

```
        foreach (var potentialSensor in KinectSensor.KinectSensors) {
            if (potentialSensor.Status == KinectStatus.Connected) {
                this.sensor = potentialSensor;
                break;
            }
        }
}
```

当检测到已连接的 Kinect 后，下一步是初始化 Kinect，并配置想从 Kinect 设备获取的数据。如下述代码所示，如果希望获取 Kinect 捕获的彩色图像，可以调用 colorStream 的 enable()方法。同时，可通过参数 this.colorImageFormat 来指定希望获取的彩色图片数据的格式，此处选择的是 640×480 的 RGB 图像。

```
private void EnableSensor() {
    if(this.sensor != null) {
        this.Sensor.SkeletonStream.Enable();
        this.Sensor.ColorStream.Enable(this.colorImageFormat);
        this.Sensor.DepthStream.Enable(this.depthImageFormat);
    }
}
```

初始化后就可以启动 Kinect 了，代码如下：

```
private void stratSensor(){
    if(this.sensor != null) {
        this.sensor.Start();
    }
}
```

从 Kinect 中获取数据有两种方法：一种是注册一个事件，利用事件句柄处理数据，另一种是 Polling 模式（轮询模式）。它们的区别是事件模式是被动的，每个 Frame 到达的时候都会触发相应的事件句柄，而 Polling 模式是主动去获取 Frame。

事件模式代码如下：

```
private void registerColorFrameReady(){
    if(this.sensor != null) {
        this.sensor.ColorFrameReady += this.SensorColorFrameReady;
    }
}
private void SensorColorFrameReady(object sender, ColorImageFrameReadyEventArgs e) {
    using (ColorImageFrame colorFrame = e.OpenColorImageFrame()) {
        if (colorFrame != null) {
            byte[] pixelData = new byte[colorFrame.PixelDataLength];
            colorFrame.CopyPixelDataTo(pixelData);
            …                                   // 使用该 colorFrame，后续处理逻辑略
        }
    }
}
```

Polling 模式代码如下：

```
private void PollColorFrame() {
    if (this.sensor != null) {
```

```
        try {
            using (ColorImageFrame frame = this.sensor.ColorStream.OpenNextFrame(100)) {
                if (frame != null) {
                    byte[] pixelData = new byte[colorFrame.PixelDataLength];
                    colorFrame.CopyPixelDataTo(pixelData);
                    ...                                          // 使用该 colorFrame，后续处理逻辑略
                }
            }
        }
        catch (Exception ex) {
            ...                                                  // 异常处理代码
        }
    }
}
```

获取 Kinect 的骨骼数据的方法与前述获取彩色图像的方法类似，代码如下：

```
private void PollSkeletonStream(){
    if(this.sensor != null) {
        try {
            using (var skeletonFrame = this.Chooser.Sensor.SkeletonStream.OpenNextFrame(0)) {
                if (null != skeletonFrame) {
                    Skeleton[] SkeletonData = new Skeleton[skeletonFrame.SkeletonArrayLength];
                    skeletonFrame.CopySkeletonDataTo(SkeletonData);
                    Skeleton rawSkeleton = (from s in SkeletonData
                                      where s != null && s.TrackingState == SkeletonTrackingState.Tracked
                                      select s).FirstOrDefault();
                    Joint handleft = rawSkeleton.Joints[JointType.HandLeft];
                    ...                                          // 获取了左手的位置，后续处理逻辑略
                    ...
                }
            }
        }
        catch (Exception ex) {
            ...                                                  // 异常处理
        }
    }
}
```

9.5 Leap Motion 应用开发

只要插入 USB 接口并安装相关驱动，Leap Motion 就可以工作。厂商提供了相应的 SDK 和文档，支持 Windows 和 OS X 系统平台下的使用和开发。在进行 Leap Motion 应用开发前，首先需要对 Leap Motion 的工作原理和输出的数据有一定了解。Leap Motion 根据内置的两个红外摄像头从不同角度捕捉的画面，重建出手掌在真实世界三维空间的运动信息。检测的范围大体在传感器上方 25～600 mm 之间，检测的空间大体是一个倒四棱锥体。图 9-14 为 Leap Motion 内部构造。首先，Leap Motion 传感器会建立一个直角坐标系（如图 9-15 所示），坐标的原点是传感器的中

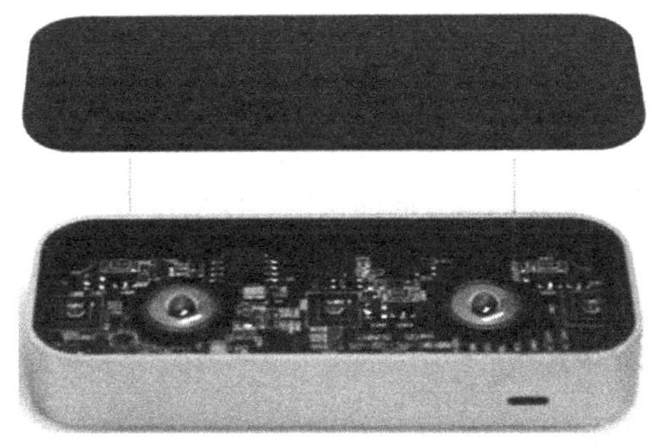

图 9-14 Leap Motion 内部构造

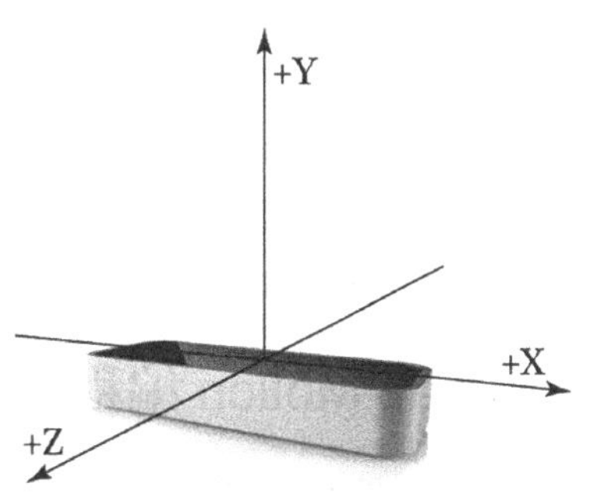

图 9-15 Leap Motion 的坐标系统

心，坐标的 X 轴平行于传感器，指向屏幕右方，Y 轴指向上方，Z 轴指向背离屏幕的方向，单位为 mm。

在使用过程中，Leap Motion 会定期的发送关于手的运动信息，每份这样的信息称为“帧”，每帧包含：所有手掌的列表及信息，所有手指的列表及信息，手持工具（细而长的物体，如一支笔）的列表及信息，所有可指向对象（Pointable Object），即所有手指和工具的列表及信息。

Leap Motion 会给这些分配一个 ID（唯一标识符），在手掌、手指、工具保持在视野范围内时，ID 是不会改变的。根据这些 ID，可以通过 Frame::hand()、Frame::finger()等函数来查询每个运动对象的信息。

Leap Motion 可以根据每帧和前帧检测到的数据，生成运动信息。例如，若检测到两只手，并且两只手都朝一个方向移动，就认为是平移；若是像握着球一样转动，则记为旋转。若两只手靠近或分开，则记为缩放。所生成的数据包含：旋转的轴向向量，旋转的角度（顺时针为正），描述旋转的矩阵，缩放因子，平移向量。

对于每只手，可以检测到如下信息：手掌中心的位置（三维向量，相对于传感器坐标原点，单位为 mm），手掌移动的速度（mm/s），手掌的法向量（垂直于手掌平面，从手心指向外），手掌朝向的方向，根据手掌弯曲的弧度确定的虚拟球体的中心，根据手掌弯曲的弧度确定的虚拟球体的半径。其中，手掌的法向量和方向如图 9-16 所示。对于每个手掌，亦可检测出平移、旋转（如转动手腕带动手掌转动）、缩放（如手指分开、聚合）的信息。检测的数据如全局变换一样，包括：旋转的轴向向量，旋转的角度（顺时针为正），描述旋转的矩阵，缩放因子，平移向量。

除了可以检测手指外，Leap 也可以检测手持的工具，如笔等物体。对于手指和工具，会统一地称为可指向对象（Pointable Object），每个可指向对象包含如下信息：长度，宽度，方向，指尖位置，指尖速度。方向和指尖位置如图 9-17 所示。

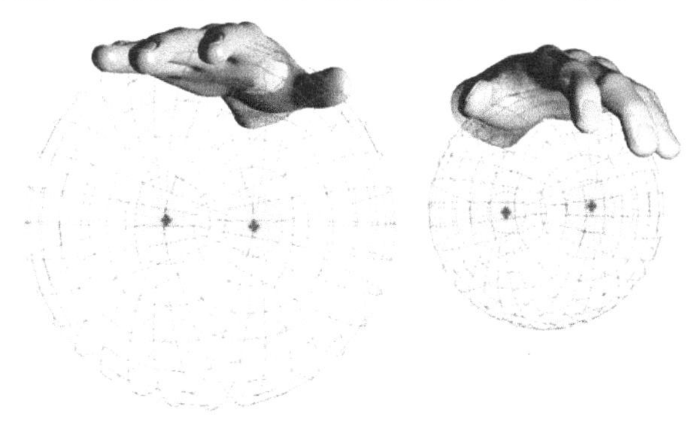

图 9-16 “手掌球”的圆心和半径

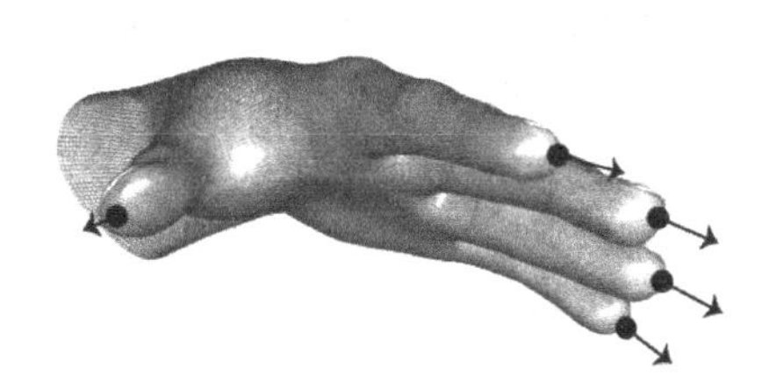

图 9-17 方向和指尖位置

根据全局的信息、运动变换，手掌、手指和工具的信息和变换，游戏就可以靠这些数据来识别玩家的手势了。

Leap Motion 提供的 SDK 包含多个示例。使用示例可以基本预览 Leap Motion 的功能，包括指尖位置、指尖方向、运动趋势、手势识别、手掌平面及四指方向的识别，以手指为基准的球面法线计算、握笔手势中的笔势识别等。

9.5.1 Leap Motion 编程接口 API 说明

Leap Motion 的 SDK 中包含 C++、C#、Java、Python、OC、JavaScript 环境下的开发包，这里以 C++环境下的开发包为例进行讲解，共包含 24 个类，有 11 个类属于核心，分别如下：

- Config —保存 Leap Motion 系统设置信息。
- Controller —连接到 Leap Motion Controller 的主要接口。
- Device —描述 Leap Motion 物理设备的类。
- Finger —描述已追踪的手指。
- Frame —记录一帧中所追踪到的手（Hand 类）和手指（Finger 类）的信息。
- Gesture —被识别的用户手语输入。
- Hand —记录被识别的手的物理特征。
- InteractionBox —完全处于 Leap Motion 监测范围内的立方体。
- Listener —定义可以在子类中重写的回调函数，用于相应在 Controller 中发送的事件。
- Pointable —描述被识别到的手指或是工具的物理特性。
- Tool —识别到的工具，如用户手中的一直笔等。

在这些类中使用最频繁的类是用于描述每帧信息的 Frame 类，每个 Frame 类中都会包含数个 Hand、Finger、Tool、Gesture、Pointable 的对象，Leap Motion 则通过这些对象来描述输入信息。

Frame 类成员说明如下。

（1）float currentFramesPerSecond () const

功能：当前的瞬时帧率。

（2）Finger finger (int32_t id) const

功能：获取指定 id 的手指信息。

参数：手指 id。

（3）FingerList fingers () const

功能：返回当前帧所监测到的所有手指。

（4）Gesture gesture (int32_t id) const

功能：获取指定 id 的手语信息。

参数：手语 id。

（5）GestureList gestures () const

功能：获取当前帧所有的手语信息。

（6）GestureList gestures (const Frame &sinceFrame) const

功能：返回在指定帧中出现的手语信息。

参数：指定的某一帧。

（7）Hand hand (int32_t id) const

功能：范围指定 id 的手的信息。

参数：手的 id。

（8）HandList hands () const

功能：返回当前所有的手的信息。

（9）int64_t id () const

功能：返回这一帧的 id。

（10）InteractionBox interactionBox () const

功能：返回这一帧的 InteractionBox。

（11）bool isValid () const

功能：返回这一帧是否有效。

（12）bool operator!= (const Frame &) const

功能：重载了!=运算符，用于比较两帧是否相等。

参数：用于比较的另一帧。

（13）bool operator== (const Frame &) const

功能：重载了=运算符，用于比较两帧是否相等。

参数：用于比较的另一帧。

（14）Pointable pointable (int32_t id) const

功能：获取指定 id 的 Pointable 类型。

参数：Pointable 类型的 id。

（15）PointableList ointables () const

功能：获取这一帧中所有的 Pointable 类型。

（16）float rotationAngle (const Frame &sinceFrame) const

功能：指定帧到当前帧的旋转角度差。

参数：指定的帧。

（17）float rotationAngle (const Frame &sinceFrame, const Vector &axis) const

功能：指定帧到当前帧的在指定旋转角度的差。

参数：指定的帧，指定的旋转角度。

（18）Vector rotationAxis (const Frame &sinceFrame) const

功能：获得指定帧与当前帧在各轴向上的旋转角度。

参数：指定帧。

（19）Matrix rotationMatrix (const Frame &sinceFrame) const

功能：获取指定帧和当前旋转矩阵。

参数：指定帧。

（20）float rotationProbability (const Frame &sinceFrame) const

功能：指定帧和当前帧之前可以预估的旋转量。

参数：指定帧。

（21）float scaleFactor (const Frame &sinceFrame) const

功能：指定帧到当前帧之间的缩放比。

参数：指定帧。

（22）float scaleProbability (const Frame &sinceFrame) const

功能：指定帧到当前帧可预见的缩放比例。

参数：指定帧。

（23）int64_t timestamp () const

功能：获取从 Leap Motion 开始工作到现在进过的时间，以毫秒为单位。

（24）Tool tool (int32_t id) const

功能：获取在当前帧中指定 id 的工具。

参数：工具 id。

（25）ToolList tools () const

功能：获取当前帧中所有识别到的工具。

（26）std::string toString () const

功能：将该帧中包含的信息转化为具有可读性的 String。

（27）Vector translation(const Frame &sinceFrame) const

功能：返回指定帧到当前帧的位置变化量。

参数：指定帧。

（28）float translationProbability(const Frame &sinceFrame) const

功能：返回指定帧到当前帧的可预见的位置变化量。

参数：指定帧。

9.5.2 Leap Motion 获取体感数据的示例代码

下面将展示如何初始化 Leap Motion，并将 Leap Motion 每帧接受的数据显示出来。

Leap Motion 的初始化代码如下：

```
int main() {
    // 创建 listener 和 controller 对象
    SampleListener listener;
    Controller controller;

    // 将 listener 对象绑定到 controller 对象
    controller.addListener(listener);

    // 保持运行直到 Enter 被按下
    std::cout << "Press Enter to quit..." << std::endl;
    std::cin.get();

    // 将 listener 对象从 controller 对象解除绑定
    controller.removeListener(listener);

    return 0;
}
```

在这段代码中，SampleListener 是用于接收和处理 Leap Motion 输入的类，初始化代码其实很简单，就是创建一个 Leap::Controller，然后在 Controller 中添加相应的 Listener 即可。接下来需要要创建一个监听器 Leap::Listener 的子类 SampleListener，该类定义了一些回调函数，当 Leap 事件发生时或者跟踪的帧数据就绪时，controller 对象可以回调相应的函数。

```
class SampleListener : public Listener {
public:
    virtual void onInit(const Controller&);
    virtual void onConnect(const Controller&);
    virtual void onDisconnect(const Controller&);
    virtual void onExit(const Controller&);
    virtual void onFrame(const Controller&);
    virtual void onFocusGained(const Controller&);
    virtual void onFocusLost(const Controller&);
};
void SampleListener::onInit(const Controller& controller) {
    std::cout << "Initialized" << std::endl;
}
void SampleListener::onConnect(const Controller& controller) {
    std::cout << "Connected" << std::endl;
    controller.enableGesture(Gesture::TYPE_CIRCLE);
    controller.enableGesture(Gesture::TYPE_KEY_TAP);
    controller.enableGesture(Gesture::TYPE_SCREEN_TAP);
    controller.enableGesture(Gesture::TYPE_SWIPE);
}
void SampleListener::onDisconnect(const Controller& controller) {
    std::cout << "Disconnected" << std::endl;
}

void SampleListener::onExit(const Controller& controller) {
    std::cout << "Exited" << std::endl;
}
void SampleListener::onFrame(const Controller& controller) {
    // 获取最新的一帧，并且返回一些基本信息
    const Frame frame = controller.frame();
    std::cout << "Frame id: " << frame.id()
              << ", timestamp: " << frame.timestamp()
              << ", hands: " << frame.hands().count()
              << ", fingers: " << frame.fingers().count()
              << ", tools: " << frame.tools().count()
              << ", gestures: " << frame.gestures().count() << std::endl;
}
void SampleListener::onFocusGained(const Controller& controller) {
    std::cout << "Focus Gained" << std::endl;
}
void SampleListener::onFocusLost(const Controller& controller) {
    std::cout << "Focus Lost" << std::endl;
}
```

更详细的 Leap Motion 示例代码请扫描书中的二维码进行下载，有兴趣的读者可以进一步的分析和阅读。

小　结

本章探讨了三维交互技术在游戏中的应用，介绍了以 Wiimote、移动平台的重力感应、Kinect 和 Leap Motion 为代表的游戏三维交互原理，并提供了相应的开发指导。通过本章学习，读者对三维交互技术的原理与应用将有一定认识，从而有能力对游戏中的三维交互部分进行初步开发。

习 题 9

1．掌握主流三维交互平台的工作原理，了解各平台的典型应用。

2．尝试编写一个获取 Wiimote 运动传感数据的程序，并实现一个基于 Wiimote 的游戏人物的动作控制系统。

3．分析苹果公司的 iPhone 手机交互界面特点，并尝试基于 iPhone 手机的 SDK，编写一个交互示例。

4．编程实现一个基于 Kinect 的体感交互游戏原型。

5．编程实现一个基于 LeapMotion 的体感交互游戏原型。

参考文献

[1] Matthew Turk, George Robertson．Perceptual user interfaces．Communications of the ACM, 2000, 43:32-34．

[2] http://www.gameres.com．

[3] http://www.flipcode.com．

[4] http://www.gamedev.net．

[5] http://www.gamasutra.com．

[6] http://www.apple.com/iphone．

[7] http://www.vgchartz.com．

[8] http://us.wii.com/wiisports．

[9] http://www.primesense.com．

[10] http://docs.unity3d.com/Documentation/Manual/Input.html．

[11] http://unity3d.com/learn/tutorials/modules/beginner/platform-specific/accelerometer-input．

第 10 章　AI 编程进阶

人工智能（Artificial Intelligence，AI）是指用计算机来模拟、延伸和拓展人的智能，实现某些“机器”思维和采取某些合理行为、活动。人类的智能是一种综合性的认识客观事物和运用知识解决问题的能力，包括：感知和认识客观事物、客观世界与自我的能力；通过学习，取得经验、积累知识的能力；理解知识、运用知识和运用经验分析问题和解决问题的能力；联想、推理、判断、决策的能力；运用语言进行抽象、概括的能力；实时地、迅速地、合理地应付复杂环境的能力；发现、发明、创造、创新的能力；预测、洞察事物发展变化的能力等。因此，游戏中的“人工智能”可以简单地定义为所有由计算机在游戏中所做的“思考”，使得游戏表现出与人的智能行为、活动相类似，或者与玩家的思维、感知相符合的特性。在游戏中，无论是战略游戏中计算机的布局、行动、攻击，还是角色扮演游戏中敌人角色的施法、攻击和行为控制等，人工智能都扮演了相当重要的角色。特别是在以战术问题求解为核心的游戏中（如战略游戏或者棋类游戏），人工智能显得尤为重要，能给玩家提供更多、更真实的游戏挑战，激发玩家的兴趣，并有效地融入到游戏世界中。另外，人工智能在游戏可玩性方面往往起着决定性因素，把人工智能应用在游戏中，会使玩家感受和觉察到游戏中的人物行为具有令人信服的合理性，趣味盎然的人工智能无疑将吸引一大批玩家，并有效促进游戏开发获得成功。

10.1　游戏 AI 简介

游戏开发的初期，侧重于能实时绘制渲染多少个多边形，人物的眼睛是多么漂亮，人物的肌肉是多么有弹性。当游戏引擎已经能够渲染出非常真实的场景和人物模型时，游戏开发人员自然而然地将注意力转移到如何使得游戏人物的行为更具有真实感，这时就需要人工智能技术。如今的游戏开发已经从只重视游戏中的图形功能和视觉效果，转变到将人工智能和图形放在同等重要的位置上考虑，使得人工智能技术的探讨和研究逐渐成为游戏开发的热点之一。在技术实现上，游戏中的人工智能技术依赖于人工智能领域的学术研究成果，但与纯粹的人工智能技术有一定差别。游戏中的人工智能注重创建某种智能行为的表面现象，希望游戏中的人物通过表情、行为和动作等体现出某种智能。例如，如果一个非玩家角色控制的对象在基于各种复杂因素时的决策行为，就像是由真正的人做出的，这就是典型的游戏智能。在人工智能领域，通常也称之为“行为主义”，即智能的评判来自于其外在的表现行为，它是游戏智能的最基础原则之一。

关于游戏中的智能类型和行为，不同的游戏开发人员有不同的理解。有些游戏开发者从功能上把它划分为面向战斗的 AI 和非战斗型的 AI。面向战斗的 AI 包括对地形的理解和探索、团队合作、追捕能力与生存能力等。非战斗型的 AI，如在角色扮演游戏中，非玩家角色帮助玩家在虚拟的游戏世界中导航，并指点玩家如何获得有用的物品，以及与玩家进行对话的功能。有些游戏开发人员把游戏中的人工智能系统归纳为两种：个体智能系统和群体智能系统。个体智能系统主要控制游戏世界中虚拟人物的活动，在游戏中的“角色”既可能是玩家的敌人，也可能是非玩家的人物角色、各种合作伙伴，或者某一个领域的生物体。这种智能体往往需要符合它们的基本生物结构，才能在某种程度上比较真实地对它们的行为进行模拟。群体智能系统不再单个地控制虚拟人物和游戏角色，而是更像一个抽象的控制器，有一组体现领域知识的推理机，能为某个系统的多个个体或者环境活动提供控制和辅助决策，如战略游戏中的战斗形势判断、整个战斗策略推理、各战斗部队调动等。从系统实现的角度来看，游戏 AI 系统与人类大脑的机制类似，典型的人工智能系统一般有 4 部分：感知输入、记忆存储、分析推理和决策行为输出，如图 10-1 所示。当然，一些简单的 AI 系统可能将其中的一些部件如记忆存储和分析推理可进行合并和简化，但这个总体框架还是适合大多数的 AI 系统。

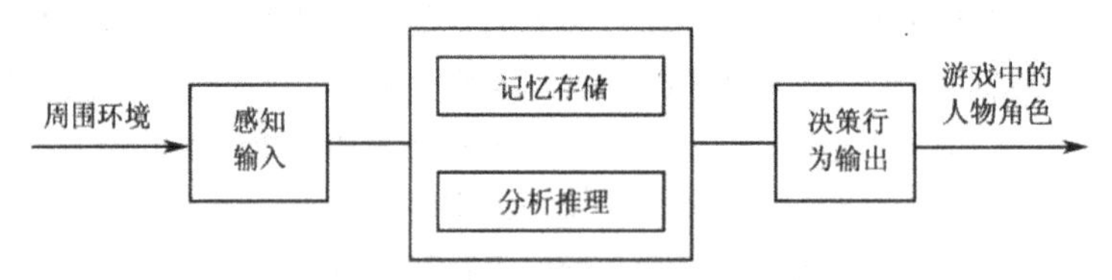

图 10-1　游戏 AI 系统的典型结构

感知输入子系统是游戏 AI 系统的最基本部分。所有 AI 系统必须能感知它们周围的世界，才能使用这些信息做进一步的推理和分析。周围世界中哪些信息在何种程度和范围内被感知，取决于正在开发的游戏类型。例如，在 Quake 游戏中，每个“敌人”被看成一个智能体，需要感知的信息包括玩家的位置、玩家的目的地、周围世界的几何信息、所使用的武器信息、玩家所使用的武器等。在实时战略游戏中，需要感知的数据包括：在地图上的每个子区域的军事力量平衡；拥有某类型资源的数量；各种军队的基本类型和建制，如步兵、骑兵等；当前战术能力的状态；游戏世界中的地形信息等。这些信息的感知获取方式多种多样，有时只需进行简单的测试，有时需要从大量基本数据中提取和分析有用的信息。例如，只有得到了整个游戏世界的地形信息，才能保证所找到的路径对各种类型的军队都适用；为了获得游戏世界中军事力量的平衡状况，需要知道敌人的位置和兵力分布等。

记忆存储子系统负责将所有感知的信息、数据和知识等，以合适的方式在计算机内表示和存储。游戏中感知数据和知识的存储是一个较为复杂的过程，很多数据并不是按直接的方式存储的。例如，在一些智能体所感知数据的存储中，可以用一些数值存储各智能体的位置、朝向等。但对于复杂的抽象信息，如军事力量的平衡信息、各种路径的信息等，由于没有标准化的数据结构，这就需要结合人工智能系统中的知识表达方法。

分析推理子系统是 AI 系统的核心，通过感知到的数据和存储记忆体中的知识分析当前的状况，并做出一个合理的决策。做出决策的快慢取决于可选择的决策数目的多少，以及需要考虑的感知信息的多少。游戏开发主要追求以较小的代价来获取最好的结果。为追求实时性能，很多游戏一般采用简单的决策过程，可供考虑的决策数据也较少，得出来的结果却比较好。例如，分析推理可采用通用搜索技术，首先将所有可能的解决方案或策略列一个选项表，如一个士兵到目的地之间所有可能的路径，再使用其他人工智能技术，如排除法等，寻找一个最优的选择。当然，也可以采用排序等确定最佳的决策次序。例如，在战略游戏中，AI 一般遵循的规则有：就近攻击原则、最弱对象攻击原则、最大攻击力原则。在这三个原则中，排在最先的是就近攻击原则，即计算机对象会向距离它最近的对手攻击。排在第二的是最弱对象攻击原则，在可以攻击到的对象中选择最弱的对象进行攻击。排在第三的是最大攻击力原则，如果选中了一个攻击目标，则会使用最大攻击力的方式去攻击。更复杂的分析推理可采用专家系统技术，运用“if-then”语句的逻辑表达式来表示所有的基本规则，计算机再根据这些规则进行推理，做出相应的智能决策。例如，在制作一个足球游戏时，可以请一个足球专家记下足球经验，包括在各种情况下采取的踢球方式。根据这些知识建立一套规则库，计算机就可以根据这些规则做出决策。

决策行为输出子系统主要负责把计算机做出的各种决策和行为，作用到游戏世界中的人物角色上。在游戏开发中，无论多么高深的智能，都需要各种动作、行为和反应将它表现出来，这样玩家才能意识到在游戏中确实存在某种智能，也只有把 AI 技术和某些“聪明”的行为活动联系在一起，玩家在游戏中才能实实在在地感受真实的智能。事实上，很多游戏中的动作行为就像戏剧表演那样被夸张地表现。这样，人物角色的意图、个性和各种活动特性均比较明显，使得玩家能直观地感受到游戏的智能性。

10.2 常见的游戏 AI 技术

目前已经上市的计算机游戏中已经应用了很多人工智能技术，包括有限状态机、脚本方法、模糊逻辑、智能体技术、群体行为的模拟、决策树、神经元网络和遗传算法等。在基础篇中已经部分进行了简要介绍，但这些技术已经在游戏业界使用了很多年，在三维游戏开发中变得越来越重要，因此下面更全面地介绍这些常见的游戏 AI 技术。

10.2.1 有限状态机

有限状态机（Finite State Machine，FSM）技术是游戏中使用最频繁的 AI 技术，这主要由于它实现简单，比较容易理解和调试，而且适用面广，几乎可以应用到任意的问题求解。

有限状态机来源于自动机理论。在人工智能的问题求解中，它基于规则的系统，有限个状态连接成一个有向图，每条边称为一个转移。基于有限状态机的问题求解既可以是找到一系列动作（或状态转移），使得最终的结果满足某一特定目标；也可以向一个产生式系统那样，由每个状态和每个迁移来表达一条产生式的条件和动作行为，当产生式的条件（状态）满足时，系统就执行相应的动作。

从功能上而言，有限状态机由有限个状态组成，其中的一个状态是当前状态。有限状态机可以接受一个输入，这个输入可以影响状态转换，并将导致一个状态转换的发生（即从当前状态转换到输出状态）。状态转换基于一个简单（或复杂）的状态转换函数，该函数可以根据输入的次序和当时的状态模型决定什么状态可以变成当前状态。状态转换完成后，输出状态变成了当前状态。在结构组成上，一个典型的有限状态机由下列元素构成：

❖ 一个有限的状态集合 $S=\{S_0, S_1, S_2, \cdots\}$。

❖ 有一个特殊的状态元素 S_0，为有限状态机的起始状态。

❖ 输入的触发事件或者数值的有限集合 $I=\{i_1, i_2, \cdots\}$。

❖ 输出数值的有限集合 $O=\{o_1, o_2, \cdots\}$。

❖ $S\times I$ 映射到 S 的函数 f，即状态转换函数。

❖ S 映射到 O 的函数 g，即状态输出函数。

在有限状态机运行的任何时刻，它总是处于某一特定的状态中。当输入 I 中特定的触发事件时，当前状态经由状态转换函数变换到另一个状态中。同时，有限状态机也可依据输出函数产生 O 中的数值输出。例如，对于表 10-1 中的有限状态机而言，其状态集合为$\{S_0, S_1, S_2, S_3, S_4, S_5, S_6\}$，输入的触发事件的集合为$\{a, b, c\}$，输出的数值元素集合为$\{0, 1, 2, 3, 4, 5, 6\}$，表 10-1(a)中的每行分别定义了对应于该状态的转换行函数，表 10-1(b)中定义了每个状态的输出函数。

表 10-1　有限状态机的状态集合、状态转换和状态输出的定义示例

(a)

输　入	触发事件		
	a	B	c
S_0	S_1	S_2	S_5
S_1	S_2	S_3	S_6
S_2	S_3	S_4	S_6
S_3	S_4	S_5	S_6
S_4	S_5	S_6	S_6
S_5	S_0	S_6	S_6
S_6	S_1	S_2	S_5

(b)

输　入	输　出
S_0	0
S_1	1
S_2	2
S_3	3
S_4	4
S_5	5
S_6	6

如果用一个有向图来表示经典的有限状态机，每个节点对应一种状态，对应每个状态的数值用横线隔开，置于状态名称的下面。如图 10-2 所示，其起始状态 S_0 用一个双线箭头表示，状态之间的转换用标有相应触发事件的有向边表示。

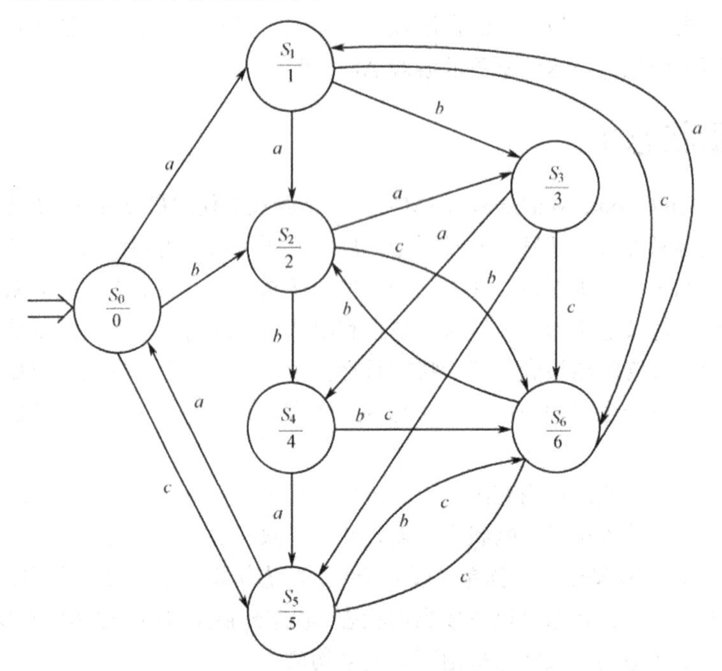

图 10-2　有限状态机的有向图结构

游戏中使用有限状态机技术的方面有很多，可以管理游戏对象的状态，也可以解析玩家的输入，并且有限状态机包括游戏中的角色的各种情绪状态，然后根据玩家的输入来确定情绪状态之间的切换，从而模拟出非玩家角色的情绪变化。FSM 在游戏中的最典型应用是非玩家角色的行为模拟，可以把游戏对象的各种行为变成各种逻辑状态，每个状态可以激发出不同的行为。例如，在 Quake2 中，每个人物有 9 种状态，包括站立、行走、跑步、徘徊、攻击、看到敌人、搜索、空闲、格斗等，这些状态可以连接在一起，组成各种行为。例如，为了攻击玩家，可以先切换到“空闲”，然后“跑步”靠近玩家，接着进行“攻击”。

从智能模拟的角度看，有限状态机的本质是一个基于规则的 AI 系统，提供了最简单的计算

平台，而且计算的额外开销很小。在游戏中应用有限状态机时，游戏开发人员需要及时预测、规划和测试有限状态机中的各种元素。开发者所做的准确预测的工作越多，游戏玩家所感受的智能程度往往越高。当然，有限状态机并不总是最佳的解决方案，其主要缺点是：有限状态机 FSM 的结构复杂性随着状态规模的增加而呈爆炸性增长，这就使得维护很困难。通常在游戏中，FSM 中的状态会进行嵌套，每个状态会包含多个变量，状态切换又具有某种随机性以及包含触发状态的代码等。但是，FSM 确实能提供一些简单并有效的解决方案，并且可以与神经元网络和模糊逻辑一起使用（见 10.4.2 节的模糊有限状态机）。在未来的很长一段时间内，游戏开发人员都不会放弃使用 FSM 技术。

10.2.2 基于脚本语言的行为建模

游戏脚本如同乐器演奏的乐谱，是使用符号化的语言。使用脚本语言进行行为建模，可以规定整个游戏的智能行为和进程：在什么时候、什么条件下执行什么动作，地图上出现什么、消失什么，角色状态（如攻击力、防御力等）的改变，都可以在游戏脚本中详细说明。因此，在智能模拟方面，游戏脚本可以看成一种具有行为解释功能的 AI 技术。游戏脚本在游戏开发中非常重要。在 RPG 游戏中，故事情节几乎是线性的，绝对需要脚本的支持。而在 SLG 游戏中，游戏脚本也非常重要。例如在某关卡中布置了大量的敌人，如果不用脚本加以控制，敌人将蜂涌而上，玩家绝对抵挡不住。在脚本控制的情况下，每隔一定时间有一部分敌人进入搜寻与攻击状态，其他敌人则在待机状态。此时，玩家将与敌人一部分一部分战斗，既不费力气，又有一种“一对多”的成就感，从而达到娱乐的目的。在 ACT（动作类游戏）中，同样要使用脚本控制游戏进程，不过这种脚本非常简单，只要写明什么地方出现什么敌人、将触发的机关装置等。

从系统实现的角度看，脚本语言实际上是一个程序设计语言。但是，它已经针对某些场合中的特殊任务进行了相当的简化。脚本语言往往是确定性的，一般要求游戏开发人员将所有人物角色和游戏场景预先在代码中实现。游戏中的脚本语言主要用于从外部控制游戏引擎，其内容和范围依赖于具体的问题，所能处理的问题从简单的系统配置、创建各种事件、创建怪物的智能行为到复杂的实时语言翻译。比较有名的脚本语言包括 Quake 中的 QuakeC 和 Unreal 引擎中的 Unrealscript。脚本语言把游戏中的代码变成类似的高级自然语言，极大地降低了游戏中的编程难度，并将游戏中的很多复杂方面进行了屏蔽和隐藏，使得一些不懂编程的人员，如游戏创意人员和美工人员，也能通过脚本进行编程。例如，游戏创意人员可以使用脚本编写故事情节，美工人员可以通过脚本进行动画设计。

游戏开发中使用游戏脚本的一个明显优点是，脚本语言、游戏的数据结构和代码库相互独立，使得非编程人员可以在一个相对安全的环境中对游戏作各种修改，并可以由玩家对游戏中的智能行为进行扩展。它的另一个优点体现在没有程序员帮助的情况下，游戏设计人员能通过脚本语言对游戏进行各种智能测试和参数调整，这将大大提高游戏开发的效率。

10.2.3 模糊逻辑

1965 年，美国著名控制论专家 Lotfi Zadeh 教授发表了《模糊集合》，这一开创性的论文引用“隶属度”和“隶属函数”来描述差异的中间过渡，可以处理和刻画模糊现象，产生了应用数学重要分支——模糊数学。由于数学与逻辑有着内在的联系，模糊集合论很快被运用于逻辑的研究。

模糊逻辑是以模糊集合论为工具来研究模糊思维的推理，以及模糊语言的形式、规律的科学。

它从研究模糊性出发，着力研究模糊推理的规律，在(0, 1)中取连续值，来更恰当地处理对象类属边界和情态的不确定性，以及对象资格程度的渐变等模糊性。模糊逻辑是一种多值逻辑，向以往的二值原则及矛盾律和排中律提出了挑战。人们常常把事物划分为有无、难易、长短、高下、前后、阴阳等，传统计算机通常只能按照“是与否”、“对与错”、“0 与 1”这样的二元逻辑进行识别，而对冷、热、大、小这样的模糊概念无能为力。而人脑综合处理直觉、近似、含糊和暧昧信息的能力远远超过计算机。事实上，模糊性与精确性相辅相成、殊途同归。有了模糊逻辑，计算机可以跨越两极的边界，在“灰色”中间地带发挥作用，成为沟通人机对话的一条重要途径。

模糊逻辑的理论基础是模糊集合论。模糊集合论认为，论域上的对象从属于集合，是逐渐过渡的，而不是突然变化的。因此，它把元素属于集合的观念模糊化，承认论域上存在着既非完全属于某集合，又非完全不属于某集合的元素；又把“属于”这一概念量化，承认论域上的不同元素对同一集合有着不同的隶属度。所谓隶属度，是指一个元素属于某一集合的程度。模糊集合论强调的不是集合中包含哪些元素，而是集合中所包含某些元素的程度如何变化。

模糊逻辑的主要任务是模拟模糊思维和对模糊语言的处理。人们运用模糊思维来处理模糊信息，计算模糊变量，描写模糊概念，刻画模糊命题，进行似然推理。模糊语言是指语言表达式呈现出的不精确现象，语言的语音、语义、语法和修辞都具有模糊性。在游戏开发中，模糊逻辑能使用一些模糊值来表示一些模糊不清的概念和知识进行推理，广泛地应用于决策推理和行为选择。例如，决定一个怪物对玩家的害怕程度如何、对玩家的喜欢程度等。而且，模糊逻辑可以与其他 AI 技术，如与有限状态机相结合，形成模糊的有限状态机（见 10.4.2 节），其中每个状态都是模糊的，都有一定的隶属程度，各状态的转换不再是一个明确的状态转换函数，而是模糊的状态和模糊的状态转换。

模糊逻辑虽然在模糊思维模拟方面有着绝对的优势，但是如果能有简单、清晰的数学或者物理模型来解决游戏中的有关智能模拟问题，并能得到满意的结果，就没必要使用模糊逻辑，否则将使简单问题复杂化。

10.2.4 多智能体技术与人工生命

多智能体技术研究在多个相互竞争、相互合作的智能体之间所产生的交互智能行为。在游戏中，智能体往往就是游戏世界中的一个虚拟人物的“化身”，它能感知周围的环境，并为了某种目标，能够相应地表现出某种行为，或者采取某种行动。在系统实现上，游戏中的智能体是一个具有自治性、智能性、反应性、预见性和社会性的计算实体，通常包括某种目标、各种反应性、必然性行为、情绪状态、记忆、推理、自然语言能力。多个智能体聚集在一起时，将基于通信和协作手段进行群体智能进化，并涌现出某种集体行为和社会语言。智能体有两种典型的体系结构。一种是上下文无关的刺激 - 反应型，适合于高度动态变化的环境（如第一人称射击游戏和角色扮演游戏中的怪物等），基本不需要知道以前的状态和所采取过的行动；另一种是上下文相关的目标驱动型，特别适合相对静态的环境（如实时策略游戏等），充分考虑以前的各种行动信息并进行相应的行动规划，以实现给定的目标。

在游戏世界中，智能体的基本作用是进行决策，并采取某些行动达到某种目标。在技术实现上，游戏智能体可能是一组有限状态机、神经元网络、遗传算法的集合，智能体之间通过消息进行通信。例如，在实时策略游戏“地球王国（Empire Earth）”的智能体中，AI 是成为部件的几个管理器，每个管理器在一些特定的领域范围内管理计算机玩家，包括文明、建筑、军队、资源、搜索和战斗。文明管理器是位于系统的最高层的主管理器，负责玩家的经济发展和协调其他管理器。其他管理器则负责一个较低层的事务，并在各管理器间发送请求和报告情况，这样一个良好的结构有利于扩充。

人工生命技术试图将生态系统中一些普遍规律应用到虚拟世界的人工智能体上，以计算机为媒介，模拟生命或具有生命特征的行为，包括自组织、自学习及信息的复制和传播行为等，并模拟他们与环境的相互作用。人工生命技术通过提炼和抽象生命现象的基本原则来理解生态系统与环境，并试图在其他物理介质中重现这些现象。人工生命中许多早期的工作源自于人工智能，如Rosenblatt 提出的感知机，Stahl 建立的阿细胞自动机模型，Lindenmayer 提出的模拟植物生长过程的数学模型（即 L-系统），Conra 等提出的人工仿生系统中的自适应、进化和群体动力学，并提出的“人工世界”模型，以及 Conway 提出的生命的细胞自动机对策论等。这些简单的模型可以清晰地显示复杂的发展历史和进化过程，并在某种程度上揭示生命的自组织和自复制、发育和变异、进化和适应动力学，以及自主的复杂系统等。在游戏开发中，人工生命在 1999 年的 GDC（Game Development Conference）大会之后开始流行。其主要目标是为游戏中的人物角色创建更真实、自然、鲜活的行为。人工生命的模拟有很多方法，包括内在的规则、遗传算法等。一般情况下，它并不直接模拟复杂的行为，而是通过多智能体技术模拟一些相对简单的行为，然后与决策机制相结合，将这些简单的行为组合成一些复杂的行为。同时，根据人工生命的组织和进化原则，对底层的行为进行编码，并与游戏角色的动机、意愿等相结合，为玩家提供一个相对真实的人工生态和社会环境。

10.2.5 决策树

决策树是一个树形结构，树的根结点是整个数据集合空间，每个分结点是对一个单一变量的测试，该测试将数据集合空间分割成两块或更多块。每个叶结点是属于单一类别的记录。每个决策或事件（即自然状态）都可能引出两个或多个事件，导致不同的结果。将这种决策分支画成图形，很像一棵树的枝干，故称为决策树。

决策树的输入是一组属性描述的对象，输出是各种决策。树的每个内部结点（包括根结点）是对输入的某个属性的测试，此结点下面的每个分支标记该属性性质的每个值。每个叶结点指示达到该结点时所采取的决策。对于给定的输入，决策树的推理从树的根部开始，将输入信息与当前结点相比较，选择当前结点的某个子结点作为下一次比较的对象。当到达树的叶结点时，给出相应的决策。从逻辑推理的角度看，一棵决策树代表一个假设并可写成逻辑公式。决策树的表达能力受限于命题逻辑（因为此处隐含地只涉及一个对象），该对象任意属性的任一测试都是一个命题。在命题逻辑范围内，决策树的表达能力是完全的。决策树的重要功能是预言一个新的记录属于哪一类，可用于分类、学习和预测，特别适合在一个很大的数据集中找到相应的关系，并对未来结果进行预测。

决策树分为分类树和回归树两种，分别是对离散变量和连续变量做决策的树。决策树可以是二叉的，也可以是多叉的。决策树的构造一般采用递归分割方法，包括两个基本步骤：先通过训练集生成决策树，再通过测试集对决策树进行修剪。在训练集中，每个记录必须是已经分好类的，并决定哪个属性域作为目前最好的分类指标。一般的做法是穷尽所有的属性域，对每个属性域分割的好坏做出量化，计算出最好的一个分割。量化的标准是计算每个分割的多样性指标。然后重复上述过程，直至每个叶结点内的记录都属于同一类，从而形成一棵完整的决策树。

决策树的学习是一种归纳学习方法，是学习离散值目标函数的近似表达方法，学习出的函数可改写为易读的 if-then 规则。决策树的学习将搜索完全的假设空间，能学习析取表达式，并能较好地抵抗噪音。决策树学习的主要优点是：可生成易理解的规则；计算量相对来说不是很大；可以处理连续变量和离散种类属性；可以清晰地显示哪些属性比较重要等。它的主要缺点包括：对连续性的字段比较难预测；对有时间顺序的数据，需要很多预处理的工作；当类别太多时，错误可能会增加较快；一般只根据一个字段来分类。决策树相比神经元网络的优点在于可以生成一些规则，从根到叶子结点都有一条路径。这条路径就是一条“规则”。因此，当需要进行一些决策且需要相应的理由时，不能使用神经元网络，此时决策树方法无疑是一个较好的选择。

10.2.6 人工神经元网络

人脑能用一套独一无二的方法解决问题，还能归纳和直接从正反两类行为的区别中进行学习。研究表明，人脑由具有十万种遗传因子的十万亿个基本细胞组成。人工神经元网络是一个模拟大脑功能的数学模型。神经元是人脑中处理信息的基本单元，也是所有神经器官的基本组成部分。神经元之间通过轴突连接在一起。从其他神经元传来的信号，使当前的神经元产生一定的反应。如果该反应达到一定的阈值，则产生新的信号，沿着轴突传播到其他神经元。McCulloch 和 Pitts 在 1943 年第一次提出了模拟人脑神经元基本功能的人工神经元网络，它由一些结点相互连接而成，这些结点相当于人脑的神经元细胞。有些结点与外部环境连接，负责输入和输出信息，称为输入/输出结点。其他结点在网络内部，称为隐藏结点。输入结点的输出一般是隐藏结点的输入，隐藏结点的输出一般是输出结点的输入。人工神经元网络的核心思想是模拟动物神经系统功能的机器学习方法，并通过反复调节系统内部中各神经元之间的连接参数，使得训练的神经元网络系统在大多数情况下可以做出最优或者近似最优的反应。如图 10-3 所示，每个神经元就是一个处理单元，将接收的信息($x_0, x_1, \cdots, x_n$)用($W_0,W_1, \cdots,W_m$)表示互联强度，以点积的形式合成自己的输入，并将输入与以某种方式设定的阈值 θ 相比较，再经某种形式的作用函数 f 的转换，得到该单元的输出 y。f 可以是阶梯函数、线性或者指数形式的函数。

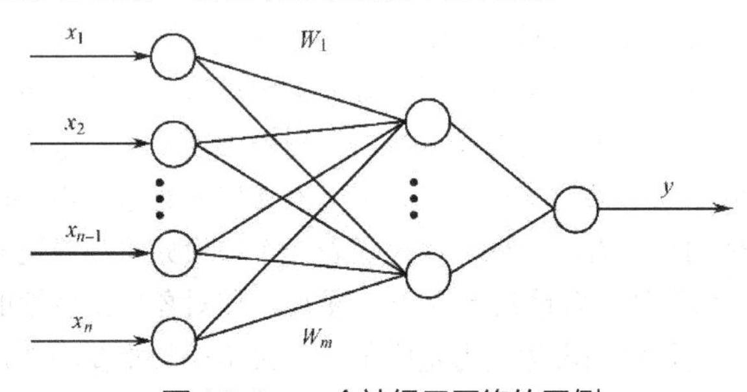

图 10-3　一个神经元网络的示例

在图 10-3 的神经元网络中，结点之间的连接被称为“链”，每条链被赋予一个加权值。每个结点有一系列的输入链，可以来自其他结点，也可以来自外部环境。每个结点也有一系列的输出链，可以输出到其他结点，也可以输出到外部环境。结点有一个最重要的属性是激活阈值。当一个结点从其输入链接受外部环境或其他结点的输出信号时，它根据这些信号值和各条链的相应加权值，由一定的计算方法得出一个激活阈值，作为自身的输出值。所谓神经元网络的自学习，是指通过一系列试验调整和更新这些权值。

神经网络与多处理器计算机相类似，独立处理单元之间高度互连，并通过简单的消息传递进行通信。神经元网络的组织结构有多种，最常见的是前向式神经元网络和循环式神经元网络。在前向式神经元网络中，结点之间的链没有形成闭环，它将整个网络分成多层，本层结点只与下一层结点有连接，本层之间的结点以及本层与前一层的结点之间没有连接。循环式神经元网络中有闭环，更接近于人脑结构，但更复杂且难于计算。

神经元网络解决问题的方式与传统的计算机问题求解不同，不需要把实际问题的内部结构搞清楚，甚至不需要针对不同的问题采用不同的方法，只关心系统外部的输入/输出关系，并可以学习实际问题的输入/输出之间的对应关系。典型的基于神经元网络的求解过程为：由程序员提供相当数量的实际问题的输入/输出的例子，神经元网络从这些例子中调整优化各条链的加权值，使得神经元网络的输入/输出行为与实际问题的例子相吻合。然后，神经元网络就具备了自行解决新问题的能力，从而它的行为特征和策略思想和例子的输入/输出关系相类似。

神经元网络的实现通过一个训练过程来完成，并且需要大量的输入/输出数据。神经元网络训练的第一步是初始化，即随机设定各条边的 W 值，然后给定一对输入和输出，当前的神经网络根据输入计算输出，将其与预计输出相比较，并根据两者之间的差值调整各条边的权重值。神经网络也可以自动学习，但是其学习的收敛速度比训练慢很多。

有些神经元网络形成的行为系统并非固定不变，可以通过不断学习动态调整，并不断适应新的情况，这是神经元网络的威力所在。神经元网络特别适合使用的场合是：当无法明确给出一个算法解析解时；当存在充足的样本时；当需要从数据中获取信息时。神经元网络正是由于具有学习和自适应能力而被游戏业界寄予厚望，游戏设计师希望通过神经元网络设计出更具竞争性的游戏，即游戏的角色和玩家能根据对抗过程中对手的特点总结经验和教训，并及时调整战略。

目前，神经元网络目前在游戏业的应用还不普遍，主要原因有：

- ❖ 选择恰当的输入/输出变量十分困难，没有理论指导，只能凭设计人员的感觉和经验。
- ❖ 训练过程费时费力，需要采用大量的例子不断进行调整，才能得到比较满意的结果。
- ❖ 无论神经元网络的训练是否成功，都可能出现不可解释、不可理喻的行为。这主要因为神经元网络本身是个“黑箱”结构，无法分析其内部逻辑关系，很难查找可能出现的问题。

总之，在游戏业界发现神经元网络的巨大潜力的短暂惊喜后，人们开始以一种切实的态度来对待它了。虽然其应用前景并非坦途，但作为一项业已成熟的技术，在解决了一些实际操作上的困难之后，神经元网络有可能将游戏的智能提高到一个新的高度。

10.2.7 遗传算法

遗传算法的最初思想来自达尔文的进化论和门德尔的遗传学说。大自然的进化规律就是优胜劣汰，适合自然环境的物种可以得到更多的繁衍生息的机会，它们的后代就继承了它们的优点，而不适应自然环境的物种被慢慢淘汰掉。在进化过程中，物种也会有突变发生。大部分产生突变的个体都不能适应环境，短命夭折，但也有个别突变个体比之前更适应环境，从而繁衍下去，形成了物种的改良，或者是新的物种。

人工智能学者从大自然的优势劣汰的现象得到启发，试图把这种机制引入到 AI 系统中，从而形成了一个新的人工智能技术——遗传算法。遗传算法使用适者生存原理和基因遗传原理（基因突变和基因杂交）直接模拟生物进化过程，通过随机选择、杂交和突变等对程序、算法或者一系列参数进行操作，形成最佳的问题解决方案。在算法实现上，就是在一群个体中，通过基因突变（改变个体结构属性）、交配（选择个体）和繁殖（合二为一），再通过进化过程，观察每个个体对环境的适应能量，最终获得更适合环境的个体。

遗传算法的第一步是，根据适者生存原则，从当前群体中选择出比较适应环境的下一代个体，这些被选中的个体用于繁殖下一代，也称这一操作为再生（reproduction）。在选择时，以适应函数为选择原则。适应函数是一个数值，其大小代表个体对环境的适应能力，适应环境的个体将获得更多的机会去繁殖再生。因此，适应计算函数应体现适者生存，不适应者淘汰的自然法则。交配选择能产生对环境适应能力较强的后代。从问题求解角度来看，就是选择出和最优解较接近的中间解。

繁衍再生过程由两部分组成：交叉组合（cross-over）和变异（mutation）。经过繁衍再生后，得到新一代的个体，开始新一轮的进化。在交叉过程中，对于选中用于繁殖下一代的个体，随机地选择两个个体的相同位置，按交叉概率 P（交叉概率 P 的取值一般为 0.25～0.75），在选中的位置实行交换。这个过程反映了随机信息交换，目的在于产生新的基因组合，即产生新的个体。交叉时，可实行单点交叉或多点交叉。例如，有个体 S1=100101，S2=010111，选择它们的左边 3 位进行交叉操作，则 S_1=010101，S_2=100111。

变异过程指根据生物遗传中基因变异的原理，以变异概率 P_m 对某些个体的某些位执行变异。在变异时，对执行变异的串的对应位求反，即把 1 变为 0，把 0 变为 1。变异概率 P_m 与生物变异极小的情况一致，所以，P_m 的取值较小，一般取 0.01～0.2。例如，有个体 S=101011，对其第 1、4 位置的基因进行变异，则有 S'=001111。单靠变异不能在求解中得到好处，但是能保证算法过程不会产生无法进化的单一群体。当所有个体一样时，交叉无法产生新的个体，此时只能靠变异产生新的个体。也就是说，变异增加了全局优化的特质。

在遗传算法中，选择使得适者生存，交叉将不同个体中优良的基因保存下来，创造新的具有各方面优势的个体品种，变异相当于在优化中加入随机扰动。因此，遗传算法采用随机方法进行最优解搜索，选择体现了向最优解追近，变异体现了全局最优解的覆盖，差的变异将被最终选择出去。遗传算法结束的条件有：最优个体的适应度达到给定的阀值，最优个体的适应度和群体适应度不再上升，达到预先设定的最大循环数（繁衍代数），群体中所有个体具有相同的属性。

对游戏而言，物种个体可以是游戏人物角色（非玩家）的全体，也可以是游戏人物角色的一个属性或功能。例如，一个游戏中，不同的游戏人物角色、怪兽们有不同的属性，并有繁殖功能，那么，在与玩家的对抗中能够存活并成功逃走的怪兽将更可能生育下一代，它们将更机智、更难对付，从而使得游戏就更有竞争性。更广义的遗传算法可以用来解决优化问题，如 RTS 游戏的策略选择等，归根结底都是最优化问题。

使用遗传算法解决实际问题的技术关键有两点。第一，如何将实际问题中的个体进行遗传编码；第二，如何决定适应函数。以最简单的 RTS 类型的游戏为例，如果要决定在 8 种不同的建筑中选择当前应该修建哪种建筑，则 3 位编码就可以了。更复杂的编码方法则可以将复杂的策略选择考虑进去。遗传算法的弱点是速度慢，占用 CPU 资源多。这些都影响了它在游戏中的应用。目前，使用遗传算法比较多的是虚拟宠物类型的游戏。

10.2.8 群体行为的模拟

自然界里的动物们成群结队移动时，都遵守一定的规律，绝对不会乱作一团。虽然群体内老幼强弱皆有，但都能协调一致，速度控制适中，大方向正确。它们聚集在一起飞行，遇到另一物群时，将避开和分散，必要时将分成多群。分开后，每个个体将寻找伙伴，汇聚形成新的群体，并最终恢复原来的物群。物群能够对付突发行为，能对不断变化的环境做出实时的反应，并作为一个整体行动。从行为模拟的角度看，群体行为是所有个体行为相互作用的结果，每个个体根据它局部所观察到的环境做出相应的行为调整。群体行为的模拟，如鸟群、鱼群等，在游戏中扮演重要的角色。在模拟群体行为时，虽然个体行为的模拟可以用脚本来描述，但十分烦琐和费时，容易出错，也不容易编辑，因此需要专门的方法来模拟群体行为。

使用计算机来模拟群体行为的专门技术最早是 Craig Reynolds 在 1987 年的 ACM SIGGRAPH 会议上提出。他的目的是在三维动画中模拟复杂的群体行为。其基本想法是：如果有一群能够各行其事、自由移动的个体，只需使每个个体服从于一组基本的行为规律和原则，就可以使由个体组成的集合具有像自然界的鱼群和鸟群那样的群体行为能力。常见的群体行为规律和原则如下。

❖ 间距性：同一个物群中的每个成员若即若离，应当避免与自己的同伴距离太近，造成阻塞。因此，如果个体发现自己与一个同伴太近，就会向外移动，以保持安全的距离。

❖ 结队齐向性：与物群中的其他成员保持相同的航向，每个个体应该与自己的大多数同伴保持相同的方向和速度。如果发现自己的方向偏离，就需要修正，修正的依据是邻近的同伴们的平均速度和方向。

❖ 内聚性：个体不能离自己的邻近的同伴太远，不能掉队。一旦发现偏离太远，通过计算邻近队友的平均位置进行靠拢。

❖ 避让性：发现障碍物或者天敌时，要注意避让。

❖ 生存性：饥饿时要进行捕食，危险来临时需尽快地改变行为，逃脱被捕食的命运。

例如，可简单地定义如下群体行为模拟系统，其中包含的物群有：老鹰、麻雀和昆虫。老鹰的特点是飞行速度快，视野广，吃麻雀；麻雀的特点是飞行速度一般，视野一般，吃昆虫；昆虫的特点是飞行速度慢，视野小，不捕食，能繁殖。物群之间的食物链为：老鹰－麻雀－昆虫。每个个体在饥饿时进行捕食，表现出的外在行为就是试图接近猎物（昆虫不能捕食，但会大量繁殖，不会灭绝）。每个个体在感受到危险来临时，要逃生，这就是生存性原则。在每个特定物群（如麻雀）内部，则遵循间距性、结队齐向性、内聚性和避让性等原则。

群体行为的模拟并不复杂。“半条命”等游戏采用群体行为算法来控制队形。另外，在一些放牧类的模拟宠物的游戏中，也常常使用群体行为模拟算法。很多游戏中的群体行为模拟的本质是协同移动技术，它们的状态行为往往由这个环境中的物理规律和一组预先定义的行为来决定。在一个特定群体中，每个个体都有自身的视觉感知范围，个体不需知道这个群体的整体情况，只需要知道邻近队友的情况。也就是说，每个个体只需处理局部信息，不需掌握全局信息。因此，在具体行为的模拟实现上，可以不记录任何信息，也不需要任何的参考状态，每次的行为变化都将根据其当前所观察到的环境的评估结果做出。

上述技术已经在游戏业界使用了多年，表 10-2 将这些常见游戏 AI 技术的优缺点进行了简单的比较和分析。

表 10-2　常见游戏 AI 的技术特点分析和比较

技术类别	优　点	缺　点	在游戏中的应用
有限状态机	简单，通用，可以和其他技术混合使用，计算开销小，求解能力相对较强	问题求解结构可能会很差；大规模的问题求解可能会产生组合爆炸；需要预见所有的可能性；问题求解结果（智能行为）过于确定性，缺少应有的变通	可以管理整个游戏场景，也可以操纵单个的游戏对象和人物，在“帝国时代”、“半条命”、“Doom”和“Quake”中均使用了该技术

续表

技术类别	优　点	缺　点	在游戏中的应用
脚本语言	简单，可以被不懂程序设计的人员使用，编译和调试环境安全	求解结果（智能行为）过于确定性，也需要对所有的可能性做出预测	可以驱动事件，为非玩家角色的智能行为建模，某些任务的自动化、人机对话等。在 Black & White、Unreal、Dark Room 等游戏中使用了该技术
模糊逻辑	适合求解一些复杂的问题；当需要较多的专家知识时，适合求解具有不确定性的问题；更多的灵活性、可变性	如果存在简单的解决方案时，不适合使用模糊逻辑；每次都需要从头做起，在系统实现上相对复杂	战略决策、行为选择、输入输出信息的过滤、非玩家角色的健康状态计算、情绪的状态变化等。在 Swat 2、Close Combat、Petz 等游戏中使用了该技术
群体行为模拟	完全的刺激—反映来进行智能的模拟；不需要过去信息的记忆和存储；通过简单的设定，就可以获得比较真实的效果	只适合有限的应用场合	可用于军队的集体移动、怪物或者动物的群体行为模拟。在“半条命”、Enemy、Nation 等游戏中得到了使用
决策树	本身的鲁棒性比较好，在数据有噪声或者部分缺失的情况下，均能较好工作；可读性较好；训练和评估的效率很高；比神经元网络简单	需要训练和调整	可用于分类、预测和学习。在 Black & White 等游戏中使用了该技术
神经元网络	灵活性、非确定性、非线性	需要训练和调整；挑选神经元的输入/输出变量比较困难；算法的实现比较复杂；需要较多的计算资源	可用于分类、预测、学习、模式识别、行为控制等。在 Black & White、Creatures 和 Heavy Gear 等游戏中得到了应用
遗传算法	非确定性、非线性；鲁棒性比较好；在很大的、很复杂的、没有明确模型的问题求解中非常有效	需要充分的训练和调整；速度比较慢；算法的实现比较复杂；需要较多的计算资源	可用于优化、学习、策略形成、行为进化等方面。在 Creatures 和 Return Fire II 游戏中得到了应用

10.3　跟踪与追逐行为的模拟

跟踪和追逐是游戏中最常见的动作行为之一，包括瞄准敌人开火、靠近敌人并展开搏斗，以及在漫游过程中到达指定的出口等。从游戏 AI 的角度看，跟踪和追逐行为的模拟主要是决策行为的模拟，即如何决定眼睛的跟踪方向，或者物体的运动方向，其感知过程和推理过程则被简化为物体运动规律的计算。下面首先看一下对最基本的跟踪行为的模拟。

所谓跟踪，是指不管目标对象处于静止状态，或是运动状态中，始终保持将眼睛的目光和注意力放在目标对象上。保持眼睛始终“盯住”目标对象的问题可以被表述为：在任意时刻，给定一个方向（眼睛的位置和观察角度）和空间中的某一点，计算最佳的旋转方向，使得眼睛的观察方向和空间始终与这一点对齐。

要实现跟踪模拟，必须建立眼睛的位置和观察方向模型，而且需要感知到目标对象的位置（一般均假设目标对象的位置始终已知），再根据目标对象的空间位置变化调整观察方向。游戏世界中实现这一过程的方法有很多，下面先介绍二维游戏中的跟踪方法。

在二维世界中，一般假设游戏世界为一个俯视图，假设从 *Y* 方向俯视 *X*、*Z* 平面。因此，眼睛的位置、观察方向和目标对象的位置可以表达如下：

```
2DPoint   mypos;        // 眼睛（跟踪者）的位置，在XZ 平面上
float     myyaw;        // 观察方向（左右偏转），以弧度表示
2DPoint   hispos;       // 目标对象的位置，在 XZ 平面上
```

建立上述游戏世界模型后需要计算最佳的旋转方向，其方法一般基于半空间的概念，即沿着视线方向建立辅助的、将游戏世界模型一分为二的参考线或者参考平面，计算目标物体在观察方向上的偏转位置。

在二维世界中计算最佳旋转方向的第一步是，判断目标对象是在由眼睛的位置和观察方向所形成的直线的左边或右边。使用如下参数方程，该直线可以被表示为

```
X = mypos.x + cos(myyaw) t
Z = mypos.z + sin(myyaw) t
```

其中，参数 t 的变化表明了该直线上的所有点。根据该参数方程可得到如下表达式

```
(X – mypos.x)/cos(myyaw) = (Z – mypos.z)/sin(myyaw)
```

更进一步地定义如下的检测函数：

```
F(X,Z)= (X – mypos.x)/cos(myyaw) - (Z – mypos.z)/sin(myyaw)
```

然后，进一步使用目标对象的位置来测试该函数：如果 F(X,Z)=0，则目标对象在该直线上；如果 F(X,Z)>0，则目标对象在该直线的某一边；如果 F(X,Z)<0，则目标对象在该直线的另一边。

在计算量上，需要 3 次减法、2 次除法和 1 次比较运算。对于大量的目标跟踪测试，我们需要进一步优化计算速度。由于三角函数的计算开销比较大，我们可以先求出它们的倒数，然后使用乘法，即把计算公式改写为：

```
F(X,Z)=(X–mypos.x)*(1/cos(myyaw))-(Z–mypos.z)*(1/sin(myyaw))
```

一个较为完整的判断眼睛跟踪方向的代码如例程 10-1 所示。

例程 10-1　判断眼睛的跟踪方向

```
int whichside(2DPoint pos, float yaw, 2DPoint hispos) {    // returns：–1 为左边，0 为直线上，1 为右边
    float c=cos(yaw);
    float s=sin(yaw);
    float func;

    if (fabs(c)<0.001)
        c=0.001;
    if (fabs(s)<0.001)
        s=0.001;
    func=(pos.x-hispos.x)/c – (pos.z-hispos.z)/s;
    if (func>0)
        return 1;
    if (func==0)
        return 0;
    if (func<0)
        return –1;
}
```

在得到目标对象位于视线的哪一边的信息后，可以相应地调整眼睛的观察方向方位，相应的代码如下所示：

```
if (whichside==1)
    myyaw–=0.01;
if (which side==-1)
    myyaw+=0.01;
```

三维世界的目标跟踪情况比较复杂，不仅需要考虑左右偏转，还要考虑上下偏移情况。此时，首先以眼睛的位置为中心定义一个用于调整视线方向的单位球：

```
x = cos(pitch) cos(yaw)
y = sin(pitch)
z = cos(pitch)sin(yaw)
```

在单位球跟踪算法中，比较理想的方法是使用两个观察平面（垂直平面和水平平面）进行上下和左右的检测。可以采用如下的方式建构这两个观察平面：

```
3DPoint pos=playerpos;
3DPoint fwd(cos(yaw),0,sin(yaw));

fwd=fwd+playerpos;
3DPoint up(0,1,0);
up=up+playerpos;
Plane vertplane(pos, fwd, up);
```

上述代码定义了一个垂直平面，它的法向指向跟踪者的左边。另外一个平面是一个水平面，它的法向朝上，其定义如下：

```
3DPoint pos=playerpos;
3DPoint fwd(cos(pitch)*cos(yaw), sin(pitch), cos(pitch) sin(yaw));

fwd=fwd+playerpos;
3DPpoint left(cos(yaw+PI/2), 0, sin(yaw+PI/2));
left=left+playerpos;
Plane horzplane(pos, fwd, left);
```

得到这两个平面方程后，就可以计算目标对象在观察平面的上下左右方位。与观察方向的调整结合在一起，可以得到如下上下左右调整方法：

```
if (vertplane.eval(target)>0)
    yaw-=0.01;
else
    yaw+=0.01;

if (horzplane.eval(target)>0)
    pitch-=0.01;
else
    pitch+=0.01;
```

在跟踪算法的基础上容易模拟出追逐行为。最简单的追逐行为是跟踪目标物体，并参考目标方向的变化向前移动。也就是说，当找到目标对象后，始终向其移动，而不考虑任何其他因素（障碍物、其他目标等），非常机械化地追击靠近对象。假设以不变的速率来追逐目标对象，那么，追逐过程就是不断地重新跟踪目标对象，并按新的跟踪方向移动。在二维游戏世界中的追逐，可用例程 10-2 的简单代码表示。

例程 10-2　简单追逐行为的模拟

```
void chase(2DPoint mypos, float myyaw, 2DPoint hispos) {
    reaim(mypos,myyaw,hispos);                    // 确定前进的方向

    mypos.x = mypos.x + cos(myyaw) * speed;
    mypos.z = mypos.z + sin(myyaw) * speed;
}
```

上述方法成功与否，很大程度上取决于目标对象的移动速度、追逐者的速度和转向能力。如

果追逐者能很快地转向，并能自始至终及时地朝向目标对象移动，模拟出的追逐行为就显得效率很高。当然，追逐者的速度必须比目标对象的移动速度快，否则无法追上目标对象。

另一种稍微复杂的追逐行为模拟方法是基于目标对象位置预测的方法。在这个方法中，追逐者不是机械地直接朝目标对象移动，而是对目标对象的运动进行预测，估计目标对象的意图，然后朝预测出的目标对象位置移动。预测目标对象位置的算法思想比较简单，只需要将对手（目标对象）所有位置的历史记录保存下来，然后使用这些历史位置信息预测目标对象在将来某一时刻的位置，进而直接朝预测出来的位置移动。与一般的追逐过程相比，基于预测的追逐过程多一个预处理的过程，共包含 3 个步骤：计算出一个新的预测位置 → 计算出朝向该位置的运动方向 → 按照指定的速度向该位置靠拢。

计算新的预测位置的常用方法的是插值。例如，可以将对手（目标对象）在上一帧的位置和当前位置连成一条直线，然后基于直线运动假设，预测出经过目标对象某一个时间段之后的新位置。实现该方法的代码段如例程 10-3 所示。

例程 10-3　基于预测功能的追逐模拟

```
void chase(2DPoint mypos, float myyaw, 2DPoint hispos,2DPoint prevpos) {
    2DPoint vec=hispos-prevpos;                    // vec 是一帧之间的位置差别

    vec=vec*N;                                     // N 是一个时间段，一般用相差的帧数来表示
    2DPoint futurepos=hispos+vec;                  // 预测的 N 帧之后的新位置

    reaim(mypos,myyaw,futurepos);
    mypos.x = mypos.x + cos(myyaw) * speed;
    mypos.z = mypos.z + sin(myyaw) * speed;
}
```

上述代码中 N 值的设定有较强的经验性，与跟踪者和目标对象之间的相对速度和它们的转身速度相关。即使跟踪者和目标对象的速度差不多，也往往能保证追逐成功。

另一种更好的插值技术是使用多于两个点（假设有 M 个点）进行预测，即通过对目标对象的运动轨迹的拟合，形成一个 M−1 的插值多项式，并进行更精确地“预测”。显然，这中预测方法需要更多的计算量。为减少计算工作量，可采用有限差分法来计算插值公式。例如，对一个二次多项式

$$P(x) = a_0 + a_1*(X-x_0) + a_2*(X-x_0)*(X-x_1)$$

式中，各系数的计算方法如下：

$$a_0 = y_1$$

$$a_1 = (y_1 - y_0) / (x_1-x_0)$$

$$a_2 = (((y_2 - y_1) / (x_2-x_1)) - ((y_1-y_0) / (x_1-x_0))) / (x_2-x_0)$$

通过上述模式，容易推广到 M 阶的高次多项式的计算。

除了改进预测方法外，也可以调整追逐者的速度变化，使得追逐行为更加逼真。例如，可以设定速度的上限，超过这个上限，追逐者的速度将减慢，直到重新加速为止。在具体的实现中，第一步还是计算其到目标的前进方向。但是，在计算下一次位置时，允许速度发生变化，并计算出速度的变化值。更新当前的速度后，再计算追逐者的下一个位置。

与追逐行为相对立的是躲避行为，即如何逃离跟踪者的追踪。追逐行为是尽量缩短目标对象和跟踪者的距离；躲避行为则是要尽量扩大目标对象和跟踪者的距离。因此在算法步骤上，躲避行为与追逐行为类似，只不过在部分符号上有差异，示意代码段如例程 10-4 所示。

例程 10-4　躲避行为的模拟

```
void evade(2DPoint mypos, float myyaw, 2DPoint hispos) {
    reaim(hispos,myyaw, mypos);                              // 把追逐的朝向变反

    mypos.x = mypos.x + cos(myyaw) * speed;
    mypos.z = mypos.z + sin(myyaw) * speed;
}
```

10.4　有限状态机和模糊有限状态机的实现

有限状态机和模糊有限状态机是两种最常见和最实用的游戏 AI 技术，10.2.1 节简单介绍了有限状态机的定义和基本原理，本节将重点介绍如何在游戏系统中实现它们。

10.4.1　有限状态机的实现

从系统实现的角度看，有限状态机实际上是下列部件的总称：

❖ 各种状态 —包括要采取的各种行为的单个状态。对于层次有限状态机而言，状态还包括其隶属的各种子状态。

❖ 状态转移 —定义了可以迁移的状态。系统从当前活动状态出发，判断下一个活动状态，改变系统当前的状态格局，并执行相应操作。

❖ 迁移条件 —定义发生转移的先决条件。

❖ 输入事件 —定义有限状态机对环境变化做出的反应。相关输入和事件包括时间片结束、发生某个时间和完成某个行为等。

❖ 即将采取的各种动作 —既可以作为状态的一部分，也可能伴随状态转移而出现。

有限状态机的实现方法有很多，例如：

① 一个 C++的实现，出处：

http://uw7doc.sc0.com/SDK_c++/CTOC_Using_Sinmple_State_machi.html

② 一个 C 语言的实现，出处：

http://w3.execnet.com/lrs/Writing/Finite%20State%20Machines.html

本节参照 Dybsand 在《游戏编程精粹》中给出的通用框架，给出了一个有限状态机的示意性实现，涉及的技术关键包括两方面。第一，如何表达各状态以及它们之间的迁移关系，并提供相应的操作，方便用户建立有限状态机；第二，在创建好有限状态机后，如何根据用户的输入事件，迁移到一个新的状态。下面从编程所要考虑的三方面来阐述有限状态机的实现：

❖ 状态对象的表达 —在每个状态对象中，包含当前的状态、向其他状态的迁移关系等，以及相应的创建和编辑操作。

❖ 状态对象的链表 —有限状态机中的所有状态对象链接为一个列表，并提供相应的编辑和遍历操作。

❖ 有限状态机的表达 —包括状态对象的链表、当前的状态等，并提供有限状态机的创建、编辑和如何根据输入事件产生状态迁移等操作。

“状态对象的表达”封装为 FSMState 类，定义了一个“状态”的数据元素、向其他状态的迁移关系，以及建构“状态”对象的一些基本操作（如增加和删除迁移关系等）。状态对象被定义为双向链表 StateList，其中数据项是每个状态对象的指针和相应的状态 ID。“有限状态机的表达”

则封装为 FMSClass 类，在 FSMState 类和 StateList 链表的基础上定义了有限状态机中的各状态（以“状态”对象的链表形式表示）、当前状态（状态的 ID）和输入事件（输入事件的 ID）。所封装的基本操作包括：创建和删除有限状态机的状态，读取和设置有限状态机的当前状态，增加和删除有限状态机的状态迁移关系和条件，设置当前的输入条件，根据当前的输入条件执行状态的迁移等。例程 10-5 给出了状态对象表达的定义和说明，例程 10-6 给出了状态对象链表和有限状态机的定义和说明，例程 10-7 给出了 FSMState 类中的操作方法的实现，例程 10-8 给出了 FSMClass 类中的操作方法的实现。

例程 10-5　FSMState 类的说明

```
class FSMState {
    unsigned m_usMaxNumTransitions;             // 由该状态迁移到其他状态的最大数目
    unsigned   m_usCurrentTransitionNo;         // 当前已定义的状态迁移数;
    int* m_piInputs;                            // 指针变量，保存与这个状态相关的所有输入事件
    int* m_piOutputState;                       // 与每个输入事件相对应的输出状态的全部
    int m_iStateID;                             // 这个状态的惟一标识符

    // 一个构造函数，可以接受这个状态的 ID 和它支持的迁移关系的最大数目
    public:   FSMstate(int iStateID,unsigned usMaxTransitions);
    ~FSMstate();                                // 析构函数，清除分配的数组
    // 改变由该状态迁移到其他状态的最大数目
    int ChangeMaxNumTransitions(int usMaxNumTransitions)
    int GetID(){return m_iStateID;}             // 读取这个状态的 ID
    int AddTransition(int iInput,int iOutputID);  // 向输入事件和输出状态数组中增加新的状态转换
    int DeleteTransition(int iOutputID);        // 从删除一个状态转换
    int DeleteTransition(int iInput, int iOutputID);
    int GetOutput(int iInputID);                // 进行状态转换并得到输出状态的 ID
};
```

例程 10-6　FSMClass 类的说明

```
// StateList 为所有状态对象（FSMState）的链表（这个类型说明只是一个示意性，也可以直接申明为
// FSMState 对象的链表类型）
Typedef struct statelist StateList;

struct statelist {
    FSMState *pState;                           // 指向 FSM 对象的指针
    int iStateID;                               // 状态的 ID
    StateList *nextState;                       // 指向下一个状态对象
    Statelist *prevState;                       // 指向前一个状态对象
};
class FSMClass {
    StateList *pAllStates;                      // 包括了状态机的所有状态对象（FSMState）的链表
    int m_iCurrentState;                        // 当前状态的 ID
    int m_iInputID;                             // 当前的输入事件 ID
    bool m_bIsInputActive;                      // 当前的输入事件是否有效

    public:   FSMClass(int iStateID, unsigned usMaxTransitons);          // 初始化状态
    ~FSMClass()
    int GetCurrentState() {return m_iCurrentState;}          // 返回当前状态 ID
```

```
    void SetCurrentState(int iStateID) {m_iCurrentState=iStateID;}          // 设置当前状态 ID
    // 设置当前的输入事件
    void SetCurrentInput(int iInputID) {m_iInputID=iInputID; m_bIsInputActive=TRUE;}
    FSMstate* GetState(int iStateID);                                       // 返回 FSMstate 对象指针
    void AddState(FSMState* pState);                                        // 增加状态对象指针
    int DeleteState(int iStateID);                                          // 删除状态对象指针
    // 增加状态之间的迁移和输入条件
    int AddStateTransition(FSMState *pInput, int iOutputID, int iInputID);
    int DeleteStateTransition(FSMState *Input, int OutputID);      // 删除状态之间的转换
    int DeleteStateTransition(FSMState *Input, int iInput, int OutputID);
    // 跟据"当前状态"和"输入事件"完成"状态"的转换，形成新的当前状态并等待新的输入事件
    int ExecuteTransition(int m_iInputID);
};
```

例程 10-7　FSMState 类中的操作方法的实现

```
#define    SUCCESS        1
#define    FAILURE        -1
// 在 FSMState 类中，其构造函数的实现如下
FSMState::FSMState(int iStateID,unsigned usMaxTransitions) {
    if(usMaxTransitions<1)                                  // 如果给出的转换数量为 0，就算为 1
        m_usMaxNumTransitions=1;
    else
        m_usMaxNumTransitions=usMaxTransitions;             // 将状态的 ID 保存起来
    m_iStateID=iStateID;

    try {                                                   // 为"输入事件"分配内存存储空间
        m_piInputs=new int[m_usMaxNumTransitions];
        for(int i=0; i<m_usMaxNumTransitions; ++i)
            m_piInputs[i]=0;
    }
    catch(...) {
        throw;
    }

    try {                                                   // 为"输出状态"分配内存空间
        m_piOutputState=new int[m_usMaxNumTransitions];
        for(int i=0; i<m_usMaxNumTransitions; ++i)
            m_piOutputState[i]=0;
    }
    catch(...) {
        delete [] m_piInputs;
        throw;
    }
}
FSMState::~FSMState() {                                     // 析构函数主要将动态分配的存储空间释放
    delete [] m_piInputs;
    delete [] m_piOutputState;
}
// 增加一个迁移关系，参数为"输入事件"和"输出状态"的 ID
```

```
int FSMstate::AddTransition(int iInput,int iOutputID) {
    for(int i=0;i<m_usCurrentTransitionNo;++i) {              // 遍历已经定义的迁移关系
        if((m_piOutputState[i]==iOutputID) && (m_piInputs[i]==iInput))
            return SUCCESS;                                    // 如果已经存在该迁移关系则返回
        if (m_usCurrentTransitionNo<m_usMaxNumTransitions) {
            m_piOutputState[m_usCurrentTransitionNo-1]=iOutputID;
            m_piInputs[m_usCurrentTransitionNo-1]=iInput;
            m_usCurrentTransitionNo++;
            return SUCCESS;
        }
        else {
            MessageBox("Exceed the   maximum number of state transitions");
             return FAILURE;                       // 此时需要首先调用 ChangeMaxNumTransitions()方法
        }
    }
    int FSMstate::DeleteTransition(int iOutputID) {            // 遍历每个输出状态
        for(int i=0;i<m_usCurrentTransitionNo;++i) {           // 如果找到输出状态，退出循环
            if(m_piOutputState[i]==iOutputID)
                break;
        }
        if(i>=m_usCurrentTransitionNo)                         // 如果没有找到对应的输出状态，直接返回
            return   FAILURE;
        m_piInputs[i]=0;                                       // 将输出状态的内容置 0
        m_piOutputState[i]=0;

        for(;i<(m_usCurrentTransitionNo-1);++i) {              // 被删除的输出状态的后面的输出状态前移
            if(!m_piOUtputState[i])
                break;
            m_piInputs[i]=m_piInputs[i+1];
            m_piOutputState[i]=m_piOutputState[i+1];
        }

        m_piInputs[i]=0;                                  // 最后面的输出状态置 0
        m_piOutputState[i]=0;
        m_usCurrentTransitionNo--;                        // 当前的迁移关系数目减去 1
        return SUCCESS;
    }
    int DeleteTransition(int, iInput, iOutputID) {        // 删除状态之间的迁移关系
        int i;

        for(i=0;i<m_usCurrentTransitionNo;++i) {          // 遍历输入事件和输出状态数组
            if ((m_piOutputState[i]==iOutputID)&&(m_piInputs[i]=iInput)) // 如果找到输出状态，退出循环
                break;
        }

        if(i>=m_usCurrentTransitionNo)                    // 如果没有找到对应的输出状态，直接返回
            return   FAILURE;
        m_piInputs[i]=0;                                  // 将输出状态的内容置 0
        m_piOutputState[i]=0;
```

```
    for(;i<(m_usCurrentTransitionNo-1);++i) {        // 被删除的输出状态的后面的输出状态前移
        if(!m_piOUtputState[i])
            break;
        m_piInputs[i]=m_piInputs[i+1];
        m_piOutputState[i]=m_piOutputState[i+1];
    }
    m_piInputs[i]=0;                                 // 最后面的输出状态置 0
    m_piOutputState[i]=0;
    m_usCurrentTransitionNo--;                       // 当前的迁移关系数目减去 1
    return SUCCESS;
}
// 改变 FSMState 对象的迁移状态的最大数目
int FSMState::ChangeMaxNumTransitions(int usMaxNumTransitions) {
    int *piTempInputArray;                           // 临时的输入事件数组指针
    int *piTempOutputArray;                          // 临时的输出状态数组指针

    try {                    // 为“输入事件”分配新的存储空间，并把原来的输入事件复制到新的存储位置
        pTempInputArray=new int[usMaxNumTransitions];
        for(int i=0;i<m_usCurrentTransitonNo;++i)
            piTempInputArray[i]=m_piInputs[i];
    }
    catch(...){
        return   FAILURE;
    }

    try {                    // 为“输出状态”分配新的存储空间，并把原来的输出状态复制到新的存储位置
        m_piOutputState=new int[usMaxNumTransitions];
        for(int i=0;i<m_usCurrentTransitionNo;++i)
            piTempOutputArray[i]=m_piOutputState[i];
    }
    catch(...){
        delete [] m_piInputs;
        return FAILURE;
    }

    m_piInputs=piTempInputArray;                 // 赋予新的存储位置到“输入事件”、“输出状态”数组
    m_piOutputState=piTempOutputArray;
    m_usMaxNumTransitions=usMaxNumTransitions;       // 相应地改变“最大状态迁移数”变量的值
}
int FSMstate::GetOutput(int iInput) {                // 根据“输入事件”，找出其所对应的迁移状态
// 先给输出状态赋值（如果未找到与输入对应的输出状态时，返回这个值）
    int iOutputID=m_iStateID;

    for(int i=0;i<m_usMaxNumTransitions;++i) {       // 遍历输出状态
        if(!m_piOutputState[i])                      // 如果没找到，退出循环
            break;
        if(iInput==m_piInputs[i]) {              // 如果找到了与“输入”相对应的“输出状态”，进行赋值
            iOutputID=m_piOutputState[i];
```

```
            break;
        }
    }
    return(iOutputID);                          // 返回“输出状态”
}
```

例程 10-8　FSMClass 类中的操作方法的实现

```
// 有限状态机的构造函数
FSMClass::FSMclass(int iStateID, unsinged int usMaxTransitions);{        // 初始化状态
    FSMState    *tempState = new FSMState(iStateID, usMaxTransitions);

    StateList   *temStateList= (StateList *)malloc(sizeof (StateList));
    tempStateList->pState=tempState;
    tempStateList->iStateID=iStateID;
    tempStateList->nextState=NULL;
    tempStateList->prevState=NULL;

    pAllStates=tempStateList;
    m_iCurrentState=iStateID;                   // 设置当前的默认状态
    m_bIsInputActive=false;                     // 设置输入事件的标志，表明当前没有输入事件
}
// 有限状态机的析构函数如下
FSMClass::~FSMclass() {
    StateList   * tempStateList=pAllStates;
    StateList   *currentStateList;

    currentStateLsit = tempStateLsit;

    while (tempStateList->nextState!=NULL) {  // 释放状态链表和每个状态的内存资源
        currrentStateList=tmepStateList->nextState;
        delete tempStateList->pState;
        delete tempStateList;

        tempStateList=currentStateList;
    }
}
FSMstate* FSMClass::GetState(int iStateID) {  // 获取指定 ID 的状态对象指针
    StateList *tempStateList=pAllStates;

    while (tempStateList!=NULL) {
        if (tempStateList->iStateID==iStateID)
            break;
        tempStateList=tempStateList->nextState;
    }
    if (tempStateList!=NULL)
        return (tempStateList->pState);
    return NULL;
}
void FSMClass::AddState(FSMState* pState); {                // 在有限状态机中增加一个状态对象
    StateList   *scanStateList=pAllStates;
```

```
    int   iStateID=pState->GetID();
    while (scanStateList!=NULL) {
        if (scanStateList->iStateID==iStateID)              // 说明该状态已经存在
            return;
        scanStateList=scanStateList->nextState;
    }

    StateList   *temStateList= (StateList *) malloc(sizeof (StateList));

    // 把当前状态加入到优先状态机的状态链表中
    tempStateList->pState=pState;
    tempStateList->iStateID=pState->m_iStateID;
    tempStateList->nextState=pAllStates;
    tempStateList->prevState=NULL;

    pAllStates=tempStateList;
    if (pAllStates->nextState!=NULL)
        pallStates->nextState->prevState=tempStateList;
}
int FSMClass::DeleteState(int iStateID); {                   // 从有限状态机中删除一个状态
    StateList   *tempStateList=pAllStates;
    while (tempStateList!=NULL) {
    if (tempStateList->iStateID==iStateID)
        break;
        tempStateList=tempStateList->nextState;
    }

    if (tempStateList!=NULL) {
        StateList   *scanStateList=tempStateList->prevState;

        scanStateList->nextState=tempStateLsit->nextState;
        tempStateList->nextState->prevState=scanStateList;

        delete tempStateList->pState;
        delete tempStateList;
        return SUCCESS;
    }

    return FAILURE;
}
// 在两个状态之间增加一个新的迁移关系
int FSMClass::AddStateTransition(FSMState *pState, int iOutputID, int iInputID) {
    return pState->addTransiton(iInputID, iOutputID);
}
// 删除两个状态之间的所有迁移关系
int FSMClass::DeleteStateTransition(FSMState *pState, int OutputID) {
    int   iFlag;
    iFlag=pState->DeleteTransition(OutPutID);
    while (iFlag==SUCCESS) {
        iFlag=pState->DeleteTransition(OutputID)
    }
```

```
}
// 删除两个状态之间、对应于某一输入条件的迁移关系
int FSMClass::DeleteStateTransition(FSMState *pState, int OutputID) {
    return pState->DeleteTransition(OutPutID);
}
int FSMClass::ExecuteTransition(int m_iInputID) {
    if (m_bIsInputActive) {
        FSMState *pState=GetState(m_iStateID);
        m_iCurrentState= pState->GetOutput(int iInput);
        m_bIsInPutActive=FALSE;
        return SUCCESS
    }
    return FAILURE;
}
```

有了上面的类定义说明和各种操作的实现，就可以建构一个有限状态机。一般情况下，游戏中的人物有多少状态，就要声明多少个 FSMState 对象。每个 FSMstate 对象包括与特定的状态相关的数据和操作。而 FSMClass 对象只有一个，用于协调若干 FSMState 之间的关系和操作。使用上述的类定义说明和操作建构一个有限状态机的途径很多，其中两种常用的方法说明如下。

建构有限状态机的方法一：

① 创建一系列 FSMState 状态对象，创建一个 FSMClass 对象，然后调用 FSMClass 中的 AddState()方法，把所有状态对象都添加到 FSMClass 对象中。

② 通过 FSMCalss 中的 AddStateTransition()方法，建立各状态对象之间的联系。

③ 通过 FSMClass 中的 AddState()、DeleteState()、AddStateTransition()、DeleteStateTransition()等方法，对有限状态机的状态对象和迁移关系进行进一步的修改和完善，形成满足要求的一个有限状态机。

建构有限状态机的方法二：

①创建一系列 FSMState 状态对象，并对每个 FSMState 对象，调用 FSMState 类中的 AddTransition()、DeleteTransition()等方法，建立和该状态对象相关的迁移关系。

② 创建一个 FSMClass 对象，调用 FSMClass 中的 AddState()方法，把所有的状态对象都添加到 FSMClass 对象中。

③ 通过 FSMClass 中的 AddState()、DeleteState()、AddStateTransition()、DeleteStateTransition()等方法，对有限状态机地状态对象和迁移关系进行进一步的修改和完善，形成满足要求的一个有限状态机。

建立基于 FSMClass 对象的有限状态机后，使用该有限状态机来进行智能模拟的工作就比较简单。首先是初始化工作，调用 FSMClass 中的函数设定有限状态机的当前状态，并进入以下 3 个步骤的循环。

① 通过 FSMClass 中的 SetCurrentInput()方法，设置有限状态机的当前输入事件。

② 调用 FSMClass 中的 ExecuteTransition()方法，使得有限状态机迁移到新的状态。

③ 将游戏中的人物设定为当前状态，并驱动游戏中的人物执行相应的行为或操作，相应的代码段示例如下。

```
int  state;
switch (state) {
```

```
    case 0:
    {
        …                                          // 针对该状态的执行代码
        break;
    }
    ……
    case N-1:
    {
        …                                          // 针对该状态的执行代码
        break;
    }
}
```

不难看出，有限状态机在实现上并不复杂。只要分出游戏人物的“状态”，并且知道什么“输入”事件产生什么“输出状态”，就完全可以使用有限状态机让游戏人物表现出智能。

10.4.2 模糊有限状态机的实现

模糊逻辑能够深入描述用于表示游戏世界以及游戏中的人物角色的关系。将模糊逻辑和有限状态机结合，就形成了模糊状态机。模糊状态机的状态可以有一定的隶属度，即属于当前状态的程度。在有限状态机中，每个状态是确定的。但在模糊状态机中，可以称它几乎处在某一个状态、差不多处在某一个状态，或者不完全处于某一个状态。基于模糊有限状态机，游戏开发人员可以对人物角色的状态赋予多种程度，如游戏人物的状态可以是“有点沮丧”、“比较沮丧”、“非常沮丧”等，这实际上是实现模糊逻辑推理的一种简明方式。与有限状态机相比，模糊有限状态机一方面降低了游戏人物行为的可预测性，使得游戏玩家在类似的位置上会遇到不同的结果，提高了游戏的吸引力，尤其是在游戏玩家重复地玩同一个游戏的时候；另一方面，针对游戏人物隶属于某一状态的程度不同，必然会有更多的行为变化和响应方式，增加了游戏玩家要考虑的因素，使得游戏的挑战性更强，进而提高了玩游戏的乐趣。事实上，模糊有限状态机已经在很多游戏中得到了应用。

模糊有限状态机和有限状态机的工作原理和设计原则有很大的不同。在有限状态机中，每个状态对象包含有向其他对象的迁移关系，每个输入事件都可以独立形成状态间的迁移。但在模糊状态机中，每个状态对象只包含由它自身对外界的输入事件，或刺激而导致状态变化的条件，模糊状态机对象需要“考虑”到目前为止的各种输入事件和刺激强度的变化，然后把它们按照一定的原则进行“累加”，并根据“累加”后的结果确定对每个模糊状态的影响，来生成当前被激活的模糊状态。当然，在编程实现上可以在有限状态机类的基础上，进一步根据模糊状态机的数据表达和操作要求进行修改。具体的修改要求包括以下 3 点：

① 模糊状态机中的状态不再是唯一确定的，每个状态都有一个隶属度来描述。因此，需要修改 FSMState，使得它可以用隶属程度来描述某一状态。

② 模糊状态机在某个特定时刻，可能对应多个当前状态（隶属程度可能不同）。因此，需要更改 FSMClass，使得它可以支持多种模糊状态。

③ 需要修改相关的状态切换过程，使得它能根据隶属程度在多种状态之间进行切换。

参照 Dybsand 在《游戏编程精粹 2》中给出的模糊有限状态机的修改框架，下面给出具体的类定义说明和实现代码。其中，例程 10-9 给出了模糊状态 FuFSMState 的类定义说明，例程 10-10

给出了模糊有限状态机 FuFSMClass 的类定义和说明，例程 10-11 是 FuFSMstate 类中的操作方法的实现方法，例程 10-12 是 FuFSMclass 的操作方法的实现方法。

例程 10-9　模糊状态 FuFSMState 的类定义说明

```
class FuFSMState {                                    // FSMState 改变为 FuFSMState
    int m_iStateID;                                   // 当前状态的唯一标示符
    int m_iLowRange;                                  // 当前状态的隶属程度的下限
    int m_iHighRange;                                 // 当前状态的隶属程度的上限
    int m_iValueOfMembership;                         // 当前状态的隶属程度值
    int m_iDegreeOfMembership;                        // 隶属当前状态的可信度

    public:   FuFSMState( int iStateID, int iLowRange, int iHighRange );        // 创建函数
    virtual ~FuFSMState();                            // 析构函数

    int GetID() { return m_iStateID; }                // 获取当前状态的 ID
    void GetMembershipRanges( int& iLow, int& iHigh );        // 获取界定当前状态的隶属度的范围
    // 获取隶属当前状态的可信度
    int GetDegreeOfMembership( void ) { return m_iDegreeOfMembership; }
    // 获取当前状态的隶属程度值
    int GetValueOfMembership( void ) { return m_iValueOfMembership; }
    bool DoTransition( int iInputValue );             // 模糊状态之间的转换
};
```

例程 10-10　模糊有限状态机 FuFSMClass 的类定义和说明

```
// FuStateList 为所有状态对象(FSMState)的链表
Typedef struct fustatelist FuStateList;
struct fustatelist {
    FuFSMState   *pState;                             // 指向 FSM 对象的指针
    int    iStateID;                                  // 状态的 ID
    FuStateList   *nextState;                         // 指向下一个状态对象
    FuStatelist   *prevState;                         // 指向前一个状态对象
};
class FuFSMClass {
    FuStateList   *pAllStates;                        // 模糊状态机中的所有状态
    FuStateList   *pActiveStates;                     // 与当前状态相关的成员属性状态
    int m_iCurrentInput;                              // 触发当前状态转换的输入值
public:   FuFSMClass();                               // 创建函数
    ~FuFSMClass();                                    // 析构函数
    int GetInput(void) {   return m_iCurrentInput;  } // 获取当前的触发状态转换的输入值
    FuSMstate *GetState(int iStateID);                // 返回模糊状态对象的指针
    void AddState(FuSMstate *pState);                 // 向模糊状态机中增加一个新的状态对象
    void DeleteState(int iStateID);                   // 在模糊状态机中删除一个状态对象
    void ExecuteStateTransition(int iInput);          // 根据输入值，执行模糊状态的迁移
};
```

例程 10-11　FuFSMstate 类中的操作方法的实现

```
FuFSMState::FuFSMState( int iStateID, int iLowRange, int iHighRange ) {       // 建构函数
    m_iStateID = iStateID;
    m_iLowRange = iLowRange;
```

```
    m_iHighRange = iHighRange;
    m_iValueOfMembership = 0;                    // 0 表示当前的状态不支持成员的隶属度
    m_iDegreeOfMembership = 0;                   // 0 表示当前状态不支持成员
}
FuFSMstate::~FuFSMstate() {                      // 析构函数
    m_iStateID = 0;
    m_iLowRange = 0;
    m_iHighRange = 0;
    m_iValueOfMembership = 0;
    m_iDegreeOfMembership = 0;
}
void FuFSMState::GetMembershipRanges( int& iLow, int& iHigh ) {                 // 获取成员的范围
    iLow = m_iLowRange;
    iHigh = m_iHighRange;
}
// 根据当前的输入，确定是否属于当前状态的隶属度范围内
bool FuFSMState::DoTransition( int iInputValue ) {
    if(m_iLowRange <= iInputValue && iInputValue <= m_iHighRange) {
        m_iValueOfMembership = (iInputValue - m_iLowRange) + 1;
        if( m_iHighRange !=0)
            m_iDegreeOfMembership = ((m_iValueOfMembership * 100) / m_iHighRange);
        else
            m_iDegreeOfMembership = 0;
        // 边界情况处理
        if( m_iValueOfMembership == 1 && m_iLowRange == m_iHighRange )
            m_iDegreeOfMembership = 100;
        return true;
    }
    // 目前的输入不属于在当前状态的隶属范围
    m_iValueOfMembership = 0;
    m_iDegreeOfMembership = 0;
    return false;
}
```

例程 10-12　FuFSMclass 的操作方法的实现

```
FuFSMclass::FuFSMclass() {                       // 建构函数
    m_iCurrentInput = 0;                         // 把当前的输入事件 0
    m_bIsInputActive=false;                      // 把当前的事件设置为无效
}
FuFSMclass::~FuFSMclass() {                      // 析构函数
    FuStateList   * tempStateList=pAllStates;
    FuStateList   *currentStateList;
    currentStateLsit=tempStateLsit;
    while (tempStateList->nextState!=NULL) {     // 释放模糊状态链表和每个状态的内存资源
        currrentStateList=tmepStateList->nextState;
```

```
        delete tempStateList->pState;
        delete tempStateList;

        tempStateList=currentStateList;
    }                                           // end of while
}
void FuFSMclass::AddState(FuSMstate *pNewState) {       // 增加一个状态对象
    FuStateList   *scanStateList=pAllStates;
    int   iStateID=*pNewState->GetID();

    While (scanStateList!=NULL) {
        if (scanStateList->iStateID==iStateID)      // 说明该状态已经存在
            return;
        scanStateList=scanStateList->nextState;
    }

    StateList   *temStateList= (FuStateList *) malloc(sizeof (FuStateList))   ;

    tempStateList->pState=pState;
    tempStateList->iStateID=pState->m_iStateID;
    tempStateList->nextState=pAllStates;
    tempStateList->prevState=NULL;

    pAllStates=tempStateList;
    if (pAllStates->nextState!=NULL)
        pallStates->nextState->prevState=tempStateList;
}
int FuFSMClass::DeleteState(int iStateID) {         // 删除一个状态对象
    FuStateList *tempStateList=pAllStates;
    while (tempStateList!=NULL) {
        if (tempStateList->iStateID==iStateID)
            break;
        tempStateList=tempStateList->nextState;
    }                                           // end of while

    if (tempStateList!=nil) {
        StateList   *scanStateList=tempStateList->prevState;

        scanStateList->nextState=tempStateLsit->nextState;
        tempStateList->nextState->prevState=scanStateList;

        delete tempStateList->pState;           // 删除该状态对象
        delete tempStateList;                   // 删除该链表的结点

        return SUCCESS;
    }
    return FAILURE;
}
FuSMstate *FuSMclass::GetState(int iStateID) {      // 获取指定标示符的状态变量指针
    FuStateList   *tempStateList=pAllStates;
    while (tempStateList!=NULL) {
        if (tempStateList->iStateID==iStateID)
```

```
            break;
        tempStateList=tempStateList->nextState;
    }                                                        // end of while
    if (tempStateList!=NULL)
        return (tempStateList->pState);

    return NULL;
}
void FuSMclass::ExecuteStateTransition( int iInput ) {      // 执行状态的迁移
    FuFSMstate   *pState = NULL;
    FuStateList   *tempStateLsit, *currentStateList;

    tempStateList=m_pActiveStates;
    currentStateLsit=tempStateLsit;

    while (tempStateList->nextState!=NULL) {                // 清空当前激活的模糊状态链表
        currrentStateList=tmepStateList->nextState;
        delete tempStateList;
        tempStateList=currentStateList;
    }                                                        // end of while

    m_pActiveStates=NULL;
    // 将输入条件或刺激强度值进行累加，只是为了保持输入的刺激强度的持续性。具体如何
    // 计算输入事件对当前状态的影响，需要根据游戏中的具体应用来确定
    m_iCurrentInput += iInput;
    // 控制输入的刺激强度在某一个范围内，可根据具体的要求进行设计
    if(m_iCurrentInput < 0)
        m_iCurrentInput = 0;
    if(m_iCurrentInput > 100)
        m_iCurrentInput = 100;
    // 遍历模糊状态机中的各个状态，并把激活的状态放入到当前的激活状态表中
    tempStateList=pAllStates;
    currentStateList=m_pActiveStates;
    While (tempStateList!=NULL) {
        pState=tempStateList->pState;
        if (pState->DoTransition(m_iCurrentInput)) {
            currentStateListt=(FuStateList *)malloc(sizeof (FuStateList)) ;
            currnentStateList->pState=pState;
            currentStateList->iStateID=pState->m_iStateID;
            currentStateList->nextState=m_pActiveStates;
            currentStateList->prevState=NULL;

            m_pActiveStates=currentStateList;
            if (pAllStates->nextState!=NULL)
                pallStates->nextState->prevState=currentStateList;
        }
    }                                                        // end of while
}
```

在上述代码的基础上，建构模糊状态机的步骤与有限状态机的步骤类似，这里不再重复。在创建得到一个模糊状态机后，可以不断地将各种输入事件转化成一定的刺激强度，并通过调用

ExecuteStateTransition()方法，形成一组模糊状态机的当前激活状态。然后根据这组激活状态，让游戏人物表现出各种行为。

10.5 A*算法和路径寻找技术

路径寻找是游戏开发中的最常见问题之一，其核心技术基础是人工智能中的状态空间搜索方法，来源于人工智能中的通用问题求解研究，从 20 世纪 60 年代开始就在各类问题求解中得到了广泛应用。A*算法是最有效的启发式搜索方法之一，也是使用最多的路径寻找技术之一。下面分别对 A*算法和常见的路径寻找技术进行简要介绍。

10.5.1 搜索技术及 A*算法

人工智能学者在研究博弈问题和迷宫问题时，提出了状态空间图的概念。状态空间图实际上是一个有向图，每个结点表示了问题求解过程中的一个中间状态，每条边（弧）表示状态转移所伴随的动作行为。值得注意的是，虽然有限状态机和状态空间图都可以看成是一个图结构，但它们在内涵和功能上有本质的不同。在有限状态机中，每个状态可以被看成游戏人物的大脑状态或者心理活动状态，每个状态都可以独立地、直接地控制游戏人物的外部行为。但在状态空间图中，它的目标是求解问题，结点中必须包含问题的初始状态和目标状态，从初始状态和目标状态路径中所涵盖的一组状态结点相互关联在一起，共同“指挥”游戏人物的动作和行为。

AI 学者最初的想法是把所有的问题求解方案都描述为状态空间图，求解过程中求解条件的不确定性、不完备性使得问题的解决方案的分支有很多，这些不同的求解就构成了一个图。在知道问题的初始状态和目标状态后，通过状态空间搜索规划出一条从初始状态通往目标状态的路径，该路径自然地形成了当前问题的解决方案。因此，基于状态空间的问题求解就转化为状态空间的搜索问题。

常用的状态空间搜索方法有两种：盲目搜索方法和启发式搜索方法。搜寻的方式是指在搜索的过程中，除了能够区分目标状态和非目标状态，没有其他参考信息。最常见的盲目搜索方法有广度优先和深度优先方法。广度优先是从初始状态一层一层地向下找，直到找到目标为止。深度优先是按照一定的顺序查找完一个分支，再查找另一个分支，直至找到目标为止。但广度和深度优先搜索都有一个致命的缺陷：在给定的状态空间中穷举，在状态空间不大的情况下很合适，当状态空间十分庞大且不可预测的情况下，搜索的结点数会呈爆炸式增长，从而导致搜索效率降低，甚至完不成搜索任务。

启发式搜索方法则是在搜索的过程中计算目前状态与初始状态的距离，同时由启发函数估计目前状态和目标状态的距离，进而增进搜索的效率。在具体步骤上，启发式搜索需要对每个搜索的位置进行评估，得到最好的位置，再从这个位置进行搜索直至目标结点，这样可以省略大量的搜索路径。因此，在启发式搜索中，对状态位置的评估十分重要，对问题的了解愈多，便能够设计出更好的评估函数。一般情况下，启发式搜索中的位置评估用估价函数表示的，如

$$f(n) = g(n) + h(n)$$

其中，$f(n)$是结点 n 的估价函数，$g(n)$是在状态空间中从初始结点到结点 n 的实际代价，$h(n)$是从 n 到目标结点最佳路径的估计代价。这里，$g(n)$已知，$h(n)$体现了搜索的启发信息。在搜索策略上，$g(n)$代表了搜索的广度的优先趋势，当 $h(n)>>g(n)$时可以忽略 $g(n)$，从而提高搜索效率。

启发式搜索技术可节省大量时间，在具体实现上有多种算法，如局部择优搜索法、最好优先搜索法、A*算法等。启发式搜索算法都使用了启发函数，其显著缺点是不能保证在存在解的情况下搜索成功。为了弥补这一不足，并在时间性能和求解能力之间取得平衡，启发式搜索技术在具体选取最佳搜索结点时的策略也不尽相同。如局部择优搜索法是在搜索的过程中选取"最佳结点"后，舍弃其他兄弟结点和父亲结点，并直接搜索下去。由于舍弃了其他结点，可能舍弃了最好的结点，因为求解的最佳结点只是在该阶段的最佳，但并不一定是全局的最佳。最好优先算法在搜索时，没有舍弃已搜索过的结点（除非该结点是死结点），在每步估价中将当前结点与以前的结点的估价值比较，获得一个"最佳结点"，这样可以有效防止"最佳结点"的丢失。

A*算法是一种最好优先算法，只不过要加上一些约束条件，使得在搜索的效率和求解能力之间获得很好的平衡。一些问题求解时希望能够求解出状态空间搜索的最短路径，也是用最快的方法求解问题，A*算法就具备这一特性，它找到的路径成本总是最小的，也就是说，从起点到终点的路径最短。与此同时，A*算法又是一个具有可采纳性的最好优先算法（如果一个估价函数总可以找出最短的路径，称之为可采纳性）。A*算法的估价函数可表示为：

$$f'(n) = g'(n) + h'(n)$$

这里，$f'(n)$是估价函数，$g'(n)$是起点到终点的最短路径值，$h'(n)$是 n 到目标的最短路径的启发值。由于 $f'(n)$无法预知，所以可用前面的估价函数 $f(n)$近似。当 $g(n)\geq g'(n)$时，可以用 $g(n)$代替 $g'(n)$（大多数情况下都是满足的，可以不用考虑）；当 $h(n)\leq h'(n)$时，可以用 $h(n)$代替 $h'(n)$。只有应用这样的估价函数才可以找到最短路径，也就是可采纳性。其实，广度优先算法是 A*算法的特例，其中 $g(n)$是结点所在的层数，$h(n)=0$，这时 $h(n)$必小于 $h'(n)$，因而广度优先算法是一种可采纳算法，当然它是一种最差的 A*算法。

另外，必须考虑 $h(n)$启发函数的信息性，即在估计一个结点值时的约束条件。如果信息越多或约束条件越多，则排除的结点越多，估价函数越好。这也是广度优先算法最差的原因：$h(n)=0$，一点启发信息都没有。但在游戏开发中由于实时性等问题，$h(n)$的信息越多，计算量就越大，耗费的时间越多。因此，应该适当减小 $h(n)$的信息，即减小约束条件。例程 10-13 给出了 A*算法的伪代码示例。

例程 10-13　A*算法伪代码示例

```
A_Star_Search(起始结点, 目标结点) {
    OPEN = [起始结点];
    CLOSED = [];
    while (OPEN 表非空) {
        从 OPEN 中取得一个结点 X，并从 OPEN 表中删除;
        if (X 是目标结点) {
            求得路径 PATH;
            返回路径 PATH;
        }
        for (每个 X 的子结点 Y) {
            求 Y 的估价值;
            if (Y 在 OPEN 表中) {
                if (Y 的估价值小于当前结点的估价值)
                    更新 OPEN 表中的估价值，并调整 Y 在 OPEN 表中的排序位置;
            }
            else if (Y 在 CLOSE 表中) {
```

```
            if (Y 的估价值小于当前结点的估价值) {
                更新 CLOSE 表中的估价值;
                从 CLOSE 表中移出结点，并按照估价值的次序放入 OPEN 表中;
            }
        }
        else {                                   // Y 不在 OPEN 表，也不在 CLOSE 表中
            将 Y 按照估价值的次序插入 OPEN 表中;
        }
        将 X 结点插入 CLOSE 表中;
    }                                            // end of for
  }                                              // end of while
}
```

A*算法的关键数据结构有两方面：如何建构一个状态空间图的数据结构？如何设计 OPEN 表和 CLOSE 表的数据结构，记录相应的启发函数计算结果和路径信息?

为了定义有向图的数据结构，首先需要定义一个线性链表结构，如例程 10-14 所示。

例程 10-14　线性链表结构 SeqList 的类定义

```
Class SeqList {
private :
    NodeType   listItem[ARRAYSIZE];
    int   Size;
    int   currentIndex
public:
    SeqList(void);                                          // 创建函数
    ~SeqList();                                             // 析构函数

    int ListSize(void) {   return Size   };                 // 链表的大小
    bool IsListEmpty(void) {   return (size==0)   };        // 判断链表是否为空
    bool Find(NodeType & item)                              // 找出一个链表结点
    int GetIndex() {   return currentIndex   };             // 获取当前的索引指针值
    int GetNodePos(NodeType &item) {                        // 获取指定结点的位置值
        for (int i=0; i<size; i++ )
            if (lisItem[i]== item)
                return i;
        return -1;
    }
    NodeType GetNode(int pos); {                            // 获取指定位置的结点值
        return listItem[pos];                               // 具体实现时，需根据 NodeType 的类型赋值
    }
    Nodetype PopUp(void);                   // 弹出链表的尾部结点并返回该结点的值，同时链表的大小减 1
    NodeType NextNode(void);                                // 获取下一个结点值
    void Insert(NodeType &item);                            // 插入一个结点，插入在链表的尾部
    void Delete(NodeType &item);                            // 删除一个结点
    int MoveToNext(void)                                    // 改变索引值，使之指向下一个结点
    void ClearList(void)                                    // 清除链表中的所有数据项
};
```

在此基础上可以定义一个有向图结构表示状态空间图，如例程 10-15 和例程 10-16 所示，它

所支持的搜索技术包括深度优先搜索、广度优先搜索以及 A*搜索算法等。

例程 10-15　有向图结构 Graph 的类定义说明

```
Int MaxGraphSize=100;
Template <Class T>                                    // Class T 是结点的数据类型，即 NodeType
class Graph {
private:
    SeqList <T> vertexList;                           // 结点的链表存储结构
    int edge [MaxGraphSize][MaxGraphSize]             // 存储各边的数组
    int GraphSize;                                    // 图的大小

    int FindVertex(SeqList<T> &L, const T& vertex);   // 在链表中找出结点
//找出当前结点所在的位置
    int GetVertexPos(T & vertex); {return vertexList.GetNodePos(vertex);}

public:
    Graph(void);                                      // 建构函数

    bool isGraphEmpty(void);                          // 判断当前的图是空，还是满
    bool is GraphFull(void);
    int NumberOfVertices(void);                       // 结点的个数
    int NumberOfEdges(void);                          // 边的个数
    int GetWeight (T & v1, T& v2);                    // 指定边的权重
    SeqList <T>&   GetNeighbors(T& vertex);           // 获取指定结点的所有相邻的结点

    void InsertVertex(T & vertex) {   vertexList.insert(vertex);   }      // 插入新的结点
    void InsertEdge(T & vertex1, T & vertex2, int Weight) {              // 插入新的边
        int i=GetVertexPos(vertex1), j=GetVertexPos2(vertesx2);
        edge[i][j=weight;
    }
      void DeleteVertex(T & vertex);                  // 删除一个结点
      void DeleteEdge(T &vertex1, T &vertex2) {       // 删除一条边
          int i=GetVertexPos(vertex1), j=GetVertexPos2(vertesx2);
          edge[i][j=0;
    }
    SeqList &AStarSearch(T &sVertex, T&eVertex);      // A*搜索算法
}
```

例程 10-16　有向图结构 Graph 上的基本操作

```
template <class T>
Graph<T>::Graph(void) {
    int i,j;
    for (i=0; i<MaxGraphSize; i++)
    for (j=0;j<MaxGraphSize; j++)
        Edge[i][j]=0;

    SeqList<T> & Graph<T>::GetNeighbors(T & vertex) {         // 获取相邻的结点
    SeqList <T>   *L;
    int   i, pos;
    pos=GetVertexPos(vertex);
```

```
    if (pos==-1)
        return NULL;

    L= new SeqList <T>;

    for (i=0; i<Graphsize; i++) {
        if (edge[pso][i]>0)
            L->Insert(vertexList.GetNode(i));
    }
    return *L;
}
void Graph<T>::DeleteVertex(T &vetex) {                         // 删除一个结点
    int   pos=GetVertexPos(vertex);
    int   row, col;
    if (pos==-1)
        return

    for (row=0; row<pos; row++) {                               // 分步调整各相关边的权值
        for (col=pos+1; col<graphsize; col++)
            edge[row][col-1]=edge[row][col];
    }

    for (row=pos+1; row<graphsize; row++) {
        for (col=pos+1; col<graphsize;col++)
            edge[row-1][col-1]=edge[row][col];
    }
    for (row=pos+1; row<garaphsize; row++)
        for (col=0; col<pos; col++)
            edge[row-1][col]=edge[row][col];
    }
    vertexList.delete(vertex);
    graphsize--;
}
```

根据 A*算法的要求，OPEN 表和 CLOSE 表可以使用同一个数据结构，也需要存储有关的路径信息，可采用记录父亲结点的方法，然后通过回溯来计算出新的路径。因此，可采用如下动态链表数据数据结构，如例程 10-17 所示，它所支持的操作包括按序插入一个结点、弹出一个结点、找到指定的结点，以及通过回溯的方法输出路径信息等。在此基础上，实现 A*算法的示例代码如例程 10-18 所示。

例程 10-17　OPEN 表和 CLOSE 表的数据结构定义

```
template   <class T>;

TypeDef struct nodelistforsearch NodeListForSearch;

struct nodelistforsearch {
    int   CostFromStart;                              // 到开始结点的实际代价
    int   CostToGoal;                                 // 估计到目标结点的路径代价
    int   TotalCost;                                  // 总的路径代价
    T   vertex;                                       // 当前结点，也可以直接用结点的标识符表示
    NodeListForSearch   *parent;                      // 当前结点在扩展路径中的父结点
```

```
    NodelListForSearch   *next;                          // 当前结点在链表中的下一个结点
}
```

例程 10-18　OPEN 表和 CLOSE 表上的基本操作的实现

```
// 按照路径的代价次序插入新的结点
void InsertNodeToSearchList(NodeListForSearch **L, NoldeListForSearch *Node) {
    NodeLsitForSearch   *tempList, *scanList;
    int   tempTotalCost=node->TotalCost;

    tempList=scanLsit=(*L);

    bool   firstNodeTest=false || ((*L)==NULL);
    if (scanList!=NUL)
        firstNodeTest=firstNodeTest || (tempTotalCost < scanList->TotalCost);

    if (firstNodeTest) {                                // 如果 Node 结点中的值是第一个结点的值
        Node->next=scanList;
        (*L)=Node;
        Return;
    }
    while (scanList!=NULL) {                            // 找出插入的位置
        if (tempTotalCost < scanList->TotalCost)
            break;
        tempLsit=scanList;
        scanList=scanList->next;
    }
    tempList->next=Node;
    Node->next=scanList;
}
// 从搜索链表中移出指定的结点
void RemoveNodeFromSearchList(NodeListForSearch **L, NoldeListForSearch *Node) {
    NodeLsitForSearch   *tempList, *scanList;

    tempList=scanLsit=*L;

    if (Node->vertex==scanList->verTex) {              // 如果是第一个结点
        (*L)=scanList->next;
        free(scanlist);
        return
    }

    while (scanList!=NULL) {                           // 找出删除结点的位置
        if (scanList->vertex==Node->vertex)
            breack;
        tempLsit=scanList;
        scanList=scanList->next;
    }
    tempList->next=scanlist->next;
    free(scanList);
}
// 根据路径代价，调整结点的位置
```

```
void AdjustNodePostionInSearchList(NodeListForSearch *L, NodeListForSearch *Node) {
    RemoveNodeFromSearchList(&L, Node);
    InsertNodeToSearchList(&L, Node);
}
// 判断当前结点是否在指定的链表中
Bool IsNodeInSearchList(NodeListForSearch *L,NodeListForSearch *Node, int *currentCost) {
    NodeListForSearch *scanLsit=L;

    while (scanList!=NULL) {
        if (scanList->vetex==Node->vertex) {
            *currnetCost=scanList->CostFromStart;
        return TRUE;
        }
        scanLsit=scanLsit->next;
    }
    *currentCost=-1;
    return FALSE;
}
```

例程 10-19　A*算法的实现示例

```
Int PathCostEstimate(T startv, T endv) {          // 顶点的数据类型为数据模板类型 T
    …                                             // 具体的实现需要根据应用领域的经验知识和模型
}
// 根据遍历后的结点信息来构造最后的路径
SeqList<T>   &ContructPathFromSearchLsit(NodeListForSearch *node ) {
    SeqList <T>   backTracePath;
    SedList <T>   *pathResult=new SeqList <T>;
    int   size, i;
    NodeListForSearch *scanList=node;

    while (scanList!=NULL) {
        backTracePath.insert(scanList->vertex);
        scanList=scanList->parent
    }                                             // 获得从目标结点回溯到初始结点所有的路径结点信息

    Size=pathInfo.ListSize();
    for (i=size-1; i>=0; i--)                     // 获得从初始结点到目标结点的路径信息
        pathrsult->Insert(pathInfo.GetNode(i));
    return pathResult;
}
// A*搜索算法的示例代码
SeqList <T> & Graph::AstarSearch (T startv, T goalv) {          // 顶点的数据类型为数据模板类型 T
    NodeLsitForSearch   *openList=NULL,*closeList=NULL;
    NodeListForSearch   *newNode;
    NodeListForSearch   *Node;
    SeqList <T>   *SuccessorNodes=NULL;

    int newCost;
    int minCostInOpenList, mincostInCloseList;
    //创建一个新的搜索链表中的结点
```

```
newNode=(NodeListForSearch *) malloc(sizeof(NodeListForSearch));
newNode->CostFromStart=0;
newNode->CostToGoal=PathCostEstimate(startv,goalv);
newNode->TotalCost=newNode->CostFromStart+newNode->CostToGoal;
newNode->vertex=startv;
newNode->next=NULL;
newNode->parent=NULL;

InsertNodeToSearchList(&openList,newNode)                    // 加入 OPEN 表中
while (openList!=NULL) {
    Node=openList; openList=openlist->next;                  // 取出 OPEN 表中的第一个结点来扩展
    if (Node->vetex==goalv) {                                // 构造出寻找出的路径并返回
        SeqList *resPath= ContructPathFromSearchLsit(Node);
        Delete(closeList);
        Delete(openList);
        Return resPath;
    }
    else {
        SuccessorNodes=GetNeighbors(Node->vertex);           // 后继的结点

        int  size=SuccessorNodes->ListSize();
        T  tempVertex;                                       // 假设结点的数据类型为 T
        int  currnetCost;

        for (int i=0; i<size; i++) {
            tempVertex=SuccessorNodes->PopUp();
            newCost=Node->CostFromStart+GetWeight(Node->vetex,tempVertex);

            // 创建一个新的搜索链表中的结点
            newNode=(NodeListForSearch *)malloc(sizeof(NodeListForSearch));
            newNode->CostFromStart=newCost;
            newNode->CostToGoal=PathCostEstimate(temVertex,goalv);
            newNode->TotalCost=newNode->CostFromStart+newNode->CostToGoal;
            newNode->vertex=tempVertex;
            newNode->next=NULL;
            newNode->parent=Node;

            if (IsNodeInSearchList(openList, NewNode,&currentCost)) {       // 在 OPEN 表中
                if (currnetCost>newCost)
                    AdjustNodePostionInSearchList(openLsit, newNode);
                else
                    free(newNode);
            }
            else if (IsNodeInSearchList(closeList, NewNode,&currentCost)) { // 在 CLOSE 表中
                if (currnetCost>newCost) {
                    RemoveNodeFromSearchList(&closeList, newNode);
                    InsertNodeToSearchList(&opneList, newNode);
                }
                else
                    free(newNode);
```

```
            }
            else                                              // 不在 OPEN 表中，也不在 CLOSE 表中
                InsertNodeToSearchList(&opneList, newNode);
            }                                                 // end of if-else
        }                                                     // end of for
    }                                                         // end of if-else
    Node->next=NULL;                                          // 保证链表能以空指针结尾
    InsertNodeToSearchLsit(&closeLsit, Node);                 // 将当前结点插入 CLOSE 表中
  }                                                           // end of while
  Delete(closeList);
  return NULL;                                                // 路径寻找失败，返回空路径
}
```

下面给出一个 A*算法的运行示例。假设有如图 10-4 所示的状态空间：起始位置是 A，目标位置是 N，字母后的数字表示该结点到目标结点的估价值，两个相邻结点之间的权重标示在相应的连接边上。

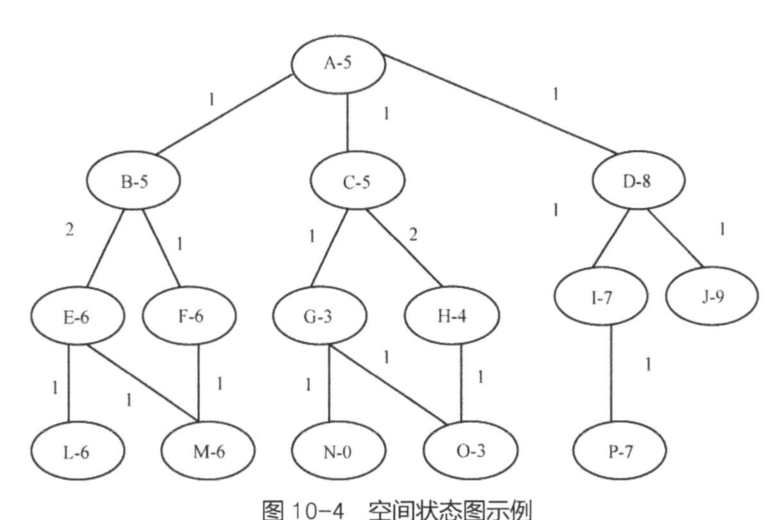

图 10-4　空间状态图示例

搜索过程中设置两个表：OPEN 和 CLOSED（字母后面的数值表示累计的权重和估价函数的和）。OPEN 表保存了所有已生成而未考察的结点，CLOSED 表中记录已访问过的结点。算法中有一步是根据累计的路径权重和估价函数重排 OPEN 表。这样循环中的每步只考虑 OPEN 表中状态最好的结点。具体搜索过程如下。

① 初始状态。

OPEN=[A-5]　　CLOSED=[];

② 估算 A-6，取得所有子结点，累计相应的权重并放入 OPEN 表中。

OPEN=[B-6, C-6, D-8]　　CLOSED=[A-5]

③ 估算 B-6，取得所有子结点，累计相应的权重并放入 OPEN 表中。

OPEN=[C-6, D-7, F-8, E-9]　　CLOSED=[B-6, A-5]

④ 估算 C-6；取得所有子结点，累计相应的权重并放入 OPEN 表中。

OPEN=[G-5, H-7, D-7, F-8, E-9]　　CLOSED=[C-6, B-6, A-5]

⑤ 估算 G-5，取得所有子结点，累计相应的权重并放入 OPEN 表中。

OPEN=[N-3, O-6, H-7，D-7, F-8, E-9]　　CLOSED=[G-5, C-6, B-6, A-5]

⑥ 估算 N-3，已经得到解，建构并返回求解路径。

10.5.2 路径寻找技术

让游戏人物在游戏世界中表现出令人信服的漫游行为依然是游戏开发人员的追求目标之一。漫游行为涉及的核心技术问题是路径寻找，是实现游戏人物漫游的基础。一般来说，游戏世界中的漫游行为分成两种：全局漫游和局部漫游。全局漫游基于地图信息，需要考虑的因素主要是建筑物、房间、门等一般性的宏观静态物体和一般的地理学知识，并在游戏世界中确定从 A 点到达 B 点的一条路径。局部漫游需要知道动态变化的周围环境和局部世界的地理知识（家具、墙壁的位置，台阶，悬崖和建筑物边缘等）。例如，当沿着走廊从一个房间跑到另一个房间时，游戏人物需要考虑到局部世界的动态变化，包括桌子可能被移动过、椅子被破坏、墙壁被摧残，当然，游戏中的其他人物也会移动。只有知道了这些周围环境的变化，计算出存在哪些可以选择的路径，才可以做出决定，选择哪一条路径。

在路径寻找中，常用的方法是将游戏世界中的路径信息转换为一个可搜索的图结构。将游戏世界信息转化为图结构的方法有很多，典型方法是对原来的地图信息进行预处理，构造出一个简化的图结构，然后在新生成的图结构基础上实现路径的快速寻找。例如在 QuakeIII中，使用预处理器检测地面上的路径和障碍等元素，并在地图上作标记，建造一个只使用地面信息的简化图实现路径的快速寻找。除此之外，构造简化图还可以采用矩阵分析法，即把地图模型均匀转换为矩阵单元，如 int　Map[256][256]，其中 Map[i][j]代表了该坐标可能的地图元素类型，如平地、边缘、高地、水池等，然后可以扩张矩形区域的长和宽，使得其 4 个顶点都至少与 1 个“障碍”相邻接，而且保证所有可通行的地图元素类型属于且只属于一个矩形单元。

将地图信息转换为一个可搜索图结构的另一种典型方法是，在原来的地图中设置和构造一些小的路径出口结点，这些结点通常被设置在游戏人物和玩家的视线所能观察到的范围内，这样游戏人物就可以看见并追随这些出口结点，成功地避开障碍物，并找到通向目标位置的路径。例如在 Heretic II 中，通过设置路径出口结点，并对路径中的障碍信息（墙壁、门）等进行编码，游戏人物会采取适当的行动向目标位置移动，包括避免穿越墙壁、从一点跳到另一点等。图 10-5 给出了一张地图的路径和出口示意，其中白色表示可行的区域，曲线表示路径分布，其他颜色表示不可通行的区域。

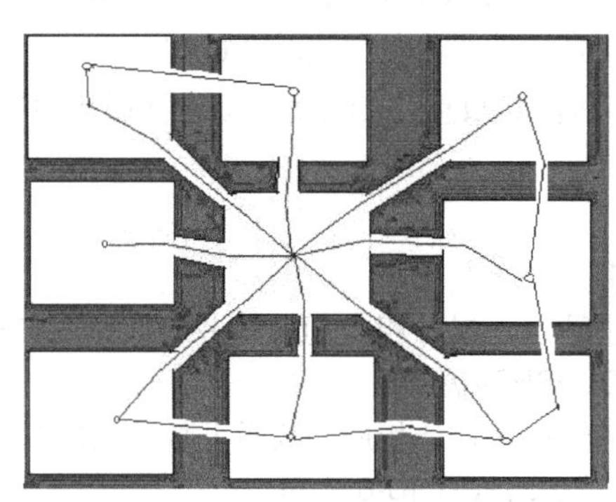

图 10-5　带有出口结点的路径图

在将地图信息转换为图结构后，接下来需要确定障碍对象的处理技术。在障碍对象的处理方面，由于一般的障碍物可以转换为便于处理的凸多边形，因此在游戏世界的路径寻找技术中，一般将障碍对象通过某种简化或预处理，使得所有的障碍对象都被看成一个凸多边形或凸多面体。

其次，可以将障碍对象分为两种：可以穿越的障碍、只能绕行的障碍。对于只能绕行的障碍，可根据一定的启发信息选择一个方向绕行。对于可以穿越的凸多边形或凸多面体障碍区域，可根据直接路径连接障碍区域的入口或者出口，从而在这条路径上不会有任何障碍。这是因为一条直线只能与凸多边形相交两次。因此，在凸多边形的障碍区域内部可以直接连接入口点和出口点，生成最短的路径。

最后需要确定采用何种技术寻找合适的路径。在人工智能领域，路径寻找问题被转化为一个状态空间搜索问题。给定某一对象的初始状态（起点位置）和目标状态（终点位置），在特定的环境中找出一系列的“中间状态”（运动过程），使得游戏人物快速有效地从起点位置到达终点位置。寻找合适路径的方法有很多，在广义上分为两类：局部搜索方法和全局搜索方法。局部的路径寻找方法只分析当前位置的周围环境，试图寻找通向目的地的一条路径。如果已经知道目的地，可以根据邻近环境找出当前最好的运动方向。全局的路径寻找方法不仅需要分析当前的周围环境信息，还需要分析整个环境的路径信息，然后综合分析各方面的全部路径信息，选出全局最佳运动。在算法实现上，局部的路径寻找方法通常是在绘制每帧的场景信息时进行在线的实时计算，全局路径寻找信息则往往需要在某个结点上进行预处理和计算，然后一次性地执行所有移动行为。

游戏开发中的路径寻找技术并不简单等同于最佳路径搜索，其路径寻找要求不仅快速有效，还要与现实世界中人在进行路径寻找的行为相似，才能让玩家感到游戏人物的真实性和自然性。采用优化方法所寻找出来的路径过于完美，反而使得游戏人物出现了不自然的行为。下面分别介绍几种游戏中常用的路径寻找技术。

1. 基于直线路径的错误尝试法

这种路径寻找技术相当直观，主要基于人类在生疏环境中的路径寻找行为。当人们从 A 点出发，寻找一条通过 B 点的路径。由于两点之间的最短路径是直线，因此一般会尽可能按照直线去走。一旦遇到障碍，就会选择从障碍的两边绕过去。通过使用一定的左转和右转规则绕过障碍物后，再次按照直线路径向目的地进发。其算法步骤的伪代码如例程 10-20 所示。

例程 10-20　基于直线路径的错误尝试法

```
While (当前帧中的游戏人物没有到达终点) {
    如果没有障碍物，游戏人物能够按照直线路径向目的地移动
    那么 {
        按照直线运动轨迹和运动速度，更新游戏人物的位置;
        按照当前人物位置和所采取的动作，绘制下一帧（或帧序列）;
    }
    否则 {
        按照一定的启发信息选择从右边或者左边绕过障碍物;
        按照所选择的转向，绕过障碍物，更新游戏人物的位置;
        按照当前人物位置和所采取的动作，绘制下一帧（或帧序列）;
    }
}
```

接下来需考虑根据何种原则作为选择左转或者右转的启发式信息，常见的启发信息有：选择偏离原来的运动轨迹计算较小的一边来决定是右转还是左转；随机选择一个绕过障碍物；固定地按照一个方向（左传或者右转）绕过障碍物。

如果所有的障碍物的形状都是凸多边形，而且相互之间没有连接，这种碰到障碍物就转向的路径寻找方法保证能找到一条通向目的地的路径。尽管找出来的路径不一定最佳，但是游戏人物

的路径寻找行为却显得非常真实，尤其是在表现游戏人物的徘徊行为时，算法的计算量相当小。但是也有明显缺陷。在处理凹多边形形状的障碍物时存在问题，而且在一个“C”型的区域中，一旦陷进去，就很难通过转向的方法出来。有很多方法来改进这个算法，但是不能完全避免这一问题。这主要因为该算法是依靠局部的片断信息来计算最佳路径，理论上无法保证最后寻找出来的路径没有错误。

2. Dijkstra“最短路径”法

如果将游戏世界中的地形信息描述为一个有向图，其中的各顶点代表路径的出口结点，各条权重边中的权重表示两个出口结点之间的距离，那么就可以使用 Dijkstra 方法寻找最短路径，它在第一人称射击游戏中十分流行。

Dijkstra 算法十分简洁，对于给定的起点和终点，该算法从起点开始扩展，每次取得当前结点的所有相邻顶点，并挑选最小权重的结点进行扩展。如果当前结点已经被扩展过，就保留具有最小权重的结点。对于一个新扩展的出口结点，每次计算当前结点和起点之间的权重距离。在本质上，它是一种宽度优先方法。在算法的实现上，可以将它看成 A*算法的极端情况，即每次结点启发信息 h=0。因此，前面的 A*算法的实现中，PathCostEstimate()函数的返回值设为 0，就变成了 Dijkstra 路径寻找算法。

Dijkstra 路径寻找方法不直接计算从起点到终点的最佳路径，而是计算起始结点到所有其他结点的最佳路径。因此，如果需要分析游戏世界中的所有路径信息，可以选用 Dijkstra 算法；如果只是要计算某两个特定位置之间的移动路径，Dijkstra 算法不是一个好的选择。

3. 基于 A*算法的路径寻找技术

A*算法实际是一种启发式搜索方法，利用估价函数评估每次决策的代价，决定先尝试哪一种方案。这样可以极大地优化广度优先搜索。在路径寻找过程中，每步搜索所展开的任一区域或出口结点，都会算出一个评估值。每次决策后，将评估值和等待处理的方案一起排序，然后挑出待处理的各方案中最有可能最短路线的方案，展开到下一步。一直循环到游戏人物移动到目的地，或是所有方案都尝试过却没有找到一条通向目的地的路径时结束。通常，在游戏中还需要设置超时控制代码，当内存消耗过大或用时过久就退出搜索。

使用 A*算法来进行路径寻找的关键之一是如何编写路径寻找的启发式信息评估函数。保证一定能找到最短路径的充要条件是：估价函数算出的两点间的距离必须小于等于实际距离。毫无疑问，满足条件的 A*算法中，估计值越接近真实值的估价函数越好。一般来说，从出发点（A）到目的地（B）的最短距离固定。如果程序尝试从出发点（A）沿着某条路线移动到了 C 点，那么认为这个路径方案的 AB 间的估计距离为 A 到 C 实际已经行走了的距离加上用 PathCostEstimate()估计出的 C 到 B 的距离。

使用 A*算法进行路径寻找的另一个关键是如何产生相邻的路径结点。为了节约内存资源和计算时间，游戏中的路径寻找算法一般不会预先建构地图结构上的所有出口结点，而是在寻找的过程中，根据需要，从 4 个或者 8 个方向直接创建与当前路径相关的结点。假设使用矩阵结构来表示一个地图，每个矩阵单元代表每个区域块。每个区域块的大小为 TILESIZE，函数 IsFreePath()用来判断该区域块是否可以通行，如果有障碍，则返回 FALSE。CreateNeighborNode()函数申请内存资源来创建相应的结点数据结构，作为 BestNode 的相邻结点。例程 10-21 展示了从 8 个方向来获取相邻的路径结点。

例程 10-21　路径寻找中生成后继扩展结点示例

```
void Greaph::GenerateNeighborSuccessors(NODE *BestNode, int dx, int dy) {
   int   x, y;
   // 依次生成八个方向的子结点
   // 左上，Upper-Left
   if ( IsFreePath(x=BestNode->x-TILESIZE, y=BestNode->y-TILESIZE) )
      CreateNeighborNode(BestNode,x,y,dx,dy);
   // 上面，Upper
   if (IsFreePath (x=BestNode->x, y=BestNode->y-TILESIZE) )
      CreateNeighborNode (BestNode,x,y,dx,dy);
   // 右下，Upper-Right
   if (IsFreePath (x=BestNode->x+TILESIZE, y=BestNode->y-TILESIZE) )
      CreateNeighborNode (BestNode,x,y,dx,dy);
   // 右边，Right
   if (IsFreePath (x=BestNode->x+TILESIZE, y=BestNode->y) )
      CreateNeighborNode (BestNode,x,y,dx,dy);
   // 右下，Lower-Right
   if (IsFreePath (x=BestNode->x+TILESIZE, y=BestNode->y+TILESIZE) )
      CreateNeighborNode (BestNode,x,y,dx,dy);
   // 下面，Lower
   if (IsFreePath (x=BestNode->x, y=BestNode->y+TILESIZE) )
      CreateNeighborNode (BestNode,x,y,dx,dy);
   // 左下，Lower-Left
   if (IsFreePath (x=BestNode->x-TILESIZE, y=BestNode->y+TILESIZE) )
      CreateNeighborNode (BestNode,x,y,dx,dy);
   // 左边，Left
   if (IsFreePath (x=BestNode->x-TILESIZE, y=BestNode->y) )
      CreateNeighborNode (BestNode,x,y,dx,dy);
}
```

A*算法不仅在两维地形中轻车熟路，稍加改动就可以在三维地形上如履平地。具体如何使用A*算法进行路径寻找则因游戏而异，主要体现在地图的载入和启发函数的计算方面，有的在载入地图时同步生成一个包含搜索路径的图结构，有的则将一个预先设定的路径图结构作为地图数据的一部分，或者是这两种方法的结合。在启发函数的计算方面，以欧氏几何距离为主，但在一些实时战略游戏中，游戏人物需要寻找一些战术上的最短、最安全的路径，在通向目的地的路途中要避免被看到或被攻击，这时的路径寻找技术需要借助于军事力量的影响力平衡分析图来分析敌我双方前线阵地位置和安全的行军路线，然后考虑游戏人物暴露在敌人火力下的时间、敌人的有效火力范围、敌人的观察视野和瞄准质量、行军路线上的掩护物以及防卫动作（如坦克应避免穿过山脊线，以防止暴露其最脆弱的底部）等，建立起一种新风险评估模型，并综合距离的远近，给出一种最短、最安全的战术路径的启发信息计算方法。

广义上说，游戏世界中的路径寻找技术在相当程度上是模仿人类在类似环境中的路径寻找行为，上面介绍的三种路径寻找技术在不同类型的游戏中都得到了较好的应用。例如，动作类的游戏通常采用局部路径搜寻方法，而策略类游戏一般采用全局路径搜索方法，单纯地从技术角度对这几种路径寻找技术进行讨论和比较没有现实意义。游戏开发人员真正需要考虑的是，如何在特定游戏场景中选择合适的路径寻找技术，使得游戏人物在该场景中表现的路径寻找行为与人的路径寻找行为类似。人在现实世界中的路径寻找行为的最根本的行为特点是：人对周围环境的熟悉程度不一样，所采用的路径寻找技术也不相同。在现实世界中，人第一次来到一个城市时，可能会使用一个局部的路径寻找算法来寻找通向目的地的最佳路径。当同一个人再次来到这个城市时，往往会使用全局的路径寻找算法。在游戏开发中必须把这个区别铭记在心。一定要清楚地了解游戏人物是否对整个游戏世界已经有了很好的认识。如果对游戏世界的路径信息不是十分了解，“错误尝试法”虽然不是一种“优化”方法，但反而显得十分真实。为了更真实地表现和模仿人类的路径寻找行为，可在游戏世界中使用混合的局部和全局路径寻找技术，即当在全新的、不熟悉的、从来没有见过的区域进行漫游时，让游戏人物使用局部的路径寻找技术（深度优先和“错误尝试”等寻路技术），存储有关路径寻找信息（实际上是对人的一个学习行为的模拟）。当在以后的路径寻找中，返回到这些游戏人物曾经走过的路径时，能够认出它们，此时可使用全局寻找技术。这样混合使用局部和全局路径寻找的技术如例程 10-22 所示。

例程 10-22　混合式寻路技术

```
while (没有访问过该区域) {
    直接朝向目标地点前进;
    根据直觉经验选择一个看起来正确的移动方向;
    把有关的路径信息保存下来;
    if (走入死胡同) {
        回溯到当前最近的一个分支点，并把所有已经尝试的路径信息记录下来;
        重新选择一条新的路径;
    }
}
```

除了在广义的寻路策略上有变化外，游戏世界中路径寻找还面临其他一些非常有趣的特殊问题，其中之一就是具有某些限制性的地形中的交通堵塞问题，玩家们经常可以看到成群的坦克争先恐后地过桥时的那种拥挤不堪的情景，这也总是成为玩家们抱怨 AI 愚不可及的最大理由。大部分开发者只是简单地将这类高限制性地形标出，以利 AI 玩家识别，对于随机生成的地图，这样做很费周折。很多游戏开发者则指派一个专门的 AI 机构来处理交通堵塞，但这样做会对 CPU 造成一定的负担。

另一个问题是当地形发生变化时，AI 如何做出相应的调整。A*算法不考虑游戏世界的任何动态变化，在地形发生变化时（如一座桥被炸断了，桌子可能有被移动过了，椅子被破坏了，墙壁被摧残），并不会改变它原来计算得出的路径。为此，有些开发人员使用基于 A*的动态地形处理方法来解决这个问题，不过这可能使 CPU 的消耗过大，因此有些开发者干脆忽略这一问题，等坦克开到了断桥边再作处理。显然，这种方法使玩家们难以忍受。

此外，反馈也是路径寻找所面临的一个大问题。如果游戏人物在移动过程对于周围环境的变化不产生任何反应，游戏的真实感就被完全打破了。这有许多明显的例子（听见枪炮声，看见同伴被击中……）以及一些更加微妙的事情（当两个人通过门厅看着彼此并点头致意），对这些事件的恰当反馈可以容易将玩家从游戏世界带回现实生活中。

10.6　游戏 AI 的设计和实现原则

游戏中的 AI 往往是一款成功游戏的灵魂，高明的 AI 无异为人机交流创造了广阔的天地，逼真的互动性和无穷变数也由此而生，使得游戏佳作更为艳光四射。一款 AI 水平低下的作品，特别是策略游戏，让玩家的高智商无从施展，即使它有超凡脱俗的音效、艳丽的图像，也不大可能使玩家沉醉其中。因此，塑造更强大、能力更丰富的游戏 AI 对游戏开发者和运营商均具有重要意义。优秀的游戏 AI 不仅可以使游戏性能变得卓越出众，也是挤走竞争对手的最佳办法之一。

游戏中的 AI 是用来求解一类广泛问题的方法，可以是 RPG 中去模拟人作为某个角色的行为，也可以是即时战略游戏（RTS）中的寻路算法。在 RTS 类游戏中的主要的 AI 问题除了路径寻找、群体 AI 和非玩家角色的 AI 外，还有军队找路、进攻和防御的 AI。非玩家角色的 AI 本身也有策略 AI、战术 AI、建筑布置、危险估计、地形分析等方面，这些 AI 问题非常具有挑战性。因此，游戏 AI 设计的首要问题是如何使游戏人物解决这些挑战性问题，并表现出合理的智能。

由于游戏玩家总是把游戏世界中的模拟智能和现实世界中的真实智能进行有意或无意的比较，因此设计游戏 AI 的第一法则是基于个人体验进行渐进式的游戏 AI 设计。即在设计游戏 AI 的时候，先想想自己是如何思考的，并初步设计出游戏人物的各种决策和行为变化，然后采用重复的、渐进式的设计和测试过程来完善 AI，即先实现一个大致可以运行的系统，测试它，并改进它的不足之处。例如，在游戏中让游戏人物和人的智能进行对抗，由此观察它的动作，直到它做了一些“蠢事”，接着就考虑以下问题：

❖ 计算机做了什么“蠢事”。不用说，让坦克慢慢地穿过森林，或者只建造炮兵，其他什么都不做等。
❖ 如果是人会怎样做（让坦克沿着公路走；建造一个完整的军队，包括步兵、炮兵和空军）。
❖ 是什么样的信息使（或帮助）人做这样的决定的（进入公路费用最小；已经有了一个炮兵部队，但没有步兵）？

之后返回去重新设计算法来组合这些数据。再次开始游戏，继续观察其 AI。直到做了其他“蠢事”，然后重复这个过程。不断重复，再重复，这样持续下去，游戏 AI 就会变得越来越好。

“AI 就是通过不断地纠正错误而学习的”，这是“可怜”的游戏 AI 设计人员的名言。在不断地玩游戏和修改它的过程中，所设计的 AI 不断积累经验，从而使得它在游戏中表现越来越好。在这样渐进式的设计和实现游戏 AI 的过程中，除了需要创造力和想象力外，还需要恒久的毅力。要想开发出优秀的游戏 AI，就需要不断尝试和反复测试，使得设计和实现游戏 AI 时的工作量并不总是直接与玩家所感受到的成比例。这种方法的优点是：设计的 AI 具有相当的真实性和自然性，设计者可以在游戏中看到非玩家角色以自己的思考方式去进行各项行动。但相对的缺点是：若设计者的能力和经验比较缺乏，那么游戏中的人工智能表现出来的行为和决策通常会很差，因为此时的游戏 AI 完全会反映出设计者的思路。因此，在某些体育游戏中，游戏设计公司经常会与某些体育专家配合，让他们来提出各项建议，使整个游戏的人工智能更加精准和完美。

游戏 AI 设计的第二个法则是使游戏中的 AI 具有灵活性和开放性。例如，在游戏中，当一个游戏人物要行动的时候，它需要考虑以下几件事情：行动范围内有没有可以攻击到的敌人，移动到地理位置较好的地方，生命是不是已经低到会死的地步，本身是不是拥有特殊的能力可以使用。

可采用以下规则来指挥游戏人物的行为：

❖ 若只有一名可以攻击到的敌人，那么目标就是它。
❖ 若有数名可以攻击到的敌人，那么选择最弱的一名。
❖ 若有可以在攻击后击毙的敌人，那么它会是目标。
❖ 在攻击后，会在多少名敌人的攻击范围内。

根据不同游戏人物的个性，对上述规则进行排序，然后确定游戏人物的决策行为。如果游戏人物的攻击性很强，那么，上述四条规则的排序为 C > B > A > D。如果游戏人物能够适当地避开一些会遭到敌人围攻的情况，那么判断式的排列顺序可能会变成 C > B > D > A。这样的行动会不会就遭到敌人的围攻呢？为避免这种情况，可以将规则的顺序改为 D > C > B > A。这样的游戏人物将相当小心，就算是可以将敌人击毙，但是若在下一回合中会有被其他敌人围攻的可能，就不会发动攻击。

为使得游戏 AI 具有上述的灵活性，必须能在游戏 AI 设计和实现过程中修改和完善它，从而形成开放、灵活的游戏 AI。但游戏设计师们编程能力有限，无法直接修改程序。程序员们设计了一些简单易用的工具（如脚本等），即允许通过一种易于使用的外部语言来控制非玩家角色的行为，非玩家角色能够与人对抗，也能够相互对抗，这样在游戏设计阶段让游戏设计师们在修改 AI 的行为上有了更大的灵活性，AI 设计人员比较容易修改游戏角色的行为规则，并将 AI 的特色加入到游戏的最新发展阶段中。

游戏 AI 设计的第三条原则是平衡性，包括真实性和娱乐性之间的平衡、挑战性和娱乐性之间的平衡。游戏中的人工智能需要在游戏的娱乐性和人工智能的真实感中找到一个平衡点。首先，游戏 AI 需要真实，玩家在游戏中的一举一动都希望尽可能地贴近现实生活，游戏玩家时常说他们想在游戏中看见更真实的人工智能。例如，在棒球游戏中，棒球运动的规则和球员的行为是已知的，玩家都很了解真实的棒球运动，他们的期望当然很高，只要是“真实”比赛中有的，就需要在游戏中出现，否则玩家们会感到比赛总是缺了点什么。玩家总是下意识地对球员当时应做的行为有一个预想，如果游戏 AI 所做的与预想的不同，那么游戏 AI 就会被认为是最失败的。例如，球被球员打向左外面，外场手一旦得球后必须做出不同的决定，该如何处理这个球呢？打向本垒？二垒？三垒？还是根本就不抛出去呢？这需要考虑很多因素，包括垒上有多少人、多少人出局了等。其次，必须考虑到这毕竟不是现实世界，只是一个游戏。在游戏世界中，游戏中的人物不必与现实中的人一模一样，太多的真实感会把游戏的乐趣带走，保持游戏人物行为的可预测性和保持在可信范围内的一定程度的不可预测性同样是游戏 AI 的魅力所在。游戏 AI 时常破坏物理现实中的许多规律，而不是遵守这些规律，这两者之间必须有一个好的平衡。例如，一个真实的球员跑过整个球场至少需要 18 秒，而在 FIFA 等体育游戏中只需要一半时间，因为 18 秒对于一个游戏来说实在是太长了。

另外，游戏 AI 需要在挑战性和娱乐性之间找到另一个平衡点。AI 技术的飞速发展已经能够使游戏人物“无敌”了，这会使游戏具有过分的挑战性，却失去了娱乐性，也因此失去一大批游戏玩家。在设计和使用各种高深的 AI 技术时，不应该忘记有相当一部分玩家只是为了放松而玩游戏，而不是为了到游戏世界中来竞争。例如，现在游戏中的射手具有很强的 AI，其行为却像一个完美的神而不是真正的人。有很多玩家在玩这类游戏时，也希望面对的 AI 行为也会像人一样犯错误，会把武器掉在地上、射击时没有打中目标等，从而降低这类游戏的挑战性，使玩家得到更多的乐趣。

游戏 AI 的第四条原则就是区分个体行为和群体行为的策略模拟。例如，在 RTS 等游戏中，对个体行为和群体行为一定要做出区分，这是因为战争的整体势态与个体单位的利益可能是冲突的。如果决定让一支部队来扼守一个山口，以延迟蜂拥而至的敌军进攻，整个战争或许因为这支部队的贡献而胜利了，而这支部队却很难再继续生存。假如游戏开发时只注重个体的 AI 开发，那么部队就不会做出牺牲自己的决定。其次，对于某些团体类体育游戏的模拟中，每个人的行为都是在整个群体的比赛目标的指导下完成的。例如，在足球游戏中，当球队进攻时，对于有球队员来说，在每个瞬间都会有一个行为指导，也就是下一步行为：是向某方向带球？还是以某种方式传球给队友中的某一人？或者立即射门？每个球员能较为聪明、合理地分析球场上瞬息万变的赛况，并根据这个判断得出更合理的下一步行为。通过不断分析，并迅速调整它的行为而得以使比赛向更为有利的方向发展。因此，群体行为的模拟需要更高明的群体游戏 AI，它赋予游戏人物在不同场景和不同群体的情况下的总体思考能力，而且与整个游戏世界和场景地形的关系更密切。例如，在 RTS 游戏中的群体行为模拟和决策中，往往借助于地形的知识和军事力量影响图，首先根据地形分成若干个区域（易守的高地、缓坡、草地、陡坡等），然后在军事力量影响图的基础上，对军事力量的平衡、前线阵地位置、敌军力量的突破点、敌军的最薄弱力量、敌军的攻击/撤退行为等进行分析，最后形成如下 AI 能力：

❖ 判断能力，主要是对计算机方而言。计算机应具备一定程度的形势判断能力，能够对双方的实力对比、敌方兵力分布、防御体系的强弱做出一定程度的判断，并据此采取相应的战略战术。
❖ 战术配合、协作能力。大多数即时战略游戏现在的控制方式还是单兵控制方式，经常使一些部队进行一些看起来非常愚蠢的行动，如经常出现部队相互拥堵等。其实，不同的战斗单元有不同的最佳作战方式，在大规模战斗中，玩家往往控制不过来，这就需要整体的战术配合和协作能力。
❖ 战略策划能力。这是建立在全局判断力的基础上的，包括部队的兵力分配、调度、主攻方向、佯攻方向、投入战斗的时间等，虽然战术配合/协作能力如果极其强大也可以胜任战略策划能力，但这样强大的战术能力在实际上是做不到的。
❖ 战略战术上的变化能力。绝大多数实时战略游戏在 AI 上只有有限的几种固定攻击套路，这无疑使游戏显得很单调。只有加强战略战术上的变化能力，才能使游戏 AI 变得更聪明。

游戏 AI 设计和实现的第五条原则是要区分“建模”和“模仿”这两种常见的智能模拟方式，它们是对同一智能模拟问题的两种截然不同的解决方式。“模仿”是试图使其看起来非常像另一种事物，是以黑箱式的操作来实现 AI 的模拟，是模拟现场反应式智能行为的一种较好的方法，但在模拟深思熟虑的智能行为时，就会显得比较肤浅，也会存在矛盾和错误。“建模”则是试图抓住一个系统内在的基本结构和运转机制，而不是依赖外部行为。它是通过构思问题的内部结构来实现 AI 的模拟，能模拟出更精深的、显示出某种逻辑的智能行为。在基于“模仿”的 AI 系统中，它与自动控制几乎没有区别，其系统中的参数和表现出来的行为之间可能没有任何逻辑关系。“建模”形成的模型是一个系统的抽象表示，是可变的，其组件是可交换的，而且能被分解，并以一种新的方式进行重组。因此，要建立一个供娱乐的复杂虚拟世界，一定需要改变制作方法，并对“建模”和“模仿”做出清晰的区分。

例如，在足球游戏的模拟中，将足球队员放在场上相应的位置，并表现出各种进攻或者防守动作并不难，难的是让他们知道为什么在那个位置？什么时候坚守这个位置？什么时候应该用什么战术？这个时候就需要建模。通过对球员位置和职责的建模，游戏世界中的球员才能顺利决定进攻时该干什么，防守时该干什么，有球时该干什么，无球时该干什么，位处球前方时该干什么，位处球后方时该干什么等一系列行为，甚至当场上出现了红牌，有队员被罚下场时，球员必须相应地调整自己的位置，来补上这个空缺。所有的过程、空间和其他一切行为都是为了唯一的目标——进球。同样，在球员射门的环节上，我们可以让球员对着守门员射门，然后统计有哪些该守住的球却射进球门，有哪些该射进的球却守住了，然后在游戏世界中“模仿”出这样的行为。如果用“建模”方式来模拟，可能需要大量实验和经验数据，建立射门和守门的模型，然后根据守门员的具体能力和当时的比赛状况让其做一个扑救行为，并根据扑救行为的具体参数与来球做一个物理接触的计算，才能决定守门员能否守住球门，或者进攻队员能否进球得分。

游戏 AI 设计与实现的第六条原则就是简洁性，即运用最简单的方法，占用最少的资源去造成一种表象，让玩家觉得游戏的智能水平十分高超。很多时候，游戏玩家评判游戏 AI 好坏的标准很简单，觉得游戏世界中的人物挺聪明就行了。因此，设计和实现计算机游戏 AI 不需要具有“魔法”，也不需要过分追求新奇的算法。不少被认为最好的 AI 在技术设计和实现上却非常简单，实际上就是一组规则，玩家必须响应和处理响应（或开始）动作的规则。游戏设计师事先设计好容易理解的行为规则，然后在游戏中，游戏人物角色遵循这些规则行事。所制定的行为规则越完备，所表现出的智能程度就越高，游戏人物也就越聪明，这也是基于规则的游戏 AI 长盛不衰的重要原因之一。从编程实现方面来看，游戏 AI 算法越复杂，所用的计算往往越多，处理器的压力就会越大，从而会降低游戏中动画帧的刷新频率，并拖累游戏 AI 的活力和整个游戏的吸引力。因此，在游戏 AI 的设计和实现上，可针对不同类型的游戏人物，分别采用不同的技术路线模拟。对于行为简单的游戏人物，可使用简单的确定性 AI 技术；对于不是主要角色但是需要一点智能行为的物体，可以对其设定几种模式，并加上一点随机的因素扰动即可；对于比较重要的角色，可以使用有限状态机技术，加上另外一些辅助技巧，包括使用条件逻辑、概率、状态回溯等来控制状态的迁移。只有对最最重要的游戏人物，才需要利用一切可以利用的 AI 技术。

10.7 展望

游戏和人工智能有很悠久的渊源。在人工智能被定义成一个专业范畴时，早期的计算机科学家就试图通过游戏编程来测试计算机是否能通过某种形式的“智能”来解决游戏中的问题。阿兰·图灵，计算机科学论证的奠基人，（重新）发明了极值算法并用它来下国际象棋（当时他还是用纸笔演算，因为那时候还没有计算机）；阿瑟·缪瑟尔（Arthur Samuel）发明了学习机器的形式即现在的强化学习模型，他将这个程序用于跳棋游戏的自我对战。后来，IBM 的深蓝计算机靠此战胜了国际象棋的卫冕冠军卡斯帕罗夫。如今，很多研究者力图研发更好的程序进行围棋竞技，但是仍旧没办法超过最好的人类选手。

AI 在游戏开发中占有越来越重要的位置，大多数的游戏公司宣称他们的游戏开发项目中包括至少一名专业 AI 程序员，越来越多的游戏开发人员正把更多的精力投入到游戏 AI 的设计和实现中。在技术发展上，游戏中的 AI 与学术研究中的 AI 有明显的不同，游戏业的 AI 往往注重外部行为的表现，学术研究中的 AI 却关注问题求解的内部机制和原理上的探索。游戏业界的工程技术人员在很多 AI 难题的解决上缺乏严密的理论基础，但不乏很多天才构想。反过来，如果一个新的 AI 技术，从内部机制上看十分先进，让程序员们觉得自己很酷，但玩家在实际游戏中感受不到它与旧技术的区别，那么这项技术对游戏 AI 的设计和实现可能就不具有明显的指导意义。

人工智能领域 50 多年来的发展提供了很多优秀的 AI 成果和技术，已经能够解决一大批的问题。虽然大多数传统的人工智能技术在游戏中的应用近乎完美，但这并不意味着任何人工智能技术应用都可以直接应用到游戏开发中。游戏开发人员所拥有的各种资源十分有限，开发进度的时间要求特别高，因此他们往往只使用能带来清晰而明显好处的人工智能技术，否则会因为开发经费、开发周期等问题而放弃。纵观当前游戏中的 AI 技术，最流行和普及的还是基于规则的 AI。在技术实现上以有限状态机和模糊有限状态机为主。它们的设计原理已为人所熟知，测试简便，设计者可以方便地在许多方面“自定义”特定的行为方式。目前，市场上的许多游戏都运用了这种基于规则的 AI，虽然在技术实现上比较简单，但由于制作者的智慧，还是有很多作品表现出让人惊奇的智能水平。游戏开发领域也曾对很多AI技术，如神经元网络、遗传算法等，进行了各种尝试，事实证明，游戏中的AI技术并不是越复杂越好，很多精深、复杂的AI技术生搬硬套到游戏中，是吃力不讨好，得不到游戏玩家的认可。因此，游戏开发人员更喜欢那些简单明了、经过实践检验的AI技术，这主要由于游戏开发追求的是结果，是游戏产品的性能，需要根据实际的游戏开发的目标，对AI技术在计算方面进行某种折衷和调整。

今后的AI将从死板的、基于规则推理的AI技术向更灵活的、以模糊推理为核心的技术转变，游戏AI的开放程度将越来越高，可扩展的AI技术将会成为主流发展趋势之一。可以想象，对游戏玩家来说，最激动人心的莫过于依照自己的口味和爱好，对游戏的AI进行全面的修改和整理，由此可解决因游戏AI的智商太低而使得玩家产生“独孤求败”的寂寞感觉。不过，增加强大的可扩展AI功能也绝非轻而易举之事，尽管开发者们为此费尽心机，但是在诸多问题上大家依然莫衷一是。究竟通过何种方式或是在多大程度上向玩友提供AI扩展功能？这一问题引起了开发者们的激烈争论。显而易见的是，玩家们想既简单快捷又全面自由地改编游戏的AI，而开发者们很担心由此带来的游戏的安全问题。而且，游戏的自由度越高，售后服务就越棘手。但不管怎么说，目前市场上已经有多款游戏（如“文明之力量召唤”、“半条命”等）成功地应用了可扩展AI技术，证明了它在多种游戏类型中的可行性。我们相信，终究会有一天，玩家们可以完全自由地去改编游戏的AI。

游戏AI发展的另一个主要趋势是游戏人物的学习能力的模拟日益得到重视。游戏与学习密切相关，而且好的游戏能够不断教会我们游戏技巧。在某种程度上，玩游戏的乐趣就是在于不断学习它，当再没什么东西可学之时，玩家基本上就会对这款游戏失去兴趣。随着玩家们对游戏AI的要求愈来愈高，游戏AI的经验积累和学习功能这一难题也渐渐浮出水面，一个优秀的游戏，AI应该让玩家感觉到游戏角色随着各种经历和经验在成长。虽然迄今为止还没有哪款游戏在这一方面表现优异，许多游戏在探索模拟学习功能的方法上可谓“八仙过海，各显神通”，然而万变不离其宗，大部分方法采用了一种“前事不忘，后事之师”的思路，就是通过将当前的形势与已经经历过的形势进行类比，来获得更高智能水平的决策行为。例如，在“魔法与混乱”中，通过一个不断更新世界的数据文件来记录曾经发生过的各次进攻，游戏AI会将计划中新一轮进攻与以前的类似进攻进行比较，只有“历史”上同类的进攻大部分成功时，AI才会实施这个计划。开发者还设计了一个更新算法，把过于陈旧的战例从文件中剔除，以使AI的进攻水平跟上玩家们的潮流。可以想象，该游戏中的AI在战术上总是亦步亦趋地跟随着玩家，如果玩家们的高明战术终会被AI玩家彻底掌握，那可真称得上“师人长技以制人”了。

这就是Arcade Learning Environment（ALE）所做的事情。ALE可以在20世纪70年代为复古雅达利2600游戏机发布的游戏上测试人工智能。人工智能代以像素级别来认识屏幕，必须用操纵杆来回答。ALE被用于大量实验，包括框架的最初研发人员做的实验

最著名的就是谷歌Deep Mind在*Nature*上发表的一篇论文，介绍了他们如何利用深度学习这样非凡的技能来学习不同游戏（基于深层卷积神经网络的Q型学习）。

人工智能设计者在测试之前并不知道哪些问题是之前测试过的。至少这是我们设计GVGAI（the General Video Game Playing Competition，通用电玩竞赛）的初衷，（深度）神经网络最近吸引了大量关注是由于其图形识别中获得了惊人高的正确率。我相信，神经网络和类似的图形识别方法在对游戏进行评估和提供改进建议方面可以发挥重要作用。在许多情况下，针对游戏训练神经网络时，演化算法要比梯度方法更合适。

你可能会反对，这是一个非常逼仄的智能和人工智能观。那么，文本识别、听力理解、讲故

事、肢体协调、讽刺和浪漫呢？游戏人工智能可做不到这些，无论它能否玩转世上所有的计算机游戏。对此，我要说：耐心点！所有这些并不需要玩早期计算机游戏，这点没错。但是，当我们掌握了这些游戏并继续玩其他类游戏时，如角色扮演、冒险游戏、模仿游戏以及社交网络游戏，玩好这些游戏需要掌握很多技巧。当我们掌握的游戏多样性越来越多，玩转游戏所需的认知技能广度也会递增。当然，我们的游戏人工智能必须进步更多才能应对地过来。理解语言、图像、故事、面部表情以及幽默感都是必须的，也不要忘记，与通用视频游戏挑战紧密相随的是来自生产通用视频游戏的挑战，这需要足够的其他类型智能。我确信，视频游戏（一般意义上的）会对所有形式的智能构成挑战，除了那些与身体运动密切相关的游戏，因此，视频游戏（一般意义上）是人工智能最好的测试台。无论采取何种标准，能玩几乎所有游戏并能创作各种视频游戏的人工智能就是智能的

但是，智能并不仅限于模式识别。（同样，行为主义也不能完全解释人类行为：人类并不仅仅是在刺激与反应之间建立起映射，他们也会思考。）智能必须吸收一些计划行为，在做出决定之前，行为的未来影响也是刺激的一部分。最近，Monte Carlo Tree Search 算法通过对随机行为进行统计，模拟长系列行为后果，这个算法已经在棋盘游戏 Go 中创造奇迹。在 GVGAI 中表现良好。最近在游戏计划任务中展现出巨大潜质的另一个算法家族是 Rolling Horizon Evolution。这里，演化算法不仅被用于长期学习，还被用于短期行动计划。

我认为，通用电子游戏人工智能的下一波发展浪潮会来自神经网络、进化与树搜索的创造性结合。重要之处在于，对各种不同功能来说，模式识别和计划都是必须的。就像研究中经常遇到的情况，我们无法预测研究结果会如何（否则就算不上研究），但是探索这些方法的各种组合会为研发下一代人工智能算法提供灵感

通用电子游戏的下一个突破可能来自神经网络、演化算法及 Monte Carlo 树搜索的组合。与玩这些游戏挑战紧密相连的是生产新游戏和为这些游戏生产新内容的挑战。计划的目的在于让测试人工智能的游戏供给源源不断。尽管玩游戏和生产简单的计算机游戏对大量不同认知能力进行测试——比其他任何一种人工智能基准都要更具多样性——但是目前仍没抵达测试所有智能的阶段。不过，考虑到玩转和设计现代视频游戏所需的各种智能，也没理由说我们到不了那里。

赋予非玩家角色（non-player character）以智能，提升为与虚拟玩家（virtual player）的对抗与竞争。随着游戏产业的日益发展和壮大，游戏硬件设备性能和计算能力的不断提升，新型的 AI 技术不断地在游戏中被尝试和改进，我们相信，很多更为杂的机器学习技术将会被应用到游戏中去并将极大提高游戏 AI 的学习能力。

由于篇幅限制，这里只是对常见的游戏 AI 技术中的有限状态机、模糊有限状态机、A*算法和路径寻找等基本 AI 技术的编程实现做了详细介绍。对于其他一些复杂游戏 AI 技术，由于实现起来复杂度很高，感兴趣的读者建议参阅《AI Game Programming Wisdoms》系列参考书，相信一定会有新的收获。

小　结

本章介绍了游戏开发中常见的 AI 技术，包括有限状态机、脚本语言、模糊逻辑、多智能体技术、决策树、人工神经元网络、遗传算法、群体行为模拟等，给出了跟踪与追逐行为模拟、有限状态机、A*算法和路径寻找技术的实现，并讨论了游戏 AI 的设计和实现原则，最后对游戏 AI 技

术的发展进行了展望。

习 题 10

1．挑选两种类型的游戏，分析、比较和评价它们所使用的人工智能技术。

2．分析一款在 AI 方面得到赞誉的游戏，具体说明其中的 AI 技术好在何处。为什么？

3．尝试编写一个带有运动方向预测和碰撞检测功能的追逐和躲避程序，实现在三维障碍场景中的追逐和躲避。

4．设计一个游戏人物的情绪变化－行为状态图，并尝试编写一个有限状态机程序来模拟实现，并人脸表情动画的形式表现出来。

5．尝试编写一个 A*算法程序，分别用于二维地图以及三维地形的寻路技术。

6．结合二维或三维动画技术，编写一个大雁/天鹅飞行的群体行为模拟程序，并尝试加入一只捕食者老鹰，观察和分析大雁/天鹅群体在间距性、结队齐向性、内聚性、避让性、生存性方面的群体行为变化。

7．尝试编写一个遗传算法，用于模拟人工生态环境的模拟。

8．尝试了解一些机器学习算法，并分析和讨论如何把它们应用于游戏的开发中。

参考文献

[1] http://www.gameai.com.

[2] Herbert Schildt．Artificial Intelligence Using C．McGraw-Hill, 1987.

[3] Kim W. Tracy, Peter Bouthoorn．Object-oriented Artificial Intelligence Using C++．Computer Science Press, 1997.

[4] Alex J．Champandard. AI game development．New Riders, 2003.

[5] Steve Rabin．AI game programming wisdom．Charles River Media, 2002.

[6] Steve Rabin．AI game programming wisdom 2．Charles River Media, 2003.

[7] Mat Buckland．AI techniqes for Game Programming．Premier Press, 2002.

[8] Penelope Sweeter．Current AI in Games: A review. http://www.itee.uq.edu.au.

[9] R. Evans．AI in Gmaes:A Personal View. http://www.feedmag.com/templates/default.php3?a_id=1694, 2001.

[10] Dybsand, Eric．A Generic Finite State Machine in C++．Charles River Media, 2000.

[11] (美) Nils J. Nilsson．Artificial Intelligence: A New Synthesix, Morgan Kaufmann. 北京：机械工业出版社，1999.

[12] Alex J. Champandard．AI Game Development: Synthetic Creatures with Learning and Reactive Behaviors．New Riders, 2004.

[13] Charles Farris．基于函数指针的内嵌式有限状态机．张磊译．北京：人民邮电出版社，2004.

[14] William van der Sterren．基于 A*算法的战术式寻径．张磊译．北京：人民邮电出版社，2004.

[15] M. Brown．Decision Trees．http://www.cse.ucse.edu/research/compbio/genex/genexTR2html/node10.html

[16] Eric Dysband．一个用 C++编写的通用模糊有限状态机．袁国忠，陈蔚译．北京：人民邮电出版社，2004.

[17] 机器之心．视频游戏为什么对于人工智能的发展如此重要？http://synchuman.baijia.baidu.com/article/307288.

[18] Mnih V, Kavukcuoglu K, Silver D, et al．Human-level control through deep reinforcement learning[J]．Nature, 2015, 518(7540): 529-533.

[19] Silver D, Huang A, Maddison C J, et al．Mastering the game of Go with deep neural networks and tree search[J]．Nature, 2016, 529(7587): 484-489.

第 11 章　网络游戏编程技术

网络的诞生是信息领域的一场革命，在网络空间上引导出一种新的人与人之间的交流模式。随之而来的网络游戏则在本质上改变了游戏的方式和规则，形成了一种全新的游戏模式。在单机版计算机游戏中，玩家只能一个人在游戏世界中探索，其游戏世界和逻辑侧重于人机之间的互动交流（即人机交互）。在网络游戏世界中，玩家可以与其他玩家共同享受游戏的乐趣，获得团队精神的体验，在人与人之间的互动和交流（即人际交互）方面有本质上的提升。由于游戏的人工智能还远未达到能模拟人的思维和智慧的程度，人际交互的真实度和刺激性将远强于人机交互，这是单机版游戏无法提供的可玩性，具有独特的魅力。例如，三维游戏领域的大师 John Carmack 坚持在 QuakeIII游戏中只提供多人对战模式。长久不衰的对战游戏反恐精英（CS）也是因为它的竞技性、团队性在整体上提高了游戏的可玩性。

本章将介绍基本的网络和网络游戏编程概念，并配有必要的例程示例。游戏程序员需要进一步阅读和不断实践，才能自由、高效地编写出受人欢迎的网络游戏。

11.1　网络游戏的基本架构

网络游戏的最常见的基本架构是 Peer-to-Peer 对等通信结构，如图 11-1 所示，即在多个玩家参与的游戏中，各玩家之间采用 Peer-to-Peer 的直接通信方式。在网络通信服务的形式上，一般采用浮动服务器的形式，即其中一个玩家的机器既是客户机，又扮演服务器的角色，一般由创建游戏局的玩家担任服务器（主机）。很多对战型的 RTS 网络游戏都采用这种结构。

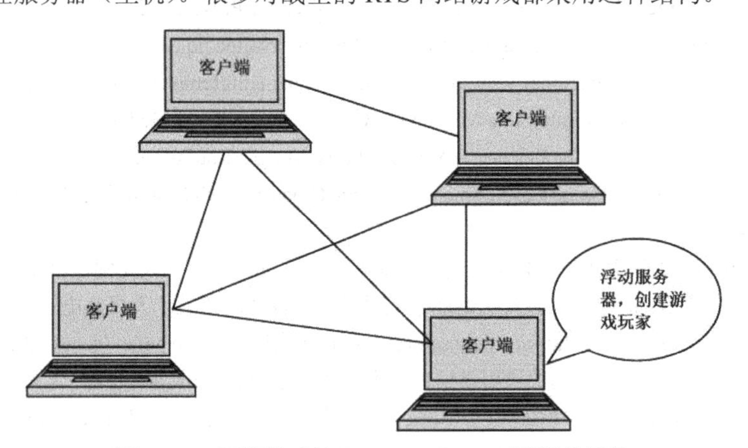

图 11-1　网络游戏的 Peer-to-Peer 对等通信结构

网络游戏的另一种架构是基于游戏大厅代理的结构，通过会话大厅（lobby）结构，为不同玩家牵线搭桥，既直接管理客户机，也管理游戏局，是回合制网络游戏的常见类型，如图 11-2 所示。

网络游戏的最典型的架构是 C/S 结构，如图 11-3 所示，适合多人在线游戏，如 RPG，成千上万人进行同一场游戏。服务器有完整的游戏世界模型，玩家在客户机观察这个世界，并与之互动。

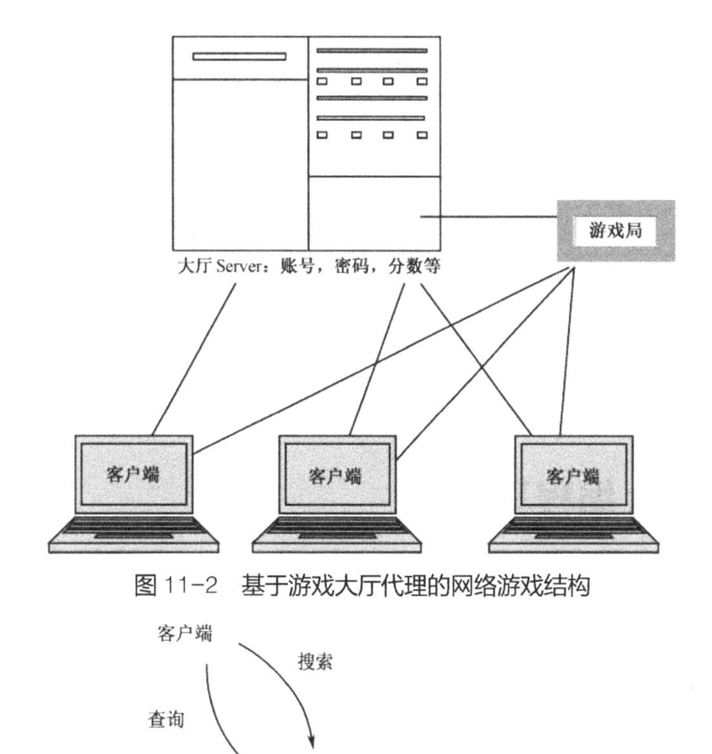

图 11-2 基于游戏大厅代理的网络游戏结构

图 11-3 基于 C/S 的网络游戏结构

C/S 结构的优点是能够充分发挥客户机计算机的处理能力，很多工作可以在客户机处理后再提交给服务器，使得客户机响应速度快。对于网络游戏来讲，这是十分关键的。其缺点是网络游戏的升级比较麻烦，每次升级需要客户机下载体积庞大的更新软件，然后进行安装，对于一些带宽并不是十分充足的用户而言，游戏升级就成了梦魇。不过，良好的客户机程序框架设计完全可以避免升级时下载庞大的更新软件。比如，客户机软件可以把场景定义文件独立出来，客户机程序在运行时动态加载场景定义文件。这样，当网络游戏的设计者发现需要增加游戏场景时，他只需要更新一个场景定义文件就可以了，当然需要一些必要的场景资源文件，如新增加的图像、背景音效等。典型的基于 C/S 架构的回合制游戏的运行流程如图 11-4 所示。

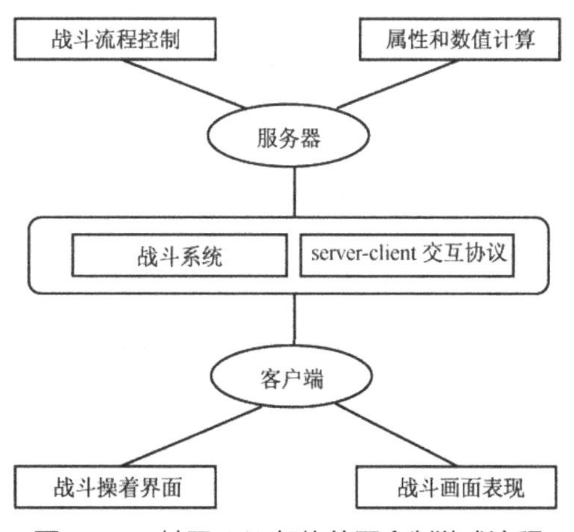

图 11-4 基于 C/S 架构的回合制游戏流程

不论采用何种架构，从系统实现的角度看，网络游戏的通信传输体系结构分为 3 层（如图 11-5 所示）：封装层 —实现基本数据类型的读写操作；传输层 —数据压缩和加密，提供数据缓冲区以及各种统计数据；应用层 —发送和接受封装好的数据包。

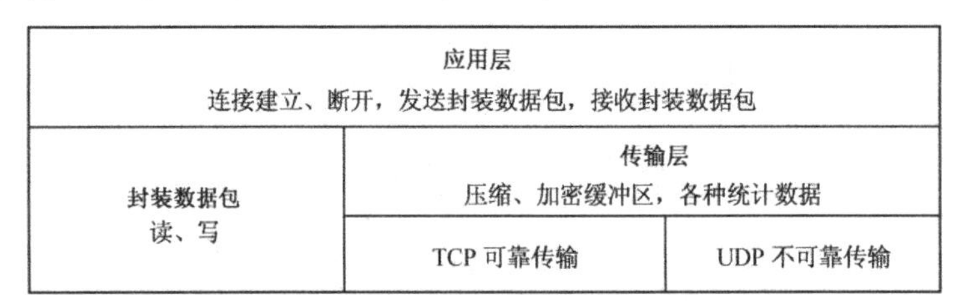

图 11-5　网络游戏的通信传输结构

11.2　Winsock 编程基础

由于 Windows 操作系统的广泛普及，在 PC 上以 Windows 为平台的游戏占据了游戏市场的绝大部分。本节主要介绍 Windows 网络编程的规范：Winsock 编程。

11.2.1　TCP/UDP 简介

Internet 是一个包交换（packet-switched）、容错（fault-tolerant）的网络。包交换意味着在 Internet 上传输的信息实际上是被分装成一个个小包（大小从几字节到几千字节）从某点传输到另一点。容错意味着包传输的路径上可能发生错误，如服务器出错等。如果传输路径上的服务器发生了错误，那么传输的包会选择另一条路径，直到到达目的地。

在发送数据时，有两个任务是十分关键的。第一，数据被分割组包，并在另一端重组。第二，每个数据包单独在网络上传输，直到完成任务。在 TCP/IP（Transmission Control Protocol/Internet Protocol，传输控制协议/网际协议）协议结构中，这两个任务分别交给了 TCP 和 IP，前者负责数据包的分割和组装，后者负责数据包在网络上的传输。面向连接的 TCP 保证了 FIFO 操作（数据按顺序到达目的地），保证从一端发送的 TCP 流都将到达目的地。为了保证数据的顺序到达，TCP 需要等待一些丢失的包来按顺序重组原来的数据，还要检查是否有丢包发生，因此它的运行速度很低。TCP 以牺牲一部分传输性能为代价，来获取可靠的网络传输。

UDP（User Datagram Protocol，用户数据报协议）是 TCP 的替代选择，是一种无连接的协议，可以在网络的两个节点间传输确定大小的包，但不保证这些包的传输路径和到达顺序。这类似于邮局的送信系统，一封在上午 8 点投入邮箱，另一封是下午 3 点投入同一个邮箱，两份信寄向同一个地方。然而，存在种种原因使得第二封信可能先到达目的地，这就是 UDP 的短处，而它的长处是快速的传输速率。TCP 和 UDP 的比较如表 11-1 所示。

表 11-1　TCP 和 UDP 的比较

	TCP	UDP
连　接	保持连接	不保持连接
包大小	包大小可变	包大小确定
接　收	保证接收	不保证接收
传输顺序	FIFO（按顺序到达）	不保证 FIFO
速　率	慢	快

在网络游戏中，协议的选择依赖于游戏的类型和玩法。如果是一个策略型游戏，稍微的延迟可以忍受，但不允许关键的移动或者进攻指令出错，这时 TCP 是一个很好的选择。如果是一个第一人称视角游戏，为了保证 60 帧/秒的帧率，获得游戏的流畅性，UDP 协议是一个更好的选择。

11.2.2 Socket 和 Winsocket 简介

Internet 的构成是非常复杂的，包括形形色色的服务器、工作站、个人计算机等。它们可能使用不同的体系结构，使用不同的网络协议，这种复杂性给 Internet 的网络编程带来了极大的困扰。为了简化网络编程模型，给程序员提供清晰简洁、明确统一的编程接口，20 世纪 80 年代，美国加州伯克利大学（University of California, Berkeley）设计了套接字接口，即 Socket Interface。从此，程序员不必直接处理 TCP、UDP 或者 IP 协议，不用为网络传输的数据打包解包，这些细节被 Socket Interface 隐藏了起来。

Socket 使得访问网络如同访问文件，程序员可以打开一个网络站点，从站点读取数据，向站点写入数据。程序员可以将 Socket 视为一个网络输入/输出设备。Socket 的工作有两种模式：TCP 模式、UDP 模式。如果 Socket 工作在前者的 TCP 模式下，Socket 保证用户数据包的有序到达和正确性；如果 Socket 工作在 UDP 模式下，Socket 并不给用户数据包有序到达和正确性的承诺，程序员需要自行验证。当然，在 UDP 模式下，Socket 的传输效率高于 TCP 模式。

由于最初的 Socket 的规范是在 UNIX 环境下制定出来，其编程模型没有考虑到 Windows 平台的消息驱动机制。因此，微软公司基于 Berkeley Software Distribution（BSD，4.3 版）中的 UNIX 套接字实现，制定了 Windows Socket 规范。Windows Socket 经过不断完善，并在 Intel、Sun、SGI、Informix、Novell 等公司的全力支持下，已经成为 Windows 网络编程的事实标准。

Windows Socket 规范在原先的 Berkeley Socket 的基础上，提供了一组 Windows 平台上的扩展函数。这些扩展 Windows Socket 的编程模型能够充分利用 Windows 平台的消息驱动机制。同时，Windows Socket 制定了统一的二进制接口（ABI），保证所有符合 Windows Sockets API 的网络程序都能够通信。在 Win32 上，Windows Sockets 还保证线程安全性。

Windows Socket 应用程序发送和接收的数据包具有类型属性。目前，应用程序的套接字一般只能与使用网络协议组中同一“通信域”中的其他套接字交换数据。可用的套接字类型包括流式套接字和数据文报套接字。应用程序通过 Windows Socket 提供的接口实现通信，而由 Windows Socket 处理底层的网络协议栈。两者之间关系可由图 11-6 所示。

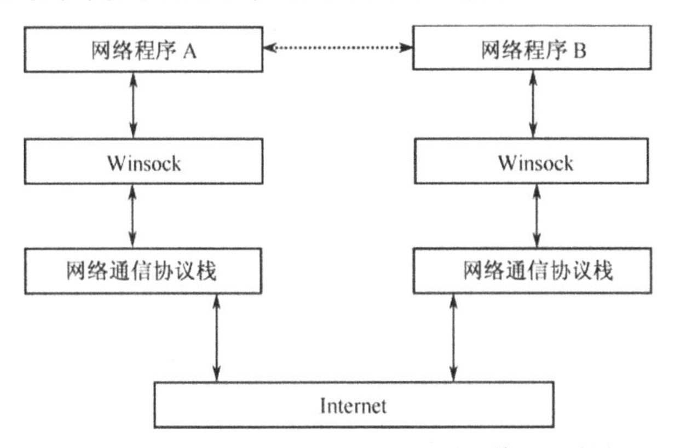

图 11-6　Windows Sockets 实现的网络通信方式

由于 Internet 硬件平台处理器的体系结构的不同，使得网络程序员需要非常注意的一个问题就是处理字节顺序。由于不同的处理器会有不同的字节顺序，有所谓的“Big Endian”和“Little Endian”的区别。Windows Sockets 为此规范了一个网络字节顺序，Windows Sockets 函数中调用的 IP 地址和端口号均按网络字节顺序组织。

例如：如果程序员调用了 Windows Sockets 的一个函数，函数中需要指定端口号，那么这个端口在传递给 Windows Sockets 前，必须把它从主机顺序转换成网络顺序，可以通过调用 htons()函数进行这种转换。如果程序员从 Windows Sockets 的某个函数中得到了端口号，这个端口号在进行进一步处理前必须从网络顺序转换到主机顺序，可以通过调用 ntohs()函数进行这种转换。

虽然字节转换很简单，程序员可以自行编写一个转换函数，但为了使得编写的程序代码具有可移植性，网络程序员应利用 Windows Sockets 规范中的标准转换函数，使用标准的转换函数可以大大提高编写的网络应用程序的可移植性。

关于 Windows Sockets 中字节转换的详细解释可以参见 11.2.4 节。

11.2.3 Winsock 编程结构

Winsock 编程规范给网络程序员提供了一个清晰明确的编程结构，程序员可以利用 Winsock 提供的编程结构建立网络游戏中常用的 C/S 模型。为了便于理解 Winsock 的工作流程，可以想象一下电信局提供的电话服务，典型的 Winsock 编程流程与电信局提供的电话服务相类似。这里，电信局相当于网络游戏中的服务器，用户的电话机就是客户机。

首先，电信局需要为查号服务设立一个热线电话（服务器建立了一个 Socket）。电信局为热线电话分配一个电话号码，如 1088（服务器将 Socket 绑定到某个端口号，1088）。电信局为热线电话分配人手，然后通过报纸传媒向大众公布这个热线电话，电信局的热线电话就开始工作了（服务器调用 listen()函数）。然后，用户拨打热线电话 1088（客户机建立了一个 Socket，调用 connect()函数连接服务器端口 1088）来得到服务。

如果热线忙，电话中会提示忙音（connect()函数调用连接失败，返回错误信息）。如果电话接通，电信局热线总机接受查询的电话，总机将这个电话转交给某个分机服务人员来接待用户。总机继续接听其他用户的服务电话（服务器的 Socket 调用 accept()函数后，服务器建立一个新的 Socket 来跟客户机 Socket 通信，监听 Socket 继续工作）。

用户跟分机服务人员进行必要的通话后得到所需的信息，用户挂上电话，此时一个通信结束（客户机和服务器的 Socket 连接关闭，Socket 对话结束）。

Winsock 包含下列数据结构。

（1）SOCKET

Socket 的操作句柄相当于一个窗口的 HWND 句柄。

（2）struct sockaddr

该结构包括了 Socket 的地址信息，结构如下：

```
struct sockaddr {
    unsigned short   sa_family;                    // 地址簇
    char   sa_data[14];                            // 协议地址，14 字节
};
```

其中，成员 sa_family 在 Windows Sockets 1.1 中只支持 Internet 域，Windows Sockets 1.1 以上的版本支持其他域，默认值是 AF_INET；成员 sa_data 包括了 Socket 的地址信息、目标地址和端口号。struct sockaddr 结构需要手工封装地址信息，使用并不方便。

（3）struct sockaddr_in（“in”代表“Internet”）

这个结构的作用与 sockaddr 相同。事实上，sockaddr_in 进一步划分了 sockaddr 的 sa_data[14]结构，使 sockaddr_in 更易于使用。它的结构如下：

```
struct sockaddr_in {
    short int    sin_family;                          // 地址簇
    unsigned short int    sin_port;                   // 端口号
    struct in_addr    sin_addr;                       // Internet 地址
    unsigned char    sin_zero[8];
};
```

成员 sin_zero 是额外添加的数据，是使 sockaddr_in 结构与 sockaddr 的结构的大小一致。为了与 sockaddr 保持一致，sin_zero 初始化为 0。由于两者尺寸相同，需要 sockaddr 结构指针为参数的函数可以使用 sockaddr_in 结构指针作为参数。成员 sin_family 相当于 sockaddr 结构中的 sa_family，设置为 AF_INET。成员 sin_port 和 sin_addr 需被设置成网络字节顺序（Network Byte Order）。

（4）struct in_addr

该结构包括了 IP 地址信息：

```
struct in_addr {
    union {
        struct {    u_char s_b1, s_b2, s_b3, s_b4;    } S_un_b;
        struct {    u_short s_w1, s_w2;    } S_un_w;
        u_long S_addr;
    } S_un;
}
```

由于在结构内定义了联合，因此某个实例对象 ina 必须利用 ina.S_un.S_addr 才能指向 4 字节的 IP 地址（网络字节顺序）S_addr。

11.2.4 Winsock 地址处理

网络字节顺序和本机字节顺序是 Winsock 编程中容易出错的地方。下面将以单词“short”为例介绍两者之间的地址转换方式，单词的顺序以逐个字母从左到右排列。如果 short 是本机字节顺序（s-h-o-r-t），那么它的网络字节顺序是 h-t-o-n-s，形象地说，“h”表示“本机（host）”，“to”表示动作，“n”表示“网络（network）”，“s”表示“short”，连起来是 htons（Host to Network Short）。反之，如果 s-h-o-r-t 是网络字节顺序，它的本机字节顺序是 n-t-o-h-s，连起来是 ntohs（Network to Host Short）。这两个形象比喻的规则可以应用到 long 类型：

- ❖ htons() —Host to Network Short。
- ❖ htonl() —Host to Network Long。
- ❖ ntohs() —Network to Host Short。
- ❖ ntohl() —Network to Host Long。

在数据结构 struct sockaddr_in 中，sin_addr 和 sin_port 需要从本机网络字节顺序转换为网络字节顺序，sin_family 则不需要。原因是 sin_addr 和 sin_port 分别封装在包的 IP 层和 UDP 层，因此它们必须是网络字节顺序。而 sin_family 域被内核（kernel）使用，决定在数据结构中包含地址的类型，因此必须是本机字节顺序。从另一个角度说，sin_family 并不在网络上传输，因此可以是本机字节顺序。

将成员 sin_addr 转换成网络字节顺序，需要左移操作将它存储为长整型。Winsock 提供了一些函数，方便地操作 IP 地址。假设要将 IP 地址“132.241.5.10”存储在 sockaddr_in 结构对象 ina 中，可以使用函数 inet_addr()将 IP 地址从字符格式转换成无符号长整型：

```
ina.sin_addr.s_addr = inet_addr("132.241.5.10");
```

注意，inet_addr()返回的地址已经是网络字节格式，所以无须调用函数 htonl()。

将 IP 地址的长整型表示转换为字符格式可以使用函数 inet_ntoa(ina.sin_addr)（“ntoa”的含义是“network to ascii”）。注意，inet_ntoa()函数的输入是结构 in_addr 对象，返回值是一个指向字符的指针，它由 inet_ntoa()控制，并且保持静态和固定，因此每次调用 inet_ntoa()，将覆盖上次调用时所得的 IP 地址。例程 11-1 是一个实例。

例程 11-1 IP 地址转换实例

```
char  *a1, *a2;
a1 = inet_ntoa(ina1.sin_addr);                    // 这是 198.92.129.1
a2 = inet_ntoa(ina2.sin_addr);                    // 这是 132.241.5.10
printf("address 1: %s\n", a1);
printf("address 2: %s\n", a2);
```

输出如下：

```
address 1: 132.241.5.10
address 2: 132.241.5.10
```

IP 地址的保存可以使用 strcopy()函数实现。

11.2.5 Winsock 函数介绍

本节介绍 Winsock 编程中涉及的主要函数，例程必须包含相应的头文件才能编译运行。

（1）WSAStartup()函数

WSAStartup 是 Winsock 编程中最先调用的函数，对进程使用 WS2_32.DLL 进行了初始化。

```
int WSAStartup (WORD wVersionRequested, LPWSADATA lpWSAData);
```

wVersionRequested 参数指定 Windows Sockets 支持的最高版本；lpWSAData 参数是指向 WSADATA 数据结构的一个指针，其中包括 Windows Sockets 实现的细节信息。函数执行成功时返回 0，否则返回一个错误码。WSAStartup 如例程 11-2 所示。

例程 11-2 Winsock 编程函数 WSAStartup 示例

```
WORD wVersionRequested;
WSADATA wsaData;
int   err;
wVersionRequested = MAKEWORD( 2, 2 );
err = WSAStartup( wVersionRequested, &wsaData );
if (err != 0) {                                        // 初始化失败
    return;
}
```

（2）socket()函数

socket()函数建立了一个提供指定服务的 SOCKET。

```
SOCKET socket (int af, int type, int protocol);
```

典型的设置是：参数 af 设置为“AF_INET”，参数 type 通知内核是 SOCK_STREAM 类型或 SOCK_DGRAM 类型，参数 protocol 设置为 0。socket()调用成功将返回套接字描述符，否则返回 INVALID_SOCKET。

（3）bind()函数

bind()函数负责建立套接字和机器上的某个端口的关联（如例程 11-3 所示）。

```
int bind(SOCKET s ,const struct sockaddr FAR*   name,   int namelen );
```
其中，套接字 s 是绑定目标，参数 name 是指向数据结构 struct sockaddr 的指针，保存地址（即端口和 IP 地址）信息，namelen 是该结构的长度。

例程 11-3　套接字和端口的关联

```
#define     MYPORT  8888
struct sockaddr_in    my_addr;
SOCKET server = socket(AF_INET, SOCK_STREAM, 0);                    // 错误检查
my_addr.sin_family = AF_INET;
my_addr.sin_port = htons(MYPORT);                                   // 字节顺序转换
my_addr.sin_addr.s_addr = inet_addr("10.10.10.10");                 // 设置 IP 地址
memset(&(my_addr.sin_zero), 0, 8);                                  // 将结构清零
bind(server, (struct sockaddr *)&my_addr, sizeof(struct sockaddr));
```

函数 bind()调用成功时返回 0，否则返回 SOCKET_ERROR。其中，my_addr.sin_port 和 my_addr.sin_addr.s_addr 都是网络字节顺序。由于系统的不同，这段代码要包括的头文件也不同，详见后面完整的例程。在设置 IP 地址和端口时，可以自动处理某些任务，例如：

```
my_addr.sin_port = htons(0);                          // 随机选择一个没有使用的端口
my_addr.sin_addr.s_addr = htonl(INADDR_ANY);          // 使用自己的 IP 地址
```

对 my_addr.sin_port 赋值 0，bind()函数自动选择合适的端口，将 my_addr.sin_addr.s_addr 设置为 INADDR_ANY，将自动获得它所运行的机器的 IP 地址。由于 INADDR_ANY 的默认值是 0，因此不需要转换成网络字节顺序。为了保持程序一致，仍将执行字节顺序转换。

注意，小于 1024 的端口是保留端口，因此调用 bind()时应选择 1024～65535 范围内的未被使用的端口。

（4）connect()函数

在调用 socket()得到 SOCKET 描述符 s 后，必须使用 connect()函数进行连接，例如：

```
int connect(SOCKET s, const struct sockaddr FAR* name, int namelen );
```
其中，s 是一个未连接的套接字，name 是指向结构 sockaddr 的指针，保存连接的目的地址（即端口和 IP 地址），namelen 是结构 sockaddr 的尺寸。例程 11-4 为 connect()函数实例。

例程 11-4　Winsock 的 connect()函数实例

```
#define     DEST_IP        "10.13.21.88"
#define     DEST_PORT     23

socket    client;
struct sockaddr_in    dest_addr;                              // 目的地址
client = socket(AF_INET, SOCK_STREAM, 0);                     // 错误检查
dest_addr.sin_family = AF_INET;
dest_addr.sin_port = htons(DEST_PORT);                        // 字节顺序转换
dest_addr.sin_addr.s_addr = inet_addr(DEST_IP);
memset(&(dest_addr.sin_zero), 0, 8);                          // 结构清零
connect(client, (struct sockaddr *)&dest_addr, sizeof(struct sockaddr));
```

函数 connect()调用成功时返回 0，否则返回 SOCKET_ERROR。如果不需要知道客户机使用的本地端口号，不必调用 bind()，系统将选择合适的端口号。

（5）listen()函数

listen()函数一般运行在服务器端，维护一个请求队列，可同时处理多个连接请求。

```
int listen(SOCKET s, int backlog);
```
其中，s 是调用 socket()得到的套接字描述符，参数 backlog 是允许进入队列的连接数。每个连接请求都在队列中等待，直到接受连接。队列的数目通常设置为 20。

Listen()函数调用成功后返回 0，否则返回 SOCKET_ERROR。在函数调用前要调用 bind()函数，也可以让内核任意选择一个端口。函数调用的顺序如下：
```
socket();
bind();
listen();
accept();
```
（6）accept()函数

函数 accept()将接受一个连接请求。客户机程序从远端通过服务器程序在侦听的端口连接到服务器后，连接将加入到等待接受的队列中。服务器端程序则调用 accept()函数通知允许连接。同时，函数 accept()将返回一个新的套接字描述符，因此服务器端存在两个套接字，初始套接字在侦听端口，新的套接字准备发送和接收数据。例如：
```
SOCKET accept(SOCKET s, struct sockaddr FAR* addr, int FAR* addrlen);
```
其中，s 是调用 socket()得到的套接字描述符；参数 addr 是指向局部数据结构 sockaddr_in 的指针，从中可以得到远程连接的信息，如呼叫服务器的地址和端口；参数 addrlen 是结构 sockaddr_in 的尺寸。函数 accept()调用成功，将返回与远程连接通信的套接字描述符，调用错误则返回 INVALID_SOCKET。例程 11-5 为 accept()函数实例。

例程 11-5　Winsock 的 accept()函数实例
```
#define MYPORT 8888                                              // 用户接入端口
#define BACKLOG 10                                               // 等待连接控制的数目

struct sockaddr_in my_addr;
struct sockaddr_in their_addr;                                   // 连接地址信息

SOCKET server = socket(AF_INET, SOCK_STREAM, 0);                 // 需要错误检查
my_addr.sin_family = AF_INET;
my_addr.sin_port = htons(MYPORT);                                // 字节顺序转换
my_addr.sin_addr.s_addr = INADDR_ANY;                            // 自动填充机器的 IP 地址

memset(&(my_addr.sin_zero), 0, 8);                               // 结构清零
bind(server, (struct sockaddr *)&my_addr, sizeof(struct sockaddr));

listen(server, BACKLOG);
int sin_size = sizeof(struct sockaddr_in);
SOCKET   talker = accept(server, (struct sockaddr *)&their_addr, &sin_size);
```
在系统调用的发送函数和接收函数中应该使用新的套接字描述符 talker。如果只允许一个连接，那么可以使用函数 close()关闭原来的描述符 server，以避免同一端口的多个连接。

（7）send()和 recv()函数

接收和发送函数用于流式套接字（stream sockets）或数据报套接字（connected datagram sockets）的通信。无连接的数据报套接字需使用 sendto()和 recvfrom()函数。send()函数的调用规范如下：
```
int send (SOCKET s, const char FAR * buf, int len, int flags );
```
其中，参数 s 是调用 socket()或者 accept()返回的套接字描述符，参数 buf 是指向发送的数据缓冲器的指针，参数 len 是数据长度，参数 flags 通常设置为 0。Send()函数的调用如例程 11-6 所示。

例程 11-6　Winsock 的 send()函数实例

```
char   *msg = "Hello world!";
int   len, bytes_sent;
len = strlen(msg);
bytes_sent = send(s, msg, len, 0);
```

函数 send()返回实际发送的数据字节数，其值可能小于要求发送的数目。这是由于网络状况的复杂性，send()函数可能无法一次发送全部数据，此时返回的数据与参数 len 不匹配。函数调用发生错误时，将返回 SOCKET_ERROR。

函数 recv()的调用规范如下：

```
int recv (SOCKET s, char FAR* buf, int len, int flags );
```

其中，参数 s 是套接字描述符，buf 是要读的数据缓冲器，len 是缓冲器的最大长度，flags 通常设置为 0。函数的返回值是实际读入缓冲器的数据字节数，调用错误时返回 SOCKET_ERROR。

（8）sendto()和 recvfrom()函数

这两个函数用于无连接数据报套接字的通信。由于无连接数据报套接字不连接到远程主机，在发送一个包之前需要给出目标地址。函数 sendto()的调用规范如下：

```
int sendto(SOCKET s,const char FAR * buf, int len, int flags,
const struct sockaddr FAR * to, int tolen );
```

sendto()函数比 send()函数多两个参数，其中 to 是指向数据结构 struct sockaddr 的指针，包含了目的 IP 地址和端口信息，tolen 是结构 sockaddr 的尺寸。sendto()返回实际发送的字节数，其值可能小于要发送的字节数，调用错误时返回 SOCKET_ERROR。

函数 recvfrom()的调用规范如下：

```
int recvfrom (SOCKET s, char FAR* buf, int len, int flags, struct sockaddr FAR* from, int FAR* fromlen );
```

与 recv()函数相比，redvfrom()函数增加了两个参数：其中 from 是一个指向结构 sockaddr 的指针，它给出了源机器的 IP 地址和端口信息；fromlen 是 int 型的局部指针，初始值为 sizeof(struct sockaddr)。函数调用返回后，fromlen 保存着存储在 from 中的地址实际长度。recvfrom()返回接收到的字节长度，或在发生错误后返回 SOCKET_ERROR。

注意，如果用函数 connect()连接一个数据报套接字，可以简单调用函数 send()和 recv()来满足数据传输的需要。但此时使用的仍然是数据报套接字和 UDP，系统套接字接口则自动加上目标和源的信息。

（9）closesocket()和 shutdown()函数

传输完成后，使用 closesocket()函数关闭套接字：

```
int closesocket ( SOCKET s );
```

函数 closesocket()执行后，任何在另一端读写套接字都将返回错误信息。函数调用成功时，返回 0，否则返回 SOCKET_ERROR。函数 shutdown()比函数 closesocket()更灵活，允许关闭某个方向上或双向通信。

```
int shutdown (SOCKET s, int how);
```

其中，参数 s 是套接字文件描述符合，参数 how 的取值是下列之一：SD_RECEIVE —不允许接受；SD_SEND —不允许发送；SD_BOTH —不允许发送和接受。

函数 shutdown()调用成功，返回 0，失败则返回 SOCKET_ERROR。

（10）select()

在实际的网络游戏中，服务器不停地响应连接，从连接上读取数据和分发数据，还要侦听连接请求。如果在调用函数 acccep()时发生阻塞，可以使用经典的 select()方法和 WinSock 中的 WSAAsyncSelect()方法。

函数 select()可以同时监视多个套接字，通知调用者准备读的套接字、准备写的套接字以及发生异常的套接字。它的调用规范如下：

```
int select (int nfds, fd_set FAR * readfds，fd_set FAR * writefds,
        fd_set FAR * exceptfds, const struct timeval FAR * timeout );
```

函数 select()监视一系列文件描述符，包括 readfds、writefds 和 exceptfds。如果想知道是否能够从标准输入和套接字描述符 sockfd 读入数据，只要将文件描述符 0 和 sockfd 加入到集合 readfds 中。参数 nfds 等于最高的文件描述符的值加 1。函数 select()返回时，readfds 的值被修改为可以读的文件描述符的集合。每个集合类型都是 fd_set，对这些集合的操作包括：

- FD_ZERO(fd_set *set) 一清除一个文件描述符集合。
- FD_SET(int s, fd_set *set) 一添加 s 到集合。
- FD_CLR(int s, fd_set *set) 一从集合中移去 s。
- FD_ISSET(int s, fd_set *set) 一测试 s 是否在集合中。

最后一个参数是 struct timeval，它允许设定一个终止时间。如果到达这个时间，select()还没有搜寻到准备完毕的文件描述符，将超时返回。

```
struct timeval {
    int   tv_sec;                           // 1 秒=1,000,000 微秒
    int   tv_usec;                          // 微秒
};
```

尽管它的计时单位是微秒，但由于操作系统内核的不同，每个进程获得的时间间隔远大于微秒，实际上的等待时间至少等于进程的时间间隔。如果设置 timeval 为 0，select()函数将立即超时，这样可有效地轮循集合中所有文件描述符。如果将参数 timeout 赋值为 NULL，那么将永远不会发生超时，即一直等到第一个文件描述符就绪。

（11）WSAAsyncSelect()

Windows Socket 定义了一系列以 WSA 开头的 Socket 函数，如 WSAAccept()、WSAConnect。WSAAsyncSelect()函数以消息通知的方式来反应一个网络事件的发生，如例程 11-7 所示。

```
int WSAAsyncSelect (SOCKET s, HWND hWnd, unsigned int wMsg, long lEvent);
```

其中，s 是要求事件通知的 Socket 描述符，hWnd 是接受消息的窗口句柄，wMsg 表示指定的网络事件发生的消息号，lEvent 指定发生时要通知的网络事件组合。这个函数充分地利用了 Windows 提供的消息机制。在基于消息的 Windows 编程中，它非常有用。

例程 11-7　Winsock 的 WSAAsyncSelect()函数实例

```
#define    SER_MESSAGE         WM_USER + 100
#define    PORT                8888

SOCKET m_hSocket = socket(AF_INET, SOCK_STREAM,0);
WSAAsyncSelect (m_hSocket, m_hWnd, SER_MESSAGE,
                    FD_ACCEPT|FD_READ|FD_WRITE| FD_CLOSE );
sockaddr_in   m_addr;
m_addr.sin_family = AF_INET;
m_addr.sin_addr.s_addr = INADDR_ANY;
m_addr.sin_port = htons(PORT);
```

```
int   ret = 0;
int   error = 0;
ret = bind(m_hSocket, (LPSOCKADDR)&m_addr, sizeof(m_addr));        // 绑定一个套接字到本机的地址
if(ret == SOCKET_ERROR) {
    AfxMessageBox("Binding Error");
    return FALSE;
}
// 开始一个侦听过程，等待客户的连接
ret = listen(m_hSocket, 5);                                        // 第二个参数表示最多支持的客户连接数
if(ret == SOCKET_ERROR) {
    AfxMessageBox("Listen Error");
    return FALSE;
}
…….
```

Windows 的消息处理函数定义如下：

```
LRESULT CALLBACK WndProc(HWND hWnd, UINT message,
WPARAM wParam, LPARAM lParam)
```

其中，根据参数 meesage 可以判断是否有网络事件发生，参数 wParam 包括了发生网络事件的套接字，参数 lParam 表示具体的网络事件和是否有错误发生。

Windows 消息处理函数如例程 11-8 所示。

例程 11-8　Windows 消息处理函数

```
WORD wEvent,wError;
switch (message)  {
    case SER_MESSAGE:                                  // 指定的网络事件消息号
        wEvent = WSAGETSELECTEVENT (lParam) ;
        wError = WSAGETSELECTERROR (lParam) ;
        if(wError) {
            closesocket((SOCKET) wParam);
            break;
        }
    switch (wEvent) {
        case FD_ACCEPT:                                // 开始连接
            break;
        case FD_READ:                                  // 从保存在 wParam 中的套接字接收数据
            break;
        case FD_WRITE:                                 // 在 wParam 中的套接字准备发送数据
            break;
        case FD_CLOSE:                                 // 关闭连接
            break;
    }
    break;
}
```

11.2.6　Winsock 综合示例

例程 11-9 实现了一个简单的服务器，它不停地发送“Hello World!”。代码在 WindowsXP 和

VC 6.0 下测试通过。

例程 11-9　基于 Winsock 的简单服务器实现

```
#include <winsock2.h>                                  // WinSock 头文件
#include <stdio.h>
#pragma comment(lib, "WS2_32.lib")

#define    MYPORT        8888                          // 服务器端口
#define    BACKLOG       10                            // 侦听函数

int main() {
    WORD wVersionRequested;
    WSADATA wsaData;
    int   err;
    wVersionRequested = MAKEWORD( 2, 2 );              // Socket Version 2.2
    err = WSAStartup( wVersionRequested, &wsaData );
    if ( err != 0 ) {                                  // 初始化失败
        exit(1);
    }
    struct sockaddr_in my_addr;                        // 服务器地址
    struct sockaddr_in their_addr;                     // 连接地址

    SOCKET server = socket(AF_INET, SOCK_STREAM, 0);
    if(server ==INVALID_SOCKET){                       // 套接字无效
        err=WSAGetLastError ();
        exit(1);
    }

    my_addr.sin_family = AF_INET;
    my_addr.sin_port = htons(MYPORT);                  // 字节顺序转换
    my_addr.sin_addr.s_addr = INADDR_ANY;              // 自动填充本机 IP

    memset(&(my_addr.sin_zero), 0, 8);                 // 结构清零
    bind(server, (struct sockaddr *)&my_addr, sizeof(struct sockaddr));
    if(server ==SOCKET_ERROR ){
        err=WSAGetLastError ();
        exit(1);
    }

    if(listen(server, BACKLOG) == SOCKET_ERROR){
        err=WSAGetLastError ();
        exit(1);
    }

    SOCKET talker;
    while(1) {                                         // main accept() 循环
        int sin_size = sizeof(struct sockaddr_in);
        if ((talker = accept(server, (struct sockaddr *)&their_addr, &sin_size))==SOCKET_ERROR){
            continue;
        }
        printf("server: got connection from %s\n",inet_ntoa(their_addr.sin_addr));    // 显示客户地址信息
```

```
        if (send(talker, "Hello, world!\n", 14, 0) == SOCKET_ERROR){
            closesocket(talker);            //关闭套接字
            exit(0);
        }
    }
    return 0;
}
```

例程编译后，在命令行模式中用 Telnet 测试，输入“telnet 127.0.0.1 8888”，如图 11-7 所示。

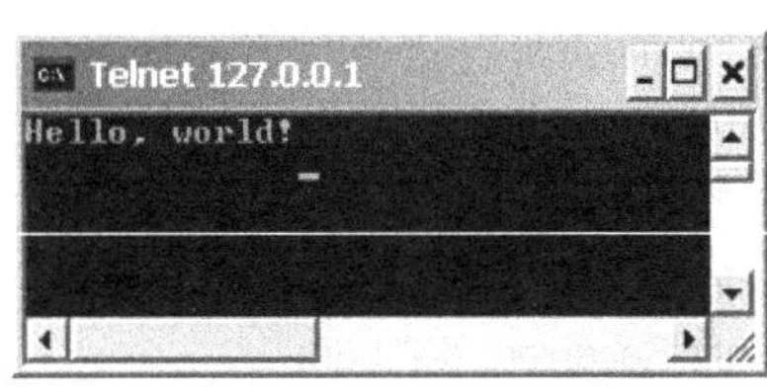

图 11-7　Winsock 实现的简单服务器端界面

例程 11-10 实现了一个简单的客户机，其任务是通过 8888 端口连接命令行中指定的主机地址，来获取服务器发送的字符串。

例程 11-10　基于 Winsock 的简单客户机实现

```
#include <winsock2.h>                                        // WinSock 头文件
#include <stdio.h>
#pragma comment(lib, "WS2_32.lib")

#define    PORT             8888                             // 服务器端口
#define    MAXDATASIZE      100                              // 每次可以接收的最大字节

int main(int argc, char *argv[]) {
    WORD   wVersionRequested;
    WSADATA   wsaData;
    int   err;
    wVersionRequested = MAKEWORD(2, 2);                      // 套接字版本是 2.2
    err = WSAStartup(wVersionRequested, &wsaData);
    if (err != 0) {                                          // 初始化失败
        exit(1);
    }
    if (argc != 2){
        printf("usage: Client x.x.x.x \n");
        exit(1);
    }
    char   szServerIP[20];
    strcpy(szServerIP, argv[1]);                             // 获得服务器 IP
    struct sockaddr_in   dest_addr;                          // 目的地址
    SOCKET client = socket(AF_INET, SOCK_STREAM, 0);
    if(client ==INVALID_SOCKET){
        err=WSAGetLastError ();
        exit(1);
    }

    dest_addr.sin_family = AF_INET;
    dest_addr.sin_port = htons(PORT);                        // 字节顺序转换
    dest_addr.sin_addr.s_addr = inet_addr(szServerIP);       // 自动填充本机 IP
    memset(&(dest_addr.sin_zero), 0, 8);                     // 结构清零
```

```
    if (connect(client, (struct sockaddr *)&dest_addr,
        sizeof(struct sockaddr))==INVALID_SOCKET){
        exit(1);
    }

    char  buf[MAXDATASIZE];
    int  numbytes;
    if ((numbytes = recv(client, buf, MAXDATASIZE, 0)) == INVALID_SOCKET)
        exit(1);

    buf[numbytes] = '\0';                       // 字符串必须以零结尾
    printf("Received: %s",buf);                 // 显示接收到的信息
    closesocket(client);                        // 关闭
    return 0;
}
```

例程编译后，首先运行服务器端程序，再运行它，在命令行模式下输入“client 127.0.0.1”，结果如图 11-8 所示。

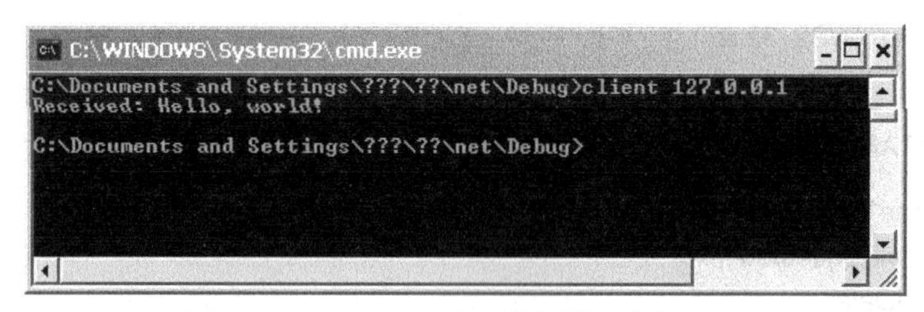

图 11-8　Winsock 实现的简单客户机界面

11.3　网络游戏通信协议

在网络游戏中，客户机程序和服务器程序通过 TCP/IP 协议建立网络连接，进行数据交换。然而，TCP/IP 只提供了简单的数据传输的协议，网络游戏需要建立复杂的通信协议，并按照预先协商的数据通信格式进行数据传输。这不仅使得网络游戏的通信更加规范，更易管理，也使得游戏中的网络模块更具有可移植性和重用性。

1. 游戏通信协议简介

游戏通信协议是在网络模型的应用层定义一个高层的通信协议，类似 FTP 和 SMTP 等，使得网络游戏的客户机和服务器端程序通过预先设定好的格式传输数据。以 SMTP（Simple Mail Transfer Protocol，简单邮件传输协议）的连接和发送过程为例：

① 客户机与服务器建立 TCP 连接。

② 客户机发送 HELLO 命令标识发件人的身份。

③ 客户机发送 MAIL 命令，服务器以 OK 应答。

④ 客户机发送 RCPT 命令，标识电子邮件的接收人。

⑤ 客户机发送 DATA，发送邮件。

⑥ 客户机发送“.”，表示结束。

⑦ 客户机发送 QUIT 命令，结束会话。

通过这样一整套预先规定好的协议流程，服务器端程序就与客户机程序相对独立了。服务器

端程序与客户机程序运行的环境、运行机器的架构、程序实现语言都无关。只要符合这套通信协议，服务器就能与客户机进行交流。因此，设计优秀的游戏通信协议对网络游戏十分重要。

2. 游戏通信协议结构

游戏通信协议并没有一个像SMTP、FTP那样明确的标准。很大程度上，游戏通信协议根据游戏开发者的实际需求制定的。一款游戏通信协议并不需要向大众开发，只需在开发者内部约定俗成即可，因此游戏通信协议对格式和结构的要求并不严格。本节将介绍一种类似XML组织的通信协议。XML（eXtensible Markup Language，可扩展标志语言）在组织和表示数据方面具有很强的能力。在了解XML的基础知识后，游戏程序员可以设计出自行定义的游戏通信协议。

游戏设计者可以按照下面的格式组织游戏传输数据。根据游戏类型的不同，游戏设计者可以添加不同的内容。

```
<Data>
  <Version><%Version %></Version>                    // 版本信息
  <GameName><%GameName %></GameName>                 // 游戏名字
  <GameType><%GameType %></GameType>                 // 游戏类型
  <UserID><%UserID %> </UserID>                      // 用户 ID
  …….
</Data>
```

3. 协议打包/解包

定义了游戏通信协议，自然需要协议打包/解包程序的支持。因为采取了类似XML语法格式的通信协议，游戏协议的结构相对清晰明了，程序代码的编写也更容易。这也是使用类似XML语法格式编写游戏通信协议的原因之一。注意，打包/解包代码的编写过程中应该最大限度地保持代码的通用性和灵活性。因为游戏通信协议并不是一个标准的协议，很有可能在游戏开发过程中需要修改补充，甚至推倒重来。为了减少修改代码的工作，打包/解包程序的编写必须从一开始就尽量做到内核的独立性，只留几个协议相关的外部接口。即使协议发生了很大的变化，打包/解包代码也只需很小的修改即可。

11.4 网络游戏多线程编程

一般来说，网络游戏服务器端程序主要功能模块包括：网络通信、业务逻辑处理、数据存储和守护监控等。这些模块以一个进程或线程的方式存在，可部署于同一台物理服务器，也可以分布于不同的物理服务器，甚至可以部署于分布式的服务器架构。无论如何部署，这些模块都应该是异步而非同步执行的，这就涉及多线程编程技术。异步的方式有两种：单进程多线程模式和多进程单线程模式。

采用单进程多线程的服务器端开发模式，网络通信、业务逻辑处理和数据存储等模块分别由一个线程处理，这些线程属于同一进程，没有守护监控进程。基于该并发模式的服务器端架构简单，编码相对容易；且数据存储、共享和交换可通过全局变量或单体实现。但该模式只适合于小型网络游戏，对于并发访问量可达几十万的大型网络游戏显然是不适用的。原因在于：功能模块集中于同一进程，无法应用于分布式架构；各线程的状态难以监控，容易出现死锁；若某个线程出错（如非法内存访问导致栈空间被破坏）可引起服务器进程崩溃，从而导致所有玩家掉线，用户体验很差。

采用多进程单线程的服务器端开发模式，网络通信、业务逻辑处理、数据存储和守护监控分别在不同的进程，每个进程只有一个线程，并发性更强。该模式允许不同的进程分布于不同的物理服务器，如可将数据存储模块放到单独的一个物理服务器上，供几个区的服务器使用。也可将网络通信模块独立出来，甚至做成导向服务器，实现跨服务器作战。另外，由于存在守护进程，可监控其他进程状态，若有进程失去响应，可马上重新启动该进程；若某个服务器进程异常退出，只要不是网络通信进程，则可被及时重启，只会造成某个逻辑功能瞬间无法使用，不会造成玩家掉线，玩家甚至察觉不到这种异常。同时，该模式通过共享内存进行数据交换，那么如果其中一个服务器失去响应，用户数据可以得到很好的保护。当然，该模式也有缺点，主要表现在：各进程间通信很多，需要处理跨服务器进程的异步消息，因此编码难度较大；因进程切换的时间片远远于线程切换，高并发的网络游戏无法允许这种时间片切换代价，必须设计好服务器的框架，在保证数据不出错的前提下避免使用互斥锁。

11.5 小型网络游戏设计与实现

掌握了一些基本的网络 socket 编程后，本节展示一个支持 8～16 人的小型网络游戏的编写。事实上，大部分的网络即时战略游戏和网络体育竞技游戏都最多支持 16 人同时在线。

在小型网络游戏中，所有玩家都运行同一个游戏客户机程序，其中一个玩家（通常是计算机配置最好、网速最快的那位）将同时运行服务器端程序，这也是限制同时在线人数的主要原因。大量的玩家将使服务器消耗大量的资源，同时运行服务器和客户机程序会很不现实。

图 11-9 展示了小型网络游戏大厅的设计框架。当服务器启动游戏后，服务器在游戏大厅中调用接收（accept）函数。这时其他玩家可以加入这个游戏，一旦人数满足游戏要求，服务器可以方便地停止接收状态，开始游戏。其他玩家将不能再加入这个游戏，除非服务器又打开一个游戏大厅。这种结构使得游戏服务器十分方便地加入游戏引擎。

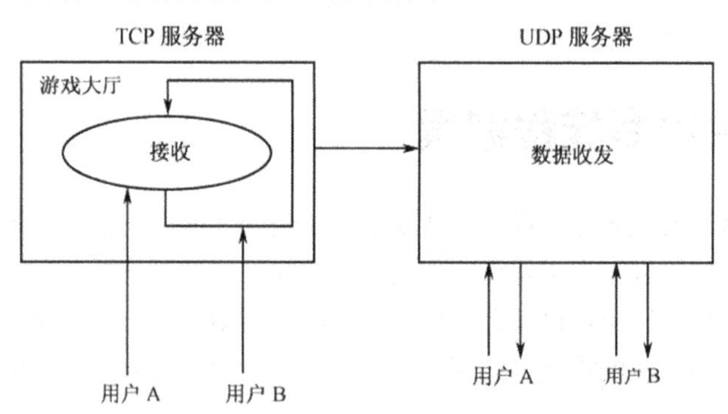

图 11-9 小型网络游戏的游戏大厅结构

服务器的运行流程如下：

① 创建一个套接字，绑定 IP 和端口。

② 服务器监听端口，等待连接，创建一个游戏大厅。

③ 服务器处于等待状态，因此需要两个进程/线程在服务器端运行：一个界面线程，处理游戏菜单操作；一个网络线程，等待连接。

④ 在每个客户机创建一个 Socket，连接游戏服务器。

⑤ 服务器更新连接信息，并在游戏大厅上显示，同时将连接用户信息发送给每个连接用户。

⑥ 当所有用户都连接到服务器上开始游戏，关闭服务器侦听的套接字，中断所有等待的连接，新的用户将不可能连接上服务器。

采用上面描述的方法可以容易地设计出类似星际争霸的网络游戏架构，游戏服务器只在开始的时候处理连接请求，后继的所有工作是数据的传输。然而这种方法也存在一些隐患，如某个客户机在游戏中断掉，它将无法连接上服务器。因此，服务器必须通过一些测试方法（如长时间没有收到某个客户机的数据，或者是套接字关闭的通知）来探知是否有客户机掉线。此时，服务器必须打开一个临时的接收套接字，等待掉线客户机的重新连接。

下面以一个回合制游戏的运行过程为例进行简单分析，如图 11-10 所示。

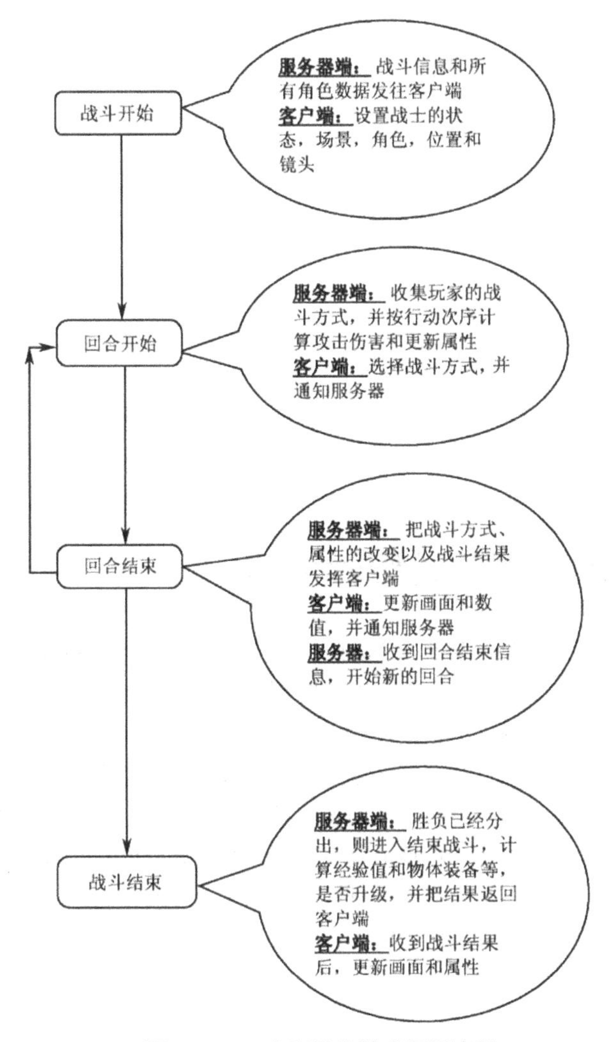

图 11-10　小型网络游戏运行流程

在这个典型的回合制网络游戏中，客户机设计和实现主要包括以下内容：

❖ 游戏的基本功能 —处理声音，动画等。

❖ 游戏框架 —玩家信息，游戏界面，广告信息等。

❖ 游戏通信 —客户与服务器之间的网络传输细节。

- ❖ 游戏应用程序 —程序线程管理、各种显示对话框、图形的处理与显示。
- ❖ 游戏处理 —处理游戏逻辑、解析和处理游戏数据、游戏运行维护等。

而游戏的服务器设计则主要包括：

- ❖ 游戏通信 —负责游戏中客户机与服务器之间的网络传输细节。
- ❖ 游戏协议 —对传递的数据进行打包和解包，并根据所包含的指令进行相应的操作。
- ❖ 游戏逻辑 —负责处理游戏逻辑。
- ❖ 线程管理 —线程的生成、结束和分配任务等。

服务器数据库的内容则包括：

- ❖ 角色表 —角色 ID、账号 ID、角色的名称、属性和帮派等。
- ❖ 道具表 —道具 ID、所属角色 ID、道具各类属性等。
- ❖ 帮派表 —帮派 ID、名称、帮派头目、介绍、总人数等。
- ❖ 邮件表 —邮件 ID、发件人角色 ID、收件人角色 ID、邮件内容等。

整个游戏的运营与管理包含以下机制：

- ❖ 客户机下载和安装。
- ❖ 会员注册。
- ❖ Web 大厅管理。
- ❖ 客户机管理。
- ❖ 身份验证。
- ❖ 房间。
- ❖ 用户信息。
- ❖ 广告。

11.6 大型多人网络游戏设计策略

大型多人游戏（Massively Multiplayer Game，MMC）浓缩了网络编程的精华，是网络游戏程序员的一个终极目标。在编写大型的多人游戏中将遇到所有网络编程中的棘手问题，包括大量的网络连接处理、大量的数据传输、严格的时间要求等。

实际上，很难给出一个 MMC 的精确定义。这里，MMC 是指那些要处理大量的数据、在一台（或多台）机器上运行服务器的游戏。参与游戏的玩家运行客户机程序，与服务器通信并及时更新信息。与此同时，服务器向客户机播放信息广播，将游戏运行的状态发送到每个客户机。大型多人游戏编程困难的原因来自于它庞大的规模，编写一个支持 8 人玩家的网络服务器程序并不复杂，然而当服务器面对成百上千的用户时，问题就层出不穷。因此，大型多人游戏的主要任务是解决游戏的庞大规模带来的问题。

1. 基于推测的数据传输

由于运行网络游戏的计算机和网络设备参差不齐，在编写基于 C/S 架构的游戏时，不能假设网速足够快并且足够可靠。在网络高峰期，网络经常迟延和阻塞。在大型多人游戏中，如果玩家一直在等待服务器发送回来的更新消息，游戏的可玩性将无从谈起。在这种情况下，必须采取一些措施减少网络延迟带来的负面影响，最大程度消除网络的延迟效果。

数据推测是一种在网络情况不佳的情况下保证基本的游戏流畅性的一种方法。数据推测是指服务器的更新数据没有到达前，客户机根据当前的状态推测下一个状态，当然这些状态必须是连续的。一个简单的例子是预测玩家的位置。假设是一个二维平面游戏，玩家位置用 x、z（程序中为浮点型）表示，可以在客户机保存最近时刻的 n 个位置的信息（如 n=3）和对应的时刻。3 个以上的数值可以用二次函数插值，设它们按时间顺序排列是 P_0、P_1、P_2，对应的时刻是 T_0、T_1、T_2。设二次函数的表达式是 $P(T)=aT^2+bT+c$。将 P_0、P_1、P_2 和 T_0、T_1、T_2 代入，得

$$P_0.x = a.xT_0^{\ 2} + b.xT_0 + c.x$$
$$P_1.x = a.xT_1^{\ 2} + b.xT_1 + c.x$$
$$P_2.x = a.xT_2^{\ 2} + b.xT_2 + c.x$$

根据方程组，可以方便解出 $a.x$、$b.x$、$c.x$，同理可解出 $a.z$、$b.z$、$c.z$，从而得到两个二元方程式 $P.x = a.xT_0^{\ 2} + b.xT_0 + c.x$，$P.z = a.zT_0^{\ 2} + b.zT_0 + c.z$。只要新的时刻 T_3 与时刻 T_2 相差不大，二次方程可以用来预测新时刻的位置。新的时刻位置计算完毕，又可以根据最近的 3 个时刻 T_1、T_2、T_3 预测时刻 T_4 的位置。

当网络情况好转，服务器更新的数据到达时，应当丢弃掉旧的位置数据，根据真实的数据重新构造二次函数。如果预测数据和新的服务器发送的数据有偏差，游戏会产生一种“跳跃”，即从错误的位置上突然“跳”到新的准备的位置上。解决办法是采用渐近过渡算法平滑这种“跳跃”效果。在网络延迟不是很严重的情况下，数据推测技术可以显著改善游戏的流畅性。

2．消息等级化

当一个网络充满了大量的数据包的时候，网络传输将变得十分困难。客户机拥有的网络条件也是千差万别。对于拥于高速光纤网络的用户来说，服务器数据容易到达。而网络条件差的用户（如拨号上网），大量的网络数据传输将十分困难。多人网络游戏必须使得每个用户对等，保持网络游戏应有的平衡性，特别是不能因为网速的优势而获得游戏的优势。消息等级化就是为了解决这个问题而提出的一种解决方法。

这个方法的核心就在于消息有不同的优先级。例如，对于即时战略玩家来说，敌人的位置消息比自己军队的装备消息更重要。因此，当一个新用户加入游戏时，必须对它的网络情况进行测试，获得带宽数据即每秒能接收的数据量。根据用户的带宽情况，服务器按照优先级顺序发送消息，以确保它能够得到最关键的服务器消息。举例来说，在第一人称视角游戏中，消息被划分为以下等级（从高到低）：位置消息、射击消息、武器消息、动画消息。

每个等级的消息情况可以用“每秒比特数”进行量化，此时服务器可以决定发送消息的级别。因此在第一人称视角游戏中，网络情况非常差的用户可能只会得到位置消息的更新。尽管远远不够，但能保证游戏顺利进行。

3．游戏空间剖分

游戏空间剖分是针对大型多人游戏的一种优化策略。多个玩家同时在线，玩家与服务器必须频繁进行数据交换，以保持游戏的同步。如果玩家达到上千个，游戏场景巨大，许多玩家在场景中可能相隔遥远，彼此不能互相看到，也不存在任何沟通。在这种情况下，给每个玩家广播场景的更新消息就会消耗巨大的网络带宽。如果将场景进行预先剖分，并在游戏进行过程中实时更新玩家所在的子空间，服务器根据玩家所在的空间索引号，然后只对相同空间中的玩家进行数据更新的广播。这样就可以节省大量的带宽，大大减少网络的总体负荷量。

假设一个游戏场景的尺寸是 10 km×10 km，同时在线玩家有 100 000 个。如果使用通常的广播方法，假定每个玩家只发出一个更新包，服务器需要 100 0002 个包的传输量。如果先把这个世界

均匀剖分成 100 m×100 m 的小方格，玩家均匀分布，那么每个方格将只有 10 个玩家。如果一个玩家的更新消息只发送给它所在的方格和周围的 8 个方格中的用户，那么总共需要发送的用户是 90 个。因此，服务器需要发送的包的传输量是原来传输量的千分之一。

4. 消息发送策略

如果一个网络游戏采用严格的逻辑设计，那么只发送状态更新消息将极大地节省网络带宽。以暗黑破坏神为例，两个玩家开始共同的游戏任务，其间他们会遇到大量的怪物和很多宝物。在这样的游戏中，游戏设计者有两种网络方式选择。一种是把游戏的逻辑控制放在两台机器中的一台中，把逻辑控制的结果发送给另一台机器。这样一台机器将完全依赖于另一台机器的逻辑控制。当网络速度可以满足大量的逻辑更新结果传输时，两台机器可以保持一致的游戏状态。显然，这种设计对网络传输速度的要求相当高。

另一种方式是，两台机器都拥有相同的逻辑控制模块。每台机器的状态必须由逻辑控制模块完全确定，即游戏的逻辑流程中不允许有任何外界因素或随机情况的干扰。如果满足这个条件，可以只发送玩家状态，而不用发送其他信息（如怪物的位置情况），并保持两台机器运行同步。

对第二种方式还可以进一步改进以减少网络带宽，即只发送状态更新的消息。如果每次都要发送玩家的位置信息将浪费大量的有用带宽，当玩家的状态可以用一个确定的状态机表示的时候，可以只发送状态更新来节省网络带宽，即不用每次都发送“玩家的位置”，而是发送“玩家发出的命令”。当玩家处于一个确定的状态时，只发送状态更新消息可以与先前的发送过的任何消息无关，从而不仅节省了网络带宽，也简化了程序的设计。

仅发送状态更新消息的关键是保持玩家同步，即玩家的状态不允许随机情况的干扰。因此不能无限制地使用随机生成函数，否则会破坏游戏的逻辑控制性，造成两台机器状态的不同步。为了保证两台机器产生相同的随机数，可以预先计算好一张随机值表，两台机器通过相同的查询表格来获得需要的随机值，从而保证相同的随机数，并改善游戏的性能，因为随机生成函数将消耗 CPU 资源。

5. 集群化服务器

在多人网络游戏中，只使用一台计算机做服务器是不现实的，服务器的数量与客户机的数量成正比。因此，程序的架构必须做出相应的调整。在基于集群化服务器的游戏中，游戏程序员需要解决如何在服务器间分配客户机以及在服务器间交流信息。本节将介绍业界流行的解决方法。

集群化服务器的目的是减少每个服务器需要处理的客户机数量。当每台服务器处理更少的玩家时，意味着：更少的客户机与服务器直接相连，仅对在这台服务器上的玩家进行操作。第二个要求相当关键。如果有 100 个玩家，随机地将这些客户机分配给 2 台服务器，每台服务器有 50 个人。当客户机将其移动的消息发送给其所属的服务器时，为了保证所有客户机的一致性，服务器需要将客户机更新的消息发送给所有的客户机，包括不属于它服务范围的客户机。这时，服务器集群化的意义就会弱化，因为服务器没有减少与玩家交流的信息量。解决这个问题的一个方法是把将空间划分的概念引申到服务器层次。每台服务器只处理相关区域中的客户机，位置更新的消息只需要发送给自己所属的客户机。其结果是，每台服务器需要处理的客户机数目减少，同时网络带宽的利用率也得以改善，因为只发送相关的更新信息使网络需要传送的包的数量大大减少。

当游戏场景在原来的基础上扩充时，只需要向服务器集群中加入相应的服务器。显然，采用这种方式会有大量的服务器与服务器的通信。当客户机从一个区域来到另一个区域时，服务器之间必须进行必要的通信，以确保游戏世界的一致性。

采用这种集群服务器的方法的前提是游戏场景剖分导致客户机对应的玩家在游戏场景中分布均匀，此时每台服务器将处理数目相同的客户机。如果在某一时刻，大量的客户机集中到一个服务器（如游戏角色的出生地），就会产生问题。解决方法是进行自适应剖分，如 BSP 树、四叉树和八叉树。然而，这种剖分始终是一种预处理方法，无法解决场景实时变化带来的问题。如图 11-11（左）所示，场景剖分技术产生了均匀的角色。在某一时刻，新的任务使得角色重新分布，造成某个服务器上聚集了大量的角色，如图 11-11（右）所示，又被称为 Braveheart 问题。

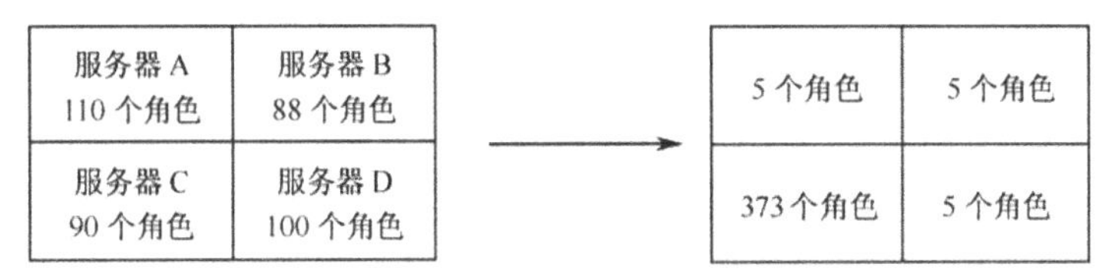

图 11-11　大型网络游戏中的 Braveheart 问题

采用动态分配服务器的方法可以解决 Braveheart 问题。当一个区域玩家数量增加时，服务器可以动态加入到这个区域中，以减少每台服务器负载的玩家数量。当玩家数量减少时，服务器可以动态脱离这个区域。其中又可以采用两种方式：一种是调整服务器负责区域的大小，使得每台服务器负载大致相同的客户机数量。当一个区域中的客户机数量增加时，另外区域的客户机数量会相应减少。另一种方法是维护一组可交换服务器，这些服务器好像战争中使用的战略预备队。当一台服务器中的用户数量增加到不可容忍的程度时，将可交换服务器加入到这个区域，以减轻服务器的负担。采用这种方法，游戏程序员只需提供足够的可交换服务器就可以动态改变游戏世界的规模。服务器会自动分配玩家，使服务器保持动态平衡。

11.7　网络传输的优化

在网络游戏编程中，一个重要的策略是有效地利用带宽，避免延迟。大部分网络游戏性能的瓶颈在于网络带宽。在高速的光纤网络普及的时代到来之前，仍然要面对有限的带宽的最大限度的优化。当然，延迟并不完全与网络带宽有关，游戏通信协议设计的优劣、图形图像处理引擎的效率等都对延迟有较大的影响。本节介绍一些效率优化的常用方法。需要说明的是，由于网络游戏的复杂性，这些优化方法并不一定都有效，它们阐释的只是解决问题的可能途径。

1. 采用 UDP

减少延迟以获得更多的带宽是网络游戏中抛弃 TCP 而使用 UDP 来提高速度的原因。UDP 主要用来支持需要在计算机之间传输数据的网络应用，包括网络视频会议系统在内的众多的 C/S 模式的网络应用都使用 UDP 协议。

UDP 的最早规范是 1980 年发布的 RFC768，是一种不可靠的网络协议，但是具有 TCP 望尘莫及的速度优势。TCP 中植入了各种安全保障功能，实际执行的过程中会占用大量的系统开销，严重影响速度。而 UDP 排除了信息可靠传递机制，将安全和排序等功能移交给上层应用来完成，极大降低了执行时间，使速度得到了保证。相对于可靠性来说，更快的传输效率意味着更少的服务器延时，往往可以牺牲一定的可靠性。这就是 UDP 和 TCP 两种协议的权衡之处。在网络游戏的世界中，偶尔发生的数据错误是可以容忍的。为了保证游戏运行的可靠性，网络游戏通常有自己的错误处理机制。因此，尽可能使用 UDP。11.3 节介绍的 Socket 编程提供了 UDP 机制，Socket 程序可以容易应用 UDP 进行网络连接。

2. 采用多播技术

经典的网络游戏结构以 C/S 结构作为开发模式，客户机发送数据到服务器，服务器更新游戏状态并把信息发送到所有客户机上，此时存在着流量问题。举例来说，一台运行着的服务器上有 100 个客户机，某个客户机向服务器发送了一个更新消息。为了保证游戏的同步性，服务器需要把这个消息向其他所有的玩家进行广播，因此这条消息就被发送给 100 个玩家。假定这条消息的大小为 100 B，服务器将发送 10 KB 的数据。一般情况下，同一个时刻不止一个玩家会向服务器发送更新消息，假设有 30 个玩家发送更新消息。服务器需要把这 30 个玩家的更新消息向所有其他玩家广播。此时，服务器发送的数据量将达到 300 KB。如果 30 个玩家不止发送一条更新消息，问题更加严重。究其本质，是因为服务器广播数据的方式效率低下，如图 11-12 所示。

多播（multicasting）是将信息包发送到网络组里的各个地址，而不是单个的地址。在多播技术中，服务器不是给每次给一个地址单独地发送一个消息，而是告诉网络中的路由器，这是一个多播消息，路由器会把这个消息向多个目的地转发，可以一次给多个地址发送消息（如图 11-13 所示）。这样，一次多播就可以将数据发送到所有需要得到数据的客户机。实际上，多播技术把服务器分发数据的任务转交给了网络中的路由器等路由设备。因此，多播降低了游戏服务器的工作量，从而减少了延迟，接受更多应答。

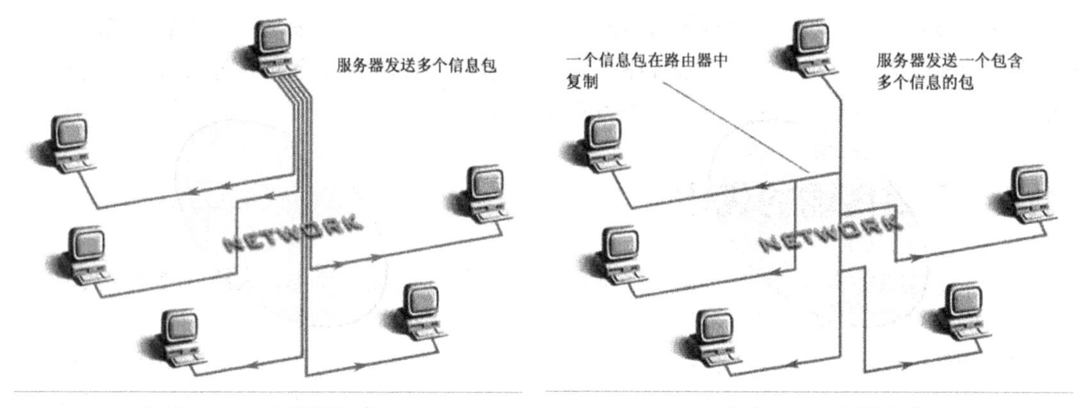

图 11-12　非多播方式　　　图 11-13　多播方式

3. 使用 I/O Completion Port

相对于 CPU 而言，I/O 设备的速度非常缓慢。CPU 频率的高速提升拉大了两者之间的差距。例如，客户机与服务器端同处局域网，两者之间的传输速度可能高达 1 MB/s，那么客户机向服务器请求 1 个 100 KB 的文件，只需花 0.1 秒。而这个速度对于 CPU 而言却是非常漫长的。相对于 CPU 的时间是以纳秒为单位计算，0.1 秒相当于 100000000 ns。因此，当 CPU 向 I/O 设备发送命令要求进行文件传输后，CPU 要等待 0.1 秒才完成文件的传输，这意味着极大地浪费了 CPU 资源。重叠（overlapped）I/O 机制就是为了解决这个问题，它允许启动操作后可以进行其他操作。操作系统要求 I/O 在完成操作之后再通知 CPU，这就是“Completion Port”（完成端口）的概念。Winsock 2.0 版本中引入了 I/O Completion Port 这一概念，它是一个异步 I/O 的应用程序接口，可以高效地将 I/O 事件通知给应用程序，并提供了最好的伸缩性，非常适合处理数百乃至上千个套接字。利用 I/O 完成端口的模型进行大型网络游戏的开发已经越来越成为一种流行的技术。

小　结

本章首先介绍了 Socket（套接字）基本概念和 Winsocket 编程知识，然后介绍了网络游戏通信协议、多线程编程、小型网络游戏设计方法以及大型网络游戏流程和优化技术。有兴趣的读者可以基于 Winsock 技术实现简单的两台计算机之间的数据传输，获得网络游戏程序设计的亲身体验。大型网络游戏设计中的一个重要问题是负载平衡，要实现高效的网络游戏，需要大量的框架设计和底层优化设计。除了网络编程方面的知识，三维游戏图形引擎设计也是很好的参考。图形绘制是网络游戏中最耗时、最有可能造成网络堵塞的原因，因此对于二维大型网络游戏及即将普及的三维大型网络游戏，图形引擎设计和网络框架设计必须进行共同设计，紧密结合，互为依存。

习 题 11

1．简述网络游戏的基本结构。

2．比较 TCP 和 UDP 通信协议，分析其优缺点。

3．编写一个简单的服务器程序，要求能够接受客户机连接，并返回客户机一个问候（如"Hello, friend, your IP is …"）。

4．编写一个简单的客户机程序，要求能够连接题 3 中的服务器，接收服务器的信息并显示。

5．在题 3、题 4 的基础上，自己设计并实现一种简单的游戏通信协议，要求至少能够实现如下功能：

（1）客户机登录到服务器，向服务器发送用户名和密码。

（2）服务器对用户名和密码进行确认，并返回确认信息，即是否合法。

① 如果合法，服务器返回客户机一个欢迎信息，客户机接受并显示。

② 如果非法，服务器返回客户机一个错误信息，客户机可以重新登录。

参考文献

[1] 苏羽，王媛媛．Visual C++ 网络游戏建模与实现．北京：科海电子出版社，2003．

[2] 王鑫，罗金海，赵千里．PC 游戏编程（网络游戏篇）．北京：清华大学出版社，2003．

[3] Daniel Sánchez-Crespo Dalmau．Core Techniques and Algorithms in Game Programming．New Riders Publishing. 2003．

[4] MSDN. http://www.microsoft.com.

[5] http://www.gameres.com.

[6] http://www.flipcode.com.

[7] http://www.gamedev.net.

[8] http://www.gamasutra.com.

第 12 章　虚拟现实/增强现实游戏开发

虚拟现实（Virtual Reality，VR）是一种基于数字化建模的、由人工创建的沉浸式互动环境，它采用了计算机图形学、计算机视觉、人工智能、认知科学、声学和光学感知等核心技术，为用户构建和呈现逼真的视、听、触觉等一体化的虚拟世界与景象，并借助于必要的设备使得用户产生身临其境的感受和体验。虚拟现实技术让用户完全沉浸和封闭在计算机合成的、虚构的环境中，使得用户无法感知其周围真实的环境。为了进一步提升用户体验，研究人员进一步提出了具有一定开放性的环境建构方法，即把真实环境和虚拟环境相结合的增强现实（Augmented Reality，AR）技术。该方法以用户周围的真实环境为基础，以增强用户的多种感官的感受和体验为原则，把图像、视音频、触感等数字信息或其他计算机合成的虚拟信息，实时融合在用户所处的真实环境中，形成虚实融合的环境。

虚拟现实和增强现实的提出，迅速引起研究人员和产业人士的浓厚兴趣，逐渐发展成为一个相对独立的学科领域，并在教育、医学、军事、设计、艺术、娱乐等领域得到了越来越广泛的应用。近年来，伴随着三维显示技术的快速发展，消费级头盔显示器、三维眼镜、全新投影装置等VR/AR 设备的迅速出现，使得虚拟现实/增强现实游戏的开发市场呈现了爆发式增长，同时也推动了游戏产业的换代升级。本章将首先介绍虚拟现实/增强现实的概念、历史、基础理论和关键技术，然后通过实例来讲解虚拟现实/增强现实的游戏编程技术。

12.1　虚拟现实与增强现实概述

12.1.1　虚拟现实

虚拟现实的概念雏形萌芽于 20 世纪中期，在 Aldous Huxley（阿道司・赫胥黎）1932 年推出的长篇小说《美丽新世界》中提到了"头戴式设备可以为观众提供图像、气味、声音等一系列的感官体验，以便让观众能够更好的沉浸在电影的世界中"（其构想如图 12-1 所示）。虽然在书中并没有关于这款设备的具体称呼，但以今天的视角来看这显然是一款虚拟现实设备。

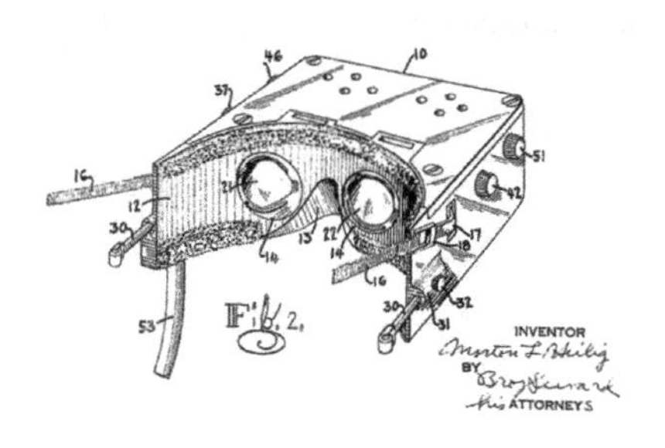

图 12-1　Aldous Huxley 的设计原型

1963 年，科幻作家 Hugo Gernsback（雨果・根斯巴克）在杂志《Life》中对虚拟现实设备做了幻想，并取名为Teleyeglasses（如图 12-2 所示），该词由电视、眼睛、眼镜组成，即戴在眼睛上的电视设备。5 年后，计算机科学家 Ivan Sutherland 开发了一款终极显示器——达摩克利斯之剑（如图 12-3 所示）。达摩克利斯之剑第一眼看上去与今天的 VR 设备非常相像，而在当时计算机还是"巨无霸"的存在，这款设备也是分量十足，因此不得不把它与天花板相连从而减轻其重量。

20 多年后，美国人 Jaron Lanier 正式提出了"Virtual Reality"（虚拟现实）。"虚拟"（Virtual）说明用户感知到的世界和环境是人工构建出来的，并存在于计算机内部。凭借虚拟现实技术，用

图 12-2 Teleyeglasses

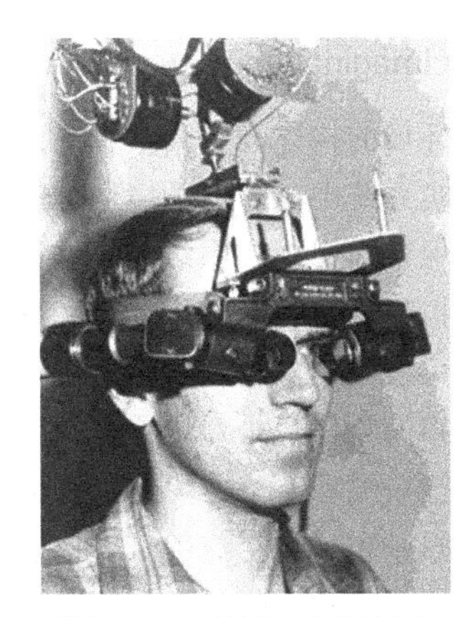

图 12-3 达摩克利斯之剑

户可进入一个由计算机模拟的虚拟世界，通过自然的交互方式，实时而真实地感知到虚拟场景中多通道（视觉、听觉、触觉甚至嗅觉等）的信息，真切地感受到虚拟场景的存在，获得全方位沉浸式的身临其境感觉。

虚拟现实具有以下 3 个重要特征，常被称为虚拟现实的“3I”特征。

1. 沉浸（Immersion）

沉浸是指用户在虚拟环境中所体会到的身临其境的程度，用户全身心投入到计算机创建的三维虚拟环境中，与其内对象互动交流，甚至不再感受到真实世界的存在。

沉浸感隐含着以下要求。

① 多感知性。人有五感，即形、声、闻、味、触，也是人的五种感觉：视觉、听觉、嗅觉、味觉、触觉（含力觉）。从理想上说，用户在虚拟现实系统中应该具备其在现实世界中所有感知功能。由于相关技术特别是传感技术的限制，目前虚拟现实技术具有的感知功能有限。在人类的多通道感知中，视觉是最主要的信息感知通道，听觉次之。幸运的是，视觉信息和听觉信息的合成在目前的虚拟现实技术多通道信息中是最成熟的。对力/触觉的仿真相对粗糙，难以产生以假乱真的认同感，尚难仿真身体整体受到的加速度等感觉。对嗅觉、味觉、温度等方面的仿真刚刚起步。

② 实时性。对虚拟环境各感知通道的绘制效率要使用户在心理上感到是实时的。通常认为：视觉计算绘制的帧率要达到 30 帧/秒以上，力触觉计算绘制的帧率要达到 1000 帧/秒以上。达不到这个基础绘制速率，用户就会有卡顿感。卡顿感会极大地阻碍沉浸心理感。在沉浸体验的诸多要求上，实时性比真实感往往更重要。

③ 真实感。虚拟环境给用户的各种感觉要和用户的日常经验保持一致，从而使用户能快速实现对虚拟世界物体及其属性的认同感。

2. 交互（Interactivity）

从虚拟现实定义上看，虚拟现实系统是一种高端的人机交互系统。交互性指用户参与到虚拟环境中的程度，包括用户对虚拟环境的可操作性、对用户视点的实时跟踪、及实时多通道感知的反馈。交互性是虚拟现实系统的核心。交互是虚拟现实系统有别于三维立体电影的最终区别。

用户利用交互工具对虚拟环境内的物体进行操作，并得到实时多通道的反馈。虚拟现实系统的交互操纵通常需通过一些特定的输入输出设备（如头盔、手柄、音响、数据手套、力触觉设备等）来进行。但就当前的技术发展水平来看，输入、输出设备的穿戴都对虚拟现实系统的沉浸感会产生一定程度的破坏。

3．构想（Imagination）

虚拟现实环境的构建源于真实世界。在执行虚拟试验、危险任务的论证和培训、重大决策等任务的虚拟现实系统中，虚拟环境运行的几何和物理规则，必须被构造成与我们所处的真实世界高度一致，以保证虚拟现实系统仿真的正确性。

同时，虚拟现实环境的运行原理和规则可与现实世界不同。在很多虚拟现实任务中，虚拟世界的运行规则可被构造成与真实世界的规则有所不同：如不同于现实世界中的光照着色计算，可用于突出大规模海量信息中对用户最关键的信息；灵活改变空间尺度，突破生理限制，进入宏观或微观世界进行研究和探索；灵活时间流逝的速率，以对瞬间或漫长的过程，在合适的时间段内进行观察；在娱乐和社会交流中，可构造玄幻式的游戏空间，创建属于自己的虚拟世界。系统设计者即规则制订者可被看作虚拟环境中的“造物主”和“神”。从理论上，可以在虚拟环境中开天辟地、构造智能物体、改变物理规则和常数、改变时空尺度、干预事件发展、改变物体属性甚至其他游戏者属性。但这些规则需要具有合理性，才能长期稳定、持续运行。

1992 年，大型沉浸式虚拟现实系统 CAVE 开发成功（如图 12-4 所示）。CAVE 是由 3 个面以上投影墙组成的高度沉浸的虚拟现实显示环境，由于多投影面覆盖了用户的视野，用户沉浸在一个被立体显示画面包围的虚拟环境中。1993 年，学术界开始举办专门的虚拟现实方向的国际学术会议，到 20 世纪末至 21 世纪初，虚拟现实技术与设备的研发日趋成熟，逐步从实验室里的大型 CAVE 示范应用走向了基于头盔显示的桌面级虚拟现实产品应用（如图 12-5 所示），为虚拟现实的产业化之路打开大门。例如，SEGA 在 1993 年推出了头盔显示设备——SEGA VR（如图 12-6 所示），SEGA 公司专门为这款设备单独开发了 4 款游戏。任天堂也推出了 20 世纪 90 年代最知名的头盔显示 VR 游戏设备之一——Virtual Boy（如图 12-7 所示）。之后的 10 多年，或许受到 Virtual Boy 产业化失败的影响，VR 的产业化步伐一度沉寂。但在 2012 年，VR 的产业化迎来的转机，Oculuc Rift 通过众筹网站 KickStarter 募资到 160 万美元，后来被 Facebook 以 20 亿美元的天价收购。同时，Unity 作为第一个支持 Oculus Rift 的游戏引擎，也吸引了大批的开发者。随着 Oculus、HTC、索尼等一线厂商的努力，VR 产品在 2016 年迎来了一次大爆发。

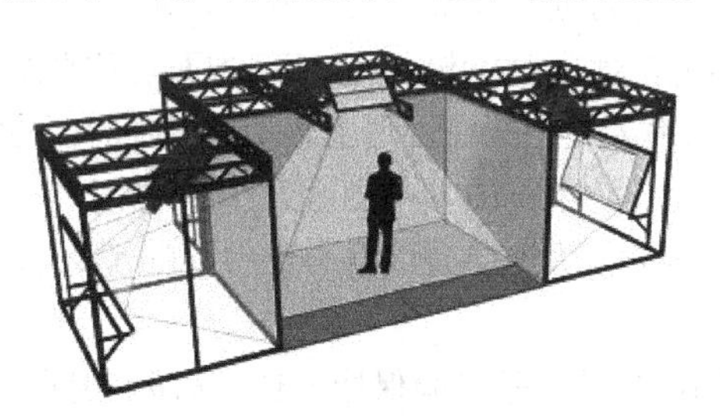

图 12-4　大型沉浸式虚拟现实系统 CAVE

图 12-5　基于头盔显示的沉浸式虚拟现实系统

图12-7 SEGA 在1993年CES上推出的SEGA VR

图12-7 任天堂推出的Virtual Boy

目前，市场上的主要VR平台分别为Oculus Rift、PlayStation 4 VR、HTC Vive。Oculus Rift（如图12-8所示）作为最早进入VR市场的初创企业，有着世界上最大的VR研发团队，开发难度最低，开发环境稳定、可靠，同时Oculus Rift是三家VR平台中唯一支持PC和主机的VR设备。PlayStation 4 VR（如图12-9所示）只适用于PS4，基于单一主机平台的优越性，性价比比其他两款设备高许多。HTC Vive（如图12-10所示）基于Steam VR做技术，有Steam背后的游戏开发商做支撑，平台更加稳定、可靠，还具有其他两大VR设备都不具备的拓展开发优势——房间追踪系统。

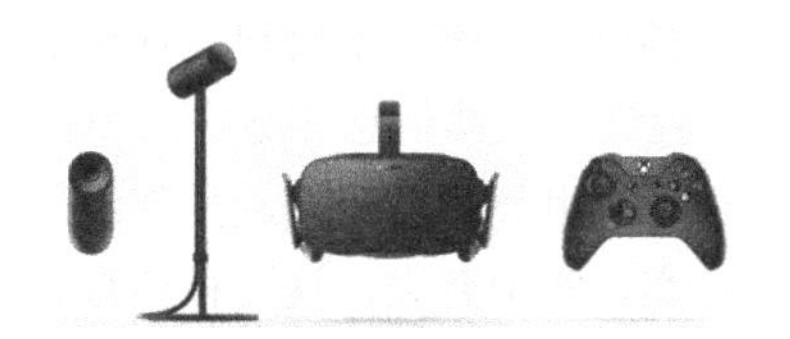

图12-9 Oculus Rift

图12-10 PlayStation 4 VR

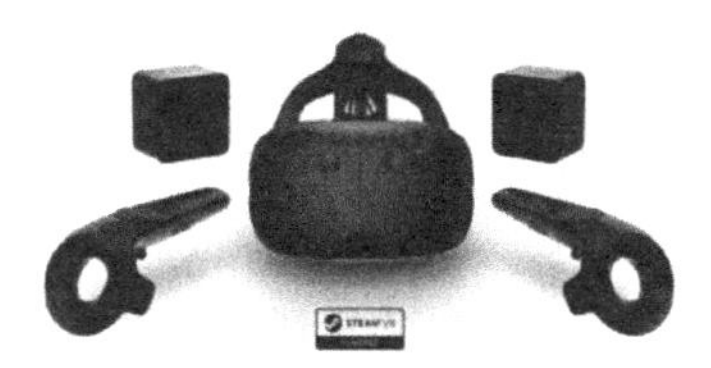

图12-8 HTC Vive

12.1.2 增强现实

增强现实（Augmented Reality，AR）是指使虚拟物体（通常是计算机生成物体）与真实世界共享同一空间，即把计算机产生的虚拟对象（物体）实时准确地叠加到真实场景（世界）中，将真实世界与虚拟对象结合起来，构造出一种虚实融合的环境。增强现实既可以虚拟对象为主，真实场景作为补充，在虚拟三维场景中叠加真实场景；也可以真实场景为主，虚拟场景为辅助，在真实场景中叠加虚拟对象。增强现实技术的研究是在20世纪90年代初期被提出的，一般认为，美国波音公司开发的试验性增强实现系统奠定了增强现实技术的基础。在该系统中，用户在应该铺设电缆的位置上叠加显示增强信息，为工人组装线路时提供技术辅助。1996年，NaviCam增强现实原型系统出现，实现了摄像机6自由度跟踪，为增强现实的普及提供了基础技术支撑。1998年后，每年都召开全世界范围的增强现实国际会议，并使得增强现实逐步走向了产业化。1999年，Total Immersion公司成立，并作为第一家增强现实解决方案的供应商进入市场。此后，ARToolKit开源软件包问世，也出现了可穿戴的增强现实系统，面向移动平台的增强现实系统，甚至出现了增强现实浏览器。2012年，Google公司发布了增强现实设备Google Glass（如图12-11所示），是增强技术发展的又一里程碑，可以拍照、通话、辨识方向、浏览网页和处理电子邮件等。2015年，Microsoft公司发布了融合VR和AR的全息眼镜Hololens（如图12-12所示），不追求完全的沉浸感，而是将虚拟物体（对象）投射到真实世界中。2016年，MetaGlass推出，更注重通过手势动作来操纵数据内容，而不是简单的图像增强呈现；同时，获得了 Google、阿里巴巴等公司的巨额投资的 Magic Leap 也致力于基于微型光纤投影机的增强现实装置研发，如果能实现它在演示视频中所公布的效果（如图 12-13 所示），将对增强现实技术和产业产生革命性影响。正是 Google、Microsoft、Facebook 等科技界巨头的产业布局和技术革新，促成了增强现实在游戏、军事、旅游与教育等领域的应用遍地开花。

图 12-11　Google Glass

图 12-12　Microsoft Hololens

图 12-13　Magic Leap 演示效果

增强现实与虚拟现实的相同之处在于：都是使用多种数据来源，为用户创建和呈现视觉等多种感知觉通道的输入，模仿产生某种体验。但虚拟现实基于完全人工的数字环境，用户若想进入虚拟现实环境，需要使用专门的显示和交互设备（如头盔显示器、立体眼镜、数据手套等）作为用户与虚拟现实环境之间的桥梁，使得用户完全沉浸在基于真实模型或安全虚构的数字环境中（仿佛置身于真实世界中的感觉）。与虚拟现实相比，增强现实的最大特点是呈现给用户的场景中包含了真实景物，用户可以看到一个包含有虚拟对象（物体）的真实世界，不仅给用户呈现了真实世界的信息，还把原本在现实世界的一定时间空间范围内很难体验到的实体信息（视觉、声音、味道、触觉等），以虚拟对象的形式同时展现出来，即把虚拟对象和真实世界融合在一起呈现给用户，使得用户感知到虚拟物体的时空与真实世界的一致性。虚中有实，实中有虚，这两种信息相互补充和叠加，使得用户在感觉、知觉和认知层面上增强了用户通过感官来更好地知晓和理解虚拟物体与所处真实环境的能力。

12.2　深度感知与三维显示

12.2.1　深度感知

在人类的多通道感知中，视觉是最主要的信息感知通道，也是虚拟现实与增强现实环境应用中用户获取逼真体验的最基本感知通道。对虚拟现实与增强现实系统来说，实现正确的深度感知是获得逼真视觉体验的重要技术基础之一。

根据视觉认知心理学，人类视觉系统对于真实世界物体的三维认知的基础是深度感知。深度感知主要来源于 4 方面的深度暗示，即静态图像提供的深度暗示、运动视差提供的深度暗示、双目视差提供的深度暗示，以及生理调节形成的深度暗示。多种暗示互相补充互相作用，从而形成对周围环境的三维感知。

人类的视觉认知首先是一种生理上的深度暗示，包括生理上的调节以及人眼的双目视差提供的深度感知，并辅以心理上的深度暗示。传统的二维平面显示器提供的深度暗示是一种心理的暗示，依赖的单目深度感知，包括相对并且相似物体的大小、透视与遮挡效应、纹理梯度、表面光照与大气效果等要素。因此，虚拟现实中的三维显示技术要求必须能够反映视觉系统的特点，并辅助提供人类生理上的深度感知。

目前，虚拟现实系统中主流的三维显示技术是视差型三维显示。人的眼睛就像是自动相机，能自动调节光圈大小，焦距等参数。每个眼睛通过大脑重构一幅二维的照片。该照片能够反映出物体的长和宽，以及物体之间的前后遮挡关系。人的两只眼睛水平排列，相距为 60 mm 左右。在观察同一物体时，两只眼睛所得到的图像存在一定的差别，大脑根据以往的经验知识，从双目视差中获得深度暗示（如图 12-14 所示）。视差型三维显示正是利用了人的眼睛的这一特点，主动为观察者的左右双眼提供不同的图像，从而为观察者提供双目视差，形成深度暗示，进而使得人们能够看到一个具有深度信息的物体。根据是否需要佩戴辅助的左右眼图像分离设备（如立体眼镜、头盔等）进行观察，视差型三维显示进一步分为两类：需要佩戴图像分离设备的方式和不需佩戴图像分离设备的方式。

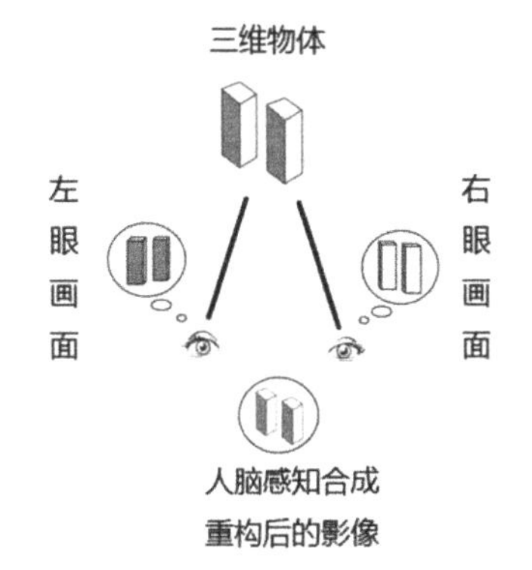

图 12-14　人类视觉系统立体感知

需要佩戴左右眼图像分离设备进行观察的三维显示方式的实现途径主要包括时间平行（time-parallel）和时间多路复用（time-multiplexed）。采用时间平行的视差型显示技术，左右眼能够同时看到不同的图像（如图 12-15 所示）。目前的主要手段包括：透过互补色方式或偏振方式的立体眼镜观看特殊的二维显示平面，使用头盔显示设备。时间多路复用方式也就是时序方式（如图 12-16 所示），它通过辅助眼镜的快门系统将显示在二维面上的左右眼视图能快速、分时地被左右眼看到。时序方式要求二维显示平面的图像刷新率要足够快（≥120 Hz）。需要佩戴图像分离设备的方式目前是视差型三维显示的主流方式，不需佩戴图像分离设备的方式采用其他光学方法来分离左右眼图像，如全景视场三维显示系统，目前尚在研究中。

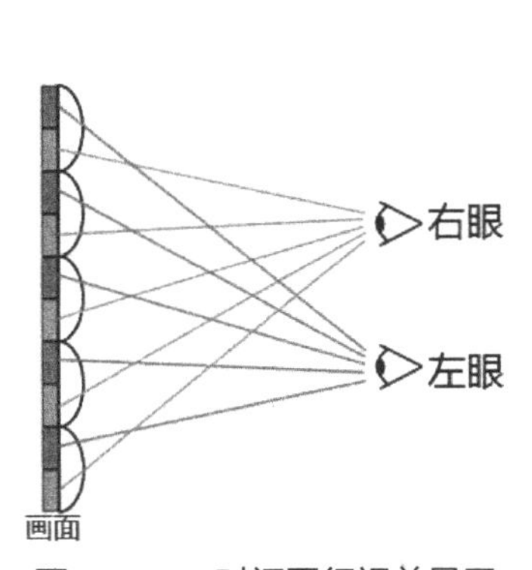

图 12-15　时间平行视差显示

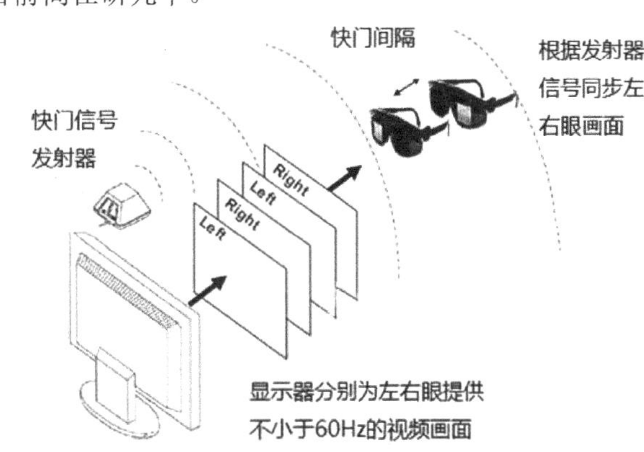

图 12-16　时间多路复用显示

当然，人类的深度感知是一个综合认知过程，除上述要素，还包括以下因素。

① 运动视差：由观察者和景物发生相对运动所产生的，这种运动使景物的尺寸和位置在视网膜的投射发生变化，使产生深度感。

② 眼睛的主动调焦：通过主动调整焦距，可以看清楚远近不同的景物。晶状体的调节是通过其附属肌肉的收缩和舒张来实现的，肌肉的运动信息反馈给大脑从而协助立体感形成。

③ 人的其他经验和心理作用，如图像的颜色差异、对比度差异、景物阴影、显示器尺寸、观察者所处环境，都影响着我们的立体感觉。

12.2.2 基于立体眼镜的三维显示

在大型的基于公共空间的虚拟现实环境中，其深度感知一般是通过立体眼镜来实现的，犹如电影院中的三维立体电影放映，通常不考虑用户视野中的多投影面，仅用单一的显示器或投影画面，配上立体眼镜，就可形成对三维场景的立体显示。这种方案相对廉价、易于推广，虽然显示器或投影画面的边框会对沉浸感产生副作用。

根据其左右眼图像分离原理（时间平行和时间多路复用），立体眼镜可分为被动立体显示和主动立体显示。被动立体显示被大量用在电影院中，采取双投影仪，投影不同物理性质的偏振光。立体眼镜左右眼分别在光学上对其进行过滤，只保留与其偏振角度相适应的画面。与之相比，主动立体眼镜则采用同步快门开关，投影仪或显示器必须有更高的刷新率（≥120 Hz），通过时分方式过滤左右眼视图。这种主动立体显示方式需要由游戏开发人员进行立体显示编程实现。

以 NVIDIA 公司所推出的 v3D vision 主动式立体眼镜为例，需要配备不小于 120 Hz 显示器的硬件环境，才能进行三维显示编程。在安装好 v3D vision 硬件及其驱动程序后，在显卡设置中将显示模式切换到立体显示模式，将显示器刷新率调到 120 Hz。

下面参考 Paul Bourke 的立体显示示例代码，简要介绍其基本原理和流程。实现准确的左右眼立体显示，需要根据真实的物理空间尺寸来利用 OpenGL 不对称视锥设置（如图 12-17 所示）。

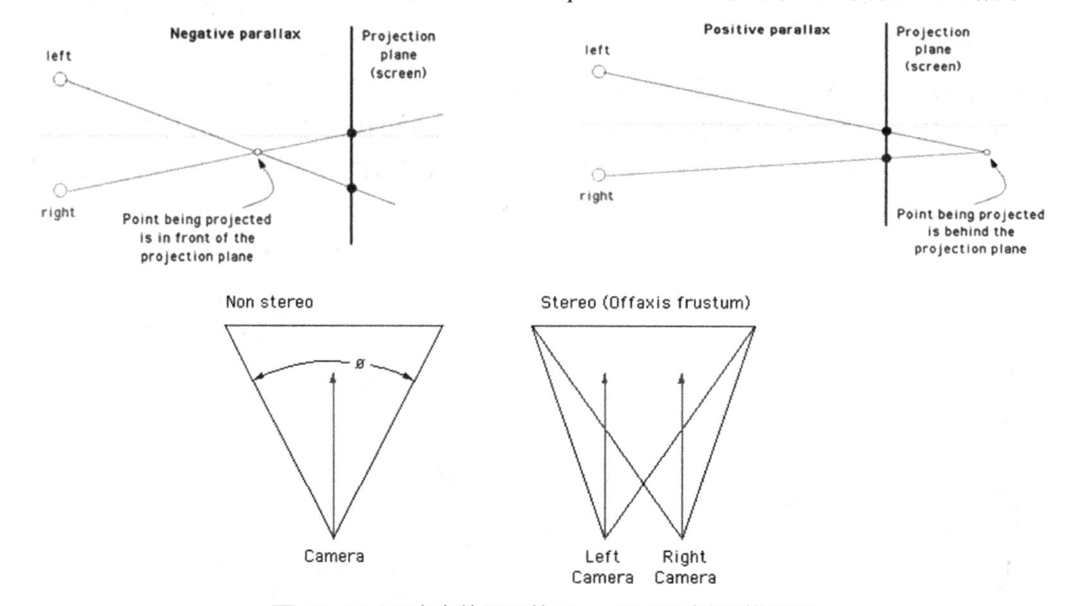

图 12-17 面向立体显示的 OpenGL 不对称视锥设置

以 OpenGL 编程为例，在 OpenGL 窗口初始化时，需要调用以下语句。

```
glutInit(&argc,argv);
glutInitDisplayMode(GLUT_DOUBLE | GLUT_RGB | GLUT_DEPTH | GLUT_STEREO);
glutCreateWindow("3D");
```

然后分别进行左右眼画面的绘制。右眼绘制的示例代码：

```
CROSSPROD(camera.vd,camera.vu,r);
Normalise(&r);
r.x *= camera.eyesep / 2.0;
r.y *= camera.eyesep / 2.0;
r.z *= camera.eyesep / 2.0;
```

```
glMatrixMode(GL_PROJECTION);
glLoadIdentity();
left  = - ratio * wd2 - 0.5 * camera.eyesep * ndfl;
right = ratio * wd2 - 0.5 * camera.eyesep * ndfl;
top = wd2;
bottom = - wd2;
glFrustum(left,right,bottom,top,near1,far1);
glMatrixMode(GL_MODELVIEW);
glDrawBuffer(GL_BACK_RIGHT);
glClear(GL_COLOR_BUFFER_BIT | GL_DEPTH_BUFFER_BIT);
glLoadIdentity();
gluLookAt(camera.vp.x + r.x, camera.vp.y + r.y, camera.vp.z + r.z,
        camera.vp.x + r.x + camera.vd.x,
        camera.vp.y + r.y + camera.vd.y,
        camera.vp.z + r.z + camera.vd.z,
        camera.vu.x, camera.vu.y, camera.vu.z);
MakeLighting();
DrawGeometry();
```

左眼绘制的示例代码：

```
glMatrixMode(GL_PROJECTION);
glLoadIdentity();
left = - ratio * wd2 + 0.5 * camera.eyesep * ndfl;
right = ratio * wd2 + 0.5 * camera.eyesep * ndfl;
top = wd2;
bottom = - wd2;
glFrustum(left, right, bottom, top, near1, far1);
glMatrixMode(GL_MODELVIEW);
glDrawBuffer(GL_BACK_LEFT);
glClear(GL_COLOR_BUFFER_BIT | GL_DEPTH_BUFFER_BIT);
glLoadIdentity();
gluLookAt(camera.vp.x - r.x, camera.vp.y - r.y, camera.vp.z - r.z,
        camera.vp.x - r.x + camera.vd.x,
        camera.vp.y - r.y + camera.vd.y,
        camera.vp.z - r.z + camera.vd.z,
        camera.vu.x, camera.vu.y, camera.vu.z);
MakeLighting();
DrawGeometry();
```

其中，MakeLighting()、DrawGeometry()为光照环境设置函数及物体绘制函数。

12.3 VR 游戏开发

虽然在传统的三维互动游戏开发中，游戏世界被构建成了一个三维虚拟的世界，也强调与玩家的互动，但 VR 游戏在游戏内容呈现和游戏玩法上更侧重去融合和体现虚拟现实系统所具有的“3I”特性：沉浸、交互和构想，因而在以下方面与传统的游戏有明显差异。

① 虚拟世界的构建。VR 游戏中的虚拟世界的构建以真实三维世界为基础，并以现实世界中

的客观对象为参照的，高逼真度地接近现实世界中的各类客观对象，很少进行艺术性的夸张建模。

② 游戏内容的呈现。VR 游戏的视听内容呈现以三维立体视场和三维立体声场为核心，同时，也提供感觉反馈（如力触觉感知）等，玩家通过自己的眼睛、耳朵等直接感受和体验游戏内容（游戏的视角就代表了用户眼睛的方位）。在画面呈现上，不再通过绑定摄像机和观察视角，也不再依赖固定的显示区域来观看和体验游戏中的虚拟世界；在音效呈现上，通常采用立体声耳机来提供更加逼真的三维音效，而耳机可以随着头部转动，还可以小范围移动，这意味着不需要移动就可判定声音的远近等。因而，VR 游戏不再需要像传统的 3D 游戏那样，通过三维音效的音量变化判断距离远近、通过频率变化判断相对移动。

③ 游戏玩法与交互。在游戏玩法上，VR 游戏中的玩家和游戏中的虚拟世界融为一体，提供了更多、更适合虚拟现实环境的交互方式，玩家通常看不见自己的交互设备，依赖与真实客观世界一致的自然人机交互方式来控制和推进游戏进程，形成新的游戏玩法。同时，在与游戏的互动中，一方面需要充分利用虚拟现实装备为 VR 游戏专门提供的交互方式，另一方面强调实时性，需要跟随玩家与虚拟世界的交互，及时（以玩家在真实世界互动的响应时间为基准）呈现或反馈玩家与游戏中的虚拟世界的相互作用和影响。

因此，在 VR 游戏开发中，虽然在开发流程上与传统 3D 游戏基本一样，目前主流 3D 引擎都支持，似乎传统 3D 游戏只要稍作调整，就容易修改出一款 VR 游戏。但是这个修改不是简单将 3D 传统游戏分屏输出就可以，即使游戏的核心玩法部分并没有改变，整个游戏的基础框架也需要重新构建，并且需要依据虚拟现实设备的特点和玩家的沉浸式体验等基础需求，进行性能优化，下面进行简要介绍。

12.3.1 视角控制

传统的游戏都是基于屏幕画面，游戏的内容呈现在一个固定大小的屏幕上，玩家通过摄像机观察游戏中的虚拟世界，摄像机决定了玩家能看到的内容。传统游戏中的摄像机控制主要有两种：① 摄像机随角色移动，常用于第一人称和第三人称游戏，如《古墓丽影》、《刺客信条》等；② 固定摄像机位置，角色自由移动，即所谓的上帝视角，常用于 RTS 游戏和 MOBA 类游戏。比如《英雄联盟》的默认视角就在一个固定位置上。当然，为了满足多层次的需求，也允许玩家手动更改。

在 VR 游戏中，玩家和游戏中的虚拟世界融为一体，玩家借助于三维显示设备，直接用自己的双眼来观察游戏中的虚拟世界。摄像机的概念虽然依然存在，但其功能已经削弱了很多。游戏的视角就是玩家的眼睛，移动摄像机就等于移动了玩家在游戏里的位置。即便把游戏设置为上帝视角，当玩家需要换一个位置观察的时候，也需要考虑如何将摄像机移过去的问题。因此，如果简单照搬传统游戏的解决方案只会带来玩家在深度感知上的错乱，最直接的后果就是产生严重的眩晕感，导致玩家无法正常控制游戏的进程，带来糟糕的游戏体验。

在 VR 游戏中，一些常见的 VR 游戏视角控制方案如下。

- ❖ 固定式：玩家永远处于一个固定位置，没有移动，适合 VR 入门级小游戏。
- ❖ 匀速式：与传统游戏类似，只是将玩家移动速度控制在一个范围内，避免产生严重眩晕。
- ❖ 座舱式：使用某种载具作为固定参照物，降低玩家眩晕感，常见于驾驶模拟。
- ❖ 轨道式：玩家沿固定路径移动，常见于各种跑酷和射击类游戏。
- ❖ 传送式：把玩家传送至某个位置，实现在游戏世界内的移动。
- ❖ 切换式：玩家可以在不同角色或者观察位置中切换。

此外，需要采用较为准确的物理参数进行绘制。如果绘制画面时的瞳距、视角等参数与用户实际参数不同，会带来视觉与经验预期的不一致性，容易产生眩晕感。这主要因为头盔的显示平面是固定的，靠视差形成深度感。在真实世界中，人眼会根据深度调整眼球聚焦，而这个机制在虚拟现实头盔中失效了，就给人脑带来一定的不适应感。

12.3.2 三维自然交互

在 VR 游戏中，目前主流的 VR 操作设备都具有如下特征：可以模拟双手的空间位置和旋转，通过手柄上的按钮触发指令型操作，如抓握、发射等。由于存在无法看到输入设备这个客观障碍，因此 VR 游戏的操作方式必须符合玩家的直觉行为，让玩家动作成为输入方式的一部分。于是，三维自然交互界面成为了 VR 游戏开发的核心组成部分。

自然人机交互界面是一种以人与人、人与现实世界之间的交流活动为原型的高度互动、多通道的用户界面，其目标是使得人机交互具备人与人、人与现实世界之间的互动交流一致性；在技术路线上，致力于充分发挥人和计算机的感觉、知觉及思维推理能力，通过感知/认知人类多通道的交互意图来实现自然、直观的人机互动。随着普适计算和虚拟现实等产业的兴起，符合人的感知/认知行为和心理的自然交互得到了飞速发展，目前国际上已经研究开发了可支持笔、触控、手势、体态、语音、生理等感知通道的多种交互设备和工具，图 12-18 给出了它们与玩家的交流行为之间的关系的示意。

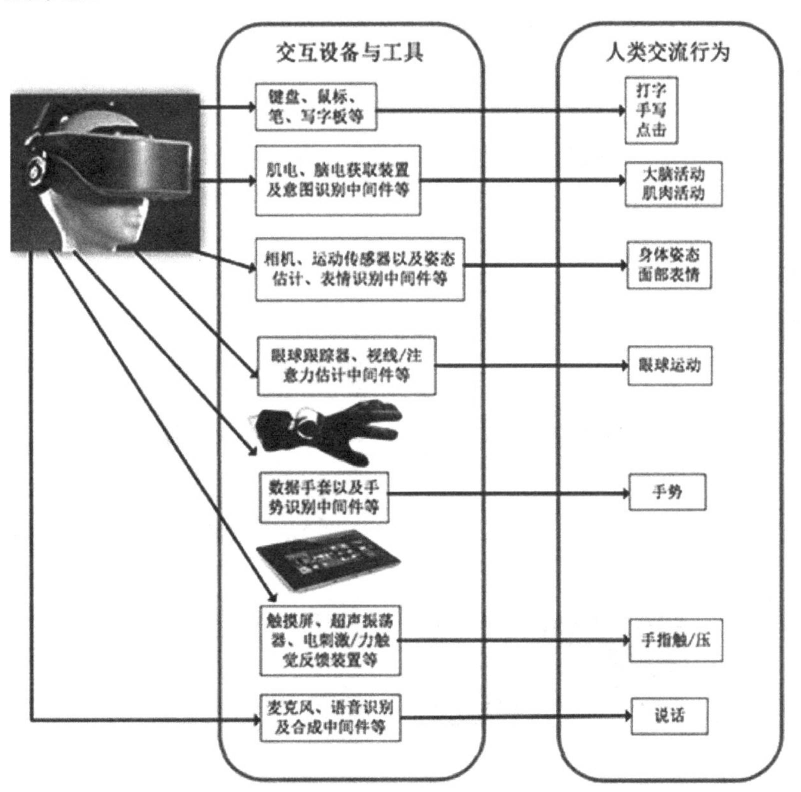

图 12-18　自然交互装置与人类交流行为之间的关系的示意

在笔式交互方面，主要基于触摸屏和压力传感器等，将笔作为文字输入的手段，或者将笔作为鼠标的一种替代品。一方面，利用用户自然操作的平板电脑和手写笔设备研究笔+触摸互动模式，探索笔式交互的书写姿态和交互方法；另一方面，将现有的笔式交互技术与触觉、触控等新型传感器技术相结合，提高笔式交互的真实感等。当前，笔式交互已经产业化并出现了智能笔产品（如图 12-19 所示）。如何扩展和增强笔式交互维度和真实感，尤其是基于三维大空间智能笔的“三维书空”交互界面，将是笔式交互在 VR 游戏中的重要发展趋势之一。

Apple Pencil

surface触笔

触控笔与FPD结合设备

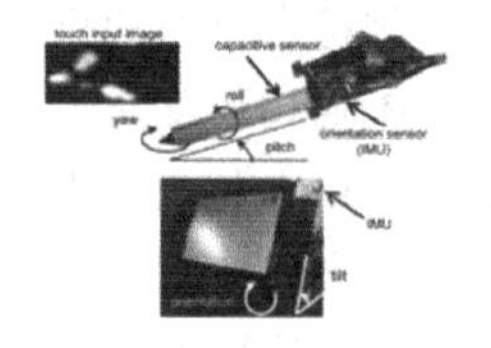

Pen-and-Talet设备

图 12-19　笔式交互设备与工具示例

在触控感知与交互方面，多点触控技术日益得到重视，从基于研究手指输入属性、利用外部传感器丰富触控交互，到与其他交互方式的融合，正从二维空间中的触控交互走向三维空间的触控交互，如 Microsoft、Apple、AutoDesk、Samsung 等公司都推出了自己的产品。目前正在探索可以感知笔、触控以及空中手势结合的新型传感支撑技术与架构，也在探索触控手势识别、用户界面操作与设计准则等。同时，触控与力触觉反馈的融合是当前的另一重要发展趋势，一方面利用新材料、新结构和新工艺，研制基于振动、气动刺激、电刺激、电磁力和摩擦力控制等触觉反馈或力反馈功能的执行器；另一方面，基于人的力触觉感知，结合多种具有特定力触觉表达功能的执行器和虚拟物体，提供多模式力触觉再现和交互模型，为用户与虚拟对象交互时提供多模式的力触觉反馈感受，包括形状触觉、纹理触觉、柔性触觉、摩擦触觉等。多点触控与触觉反馈、手势、情感、笔式技术融合一起，是提高用户体验的大势所趋，如图 12-20 所示。

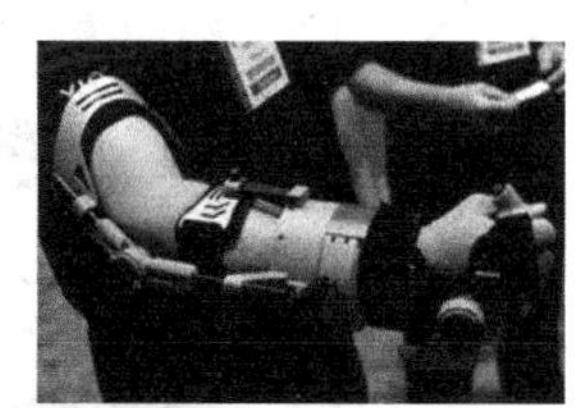

Novint公司研发的Xio，提供力触觉反馈和运动控制

Gloveone，用于触摸和感受虚拟场景中的物体

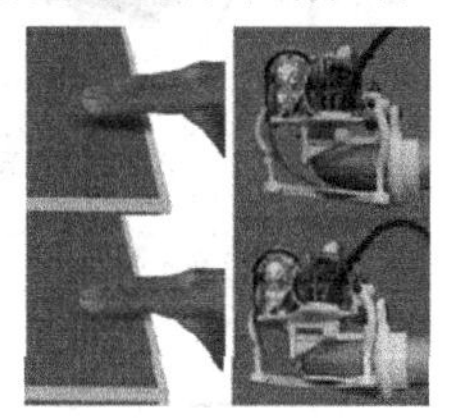

多指皮肤触觉再现装置

图 12-20　触控感知与交互设备与工具示例

在手势感知与交互方面，目前有两种基本途径：接触式和非接触式。接触式手势获取可分为

穿戴式和手持式。穿戴式依赖于数据手套，在手指关节运动的感知上，以压电材料和光纤弯曲传感器为主，并出现了支持触感反馈以及与生理等感知通道融合的趋势。手持式则以 IMU 运动传感器为核心，再辅以 LED 发光器件等传感器。非接触式手势获取主要基于深度/光学相机，虽然形成了产品，但与数据手套相比，基于视觉的手势识别在可靠性方面明显不足。目前，虚拟现实应用中的数据手套以及手势交互产品/装置示例如图 12-21 所示，主要为 5DT、CyberGlove、Leap Motion 以及 SONY、任天堂等公司的产品。

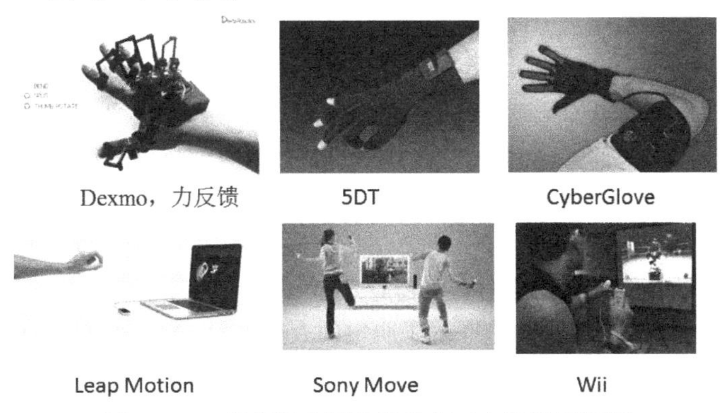

图 12-21　数据手套以及手势交互产品/装置示例

在体态感知和交互方面，目前有电磁式、光学式、机械电动式、声学式、微传感器（IMU）式 5 种基本技术，运动捕捉与体感交互设备与产品主要来自 Motion Analysis、Vicon、XSense、PrimeSense 等公司（如图 12-22 所示），在人机交互领域得到广泛应用的主要有微传感器（IMU）式和光学式。在基于 IMU 的体感交互中出现了与其他感知通道（如深度相机）融合的趋势。此外，基于压力传感器等所获取的足部运动与体感交互也得到了更多应用和广泛关注。在基于光学设备的体感交互中，一种是以 Microsoft 的 Kinect 深度相机系列为代表，另一种采用普通的光学相机，尽管所获取的动作姿态在二义性、模糊性等方面面临很大挑战，但近年来随着深度机器学习的兴起，基于单目相机从无标记点的图像中估计人体三维姿态取得了很大进展，在走、跑等特定动作集上，甚至可以取得与传统动作捕捉系统相媲美的精度，为体感交互的进一步发展提供了新途径。

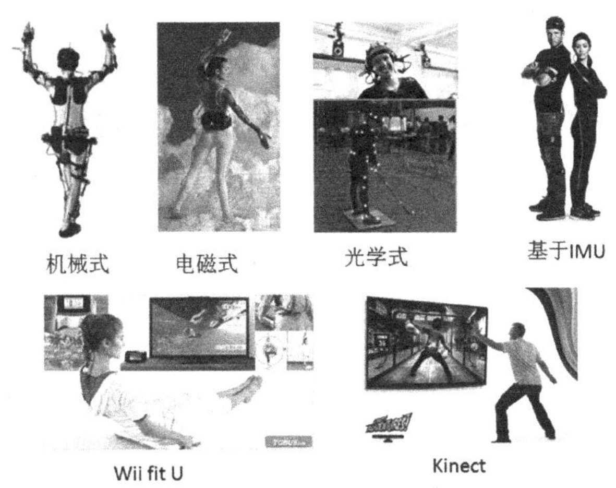

图 12-22　运动捕捉与体感交互产品/装置示例

在语音感知与交互方面，主要表现在语音输入、语音/语义命令与说话人识别等进行人机交流。

近年来，深度机器学习技术在语音识别领域的突破，使得语音输入和识别技术的性能取得了突飞猛进。由于识别准确率突破了应用门槛，Google、Microsoft、Apple 和 IBM、Nuance 等企业快速跟进，借助云计算平台，形成系列化的产品与服务（如图 12-23 所示）。

谷歌的语音搜索　　微软的小冰机器人　　苹果的Siri语音助手

图 12-23　语音感知与交互工具示例

基于语音识别或者直接从文字层面实现语义理解成为研究热点，为基于机器语义理解实现高速语音输入提供了可行的思路；同时，在解决噪声和鲁棒性等方面有显著进展，使得口语语音在较为安静环境下可以达到 90%以上的识别正确率。在说话人识别方面，高斯混合模型 - 通用背景模型（及其基础之上的全变量空间因子分析方法是说话人识别的经典方法）与深度机器学习方法结合（如音素感知是说话人识别方法的重要趋势）。

在生理感知与交互方面，主要集中在基于肌电的人机界面（Muscle-Computer Interface，MCI）和基于脑电的人机界面（Brain-Computer Interface，BCI），有影响力交互装置和产品如图 12-24 所示。在基于肌电的运动感知与交互方面：一是引入了新型阵列式肌电电极获取高密度的肌电信号，并进一步与 IMU 数据融合；二是针对假肢控制和手势识别等，探索更有效的特征集和分类器。2014 年，《Nature》的子刊“Scientific data”上发布了用于肌电手势识别的基准测试数据集，更是进一步推动基于肌电的人机界面研究。在基于脑电的运动感知与交互方面，一方面把源自人体内部的多种脑电信号成分（皮质电位等）与多种其他生理通道（如肌电、眼动等）融合，形成多通道脑机接口；另一方面，与人体外部的智能机器人技术（智能传感、运动规划等）相结合形成多通道脑机接口交互界面，相互配合和协同工作。

图 12-24　生理感知与交互装置示例

虚拟现实、机器人等产业的快速发展以及“家庭”为中心的教育、健康、游戏娱乐等产业的兴起，促进了自然人机交互技术的发展，出现了融合交互的新需求，不仅需要对感知人的外部行为的传感通道（如相机、微惯性测量单元（IMU）等）进行融合，也需要借助于新型的传感技术，对人的内部生理信息（脑肌电等）进行融合。因此，从指环、手环、肌电臂环到脑电头盔，基于终端的自然人机交互形成了“体外”与“体内”感知的全方位、多通道融合的发展态势。

当然，在 VR 游戏中，除了让玩家随心所欲地用自然的方式来操控游戏进程外，还需要考虑游戏中的一些视觉反馈信息，如游戏排行榜等，与游戏中的虚拟世界融合在一起。目前常用的方式有：① 嵌入式，将需要显示的画面信息嵌入到场景中；② 道具式，将用户界面元素做成实实在在的模型，放置在游戏的虚拟世界中。

12.3.3 性能优化

开发 VR 游戏的前提是开发一个 3D 游戏，在此基础上进行适合 VR 呈现和操纵的性能优化。在 VR 游戏中，沉浸式体验是玩家追求的基础需求。所以，VR 游戏对画面精度和游戏运行的流畅度要求都很高，一般认为，VR 游戏画面的更新必须达到 90 帧/秒才能满足人眼观察虚拟环境的基本需求。还要求双屏输出、更高的屏幕分辨率和抗锯齿效果等，极大地增加了 CPU 和 GPU 的计算负荷。因此，不论是做移动端 VR，还是 PC 或主机 VR，要做出媲美传统游戏的画面效果，仅仅依赖当前的主流硬件性能是远远不够用的。以 OculusRift 为例，屏幕分辨率为 2160×1200，渲染分辨率需要长宽各提高到 140%，即 3024×1680，再加上 90 fps 的帧率要求，每秒需要渲染的像素达相当于 XboxOne 和 PS4 等平台游戏的 7 倍，与 4K 分辨率游戏需要的硬件差不多，这对 VR 游戏的绘制性能等带来了巨大的挑战。

对于 VR 游戏来说，玩家都是可以自由操作转头部的，一旦卡顿就会影响帧率，直接影响玩家视野转动。即使平均帧率达标，只要出现了连续掉帧，哪怕只有非常少数的情况下才发生，都会破坏整个游戏体验，因为连续掉帧会使玩家产生眩晕等不适。因此，VR 游戏中需要确保虚拟场景在最差的情况下也能达标（90 fps 以上），否则会影响玩家的游戏体验。

鉴于此，在 VR 游戏开发中，性能优化尤为重要。在启动 VR 游戏性能优化工作时，先要配置稳定的测试环境，包括关闭 PC 上其他 3D 程序、关闭垂直同步（保证每次采样点以及采样上下文完全一致）、不要以编辑器模式启动等。其次，利用工具（如 Unity 的 profiler 和 frame debug 等），充分量化观测数据（CPU、GPU，Render、Drawcall、内存等使用情况）。同一游戏，在完全稳定的测试环境下，前后两次测试的性能观测数据有些波动都是很正常的，千万不能依赖直觉。

常见的优化方法和途径主要包括以下 4 方面。

1. 绘制帧率和画面质量之间的平衡与折中

升级硬件规格，把硬件升级到一定的性能，或者采用多块显卡，是显著提升 VR 游戏绘制性能和画面质量的途径之一。但在用户硬件规格明确的情况下，如何在绘制帧率和画面质量之间取得平衡与折中，是 VR 游戏开发中性能优化所要解决的最基础问题之一。

绘制帧率与画面质量之间的平衡和折中的首选方案是，在用户体验可接受的范围内，适当降低画面质量，针对性地找出适合当前硬件规格的优化方案。例如，Epic 的《Showdown VR》的演示程序提供了很好的示范，他们在绘制开销大的区域，如光影、粒子效果等，采用轻量化绘制的方式处理，取消了所有动态光照和实时阴影，粒子效果用预先建好的模型代替，但其重点展示的部分，如角色和场景，依然采用了绘制开销大的精细画面生成方法，最终在总体上呈现的画面效果，依然为用户所接受。其次，采用风格化的方法，简化游戏场景的复杂度，也是提升游戏绘制性能和画面效果的重要途径之一。即在场景建模时并不追求真实，抛弃需要大量细节的写实做法，而是使用清新明快的低多边形风格，注重表现形式。例如，纪念碑谷制作团队为三星 Gear VR 开发的解谜游戏《Land's End》就让人眼前一亮，它采用风格化建模，从美术设计上缓解了 VR 平台硬件性能不足的问题。

此外，在具体的绘制参数和方法策略上，也可以进行适当的优化调整，包括：

① 物理光照材质（Physically Based Material）。虽其作为三维绘制的主流技术，但其计算开销比较大，可以根据需求调整成其他的材质绘制方法。

② 延迟渲染以及提前 Z 轴拣选（Early z Culling）。延迟渲染已经成为各大引擎的标配，其中 early z culling 针对延迟渲染的受益部分主要在 GBuffer 的生成阶段，传统三维游戏这部分相对于光照计算阶段开销不大，所以往往被忽略掉，但 VR 游戏中受制于超大的像素处理量，这部分的优化提升在大多数 VR 游戏中相当明显。可以根据具体的游戏场景，相匹配的调整优化。

③ 光影计算。充分利用起硬件支持的纹理映射技术；而光影计算方案的选择，则以空间换时间作为基本原则。纹理映射一般都有硬件 GPU 支持，绘制开销小，但需要额外的纹理存储空间，因此，尽可能使用 light map、静态 AO 和环境反射贴图等。同时，可更多采用 Cubemap 来实现反射效果和各种高光材质，同时采用 Shadow Maps 来实现阴影效果。但对于全局动态阴影，则尽量规避。如果在游戏中有相应的需要，可以有选择地施加于游戏主角和大尺度的遮挡物等。

④ 静态场景模型和光照模型。对动态场景进行批次的优化，多采用 instance 的思想合并数量巨大但因尺寸偏小而往往被忽视的物体（如 FPS 游戏中的子弹）；使用 Instanced Static Mesh 来减少场景模型的计算开销；使用 Baked Static Lighting + Baked Ambient Occlusion 来减少光照模型的计算开销等。

⑤ 后期特效处理。大多数后期处理的镜头效果（如 Motion Blur、Lens Flare、Bloom + Color Grading）在虚拟现实环境中并不适用，关闭这些特效可有效提升绘制性能；如有必要，可以考虑使用前面提到的静态方案来替代。

⑥ 三维绘制特效。粒子效果等轻量化的三维绘制特效并不是完全不适用虚拟现实环境，而是要通过美工的场景设计和特效设计，来创造出可使用轻量化的三维绘制特效的情形。例如，在虚拟场景中，近距离观察可使用 Parallax Mapping 和 Mesh Particle，远距离观察仍然可使用 Normal Mapping 和 Billboard Particle。

⑦ 双目绘制优化。VR 游戏需要对左右眼看到的画面分别渲染不同的图像，所以其绘制流水线也要对左右眼各做一次，从而增加了计算需求。一般的优化方法为：由于两眼的视差较小，可以利用 GBuffer 或提交渲染指令后用 view matrix 变换等方法降低实际计算。此外，也可以一次提交双份场景给绘制流水线，Instanced stereo Rendering。

2. 面向大视场的画面校正与优化

在 VR 游戏中，如果需要达到逼真的视觉体验，视场（视野）必须尽量接近真实。这需要满足两个条件：一是接近人眼的视场（Field Of View，FoV），二是跟随头部运动的视角。人眼的视场特点：双眼的覆盖范围是不同的，两只眼睛加起来的视场角可以超过 180°。当然，在普通平面显示屏上很难做到这种效果，所以目前的主流 VR 硬件（不包括 Cardboard）大多用凸透镜做到了 100°～110°左右的视场角，虽然没有达到自然视场的程度，但相对于传统 FPS 游戏（视场角一般为 50°～60°）来说是巨大的进步。但视场角越大，光线的折射率就越大，光线的散射现象就越明显，给人的感觉就是画面边缘的像素出现了重影。因此，为了解决近距离通过透镜观看画面的变形问题，需要对画面进行反向的变形校正，还需要对色散问题进行校正，即 Chromatic Aberration，这样通过透镜观看时才不会出现色彩分离的奇怪现象。

对于大视场的画面，在图像的放大过程中会出现两种典型的图像变形：桶形失真（Barrel distortion）和枕形失真（Pincushion distortion）。所谓桶形失真，其变形效果好像是图像被映射在一个球中，或者是桶状物上，在视觉感知效果上围绕图像中心（光心）区域膨胀；而枕形失真的变形效果则相反，视觉感知效果上围绕图像中心（光心）区域收缩，像个枕头，如图 12-25 所示。大视场的画面需要对这样的失真走形情况进行校正。在画面的反走样方面也需要考虑观察距离的

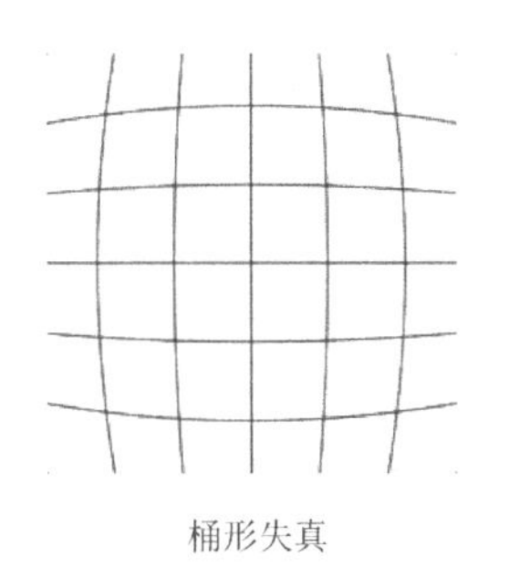
桶形失真

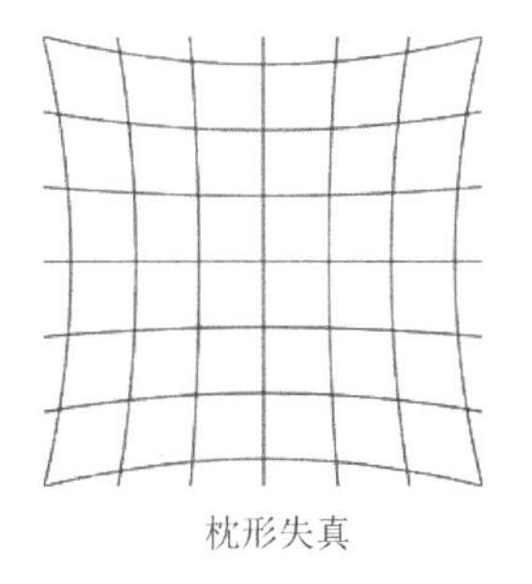
枕形失真

图 12-25　桶形失真和枕形失真

远近，来选择合适的反走样方法。例如，一些适合远处场景的反走样技术，施加在近处的文字或场景材质上，反而会出现不必要的模糊。

当然，大视场的画面也提供了另一种在多层次分辨率的画面优化方法，让玩家在几乎感知不到画面质量下降的情况下，有效提高绘制帧率。多层次细节（Level Of Detail，LOD）是 VR 游戏场景建模的最基本方法，后面被延伸到游戏逻辑的 LOD，视觉特效的 LOD 等，为 VR 游戏中的性能优化提供了行之有效的技术途径。同样，对于大视场画面，简单地在整体上降低分辨率，显然会影响到玩家的游戏体验。因此，类似的 LOD 思想被应用到大视场画面的绘制优化中，形成了多分辨率的大视场画面优化策略，基于如下视觉感知原理：在一幅大视场画面，人眼对中心区域像素更敏感，因而可保持中心区域分辨率，并降低边缘区域分辨率，甚至让边缘区域不参与绘制，节省周围四角区域的像素计算。这种方法可以节省 25%～50%的像素绘制开销，但对玩家的游戏体验影响有限（如图 12-26 所示）。

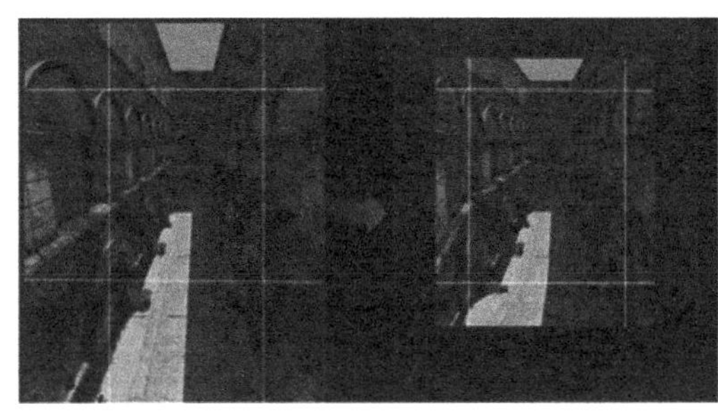
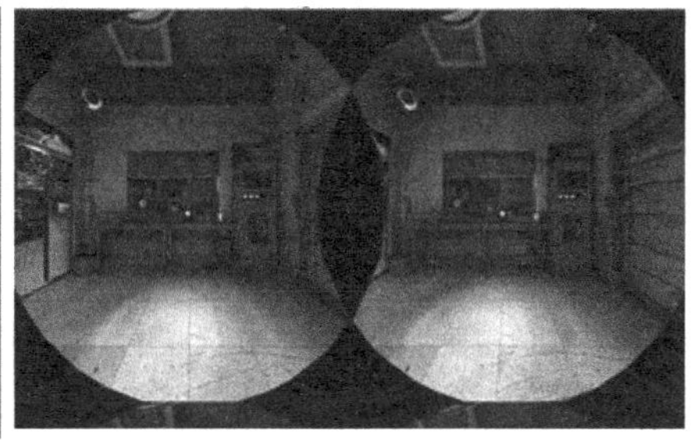

图 12-26　大视场画面的多分辨率优化示例

3．缓解“晕动症”的优化

“晕”，可能是第一次体验 VR 游戏的多数玩家的最直接感受，就像晕车晕船般的感觉。产生眩晕感的原因有很多，一方面，头盔光学系统与玩家的视觉感知系统不配，犹如佩戴了不合适的眼镜一样；另一方面，有可能是头盔显示设计存在内在缺陷，也就是视觉辐射调节冲突。头盔的显示平面是固定的，靠视差形成深度感。除了硬件设备上的原因外，在绘制和显示过程中的不合理参数设置或者绘制帧率不够，也可能带来眩晕感。玩家一旦产生眩晕感，即使后续的画面不掉帧，玩家已经感觉到不适，其游戏体验已经打了折扣。也许只是因为这个原因，玩家就会放弃对 VR 游戏的期待，产生“VR 游戏目前不成熟”的误解。

那么，为什么 VR 游戏容易“晕”呢？除了硬件设备方面的因素外，主要有以下 3 个原因：

① 玩家体质原因。比如，玩家有恐高症，放到一个悬崖边的虚拟场景里就会触发心理和身体的晕眩反应。

② 玩家没动，画面动了。VR 游戏玩家的身体通常是静止不动的，如果游戏场景中看到的是

各种加、旋转、震动等，正常人都会受不了，跟晕车晕船的原理是一样的。

③ 玩家动了，画面更新没跟上。这涉及“Motion-To-Photon”延迟，即从玩家开始运动到在显示屏幕上产生相应的画面更新所需要的时间。如果这个延迟较为严重，则很容易让玩家产生晕眩感。

对于原因①，随着体验次数的增加，大多数玩家的症状会越来越轻，这表明游戏玩家的身体是可以逐渐适应的。因此，可以在 VR 游戏中适当增加让玩家身体有所反应的游戏场景，加快游戏玩家的适应过程。对于原因②，尽可能从游戏设计上进行回避，避免一些大幅度的跑步和跳跃等游戏玩法。对于原因③，Motion-To-Photon 延迟从传感器采集，经过线缆传输、游戏引擎处理、驱动硬件渲染画面、液晶像素颜色切换到人眼看到对应的画面，中间经过的每个步骤都会产生延迟。一般情况下，该延迟低于 20 ms 是基本要求，对于部分比较敏感的用户，延迟需要达到 15 ms 甚至 7 ms 以下。要想减少这个延迟，需要综合硬件和软件，相互之间紧密配合，充分利用绘制帧率和画面质量之间的平衡与折中策略，才能形成较理想的“晕动症”缓解方案。

此外，在出现在场景切换时资源加载、初始化脚本逻辑执行、运行时动态资源加载以及常见的每帧处理事情过多都可能导致“Motion-To-Photon”延迟的增加。减少这部分延迟的策略包括：

① 场景异步加载。在切换场景的时候，使用异步接口进行载入。同步载入会导致卡顿而影响渲染。通过异步加载场景，尽量减少阻塞的时间。当然，场景加载完毕运行的时候，初始化相关工作，如 awake 和 start，还会导致一定的卡顿，这就要把它们分散到每一帧去执行。

② 脚本逻辑分散到每一帧执行。初始化脚本逻辑执行，这些操作虽然单独一个操作只要 2～3 ms 不影响帧率，但是多个累计起来可能就高达几十毫秒甚至更高，就会影响整体帧率。因此，可以在每一帧只会执行一次这种阻塞耗时操作，尽可能减少卡顿。

③ 资源分散到每一帧加载。在动态加载一些资源，如果集中在某个函数中加载，还会导致卡顿，因此考虑使用协程等，将资源加载分散到每一帧进行加载，这样可以很快地在几帧内把动态资源加载完毕，同时对帧率几乎不会有影响。

④ 黑屏处理。如果实在没办法，就在特殊阻塞操作之前给用户一个预期，同时进行渐变黑屏处理。这样就算绘制卡顿了，用户也看不出来。比如，切换场景后开始的时候会比较卡，可能高达几百毫秒甚至 1 秒，那么给用户预期是 loading 切换场景，先切到黑屏再阻塞，等场景切换完成后再恢复正常的画面更新。

4．互动体验的优化和改进

VR 头戴显示器可以看作一个显示输出设备，对于游戏来说，还有另一种重要的硬件：交互输入设备。在 VR 游戏中，键鼠的操作方式首先被放弃了，因为玩家看不到交互设备，只能凭借其他感官进行操作。游戏手柄算是一种折中方式，但不能发挥出 VR 在互动体验方面的潜力。在 VR 游戏中，较为理想的交互输入设备其实是双手，这也是最自然的交互方式，但遗憾的是，目前的主流体感交互设备 Kinect 暂时无法完美地支持双手交互。所以，目前主流的 VR 控制器还是以双持手柄为主。

尽管如此，VR 提供了沉浸感游戏世界，也提供空间定位等新特性，这些都可以用来优化 VR 游戏玩法和玩家体验，具体的改进方法包括：

① 由于头部运动追踪的存在，点头和摇头的操作是可以被识别的，这意味着很多“是/否”或“确认/取消”等操作，可以直接通过头盔显示器进行交互。

② 玩家头部的朝向可以灵活变化，头部朝向的改变就意味着视线的改变。当玩家的视线“聚

焦”在某个物体上时，可以针对这个“盯着看”行为发出相应的交互指令。

③ 由于360度视角方向不受限制，可以在背后做一些场景改变，让每次转头看到的场景都不一样，既能做成惊喜，也能做成惊吓。

④ 头部不仅仅可以转动，还可以配合身体小范围移动，如Summer Lesson中凑近NPC，NPC会害羞；在上帝视角，可以蹲下看到地底下打地道的小兵等。

⑤ VR渲染可以调整尺度（WorldScale），即世界单位缩放，相当于动态调整自身相对于场景的比例，既可以做成巨人的视角，也能做成“蚁人”的视角。

⑥ 因为VR世界中的单位可以与现实不一样，那么一些类似“缩地术”的体验也变成现实，通过身体小范围的移动，达到虚拟世界中的大范围移动效果。

⑦ 双手控制器的存在可以模拟一些抓、扔、摸、打等操作，可以捡起一个道具上下左右仔细看，也可以把谜题隐藏在道具的角落里。

⑧ VR中有了双手的存在，很多解谜类游戏的触发机关就不再是简单的一个按键，可以是各种零件的组合。机械加工、绘画等，对于双手控制器来说都是不错的操纵体验。

⑨ 手柄控制器的握持感非常接近于游戏中的手持武器，如枪械、刀剑等，这比握着一个鼠标或者手柄的感觉强多了。得益于高精度的传感器和日益强大的人工智能感知算法，设计出具有竞技性的游戏玩法无疑也能改进用户的体验。

⑩ 双手具有自然的操纵空间感，对一些建造类的玩法非常适合，因而可以根据不同的游戏类型的特点，对游戏玩法和用户体验进行专门的优化和改进。同时，基于双手的交互方式和能力会越来越强大，就意味着物理模拟在VR游戏中的应用会更普遍。在今后VR游戏的设计和策划中，可以更多考虑物理模拟这一要素。

⑪ 由于3D音效的加强，“听音辨位”可以做得更真实，各种潜入类玩法非常适合。在VR游戏中，立体声耳机是可以随着头部转动的，这意味着可以通过两个声道的音量差异和衰减，配合头部转动来判定声音的方位，如上、下、左、右、前和后等。

⑫ 用户界面的设计更加倾向于三维效果，如科幻风格的全息投影或者使用实体模型。或许以后VR游戏中的“用户界面”改由三维美术来制作。

12.4 AR游戏开发

增强现实（AR）技术是把计算机产生的虚拟世界或物体实时准确地叠加到现实世界中，将真实环境和虚拟对象结合起来，两种信息相互补充、叠加和增强，构造一种虚实融合的世界。当然，增强实现并不仅仅对视觉信息的增强，还包括对听觉、嗅觉、触觉等多种感官或感知通道上的增强。AR游戏世界不再像VR游戏那样，局限沉浸于封闭的虚拟世界，而是与一个开放的真实世界结合，为游戏设计提供了更大的空间，也对游戏开发提出了新的技术挑战。其中，最基础也是最重要的关键技术就是三维注册和实时交互。

12.4.1 AR游戏中的三维注册与实时交互

在增强实现游戏中，首先要解决虚拟世界或物体与真实周围世界的合理叠加，一般是通过三维注册（3D Registration）来实现的。三维注册的原理是根据用户在真实三维环境中的时空关系，实时创建和调整计算机生成的虚拟世界或物体等增强信息，然后将增强后的虚实融合信息显示反馈给玩家。

三维注册的主要步骤为：实时监测用户头部的位置、朝向以及运动方向等，根据监测的信息确定所要添加的虚拟对象在当前摄像机坐标系下的方位，并将其动态投影叠加到显示屏的正确区域中，使得虚拟对象与实时获取的真实场景做到无缝融合。

评价一个 AR 系统的三维注册技术性能的主要指标有：定位精度、平滑性（抖动小）、分辨率、响应时间（延迟低）、鲁棒性（受光照、遮挡和物体运动影响小）和有效空间范围。

三维注册的技术可以分为三类：基于硬件设备的三维注册技术、基于视觉感知的三维注册和基于混合策略的三维注册技术。基于硬件设备的维注册通常基于微惯性传感器，以及超声波、无线电波、电磁波、机械传动等硬件设备来进行，虽然速度快，但精确性、轻便性等方面限制较多，一般不单独使用。基于视觉的三维注册通常使用 RGB 相机和深度相机，设备价格低廉，通用性强，但容易受光照环境的影响，常见的注册方法有标记点法（基准点匹配）、图案法（模板匹配）、轮廓法等。基于混合策略的三维注册则把这两者扬长避短地结合在一起。

在 AR 游戏中，虚拟对象与真实场景中的物体融合需要足够的精度。当玩家的观察视角发生变化时，虚拟视角下的摄像机参数也需要进行相应的变化，保持两者的一致性。同时，实时跟踪真实世界中的物体位置和姿态等参数，并对三维注册的参数进行不断更新。目前，已经有不少三维注册工具和开发环境可以直接应用于 AR 游戏开发中的三维注册功能的实现，如表 12-1 所示。

表 12-1　AR 应用的常见三维注册开发工具

增强现实工具与开发环境	网　址
ARSights	www.arsight.com
ARToolkit Plus	Studiersutbe,icg.tugraz.at/handheld_ar/artoolkitplus.php
ARToolkit	Artoolkit-tools.sourceforge.net
OSGART	www.artoolworks.com/community/osgart
AROMIC	Sourceforge.net/projects/atomic-project
Augmented Reality Interface	Ari.sourceforge.net
CCV Community Beta	ccv.nulgroup.com
DART	www.cc.gatech.edu/projects/dart
OPENCV-AR	Sourceforge.net/projects/opencv-ar
SIMPLE AR	Sourceforge.net/projects/simpleaugmented
SLARtoolkit	Slartoolkit.codeplex.com
SudaRA	Sorceforge.net/projects/sudara
Touchless SDK	Touchless.codeplex.com

在 AR 游戏中，另一大关键技术就是实时自然交互，即实现玩家与增强后的游戏世界进行自然交互。增强的信息不是臆想出来，也不是独立存在的，需要与用户的当前情境与状态融为一体，可以随着真实周围世界物体的属性变化而变化，也可以与它们发生相互作用，在互动层面上实现融合。在实时自然交互设备与工具等方面，与 VR 游戏中的自然交互基本相同，这里不再展开阐述，参见前面的相关内容。

微软开发的强现实眼镜 HoloLens（见图 12-12）能够通过红外摄像头识别场景，获得深度信息，并构建简化场景模型，然后通过镜框内的显示屏，将虚拟的物体与现实结合在一起呈现给用户。在 HoloLens 中，真实周围世界的获取主要依靠左右两边各两台的摄像头，其覆盖的水平视角和垂直视角都达到 120°。这些摄像头能够获取不同角度的深度图，借助立体视觉和深度图融合建模等技术计算出房间及其内部物体的精确的三维模型。在成像和操作方面，依靠 HPU（全息处理芯片）和层叠的彩色镜片等的组合运用，使玩家感觉这些全息图像是投射在实物上。当玩家需要移动时，借助 SLAM（同步定位与建图）技术，实现精准的姿态确定和位置确定，以此计算出玩家的相对或绝对位置，并完成对于地图的构建，保证移动中虚拟画面的稳定。

在交互方面，HoloLens 主要包含视线、手势和语音三种交互方式。其中，视线是最自然的交互方式。通过凝视，系统能够感知所关注的物体，从而建立起“上下文语境”，这也是手势和语音操作的前提；手势交互可以比作一种“空中点击”的交互方式，主要用于选择操作；语音交互使用 Windows 10 中的完整语音引擎，HoloLens 内置的麦克风阵列可为语音识别提供高质量语音信号。当然，目前 HoloLens 设备的交互体验尚有很大的进步空间，摄像头识别手势的区域很小，且精度一般；语音识别准确但延迟明显，这些都需要在未来得出更好的解决方案。

除了 HoloLens 外，索尼在其 PS4 主机中也内置了几款增强现实游戏，如 The Playroom 等。在 PS4 中，游戏主要通过摄像头拍摄到玩家和他周围的环境，然后以手柄为标记物向上叠加游戏图形界面。The playroom 中采用了有标记和无标记结合的方法，使用 PS4 手柄的 LED 灯作为标记的同时，还能识别玩家的脸部信息和体感操作。这两种方法的结合大大提高了 AR 游戏交互方式的丰富性和稳定性。

除了这两个平台外，智能手机日益普及。随着传感能力、计算能力的不断增强，已初步具备实现 AR 游戏的硬件基础，成为未来 AR 游戏的重要发展趋势之一。在基于智能手机的 AR 游戏中，其三维注册的途径主要有两方面。

① 通过手机 GPS 与电子罗盘等传感器实现基于位置的三维注册。首先通过 GPS 取得纬度、经度和高度，并通过电子罗盘取得朝向，通过加速度与速度传感器取得倾斜的角度，然后根据这些位置和姿态信息，在游戏中进行虚实融合处理。

② 通过手机摄像头实现三维注册。目前有两种方法。一种是基于标记物的三维注册方法，该需要预先设定好基本形状，玩家通过手机摄像头识别这个形状后，在屏幕上生成融合后的游戏场景。另一种是无标记的三维注册方法，一般采用自标定等手段，提取并计算各种特征的位置，跟踪并相应地调整虚拟物体的方位。无标记的三维注册方法通常在注册精度与准确度、鲁棒性等方面限制明显，因此一般与有标记的方法结合在一起使用。

12.4.2 代表性 AR 游戏

AR 游戏设计的难点在于，如何使虚拟对象与现实世界中逻辑有机融合为一体，并得到玩家的认可。AR 游戏的设计与策划人员需要尽力避免的情况包括：物件出现在不该出现的地方，物件视觉风格与现实脱节严重，以及有违常理的交互规则等。目前，多种平台上已经开发和运营了 AR 游戏。一些代表性的 AR 游戏如下。

1. Ingress

Ingress 是一款由 Niantic, Inc. 开发与运营的 AR 手机游戏，其核心技术基于位置的服务。用户首先需要选择阵营，扮演蓝军（反抗军）或绿军（启示军）的特工，通过在真实世界中移动，来获取名为 XM（Exotic Matter）的虚拟物质，并在真实世界中的地标建筑（Portal）周围展开攻防战。在玩家越密集的地方，争夺能量的战斗也就越激烈。

在传统的冒险类游戏中，玩家在地图中可以看见各式各样的商店、仓库、农场、森林等据点，从而收集物资、跟进任务。但是在进行了几个游戏周期后，难免会有对重复的据点模式感到疲惫

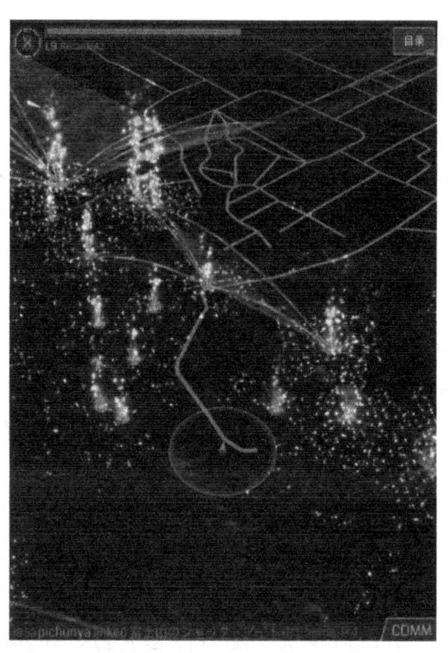

图 12-27　当前地理位置附近的 Portal 信息，附近分布着若干蓝绿阵营的 Portal

的状况，而不断开发新的据点类型对开发者来说又是不现实的。采用现实据点的 Ingress 则不同。现实生活中的雕塑、壁画、公共艺术、喷泉、艺术涂鸦、图书馆、水塔、邮局、纪念馆、宗教建筑、变电箱，醒目的建筑和独特的当地企业，国家公园、露营地、主题公园的入口等，都可以是 Ingress 的据点。探索新据点就是在探索周边社区的未曾涉足的角落或是旅游时的完美留念。紧密贴合当地文化传统的各类任务以及实景玩家互动，使 Ingress 这个没有明显采用“增强现实技术”的游戏成为目前最“增强”现实的应用之一。

2. Pokémon Go

Pokémon Go 同样是由 Niantic, Inc. 开发的基于位置服务的 AR 手机游戏。该游戏允许玩家以现实世界为平台捕捉、战斗、训练和交易虚拟怪兽。游戏世界的基础数据来自上面介绍的 Ingress 游戏。该游戏在全球范围内获得了极高的话题性，并且在商业方面获得了极大的成功。在 Pokémon 原作的基础上加上新奇的玩法，既可健身又可娱乐，可玩性相对较高。

3. AR Defender 2

AR Defender 2 是一款基于标识物的基础塔防类 AR 游戏，可通过智能手机或平板电脑进行游戏，依靠现实场景（如桌面、路面等），创造实际的游戏场景，如图 12-29 所示。玩家可以建造防御建筑，也可以使用技能，主要任务是在固定时间消灭来袭敌人，保护基地。

该游戏的可玩性较好，比起一般塔防没有规定敌人路线，可以加速敌人涌现的速度，从而缩短过关时间来增加分数。但是建筑数量的限定使得建筑的多样性降低，每个关卡只能选择四个建筑，好在每一关时间较短，玩家可以多次尝试。游戏机制的不足之处是平衡性较差，玩家新得到的防御建筑由于价格与性价比而在后期没有变强的感觉，使得游戏关卡前期玩点较少。

4. RoboRaid

RoboRaid 是一款基于 HoloLens 设备的第一人称 AR 射击游戏。在游戏开始时，会对玩家所在的现实环境进行识别，获得深度信息，并识别出主要的墙体平面和一些障碍物（如图 12-30 所

图 12-28 查看玩家附近的怪兽分布

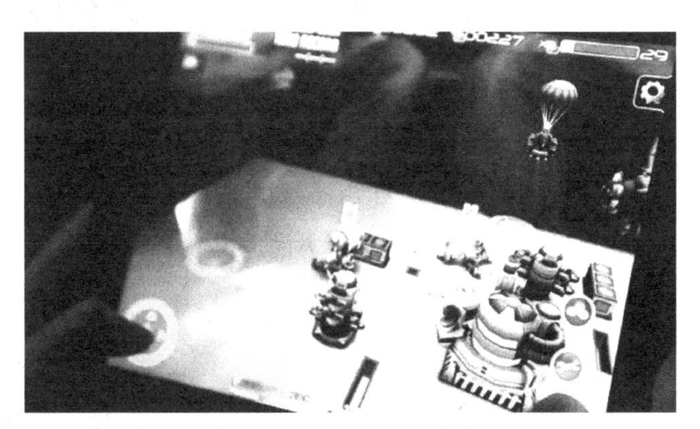

图 12-29 AR Defender 2 的游戏界面

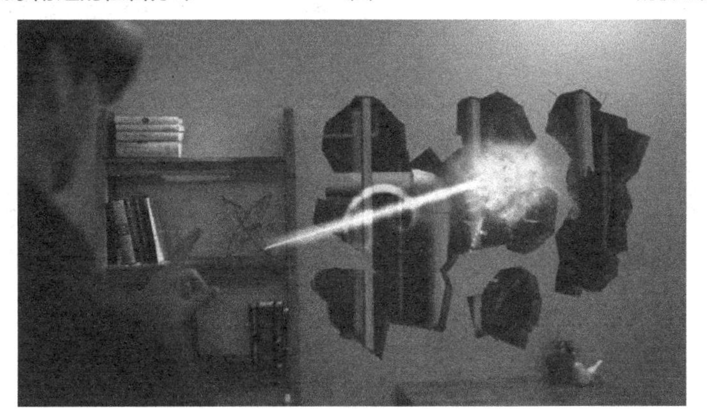

图 12-30 通过 Hololens 查看玩家向墙体与机器人的攻击

示），建立一个基于该场景识别结果的坐标系。其游戏模式非常简单，墙体上将浮现一些机械通道，通道中会涌现各种各样的机器人。玩家需要通过点击的手势发射激光，射击并摧毁这些机器人，同时躲避机器人的攻击。

5. The Playroom

The Playroom 是 PS4 平台上的一款 AR 游戏。游戏包含 3 个模式：AR Bots、Meet ASOBI、AR Hockey，前两个模式主要为人机互动，最后一个为双人对战模式。游戏会通过摄像头拍摄玩家及其周围的环境，然后以手柄为标记物，叠加极具科幻感的游戏 UI。在 AR Bots 模式中，向前滑动触摸板，可以将住在手柄中的小机器人从手柄中弹到现实世界中。玩家能够通过体感操作与小机器人进行互动，包括挥手、踢打等。

ASOBI 模式类似桌面宠物，在触摸板上来回摩擦，将机器人 ASOBI 召唤到现实空间，机器人会通过扫描识别人脸来区分主人。该模式侧重于对机器人感情的刻画，对于玩家的各种不同动作，ASOBI 都会做出不同的回应，如图 12-31 所示。

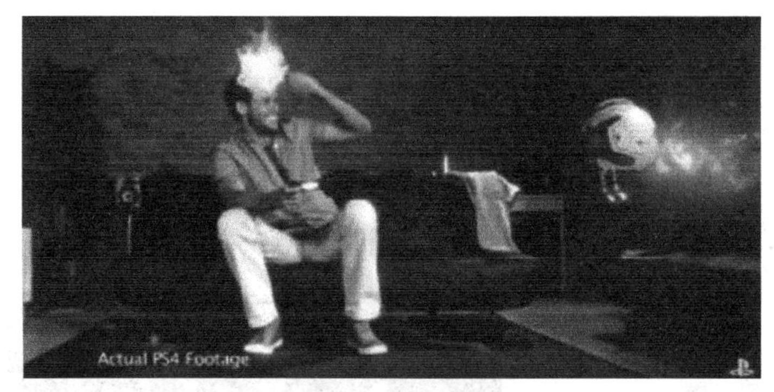

图 12-31　愤怒的 ASOBI 向玩家发射火球

AR Hockey 模式（如图 12-32 所示）类似桌面曲棍球，不同的是通过移动手柄能够改变曲棍球场地的扭曲方式，从而妨碍对方的进攻。

图 12-32　AR Hockey 的宣传演示

小　结

与普通三维游戏相比，VR 和 AR 游戏在开发制作上的差异远远没有想象得那么大，更多的是可玩性设计上的思路转变，其核心还是游戏内容本身，VR 和 AR 只是在游戏玩法和体验上的拓展和增强。如果要写一个"VR/AR 游戏开发教程"，或许其中 90%的内容与 VR、AR 并没有直接关联。但是，这 10%的差异却是 VR 和 AR 游戏的核心竞争力，因为可以带给玩家"前所未有"的体验，为游戏玩法的创新提供了非常大的发挥空间。例如，在 VR 游戏中，3D 音效被越来越多的人重视，甚至发展出专门的游戏新玩法；在 AR 游戏中，以 HoloLens 为代表的多重交互方式则带来了更优异的新一代人机交互体验，即在人机交互之外，还有人与人以及人与环境的交互和相互作用。特别是后者，这无疑会开拓新的游戏形态。在游戏主题上，VR/AR 游戏也没有必然的限制。有人认为，VR/AR 游戏只适合做 FPS，其实并不是这样。只要聚焦于虚拟现实游戏的要素：虚拟世界、沉浸（身体和精神沉浸）、感知反馈和交互性，保证核心体验好，可玩性高，绝大多数的游戏类型（RTS、MOBA、AVG、MMOG 等）都可以开发。只有在游戏的可玩性、操作体验和沉浸感都得到玩家的认可前提下，这样的 VR/AR 游戏设计与开发才有根本性的变革。

当然，在目前的硬件条件和开发环境下，VR/AR 游戏开发仍然存在不少问题，如头盔佩戴的舒适性问题，缺乏好的自然交互方式，也缺少一些 VR/AR 游戏可玩性评估方法和标准规范，游戏引擎的技术支撑和性能优化也有不少提升空间。游戏开发者需要清楚每个问题产生的原因，能够在当前条件下寻求解决方案。不能在当前条件下解决的，想方设法在游戏设计上予以回避，这样才能开发出具有良好体验的 AR/AR 游戏。

习 题 12

1．本章介绍了虚拟现实技术具备的“3I”特性，但这些特性并不只存在虚拟现实中。请想想，在传统的游戏中，这些特性分别是怎么体现的；并说说现在的虚拟现实游戏，又是如何去体现这种特性的。

2．增强现实技术最早被波音公司采用来辅助电缆的铺设，说说现在生活中哪些地方应用到了增强现实技术，以及现代增强现实技术是如何影响我们生活，还有哪些地方应该应用到增强现实技术。

3．举例说明视差型三维显示的两种类型，并比较这些实际应用各自的优点。

4．查看 12.2.2 节的两段代码，比较它们的异同，并思考程序是通过什么来分辨出左右眼的。

5．12.3.1 节中提到了几种 VR 游戏的视角控制方式，举例并说出它们的视角控制方式。

6．请查阅、了解本章提到的三款主流 VR 设备的各项参数，并利用用户的评价来比较这些产品的特点和优劣，这些评价是否与他们的交互设备有一定关系？

7．在网络上搜寻一个已有的简单游戏模板，也可用本书所提供的模板，并按照本章提到的性能优化方法对其进行相关优化。

8．下载表 12-1 中列出的 AR 注册工具，搜集相关资料，并说说它们都用什么方式实现的三位注册。

9．体验章节中提到的 AR 游戏作品，并总结它们成功的原因。

参考文献

[1] VR 游戏与传统游戏在设计上的几个方面区别．http://www.vrlequ.com/news/201607/15961.html．

[2] 详解 VR 现状及 VR 游戏与传统 3D 游戏的开发差异．http://mt.sohu.com/20160426/n446179449.shtml．

[3] 关于 VR 游戏性能优化的一些方法与总结．http://vrguancha.net/xuedian/2016/1018/1935.html．

[4] 走进 VR 游戏开发世界．揭秘与传统游戏差异．http://www.gamelook.com.cn/2016/03/246883．

[5] 优化 VR 游戏性能的方法和经验总结．VR 开发心得. http://vr.99.com/news/11212016/003609329.shtml．

[6] 王文斓．PC VR 游戏的 CPU 性能分析与优化．http://mt.sohu.com/20170307/n482555835.shtml．

[7] 王洪浩．谈谈 VR 游戏中的性能优化．http://gad.qq.com/article/detail/7152451．

[8] 杨令云．VR 开发中优化经验分享．VR 开发心得．http://vr.99.com/news/02072017/022125337.shtml．

[9] 王寒, 卿伟龙, 王赵翔, 蓝天．虚拟现实——引领未来的人机交互革命．机械工业出版社, 2016．

[10] 娄岩．虚拟现实与增强现实技术概论．清华大学出版社, 2016．

[11] 郑毅．增强现实技术导论．国防工业出版社, 2014．

附录 A　三维图形绘制基础

A.1　坐标系概述

三维空间中最常用的是笛卡儿坐标系，空间中任意一点由三个实数 x、y、z 指定，其数值表示该点到 yz、xz 和 xy 平面的垂直距离。笛卡儿坐标系可分为左手坐标系和右手坐标系两大类。判断坐标系的手性的方法是：伸出右手，大拇指竖立，另外四指紧握，四指的绕向与从坐标系的 $+x$ 轴到 $+y$ 轴的走向相同。若大拇指方向与坐标系的 $+z$ 轴重合，为右手坐标系，否则为左手坐标系。若考虑到坐标轴的旋转，笛卡儿坐标系可分为 48 种，左、右手坐标系各占一半。

大部分游戏（特别是第一人称视角游戏）采用左手坐标系，其中 $+x$、$+y$ 和 $+z$ 相对相机位置分别指向右方、上方和前方，如图 A-1（左）所示。游戏场景物体的建模（使用 3ds MAX 和 Maya 等造型软件）和绘制（调用低层图形 API，如 OpenGL、Direct3D）通常是两个独立的过程，而各种造型软件、底层图形 API 等采用的坐标系手性没有统一的规范。例如，OpenGL 通常采用右手坐标系，Direct3D 默认采用左手坐标系（Direct3D 9.0 提供了分别建立左手和右手坐标系的 API 函数）。因此，在编写三维游戏引擎或转换三维模型的时候必须考虑坐标系的手性，并在左手和右手坐标系之间进行转换。将一个左手坐标系的点转换为右手坐标系中的点，可通过旋转变换使得两者的 x、y 轴重合，将旋转变换应用到该点后，再将它的 z 值符号取反。

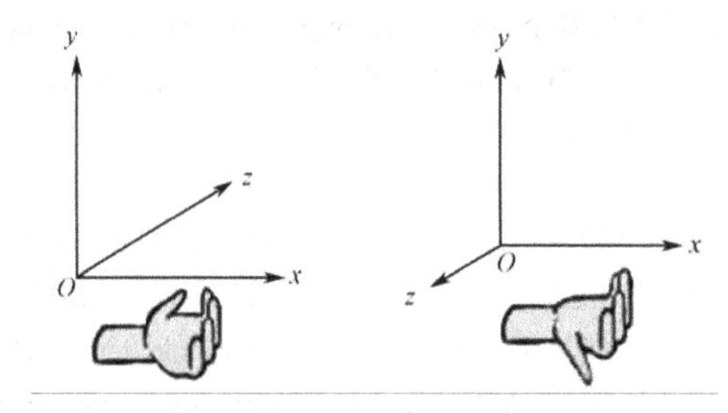

图 A-1　游戏中常用的左手（左）和右手坐标系（右）

1．世界坐标系

世界坐标系是一个特殊的坐标系，建立了其他坐标系统的原点与坐标轴，是它们的全局参考系。直观地说，世界坐标系是场景中最大的坐标系统，因此是绝对坐标系。图 A-2（右）所示的房间可以被看做一个世界坐标系。

2．物体坐标系

物体坐标系是与某个单独的物体或模型相关的坐标系，也叫局部坐标系或模型坐标系。在造型软件中，每个物体都有独立的坐标系，即自身的原点和坐标轴。通常，原点位于物体质心，三个轴则定义了相对于原点的右、前、上三个方向，物体的顶点位置和法向都是相对于物体空间坐标系定义的。因此，物体坐标系和世界坐标系也称为场景坐标系。当物体移动或者改变朝向时，物体坐标系在世界坐标系中也同时移动或改变朝向。例如，游戏中的人向前移动一步，实际上是他本身的物体坐标系的原点在世界坐标系中移动了一步，而身体各部分在物体坐标系中的位置是不变的。图 A-2（左）所示的立方体就定义在物体局部坐标系中。

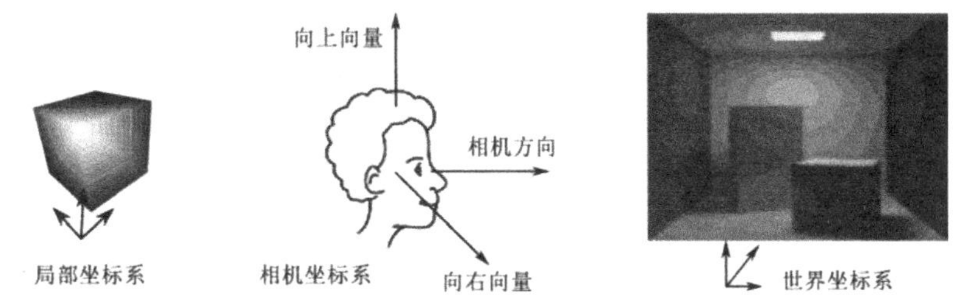

图 A-2　单个立方体模型（左）、相机坐标系（中）、包含两个立方体的室内场景（右）

3. 相机坐标系

相机坐标系可以看成一类特殊的物体坐标系，表示场景中相机（观察者）所在的位置与方位。在相机空间中，相机位置位于原点，$+x$ 指向右手边，$+z$ 指向前方（穿过屏幕往内），$+y$ 指向上方，如图 A-3 所示。下面介绍根据相机的外部参数建立相机坐标系的过程。给定相机位置 $\boldsymbol{E}$，相机方向的单位向量 $\boldsymbol{G}$，近平面到相机的距离 near，向上的单位向量 $\boldsymbol{U}$ 以及视域半角 θ 和 φ。设相机坐标系是右手坐标系，首先创建单位向量 $\boldsymbol{A}=\boldsymbol{G}\times\boldsymbol{U}$，再计算单位向量 $\boldsymbol{B}=\boldsymbol{A}\times\boldsymbol{G}$。向量 $\boldsymbol{B}$ 与 $\boldsymbol{U}$ 和 $\boldsymbol{G}$ 共面，且垂直于 $\boldsymbol{A}$ 和 $\boldsymbol{G}$。因此，屏幕中心点的位置为 $M=E+G\times\text{near}$。向量 $\boldsymbol{A}$ 和 $\boldsymbol{B}$ 构成了屏幕所在平面的基向量，则 $\boldsymbol{H}=((\boldsymbol{G}\times\text{near})\times\tan\theta)\boldsymbol{A}$，$\boldsymbol{V}=((\boldsymbol{G}\times\text{near})\times\tan\varphi)\boldsymbol{B}$。若屏幕原点在左下角，屏幕上任意一点 $\boldsymbol{P}$ 的规一化坐标为(s_x, s_y)。因此，$\boldsymbol{P}$ 在世界坐标中的位置是 $\boldsymbol{P}=\boldsymbol{M}+(2s_x-1)+(2s_y-1)\boldsymbol{V}$。若相机原点在右上角，那么 $\boldsymbol{P}=\boldsymbol{M}+(2s_x-1)+(1-2s_y)\boldsymbol{V}$。

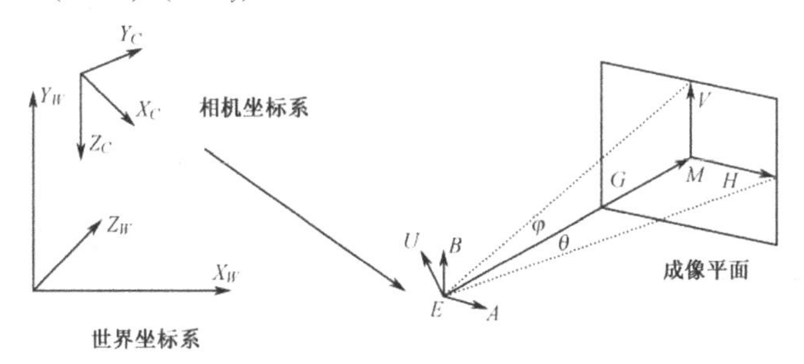

图 A-3　相机坐标系

4. 屏幕坐标系

屏幕坐标系是定义在相机成像平面上的二维坐标系。在光栅图形学中，屏幕被离散为一系列像素。最终的屏幕空间位置用整数表示，显示出一幅二维图像，图像的尺寸与屏幕分辨率有关。

A.2　颜色空间与模型

颜色构成了丰富多彩的图形，因此有必要了解颜色的机理。

1. 颜色空间

根据光学理论，所有的颜色构成了一个颜色空间（计算机图形学中也称为颜色模型）。不同的国际标准定义了不同的颜色空间，并在不同场合中使用。不同的颜色空间可以互相转换，但有些颜色空间能表示其他颜色空间不能表示的颜色。下面列出了几种常用的颜色空间（模型）。

① RGB（Red Green Blue）。计算机图形学常用三原色，即红、绿、蓝来定义颜色。红绿蓝三原色空间可以用一个单位立方体来表示，每种颜色对应实体立方体中的一个坐标点，如图 A-4 所示。每个红绿蓝颜色分量在计算机中一般用 8 位表示，表示范围为[0, 1]。绝大多数显卡用 32 位表示红、绿、蓝和透明度四个通道，可表达 1600 多万种颜色。由于颜色的每个分量只有 8 位，即光照明计算时的精度只有 8 位，每个颜色通道单独计算会带来精度损失。因此，著名的游戏设计师 John Carmack 提出用 64 位表示颜色。随着显卡的发展，特别是浮点纹理的问世（Ati Radeon 9700 系列和 NVidia 35 系列之后），每个颜色分量可以用 16 位甚至 32 位来表示，极大地丰富了色彩表达度，避免了光照计算过程由于精度带来的效果失真。由于显存的限制，很多游戏不仅没有采用 64 位表示颜色，反而采用 8 位或者 16 位结合颜色查找表、图像抖动技术生成绚丽多彩的画面，如微软公司的帝国时代。

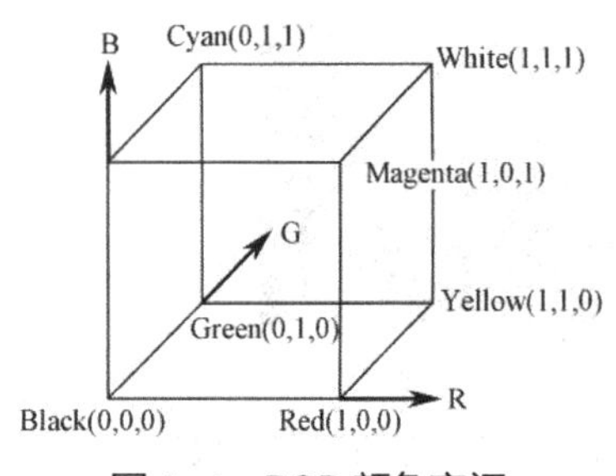

图 1-4　RGB 颜色空间

② CMYK（Cyan Magenta Yellow Black）。彩色打印工业标准由青（Cyan）、洋红（Magenta）、黄（Yellow）、黑（Black）定义，本质上是 RGB 空间的反色，其原理与纸张的反射与吸收率有关。

③ HSL（Hue Saturation Lightness）。HSL 颜色空间有 3 个值：色调、饱和度、亮度（Luminance）。色调可看成 0°～360°之间变化的角度，0 代表红色，60 代表黄色，120 代表绿色，180 代表青色，240 代表蓝色，300 度代表紫色。饱和度取值范围是 0～1，定义的是颜色的纯度，0 表示灰，1 表示纯颜色。调整亮度将不改变颜色的比例，而只改变颜色的值。如果用一个圆盘来表示 HSL 空间，那么色调和饱和度可以被看做极坐标，而亮度则代表了不同暗度的圆盘。例程 1-1 是 RGB 颜色空间和 HSL 颜色空间之间转换的伪代码。

例程 1-1　RGB 和 HSL 之间转换的伪代码

```
//从 RGB 变换到 HSL
//Hue 是度数，Lightness 和 Saturation 位于[0,1]

HSL RGB2HSL(COLOUR c1) {
    double themin,themax,delta;
    HSL c2;

    themin = MIN(c1.r,MIN(c1.g,c1.b));
    themax = MAX(c1.r,MAX(c1.g,c1.b));
    delta = themax - themin;
    c2.l = (themin + themax) / 2;
    c2.s = 0;
    if (c2.l > 0 && c2.l < 1)
        c2.s = delta / (c2.l < 0.5 ? (2*c2.l) :
                                    (2-2*c2.l));
    c2.h = 0;
    if (delta > 0) {
        if (themax == c1.r && themax != c1.g)
            c2.h += (c1.g - c1.b) / delta;
```

```
//从 HSL 变换到 RGB

COLOUR HSL2RGB(HSL c1) {
    COLOUR c2,sat,ctmp;
    while (c1.h < 0)        c1.h += 360;
    while (c1.h > 360)      c1.h -= 360;
    if (c1.h < 120) {
        sat.r = (120 - c1.h) / 60.0;
        sat.g = c1.h / 60.0;
        sat.b = 0;
    }
    else if (c1.h < 240) {
        sat.r = 0;
        sat.g = (240 - c1.h) / 60.0;
        sat.b = (c1.h - 120) / 60.0;
    }
    else {
        sat.r = (c1.h - 240) / 60.0;
        sat.g = 0;
```

```
        if (themax == c1.g && themax != c1.b)
            c2.h += (2 + (c1.b - c1.r) / delta);
        if (themax == c1.b && themax != c1.r)
            c2.h += (4 + (c1.r - c1.g) / delta);
        c2.h *= 60;
    }
    return(c2);
}
```

```
        sat.b = (360 - c1.h) / 60.0;
    }
    sat.r = MIN(sat.r,1);
    sat.g = MIN(sat.g,1);
    sat.b = MIN(sat.b,1);
    ctmp.r = 2 * c1.s * sat.r + (1 - c1.s);
    ctmp.g = 2 * c1.s * sat.g + (1 - c1.s);
    ctmp.b = 2 * c1.s * sat.b + (1 - c1.s);
    if (c1.l < 0.5) {
        c2.r = c1.l * ctmp.r;
        c2.g = c1.l * ctmp.g;
        c2.b = c1.l * ctmp.b;
    }
    else {
        c2.r = (1 - c1.l) * ctmp.r + 2 * c1.l - 1;
        c2.g = (1 - c1.l) * ctmp.g + 2 * c1.l - 1;
        c2.b = (1 - c1.l) * ctmp.b + 2 * c1.l - 1;
    }
    return(c2);
}
```

④ HSV（Hue Saturation Value）。HSV 颜色空间有 3 个轴：色调、饱和度（有时也称为明亮度 brightness）。与 HSL 类似，HSV 也称为十六锥颜色模型。色调是 0°～360°之间的角度；饱和度的取值范围是 0～1，定义颜色的纯度。饱和度（brightness）与光亮度（Lightness/Luminance）相类似，区别在于它不仅改变亮度，也改变颜色的饱和度。如果用一个圆盘来表示 HSV 空间，那么色调和饱和度可以被看做极坐标，而不同的值则对应了不同光亮度和饱和度的圆盘。例程 1-2 是 RGB 颜色空间和 HSV 颜色空间之间转换的伪代码。

例程 1-2　RGB 和 HSV 之间转换的伪代码

```
//从 RGB 变换到 HSV
//Hue 是度数，Lightness 和 Saturation 位于[0,1]

HSV RGB2HSV(COLOUR c1) {
    double themin,themax,delta;
    HSV c2;

    themin = MIN(c1.r,MIN(c1.g,c1.b));
    themax = MAX(c1.r,MAX(c1.g,c1.b));
    delta = themax - themin;
    c2.v = themax;
    c2.s = 0;

    if (themax > 0)
        c2.s = delta / themax;
    c2.h = 0;
    if (delta > 0) {
        if (themax == c1.r && themax != c1.g)
            c2.h += (c1.g - c1.b) / delta;
```

```
//从 HSV 变换到 RGB

COLOUR HSV2RGB(HSV c1) {
    COLOUR c2,sat;
    while (c1.h < 0)     c1.h += 360;
    while (c1.h > 360)    c1.h -= 360;
    if (c1.h < 120) {
        sat.r = (120 - c1.h) / 60.0;
        sat.g = c1.h / 60.0;
        sat.b = 0;
    } else if (c1.h < 240) {
        sat.r = 0;
        sat.g = (240 - c1.h) / 60.0;
        sat.b = (c1.h - 120) / 60.0;
    } else {
        sat.r = (c1.h - 240) / 60.0;
        sat.g = 0;
        sat.b = (360 - c1.h) / 60.0;
    }
```

```
        if (themax == c1.g && themax != c1.b)
            c2.h += (2 + (c1.b - c1.r) / delta);
        if (themax == c1.b && themax != c1.r)
            c2.h += (4 + (c1.r - c1.g) / delta);
        c2.h *= 60;
    }
    return(c2);
}
```

```
    sat.r = MIN(sat.r,1);
    sat.g = MIN(sat.g,1);
    sat.b = MIN(sat.b,1);
    c2.r = (1 - c1.s + c1.s * sat.r) * c1.v;
    c2.g = (1 - c1.s + c1.s * sat.g) * c1.v;
    c2.b = (1 - c1.s + c1.s * sat.b) * c1.v;
    return(c2);
}
```

⑤ CIE 颜色空间。它是由国际颜色协会建立的颜色标准，模拟人类视觉的颜色效应，包括 Brightness（明亮度）、Hue（色调）和 Colorfulness（色彩）。

⑥ HIS（Hue Saturation Intensity），即色调、饱和度、强度。

2．颜色空间（模型）之间的转换

大部分颜色空间可以对 RGB 空间应用线性函数获得。

① CMYK 颜色空间

$$R=1-C \qquad C=1-R$$
$$T=1-M \qquad M=1-R$$
$$B=1-Y \qquad Y=1-B$$

② Kodak PhotoCD 的 YCC 颜色空间（Luminance Red Chrominance Blue Chrominance）

$$Y=0.299R+0.587G+0.114B$$
$$C_r=0.701R-0.587G-0.114B$$
$$C_b=-0.299R+0.587G+0.886B$$

③ TIFF 和 JPEG 图像格式中使用的 YCC 颜色空间

$$Y=0.2989R+0.5866G+0.1145B \qquad R=Y+1.4022C_r$$
$$C_r=0.5000R+0.4183G+0.0816B \qquad G=Y+0.3456C_b+0.7145C_r$$
$$C_b=-0.1687R+0.3312G+0.5000B \qquad B=Y+1.7710C_b$$

④ CIE XYZitu（D65）颜色空间

$$X=0.607R+0.174G+0.200B \qquad R=3.063X+1.393Y+0.476Z$$
$$Y=0.299R+0.587G+0.114B \qquad G=-0.969X+1.876Y+0.042Z$$
$$Z=0.000R+0.066G+1.116B \qquad B=0.068X+0.229Y+1.069Z$$

⑤ CIE XYZrec601-1（C illuminant）颜色空间

$$X=0.431R+0.342G+0.178B \qquad R=1.910X+0.532Y+0.028Z$$
$$Y=0.222R+0.707G+0.071B \qquad G=-0.985X+1.999Y+0.028Z$$
$$Z=0.020R+0.130G+0.939B \qquad B=0.058X+0.118Y+0.898Z$$

⑥ CIE XYZccir709（D65）颜色空间

$$X=0.412R+0.358G+0.180B \qquad R=3.241X+1.537Y+0.499Z$$
$$Y=0.213R+0.715G+0.072B \qquad G=-0.969X+1.876Y+0.042Z$$
$$Z=0.019R+0.119G+0.950B \qquad B=0.056X+0.204Y+1.057Z$$

⑦ PAL 电视标准 YUV 空间

$$Y=0.299R+0.587G+0.114B \qquad R=1.000Y+0.000U+1.140V$$
$$U=-0.147R+0.289G+0.436B \qquad G=1.000Y+0.396U+0.581V$$
$$V=0.615R+0.515G+0.100B \qquad B=1.000Y+2.029U+0.000V$$

⑧ NTSC 电视标准 YIQ 空间

$$Y=0.299R+0.587G+0.114B \qquad R=1.000Y+0.956I+0.621Q$$
$$I=0.596R+0.274G+0.322B \qquad G=1.000Y+0.272I+0.647Q$$
$$Q=0.212R+0.523G+0.311B \qquad B=1.000Y+1.105I+1.702Q$$

3．伽马校正（γ-校正）

电子枪发射出光亮度并不正比于电子光束的能量，其关系如图 A-5（左）所示，其中虚线表示理想的线性脉冲，实线表示正常的函数关系，显示了输出光亮度与光束强度之间的关系。CRT 显示器的 γ 值为 1.5～2.8，造成屏幕颜色比预期暗。为了弥补这种缺陷，人们采用一种伽马校正的方法，如图 A-5（右）所示。伽马校正的公式为：输出光亮度=光束强度$-\gamma$。

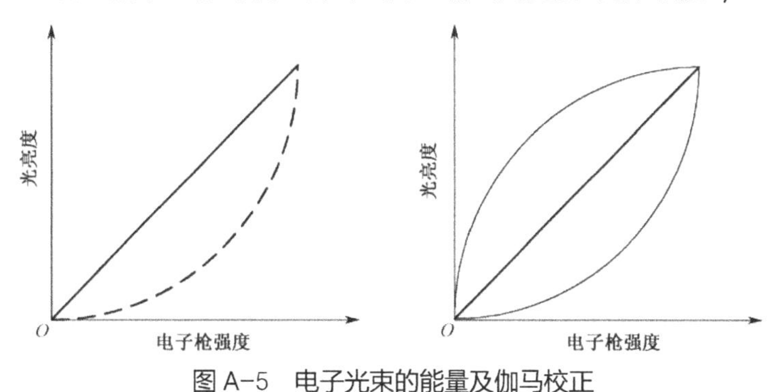

图 A-5　电子光束的能量及伽马校正

4．彩色图像向灰度图像的转换公式

① 颜色值到三原色立方体的距离：sqrt(red×green×green+blue×blue)。

② 颜色的平均：(red+green+blue)/3。

③ 加权平均：(3×red+4×green+2×blue)/9。

④ NTSC 和 PAL 电视制式：0.299×red+0.587×green+0.114×blue。

⑤ ITU-R 推荐标准：0.2125×red+0.7154×green+0.0721×blue。

A.3　图形绘制流程

图形绘制的主要功能是根据给定的虚拟相机、三维场景、光源、光照明模型、纹理等，在屏幕上生成（绘制）二维图像。其中，场景物体在屏幕上的形状和位置由物体本身的几何、相机的方位和参数决定。而物体在屏幕上的外观则由物体材质属性、光源属性、纹理和设置的光照明模型决定。图形绘制的整个流程被分成一系列的阶段，这些阶段之间是线性串联的关系，前一阶段的输出是后一阶段的输入，前一阶段没有完成，则后一阶段不会启动，这种形式称之为绘制流水线或者绘制管线。由于绘制的这种流水线形式，流水线的绘制效率将由最耗时的阶段决定，这些阶段通常被称为速度瓶颈，在游戏引擎编程中需要特别优化。场景的绘制可以分为三个层次。

1．物体层的绘制

物体层的操作对象是场景的物体，其输出是一系列的由顶点组成的几何基本元素（包括点、线、三角形）。因此，在物体层最重要的优化措施是减少送入顶点层的几何基本元素的个数，常用的办法有视域裁剪、可见性判断、优化顶点组织方式、细节层次等。为了模拟客观世界的真实物理，通常要在物体层进行场景的几何处理，如物体变形、碰撞检测、用户拾取等。为了满足实时性的要求，必须优化场景组织和几何设计算法，以获得最高的效率。

2．顶点层的绘制

实时绘制引擎中，顶点层的实施对象是顶点，分为 5 个子阶段：模型和相机变换、逐顶点光照明计算、投影变换、裁剪和视区变换。最重要的是计算空间顶点在屏幕上的位置。场景中的物体是在世界坐标系或物体坐标系中建立的，屏幕显示出的画面是给定相机、相机方向和相机内部参数后，场景物体在二维成像平面上的投影。从世界坐标系到屏幕坐标系需要经历一系列的变换被称为取景变换。

3．像素层的绘制

像素层的实施对象是每个像素，其结果分别保存于两个缓冲器中。其中，颜色缓冲器保存每个像素的颜色和不透明度，深度缓冲器（也叫 Z-缓冲器）保存每个像素的规一化后的 Z 值。为了保证动画绘制时的视觉连续性，即光栅化当前帧的同时在屏幕上输出前一帧，光栅化层采取双缓冲机制。双缓冲机制使得图形绘制流程同时保持两个颜色缓冲器，交替作为前台缓冲器和后台缓冲器使用。在任意时刻，前台缓冲器用于显示，后台缓冲器用于绘制，完成后两者进行交换。除了双缓冲机制外，还可以定义立体缓冲机制来模拟人眼的立体视觉，即同时保存人的左眼和右眼的图像，并通过立体眼镜给人造成身临其境的感觉。

在接下来的讨论中，着重结合绘制编程接口（OpenGL/DirectX）来讲述在这些图形接口的设计中是如何通过绘制流水线的形式来实现上述顶点层以及像素层的绘制的。

对于不同的底层图形绘制 API（如 OpenGL 和 DirectX），绘制流水线的功能大体相同，差异在于各阶段的实现细节。在游戏的图形绘制中，实时性[1]处在最重要的地位。游戏编程者需要精通图形绘制流程的各阶段及其功能，但不必了解每个阶段在图形硬件中的实现细节。例如，经典的图形学中讲到的三角形的扫描线填充算法已经完全固化在图形硬件中，初学者不必了解其中的具体实现细节。

A.3.1 固定流水线

由于图形技术水平和图形硬件的发展水平的限制，早期的图形绘制大多使用的是固定功能的绘制流水线。固定功能绘制流水线就是预先将绘制管线中各阶段的功能定义好，在绘制启动时只需要设置管线各阶段的绘制状态，再将顶点数据送入流水线，整个绘制流程不再施加额外的干预。可见，这种绘制方式中，管线的功能都已经固化，故此得名。固定管线通常包括以下阶段。

1．顶点操作阶段

顶点操作是针对送入管线的单个顶点而言的。在处理过程中，其处理的对象仅限于一个顶点，而不会涉及其他顶点。在这个阶段固定管线主要实现的功能有顶点坐标变换、纹理坐标变换、纹理坐标生成、顶点颜色计算，光照明计算等。顶点操作的细节将在后面章节详细描述。

2．图元装配阶段

图元装配就是将单个顶点按照预先设置好的拓扑关系收集起来组成特定的图元。在固定管线中通常实现了一些图元装配的算法，包括点、线段、三角形、多边形等。

3．图元操作

图元操作阶段处理的对象不再是单个的顶点，而是单个的图元。对于一个图元，固定管线实现的功能如下。

1　实时性一般指每秒处理 20 帧以上，交互性一般指每秒处理 10 帧以上。

① 视域裁剪。位于视域体之外的场景部分不需要送入后续阶段处理。对完全位于规一化的设备空间之外的几何元素，可简单地舍弃，如图 A-6 所示。部分位于归一化的设备空间之外的几何元素则需要进行裁剪操作。由于裁剪的面就是立方体的 6 个表面，实现起来非常简便。应用程序也可以定义额外的平面对场景进行裁剪。视域裁剪由底层图形 API 自动完成。

② 视区变换，又叫视口变换。裁剪后的物体进入几何层的最后一个子阶段。每个顶点的 x、y 坐标从立方体空间变换到二维屏幕坐标。这个变换也叫视区变换，由屏幕分辨率和视区的设置决定。而顶点的 z 坐标保持不变，与变换后的屏幕坐标一同送入像素层处理。

③ 背面剔除。在绘制一个物体时，物体上面向照相机的面能够被“看到”需要绘制，而背向照相机的面则不会被“看到”，因而，这些面的绘制不是必须的。为了提高绘制的效率，这些面应该在绘制之前剔除掉。这一步便是剔除这样的面。

4. 光栅化

光栅化就是把物体的数学描述以及物体相关的颜色信息转换为屏幕上的像素的过程，其实质是个采样的过程，如图 A-7 所示。

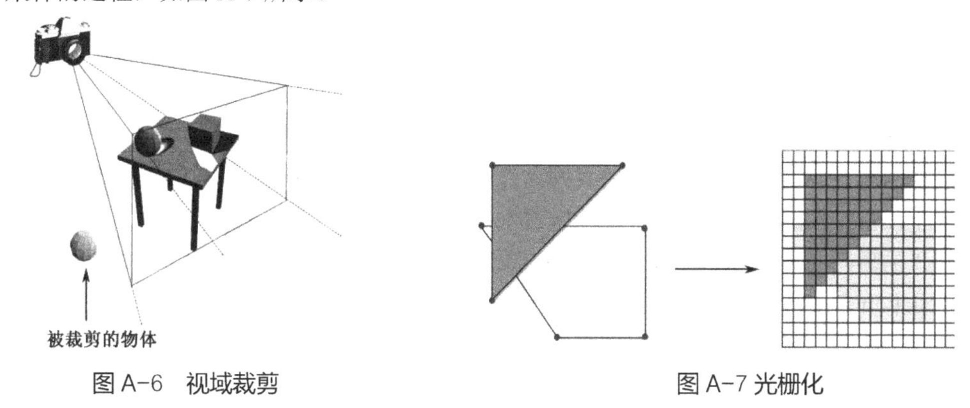

图 A-6 视域裁剪

图 A-7 光栅化

5. 片段处理

片段处理就是处理光栅化阶段产生的像素。之所以在这里称之为片段，而不称之为像素，是为了与最终显示在屏幕上面的像素相区别，这里的像素并不一定能最终显示在屏幕上。片段处理主要的操作有雾计算、纹理映射、颜色计算等。

6. 片段测试

这个阶段的所有操作都是针对单个片段而言的，主要有如下测试：片段归属测试，裁剪测试，α 测试，模板测试，深度测试。

7. 帧缓冲操作

这一阶段是整个绘制流水线的最后一个阶段，主要是颜色的融合，即将前一阶段的像素与帧缓冲区中原有的像素进行颜色的混合。在这个阶段可以控制颜色混合的方式。

A.3.2 定制流水线与 Shaders

随着图形技术和图形硬件技术的发展，固定功能流水线已经不能满足人们对高品质画面追求。为了追求更出色的绘制效果，人们将固定管线中的一些阶段进行了改进，使之可以通过着色器程序（Shaders）来控制这个阶段的操作。改进过后的绘制流水线被称为定制流水线或可编程流水线。当前，几乎所有的图形硬件以及图形接口标准都引入了定制流水线，可以控制的阶段已经越来越多。

引入可编程流水线后，不但可以轻易地实现固定管线的功能，而且能够更灵活地实现各种特殊的效果。当前的主流图形接口 OpenGL 和 DirectX 都引入了可编程流水线，并且引入了不同的着色器程序语言。在 OpenGL 编程接口下可以使用的着色器语言有 GLSL、CG，在 DirectX 编程接口下可以使用的着色器语言则是 HLSL。当前已经被广泛使用的着色器程序如下。

1. 顶点着色器（Vertex Shader）

顶点着色器实质上是一个处理图形的函数，处理的对象是单个的顶点，通过对单个顶点的数据进行一些数学计算，达到向场景中的物体添加特殊效果的目的。这样，顶点着色器被看做一个函数，那么必然有输入和输出。顶点着色器的输入显然是单个顶点的相关信息，包括顶点的位置信息、法向量信息、顶点的纹理坐标信息、顶点的颜色信息以及自定义信息等。这些顶点数据的输入都是通过绑定一个顶点数组对象到管线来实现的，并且由应用层 API 函数来设定。除了基于单个顶点的信息，还有一些对所有顶点都相同的所谓常量信息。顶点着色器的输出则通常包括变换过后的齐次坐标、纹理坐标、颜色以及自定义数据等。

2. Tessellation control Shader 和 Tessellation Evaluation Shader

Tessellation control shader 和 Tessellation Evaluation shader 是相辅相成的实现一种功能，所以将它们放在一起介绍。这两个着色器的共同功能就是实现对曲面的细分。从功能上来看，这两个着色器属于顶点操作的范畴。该功能在固定流水线中是没有的，而是定制流水线在引入这两个着色器后引入的新功能。Tessellation Control Shader 就是控制如何细分，通常对于每个顶点调用一次。Tessellation Evaluation Shader 是计算在 UVW 空间内的曲面，通常对于细分产生每个顶点调用一次。

3. 几何着色器（Geometry Shader）

几何着色器是用来处理几何图元的，其输入是单个图元，输出是 0 个或者多个图元。几何着色器能够对输入的图元进行额外的计算和测试从而生成新的图元或者抛弃该图元。利用 Geometry Shader，可以做到很多之前只能离线实现的技术，如可以在 Geometry Shader 中实现 LoD（Level of Detail）。

4. 片段着色器（Pixel Shader）

片段着色器处理的对象是片段，可以在一个片段上面计算特别的效果，能够实现更接近真实的光影效果，属于整个绘制流程中的像素层绘制。

A.4 照相机模型与投影矩阵

就像照相机拍摄景物一样，计算机在绘制场景的时候也需要“成像”以形成画面，计算机利用虚拟照相机来处理“成像”的问题。本节介绍计算机是如何建立这样的虚拟照相机的。

A.4.1 照相机模型

现实生活中的照相机利用透镜成像原理拍摄景物的画面。在计算机中要模拟相机的透镜成像原理很复杂，难以实现。在计算机绘制中，为了简便将相机中薄透镜的孔径大小退化为零，这样就简化了原来的照相机模型并形成了针孔照相机模型。针孔照相机模型利用近似小孔成像的原理，在场景中的一点的光线沿着直线穿过小孔达到相机背面的视平面上，这样在视影平面上显示的画面与实际的画面真好是颠倒的，如图 A-8 所示。

在计算机应用的过程中，并不考虑视平面，而是考虑关于小孔对称的投影平面，并将视点的位置放在小孔处，如图 A-9 所示。

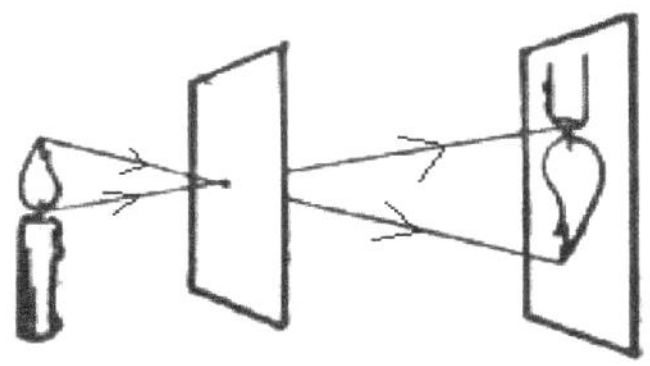

图 A-8　针孔相机小孔成像原理（图片来源：网络）

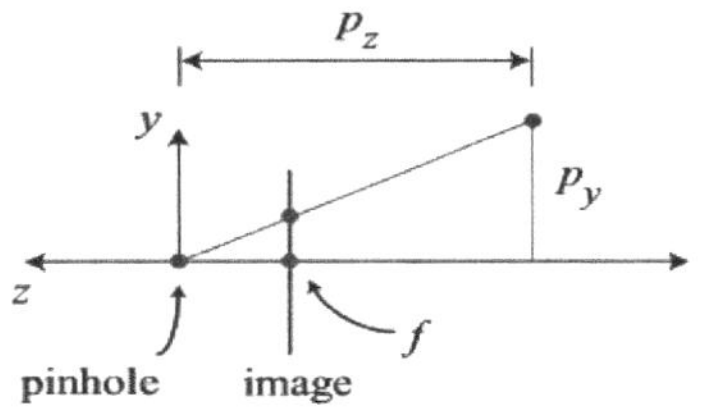

图 A-9　投影平面

所以，计算机中绘制出来的图形并不是颠倒的而是正的图形。针孔相机模型是当前最常用的相机模型。总的来说，建立针孔相机模型的目的是把三维空间的点投影到二维画面上。

A.4.2　投影矩阵

照相机模型要解决的问题主要是投影变换的问题。相机的内部参数包括投影方式、近平面、远平面、视野和屏幕方正率，决定了物体从相机坐标系变换到屏幕坐标系的位置。这些参数实际上定义了一个视域四棱锥，也叫做视域体。在逐顶点光照明计算后，图形流程将相机坐标系的三维场景根据视域体的参数将相机坐标系变换到一个范围在[−1, −1, −1]～[1, 1, 1]之间的立方体空间，称为规一化的设备坐标系，如图 A-10 所示。这个变换叫投影变换，由 4×4 齐次矩阵表示。

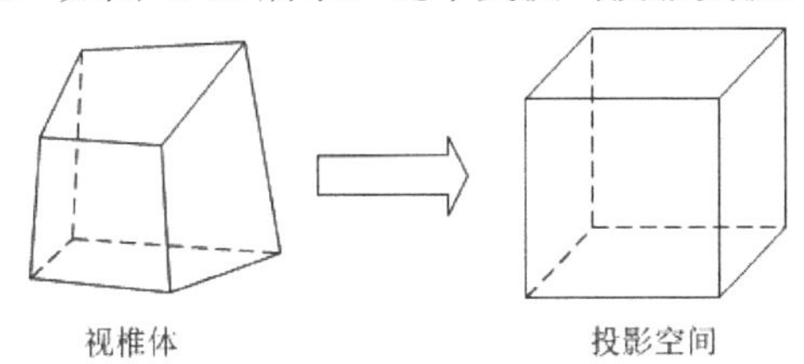

图 A-10　视椎体变换到设备坐标系

投影变换分为两类：正交投影和透视投影。

1．正交投影

正交投影假设景物在距离照相机无限远处，这样景物发出的光可以看成平行的到达投影平面上的。不过，计算机在绘制场景的时候不可能真绘制无限远处的景物，只是借助这种平行光的假设。正交变换仅包含平移和缩放变换，平行投影方式的视域体为一个长方体，物体中心在屏幕上的位置由投影变换中的平移部分决定，物体在屏幕上的大小由缩放部分决定，如图 A-11 所示。

图 A-12 是正交投影的剖面图。视椎体通常简单的记作(l, r, b, t, n, f)。l 和 r 分别表示表示视锥体的左右平面与相机坐标系的 X 轴相交的点的横坐标，b 和 t 分别表示视椎体的下上平面与相机坐标系的 Y 轴相交的点的纵坐标，n 和 f 分别表示视椎体的近远平面与相机坐标系的 Z 轴相交交点的坐标值的相反数。将视椎体空间中的一点 P 投影到投影平面上的点 P'，假设 P 点的坐标为(x, y, z)，则根据可以得到 P'的坐标可以表示成$(x, y, -n)$。接下来将 P 点的坐标变换到裁剪空间。

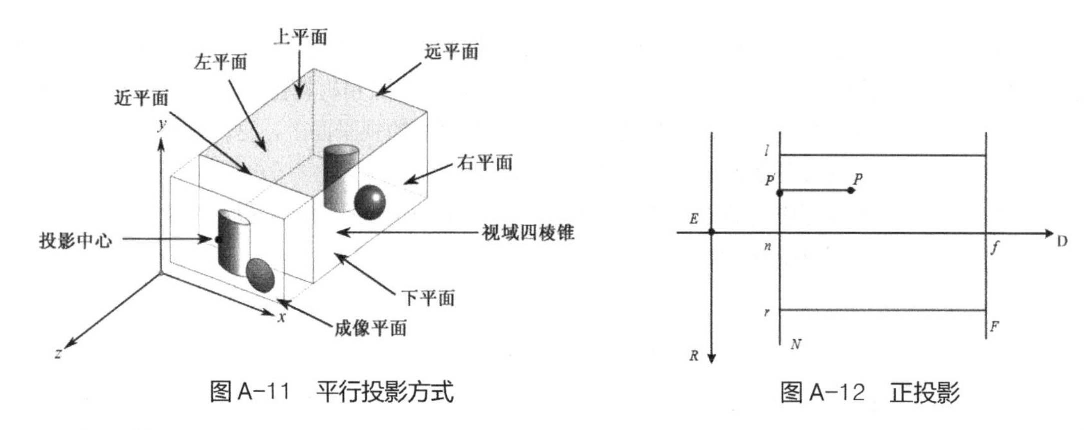

图 A-11　平行投影方式　　　　图 A-12　正投影

根据裁剪空间的设定，l、b、$-n$ 变换到投影空间为-1、r、t，$-f$ 变换到投影空间中为 1，假设 P 点变换到投影空间中的坐标为 $Q(x_Q, y_Q, z_Q)$，则可以求得

$$x_Q = \frac{2}{r-l}x - \frac{r+l}{r-l},\quad y_Q = \frac{2}{t-b}y - \frac{t+b}{t-b},\quad z_Q = \frac{-2}{f-n}z - \frac{f+n}{f-n}$$

因此，正投影变换矩阵为

$$Q = M_{orthognal}P = \begin{bmatrix} \frac{2}{r-l} & 0 & 0 & -\frac{r+l}{r-l} \\ 0 & \frac{2}{t-b} & 0 & -\frac{t+b}{t-b} \\ 0 & 0 & \frac{-2}{f-n} & -\frac{f+n}{f-n} \\ 0 & 0 & 0 & 1 \end{bmatrix} \begin{bmatrix} x \\ y \\ z \\ 1 \end{bmatrix}$$

2. 透视投影

投影变换除了对物体进行平移和缩放变换外，还通过透视除法将齐次坐标的 x、y、z 分量除以 w 分量，因此视域体是一个四棱锥。由于计算过程包含除法，速度比平行投影慢。透视投影符合人眼的视觉特性，即越远的物体投影后越小，平行线的投影会聚焦到一个点。图 A-13 显示了一个由视域四棱锥导出的透视投影变换。图 A-14 是透视投影的剖面图。

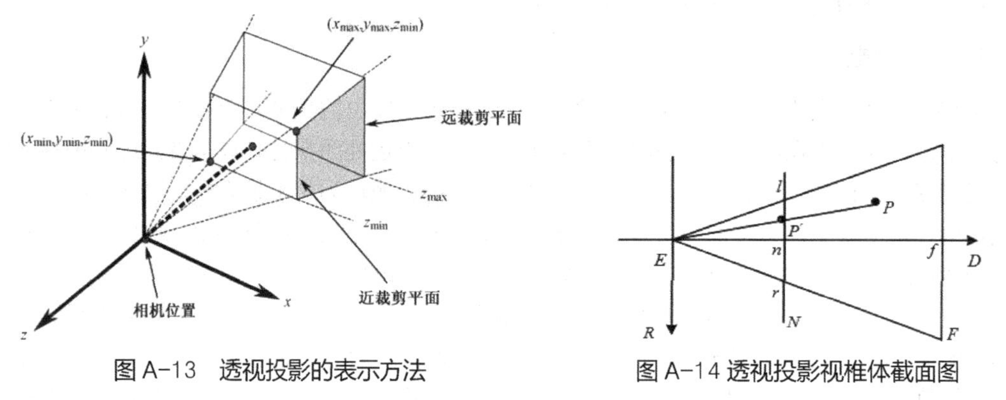

图 A-13　透视投影的表示方法　　　　图 A-14 透视投影视椎体截面图

假设 P 为空间中的一点，坐标为 (x, y, z)，变换到投影平面上的点 P'，根据简单的相似三角形

变换可以得到 P'的坐标为$\left(\frac{xn}{-z},\frac{yn}{-z},-n\right)$，则将其变换到裁剪平面的点 Q，设点 Q 的坐标为(x_Q,y_Q,z_Q)，则变换得到的坐标可以表示成

$$x_Q=\frac{2n}{r-l}\left(\frac{x}{-z}\right)-\frac{r+l}{r-l},\quad y_Q=\frac{2n}{t-b}\left(\frac{y}{-z}\right)-\frac{t+b}{t-b},\quad z_Q=-\frac{2nf}{f-n}\left(-\frac{1}{z}\right)+\frac{f+n}{f-n}$$

这样，投影变换矩阵为

$$Q=M_{projection}P=\begin{bmatrix}\frac{2n}{r-l} & 0 & \frac{r+l}{r-l} & 0\\ 0 & \frac{2n}{t-b} & \frac{t+b}{t-b} & 0\\ 0 & 0 & -\frac{f+n}{f-n} & -\frac{2nf}{f-n}\\ 0 & 0 & -1 & 0\end{bmatrix}\begin{bmatrix}x\\ y\\ z\\ 1\end{bmatrix}$$

A.5 顶点与几何变换

在图形绘制过程中，不论是物体层还是顶点层都存在一系列的变换，这些变换分为两类：几何变换和顶点变换。

1. 几何变换

几何变换发生在物体层。几何变换通常有如下几种：

① 平移变换，是指空间中的点沿直线路径从一个坐标移动到另一个坐标位置的重定位过程。

② 旋转变换，是指将空间当中的一点绕一直线或者一点旋转某个角度到达一个新的位置的重定位过程。

③ 放缩变换，放缩变换通常用来改变场景中物体的大小。

④ 反射变换，又称为对称变换，通常用来将物体变换到关于一点、一直线或者一平面的位置上。

⑤ 错切变换，也称为剪切、错位变换，用于产生弹性物体的变形处理。

变换通常是通过矩阵实现的。关于如何建立变换的矩阵请参见 2.3 节。

2. 顶点变换

顶点变换发生在顶点层。在绘制过程中，顶点从自身的模型空间变换到屏幕上要经历一系列的变换，如图 A-15 所示。

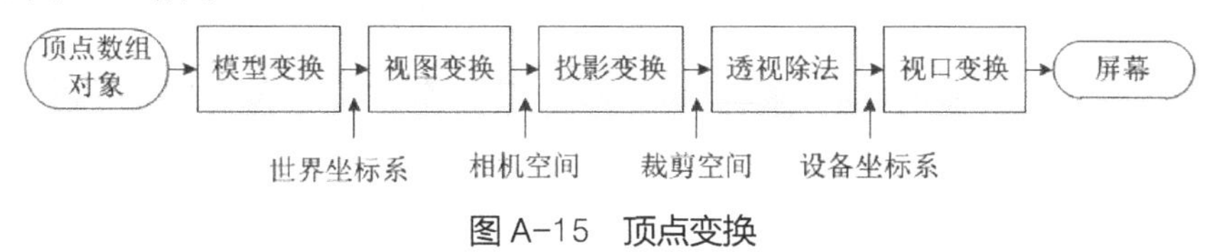

图 A-15 顶点变换

（1）模型与视图变换

在图形绘制时，模型变换和相机变换通常是放在一起的，视图变换又称为相机变换。通常，几何模型被保存在自身的建模空间，即每个模型拥有单独的局部坐标系统。为了建立场景几何关

系，所有模型将统一放置到世界坐标系中，从建模坐标系变换到世界坐标系叫模型变换。例如，将图 A-16(a)的立方体变换到图 A-16(c)的世界坐标系中需要经历三个步骤：将立方体放置到世界坐标系的原点 → 将立方体绕世界坐标系中心旋转 → 将立方体平移到指定的位置。这三步操作的顺序非常重要，如果将第二步与第三步交换，立方体的位置将发生位移，如图 A-16(b)所示。变换后的立方体位于世界坐标系中，转入下一步的相机变换。

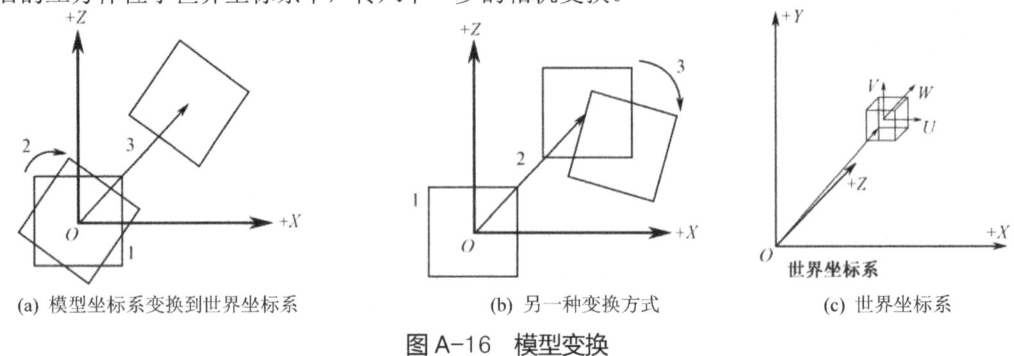

(a) 模型坐标系变换到世界坐标系　(b) 另一种变换方式　(c) 世界坐标系

图 A-16　模型变换

将场景物体从世界坐标系变换到相机坐标系叫相机变换。相机的外部参数决定了相机坐标系，因此场景在屏幕上的成像位置与形状与相机的外部参数有关。模型和相机变换采用 4×4 齐次矩阵表示，通常两个矩阵复合成一个矩阵处理，便于提高效率。所有的图形绘制引擎都提供了应用程序接口供应用程序设置模型和相机变换对应的矩阵。其中，模型变换由场景物体的平移和旋转变换组成，相机变换则通过设置相机的位置、相机方向和向上向量决定。

（3）投影变换

投影变换将顶点从相机坐标系变换到裁剪空间，裁剪空间是一个四维的齐次空间。投影变换需要借助于形影的投影变换矩阵，投影矩阵的创建可以参见附录 A.4.2 节。

（4）透视除法

透视除法的实质是做了一次除法，将四维齐次坐标系中的四维点除以第四维的值，从而得到一个标准设备坐标系，该坐标系可以用来作为裁剪之用。

（5）视口变换

视口变换就是将顶点从设备坐标系变换到屏幕坐标系中，从而显示在屏幕上。

A.6　像素计算

A.6.1　像素颜色计算

在绘制过程中，像素的颜色计算通常是给定几何层输出的顶点位置、颜色和纹理坐标，计算屏幕上每个像素的颜色，如图 A-17 所示。从顶点组成的几何变换到像素的过程称为光栅化（Rasterization），它的机理与得名来源于 CRT 显示器的电子枪发射方式。光栅化构成了光栅图形学的基础（即通常意义上的计算机图形学，与之相对的是矢量图形学，广泛应用于二维平面设计、排版与打印行业）。

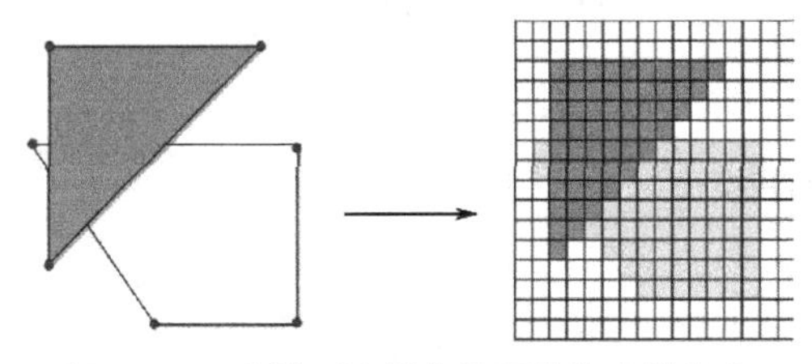

图 A-17　多边形光栅化为屏幕像素的集合

像素颜色的计算结果分别保存于两个缓冲器中。其中，颜色缓冲器保存每个像素的颜色和不透明度，深度缓冲器（也叫 Z-缓冲器）保存每个像素的规一化后的 Z 值。为了保证动画绘制时的视觉连续性，即光栅化当前帧的同时在屏幕上输出前一帧，光栅化层采取双缓冲机制。双缓冲机制使得图形绘制流程同时保持两个颜色缓冲器，交替作为前台缓冲器和后台缓冲器使用。在任意时刻，前台缓冲器用于显示，后台缓冲器用于绘制，完成后两者进行交换。除了双缓冲机制外，还可以定义立体缓冲机制来模拟人眼的立体视觉，即同时保存人的左眼和右眼的图像，并通过立体眼镜给人造成身临其境的感觉。

像素的颜色计算通常分为四步：消隐、逐像素光照明计算、纹理映射和颜色融合。

消隐的目的是解决场景的可见性问题。所谓可见性计算，直观的解释是，计算场景物体上投影到每个像素的所有的点中最靠近视点的那个。图形学中经典的解决方案是物体空间的 Z-缓冲器算法和图像空间的光线跟踪算法。由于 Z-缓冲器算法易于在图形硬件中实现，逐渐演化成标准的图形硬件消隐技术。在深度缓冲器中，每个像素上始终保留最接近视点的深度。当光栅化产生新的像素后，该像素的深度与保存在深度缓冲器的像素深度进行比较，如果小于已有的像素深度，则用像素的颜色和深度替换分别保存在颜色缓冲器和深度缓冲器中的颜色和深度值，反之保持不变。在绘制之前，深度缓冲器必须初始化为最远的深度，以保证可见性计算的正确性。

逐顶点的光照明计算对应于 Gouraud 渲染模式，逐像素光照明计算则对应于法向渲染模式（也称为 Phong 渲染模式），两者的效果差别如图 A-18 所示。在法向渲染模式中可采用任意的光照明模型。在游戏三维引擎设计中，必须根据图形硬件配置和场景复杂度设置合适的渲染模式。如果场景复杂度（可用顶点个数衡量）与图像复杂度（可用像素个数衡量）相当，那么法向渲染模式效率低于 Gouraud 渲染模式。而场景复杂度远远大于图像复杂度时，由于消隐的作用，处理的顶点数目将多于像素数目，法向渲染模式的效率将不逊于 Gouraud 渲染模式。

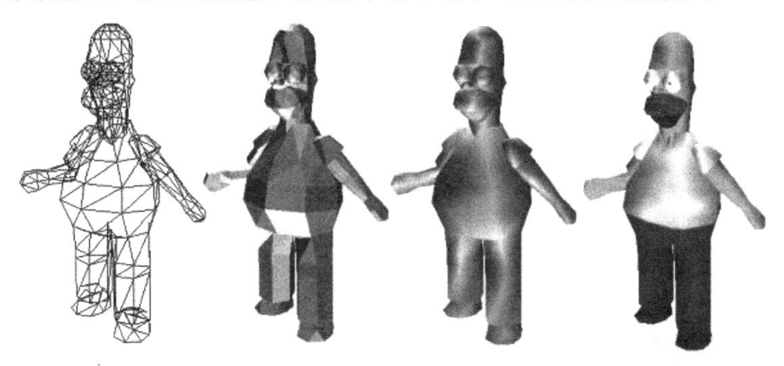

图 A-18 多边形网格模型的四中常见渲染模式

纹理映射是增强场景真实感的一种简单有效的技术，将预生成的图像直接贴在物体表面，模拟物体表面外观，因此也叫贴图法。纹理映射的扩展技术有很多，包括环境映射、光照图、球面映射、立方体映射、凹凸映射、位移映射等，详细的纹理映射描述见第 4 章。

对于每个像素，前面步骤可能产生光照明计算和纹理映射两类颜色值。不仅如此，光照明计算的结果可能来自多个光源，而每个光源可导致漫射项和镜面项的光亮度。同一像素也可能采集来自多个纹理的值，如多步纹理映射和单步多纹理映射。所有这些颜色值将根据各自的不透明度融合出最终结果。颜色融合不仅能加强场景真实感，还能生成半透明绘制、域深、基于 A-缓冲器的反走样、软影等特效。

A.6.2 片段剔除

片段剔除（fragment culling），又叫像素裁剪，发生在光栅化后。所谓片段剔除，就是剔除在光栅化过程中产生的无效片段。片段剔除通常是通过如下一系列的测试来完成的。

① 裁剪测试，就是限定了帧缓冲区中的一块矩形区域（即裁剪矩形），并把绘图限制在这个区域内，裁剪测试就是测试一个片段是否在这个区域内，如果片段落在这个区域内，则接受该片段，否则该片段则被剔除。

② alpha 测试，通常在像素格式为 RGBA 时进行的，就是根据像素中的 alpha 通道的值，决定拒绝或是接受一个片段。

③ 模板测试。通常，模板测试要借助一个模板缓冲区来执行。模板测试把像素存储在模板缓冲区的值与一个参考值进行比较。根据测试的结果，对模板缓冲区中的这个值进行相应的修改。

④ 深度测试。对于颜色缓冲区中的每个像素，深度缓冲区中都存放了一个表示观察点和像素所表示物体之间的距离值。所谓深度测试，就是测试新生成的片段（称为源片段）的深度值与深度缓冲区中已经存在的片段（目标片段）的深度值的大小。如果通过测试，则新的深度值将替代原来存在的深度值并写入深度缓冲区。深度测试通常用来消除隐藏表面，这样在整个场景绘制完成后，只有那些没有被其他物体遮挡的物体才会保留。

A.6.3 反走样

通常，绘制的图形都是以数学模型来描述的。不论是数学概念上的三角形，多边形还是自由曲线都是连续的，图像的绘制通常要光栅化为离散的像素，在将连续图形光栅化为离散图形的过程中引起的失真现象，称为走样现象，用于减少这种现象的技术称为反走样技术。反走样的技术有下面几种。

1. 提高分辨率

光栅化的过程实质上就是一个采样的过程，因而提高分辨率实质上就是提高了采样频率，从而可以大大减轻图形的失真。如图 A-19 所示，在分辨率提高 4 倍后，直线在纵向和横向占的像素数量都增加了 1 倍，这样直线显得更平滑。

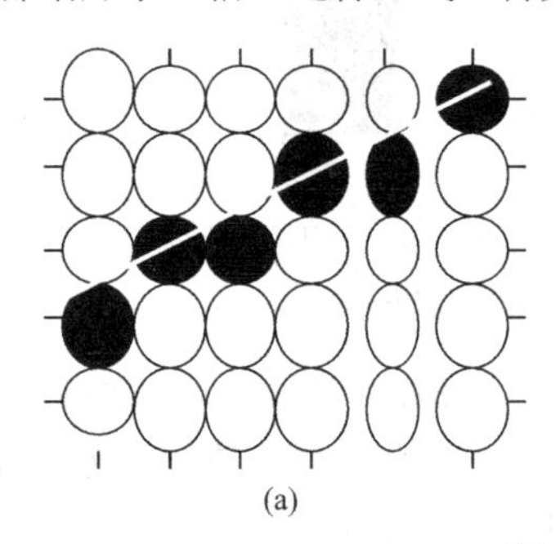

(a)

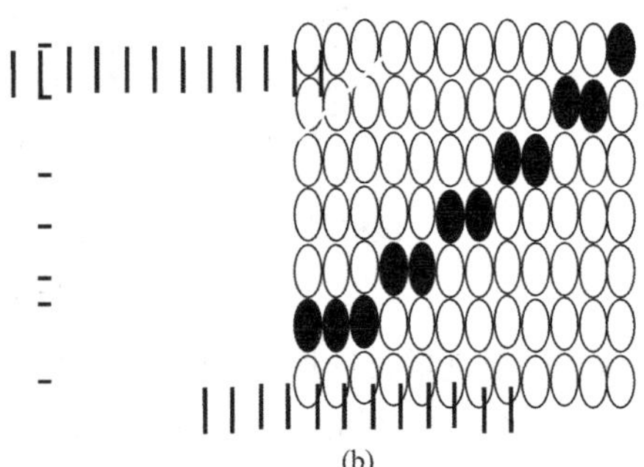

(b)

图 A-19 提高分辨率抗锯齿

通过提高分辨率的方式实现抗锯齿，实现简单、效果显著，但是代价也是巨大的，不但存储像素的帧缓冲区空间需要比原来增大四倍，而同样的图元，光栅化所花费的时间也增加了 4 倍。而且这种方式也只能减轻锯齿现象，而无法消除锯齿现象。这种方式的实现太过昂贵，因而出现了用软件方法实现类似效果的方法，即多重采样加权。

每个像素都有一个灰度值，将一个像素分为若干个子像素，并且每个像素都有一个权值，表示对整个像素的贡献。通过对每个子像素采样获得灰度值，然后将采样所得的灰度值按照权值进行加权平均，最后得到像素的最终灰度。图 A-20 是将一个像素分为四个子像素，分别对四个子像素进行灰度值采样，然后进行简单的加权平均，从而求的像素的灰度。

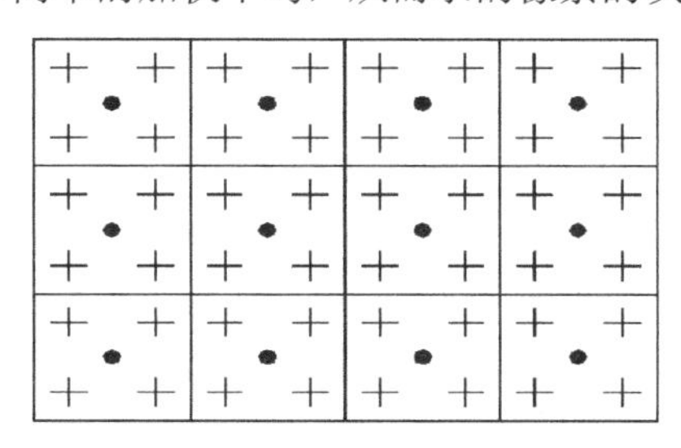

图 A-20　将一个像素分为 4 个子像素分别采样

2. 简单区域取样

简单区域取样的方法基于如下事实：

- 在数学上，像素被看做一个无限小的点，面积为 0，亮度由覆盖在其上的图形的亮度决定。事实上，显示器上的像素都占有一定大小的面积。
- 在数学上，直线的宽度为 0，事实上在绘制时直线的宽度至少为一个像素。

根据以上事实，便引出了区域取样的算法。具体做法如下：① 将直线看成具有一定长度的狭长矩形；② 当直线段与像素相交时，求出两者相较区域的面积；③ 根据相交区域的面积，确定该像素的亮度值。

简单区域采样实质是使用了一个盒式滤波器，它是一个二维加权函数，用 w 表示，如果直线在当前像素所占的正方形上，则 w=1，否则 w=0。直线条经过该像素时，该像素的灰度值可以通过在像素与直线条的相交区域上对 w 求积分获得，此时面积值等于体积值。

这种方式虽然在一定程度上减轻了锯齿，但也有如下缺点：

- 像素的亮度与相交区域的面积成正比，而与相交区域落在像素内的位置无关，这仍然会导致锯齿效应。
- 直线条上沿理想直线方向的相邻两个像素有时会有较大的灰度差。

3. 加权区域采样

其基本思想是：采用圆锥形滤波器，圆锥的底圆中心在当前像素，底圆半径为一个像素，锥高为 1。当直线条经过该像素时，该像素的灰度值是在二者相交区域上对滤波器进行积分的值。

A.7　光照明计算

现实世界中物体所表现的颜色都是光能作用的结果。光线照射到物体表面时，一部分被吸收并转化为热能，其余部分被反射或透射。正是部分反射或透射的光线被眼睛接收后，我们才感觉到物体的存在及其所特有的形状和色彩。为了便于计算，必须定量地描述光的多少或强弱，亮度和强度就是用来定量描述光的两个基本概念。物体表面光的亮度是指单位投影面积在单位立体角内发出的光的能量，是物体表面上的小面元所具有的性质。对点光源常用强度来代替亮度。强度是指点光源在单位立体角内发出的光能。同样大小的被照射面离光源越远，接收到的光能就越少。

光的传播服从反射定律和折射定律，光源与物体表现颜色的关系可通过光照模型来模拟。光照模型的作用是计算物体可见表面上每个点的颜色与光源的关系，因此它是决定图形是否逼真的一个重要因素。人眼（相机）感受到的颜色给予光源的数目、形状、位置、光谱组成和光强分布有关，也与物体本身的反射特性和物体表面的朝向有关，甚至与人眼对光线的生理和心理视觉因素有关。把这一切都通过计算机精确地计算出来是不现实的，只能用尽可能精确的经验光照明模型或实验数据来模拟光和物体的相互作用，并近似计算物体可见表面每一点的亮度和颜色。

1. 光源与材质

要了解光照明计算，必须弄清楚参与颜色合成的因素。首先，在场景中需要一个发光源。光源的属性包括形状、位置、色彩和强度，强度与色彩相乘获得颜色。由于真实场景并非真空，存在各种杂质，光源在空间传播过程中会发生衰减。其次，对场景中的物体建立几何模型，使得物体能接收与反射光亮度。光与物体之间的相互作用分为两类：其一是光与几何模型边界的相互光学几何作用；其二是光与曲面材质之间发生的吸收、传播和散射等物理作用。描述物体表面材质的参数有泛光系数、漫射系数、镜面系数和自身发射光强等。

- 泛光 —由于环境光照明带来的全局的物体颜色，实际上是对全局光照明的一个逼近。可以为场景中物体定义统一的泛光系数。
- 漫射光 —漫射是不光滑物体与光作用后向各方向均匀反射的一种现象。漫射光的强度仅与入射光和曲面法向夹角有关。
- 镜面光 —造成曲面上高光（亮斑）的一种光学现象，与入射光方向、曲面法向和视角有关，从不同方向观察，镜面光的强度是不一样的。
- 自身发射光 —当物体本身是发光源时，它呈现的颜色。

从物理的角度分类，材质类型可分为 4 种：绝缘体、金属、复合体和其他材料。绝缘体与光的相互作用小，反射率低且与光源颜色无关，因此呈现出半透明的效果。金属材料是导体，表面不透明且反射率高，泛光、漫射和镜面光颜色也基本一致。金属材质的颜色与自由电子被不同波长的光源激发的强度有关。钢质和镍质物体在所有可见波长的强度一致，故呈现略带灰色的外观。铜和金则反差强烈，分别形成了红和黄的颜色。从金属材质反射出的颜色与入射和出射光的方向有关，其计算不能用底层图形 API 中的光照明模型表示，但环境映射方法（如球面映射）可以获得比较逼真的视觉效果。复合型材料如塑料和油漆，由绝缘体和金属体共同组成，它们的反射属性也具备两者的特点，即镜面反射属性与绝缘体一致，漫反射项则呈现金属外观。

人眼观察到物体的颜色是光源发出的光子击中物体表面后，反射或折射到人眼的结果。除了从透明到不透明的边界外（空气与塑料）外，也存在从透明到透明的界面（如空气到水），这时还会发生折射现象。材质的传导率直接决定光子在表面的反射方式。在一个完全的传导物体上（如金属），大部分光被反射，如图 A-21(a)所示。而对于介质表面，大部分光穿透了界面传播，如图 A-21(b)所示，传播系数则与曲面的粗糙度有关。

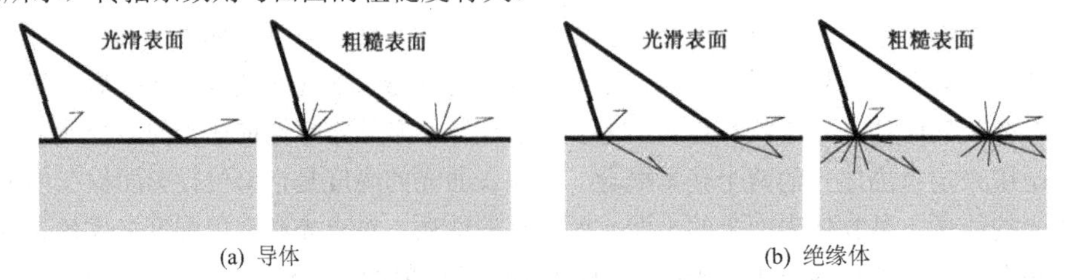

(a) 导体　　(b) 绝缘体

图 A-21　在光滑/粗糙的导体和绝缘体表面上的不同的光学效果

另一类是子曲面散射模型。例如，厚的彩色油漆曲面的表面透明，并存在反射、折射、曲面内部互相之间的反弹、位移等现象，造成从某个位置射入的光从它周围各处反射。这样的例子还有人的皮肤、半透明的叶子，称为子曲面散射现象（Subsurface Scattering），如图 A-22 所示。

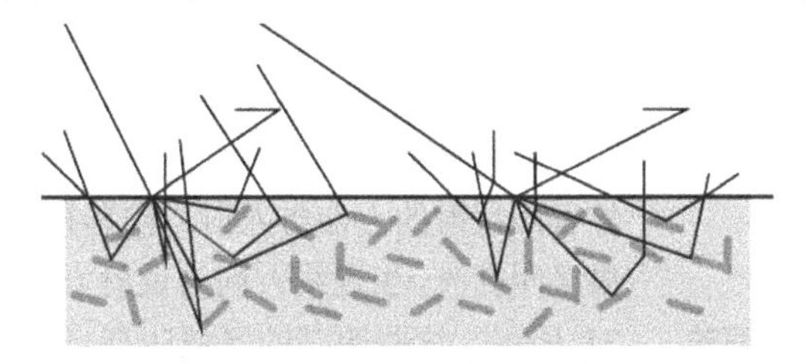

图 A-22 子曲面散射现象

2. 局部光照明模型

光照明计算是根据光源属性（光源的位置、方向、光照系数）、场景物体的表面几何、物体的材质（泛光、漫射系数、镜面系数和自身发射光），以及指定的光学模拟公式计算场景中物体颜色的过程。传统的光照明模型主要考虑了镜面分量和漫射分量，配合纹理映射技术，在固定管道编程的 OpenGL 和 Direct3D 中可方便地获得不错的光照明效果。当前的可编程图形硬件能定制更复杂光照明模型。本节主要阐述传统的图形引擎（OpenGL 和 Direct3D）中采用的局部光照明模型。大部分三维游戏采用这些光照明模型已经足够。

局部光照明计算按 RGB 三分量分别计算泛光、漫射光和镜面光，其中三个主要步骤如下：计算曲面上的全局泛光 → 对于场景中的每个光源，计算它对曲面的漫射和镜面光分量的贡献→计算曲面本身的发射光。具体公式为

$$i_{total}=k_a i_a+\sum(k_d i_d+k_s i_s)$$

式中，i_{total} 是光强度总和；k_a、k_d 和 k_s 分别是泛光系数、漫射系数和镜面系数，取值范围都是[0, 1]；i_a、i_d 和 i_s 分别是泛光、从物体表面反射的漫射光和镜面光分量。

漫射光的计算方法如下如下。漫射光模拟光在粗糙的物体表面均匀反射到各方向的性质，与视点无关，仅与光的入射方向有关。模拟漫射光强度的经典模型是朗伯漫反射模型，即漫射光强度正比于光源强度乘以入射光和入射点处法向夹角的余弦值，而比例反映物体表面的粗糙程度，称为漫射系数，如图 A-23 所示。在编程实现漫射光时，物体表面法向分为多边形法向和顶点法向两种。由于利用多边形法向计算漫射光会造成边界处明显的不连续，顶点法向更合适。因此，光照明计算通常在每个顶点上进行。

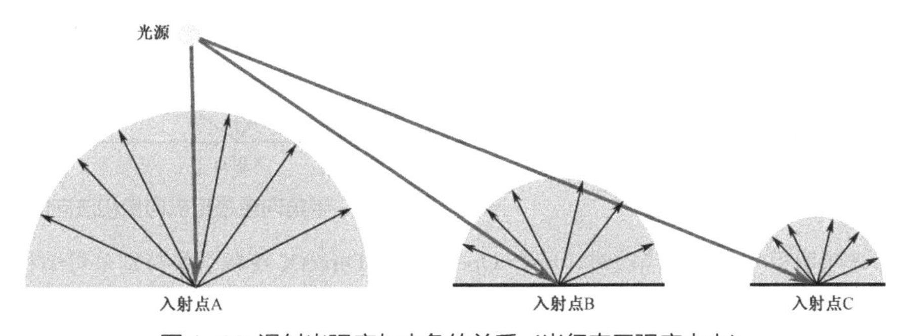

图 A-23 漫射光强度与夹角的关系（半径表示强度大小）

朗伯漫射模型的表达式为

$$i_d=\max(0,(\mathbf{n}\cdot\mathbf{l}))(k_d I_d)$$

式中，I_d 是光源的漫射颜色，**n** 和 **l** 分别是法向和入射向量。在游戏中，泛光和漫射光分量的场景绘制效果配合纹理映射已经能达到实用。漫射光照明模型的缺点在于无论视点如何改变，同一顶点的颜色保持不变。只有物体旋转（从而法向旋转）或者光源改变位置，顶点的漫射光颜色才会变化。

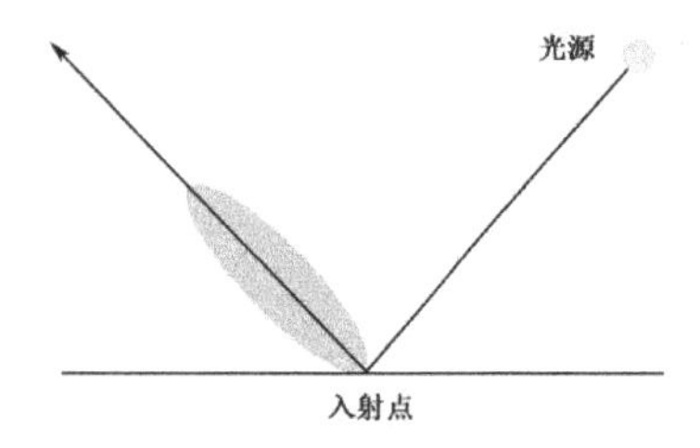

图 A-24　镜面光与视点方向有关

（1）镜面光

镜面光模拟了具有金属类光泽的物体表面属性，即光从物体表面反射的方向与入射方向和视点都有关。镜面光产生的效果又叫高光，当视线方向与反射方向接近时特别明亮，如图 A-24 所示。这些明亮的区域叫高光区域，脱离高光区域外的镜面光迅速变暗。高光区域的大小反映了物体表面光滑的程度，在图形学中用高光系数来模拟（见 Phong 模型）。

Phong 模型是迄今为止使用最广泛的考虑镜面光的局部光照明模型。考虑物体表面某点 p 处法向为 **n**，光源方向（从 p 到光源的方向）为 **l**，反射向量为 **r**，相机到 p 的向量为 **v**，如图 A-25 所示。Phong 模型可以表述为 $i_s=(k_sI_s)(\mathbf{r}\cdot\mathbf{v})^{n_s}$，其中 I_s 是光源的镜面颜色，n_s 是高光指数。Phong 模型是模拟镜面分量的经验公式，其思想是视线方向与反射方向越接近，镜面光越高，镜面光在物体表面的变化快慢用高光指数 n_s 衡量。反射向量 **r** 的计算公式为

$$\mathbf{r}=\frac{2(\mathbf{n}\cdot\mathbf{l})\mathbf{n}-\mathbf{l}}{|\mathbf{n}|^2}$$

若 **l** 和 **n** 是规一化的向量，那么上式的计算结果直接已经规一化：$\mathbf{r}=2(\mathbf{n}\cdot\mathbf{l})\mathbf{n}-\mathbf{l}$。

针对 Phong 模型中计算反射向量 r 相当耗时的缺点，Jim Blinn 提出用半角向量 **h** 来代替反射向量 **r**。**h** 位于光源向量和相机向量之间，如图 A-26 所示。当 **h** 与法向 **n** 重合时，相机向量 **v** 和 **n** 的夹角等于光源向量 **l** 和 **n** 的夹角。Blinn 公式是 $i_s=(k_sI_s)(\mathbf{r}\cdot\mathbf{h})^n$，$h=(1+v)/|1+v|$。利用半角的好处是不需要计算反射向量 **r**，因而计算快。Blinn 公式与 Phong 模型的差别体现为：

- 将 Blinn 公式中的高光指数乘以 4，可获得与 Phong 模型大致相同的效果。
- 如果指数的取值范围有上限，Phong 模型可以获得比 Blinn 公式更窄的高光。
- 当光源向量与相机向量的夹角大于 45° 时，Phong 模型产生的高光带要长。
- Blinn 公式效果更逼真。

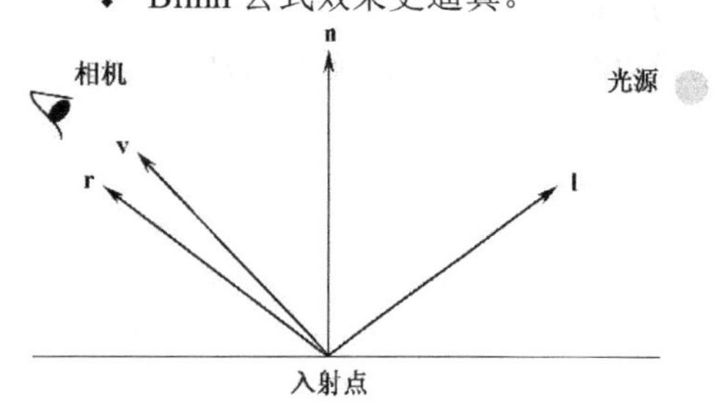

图 A-25　Phong 模型

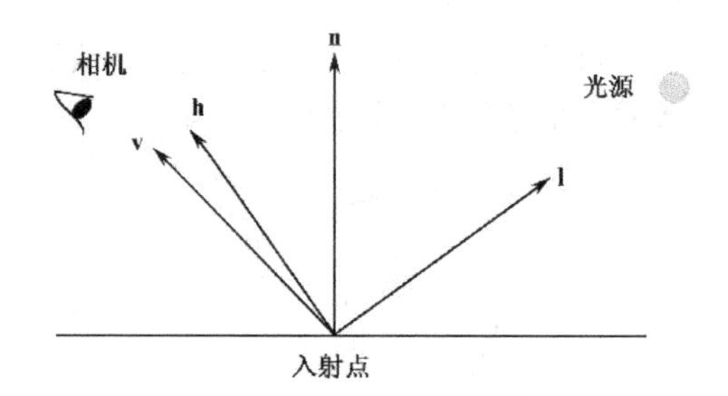

图 A-26　半角向量是相机向量和法向的平均

对局部光照明模型进行适当改进，结合 OpenGL 和 DirectX 绘制引擎特别是可编程图形硬件技术，开发人员可以创造出各种炫目的光照明效果。

（2）光的衰减

光在真实世界中的传播一定会有衰减现象，衰减程度与传播路径中媒质的类型和密度有关。在底层图形 API 中，通常将光的衰减计算简化为一个与距离呈反比的经验因子。在与光

源距离为 d 处的光衰减因子计算公式为 $f_{\text{after}}=1/(k_c+k_l d+d_q d^2)$。这里，$k_c$、$k_l$ 和 k_q 分别是常数项、线性项和二次项衰减系数。考虑了衰减因子的局部光照明计算公式为

$$i_{\text{total}} = i_a + \sum f_{\text{after}}(i_d + i_s)$$

（3）Schlick 镜面指数简化公式

实时图形编程的诀窍就是不断简化，直到满足实时的要求为止。在简化过程中，尽可能保持效果不变。Schlick 等为了简化镜面光计算公式中指数项的计算，提出了公式

$$\frac{S}{m_s - m_s S + S}$$

式中，S 是夹角的余弦，n_s 是高光指数。从实际效果上看，Schlick 简化较好地逼近了 Phong 模型。

OpenGL 固定管线中已经实现了一种使用非常广泛的局部光照明模型——Phong 模型。

3．基于真实物理特性的光照明计算

（1）光的反射与折射现象

前面所描述的都是经验公式，为了获得更为逼真的效果，可基于真实物理原理建立光照明计算理论。图 A-27 展示了光在两种媒质的界面上所发生的光学现象。光波在两种介质的界面上会发生反射。反射方向是入射方向关于法向的镜面方向。光的折射遵循 Snell 定律：$n_a\sin\varphi_a=n_b\sin\varphi_b$。$n_a$ 和 n_b 是两种介质的折射系数。Snell 定律表明折射角与两种介质的折射系数和入射角有关。真空的折射系数是 1，其他所有材质的折射系数都大于 1。当入射角度大于某个角度时，入射光线将全部反射回去，这种现象叫全内反射，此时的入射角称为临界角。

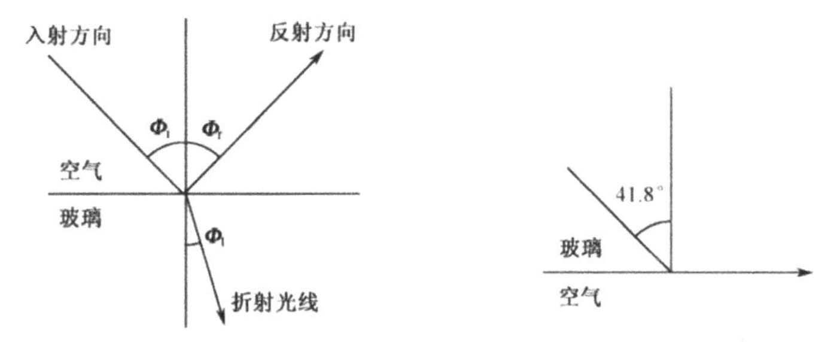

图 A-27　光在两种介质界面发生反射和折射（左）、玻璃进入水的临界角（右）

由于材质的密度随温度改变，折射系数是一个与温度有关的函数。考虑了温度影响的折射系数计算公式为 $\eta^t=\eta^{25}+0.00045(25.0-t)$。当折射系数为 η^{25} 时的温度是 25°，而 t 是当前温度。

Fresnel 方程用来计算折射光和反射光占入射光能量的百分比。在忽略吸收的情况下，两者的和等于入射光能量。Fresnel 方程是麦克斯韦尔电磁方程在物质界面上的解，给出了光波传播和反射与入射角和两种介质的折射系数之间的函数关系。对于导电介质，在物体表面由于电磁场的作用，部分能量被吸收。Fresnel 方程最简单的形式是关于非导体的：

$$F_{r=} = \frac{n_t(\boldsymbol{n}\cdot\boldsymbol{l}) + n_i(\boldsymbol{n}\cdot\boldsymbol{t})}{n_t(\boldsymbol{n}\cdot\boldsymbol{l}) - n_i(\boldsymbol{n}\cdot\boldsymbol{t})}, \quad F_{r\perp} = \frac{n_i(\boldsymbol{n}\cdot\boldsymbol{t}) + n_t(\boldsymbol{n}\cdot\boldsymbol{l})}{n_i(\boldsymbol{n}\cdot\boldsymbol{t}) - n_t(\boldsymbol{n}\cdot\boldsymbol{l})} \quad F_{t=} = \frac{2n_i(\boldsymbol{n}\cdot\boldsymbol{l})}{n_t(\boldsymbol{n}\cdot\boldsymbol{l}) - n_i(\boldsymbol{n}\cdot\boldsymbol{l})}, \quad F_{t\perp} = \frac{2n_i(\boldsymbol{n}\cdot\boldsymbol{l})}{n_i(\boldsymbol{n}\cdot\boldsymbol{l}) - n_t(\boldsymbol{n}\cdot\boldsymbol{l})}$$

此处，反射向量 $\boldsymbol{r}$ 和折射向量 $\boldsymbol{t}$ 被分为平行和垂直的两段。n_t 和 n_i 是折射和入射材质的折射系数。如果向量都经过规一化处理，令 $\boldsymbol{n}\cdot\boldsymbol{l}=\cos\phi_i$，$\boldsymbol{n}\cdot\boldsymbol{t}=-\cos\phi_i$，$\phi_i$ 是入射角，ϕ_t 是折射角，利用 Snell 定律简化后的方程为

$$F_{r\perp} = \frac{\sin^2(\phi_i - \phi_r)}{\sin^2(\phi_i + \phi_r)} \quad F_{r=} = \frac{\tan^2(\phi_i - \phi_r)}{\tan^2(\phi_i + \phi_r)} \quad F_{t=} = \frac{2\sin(\phi_t)\cos(\phi_i)}{\sin(\phi_i + \phi_t)\cos(\phi_i - \phi_t)} \quad F_{t\perp} = \frac{2\sin(\phi_t)\cos(\phi_i)}{\sin(\phi_i + \phi_t)}$$

（2）Cook-Torrance 模型

Cook-Torrance 模型模拟了非完全光滑的物体表面，它假设：物体表面的粗糙度的幅度大于光的波长；物体表面的微几何由很多 V 形微面组成；微面的朝向随机分布；微面本身十分光滑。基于上述假设，光线射入物体表面后的行为可分为三类：光线完全反射、光线产生阴影、光线被完全挡住，如图 A-28 所示。

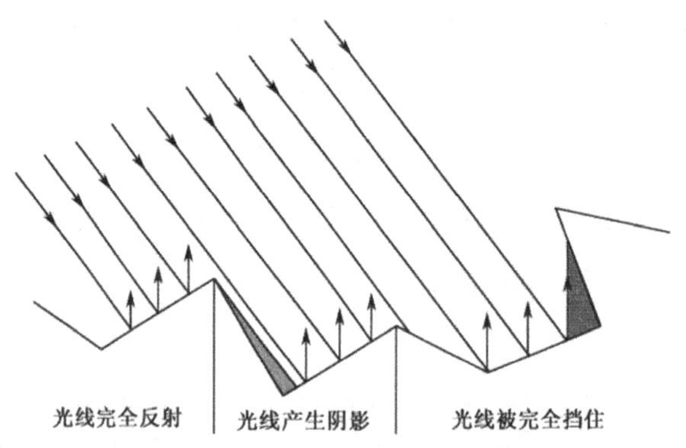

图 A-28　Cook-Torrance 曲面模型中的三种情形

Cook-Torrance 模型需要指定微面的倾斜度的分布情况，如采用高斯分布 $D=ce^{-(\alpha/m)2}$，这里 c 是任意常数，$\cos\alpha=\boldsymbol{n}\cdot\boldsymbol{h}$。参数 m 是高斯分布方差，m 越小（如 0.2），物体表面越光滑，越大则越粗糙（如 0.8）。Cook 和 Torrance 采用 Beckmann 分布函数来模拟非导体和导体的粗糙或光滑曲面属性：$D=\dfrac{e^{-(\tan(\alpha)/m)^2}}{m^2\cos^4(\alpha)}$。模型的好处在于不需要指定常数，而只需要一个物体表面粗糙度的参数 m。

Cook-Torrance 模型还可用于计算光线实际击中微表面的数量。如前所述，三种不同情形将导致光线发生下列三种情形：光线直接反射；光线产生阴影；光线被遮挡。Blinn 推导出光线被遮挡的比例，也称几何衰减函数

$$G=\min\left[1,(\boldsymbol{n}\cdot\boldsymbol{v})\left(\frac{2\boldsymbol{n}\cdot\boldsymbol{h}}{\boldsymbol{v}\cdot\boldsymbol{h}}\right),(\boldsymbol{n}\cdot\boldsymbol{l})\left(\frac{2\boldsymbol{n}\cdot\boldsymbol{h}}{\boldsymbol{v}\cdot\boldsymbol{h}}\right)\right]$$

（3）双向反射率分布函数（Bidirectional Refelectance Distribution Function）

双向反射率分布函数（BRDF）考虑了反射表面的结构、入射光通过物体表面后产生的衰减以及物体表面的光线属性。BRDF 仅与入射和出射光线方向有关，由于两者的自由度都是 2，因此它本质上是一个四维函数，如图 A-29 所示。

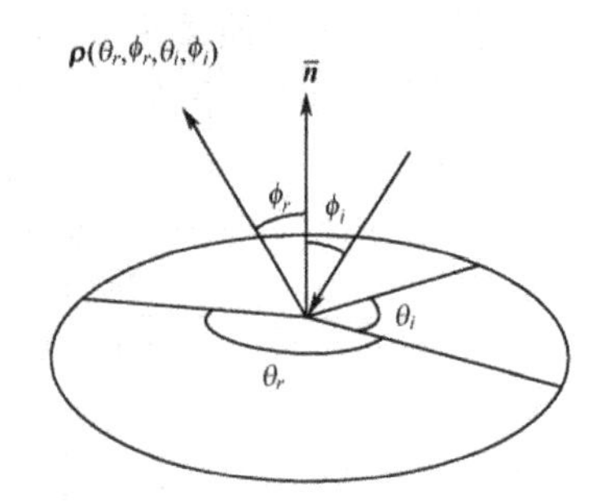

图 A-29　BRDF 是入射、反射和物体表面法向的函数

传统的朗伯模型可以看成 BRDF 的一种简化模型，即 BRDF 在各点处都是常数。Phong 模型则将 BRDF 粗略地分为漫射和镜面两部分，对于漫射分量采用朗伯模型，则将镜面部分简化为仅

与入射光和顶点法向有关。Blinn 更进一步考虑使用 Cook-Torrance 模型中的物体表面几何分布模型，将镜面反射部分设定为与四个因素有关：微表面分布函数 D，Fresnel 反射定律 F，几何衰减因子 G，微平面对于光源和相机都可见的部分比例 $(n{\cdot}v)(n{\cdot}l)$。

综合这四个因素，Blinn 认为 BRDF 镜面函数是：

$$\rho_s = \frac{FDG}{\pi(\mathbf{n}\cdot\mathbf{v})(\mathbf{n}\cdot\mathbf{l})}$$

上述这些因子可以适当简化，如 Blinn 设定 Fresnel 项为 1。除了这个经验模型，在实际应用中通常采取实测 BRDF 数据的方法，但这具有相当的难度。首先是数据获取问题，实测 BRDF 函数是一个复杂的过程。其次，理论上在物体表面的每点都需定义 BRDF 函数，这样使得既无法将 BRDF 数据全部装入显存，也无法达到实时绘制。因此，实际操作时在顶点上定义 BRDF，并且 BRDF 数据进行压缩处理，然后利用可编程图形硬件加速解压缩和绘制。最近几年图形学的最新进展已经将 BRDF 模型实用化和商业化。

BRDF 模型能支持各向异性反射的物体表面属性，也就是说，光线在物体表面的反射率与表面法向有关，如头发、刷过的金属、有凹槽的曲面（如光盘）和织物等。Poulin-Fournier 等人提出的各向异性反射模型，将 Torrance-Sparrow 模型中朝向随机分布的 V 型表面用排列整齐的圆柱型代替。有人提出将镜面项分为两部分：具有各向同性的漫射镜面项和具有方向性的有向镜面项。随后他们提出了基于查找表的加速技术。此后，Ward 等人提出了一个拟合 BRDF 数据最简单的经验模型。直到现在，BRDF 仍然是图形学领域的热门话题，有望在图形硬件允许的条件下应用于追求高画质的三维游戏中。

A.8 纹理映射

传统的几何造型技术只能表示景物的宏观形状，而无法有效地描述景物表面的微观细节，但恰恰是这些细微特征极大地影响着景物的视觉效果。真实感图形绘制技术利用纹理图像来描述景物表面各点处的反射属性，成功模拟出景物表面的丰富纹理细节。纹理映射技术以纹理图像作为输入，通过定义纹理与物体之间的映射关系，将图像映射到简单景物几何形态上合成出具有真实感的表面花纹、图案和细微结构。而在不同视点和视线方向下景物表面的绘制过程实际上是纹理图像在取景变换后，在简单景物几何上的重投影变形的过程。

简单地说，物体表面的纹理就是附着在物体表面的外观图像。纹理在计算机中的表示是一张 n 维的规则图像（n 可为 1、2、3、4，最常用的是二维）。纹理映射是指给定一个物体，依据某些图像和映射函数来决定物体外观属性的过程。由于图像像贴纸一样附着在物体表面，因此纹理映射也叫贴图。图 A-30 显示了一个简单的二维木质纹理及其映射过程。

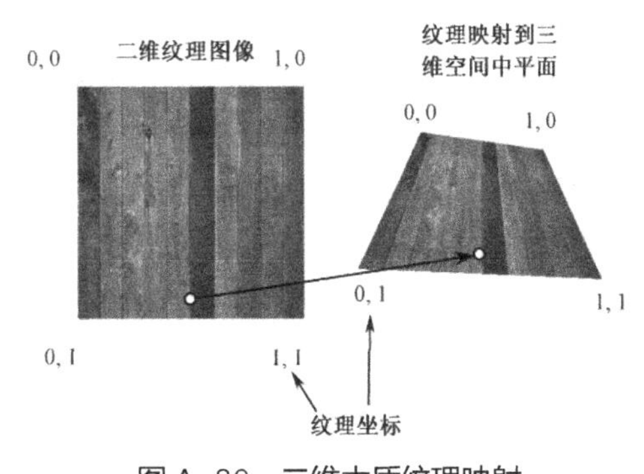

图 A-30　二维木质纹理映射

纹理映射大体上可分为两类：一类用于改变物体表面的图案和颜色；一类用来改变物体表面的几何属性（如利用法向量扰动以产生凹凸不平的效果）。例如，在室内游戏中，墙壁的花纹、地面凹凸不平的几何形状都可以利用纹理映射实现。与基于多边形的场景绘制方式相比，纹理映射的优势可归纳为以下 4 点。

① 节省建模时间：如果对真实世界中非常复杂的物体建模，需要使用复杂的建模工具经过冗长的建模过程才能构造出精细的几何模型。而使用纹理映射技术，只需要对物体拍照，就可以快速地恢复物体的外观。

② 节省内存：精确的几何模型占用大量内存资源，使用纹理映射所需的是图像的分辨率，选择合适的图像分辨率使得纹理映射满足当前屏幕分辨率的要求，可以大幅节省所需的内存资源。

③ 增强表面细节和场景的真实感：经过简化的几何模型和光照明模型计算出来的图像永远也达不到实拍图像的真实感效果，特别是树木、山石、云雾等无法用纯几何模拟的自然景观。因此，纹理映射可以极大地增强表面细节和场景的真实感。一个典型的室内游戏场景通常由几千个三角形和大量纹理组成。

④ 提高绘制速度：纹理映射实际上是一类将绘制流程从场景几何空间转化为图像空间的技术。随着场景的日益复杂，屏幕分辨率（即图像空间的复杂度）将远低于场景复杂度（可用场景中的三角形个数来衡量），因此使用纹理映射可加速绘制的过程。

1．纹理映射的基本步骤

纹理映射可分为 5 个步骤。首先，物体上的某个点是纹理映射的起点。一般来讲，这个点定义在物体局部空间，使得当物体方位改变时，纹理相应发生改变。由于纹理是一个规则的图像，因此从不规则的三维物体空间变换到纹理所在的规一化空间需要一个映射。这个映射称为参数化，即纹理映射的第二步。例如，二维纹理的规一化空间是[1, 0]×[1, 0]，纹理上任意一点在规一化空间中的坐标就叫纹理坐标。第三步，从参数化空间变换到图像对应点的位置，并取出对应点的颜色值。第四步是可选的，即取出的值可能会经过某些变换计算。最后将取出的值根据给定的纹理融合函数，修改曲面的颜色属性。下面将详细描述纹理映射技术在游戏编程中需要注意的原理性知识。

2．纹理映射函数生成

纹理映射的区域通常是三维空间的平面或曲面，计算任意空间曲面与纹理域的对应关系本质上是一个参数化的过程。纹理映射函数的选取，或者说物体表面纹理坐标的生成，是纹理映射的一个最基本的问题。如果选择了不好的纹理映射函数，纹理在物体表面上会出现扭曲、变形的效果。从数学的角度看，良好的映射函数通常是保角映射或保面积映射。

平面：平面情形相对简单，可将其旋转至与某个坐标平面重合，于是与图像域的对应关系变得相当简单。

数学曲面：对于具有数学表达式的曲面，可以直接选取映射函数。在 3ds MAX 等造型软件中，常用的映射函数有球面映射、圆柱映射、平面映射、立方体等，分别对应某个参数化方法，具体映射方法在 4.1.3 节中重点描述。

利用物体表面属性：物体表面的法向、参数曲面自身参数、视线方向等任何与物体表面有关的属性都可以用来计算物体的纹理坐标。

过程式纹理：另一类纹理坐标生成方式，好采用噪声函数等技术，自动合成出三维纹理和对应的纹理坐标，详见 4.3 节。

所有的建模工具、某些非交互的绘制引擎都是在线计算纹理坐标。例如，3ds MAX 允许用户指定球面、圆柱、平面、立方体等不同的参数化方式计算纹理坐标。OpenGL 中可调用 glTexGen() 函数完成一些简单的纹理参数化，但是这种方式效率不高。在实时绘制引擎中，通常将纹理坐标定义在顶点，初始化时从模型文件中直接读入顶点的纹理坐标。在绘制时，顶点上的纹理坐标经过光栅化后，转换到每个屏幕像素，进而完成纹理映射。某些特殊的纹理映射方法，如环境映照，有特殊的映射方式。更一般的映射函数可以在可编程图形硬件的顶点或像素着色器中完成。

3．纹理坐标插值模式

如上所述，游戏编程一般只在顶点上设置纹理坐标。从顶点纹理坐标计算出每个像素的纹理坐标的最常用方式是在每个三角形的扫描线上线性插值，即纹理坐标 u、v 的生成和 Gouraud 渲染插值颜色的生成方式一样。由于实现简单（只需要逐扫描线相加 delta-u 和 delta-v），因此在图形加速器中被广泛采用。然而，认为纹理坐标 u 和 v 在扫描线上是线性变化则是不正确的，当多边形的法向与视线接近于垂直时这个问题更严重。解决的办法是认为 u/z、v/z 和 $1/z$ 在扫描线上线性变化，这就是纹理映射中的透视映射模式。软件实现逐个像素的除法（除以 z）是一个非常耗时的操作，因此大多数游戏编程中使用了一些小技巧。例如，Quake 游戏中每 16 个像素做一次除法，在这之间则直接对纹理坐标做线性插值。当前的主流显卡都支持透视纹理映射模式。

4．纹理取址方式

在纹理映射的第三步中，从规一化的参数空间映射到纹理的图像空间，提高了纹理映射的自由度。例如，可以将参数空间映射到纹理的某一部分，也可以应用矩阵变换对纹理图像实现旋转、平移、缩放等操作。另一个重要的操作是考虑纹理在物体表面的重复模式，即纹理坐标超出[1, 0]范围时可采取的操作。一个简单的例子是墙壁上的砖块纹理。在 OpenGL 中这种情形叫纹理弯曲方式，Direct3D 中则称之为纹理取址方式。通常，物体表面的纹理坐标位于[0, 1]区间。但是为了获得某些特效，纹理坐标可能超出这个范围。图形引擎中常用的 4 类纹理取址模式是重复（wrap）、镜像（mirror）、截断（clamp）和重复边界颜色（border color），如图 A-31 所示。

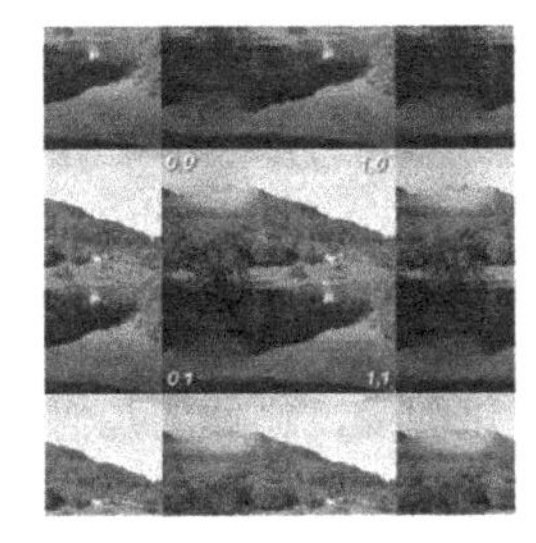

(a) 重复

(b) 镜像

(c) 截断

(d) 重复边界颜色

图 A-31　纹理取址模式示意图（图片来源：DirectX 9.0 SDK）

重复：纹理对超出范围部分进行重复。如果指定的纹理坐标是 u，那么重复后的纹理坐标是 $u=u\pm1.0$。例如，纹理坐标(1.3, –0.4) 将采样(0.3, 0.6)处的值。

镜像：位于边界外的部分沿边界做镜像。例如，纹理坐标(1.3, –0.4)将采样(0.7, 0.4)处的值。

截断：将超越边界的值截断到最近的边界。例如，纹理坐标(1.3, –0.4)将采样(1.0, 0.0)处的值。

重复边界颜色：设置所有超越边界的纹素的值为给定的边界颜色。

在纹理取址的重复模式基础上，底层图形 API 定义了另一种纹理坐标插值方式，即纹理缠绕方式。纹理缠绕方式与重复模式的区别在于它总是寻找纹理区域上的最短路径。例如，两个顶点的 u 坐标之间分别是 0.1 和 0.8，那么它们的中点的纹理坐标是 0.45。如果将 0.1 向左移并重复到 1.0，那么两点之间的最短路径是[0.8, 1.0]，因此中点坐标是 0.95。

5. 纹理融合模式

取出的纹理值可以经过任意的数值计算，并与物体经过光照明计算的颜色，或保存在帧缓冲器中的颜色进行融合计算。常用的融合函数有以下 3 类。

替代：纹理值替代目标值。

渐变：与替代的区别在于，如果打开 alpha 通道，那么将纹理颜色与目标颜色值进行融合，但 alpha 值保持不变。

相乘：颜色纹理与目标颜色值相乘。

6. 纹理映射中的反走样技术

纹理映射中经常碰到的问题是纹理走样问题，一般包括 Moire 效果、锯齿、斑块、模糊、水纹、亮点等。MIP（Multum In Parvo，意思是在一个小的地方有很多东西）映射技术是图形学中最常用的纹理反走样技术。它试图解决当相机远离纹理所在位置时出现的走样现象，基本思路是保证像素尺寸和纹素尺寸大致相等。因此，MIP 映射技术在内存中保存纹理的一系列不同分辨率的版本，最高版本是原始纹理，后续版本的尺寸是前一版本的 1/4。例如，原始纹理精度是 256×256，那么接下来的 MIP 纹理的尺寸分别是 128×128，64×64，…，1×1，如图 A-32 所示。纹理的 MIP 层次是在 Direct3D 设备创建纹理（CreateTexture()函数）时自动完成。如果参数为 1，则仅创建原始纹理；如果为 0，则生成直到 1×1 的全部层次。

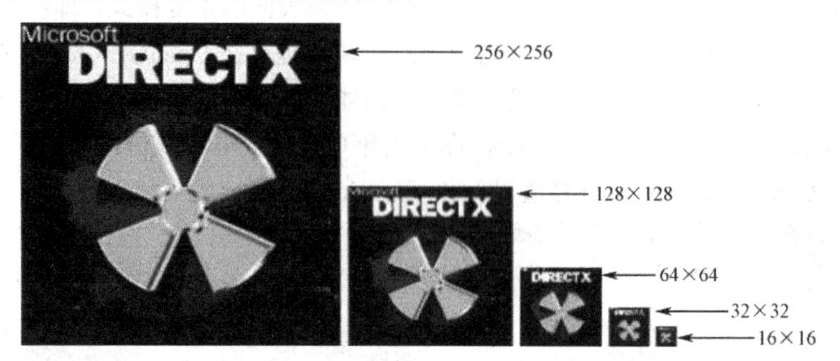

图 A-32 MIPMAP 纹理（图片来源：DirectX 9.0 SDK）

注意：纹理和物体分别定义在纹理空间和物体空间。纹理是离散的数值化图像，物体的几何形式则表达为连续的几何模型。在图形绘制流水线中，光栅化将物体几何形式从连续的三维空间变换到离散的二维屏幕空间，从而间接构建了纹理与几何形式之间的离散与连续的对应关系。问题由之产生：纹理的分辨率始终有限，在视点任意改变的情况下，图形绘制流水线中的光栅化将造成以下三种情形。第一，物体表面在屏幕上的光栅化所占图像的尺寸远远小于纹理分辨率；第二，物体表面在屏幕上的光栅化所占图像的尺寸与纹理分辨率相当；第三，物体表面在屏幕上的光栅化所占图像的尺寸远远大于纹理分辨率。在图形学中，第一种和第三种情形分别对应相机远离和靠近物体时的情形，又称为缩小化（minification）和放大化（magnification）。如果不进行特殊处理，将发生严重的视觉失真。采用双向滤波有助于解决放大的走样问题。游戏中常用的 4 种滤波方式如下。

① 点采样滤波：最简单、最快速的滤波方式。给定一个纹理坐标 u、v，取与它们最邻近的纹素值作为颜色。这种采样方式会带来严重的走样，距离越远越严重。尽管采用 MIP 映射技术会减少走样现象，但仍然会出现 MIP 层次替换时的视觉走样。

② 双向滤波：计算纹理坐标在最邻近的 4 个纹素之间的双线性插值。双向滤波和 MIP 映射

技术结合能大幅提高图像质量。这也是最常用的纹理滤波模式。

③ 三线性滤波：即三线性 MIP 映射滤波的简称。当相机在场景中快速移动时，它的效果要远好于双向滤波。三线性滤波选择最合适的两个相邻 MIP 层次，在每个 MIP 层次执行双向滤波后，再在两个 MIP 层次之间进行线性插值。例如，如果理想的 MIP 层次是 4.2，那么首先分别在 MIP 层次 4 和 5 中做双线性插值，其结果再用(0.2, 0.8)作为融合因子进行插值计算。由于三线性滤波是一个耗时的操作，并非所有显卡都支持此技术。

④ 各向异性滤波：双向滤波和三线性滤波都采用各相同性滤波，即认为纹素周围的各滤波方向的权重是一样的，当多边形斜对着相机时，这种各向同性采样方式会带来一些走样。各向异性则最大程度地解决了这个问题，如图 A-33 所示，尽管它的效率降低了数倍。

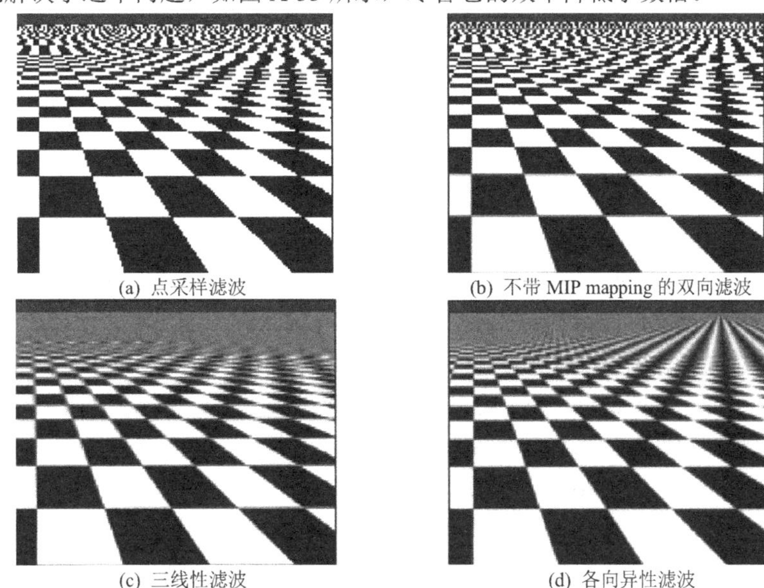

(a) 点采样滤波　(b) 不带 MIP mapping 的双向滤波

(c) 三线性滤波　(d) 各向异性滤波

图 A-33　纹理滤波模式示意（图片来源：Paul Heckbert 硕士论文，CMU）

7. 纹理坐标变换

纹理坐标变换是指在纹理映射前，对纹理坐标进行投影或矩阵变换。在 OpenGL 或 Direct3D 中，每个纹理阶段都可以定义一个 4×4 的纹理变换矩阵。最常用的纹理变换就是投影纹理（Projective Texture），另一个例子是绘制平移运动的水波纹理。若每帧在 u 方向移动 du，那么纹理变换矩阵可设置为

$$\begin{bmatrix} 1 & 0 & 0 & 0 \\ 0 & 1 & 0 & 0 \\ \mathrm{d}u & 0 & 1 & 0 \\ 0 & 0 & 0 & 1 \end{bmatrix}$$

当纹理坐标超过了有效范围时，可以根据指定的纹理重复模式，将纹理坐标变到有效范围后，再实行纹理坐标变换。

8. 多重纹理映射

在光照明计算理论中，所有光亮度分量（泛光、漫射、镜面、纹理映射等）同时计算出来，并合成为最终颜色。理论上，光源数目和纹理数目可以为任意多个，光照明计算公式可以任意复杂。但是限于图形硬件的处理能力，硬件实现的图形流水线无法在一个步骤中完成所有的计算。

解决办法是进行多步绘制，即进行多次光照明计算，并逐步累积所有步骤的光亮度，这就是多步绘制模式。广为人知的运动模糊、域深、基于 A-缓冲器的反走样、软影等特效都可以通过这种技术实现的。

如果将纹理映射看做预先计算的光亮度，那么可以对同一个物体实施多步光照明计算和多个纹理映射，这就是三维绘制引擎中的多步纹理技术（Multi-pass Texture Mapping）。最简单的例子是两步绘制，在第一步中计算漫射分量并与纹理相乘，在第二步中计算镜面分量并与第一步计算结果相加。在每步中，纹理值可以与其他光照明分量进行多种融合操作，包括替代、相加、混合等。在这里，alpha 通道扮演了一个远远超过透明度的角色。

几乎所有的图形引擎中都支持多步纹理映射技术。经典的 Quake III 引擎就定义了包含 10 个步骤的多步纹理映射技术。

第 1～4 步：累积凹凸映射。

第 5 步：漫射光分量。

第 6 步：基纹理。

第 7 步：镜面光分量（可选）。

第 8 步：自身发射光分量（可选）。

第 9 步：体/雾/大气效果（可选）。

第 10 步：屏幕闪烁（可选）。

除此之外，绝大多数图形硬件允许在单个绘制步骤中应用两个或多个纹理，即单步多纹理映射技术（Multi-texture Mapping）。为了将多个纹理映射的结果混合在一起，需要定义由一系列纹理步骤组成的纹理融合嵌套流水线。通常，第一个纹理步骤融合两个纹理值（或者插值后的顶点值）的 RGB 和 alpha 分量。其结果送入第二个步骤与其他纹理值（或者插值后的顶点值）进行处理，直到完成所有的纹理步骤，最后与保存在帧缓冲器中的值进行融合或替代操作。单步多纹理映射技术有着多步纹理映射技术无法比拟的优势。例如，如果想实现表达式为 AB+CD 的光照明模型，其中每个变量代表了一个单独的颜色纹理值。多步纹理映射可以使用两步融合出 AB，并在第三步与 C 相加，但无法再添入 D。因为在帧缓冲器中只能保留一个颜色，C 只能与 AB 相加，无法将 C 与 AB 分别保存。而单步多纹理技术则可以在两步内完成。第一步计算 AB，第二步计算 CD，并与保存在帧缓冲器中的结果相加。多步纹理映射和单步多纹理映射技术统称为多重纹理，表 A-1 比较了两者的异同。多重纹理是生成游戏引擎中复杂的光影效果最为重要的技术。

表 A-1　多步纹理映射和单步多纹理映射技术比较

	步　数	速　度	显卡支持	优　点	缺　点
多步纹理映射	多步	慢	全部	步骤无限制	完成功能有限
单步多纹理映射	单步	快	部分	可完成多种功能	单步内纹理映射数有限

A.9　推迟渲染

推迟渲染（deferred Shading）是一种相对于前向渲染（forward Shading）而言的渲染技术。推迟渲染并不是一项新技术而是在 1988 年就被提出来，只是到了近年才逐渐流行起来。推迟渲染的思想很简单，就是将片段颜色计算推迟到片段可见性测试之后，注意是片段而非顶点。通常被推迟的计算是光照明计算。

推迟渲染通常是解决多光源的光照计算问题的。对于场景当中包含多个光源的情况，通常有三种方式可以对整个场景进行光照明计算。

1．一遍绘制

所有的物体都经过一遍绘制完成光照明计算，绘制的算法如下：

```
for each object in scene
    render object apply all lighting in a shader
```

使用这种绘制算法，由于在一个着色器程序当中实现所有的光照计算，所以对于不确定光源数量的场景，或者光源数量时刻变动的场景处理起来将会非常困难。同样的，阴影效果的实现也变得非常困难。

2．多遍绘制

通过多变绘制，分别将光源应用到场景进行光照计算。绘制的算法如下

```
for each light
  for each object affected by the light
        framebuffer += brdf(llight, object)
```

使用这种绘制算法虽然解决了多光源的问题，但是大大增加了绘制的开销。因为对于每个光源都要将场景中所有的顶点提交到绘制管线，顶点数据在内存和显存中的传输增加了开销。并且，每次都需要对提交的顶点数据进行顶点处理，这些工作大多是重复的，因而浪费了计算资源。

3．推迟渲染

推迟渲染首先将光照计算所需要的顶点数据提交到一个所谓的“G-Buffer”中，然后在以后的多变绘制中使用这些已经存在的数据，算法描述如下：

```
for each object
  render lighting properties to "G-Buffer"
for each light
  framebuffer += brdf(llight, object)
```

使用推迟渲染同样解决了多光源问题，并且无论有多少光源，都只需要提交一次顶点数据就可以了。这样一来大大降低了顶点数据传送的开销，提高了绘制效率。但是，为什么推迟渲染很久之前就被提出来，却并没有在当时得到大量应用呢？其实从上面的算法也可以看出，推迟渲染虽然具备诸多优点，但是“G-Buffer”的空间开销是相当可观的。在整个绘制过程中需要在显示存储空间中开辟一块空间作为“G-Buffer”来使用，在当时显卡存储有限的情况下是无法真正应用起来的。

推迟渲染首先将三维的场景转换为二维。进而在二维的空间当中进行一系列的后续操作最终达到绘制场景的目的。

从大的层面来讲推迟渲染管线的结构一共分为四个阶段。

① 几何绘制阶段

几何绘制阶段将三维的顶点数据绘制到“G-Buffer”，所谓的“G-Buffer”就是几何数据缓冲区。这样一来将三维的场景降为二维。这些顶点数据包括了在后续绘制过程当中所要用到的所有数据，包括位置、颜色、法向量等信息。这一阶段的输入是顶点相关的数据，而这一阶段的输出是“G-Buffer”。

② 光照计算阶段

光照明阶段主要处理光源相关的计算。主要的光源相关的计算有：阴影计算和光照明计算。这一阶段会如前面讲到的方法，为每个光源计算对每个片段的贡献，每次计算的结果放在一个累计缓冲区当中。累计缓冲区可以和 G-Buffer 一起，也可以单独设置。在这个阶段的输入是 G-Buffer 和光源数据，输出是 G-Buffer 和累计缓冲区。

③ 后续处理阶段（post process）

后续处理阶段主要是在前面两个阶段的结果上面做进一步处理。实质上主要是处理累计缓冲区中的结果。比如，使用延迟绘制来绘制的场景因为无法使用固化的抗锯齿功能，所以最终的画面会有锯齿，就可以在这一阶段使用抗锯齿算法对累计缓冲区中的绘制结果进行抗锯齿处理。

④ 最终阶段

这一阶段是将累计缓冲区当中计算出的最终帧的结果传给实际的帧缓存并显示在屏幕上。之所以要进行这一步是因为，屏幕上的窗口大小是可以变化的，而延迟绘制的“G-Buffer”和累计缓冲区的大小通常是固定的，因而需要将累计缓冲区的结果通过过滤等手段适应当前的屏幕大小。

A.10 绘制编程接口

图形的绘制通常是使用图形接口来实现的。目前主流的图形绘制接口有 OpenGL、DirectX 以及移动平台的 OpenES，其中 OpenES 是 OpenGL 在移动平台上的移植版本。下面介绍这两种图形绘制编程接口。

1. OpenGL/OpenES

OpenGL 是图形硬件的一种软件接口，具有高度的可移植性和非常高的效率。目前，OpenGL 已经广泛应用于游戏、医学影像、地理信息、气象模拟等领域，是高性能图形和交互性场景处理的行业标准。

OpenGL 是由 SGI 公司开发的 IRIS GL 图形函数库发展而来。SGI 公司最初开发的 IRIS GL 是一个 2D 图形库，后来逐渐演化为 SGI 的高端 IRIS 图形工作站使用的 3D 编程 API。后来，随着图形技术的发展，IRIS GL 的许多特性得到了改善和提高，并逐渐发展成了如今我们使用的 OpenGL。

OpenGL 具有强大的可移植性，已经被众多的平台所支持。OpenES 是 OpenGL 移植到嵌入式平台的版本。当前支持 OpenGL 的平台有 Windows、UNIX/Linux、Mac OS 和 OS/2。OpenES 也在 Android 手机平台和 iPhone 手机平台上得到了很好的应用。最新的 OpenGL 版本是 4.3 版。

OpenGL 是一套图形绘制的 API。因此，真正使用 OpenGL 来编写图形程序还需要借助一些窗口系统相关的辅助函数库。常见的辅助函数库有 Glew、Glut、FreeGlut 等。

下面介绍使用 Glut 这个辅助库进行图形编程的方法。

```
#include<stdio.h>
#include<glut.h>                              // 使用 Glut 框架必须包含此文件
void display(void);
void reshape(int w,int h);
void mouse(int button, int state, int x, int y);
int main(int argc, char* argv[]) {
```

```
    glutInit(&argc, argv);
    glutInitDisplayMode(GLUT_DOUBLE|GLUT_RGB);
    glutInitWindowSize(250,250);
    glutInitWindowPosition(100,100);
    glutCreateWindow(argv[0]);
    init();
    glutDisplayFunc(display);
    glutReshapeFunc(reshape);
    glutMouseFunc(mouse);
    glutMainLoop();
    return 0;
}
```

上面的代码是一个基本的使用 Glut 进行图形编程的框架。在 main()函数中进行了一系列初始化设置。main()函数中的第一行代码初始化 Glut 框架。第二行代码设置帧缓冲区的使用模式以及像素格式。代码中设置了 GLUT_DOUBLE 表示使用双缓冲进行屏幕的更新，设置 GLUT_RGB，表示帧缓冲区的像素格式是采用 24 位真彩色。接下来的三行代码设置窗口的大小、位置，进而创建一个窗口并设置标题。接着一行代码是用户自定义的一些初始化操作的函数。在接下来三行以函数指针为参数的 3 个函数是 Glut 框架提供的回调函数分别是显示函数、窗口大小更新函数以及鼠标响应函数。最后，通过函数 glutMainLoop()进入消息循环。

通常，真正绘制的代码在函数 display()中，如下面代码所示。

```
void display(void){
    glClear(GL_COLOR_BUFFER_BIT);
    glColor3f(1.0f,1.0f,1.0f);
    glBegin(GL_POLYGON);
    glVertex3f(0.25, 0.25 0.0 );
    glVertex3f(0.75, 0.25, 0.0);
    glVertex3f(0.75, 0.75, 0.0);
    glVertex3f(0.25, 0.75, 0.0);
    glEnd();
    glFlush();
}
```

上述代码在屏幕上绘制了一个白色的正方形。

2. DirectX

DirectX 是微软公司开发的一套多媒体接口方案。DirectX 不仅是一套图形开发 API，同时包含了其他如音频方面的功能。当然，由于其在图形处理方面表现的特别优秀，所以大家说到 DirectX 时往往指的是它的图形 API。其最早的版本发布于 1995 年，当时它并不叫做 DirectX 而是叫 GameSDK。微软最初开发 DirectX 是为了弥补 Windows 3.1 系统对图形、声音处理能力的不足，针对的目标是 C/C++开发人员。经过多年的发展，DirectX 已经成为当今与 OpenGL 同样流行的图形 API，并且在某些方面已经领先 OpenGL。

微软公司目前已经发布了第 11 版的 DirectX，也叫 DirectX 11，DirectX 的功能正变得越来越强，在图形方面的表现也越来越出色。当前的 DirectX 11 版本已经支持很多、很强大的技术，包括拆嵌式细分曲面技术、多线程、通用计算、纹理压缩等。

使用 DirectX 编程可以在.NET 框架下，也可以使用微软提供的 DXUT 框架，最简单的还是使用 Windows API 直接从 WinMain()函数开始。具体可以参看 DirectX SDK 中的教程。

参考文献

[1] 彭群生，鲍虎军，金小刚．真实感图形学算法基础．科学出版社，1999．

[2] 唐荣锡，汪嘉业，彭群生．计算机图形学算法基础．科学出版社，2000．

[3] 鲍虎军，金小刚，彭群生．计算机动画算法基础．科学出版社，2000．

[4] Tomas Akenine-Möller and Eric Haines．Real-time rendering, 2nd edition．A.K. Peters Ltd., 2003．

[5] Jim Blinn．Jim Blinn's Corner: A Trip Down the Graphics Pipeline．Morgan-Kaufmann, 1996．

[6] Mason Woo, Jackie Neider, Tom Davis, Dave Shreiner, and the OpenGL Architecture Review Board．OpenGL Programming Guide, Third Edition．Addison-Wesley, 1999．

[7] DirectX 9.0c SDK．Microsoft Cooperation, 2006．

[8] http://www.ati.com．

[9] http://www.nvidia.com．

[10] http://www.gameres.com．

[11] http://www.gamedev.net．

[12] http://www.gamasutra.com．

[13] http://www.flipcode.com．

[14] Fabio Policarpo, Francisco Fonseca．Deferred Shading Tutorial．